黄河流域系统治理理论与技术丛书

黄河下游滩槽协同治理系统理论与技术

江恩慧　王远见　李军华
赵连军　张群波　田世民　等　著

科学出版社
北京

内 容 简 介

本书运用理论研究、数理统计、数值模拟、物理模型等手段，突出河流系统整体性，引入系统理论方法，搭建流域系统科学基本框架；剖析黄河下游河道滩槽协同治理的战略需求，构建黄河下游河道滩槽协同治理系统理论与技术体系；提出游荡性河道河势稳定控制系统理论方法和自然-社会协同的滩区可持续发展模式及管控机制。为实现黄河下游河道河流系统行洪输沙-社会经济-生态环境多维功能的协同发挥奠定理论基础，拓展传统泥沙学科的研究范式，推动学科发展。

本书可供水利、自然地理和环境保护等相关专业的科研人员、工程技术人员及高等院校师生参考。

图书在版编目（CIP）数据

黄河下游滩槽协同治理系统理论与技术/江恩慧等著. —北京：科学出版社，2023.10

（黄河流域系统治理理论与技术丛书）

ISBN 978-7-03-044125-6

Ⅰ.①黄…　Ⅱ.①江…　Ⅲ. ①黄河–下游–河道整治–研究　Ⅳ. ①TV882.1 ②TV85

中国版本图书馆 CIP 数据核字（2022）第 063561 号

责任编辑：杨帅英　程雷星 / 责任校对：郝甜甜

责任印制：徐晓晨 / 封面设计：蓝正设计

科学出版社出版

北京东黄城根北街 16 号

邮政编码：100717

http://www.sciencep.com

北京捷迅佳彩印刷有限公司 印刷

科学出版社发行　各地新华书店经销

*

2023 年 10 月第　一　版　开本：787 × 1092　1/16

2023 年 10 月第一次印刷　印张：24

字数：570 000

定价：288.00 元

（如有印装质量问题，我社负责调换）

“黄河流域系统治理理论与技术丛书”编委会

顾　问　刘嘉麒　王光谦　王　浩　张建云　傅伯杰
杨志峰　倪晋仁　王　超　李术才　崔　鹏
夏　军　彭建兵　唐洪武　许唯临　黄建平
李文学　傅旭东　夏星辉

主　编　江恩慧

副主编　赵连军　李书霞　王远见

编　委　王慧敏　曹永涛　黄津辉　李军华　张会敏
窦身堂　田世民　韩　勃　肖培青　张文鸽
易雨君　邓安军　毛德强　侯素珍　岳瑜素
邵学军　王　旭　吕锡芝　张　雷　屈　博
李凌琪　来志强

总　　序

人类社会的发展史某种程度上就是一部人水关系演变史。早期人类傍水而居，水退人进，水进人退，河流自身演变决定了人水关系。随着人类社会和工程技术的不断进步，人类在人水关系演变过程中逐渐占据主导地位，尤其是第二次工业革命后，河流受到人类的强烈干扰，各种与河流有关的突发性事件日益增多。这些问题的出现引起了国际社会对河流系统研究的高度重视。

流域是地球表层系统的重要组成单元。河流及其自身安全是保障流域内社会经济和生态环境可持续发展的前提。因此，随着流域面临的各种问题交织、互馈关系越来越复杂，流域系统的概念逐渐被学界接受，基于流域系统治理的生态保护和社会经济可持续发展有机协同的科学研究成为大家关注的热点。

黄河是中华民族的母亲河。历史上，“三年两决口、百年一改道”，给中华民族带来了沉重灾难。水少沙多、水沙关系不协调，是黄河复杂难治的症结所在。新中国成立以来，黄河治理吸引了以王化云为代表的治黄工作者和科研人员不断探索，取得了 70 多年伏秋大汛不决口的巨大成就。然而，随着近年来流域来水来沙条件显著变化、库区-河道边界约束条件大幅调整、区域社会经济和生态环境良性维持的需求不断增长，特别是黄河流域生态保护和高质量发展重大国家战略的实施，传统研究思维已经不能适应流域系统多维功能协同发挥作用的更高要求。

早在 1995 年，黄河水利科学研究院钱意颖总工程师和水土保持研究室时明立主任，曾经给钱学森先生写过一封信，希望得到钱先生的帮助，能够在国家科技攻关计划中立项研究黄土高原水土流失治理，发展坝系农业。钱先生收到信后，借一次重要会议之机与时任水利部部长钱正英先生专门讨论黄河治理工作，他充分意识到黄河治理的复杂性，并很快给钱总工回了信。他指出：“中国的水利建设是一项长期基础建设，而且是一项类似于社会经济建设的复杂系统工程，它涉及人民生活、国家经济。”他还提出：“对治理黄河这个题目，黄河水利委员会的同志可以用系统科学的观点和方法，发动同志们认真总结过去的经验，讨论全面治河，上游、中游和下游，讨论治河与农、林生产，讨论治河与人民生活，讨论治河与社会经济建设等，以求取得共识，制定一个百年计划，分期协调实施。”在新的发展阶段，黄河治理保护的理论技术研究与工程实践，必须突出流域系统整体性，强化黄河流域治理保护的系统性、流域系统服务功能的协同性、流域系统与各子系统的可持续性。我们在国家自然科学基金重点项目和“十二五”国家科技支撑计划、“十三五”国家重点研发计划、流域水治理重大科技问题研究等项目支持下，逐步尝试应用系统理论方法，凝练提出了流域系统科学的概念及其理论技术框架，为黄河治理保护提供了强有力的研究工具。

为促进学科发展，迫切需要对近 20 年国内外流域系统治理研究成果进行总结。

鉴于此，由黄河水利科学研究院发起，联合国内重点高等院校知名水科学专家组成学术团队，策划出版“黄河流域系统治理理论与技术丛书”。本丛书共分五大板块，涵盖不同研究方向的最新学术成果和前沿探索。板块一：黄河流域发展战略，主要包括基于流域或区域视角的系统治理战略布局和社会经济发展战略等研究成果；板块二：生态环境保护与治理，主要包括流域或区域生态系统配置格局、生态环境治理与修复理论和技术、生态环境保护效应等研究成果；板块三：水沙调控与防洪安全，主要包括水沙高效输移机理、河流系统多过程响应与耦合效应、滩槽协同治理、黄河流域水沙调控暨防洪工程体系战略布局与配置、干支流枢纽群水沙动态调控理论与技术、水库清淤与泥沙资源利用技术与装备、水沙调控模拟仿真与智慧决策等研究成果；板块四：水资源节约集约利用，主要包括水沙资源配置理论与技术、水沙资源节约集约利用理论技术与装备、高效节水与水权水市场理论与技术等研究成果；板块五：工程安全与风险防控，主要包括基于系统理论的工程安全与洪旱涝灾协同防御理论与技术、风险防控与综合减灾技术与装备等研究成果。

为保证丛书能够体现我国流域系统治理的研究水平，经得起同行和时间的检验，组织国内多名院士和知名专家组成丛书编委会，对各分册内容指导把关。我们相信，通过丛书编委会和作者的通力合作，会有大批代表性成果面世，为广大流域系统治理研究者洞悉学科发展规律、了解前沿领域和重点发展方向发挥积极作用，为推动我国流域系统治理和学科发展作出应有贡献。

2023 年 9 月

序　一

“黄河宁，天下平”。黄河流域既构成我国北方重要的生态屏障，又是人类活动和社会经济发展的重要区域，在国家安全和社会主义现代化建设全局中具有举足轻重的战略地位。2019 年 9 月 18 日，习近平总书记在郑州主持召开黄河流域生态保护和高质量发展座谈会，将黄河流域生态保护和高质量发展上升为重大国家战略，成为我国五大区域性协同发展重大国家战略之一，可见中央对黄河流域的重视程度。然而，黄河流域独特的地理地貌特征，严重的水土流失使黄河成为全世界泥沙含量最高、治理难度最大、水旱灾害严重的河流之一，历史上“三年两决口、百年一改道”，洪涝灾害波及范围北达天津、南抵江淮。黄河“善淤、善决、善徙”的自然规律，在为中华民族塑造了一个沃野千里的华北大平原的同时，也给沿岸人民带来了深重灾难。

黄河下游河道和滩区治理是困扰中华民族几千年的难题。“地上悬河”长达 800km，其中 299km 的游荡性河段河势还未完全控制，直接危及黄河大堤和黄淮海平原的防洪安全。下游滩区是黄河大洪水期行洪滞洪沉沙的场所，也是 189 万群众赖以生存的家园，滩区的防洪运用和社会经济发展之间的矛盾长期存在。中华人民共和国成立以后，黄河下游开展了大规模的堤防建设和河道整治工作，基本控制了高村以下过渡性河段及以下弯曲性河段的河势摆动，大大缩小了白鹤至高村游荡性河段的河势游荡范围，黄河的防洪能力显著提高，创造了 70 多年伏秋大汛岁岁安澜的奇迹。然而，“地上悬河”、河势摆动等老问题尚未彻底解决，全球气候变化和气象水文周期变化引发超标准洪水的风险依然存在，河南省和山东省滩区居民迁建规划实施后，仍有近百万人生活在洪水威胁中，滩区安全和发展的矛盾在新情势下显得越发突出，成为流域人水关系矛盾的焦点之一。

江恩慧团队长期从事黄河下游河道演变与河道整治研究工作，自 20 世纪 90 年代开始，利用“花园口至东坝头河道动床模型”“小浪底至苏泗庄河道动床模型”等十余个大型河工模型，进行不同水沙条件、不同工程布局条件下游荡性河道整治方案研究与优化试验。小浪底水库自运行以来，进入黄河下游的水沙过程发生较大变化，这个团队的核心成员又深入开展游荡性河道河势演变与河道整治理论和技术的系统研究，揭示“河行性曲”“大水趋直、小水坐弯”“河弯蠕动”等河势演变规律与潜在机理，首次建立游荡性河道河弯流路方程，为整治方案研究与工程布局奠定了理论基础。同时，基于上百组次模型试验成果和原型资料的统计分析，确定河弯跨度、工程密度等技术参数，提出一套符合新水沙条件下黄河下游游荡性河道河床演变特征和河势演变规律的游荡性河道整治技术指标体系，直接支撑新一轮黄河下游游荡性河道整治。

新的发展阶段，国家对黄河下游河道治理提出更高的要求，制定“稳定主槽”“实现保障黄河安全与滩区发展的双赢”的更高目标。主河槽和广大的滩区是黄河下游河道不可分割的组成部分，过去黄河下游的河道主河槽治理叫河道整治，滩区治理叫滩区安全建设，新情势下黄河下游河道高质量发展的关键在于如何实现主河槽和滩区功能的有机协同。为此，该书作者在充分继承以往研究成果和下游河道治理经验的基础上，运用系统理论与方法，突出黄河下游河道河流系统整体性，剖析黄河下游河道滩槽协同治理的战略需求，构建基于流域系统科学基本框架的黄河下游滩槽协同治理系统理论方法，揭示黄河下游河道滩槽协同治理主控因子与治理目标的驱动响应机制、滩区自然-社会-经济复合系统协同发展的关联机制、有限控制边界作用下游荡性河道河势演变调整机理、水沙动力与有限控制边界的和谐效应等，提出水沙调控、河道整治工程布局等相关阈值和滩区自然-经济-社会协同的可持续发展模式，为推动黄河下游河道滩槽协同治理提供理论与技术支撑。

该书的研究成果不仅丰富河流泥沙工程学、河床演变学等学科内容，而且其构建的流域系统科学框架体系为黄河流域系统治理、黄河下游河道和滩区综合提升，提供全面系统的分析研究方法。该书具有很强的现实意义和前瞻性，相信必将对黄河下游治理、滩区发展产生深远的影响。

王光谦

中国科学院院士

2022 年 6 月 8 日

序　二

黄河下游河道具有典型的宽滩窄槽复式断面形态，主槽的强烈游荡伴随着滩槽关系的剧烈调整，使黄河成为世界上最复杂难治的河流。中华人民共和国成立后，党中央高度重视黄河下游的河道治理，持续投入大量人力、物力、财力，现如今已初步形成了以中游干支流水库、下游堤防、河道整治工程、两岸分滞洪区为主体的“上拦下排、两岸分滞”的防洪工程体系，水沙治理取得显著成效，有效保障了黄河滩区和广大黄淮海平原人民群众的生命财产安全。

黄河下游河道不仅是行洪滞洪沉沙的主要通道，还是189万滩区居民安居乐业的家园。防洪安全与滩区发展的矛盾一直是治黄的瓶颈。随着我国全面建成小康社会和乡村振兴战略的实施，国家对下游河道治理提出了“稳定主槽”“实现保障黄河安全与滩区发展的双赢”的更高要求。2019年9月18日，习近平总书记在黄河流域生态保护和高质量发展座谈会上发表重要讲话，发出了“让黄河成为造福人民的幸福河”的伟大号召，明确提出要实施河道和滩区综合提升治理工程，减缓黄河下游淤积，确保黄河沿岸安全。

黄河下游河道治理是一个复杂的系统工程。随着黄河流域生态环境发生的巨大变化，入黄泥沙量大幅减少，水沙关系进入历史上少见的“水少沙少”时期；小浪底水库建成运行以后，进入黄河下游的水沙过程可控能力明显提升。然而，水文气象条件变化的不确定性，全球气候变化和极端天气事件频发，导致中游高含沙洪水、黄河下游大洪水出现的概率有增无减。新水沙情势和工程边界条件下，黄河下游游荡性河道整治工程布局与调控水沙过程的适应性如何提升，与区域社会经济稳定发展和生态环境良性维持的协同如何实现，滩区保障防洪安全和社会经济可持续发展的管控模式和机制如何建立，这些都给黄河下游河道和滩区综合提升治理工程，以及黄河流域生态保护和高质量发展重大国家战略的实施提出了新挑战，引起社会各界的广泛关注。

江恩慧团队几十年如一日，长期致力于黄河下游游荡性河道河床演变基本规律、游荡性河道整治理论与技术的研究，揭示了“河行性曲”“大水趋直、小水坐弯”“河弯蠕动”“畸型河湾形成”等河势演变机理，首次建立了黄河下游游荡性河道河弯流路方程，为整治方案研究与工程布局奠定了理论基础；提出的黄河下游游荡性河道整治方案及工程布局方案等研究成果直接应用于小浪底水库运行以后黄河下游游荡性河道新一轮河道整治工程实践，十几年的运行效果十分明显。随后，该团队在“十二五”国家科技支撑计划课题资助下，探索性地运用系统理论方法，借鉴“自然-人工”二元水循环理论，构建可同时表达黄河下游滩区滞洪沉沙自然属性与综合减灾社会属性的宽滩区滞洪沉沙功效二维评价指标体系和评价模型，定量评价不同滩槽治理方案的滞洪沉沙与综合减灾效应，提出可兼顾下游防洪与滩区可持续发展的洪水泥沙调控模式与综合减灾方案，研究成果已直接应用于“黄河流域（片）综合规划”修订、二级悬河治理、滩区补偿政策、滩区集约化农业等生产实践，社会经济与生态环境效益显著。

在国家自然科学基金重点项目“游荡性河道河势演变与稳定控制系统理论”、面上项目“游荡型河道河势突变调整机制研究”，中央级公益性科研院所基本科研业务费专项资金项目“黄河下游滩槽协同治理构架及运行机制研究”等资助下，江恩慧研究团队逐步将系统理论方法全面应用于黄河流域系统治理和高质量发展研究工作，提出了“流域系统科学”的基本框架体系。该书正是近些年团队系统研究成果的总结和提炼，该书将黄河下游河道河流系统作为整体，统筹下游河道河流系统行洪输沙功能和社会经济、生态环境服务功能的协同发挥，构建黄河下游河道滩槽协同治理的系统理论与技术体系，阐明不同水沙动力作用下滩槽关系演化规律与和谐阈值，明确下游河道滩槽共治的量化目标，建立滩槽协同治理广义目标函数，诠释滩槽协同治理的科学内涵；提出游荡性河道河势稳定控制的指标及阈值，首次量化游荡性河道稳定主槽的治理目标，确定不同滩区的土地利用变化与社会经济发展水平的协调发展程度，提出黄河下游河道滩槽协同治理管控机制等。这些成果直接支撑新形势下兼顾黄河下游河道行洪输沙能力提升、社会经济可持续发展、生态环境良性维持的黄河下游滩区治理模式与功能区划的优化决策。

该书的研究思路突破传统河流泥沙学科研究的范式，在理论与实践结合上实现重大突破。该书的出版不仅能够推动黄河流域生态保护和高质量发展相关领域科学研究的进步，丰富河流泥沙动力学和河道整治学科的研究内容，也将为国内乃至世界上其他河流流域系统治理和游荡性河道整治研究提供借鉴。

中国工程院院士

2022年6月18日

前　　言

黄河是中华民族的母亲河，孕育了古老而伟大的中华文明，保护黄河是事关中华民族伟大复兴和永续发展的千秋大计。同时，黄河以“善淤、善决、善徙”闻名于世，历史上黄河下游洪水灾害严重，是世界上最著名、最复杂难治的一条多沙河流。由于泥沙的严重淤积，黄河下游河床普遍高出两岸地面 4～6m，部分河段达 10m 以上，成为淮河和海河流域的天然分水岭。为了确保黄河下游防洪安全，1949 年黄河发生大洪水以后，1950 年开始对济南以下河道进行整治试验，整治方案成功后首先在弯曲性河段推广，进而逐步在黄河下游全面展开，目前河道整治工程已经成为黄河防洪工程体系的重要组成部分。半个多世纪以来，通过河道整治黄河得到了稳定，达到了控导河势的目的。整治工程在确保黄河防洪安全中发挥了重要作用，并且提高了黄河下游两岸引水保证率，为区域农业增产、城市生活、工业发展等做出了重大贡献。

黄河下游滩区既是滞洪沉沙的场所，又是 189 万群众赖以生存的家园，防洪运用和经济发展的矛盾长期存在。黄河下游滩区面积 3154km^2，有耕地 340 余万亩（1 亩≈666.67m^2）。滩区蓄滞洪水的作用显著，例如，1958 年和 1982 年洪水期间，花园口—孙口河段的槽蓄量分别达到 25.89 亿 m^3 和 24.54 亿 m^3，基本相当于故县水库和陆浑水库的总库容。黄河下游宽滩区作为重要的行洪沉沙区，在处理泥沙问题上也具有重要的战略地位，1950～1998 年黄河下游共淤积泥沙 92.0 亿 t，其中滩地淤积 63.69 亿 t，主槽淤积 28.31 亿 t，滩地淤积量占全断面总淤积量的 69.2%。河南、山东两省于 2013～2017 年开展滩区居民外迁试点工作；2017 年 7 月，国务院批复同意河南、山东两省继续开展下游滩区居民外迁等安全建设工作。受滩区生活生产空间的限制，滩区居民迁建实施难度越来越大，2020 年迁建规划实施完成后，仍有近百万人生活在洪水威胁中。

黄河下游河道治理是一个复杂的系统工程，它以确保防洪安全为主导、自然环境为依托、土地资源为命脉、社会文化为经络，不但受系统外社会、环境和上下游边界条件的约束，而且受系统内滩与槽关系的强力制约，自然、经济、社会各种因素交织、错综复杂。随着黄河水沙情势变化以及小浪底水库的投入运行，进入下游的水沙过程也发生了很大变化，加之“黄河流域生态保护和高质量发展”重大国家战略的实施，国家对下游河道治理提出了“稳定主槽”“实现保障黄河安全与滩区发展的双赢”的更高要求，长期积累的治河与滩区社会经济发展的矛盾日益凸显，已成为影响黄河下游河道治理的突出问题。新水沙情势下黄河下游河道整治工程布局与调控水沙过程的适应性如何提升，与区域社会经济稳定发展和生态环境良性维持的协同如何实现，滩区保障防洪安全和社会经济可持续发展的管控模式和机制如何建立，都是当今亟待破解的难题和面临的重大挑战。因此，构建黄河下游河道滩槽协同治理系统理论与技术体系，实现行洪输沙-社会经济-生态环境多维功能的协同发挥，具有重大的战略意义和科学价值。

为此，在前期“十二五”国家科技支撑计划课题“黄河下游宽滩区滞洪沉沙功能及滩区减灾技术研究”的基础上，在国家自然科学基金重点项目、面上项目，中央级公益性科研院所基本科研业务费专项资金项目等的资助下，黄河水利科学研究院、中国社会科学院数量经济与技术经济研究所、河南黄河河务局，历经 7 年产学研联合攻关，充分吸收、借鉴已有河床演变与河道整治理论和技术研究成果，有机融合资料分析、理论研究、自然模型试验等手段，应用系统理论方法，突出黄河下游河道河流系统的整体性，按照河流系统的服务功能，将其划分为行洪输沙-社会经济-生态环境三大子系统，初步构建了“流域系统科学”框架体系；厘定黄河下游河道滩槽协同治理的多维约束因子与广义目标函数，阐明各子系统调控因子与目标函数的驱动-响应关系，构建下游河道河势稳定控制与滩槽协同治理效应评价模型；提出河势稳定状态量化指标及其阈值，揭示调控水沙过程与有限控制边界对河势变化的作用机理，提出了单个工程与工程群组的布局准则、模式与特征参数；确定不同水沙动力作用下滩槽关系演化规律与和谐阈值，量化评价不同水沙情景与滩区治理模式下滩槽协同治理效果，优化滩区功能区划方案；阐明不同滩区的土地利用变化与社会经济发展水平的协调发展程度，提出新形势下滩区自然-经济-社会可持续发展优化模式和流域与区域协同发展的滩区管理对策。本成果形成一套相对完整的黄河下游河道滩槽协同治理系统理论与技术体系，为黄河下游河道综合治理提升奠定理论基础，推动河流泥沙动力学等自然科学和社会经济学科的有机交叉融合。

本书属“黄河流域系统治理理论与技术丛书”第三板块“水沙调控与防洪安全”。参与本书撰写的主要人员包括江恩慧、王远见、李军华、赵连军、张群波、田世民、张向萍、许琳娟、来志强、时芳欣、李东阳、彭绪庶、张翎、曹永涛、张杨、董其华、张向、刘彦晖等。全书共分为 11 章，第 1 章由田世民、张群波、李东阳撰写，第 2 章由江恩慧、田世民、张杨撰写，第 3 章由江恩慧、王远见撰写，第 4 章由田世民、王远见撰写，第 5 章由王远见、张向萍撰写，第 6 章由时芳欣、江恩慧、彭绪庶撰写，第 7 章由李军华、江恩慧、许琳娟撰写，第 8 章由赵连军、许琳娟、来志强撰写，第 9 章由李军华、张向萍、刘彦晖撰写，第 10 章由曹永涛、董其华、张翎、张向撰写，第 11 章由江恩慧撰写，全书由江恩慧、王远见、李军华统稿。整个研究和成书的过程中，得到著名专家胡四一教授级高级工程师、王光谦院士、倪晋仁院士、王浩院士、朱尔明教授级高级工程师、高安泽教授级高级工程师、李文学教授级高级工程师、谈广鸣教授、李义天教授、窦希萍教授级高级工程师、傅旭东教授等的指导与帮助，在此一并感谢！由于作者水平有限，不当之处在所难免，敬请各位同仁批评指正。

江恩慧

2022 年 4 月 15 日于郑州

目　录

第一篇　黄河下游河道滩槽协同治理的战略需求

第二篇　黄河下游滩槽协同治理系统理论方法与模式

第三篇 游荡性河道河势稳定控制系统理论与技术

第一篇

黄河下游河道滩槽协同治理的战略需求

第 1 章　黄河下游河道滩槽分布及治理现状

1.1　黄河下游河道滩槽概况

黄河干流全长 5464km，内蒙古自治区河口镇以上为上游，河口镇至河南郑州桃花峪为中游，桃花峪以下至入海口为下游。黄河下游干流河道长 786km，流域面积为 2.3 万 km^2。历史上为保护两岸广大黄淮海平原不受洪水淹没，在河道两侧修筑临黄大堤。临黄大堤两岸的堤距很宽，宽阔的河道起到了滞洪作用，并发挥了有效降低最高洪水位的作用以避免漫堤。但是，宽阔的河道也减小了水深和流速，促使大量泥沙沉积成滩。经过多年的泥沙沉积，滩面高程逐步高于堤外地面高程，局部最大高差达 10m 以上，成为著名的“地上悬河”。黄河下游河道典型横断面特征如图 1.1 所示。

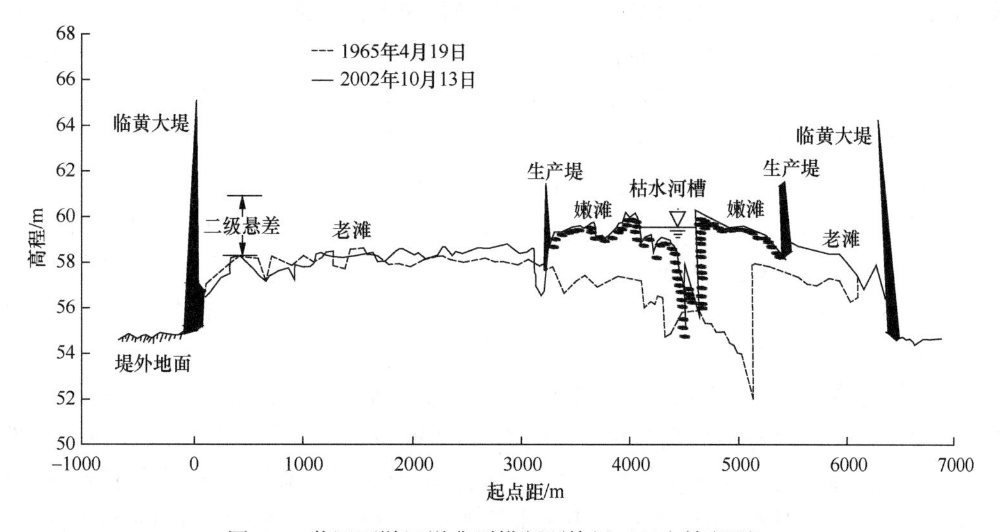

图 1.1　黄河下游河道典型横断面特征（双合岭断面）

1.1.1　黄河下游河道滩槽特征

黄河下游河道由主河槽和滩地组成，根据河道特性可分为游荡性河道、弯曲性河道以及游荡向弯曲过渡的过渡性河道，不同类型的河道，滩槽特征具有显著差异。黄河下游游荡性河段起于河南孟津区白鹤镇，止于山东东明县高村，河道全长 299km，流经洛阳、焦作、郑州、新乡、开封、菏泽、濮阳等地市。游荡性河道的堤距一般为 10km，最宽处为24km，河槽一般宽3～5km，滩区宽度普遍大于5km。高村至陶城铺河段为过渡性河道，河道长165km，堤距一般在5km以上，河槽宽1～2km，滩区宽度约3km。陶城铺以下为弯曲性河道，河道长322km，堤距一般为1～3km，河槽宽0.4～1.2km，滩区相对较窄，河势比较稳定，是人工控制的弯曲型河段。

黄河下游游荡性河道滩槽冲淤变化较大，具有“宽、浅、乱”的特点。天然情况下河道内沙洲密布，水流分散，汊流丛生，有时多达4～5股。河道整治工程控制较好的河段河势比较稳定，主流基本为单股，如神堤以上、花园口至马渡、辛店集至高村等河段。河道整治工程控制较弱的河段，常出现二、三股河，河道泥沙冲淤变化剧烈，河势游荡多变，大洪水期间常发生“淤滩刷槽”的现象。历史上洪水灾害非常严重，重大改道都发生在本河段，也是黄河下游防洪的重点河段。根据地理位置、河岸边界条件及其形成等特点，黄河下游游荡性河段河道可划分为白鹤—京广铁路桥、京广铁路桥—东坝头、东坝头—高村三个河段。

白鹤—京广铁路桥河段长98km，河道宽3～10km。河出孟津焦枝铁路桥以后，水流突然展宽，大量卵石和粗砂沉积，洛阳公路桥以上床面基本由卵石和粗砂组成。洛阳公路桥以下卵石埋深逐渐加大，床面由粗砂组成，在自然条件下，心滩多为浅滩，出没不定，溜势极为散乱，有时水面宽达3km。

京广铁路桥—东坝头河段全长131km，堤距5.5～12.7km。由于堤距较宽，溜势分散，泥沙易于淤积，加之主溜摆动频繁，新淤滩岸抗冲能力弱，又进一步加剧了主溜塌滩坐弯，形成“横河”“斜河”顶冲大堤，威胁堤防安全。1986年以来，下游来水来沙条件发生了较大变化，河槽淤积加重，逐渐出现了高滩不高的现象，“二级悬河”的态势也逐渐明显。1996年8月6日，花园口洪峰流量达7600m^3/s，原阳高滩大面积漫水，100多年来不靠水的左岸大堤大范围偎水，堤根水深1～3m。

东坝头—高村河段长70km，是清咸丰五年（1855年）铜瓦厢决口后形成的河道，两岸堤距上段最宽处超过20km，下段最窄处也达4.7km。由于长期不利的水沙组合和边界条件等因素的综合影响，因此主槽淤积大于滩地淤积，形成典型的“二级悬河”，是黄河下游防洪的薄弱河段，素有“豆腐腰”之称。

由于这些滩地广阔而肥沃，宜于耕种，因此滩区居民为了居住与生产，在其上筑小堤防御中小洪水，这些小堤当时称为“民埝”，即现在的“生产堤”。在中小洪水年份，仍然因水流滞缓而使泥沙在生产堤之间大量沉积，形成“嫩滩”，习惯上将枯水河槽与“嫩滩”并称为主河槽。主河槽是中小洪水的惯常行洪输沙通道，广阔的滩地既是大洪水行洪滞洪沉沙的场所，又是滩区189万群众生活的家园。

1.1.2 黄河下游滩区功能

黄河下游滩区在防洪中具有行洪、滞洪削峰以及沉沙的功能。在行洪、滞洪削峰方面，洪水超过一定限度时，滩区是排洪河道的一部分，和主槽一起将洪水排泄入海。黄河下游滩区面积广大，当发生漫滩流量以上洪水时，水流进入广大滩区，下游滩区就成为一个天然的大滞洪区。黄河下游河道上宽下窄，排洪能力上大下小，艾山以下河道安全下泄流量为 10000 m^3/s，而花园口设防流量为 22000m^3/s，历史上曾发生过 30000 m^3/s 以上，超出艾山安全泄流量的洪水，须在艾山以上宽阔的河道（含滩区）中滞蓄，以保证艾山以下堤防的安全。

在历次抗御大洪水中，滩区对削减下游洪峰发挥了重大作用。1954 年、1958 年、1977 年、1982 年和 1996 年的洪水中，黄河下游宽滩区在削减洪峰方面起到了重要作用（表 1.1）。根据花园口站洪峰流量大于 15000m^3/s 的三次洪水分析，花园口至孙口河段的平均削峰率为 35%，大大降低了孙口以下河段的洪峰流量。

表 1.1　黄河下游各河段滩区削峰情况

年份	花园口	夹河滩		高村		孙口		艾山	
	洪峰/（m^3/s）	洪峰/（m^3/s）	削峰/%	洪峰/（m^3/s）	削峰/%	洪峰/（m^3/s）	削峰/%	洪峰/（m^3/s）	削峰/%
1954	15000	13300	11	12600	16	8640	42	2900	47
1958	22300	20500	8	17900	20	15900	29	12600	43
1977	10800	8000	26	6100	44	6060	44	5540	49
1982	15300	14500	5	13000	15	10100	34	7430	57
1996	7600	7150	6	6810	10	5800	24	5030	34

此外，黄河下游滩区还具有沉沙功能。黄河河水泥沙携带量大，进入下游河道，水流减缓，泥沙不断沉积，致使黄河下游河道不断淤积抬高，形成“地上悬河”，这是造成历史上灾害频繁的根本原因。宽阔的滩区可以扩大泥沙沉积范围，减缓河道淤积抬高的速度，从而延长河道的使用年限。如果没有滩区的沉沙，下游河道主槽淤积速度更快，河槽排洪能力将更难维持。滩区的沉沙作用也减少了进入河口的泥沙，减缓了河口地区的淤积、延伸、摆动速度，从而减轻了因河口延伸对河口以上河道的溯源淤积影响。

目前黄河下游河槽淤积萎缩严重，主河槽行洪能力降低，一旦发生较大洪水，滩区行洪流量将明显增加，容易发生“横河”“斜河”甚至“滚河”，导致河势发生变化，同时漫滩水流在滩区串沟和堤河低洼地带形成过流，出现顺堤行洪，严重威胁下游堤防的安全。

1.2　黄河下游河道滩区分布特征

黄河下游河道内分布有广阔的滩地，总面积为 3544 km^2，占河道面积的 84%（刘燕等，2017），涉及河南、山东两省 14 个地（市）44 个县（区），滩区内有耕地 25 万 hm^2，村庄 2056 个，人口近 200 万。下游滩区多由大堤、险工以及生产堤所分割，共形成 120 多个自然滩。其中，面积大于 100 km^2 的有 7 个，50～100 km^2 的有 9 个，30～50 km^2 的有 12 个，30 km^2 以下的有 92 个。

黄河下游宽滩区指京广铁路桥以下、陶城铺以上河段的滩区，面积约 2740 km^2，约占下游滩区面积的 78%，如图 1.2 所示。按其河道形成的历史原因，常分为京广铁路桥—东坝头河段滩区、东坝头—陶城铺河段滩区。其中，原阳县、长垣县、濮阳县、东明县 4 个自然滩的滩区面积均在 200 km^2 以上。

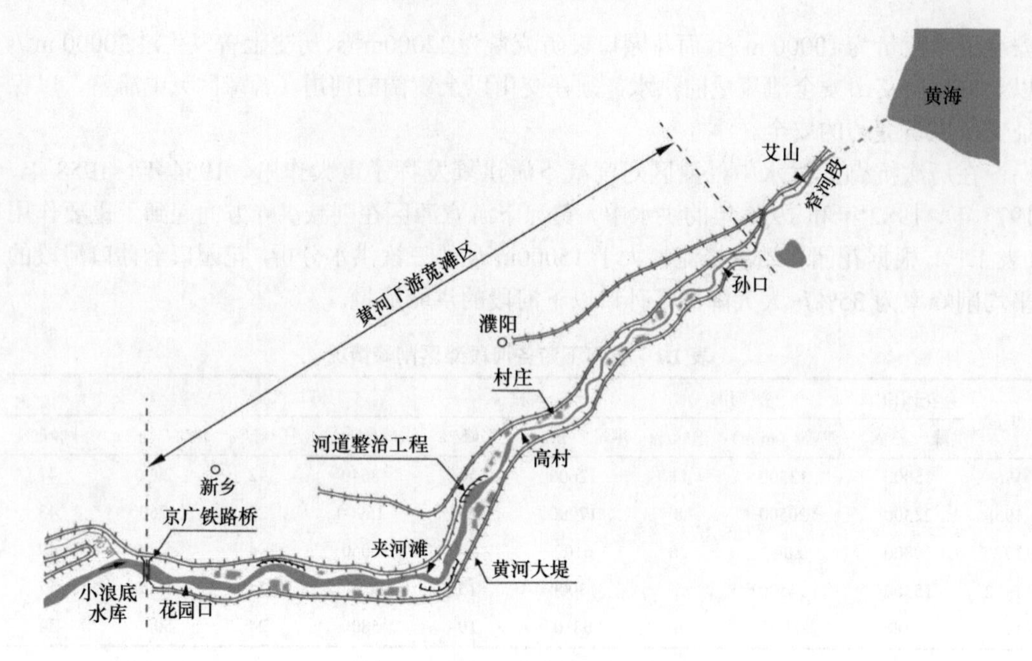

图 1.2 黄河下游宽滩区示意图

1.2.1 京广铁路桥—东坝头河段滩区

京广铁路桥—东坝头河段滩地主要集中在原阳县、祥符区（原开封县）境内，滩区面积为 702.5 km^2，耕地面积为 5.12 万 hm^2，村庄有 450 个，人口约 47.2 万，村庄稠密。其中，面积较大的主要有北岸的原阳滩和南岸的开封滩。由于主流摆动频繁、主槽淤积速度较快，河道内 1855 年铜瓦厢决口河床下切形成的高滩已相对不高，1996 年 8 月的洪水使 140 多年来从未上水的高滩也漫滩过流。

东坝头以上河段宽滩区平面示意图如图 1.3 所示。

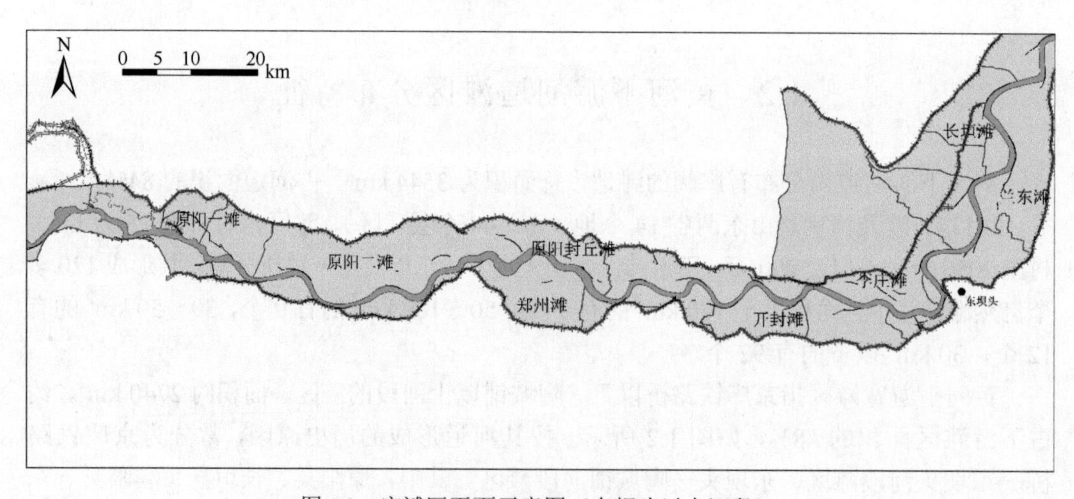

图 1.3 宽滩区平面示意图（东坝头以上河段）

1.2.2　东坝头—陶城铺河段滩区

东坝头—陶城铺河段是 1855 年铜瓦厢决口改道后形成的河道，长 235 km，两岸堤距为 1.4～20 km，最宽处为 24 km，河槽宽 1.0～6.5 km，滩区面积为 1738.1 km^2，耕地为 12.48 万 hm^2，村庄有 1106 个，人口约 97.6 万。东坝头以下河段宽滩区平面示意图如图 1.4 所示。按河道河型不同，可分为东坝头—高村河段宽滩区、高村—陶城铺河段宽滩区。

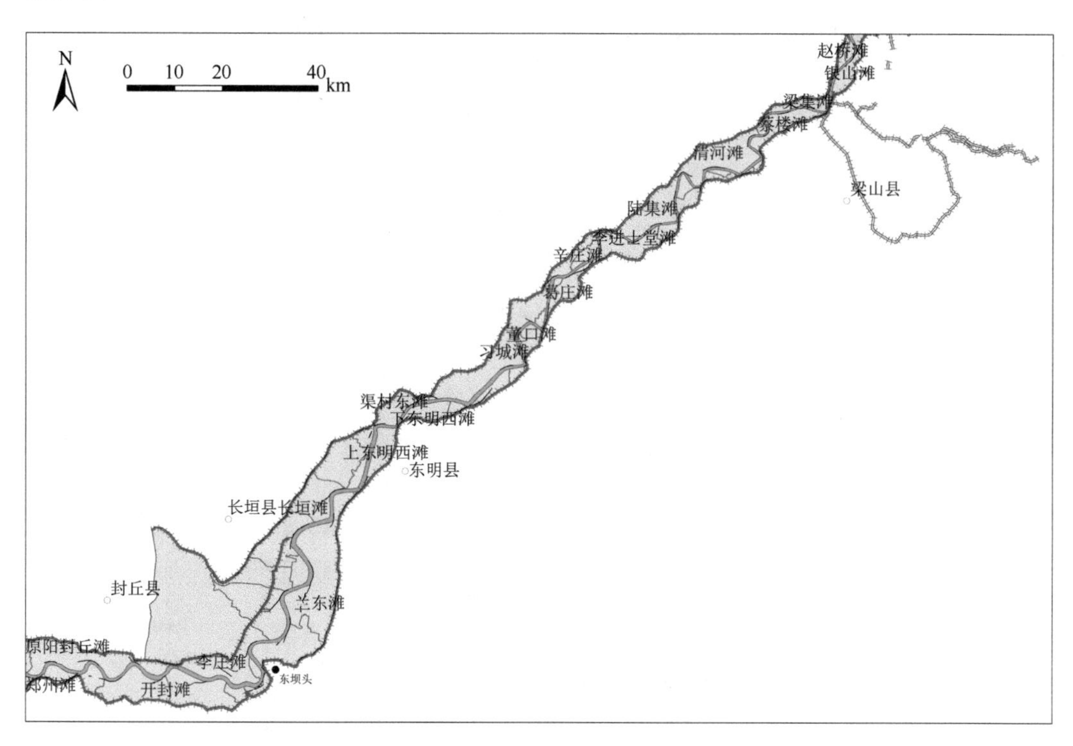

图 1.4　宽滩区平面示意图（东坝头以下河段）

（1）东坝头—高村河段。该河段长 70 km，两岸滩地具有滩唇高仰、堤根低洼、滩面串沟多等特点。河道两侧修建了大量的生产堤，生产堤之间的平均宽度为 4.2 km，比河道平均宽度（10.5 km）缩窄了 60%，大大减小了河道行洪面积。同时，由于泥沙在生产堤以内的河槽淤积比例增加，形成了河槽高于生产堤与大堤之间的滩地，生产堤外滩地又高于两岸大堤背河地面的“二级悬河”，生产堤垮溃后易发生滚河和顺堤行洪。本河段高程相对较低、平均滩面宽、面积大，较大的滩区主要有左岸的长垣滩和右岸的兰考滩、东明滩等。长垣滩分别由贯孟堤与生产堤、黄河大堤与生产堤围成，滩区面积约 217 km^2；兰考滩和东明滩两滩相连，面积约 174 km^2。

（2）高村—陶城铺河段。该河段长 165 km，生产堤与大堤之间的滩地面积约 540 km^2，修建的生产堤之间的平均宽度为 1.3 km，比河道平均宽度（4.5 km）缩窄了 71%。其中高村—孙口河段长 126 km，生产堤与大堤之间的滩地面积约 460 km^2，左岸和右岸滩区面积分别为 321km² 和 139 km²。该河段滩区堤根低洼、自然村多、坑洼多，有部分滩区退水困难，往往成为死水区，蓄水作用十分显著。较大的自然滩主要有左岸的濮阳习城滩、范县辛庄滩和陆集滩、台前清河滩，右岸的鄄城葛庄滩和左营滩等。其中濮阳习城滩、范县陆集滩、台前清河滩的面积分别为 110 km²、42 km²、62 km²。孙口—陶城铺河段长 39 km，已逐渐过渡为弯曲性河道，河段滩区面积小，自然村相对较少。

图 1.5～图 1.7 分别为东坝头以下河段典型滩区——兰考东明南滩平面图、濮阳习城滩平面图和台前清河滩平面图。

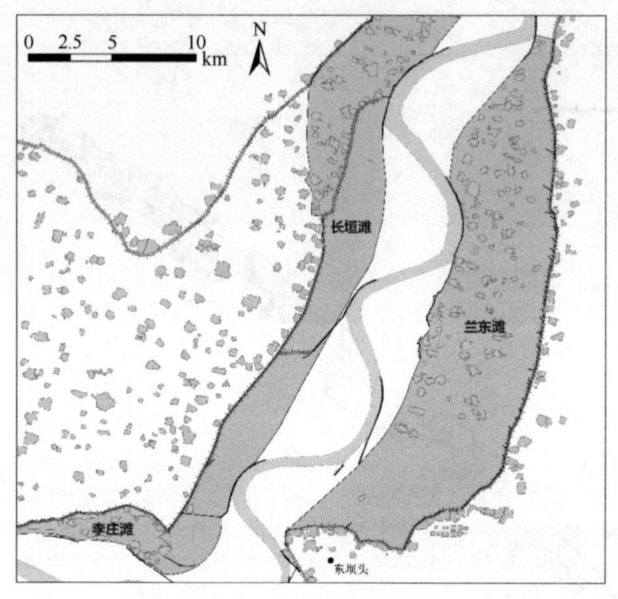

图 1.5　兰考东明南滩平面图

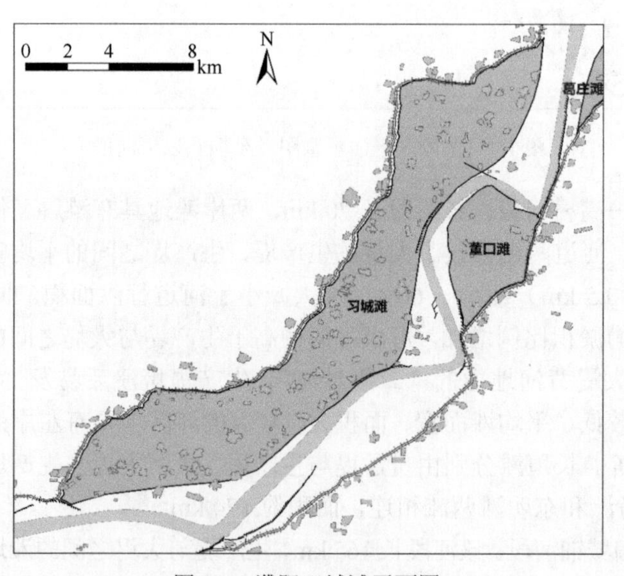

图 1.6　濮阳习城滩平面图

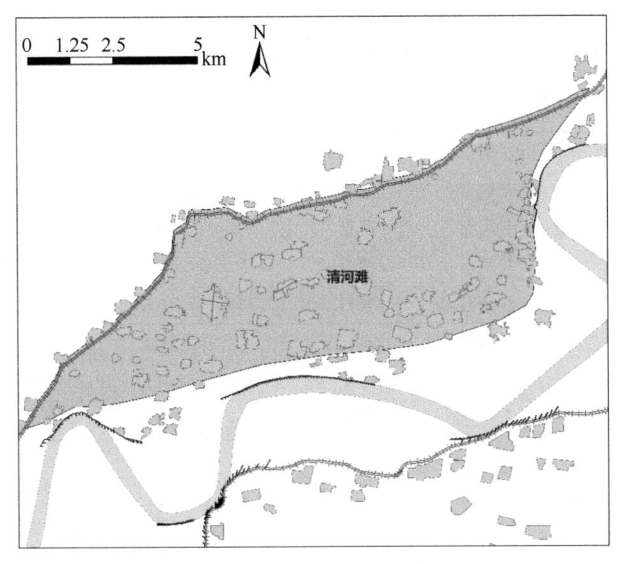

图 1.7　台前清河滩平面图

按照行政区划，黄河下游宽滩区可分为 22 个滩区，见表 1.2 和表 1.3。

表 1.2　花园口—高村河段宽滩区分布表

序号	滩区名称	滩区总面积/km²	行政区划		滩内村庄/个	人口/人	滩区位置
			县（区、市）	乡（镇、街道）			
1	原阳一滩	69.214	武陟县	詹店	11	13136	黄河北岸，河南省焦作市武陟县及河南省新乡市平原新区境内
			平原新区	桥北	12	14655	
2	原阳二滩	199.624	原阳县	官厂	47	41300	黄河北岸，河南省新乡市平原新区、原阳县境内
			原阳县	韩董庄	46	33579	
			原阳县	蒋庄	52	32482	
			原阳县	靳堂	27	29329	
			平原新区	桥北	17	17680	
3	原阳封丘滩	89.073	原阳县	大宾	7	8609	黄河北岸，河南省新乡市原阳县和封丘县境内
			原阳县	陡门	56	61761	
			封丘县	荆隆宫	11	27364	
4	郑州滩	83.613	中牟县	狼城岗	9	22935	黄河南岸，河南省郑州市中牟县境内，九堡下延工程至黑岗口工程
			中牟县	雁鸣湖	3	2364	
			金明区	水稻	3	8161	
5	开封滩	134.917	龙亭区	柳园口	10	9112	黄河南岸，河南省开封市龙亭区、兰考县、开封县境内，柳园口险工至夹河滩工程
			兰考县	三义寨	6	7891	
			祥符区	杜良	8	7933	
			祥符区	刘店	39	37651	
			祥符区	曲兴	12	9576	
			祥符区	袁坊	25	36229	
6	李庄滩	24.308	封丘县	曹岗	2	5148	黄河北岸，河南省新乡市封丘县境内，曹岗险工下首至禅房工程上首
			封丘县	李庄	19	27136	

续表

序号	滩区名称	滩区总面积/km²	行政区划		滩内村庄/个	人口/人	滩区位置
			县（区、市）	乡（镇、街道）			
7	长垣滩	217.108	长垣市	芦岗	53	49071	黄河北岸，河南省新乡市长垣县及河南省濮阳市濮阳县境内，禅房工程上首至渠村分洪闸
			长垣市	苗寨	42	47856	
			长垣市	武丘	57	51368	
			长垣市	魏庄	2	830	
			濮阳县	渠村	11	7199	
8	兰东滩	174.937	兰考县	谷营	6	5348	黄河南岸，河南省开封市兰考县及山东省菏泽市东明县境内，杨庄险工至老君堂控导工程
			东明县	焦元	45	34183	
			东明县	长兴集	66	52071	
9	上东明西滩	23.379	东明县	沙沃	16	8821	黄河南岸，山东省菏泽市东明县境内堡城险工至高村险工
10	渠村东滩	15.323	濮阳县	郎中	7	4801	黄河南岸，河南省濮阳市濮阳县境内
			濮阳县	渠村	7	5230	
11	下东明西滩	14.472	东明县	菜园集	15	7360	黄河南岸山东省菏泽市东明县境内，桥口险工至刘庄引黄闸
12	习城滩	110.360	濮阳县	白罡	14	8141	黄河北岸，河南省濮阳市濮阳县境内，南小堤险工至彭楼险工
			濮阳县	梨园	49	30707	
			濮阳县	王称堌	24	19906	
			濮阳县	习城	45	35559	
			濮阳县	徐镇	9	6598	
13	董口滩	17.421	鄄城县	董口	7	2019	黄河南岸，山东省菏泽市鄄城县境内，苏泗庄险工至营房险工
14	葛庄滩	18.157	鄄城县	旧城	8	7933	黄河南岸，山东省菏泽市鄄城县境内，苏泗庄险工至营房险工
15	辛庄滩	27.674	鄄城县	旧城	10	6509	黄河北岸，河南省濮阳市范县及山东省菏泽市鄄城县境内，彭楼工程至李桥险工
			范县	辛庄	8	7511	

表 1.3　高村—陶城铺河段宽滩区分布表

序号	滩区名称	滩区总面积/km²	行政区划		滩内村庄/个	人口/人	滩区位置
			县	乡（镇、街道）			
16	李进士堂滩	38.058	鄄城县	李进士堂	4	4478	黄河南岸，山东省菏泽市鄄城县境内，刘口滚河防护工程至苏阁险工
			鄄城县	左营	8	7457	
17	陆集滩	41.193	范县	陆集	39	28520	黄河北岸，河南省濮阳市范县境内
			范县	张庄	25	14205	
18	清河滩	62.295	台前县	马楼	58	48789	黄河北岸，河南省濮阳市台前县境内，孙楼控导工程至梁路口控导工程
			台前县	清水河	49	30491	
19	蔡楼滩	18.968	梁山县	小路口	15	13385	黄河南岸，山东省济宁市梁山县境内，程那里险工至路那里险工
			梁山县	赵堌堆	22	8706	
20	梁集滩	9.888	台前县	夹河	5	5462	黄河北岸，河南省濮阳市台前县境内，梁集险工至后店子险工
			台前县	打渔陈	2	517	

续表

序号	滩区名称	滩区总面积/km^2	行政区划		滩内村庄/个	人口/人	滩区位置
			县	乡（镇、街道）			
21	银山滩	15.114	东平县	戴庙	8	3476	黄河南岸，山东省泰安市东平县境内，十里堡险工至徐巴什护滩工程
			东平县	银山	16	12444	
22	赵桥滩	7.216	台前县	吴坝	8	2919	黄河北岸，河南省濮阳市台前县境内，张堂险工至张庄入黄闸

1.2.3　黄河下游滩区土地利用情况

利用 ArcGIS 10.3 以及 Excel 等软件，从土地面积的增减情况、土地利用动态度、土地利用程度、土地利用结构以及土地利用类型转移矩阵等几方面分析了黄河下游滩区（河南、山东）的土地利用面积变化情况以及转移情况。

从土地面积的增减情况来看，2005～2015 年，黄河下游滩区土地利用类型变化总体上呈现出“三减三增”的特点，即耕地、草地、未利用地面积减少，林地、水域、建设用地面积增加，其中面积增加最多的土地类型是建设用地，面积减少最多的是耕地。

从土地利用动态度和土地利用程度来看，河南省和山东省的滩区虽有着很多的共同点，但也存在着差别。两省滩区的水域变化幅度和变化速度都是最大的，而且耕地降幅都最为明显。耕地都处于衰退期，建设用地、水域处于发展期，草地处于调整期。但河南省滩区土地利用动态度最小的土地类型是草地，山东省滩区土地利用动态度最小的却是林地。河南滩区的林地处于发展期，未利用地处于衰退期，而山东滩区的林地和未利用地都处于调整期。

从土地利用结构来看，黄河下游滩区耕地的结构变化速度最为明显，水域和建设用地的结构变化速度居中，林地、草地以及未利用地的结构变化轻微。2005～2015 年滩区的土地利用率以及建设用地率都得到了增加，土地垦殖率虽有所下降，但还是保持在较高水平，一直保持在 70%以上。

从土地利用类型转移方向来看，黄河下游滩区土地利用变化总体上呈现出土地类型向多种其他土地类型变化的特征。耕地、林地、草地的主要转移方向是水域以及建设用地，水域的主要转移方向为耕地和建设用地，建设用地和未利用地的主要转移方向是耕地和水域。其中耕地的转出面积最多，达到了 25849.53hm^2，未利用地转出面积最少，为 380.9hm^2。耕地转为建设用地的面积是最多的，为 14402.23hm^2。水域和建设用地转入的面积都比较多，其中水域转入面积为 14370.38hm^2，建设用地转入面积为 15371hm^2。

黄河下游滩区变化较为明显的三类用地是耕地、水域以及建设用地，耕地面积减少，水域和建设用地面积增加，而林地、草地和未利用地的变化较小。仅存在少数比较突出的滩区和乡镇，变化方向及面积与整体趋势存在差异，这与政策、环境、土地质量和人口等存在着密切联系。

1.3 黄河下游河道滩槽治理历程

1.3.1 河道治理工程实践

黄河下游有计划地进行以防洪为主要目的的河道整治，是从山东窄河段抗洪抢险中逐步发展起来的，经过逐步完善，才形成了一套较为完整的整治工程体系。河道整治的实施经过了一个漫长的过程，先易后难，从弯曲性河段开始，进而重点整治过渡性河段，最难整治的游荡性河道在大量科学研究的基础上逐步开展。

1. 河道治理历程

黄河下游河道整治的实践首先从陶城铺以下河段开始。1949 年黄河下游发生洪水，花园口站最大洪峰流量为 12300m^3/s。在洪水演进的过程中，陶城铺以下的弯曲性河段河势发生了较大变化，有 40 余处险工发生严重的上提下挫，出现了严重的工程险情。通过这次洪水，人们认识到要减小重大险情的发生概率，除修好堤防及沿堤险工外，还必须选择与险工相应的滩地弯道修建工程，发挥其导流作用，这样才能相对稳定河势，增加防汛的主动性，即在加高加固堤防的同时，还必须开展河道整治工程建设。

针对 1949 年汛期出现的河势变化和严重被动的抢险局面，1950 年选择部分河段开展固滩定弯试验，其效果良好。同时发现，孤立一处滩弯修建护滩工程，对弯道水流的环流影响作用和控导力度均不够大，对下弯发挥的控导作用也较有限。若能对一个河段内几个弯道（包括险工及滩弯）进行统一规划，同步进行控导，则可能对稳定河势产生长距离约束效应。于是，通过进一步利用护滩控导工程稳定滩弯，进行典型河段多弯联合控导河势试验，以固定中水河槽，稳定主溜，规顺河势。

河道整治试验取得成功之后，弯曲性河段尤其是济南以下河段的河道整治得到了快速发展。1952～1955 年修建了大量的控导护滩工程，1956～1958 年对工程进行了完善、加固。20 世纪 80 年代以后，依照河势变化等情况，又对工程进行了新建、续建、调整、完善，河势得到了有效控制。

高村至陶城铺河道属过渡性河道，其河势演变特点具有弯曲性河道的部分特点，在平面上表现出河槽单一、弯曲，主溜变化较小的基本特性，但河道整治的难度要比弯曲性河道整治的难度大。按照弯曲性河道整治的经验，1975 年前对高村—陶城铺河段进行了集中整治，1975 年后对整治工程进行了续建完善。

高村以上的游荡性河段纵比降陡，流速快，洪水破坏能力强，河床泥沙颗粒粗，含黏量小，抗冲能力低，塌滩迅速，对堤防威胁大；河势演变的任意性强、范围大、速度快、河势变化无常。游荡性河段是情况最为复杂、最难进行河道整治的河段。能否对游荡性河段进行河道整治、能否控制河势，在 20 世纪 60～70 年代学界一直存在争议。通过大量的试验以及对弯曲性河段和过渡性河段整治的经验总结，最终确定了游荡性河段的整治方案。20 世纪 80 年代以后，黄河下游河道整治的重点为游荡性河段，之后多次制订、修改河道整治规划，不断积累、研究河势演变资料，通过室内分析、实体模型试验修订治导线，指导河道整治工程建设，黄河下游河道的整治工程不断完善、优化，河势得到了有效控制。

2. 河道整治工程建设情况

黄河下游特殊的水沙条件及河道特性，决定了下游河道河势游荡多变的特点，为了保证防洪安全，历朝历代都对黄河下游河道进行了治理。据史书记载，黄河下游的治理已有 4000 多年的历史。中华人民共和国成立后，国家投入巨资实施了大量的河道整治工程。1948 年以前，白鹤—高村游荡性河段有险工 15 处，护滩工程 3 处。1948～1958 年，由于河势变化等又增加了 5 处险工和部分护滩工程。1958 年水利部黄河水利委员会制定了下游各枢纽间自由河段的河道整治规划，在两年多的时间内修建了坝垛近百道。

1960～1973 年，三门峡水库运行使得一定量级的洪水受到控制，但是中水流量持续时间延长，造床作用增大，由于河道整治工程少，主溜缺乏控制，塌滩严重，河势恶化，出险多，险情大，抢护难，防守十分被动。为此，在重点整治高村—陶城铺河段的同时，在高村以上也不断修建控导护滩工程。该时段共修建各种坝垛 444 道。

1974 年继续加大整治速度，当年修建了 13 处控导工程和坝垛 176 道，成为修建控导工程数量最多的年份，但自此以后，受国家投资的限制，工程修建的比较少。1974～1989 年共修建了 665 道坝垛。

1990 年以后，随着国家对河道整治工作的重视，投资明显增加，特别是 1998 年长江、嫩江、松花江发生大洪水以后，国家进一步加大了对水利的投资力度，成为有史以来河道整治工程修建最多的时期。据统计，1990～2001 年共修建了 833 道坝垛，其中 1998～2001 年修建了 455 道坝，占 1990 年以来修建坝垛总数的 54.6%，占该河段已有坝垛总数的 20.4%。

“十五”期间险工改建坝垛 1457 道，新建、续建控导工程 42.375km；2005～2007 年，险工改建坝垛 134 道，防护坝 18 道，新建、续建控导工程 15.490km，加固坝垛 78 道；2012～2014 年进行险工改建坝垛 228 道，新建、续建、改造控导工程 6.541km，加固坝垛 52 道。

至 2014 年，黄河下游共有河道整治工程 354 处，坝垛 9904 道，工程长 738.006km。其中控导工程 219 处，坝垛 4625 道，工程长 427.466km；险工 135 处，坝垛 5279 道，工程长 310.540km。黄河下游河道整治工程统计结果见表 1.4。

表 1.4　黄河下游河道整治工程统计结果

河段		游荡性河段	过渡性河段	弯曲性河段	小计
控导工程	工程处数/处	87	32	100	219
	坝垛数/道	2276	744	1605	4625
	工程长度/km	225.211	66.898	135.357	427.466
险工	工程处数/处	29	23	83	135
	坝垛数/道	1479	495	3305	5279
	工程长度/km	111.460	52.772	146.308	310.540
合计	工程处数/处	116	55	183	354
	坝垛数/道	3755	1239	4910	9904
	工程长度/km	336.671	119.670	281.665	738.006

1.3.2 滩区受灾及安全建设情况

1. 滩区受灾情况

黄河下游河道的早期治理受国家财力薄弱的影响，往往只注重河槽整治，滩区人民饱受洪灾之苦。据不完全统计，自新中国成立以来，滩区遭受不同程度的洪水漫滩20余次，累计受灾人口887.16万人次，受灾村庄13275个次，受淹耕地2560.29万亩，其中河南受灾人口490.64万人次，受灾村庄5777个次；山东受灾人口396.52万人次，受灾村庄7498个次。其中，1958年、1976年、1982年，东坝头以下的低滩区全部上水，东坝头以上局部漫滩。1996年8月，花园口站洪峰流量为7600 m^3/s，是20世纪90年代最大的洪水，除高村、艾山、利津三站外，其余各站水位均达到了有实测记录以来的最高值，滩区几乎全部进水，甚至连1855年以来从未上过水的原阳、开封、封丘等高滩也大面积漫水。

小浪底水库运行后，虽然平滩流量有所增大，但部分河段主槽河底高程高于低滩高程的滩区仍大量存在。河势一旦发生变化，这些低滩就有可能被淹。以2003年兰考东明滩区为例，受“华西秋雨”影响，大河流量维持在2500 m^3/s，下游东坝头—陶城铺河段9处自然滩发生漫滩。其淹没面积为3.3万 hm^2，其中耕地2.3万 hm^2；受灾人口14.87万，其中外迁4万人。

黄河下游滩区还受凌汛威胁，在封冻期或开河期，冰凌插塞成坝，堵塞河道，水位陡涨，致使滩区遭受不同程度的凌洪漫滩损失。1997年1月，河南省台前县河段封河长度达36 km，卡冰壅水造成滩区倒灌，滩区水深1～3 m，有6个乡109个行政村被水淹没，8.66万人被凌水围困，受淹面积达10万亩左右。

2. 滩区安全建设

1958年大洪水以后，为了解决滩区群众的生产生活和财产安全问题，使耕地免遭中小洪水淹没，黄河下游滩区普遍修起了生产堤。生产堤修建后，影响了滩槽水沙交换，主河槽淤积严重。数年后人们逐渐认识到生产堤对黄河防洪极其不利，1974年国务院批转了黄河治理领导小组的《关于黄河下游治理工作会议的报告》，该报告指出：从全局和长远考虑，黄河滩区应迅速废除生产堤，修筑避水台，实行一水一麦，一季留足全年口粮。在该报告的指导下，滩区群众开始有计划地修建避水工程。这一政策对于解决当时滩区群众的基本生活和生产问题起到了一定作用，但与之配套的滩区安全建设在人口不断增加的情况下严重滞后。

1982年以前，修建的避水台主要有公共台和房台，公共台不盖房子，人均面积3 m^2，用于人员临时避洪。由于公共台避水不方便，只能保护人员，不能保护财产；所修建的孤立房台之间易走溜，抗冲能力低，经水浸泡又极易出现不均匀沉陷，造成房子出现裂缝甚至倒塌。因此，1982年洪水之后开始修建村台、联台，但也只是对房基进行垫高，绝大多数街道、胡同及其他公共空间没有连起来，洪水仍然走街串巷，房基经过浸泡仍有不均匀沉陷，倒塌房屋虽有所减少，但房屋裂缝仍较为普遍。因此滩区群众迫切要求建设以村为单元的整体联台，将街道、胡同及公共空间全部垫高。

避水工程投资主要靠群众负担，国家适当补助。国家较大规模的补助从1998年开始，投资的渠道有防洪基金、水毁救济资金、以工代赈及河南、山东两省的匹配资金。据统计，1998～2003年国家累计投资6.83亿元，其中河南4.24亿元，山东2.59亿元。2004年以后利用亚洲银行贷款安排滩区村台建设投资2.29亿元。

至2003年底，黄河下游滩区已有1046个村庄87.44万人有了避水设施，还有878个村庄92.03万人没有避水设施。此外，黄河下游滩区2012年前共进行了两次大规模的外迁，第一次是1996年8月洪水后，第二次是2003年秋汛洪水后。两次共外迁206个村庄，12.7万人（河南20个村庄1.7万人，山东186个村庄11.0万人）。第一次黄河滩区共外迁村庄176个，人口9.35万，其中河南外迁村庄9个，人口0.46万；山东外迁村庄167个，人口8.89万。第二次安排外迁群众3.3万人，其中河南兰考1.2万人，山东东明2.1万人。

黄河下游滩区面积大、滩地宽、居住人口多，根据滩区群众的耕作手段，国务院2013年3月批复的《黄河流域综合规划（2012—2030年）》（水利部黄河水利委员会，2013）提出就地建大村台、临时撤离、外迁3种滩区人口安置方式，即原地避洪、转移安置避洪和村庄外迁3种方案。据此，近些年黄河下游滩区安全建设的总体布局是以就地就近建设村台为主、局部外迁为辅、较低风险区临时转移的综合安置方式。其中，鼓励外迁主要指将窄河段及距堤比较近的村庄迁到滩区以外，就地避洪指在滩区村庄附近修建避水村台以及联台，把避洪标准抬高到每人60～80m^2，保证滩区居民的人身安全和重要财产安全。

随着黄河流域经济社会的快速发展，滩区群众脱贫致富的愿望越来越强烈，加之黄河实测水沙情势的变化，黄河下游河道滩区治理再次引起专家的关注（李文学和李勇，2002；韦直林，2004；张红武等，2011；何予川等，2013；王保民和张萌，2013）。国家出台了《黄河下游滩区运用财政补偿资金管理办法》，河南省和山东省也相应出台了滩区居民迁建规划并稳步推进，这对黄河长治久安和滩区高质量发展具有重大意义。

1.4　黄河下游河道滩槽治理现状

中华人民共和国成立后，黄河下游初步形成了“上拦下排、两岸分滞”的防洪工程体系，即“宽河固堤”的大格局，其在防灾、供水、灌溉和发电等方面都发挥了巨大的效益。从1950年起，按在陶城铺以上河段“宽河固堤”、陶城铺以下河段“窄河固堤、束水攻沙”的治河方略，采取了一系列工程措施与非工程措施，包括大堤加高加培工程、石化险工、自下而上进行河道整治，开辟蓄滞洪区，绿化大堤，加强堤防管理与人防体系等。这些措施改变了下游的防洪形势，为保证堤防不决口奠定了基础。

在进行河道整治前，由于主槽摆动频繁，滩槽变化快，滩地坍塌现象时常发生。较高的滩地坍塌后，一段时间内难以恢复，而新淤积的嫩滩需要经过多次淤积抬高才能转化为可耕地。滩地的坍塌后退，致使河道主槽断面更加宽浅，失去滩岸控制的主流摆动范围进一步加大。从多年的治河实践中人们认识到保护滩地的重要性。随着河道整治逐步实施，“控导主流”已经成为河道整治的主要任务，工程对主流的控制作用增强，主流摆动范围大大减小，主河槽相对稳定。河道整治工程保护了工程所在地段的滩地和村庄，整治工程修建较为完善的河段滩岸也不再坍塌后退。

为了减轻滩区灾害，有利于滩区群众发展生产，进行了滩区安全建设，通过外迁、修建村台、撤退桥梁和道路等措施，保证了滩区居民生命及主要财产的安全，有效地减少了洪灾损失。2012 年，财政部、国家发展和改革委员会、水利部制定了《黄河下游滩区运用财政补偿资金管理办法》，该办法明确了对滩区群众受灾作物和房屋进行补偿，大大提高了滩区群众发展农业生产、改善生活条件的积极性，有利于滩区经济的发展；通过河道整治和多种滩区治理措施，有效减轻了洪水对滩区居民的威胁；生命安全和主要财产安全有了保障，滩区补偿政策实行以后漫滩洪水造成的损失会得到补偿，减轻了滩区居民因洪水淹没而造成的损失，有利于滩区经济社会发展。

当前黄河下游河道滩槽治理秉承防洪为主、统筹兼顾的原则，河道整治工程规划既需以防洪为主，又要统筹兼顾有关国民经济各部门的利益和要求，同时坚持滩槽协同治理。河道是由河槽与滩地共同组成的，河槽是水流的主要通道，滩地面积广阔，具有滞洪沉沙的功能，大洪水期间，挟沙水流漫滩滞洪，落淤沉沙，淤高滩地。改善河槽形态，利于防洪，它是河槽存在的边界条件的一部分。河槽是整治的重点，主要是为了保证滩槽岸线稳定；滩地的稳定是维持一个有利河槽的重要条件。因此，治槽是治滩的基础，治滩有助于稳定河槽，河槽和滩地互相依存，相辅相成。因此，黄河下游河道整治，必须要坚持治槽和治滩统筹兼顾。

2012 年，“十二五”国家科技支撑计划项目“黄河水沙调控技术研究及应用”，单独列“黄河下游宽滩区滞洪沉沙功能及滩区减灾技术研究”课题，课题负责人江恩慧等（2019d）在前人及其研究团队前期研究的基础上，首次以系统观点与理论为引领，在理论层面揭示了黄河下游河道滩槽演化机理，量化了滩槽协同治理目标；在技术层面构建了协调防洪安全与滩区发展的滩槽协同治理技术体系，实现了滩槽水沙优化配置和滩槽协同治理效益的综合评价。其成果直接应用于黄河流域（片）综合规划、“二级悬河”治理、滩区补偿政策、新一轮游荡性河道整治等重大生产实践，初步实现了行洪输沙能力提升、社会经济发展、生态环境改善的良好效益，在游荡性河道稳定控制、河口生态恢复等方面成效显著。

2013 年，水利部黄河水利委员会联合中国水利水电科学研究院、清华大学等单位开展了“黄河下游河道改造与滩区治理研究”项目，重点研究适应未来水沙变化且有利于提高河道输沙能力的防护堤治理方案的可行性。2016 年，国家重点研发计划项目“黄河下游河道与滩区治理研究”重点开展了黄河下游滩槽演变趋势和河槽变幅、黄河下游河道输沙阈值及水沙调控作用潜力、黄河下游河势稳定控制和输沙能力提升技术、黄河下游滩区功能约束及其良性治理体系、综合治理决策支持系统开发及治理方案优化、黄河下游河势控制与滩区治理示范研究等。

针对黄河下游滩区治理问题，一些科研工作者通过研究提出了“宽河固堤”“窄河治理”“分区治理”等多种模式，在防洪控制、特定河段治理、滩区群众经济发展等方面提出了积极的措施和建议。随着小浪底水库的建成运行和持续十几年的黄河调水调沙，黄河下游河道得以沿程冲刷，平滩流量增大，加之近十几年黄河一直未发生大洪水，黄河下游滩区未发生较大漫滩，引起人们对宽滩区治理和运用方式的再次争论。

目前研究人员普遍认为，黄河下游发生大洪水的可能性仍然较大，特别是一旦出现高含沙洪水，其对下游河道防洪安全的威胁就可能存在，需要引起重视。然而，在当前河道边界条件下，一旦发生这种不利水沙情况，黄河下游河道的冲淤、滩区淹没情况、滩区的灾情损失等将发生哪些变化，还无人开展定量研究。江恩慧等（2016）开展了中常高含沙洪水条件下黄河下游宽滩区防洪形势对不同治理模式响应状况的模型试验，结果表明：有防护堤模式的主槽输沙能力强于无防护堤模式，但嫩滩淤积量大于无防护堤模式；有防护堤模式仅高村以下少量滩区漫滩上水，淹没面积小于无防护堤模式；习城滩在两种模式中漫滩范围都较大，是防洪重点区域。建议在高村以上滩区修建高标准防护堤，以保障滩区安全和经济建设，高村以下滩区实施滩区淹没补偿政策。

黄河下游宽滩区既是大洪水行洪滞洪沉沙的通道，又是滩区群众赖以生存和发展的家园，兼具自然和社会双重属性，历史上受水沙关系和社会经济发展水平的制约，防洪减淤始终是黄河下游河道治理关注的焦点。随着当前自然、社会、经济条件发生深刻变化，在保障黄河防洪安全的同时，国家对下游河道治理进一步提出了“稳定主槽”“实现保障黄河安全与滩区发展的双赢”的具体要求，滩槽协同治理是新时代黄河下游河道治理的战略方向。

近20年来，进入黄河下游的洪水量级和频次大幅减少，面对大洪水时，如何兼顾防洪减灾与滩区经济可持续发展开展宽滩区运用、未来黄河下游滩区该如何发展等问题是黄河下游河道治理方向与综合减灾技术科学研究中的关键问题。面对这些复杂的问题，需要以系统科学为基础，在水沙统筹、空间统筹和时间统筹的原则下，将黄河下游宽滩区看作一个整体系统，河道滞洪沉沙、滩区社会经济等看作宽滩区系统中的子系统，建立能同时反映河流自然属性和社会属性的二元评价体系，对比分析不同大洪水对黄河下游宽滩区的影响，探究宽滩区优化运用方式，为宽滩区的合理高效运用提供科技支撑。

第2章 黄河下游河道滩槽协同治理研究进展

本章以河流系统为研究对象，围绕基于系统观点的河流治理理论与技术、游荡性河道滩槽协同治理方法、游荡性河道河势稳定控制技术以及滩区可持续发展模式及管控机制等方面开展文献调研和综述，总结前人的研究成果，启发下一步拟开展的研究。

2.1 基于系统观点的河流治理理论与技术研究综述

2.1.1 系统科学的产生与发展

系统是由相互联系、相互作用的要素（部分）组成的具有一定结构和功能的有机整体，普遍存在于自然界和人类社会（冯·贝塔朗菲，1987；钱学森，2011）。系统科学是研究系统内部运行过程及系统间复杂作用关系的科学，是一门包括系统论、信息论、控制论、耗散结构理论、协同学、突变论等在内的一门综合性、交叉性学科。

苗东升（2010）将现代系统科学体系的形成和发展分为三个重要的阶段：第一阶段也是第一次整合工作，是贝塔朗菲进行的，他试图按照一定的框架把不同的系统研究综合为一门统一的学科；第二阶段以哈肯的整合工作为代表，他明确提出要将系统科学相关的研究统一起来，并试图以协同学为基础来实现；第三阶段归功于钱学森，他的体系结构的提出标志着系统科学实现了从分立到整合。

第一阶段以美籍奥地利理论生物学家贝塔朗菲提出“一般系统论”的概念为标志。他在芝加哥大学的哲学讨论会上，第一次提出了“一般系统论”的概念和原理，奠定了这门学科的理论基础。1945年，他在《德国哲学杂志》上发表了论文《关于一般系统论》，对系统的共性做了一定的概括，明确提出把一般系统论作为一门独立的学科，但是不久毁于战火，这种思想几乎无人所知。1948年，他在美国讲学和参加专题讨论会时进一步阐释了“一般系统论”，并指出无论系统的具体种类、组成部分的性质和它们之间的关系如何，都存在着适用于综合系统或子系统的一般模式、原则和规律，从此一般系统论才引起了学术界的重视。1954年，他发起成立了一般系统论研究会，推动了一般系统论的发展，创办了《行为科学》杂志，出版了《一般系统年鉴》。而真正确立这门学科学术地位的是1968年贝塔朗菲发表的专著——《一般系统论：基础、发展和应用》(*General System Theory*：*Foundations*，*Development*，*Applications*)，该书被公认为这门学科的代表作。一般系统论是研究复杂系统理论的学科，着重研究复杂系统潜在的共同规律，对系统科学的形成和发展有着巨大的意义。但它仍偏重于概念性的描述，缺乏定量的理论方法。

第二阶段以耗散结构理论、协同学、超循环理论和突变论等自组织理论的提出为标志。耗散结构理论是1969年比利时统计物理学家普里高津提出的，他认为处于远离平衡态的开放系统可以通过能量或物质的耗散，自组织形成一种新的有序结构，这种有序结构称为耗散结构。1971年，他出版了《结构、稳定与涨落的热力学理论》一书，该书比较详细地阐明了耗散结构的热力学理论，并将它应用到流体力学、化学和生物学等方面，引起了人们的重视。协同学是20世纪70年代初德国理论物理学家哈肯创立的。1971年他首次提出了协同这一概念，1973年提出协同学理论的基本观点，1977年出版专著《协同学导论》，系统阐释了协同学理论，初步形成了协同学的基本框架。1983年，哈肯的《高等协同学》出版，充实了原来的协同学理论。协同学研究由许多子系统构成的系统如何协作形成宏观尺度上的空间结构、时间结构或功能结构，尤其关注这种有序结构是如何通过自组织方式形成的。

第三阶段以复杂性科学在国际科学界的兴起为标志，主要有埃德加·莫兰的学说、普利高津的布鲁塞尔学派、圣塔菲研究所的理论。20世纪80年代，我国著名科学家钱学森最早明确提出探索复杂性方法论。他认为研究开放的复杂巨系统必须采用新的方法，即从定性到定量的综合集成方法，后来发展为综合集成方法的研究体系。总的来说，复杂性科学是一门以复杂性系统为研究对象，以超越还原论为方法论特征，以揭示和解释复杂系统运行规律为主要任务，以提高人们认识世界、探究世界和改造世界的能力为主要目的新兴科学。它倡导的是一种新的思维方式、思想观念导向和理论研究模式，现在已经在经济系统的发展、免疫系统的形成、人工生命的诞生、人工神经网络的计算等方面取得了一定成果，它正在介入人类生活中的方方面面，并产生重要的影响。

2.1.2　系统科学的理论方法

系统科学是一门现代的科学和思维方法，是当今科学发展的前沿领域。系统方法（systems approach）是运用一般系统论的原理、原则去认识和解决问题的研究方法。系统科学方法是表征不同科学的共同现象、共同规律的方法体系，具有方法论性质。它把研究对象当作一个整体来对待，着重研究系统的整体功能。然后通过一系列科学的方法和步骤，把确定目标和实现目标这两个认识过程有机地统一起来，首先通过提出问题、选择目标、系统分析、系统综合、系统选择等步骤来确定目标，其次通过科学设计、规划、实施、分析、反馈、调节、优化、修正等来实现确定的目标。与传统方法相比，它能通过分析与综合、分解与协调、定性与定量更精确地处理部分与整体的关系，在系统总目标下，使各个子系统相互配合，并易于对整体进行有效的优化，从而实现整体的目标。

系统科学的理论方法主要包括非线性科学、协同学、复杂性科学、突变论、耗散结构理论、运筹学、控制论等。流域系统科学研究常用的系统科学方法包括协同学、控制论、博弈论、突变论、非线性科学等。在不同层面的研究，这些方法均有各自的适用性。其中，在河流（流域）系统演化研究方面，协同学和突变论的应用前景广阔（徐国宾和杨志达，2012；黄强和畅建霞，2007）。

1. 协同学

协同是指系统元素对元素的相干能力，表现了元素或子系统在系统整体发展运行过程中协调与合作的性质。协同学由德国理论物理学家哈肯创立，其研究一个由大量子系统或要素组成的多组分系统，在一定条件下，子系统或要素之间如何通过非线性相互作用产生协调现象和相干效应，使整个系统形成具有一定功能的自组织结构，出现新的有序演化状态。赵志峰和徐卫亚（2007）指出，协同学理论是研究系统协调发展及演化机理的重要理论工具，它揭示了系统演化的基础和动力源泉，已在生物、社会、经济、管理等领域得到广泛应用（蒋义和詹冰，2015；刘娟，2016；杨萍，2017；崔慧妮等，2018）。

在协同学中，序参量是一个十分重要的基本概念，它是描述系统宏观有序度或宏观状态的参量。无论什么系统，如果某个参量在系统从无序向有序的演化过程中，从无到有地自组织产生和变化，具有指示系统有序结构形成的作用，就认为它是序参量。序参量在系统内部一旦产生，就获得了支配地位，支配系统其他组分、子系统、模式的运行。序参量产生后，就凝聚了整个系统演化的主要标志信息，代表系统演化的主要方向（刘宁，2016）。目前关于序参量辨识的方法主要有定性分析和定量求解两种，其中定性分析主要是基于序参量的概念内涵进行逻辑推理与归纳识别，一般用于影响系统演化的要素过多、难以全部准确捕捉或某些关键要素无法定量描述的情况（王俣含，2019）。定量求解可归纳为两类：一类是基于序参量所具备相对稳定性的特征，依据绝热消去原理，将系统中变化较快的变量（称为快弛豫变量）消去，得到变化较慢的变量（称为慢弛豫变量），即为序参量，一般常用的方法是哈肯模型（郭莉等，2005；李琳和刘莹，2014；张子龙等，2015）；另一类是基于价值权重的思想，将序参量的引导与约束作用看作是通过价值参数结构来发挥的，从而将价值参数结构当作序参量的一种具体体现，通过计算比较不同状态参量在系统中的价值参数确定序参量，具体方法包括灰色关联分析、主旋律分析、主成分分析等（燕琳，2020）。需要注意的是，这种借助价值参数结构的方法表征了序参量的另一种内涵形式，虽结构简单、易于理解，但其结果仅能反映系统协同演化的趋势，难以帮助找到系统发生变化的根本原因（陈盼，2013）。相反，哈肯模型可以弥补这一不足，但该模型相对复杂，需要将所有可能的序参量两两组合建立动力学方程进行逐一判别，且不能完整揭示各子系统间的协同关系和耦合效应，不利于全面认识河流系统的协同演化机制。

2. 突变论

突变理论研究系统从一种稳定组态跃迁到另一种稳定组态的现象和规律。它以数学中的拓扑学、奇点理论为工具，直接研究系统演化的不连续性特征，尤其适用于研究内部作用机制未知的系统（凌复华，1984）。

一个系统所处的状态可用一组参数（状态变量）组成的势函数来描述，当势函数取唯一极值时，说明该系统是稳定的；当参数在某个范围内变化，函数不止一个极值时，则说明系统是不稳定的，此时系统即进入突变发生的临界状态。突变现象具有多模型态、不可达性、突跳性、滞后性等特征。托姆提出，发生在三维空间和一维时间的四个因子控制下的突变，可用七种基本突变模式来解释，包括折叠、尖顶、燕尾、蝴蝶、双曲脐、椭圆以及抛物脐形。

突变理论不仅是数学的一个分支，更是一门着重应用的学科。它是其创始人托姆在 20 世纪 60 年代为了解释胚胎学中的成胚过程而提出来的。20 世纪 70 年代以来，Zeeman（1976）进一步发展了突变理论，并把它应用到物理学、生物学、生态学、医学、经济学和社会学等各个方面，产生了很大的影响。在物理学领域，突变理论被用来研究弹性结构的稳定性、焦散、非线性振动、水的气液相变等（Holmes and Rand，1976；Zeeman，1976；凌复华，1984；Berry，2001）。在医学和生物学领域，突变理论被用来描述细胞的分化、物种的突变、甲状腺功能亢进的治疗，研究蜂群大小的原因、两种生物组织之间的界面、生态系统的分析等（Poston and Stewart，1978；Zeeman，1974，1978；Seif，1979；兰仲雄和马世骏，1981；李典谟和陈玉平，1982；凌复华，1984）。在社会学领域，突变理论被用来研究经济危机的爆发和缓慢复苏过程（都兴富，1994）、朝代更替等（金观涛和华国凡，1982；金观涛和刘青峰，1984）。

在我国，突变理论在工程和地学研究方面的应用尤为令人瞩目。在工程界，潘岳等（2008）将突变理论应用于岩体系统突发性失稳问题，取得了一系列成果，其中“非线性硬化与软化的巷道”围岩应力分布与工况研究取得了突破性进展。何金平和李珍照（1997）将突变理论应用于大坝安全的动态分析，对大坝安全评价这一复杂系统进行多层目标分解，分别计算出不同时期大坝安全总突变隶属函数值，从而动态地对大坝安全状态进行模糊分析与评判。顾冲时等（1998）提出了利用尖点突变模型分析大坝和岩基稳定状况的判据和计算模型。赵志峰和徐卫亚（2007）把突变理论运用到边坡稳定的综合评价中，利用突变理论在多准则评价决策中的优点，避免了人为确定权重的主观性。

在地学界，郭绍礼等（1982）应用尖点突变模型研究东北地区沙漠化过程的演变，认为稳定良田发展到良田沙化存在临界时间和临界区域。崔鹏和关君蔚（1993）建立了泥石流起动尖点突变模型，提出准泥石流体起动具有突变、缓慢和过渡状态等多条路径。王协康等（1999）把泥沙起动所受的水流运动强度参数作为状态变量，建立了泥沙起动的尖点突变模型，解释了不同泥沙起动的现象和机理。龙辉等（2002）将尖点模型应用于降雨触发滑坡的研究，深化了对滑坡机制的认识。杨具瑞等（2003）将 Shields 数作为状态变量，沙粒雷诺数的负 0.3 次方和无量纲参数 md_m/d_0 作为控制变量，建立了尖点突变模式用于反映非均匀泥沙的起动规律。宋立松（2004）将灰色理论与突变理论结合，建立了用于河口稳定性分析的灰色尖点突变模型，通过突变特征值来反映河床演化状态与临界失稳状态的距离，并结合实例进行了验证。李绍飞等（2007）基于海河流域地下水环境特征及几十年的演变过程，采用突变理论提出了地下水环境风险评价指标体系，用于地下水环境风险评价，收到良好效果。

2.1.3　系统科学在河流系统中的应用

近年来，随着社会经济改革的逐渐深入，流域协调发展问题日益凸显（王浩和胡鹏，

2020）。在此情势下，将系统科学进一步拓展至流域尺度，以多学科视角，将自然科学和社会科学相融合以研究变化环境下的水问题已成为当前国际地球系统水科学发展前沿（陆志翔等，2016）。

在突变论方面，Thornes（1981）基于突变理论定性分析了西班牙干旱地区河流的突变特征。Richards（1982）将突变理论引入河型成因的研究中。Graf（1979，1988）用尖点突变模式描述了顺直、蜿蜒和游荡分叉三种河型的转化过程，提出了河型的转化有突变和渐变两种方式。肖毅等（2012b）根据尖点突变模式建立了河道平衡状态方程，并对 100 多条天然河流及实验河段进行验证，将突变理论从定性分析引向定量应用。

在协同学方面，为详细刻画和准确理解流域系统自然-社会的相互作用与演化机理，大量的协同评价模型和仿真模拟手段得以发展与应用（张沛，2019）。根据作用和功能的不同，可将这些模型方法归纳为关联程度分析与相互关系分析两类。其中，前者主要度量子系统间的相互作用程度，反映了整个流域系统的协调发展水平。刘丙军等（2011）根据协同学支配原理，利用模糊数学隶属度函数和耦合协调度模型，构建了基于子系统有序度水平的协调度评价模型，分析了东江流域水资源-社会经济-生态环境系统的协调发展水平。Zuo 等（2020）基于和谐理论，利用分段模糊隶属函数和耦合度模型，定量评估了河南省 18 个地区的人水和谐度。吴艳霞等（2021）利用熵值法和耦合协调度模型、相对发展模型，定量测度了 2009～2018 年黄河流域社会经济-生态环境系统耦合协调的时空格局及其相对发展情况。王维（2019）利用熵值法和加权平均模型、耦合度模型、耦合协调度模型，分别计算了长江经济带经济-生态-环境-能源-教育（“5E”）系统的综合发展指数、耦合发展指数和协调发展指数，解析了“5E”系统协调发展的时间变化规律和空间分布特征。李彩霞（2020）采用层次分析-投影寻踪（AHP-PP）模型和信息熵模型，探讨了湟水流域人-水系统的协同演化方向及状态。杨梦飞（2015）利用主成分分析方法和耦合协调度模型，构建了赣江流域社会经济-水环境系统耦合协调测度模型，分析了社会经济子系统与水环境子系统的交互耦合程度与协调程度；后者主要揭示子系统间的相互作用关系，反映了整个流域系统演化的内在动力（刘金华，2013；王奕佳等，2021）。钟淋涓等（2007）采用定性分析的方式探讨了水资源与社会经济、生态环境之间的相互作用关系，指出三者之间既相互联系、相互依赖，又相互影响、相互制约。王宏伟等（2006）通过相关性分析和回归模型，建立了乌鲁木齐市环境系统与经济发展系统的定量关系，并构建了生态环境与经济发展交互作用关系概念模型。Di 等（2013）构建了一种分析人-水系统复杂动态的概念性模型，探讨了意大利波河（Po River）流域洪水事件与人类社会活动之间的相互作用机制。Liu 等（2014）通过分析塔里木河流域人水双向反馈的过程，在中国传统文化思想的感染下提出了人水相互作用机制的“太极-轮胎”概念模型。陆志翔等（2016）利用水量平衡方程和社会学转换理论，提出了人-水关系演变分析模式，将黑河流域近 2000 年的人-水关系演变划分为 4 个阶段，发展前期、起飞期、加速期和重新平衡期。范斐等（2013）以协同学进化理论为统领，利用 logistics 增长模型描述各子系统的运动轨迹，构建了社会-经济-资源环境复合系统的协同进化模型，并将其拓展到流域人-水系统互馈关系的研究中（李彩霞，2020）。岳瑜素等（2020）利用系统动力方程描述洪水治理、土地资源配置和滩区经济社会发展之间的联动关系，构建了黄河下游滩区自然-经济-社会复合系统动力学模型。Jia等（2020）通过构建系统动力学模型，分析了1998～2017年长江上游流域供水-发电-环境的相互关系与演化规律。Zhou（2019）采用细胞自动机模型和多智能体系统模型组合的方式，揭示了城市演化过程中区域的人水相互作用状态。此外，多主体建模、生态网络分析等方法也被应用于流域系统的相互作用研究中（Daher and Mohtar，2015；Albrecht et al.，2018）。

2.2 游荡性河道滩槽协同治理方法研究综述

2.2.1 滩槽水沙交换机理与滩槽关系演化规律

1. 滩槽水沙交换机理

复式河道滩槽水沙运动的复杂性远远高于单一河道，长期以来得到了国外学者的广泛关注。自苏联学者通过物理模型试验观测到滩槽水流之间存在相互作用以来（热烈兹拿柯夫，1956），国内外学者广泛开展了关于复式河道滩槽水沙运动和河床演变的相关研究，揭示了顺直、弯曲、宽窄相间等不同概化平面形态河道的非均匀沙滩槽交换规律。目前关于滩槽水沙运动交换的研究主要集中在复式河道水流运动特性、泥沙运动特性、滩槽表观剪切应力、河道阻力以及复式河道过流能力、河道演变等方面，其研究方法涵盖了机理分析、试验研究及数学模拟研究。

一般认为滩槽流速的差异致使复式河槽产生强烈的动量交换，其结果是滩槽交界面产生表观剪切应力，继而滩槽动量交换影响滩槽阻力和输水能力，因而许多学者对滩槽动量交换中阻力的变化进行了分析，通过试验研究、理论研究分析动量交换的过程和机理。Myers、Knight等认为在动量交换过程中，滩槽交界面上表观剪切应力明显大于固体周界的平均剪切应力（Myers and Elsawy，1975；Myers，1978；Wormleaton et al.，1982；Knight and Demetriou，1983；Stephenson and Kolovopoulos，1990）。Bousmar和Zech（1999）认为滩槽交互区的立轴漩涡及二次流团通过滩槽交界面将主槽与滩地的流量相互交换是引起滩槽间的动量交换的原因。丁君松和王树东（1989）通过试验发现水流漫滩后，滩槽之间不仅存在着水流动量的横向传递，同时还存在泥沙的横向输移；Knight等讨论了由滩槽水流动量交换在其垂向交界面上产生的表观剪切应力、滩槽动量交换对床面形态、滩槽泥沙交换的影响等（Knight and Brown，2001；Knight and Shiono，1996）。

除此之外，许多学者提出了滩槽分区水沙交换模式，即根据复式河道概化断面形态不同，对滩槽水沙交换模式进行探讨。梁志勇等（1993）提出滩槽泥沙交换的三种模式：顺直河道漫滩水沙运动主要由横比降引起、弯曲河道水沙运动主要由纵比降引起和介于两者之间的。陈立等（1996）认为滩槽水沙交换形式有三种：水位高时横向泥沙交换，交互区内紊动扩散引起的泥沙交换，水位不变时惯性力引起的横向水沙交换。侯志军等（2009，2010）分析了黄河滩槽水沙交换的模式与机理，提出滩槽水沙交换包括条形滩区交换模式和三角形滩区交换模式。张治昊（2015）对黄河下游复式河道的滩槽水沙运动开展研究，建立了黄河下游滩槽分流比的多因素综合关系式，并对滩槽分流进行预测，同时提出了黄河下游滩槽演变的四种模式，揭示了冲淤过程中淤滩刷槽的演变机理。

从国内外泥沙研究的角度来看，目前国内外复式河道滩槽水沙运动与河床演变的研究均集中于试验研究与数学模型开发等领域，具体针对黄河下游这样复杂的复式河道滩槽水沙交换机理与演变的系统研究尚未完全展开。

2. 滩槽关系演化规律

黄河泥沙问题的关键在于水沙关系不协调，主要表现在两方面：一是洪水期对河道两岸造成巨大灾害；二是小水带大沙、主槽淤积萎缩。黄河下游高含沙洪水的淤积效应是黄河水沙关系不协调的典型表现。围绕黄河下游泥沙问题治理实践，我国率先开展了高含沙水流的研究，在“十二五”国家科技支撑计划课题“黄河中下游高含沙洪水调控关键技术研究”中，傅旭东等在下游高含沙洪水冲淤特性等方面取得了丰富成果，提出了下游滩槽关系的演化规律。

高含沙洪水在黄河下游河道的冲淤特点主要表现为淤积特性。从泥沙淤积沿程分布来看，高含沙洪水期泥沙淤积主要集中在花园口以上及花园口至高村河段，高村以上河段淤积量占全下游的87%。从洪水淤积物组成变化来看，洪水期细沙、中沙和粗沙均淤积，分别占淤积物的38.3%、29.7%和32.0%。洪水水沙条件不同，淤积强度也各有差异，一般表现为含沙量越高、来沙量越多，则河道淤积越严重。全下游泥沙淤积比随流量增大而逐渐减小，同一流量下不同场次洪水淤积比大小变幅较大，这主要与场次洪水含沙量、泥沙组成、洪水过程（洪水是否漫滩）、区间引水等因子变化有关。随含沙量的增大河道淤积比也增加，细粒沙权重越大河道淤积比越小，即悬沙组成细有利于泥沙的输送。高含沙洪水期泥沙冲淤主要集中在高村以上河段，淤积量值较大。高村至艾山河段冲淤幅度明显减小，洪水期除少数洪水基本能够维持冲淤平衡外，多数洪水仍然发生淤积，但淤积量远小于高村以上河段。在艾山至利津河段，洪水期河道有冲有淤，但总体仍是淤积状态。

影响河道输沙的因子有流量、含沙量、泥沙组成、河道前期边界。根据场次洪水资料分析，发现淤积比与流量 Q 呈负相关、与含沙量 S 呈正相关、与细泥沙权重 P 呈负相关、与粗泥沙权重 P^* 呈正相关。基于此，这里引入水沙综合参数 K，式（2.1）中 α、β 可由洪水资料率定，参数 K 表示为

$$K = \frac{S}{Q^{\alpha}} \cdot \frac{1}{P^{\beta}} \tag{2.1}$$

根据场次洪水资料分析了泥沙冲淤比 λ（冲淤量 C_s 与来沙量 W_s 之比）与水沙因子 K 的关系，经实测洪水率定水沙综合参数 K 值中的 α 和 β 分别取值 0.85 和 1.2 时，场次洪水泥沙冲淤比与水沙综合参数 K 值间的相关度最高（相关系数 R^2=0.65），泥沙冲淤比与高村、艾山、利津三站平均含沙量 S（kg/m^3）、平均流量 Q（m^3/s）、三站悬沙中小于0.025mm 细泥沙权重数 P 间的表达式为

$$\frac{\lambda - 0.73}{0.25} = \ln\left(\frac{S}{Q^{0.85}} \cdot \frac{1}{P^{1.2}}\right) \tag{2.2}$$

黄河下游河道横断面多为主槽与滩地组成的复式断面，漫滩高含沙洪水时主槽和滩

地同时淤积、淤滩塑槽作用明显。高含沙洪水过后，形成的明显窄深主槽，多由主流摆动形成嫩滩及原主槽明显淤积等造成。主槽宽度缩窄率φ与洪水前主槽宽度B_0成正比，满足关系：

$$\varphi = 0.0284B_0 - 22.73 \tag{2.3}$$

漫滩洪水改变的仅仅是泥沙淤积的横向分布，对河道总输沙量影响不大；其滩槽淤积分布的比例与主槽宽度划分方式有关，对应于汛前槽宽和汛后槽宽的主槽泥沙淤积量分别占全断面淤积量的40.7%和12.6%。以汛前槽宽为基准，漫滩高含沙洪水滩地淤积量C_t与洪峰流量Q_m、平滩流量Q_0、含沙量S及有效进滩水量W_0存在如下关系：

$$C_t = 0.163\left(\frac{Q_m}{Q_0}SW_0\right)^{0.38} + 0.452 \tag{2.4}$$

可见，峰值越大滩地淤积量也越大，相应的淹没损失也较大；平滩流量越小，等效滩地淤积量需水量则越少，但同流量水位较高对防洪不利。

一般黄河下游漫滩洪水具有淤滩塑槽作用，其塑槽作用与流量大小、含沙量等有关。一般情况下，流量越大，漫滩洪水塑槽越明显；但流量越大，滩区灾情越严重。根据黄河下游防洪标准，黄河下游最大漫滩洪水流量一般按10000 m^3/s控制；最小流量控制指标选取，以达到较好的淤滩刷槽效果为目标，一般选取黄河下游平滩流量的1.5倍，且大流量历时尽可能长；洪水期临界来沙系数控制在0.025～0.04（来沙系数大于0.04时，滩地和主槽都将严重淤积；小于0.04时，会出现淤滩刷槽的有利情形，图2.1）。

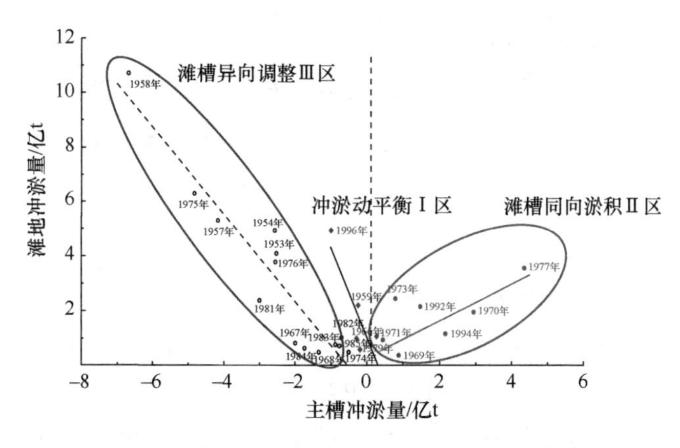

图2.1　黄河下游主槽冲淤与滩地淤积的关系

2.2.2　滩区治理模式与滩区功能区划

1. 滩区治理模式研究

“宽河固堤”的原意是指把河流固定在由大堤约束的河谷内，利用分洪渠道分洪。大禹开九河分流，西汉贾让不与河争地，东汉王景宽河固堤利用水门分流滞沙的思想就是在此条件下形成的。其中，王景的治理方案极具代表性。王景率卒十万，顺泛道主流“修渠筑堤，自荥阳东至千乘海口千余里”，使数十年的洪水灾害得到平息。王景当时所做工程项目主要是修堤。堤距间的河道非常宽，有足够的面积容纳洪水，“左右游波、宽缓而不迫”，河床淤积抬高极慢。王景治河的历史贡献，长期以来得到很高的评价，有“王景治河千年无河患”之说。

随着人口增长和对土地的占用，宽河分流分沙受到了限制，“窄河束水攻沙”的思想应运而生。“束水攻沙”是把水流限制在主河槽内，提高水流流速，从而使水流保持较高的挟沙能力，防止泥沙淤积甚至冲刷河道。明朝的大臣潘季驯是这一策略最杰出的倡导者和实践者。他创造性地把堤防工程分为遥堤、缕堤、格堤、月堤（图 2.2），并论述了上述四种堤防的不同作用及其相互关系，“遥堤约拦水势，取其易守也。而遥堤之内复筑格堤，盖虑决水顺遥而下，亦可成河，故欲其遇格即止也。缕堤拘束河流，取其冲刷也。而缕堤之内复筑月堤，盖恐缕逼河流，难免冲决，故欲其遇月即止也。”“缕堤即近河滨，束水太急，怒涛湍溜，必至伤堤。遥堤离河颇远，或一里馀，或二、三里，伏秋暴涨之时，难保水不至堤，然出岸之水必浅。既远且浅，其势必缓，缓则堤自易保也。”“防御之法，格堤甚妙。格即横也，盖缕堤既不可恃，万一决缕而入，横流遇格而止，可免泛滥。水退，本格之水仍复归槽，淤留地高，最为便益。”从以上论述中可以看出，潘季驯对修建遥堤与缕堤的主张，实际上是“宽滩窄槽”的观点。

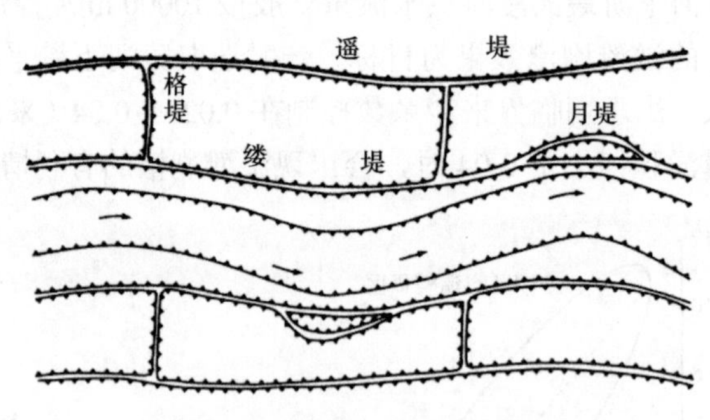

图 2.2 遥堤与缕堤布置图

潘季驯利用其“宽滩窄槽”“束水攻沙”的理论，对兰阳以下河道进行了治理，扭转了嘉靖、隆庆年间黄河“忽东忽西，靡有定向”的混乱局面，在一定时期取得了“河道安流”的成效。潘季驯的治河理论与实践对后世产生了很大影响，清代靳辅、陈潢在治河保漕运方面做出过较大成绩，但他们也是承袭潘季驯的治河主张和方法。

1855 年，黄河在铜瓦厢决口，黄河的主河道从南北移，并夺大清河。铜瓦厢黄河大改道后，清政府并未采取有力的措施对其进行治理。对于是挽河回徐、淮故道，还是任由其从山东入海这两个问题，大员们之间争来争去，没有形成统一的意见，因而严重延误了治理的期限，延长和扩大了受灾的时间和范围。且当时清政府正面临太平天国运动，无暇顾及河工。因而在 20 年间，任由洪水在山东西南泛滥横流，直至光绪元年（1875 年）开始在全线筑堤，使全河均由大清河经利津流入渤海，形成了今天的黄河下游河道。

国外学者对宽河滞沙还是束水攻沙的评论，起始于美国学者费礼门（Freeman）对潘季驯束水攻沙的赞扬。1922 年，他发表了《中国洪水问题》，并提出治河方案。他主张在黄河下游宽河道内，距现有堤脚 800 m 修筑直线型新堤，并以间距大于 6 km 的丁坝护之，以束防护堤，逐渐刷深。费礼门的建议再次引发了该世纪的争论，即大堤是应该靠近河道还是像当时那样远离河道。

德国学者恩格斯（Engels）反对费礼门整治缩窄河床的主张，他认为宽堤具有储蓄洪水的作用。黄河的问题不在于堤距过宽，而是没有固定的中水河床、主流摆动。他主张固定中水河槽，通过“之”字形河道形成深水河槽；进而保持宽滩，洪水期漫滩落淤，淤高滩地，清水归槽进一步冲刷河槽。

德国学者方修斯（Franzius）是恩格斯的学生，他认为黄河下游中水和小水河槽在两堤间任意游荡，高水河床太宽，滩地水浅落淤，但泥沙大多淤积在河床之内。他建议筑一道或两道新堤，堤距为 650m，新堤不一定要与老堤同样高，也不要太坚固，超新堤标准洪水由新老堤间下泄。

恩格斯和方修斯师生二人争论不下，李仪祉建议进行试验解决争论。受中国经济委员会委托，1931 年恩格斯在德国德累斯顿工业大学水工试验所进行黄河丁坝缩窄堤距试验，研究修筑丁坝缩防护堤槽的丁坝间距、丁坝与堤岸的夹角及坝头的形式等。试验表明，堤距缩窄之后，河床在洪水时并不因此冲深，洪水位也未下降反而抬高，造成新的漫溢危险。鉴于试验用的是清水，床沙与黄河不吻合，1932 年恩格斯使用黄河泥沙再次试验。试验结果表明，窄堤河槽泥沙输移较多。宽堤泥沙的横向移动较多，河槽的刷深与滩地的淤高也远胜于窄堤。恩格斯据此提出两种治河方案：其一，固定中水河岸防止滩地的冲刷，继续施行护岸工程，使河槽刷深至相当深度，再筑较低的堤工，以缩窄滩地。其二，用较高的堤工，以缩窄滩地，不固定中水河岸。河槽刷深较缓，中水河槽将在堤防间移动，可能威胁洪水堤防，需相应加固。考虑 1932 年的试验是直线河槽，1934 年恩格斯采用“之”字形河道开展了第三次试验，分为宽窄堤两个组次试验。试验结果表明：窄堤洪水位增高，含沙量增大；滩地淤积减小，河槽冲深减小；宽堤试验中，在河槽弯曲处，与大堤大致并行河槽的堤防简称翼堤，洪水时翼堤局部被水淹没，其结果是，洪水位虽增高，但因河槽逐年冲深，最小限度可逐步抵消洪水位的增高，预计经相当时期洪水可望低落；含沙量小；滩地淤高大为增加；河槽冲深较多。根据此次试验，恩格斯提出下游河道实施宽堤方案，主要措施包括：加高堤防；以适当工程（如堵塞支流）创造中水河槽，并固定下来；根据河槽形势，修筑翼堤，适当修筑保滩工程。方修斯在他创办的汉诺佛水工试验所做过两次黄河试验，他认为，黄河之所以为患，在于其泄洪断面过宽，对低水河床塑造最为不利。缩窄堤防减少滩地后，洪水可大大刷深低水河床，并因此建议选择黄河适当堤段缩窄堤距。

黄河下游现代治理方案起始于 1946 年冀鲁豫解放区黄河水利委员会成立，从此开启了黄河治理的新纪元，进入现代治河时期。中华人民共和国成立后，国家对黄河下游河道整治非常重视。一代又一代的治黄工作者对黄河下游的河床演变和河道整治开展了全面研究。以钱宁等为代表的老一代科学家，对多沙河流水沙输移与河床演变等基本规律开展了不懈探索，为治黄战略决策奠定了坚实的基础。针对黄河河床淤积抬高、位山以下黄河河段泄洪能力太低、位山以上河槽宽浅等问题，张瑞瑾（1989）指出黄河下游应实行“退堤宽滩窄槽”的方针。关于黄河下游的河道治理，谢鉴衡（1990）提出应遵循黄河下游纵剖面变化规律进行河道治理，通过修建小浪底水库拦粗排细，调整水沙搭配，利用建坝的有利条件大规模引黄放淤，使整个下游的来水来沙条件得到显著改善，同时提出扩大河口三角洲范围以求抑制山东河段的上升，调整主槽横断面及降低糙率来抑制河南河段的淤积。王化云（1989）按照国家的方针政策，结合黄河实际，使治理黄河工作由下游防洪走向全河治理，其治河思想在上段“宽河固堤”、下段“束水攻沙”的基础上，提出“蓄水拦沙”“上拦下排、两岸分滞”，并逐步发展到全河采用“拦、用、调、排”的方法，对黄河的治理产生了重大影响。

2. 滩区功能区划研究

1）洪水风险分析

洪水风险分析主要针对洪水的危险性进行研究，推求不同量级洪水淹没范围、历时、水深等基本信息。目前国内外许多学者针对洪水风险分析开展了大量研究，整体来讲，主要集中在洪水的模拟分析、洪水风险图的绘制、洪水风险评价等不同方面。洪水风险分析的方法包括地貌学方法、历史洪水法和水文水动力学等。近年来，因计算机技术的发展，水文水动力学方法越来越受到重视。

洪水演进数值模拟是进行洪水风险分析的基础，数值模拟方法主要包括水文模型和水动力模型。其中水文模型主要有蓄量演算模型、马斯京根模型和特征河长法（Cunge，1969；Dooge et al.，1983），而通过水动力模型模拟洪水演进过程可以得到演进过程中的各种水力要素信息，为洪水风险分析与区划提供基础数据（Morales-Hernández et al.，2016）。美国、日本等发达国家早在 20 世纪 50～60 年代就开展了洪灾风险研究，制作了国家级的洪水灾害风险图。在洪水损失评价中 Das 和 Lee（1988）提出了非传统的水深-损失曲线方法。

洪水淹没分析也是洪水风险分析研究的重要基础。洪水淹没分析即对洪水危险性进行研究，为推求不同洪水方案下的洪水淹没信息（包括淹没范围、淹没水深、流速、淹没历时等）。洪水淹没分析方法经历了从根据历史洪灾调查资料勾画洪水淹没范围，到采用水文水动力学数值模拟技术获得丰富的洪水水力特征值的过程。根据历史洪灾调查资料勾画洪水淹没范围（实际洪水法）不需要详细的地形资料，只需根据历史洪水观测记录就可以快速绘制，但由于无法得到淹没深度等特征值，结果比较粗糙，一般只能用于定性分析（叶晨和徐健刚，2008）。复杂边界条件河流和滞洪区洪水演进的数值模拟多采用二维数值模型，并在不同的研究区开展了大量研究（刘树坤等，1991；周孝德等，1996；范子武和姜树海，2000；胡四一等，2002；张新华等，2006；许栋等，2015；赵明雨和李大鸣，2015）。

洪水风险分析评价则需要综合考虑多个因素的影响进行综合评价，所以研究者在洪水风险评估模型中引入了模糊综合判数法、层次分析法、灰色聚类法、主成分分析法、加权主成分分析、人工神经网络和突变理论等多种方法（李绍飞等，2008，2010；李琼，2012；杨丽萍等，2015）。洪灾损失评估中损失率的确定至关重要，其受到淹没水深、历时、洪水过程线、洪水含沙量、预警预报时间、受灾地区社会经济状况等多种因素的影响，黄河水利委员会于 1995 年利用回归分析法建立了损失率与淹没特征的关系。也有研究者采用统计分析和数值模拟的方法对黄河洪水风险进行了进一步研究（刘树坤等，1999；陈新民等，2000；刘红珍等，2008；霍风霖和兰华林，2009）。

20 世纪 90 年代以来，随着地理信息系统（geographic information system，GIS）技术的发展，越来越多的研究侧重于它在洪水淹没分析中的运用，并将数值模拟和 GIS 相互融合（赵荣和陈丙咸，1994；Javaheri and Babbar-Sebens，2014；Saksena and Merwade，2015）。另外，随着 GIS 的引入洪水风险图的绘制方法也发生了重大转变（Islam and Sado，2000；Armenakis and Nirupama，2014；Elkhrachy，2015），GIS 的洪水风险图信息变得更为详尽，包括洪水淹没范围、淹没水深分布、流速分布、洪水到达时间分布、淹没历时分布等（Zhang et al.，2015a）。基于 GIS 和数据库技术的洪灾信息管理系统也逐渐成为研究热点，它是以 GIS 技术为支撑，结合遥感图像和多媒体数据，以水文、气象、地理信息系统为依据，还能够集成水利和水文模型、洪灾损失评估模型和决策支持系统为一体的综合分析系统（党顺行，2003；吴琳，2005；陈先念和杨军明，2012），使得洪水风险分析的研究更加系统和全面。

目前洪水风险分析的相关研究主要以防洪为主要目标，难以同时保证主槽的排洪能力及维持河槽的稳定，而且就黄河下游来说，许多滩区承载着生产生活的社会服务功能需求，简单的洪水淹没风险分析显然难以满足黄河下游滩槽协同综合治理的目标。因此，需要根据黄河下游滩区的实际情况，提出综合增大排洪能力、减少洪灾损失、保护滩区经济社会发展等多项目标的洪水淹没风险分析与评价模型。

2）滩区功能区划

天然河漫滩被认为是维持生物多样性及与河流进行物质交换的重要场所，也是有机质的储存地，具有重要的生态服务功能（Tockner et al.，1999；Robertson et al.，2001）。同时河漫滩也是受到威胁最多的生态系统，由于栖息地改变、防洪工程、物种入侵和污染等，在欧洲和北美地区，超过 90%的滩地已经变成耕种地区，而发展中国家的滩地也在加速消失中（Tockner and Stanford，2002）。我国滩区面积广大，人口众多，滩区具有滞洪沉沙、生态保持等多种功能和价值。当发生大洪水漫滩时，宽河道滩区对洪水的滞洪削峰作用明显，同时作为天然沉沙场所滩区还能起到“淤滩刷槽”的作用。黄河下游游荡滚动和汛期漫滩形成的黄河河道湿地，还具有改善水质、维持生物多样性等生态功能（田治宗等，2008）。

滩区区划通常被视为一种有效的减少洪灾损失的管理手段，被广泛地应用于水资源利用和土地利用管理中。传统根据水力和水文分析技术与条件对洪水特性进行分析和判断，并决定滩区的开发利用方式，这在世界各地得到了广泛的运用（NSW，1986；McMahon，1991）。然而这种方法运用到某些河流上时无法得到预期的效果，因为滩区具有重要的生态功能。为了充分地利用滩区滞洪沉沙和生态保护的功能，并保障滩区群众的生命财产安全，不少学者对滩区的划分和治理进行了深入研究。Hooper 和 Duggin（1996）建立了基于生态特性的洪水风险区划模型，把物理生物特性作为洪水的指示性指标，将滩区分为三个部分，即低风险滩区、洪水易发滩区（其中包括两个子区域）和分洪区。Tingsanchali 和 Karim（2010）通过开展洪灾风险评价，根据风险大小对永河（Yom River）的滩区按照低、中、高等不同风险程度进行了分区。针对黄河滩区，张娜等（2010）和裴自勇（2014）根据黄河流量大小将滩区进行区划，6000m^3/s 流量线以下的嫩滩是黄河湿地的核心，6000～8000m^3/s 流量线之间的滩地相对安全稳定，但不适宜人群居住；8000m^3/s 流量线以上，滩地基本稳定。陈国宝等（2015）也根据不同的防洪标准设置主行洪区和滩区滞洪沉沙区，并根据不同的流量等级对滞洪沉沙区进行分区运用。刘燕等（2016）通过对比不同滩区运用模式下宽滩区洪水淹没范围、滞洪量和沉沙量，分析了宽滩区不同运用模式对滩区滞洪沉沙效果的影响。除此之外，还有一些学者从宏观上对滩区不同区域的开发治理进行了规范，提出根据滩区的功能进行分区治理，王保民和张萌（2013）、汪自力等（2004）、王俊等（2009）以及刘筠和李永强（2012）认为可将滩区分为群众居住区、农牧业发展区（兼作滞洪沉沙区）和行洪区。其中行洪区是中小洪水和大洪水的主要行洪通道，具有蓄水滞洪、调节气候、提高栖息地多样性、净化水体、增加生态景观等功能（郝伏勤等，2005）。

目前针对滩区功能区划的研究或从宏观角度来论证滩区分区治理的思路，或仅根据洪水量级的不同简单划定不同的运用模式，难以满足不同滩区的不同治理需求，滩区的区划仍然缺乏科学合理的、因地制宜的量化指标依据。因此，需要探索滩槽功能的耦合机理和针对滩区洪水风险、社会经济发展的不同情况开展系统全面的滩区功能区划研究。

2.3 游荡性河道河势稳定控制技术研究综述

2.3.1 游荡性河道河势演变规律与机理

1. 国内外游荡性河道治理方略与技术进展

在人与河流共处进程中，人们根据河流水沙特性、河床演变特性和对河流的不同需求，开展了多种治理方略与技术的探索与实践。近代早期，美国、英国等发达国家以防洪减灾为目的，在密西西比河、泰晤士河等河流上修建了大量河道治理工程。随着水利枢纽的修建和对河川径流调控能力的不断增强，非工程措施与工程措施有机结合成为河流治理的主要手段，河流的社会功能得以充分发挥，但同时也带来一定的生态环境问题。因此，自 20 世纪末起，河流综合管理成为人们关注的新热点，河流治理更加注重河流生态环境的保护与修复。以荷兰莱茵河治理为代表，“给洪水以空间”的河流管理理念与管理运行机制在世界范围内产生广泛影响。

国内河流治理理论研究起步略晚，但由于我国泥沙问题突出，加之河流治理开发步伐的逐步加快，目前整体研究水平处于国际领先地位。特别是在非均匀沙不平衡输沙理论、高含沙水流特性、挟沙水流动力学理论、多沙河流水库调度、水库有效库容长期保持、水沙调控理论、滩槽水沙交换机理、河床演变与河道整治理论、多沙河流数学模型和动床模型模拟技术等方面均取得突破性进展。尽管如此，在将河流作为一个完整系统加以研究和管理的理念上，我国仍晚于发达国家。

20 世纪 50 年代开始，结合三门峡水利枢纽建设和三门峡建成以后黄河下游河床演变规律与河道整治问题，钱宁等（1987）、谢鉴衡（1990）、张瑞瑾（1989）研究了天然状况下黄河下游河道水沙输移和河床演变规律，取得了重大进展。20 世纪 60 年代，学者把三门峡水库运行与下游河道演变联系起来，指导了三门峡工程两次改建，取得成功。70 年代，把流域与下游河道联系起来，学者重点研究了不同地区来水来沙对下游河道冲淤的影响，取得了突破性进展，明确了粗泥沙来源区的泥沙对黄河下游河道的危害最为严重，对黄河下游河道治理起到了重大的指导作用。此外，该时期学者还开展了高含沙水流特性及河床演变、三门峡“蓄清排浑”运行后黄河下游河道演变规律等研究。80 年代开始，把流域作为整体，学者开展了水沙变化对下游河道影响、黄河流域环境演变与水沙运行规律的研究，胡一三（2003）开展游荡性河道整治研究，取得了突破性进展。90 年代以来，围绕龙门峡水库调度运行，开展了黄河来水量锐减对下游河道影响的研究。2000 年以后，学者重点围绕小浪底水库运行和新一轮游荡性河道整治开展了研究。

2. 游荡性河道河势演变研究技术

为了精确、直观地揭示游荡性河床的演变规律，预测河道演变趋势，物理模型试验、数值模拟目前广泛应用于游荡性河床演变研究中，并取得了丰硕成果。自 20 世纪 90 年代开始，黄河水利科学研究院的研究人员在前人研究基础上，提出了一套黄河高含沙洪水模型相似律（张红武等，1994），并据此先后建成了“花园口至东坝头动床河道模型”和“小浪底至陶城铺河道模型”，对黄河下游游荡性河道整治方案及工程适应性开展了大量研究。“八五”攻关期间学者开展了花园口至夹河滩河段的河道整治方案论证研究（张红武等，1994）；1999～2001 年在“黄河下游长远防洪形势和对策研究”及“黄河流域防洪规划”研究过程中，学者开展了黄河下游小浪底至苏泗庄河段微弯型整治方案治导线的检验与修订工作（张红武等，2000；江恩惠，2000）；2002～2006 年江恩惠等开展了“黄河下游游荡性河道河势演变机理及整治方案研究”，并进行了 5 个组次的整体方案检验与调整试验（江恩惠等，2008）。

河工模型试验是河床演变与河道整治有效的研究手段之一，研究成果也在工程实践中发挥了重要作用。但存在的主要问题：一是试验费用较高，周期较长，难以开展河道整治工程与非恒定水沙过程和谐度的多方案对比优化；二是试验结果反映的是所有因素的综合影响，不易剥离单一因子的影响和上下游之间的互馈效应。更重要的是，游荡性河道作为河流系统的一部分（或称河流大系统中的一个子系统），其演变规律的认知、河道整治方案的确定与工程布局都受到系统内外各种因素的约束。随着社会的发展和河流治理开发工作的推进，作为游荡性河道整治的约束条件，如进入游荡性河道的水沙过程、河道内的周界条件、社会对河流的需求（防洪保安全、优质水资源、健康水生态、宜居水环境、先进水文化）也发生了较大改变。不同约束条件对游荡性河道演变的作用程度差异较大，且互相交织在一起，既有独立作用部分，又有重叠作用部分。

在黄河游荡性河道整治的过程中，对于河道整治方案的确定、具体工程措施的实施，往往都存在不同看法，持续的争论根本无法达成共识。究其原因，就是在河道整治理论研究方面，至今没有一个科学系统的研究方法，没有一套“游荡性河道河势演变与稳定控制系统理论”体系来把研究对象作为一个整体。因此，需要实现河道整治的宏观问题和河流泥沙动力学的微观问题有机联系、社会科学问题与自然科学问题有机结合，进行定量化、模型化和择优化研究。

为探讨冲积河流河道演变规律，学者通过自然模型试验来揭示不同河型的成因与演变过程。早在1945年，Friedkin（1945）曾利用室内模型小河对弯曲型河流的形成和演变进行了研究，塑造出的模型小河相当于顺直型河流中主流流路的弯曲。随后，尹学良（1993）采用植草护滩及在大水中加入黏土的办法，把边滩固定下来，在实验室中塑造出真正的弯曲型河流。1972年，Schumm和Khan（1972）采用类似办法，也复制出一条弯曲模型小河。许炯心（2002）构造了初始河床的二元结构，进行了游荡性河道清水冲刷的自然模型试验；倪晋仁（1989）研究得出，由初始顺直开始发展的河流，都无一例外地或迟或早经过流路弯曲直至形成边滩交错的弯曲型河流的发展阶段，在这个阶段以后，如果边滩稳定发育，则保持弯曲型河流，否则河流切滩形成游荡性河流。江恩惠等（2006）结合大量模型试验资料进一步研究得出：河势自然演变幅度同水沙变幅成正比；主流线的弯曲系数、河弯跨度、中心角自上而下呈增大趋势；河势演变具有关联性，具体表现为“一弯变、多弯变”；节点及人工边界对河势的演变具有限制作用。

江恩惠等（2008）也曾制作了一系列模型小河。通过试验研究认为，只要水流保持相应的强度，任何可动河床周界条件下都可能形成游荡型河流、分汊型河流及弯曲型河流。刘怀湘和王兆印（2009）在蒋家沟泥石流堆积体上开展了河流演变野外模型试验，发现河道达到动力平衡状态时，存在床面结构发育越强消耗能量越多，从而维持坡降也越大的规律。杨树青和白玉川（2012）运用自然模型法通过室内试验成功塑造了天然小河，研究了不同初始河流几何边界条件以及水流条件对河流演变的影响。李军华等开展了自塑模型试验，探求伴随冲积平原的形成与发展，研究不同水沙条件下河道的自塑发育过程及规律，并给出了初步概念，即当横比降为纵比降的2～4倍时，易进入河流临界调整状态。

随着平面二维水沙数学模型的开发，学者开始采用数学模型模拟冲积性河流河势的渐变过程。梁志勇和尹学良（1991）、张世奇（1994）、韦直林等（1997）等学者针对黄河下游河床演变特征进行过二维泥沙数学模型研究。黄金池和万兆惠（1997）认为河床横向变形是泥沙的侧向冲刷和河岸掏蚀综合作用的结果，引进土力学中有关河岸力学平衡的基本关系，提出了黄河下游河床横向变形的数值模拟方法。夏军强等（2005）提出了基于河宽调整力学模拟技术的平面二维模型，模拟计算河床纵向冲淤过程和三类土质河岸的坍塌与淤长过程，真实地反演了实际游荡性河段在复杂地形条件下河床演变的物理过程。钟德钰等（2009）在游荡性河流平面二维水沙数学模型中引入适合游荡性河流的塌岸模式，解决了河岸变形模拟和河道整治工程导致网格再生、床沙级配变化模拟等关键性技术，开发了模拟游荡性河流河床演变及可反映河道整治工程作用的平面二维水沙数学模型，并用于黄河下游游荡性河道河势变化的模拟计算。

3. 游荡性河道河势演变规律与机理

在游荡性河道演变机理研究方面，一些学者（Engelund，1970；Yang，1971；Callander，1978；Osman and Thorne，1988；Kitanidis，1997）针对河流弯曲形成机理、河道断面

形态与河弯流路的数学描述等开展了大量研究，提出了各具特色的理论与假说。对于河弯形成机理，Yalin 认为水流紊动猝发过程，形成了河流中沿河道垂向、横向大尺度涡旋，进而引起床面沙波的出现及河流的弯曲；江恩惠等（2009）认为紊流的瞬时流速具有随机性，紊动涡体的猝发、喷射、清扫、挖掘是促使顺直河道边壁泥沙颗粒起动进入水体的根本原因，而弯曲型河道平面演变具有非对称性，促使河弯演变更趋于弯曲；Crosato（2008）通过数学模型模拟，指出河流上游边界的随机扰动将产生单束或多束弯曲水流并向下游传播，引起河流弯曲；Asahi 等（2013）应用水动力学模型，成功模拟了弯曲型河流凹岸坍塌、凸岸淤涨和裁弯取直的河床长期演变过程。

在河道断面形态数学描述方面，Lacey（1929）、Parker 等（1983）、倪晋仁和张仁（1992）、Huang 等（2004a，2004b）、拾兵等（2010）、黄才安等（2011）分别采用均衡理论、量纲分析、临界起动假说、极值假说、最大输沙能力、香农熵、最大熵原理建立起了相关数学表达式。在河弯流路的数学描述研究方面，Engelund（1970）针对水流的弯曲性及河道平面横向与纵向波动的周期性，提出了描述河道流路的方程式；Carlston（1965）、Simons 等（1965）、Chitale（1973）、Schumm（1977）、钱宁等（1987）也尝试就河弯平面形态与流域因素、断面形态建立关系，得出了一系列的河弯要素关系式；von Schelling（1951）、Langbein 和 Leopold（1966）、Chang 和 Toebes（1970）、Ferguson（1976）、Parker 等（1983）、Chang（1984）分别给出了河弯流路方程；Ferguson（1973）、张海燕（1990）等也对河弯流路方程开展了研究；Leopold 和 Wolman（1960）总结了美国众多弯曲河流河弯的径宽比；江恩惠等（2008）将正弦派生曲线应用于黄河，提出了适合于黄河下游游荡性河道的河弯流路基本方程。

在河道断面形态调整规律与模拟方面，王光谦等（2005，2006）、夏军强等（2003a，2003b）应用数值方法首次模拟了黄河下游游荡性河道的河势演变过程；周宜林和唐洪武（2005）通过理论研究和实测资料分析，提出冲积河流河床纵向稳定性取决于河道纵向水流参数，横向稳定性取决于横向水流参数；胡春宏等（2005）采用理论研究和泥沙数学模型等研究手段，在塔里木河流域建立了适用于干流不同形态河槽的输水输沙计算模型，提出并论证了河道生态整治的工程方案和措施；吴保生等（2007）指出，黄河下游河床演变对水沙条件的改变存在滞后响应过程，并由此建立了下游河道平滩流量计算的滞洪响应模型；要威等（2009）在考虑游荡性河道水沙条件和地形条件变化剧烈特点的基础上，通过建立水流阻力、挟沙力沿河宽分布计算的公式，提出了游荡性河道主流摆动的计算模式。田世民等开展了黄河下游高村以上游荡段河道断面形态和平滩流量演变规律的研究。胡春宏（2015）通过对黄河下游实测资料进行分析，研究了不同水沙过程下河床横断面形态的变化过程及其与来水量的响应关系，并进一步采用实测资料分析与理论探讨相结合的方法，研究了黄河口尾闾河道断面形态变化及其与水沙过程的响应关系（胡春宏和张治昊，2011）。梁志勇等（2005）认为断面水力几何形态与来水来沙搭配指数有一定关系，并基于“记忆”效应提出了断面几何特征与前期水沙的计算公式。陈建国等（2012）分析大量原型资料发现，小浪底水库运行后清水下泄造成的河道冲刷导致断面形态趋于窄深（平滩宽深比减小），同流量下水位下降；同时也发现断面形态的变化与各河段河槽和河岸控制条件密切相关。

随着对冲积河流演变规律研究的深入，更多的研究者开始考虑水沙条件的累积作用。吴保生等（2007）在分析花园口 1950～2002 年平滩流量与平均流量、来沙系数的关系时，建立了平滩流量与 4 年滑动平均的汛期流量和汛期来沙系数的表达式，该公式较好地反映了在不同时段内平滩流量随水沙条件变化而持续上升或下降的过程，也间接反映了河道横断面形态的变化。余蕾等（2016）采用同样的方法分析了荆江沙市河段 1956～2011 年水沙序列的多时间尺度规律，建立了流量、含沙量与断面面积的单一幂指数函数关系。王彦君等（2020）则采用多步递推模式建立了黄河下游各河段主槽面积、河宽、水深和断面河相系数对水沙变化的滞后响应模型，模拟了主槽断面形态对水沙变化的响应调整过程，计算结果显示主槽断面形态调整受包括当年在内的前 8 年水沙条件的累积影响，当年和前 7 年水沙条件对当前断面形态的影响权重分别约为 30%和 70%。

黄莉（2008）通过分析大量实测资料，总结了荆江监利河段断面演变的特点，并对三峡水库蓄水运行后监利河段河床横断面形态的演变趋势进行了预估。姚文艺等（2003）以小浪底水库运行后的观测资料为基础，结合物理模型试验，研究了清水下泄过程中黄河下游游荡性典型河段河势变化趋势、河道横断面形态的调整过程及其模式。此外，部分学者也通过概化模型试验进行了横断面形态调整的影响因素研究（陈立等，2003；张俊勇等，2009；张欧阳等，2005；张敏，2006；申红彬等，2009）。

此外，游荡性河道河势演变具有由缓变到突变的特性，当水沙动力或边界条件突破一定临界值时，就会引发河势的突变现象。早期河床演变学的研究多关注在平衡态下水沙与河床形态之间的定量关系，如河相关系、水力几何形态关系等；在强不平衡水沙条件下，河床发生剧烈的冲淤演变，此时，河床演变的非线性规律更加突出。何文社等（2004）、白玉川等（2006）将非线性动力学应用于推移质运动，论证了床面形态的变化受到推移质运动的非线性动力特征参数的控制；吴保生等（2003，2007）、吴保生和游涛（2008）则将非线性特征应用于河道调整进程，指出冲积性河流的河床在由不平衡态向平衡态演进的过程中，调整变化速度随时间呈指数衰减的趋势。

由于对河势突变现象力学机理和理论研究的欠缺，目前对河势突变的研究，多针对某种特定的条件和某种具体的突变现象，采用资料分析与物理模型试验的手段，重点分析突变发生的临界条件。

从宏观尺度上，河型转化和河流改道是冲积河流系统河势突变的两个典型现象。基于大量实测资料的分析，多位学者就河型转化提出了相应的河势稳定性指标与不同河型的临界参数（Friedkin，1945；钱宁，1958；Schumm and Khan，1972；Parker and Anderson，1975；倪晋仁，1989；谢鉴衡，1990；张红武等，1998；尹学良，1999；王光谦等，2005）。Slingerland 和 Smith（1998）应用一维模型研究了弯曲型河流发生改道的必要条件，指出对于从细沙到中等粒径的泥沙，当决口坡度大于其所在的主河道坡度 8 倍时，决口就会吸引整个主流流量。王万战和张俊华（2006）分析了现代黄河口河道的演变规律，揭示了黄河口流路由单股河道逐渐转为出汊的过程，并认为在多重因素影响下，河口河道纵剖面逐渐形成台阶状，滩地横比降发展成为倒比降，河口河道中段由顺直型河道逐渐转为弯曲型河道，下段为相对顺直、游荡型河道，当中段比降减小到一定程度，开始出现漫滩、卡冰、出汊等。

王英杰和苏艳军（2011）利用历史文献资料结合改道速度、流路方向、分流点位置、纵比降、弯曲度等，分析了有文献记载以来黄河下游数次改道的地理变化特征，结果显示，河道行流时间与河床纵比降呈正相关，与弯曲度呈负相关。在王兆印等（2014）的研究中也提到黄河三角洲河流的延伸减小了其纵比降和河道的过流、输沙能力，导致河流改道，新的河道长度为先前河道的 1/3～1/2，而比降是先前的 2～3 倍；在较小空间尺度上，如针对某一河段，滩岸崩塌、畸型河湾形成同样是河势突变的表现形式。滩岸崩塌是河床演变过程中水流对滩岸冲刷、侵蚀发生、发展积累的突发事件，是由滩岸失稳引起的，一般可分为三种形式，即圆弧滑动、平面滑动及塌落。谢鉴衡（1990）将滩岸的稳定性表示为流量、河床比降及水面宽度的函数。江恩惠等（2006）对黄河下游白鹤至伊洛河口河段的河床土力学特性进行深入研究后指出，白鹤至伊洛河口河段滩岸组成以混合土滩岸为主，总体表现为上细下粗的土壤结构特征，滩岸崩塌多表现为塌落方式。在考虑了工程约束和边岸土质特性的基础上，根据谢鉴衡（1990）稳定性系数公式计算了黄河下游不同河段的河岸稳定性，当河道整治工程密度达到 80%左右、每处整治工程的有效靠溜长度达到 2100～2700m 时，基本可以实现河势的稳定控制。

上述成果对认识天然河流河势演变特征起到了重要作用。然而，对游荡性河道河势演变规律的认识大多停留在定性层面，定量研究成果较少；提出的诸多理论与假说多适用于河势较稳定的弯曲性河道，特别是应用到像黄河下游这样复杂的游荡性河道时，很难得到令人满意的结果。模型试验大多是针对两岸边界为可动河床的河道开展的，与实际软、硬边界共同作用的有限控制边界条件相差较大，且侧重于平衡状态的描述，对河床剧烈调整过程的研究较少。

2.3.2　河道整治工程布局及工程布置参数

河道整治工程布局能否顺应河流特性是河道整治的关键。历史上河道整治工程大多是由于洪水出险而抢出的险工，那时黄河防汛抢险往往被形容为“背着石头撵河”。新中国成立后，20 世纪 70 年代学者重点开展了游荡性河道输水输沙研究，80 年代基于河势演变规律开展了工程布局研究，2002 年以后更加关注工程布局的精确、定量研究。通过工程布局科学研究、河道整治工程的实施，20 世纪 70～80 年代高村至陶城铺过渡性河段的河势已经得到了控制。鉴于通过人工措施实现的弯曲河道的曲折系数一般在 1.26～1.4，小于自然条件形成的弯曲河道的曲折系数，人们也将这种整治模式称为微弯型整治。20 世纪 90 年代，胡一三等（2020）按微弯型整治模式开展了黄河下游游荡性河道整治布点工作，随着工程的陆续实施，主流摆动范围明显减小。随后，江恩惠等（2006）基于几十年黄河下游游荡性河势演变资料、上百组模型试验资料的系统研究发现，单一“节点”只能减小河势摆动幅度，不能发挥对主流的控导作用，并在游荡性河道整治效果较好的“模范河段”整治参数统计规律研究的基础上，提出了“节点工程”整治思路。

河道整治流量是河道整治导线、整治工程布置设计的前提，长期以来，均以造床流量代替整治流量。造床流量是指其造床作用与多年流量过程的综合造床作用相当的某一种流量（钱宁等，1987；谢鉴衡，1990）。目前关于造床流量研究的理论还不够成熟，常用的方法有平滩流量法（谢鉴衡，1990）、输沙率法（钱宁等，1987）、输沙能力法等。输沙能力法在工程实践中应用最多，最著名的属苏联学者马可维也夫（1957）提出的计算方法，造床能力表达式为 Q^mJP（Q 为流量级；J 为河道比降；指数 m 由实测资料确定；P 为流量级出现的频率）。该方法的计算通常会得出两个造床流量：第一造床流量相当于多年平均最大洪水流量，其水位约与河漫滩齐平；第二造床流量稍大于多年平均流量，其水位约与边滩高程相当。张红武等（1994）针对多沙河流造床特点对马氏方法进行了修正，引入水流挟沙能力公式，建立的造床能力表达式为 QS^*P^m（S^*为水流挟沙能力；m 为频率指数，取值范围为 0.5～1.0），公式中包含了反映河段断面形态与泥沙组成因子的 S^*，考虑的因素更为全面，但频率指数的引入，使造床能力表达式的物理概念变得模糊。

在冲积河流上，因防洪安全及航槽稳定的需要，沿程修建了大量河道整治工程，这些工程对水沙输移及河床冲淤变形产生了显著影响（余文畴和卢金友，2008；张红武等，2011；Nakagawa et al.，2013；刘亚等，2015）。畸型河势增多导致河道整治工程与新的水沙过程不匹配，如何实现游荡性河道的河势稳定也是众多科研工作者致力于研究的问题。

Giri 等（2004）采用二维模型模拟了布设有丁坝的弯道水槽中的水流运动特性；冯民权等（2009）采用平面与立面二维模型，计算了导流板周围的流速场，比较了导流板不同布置方式和尺寸对流速的影响，但上述研究仅考虑了工程对水流结构的影响。为进一步探索泥沙运动与河床变形，赵连军等（2005）和周美蓉等（2021）利用一维水沙数学模型分别计算了黄河下游和长江中游荆江段整治工程对河道冲淤量的影响，发现河道整治工程的修建抑制了河槽的横向展宽，减小了河道冲刷量；潘军峰等（2005）计算了单个丁坝与丁坝群产生的流速场与涡量场，并比较了不同布置方式对局部冲刷坑范围的影响；Minor 等（2007）则采用三维模型，模拟了弯道丁坝群附近的紊流结构及泥沙运动过程。

韩其为等（2009）将塑造河床纵剖面的造床流量定义为第一造床流量，将塑造横断面的流量定义为第二造床流量，其为大水冲刷阶段冲刷至一半的流量。同时分别建立了第一造床流量公式 $Q_{B1}=\left(\sum Q_i^m P_i\right)^{\frac{1}{m}}$（$Q_i$ 为时段 t 的流量；$P_i=t_i/T$，$T=\sum t_i$；m 为指数）、第二造床流量公式 $Q_{B2}=\sum\limits_{Q=Q_m}^{Q_{B2}}\left(S_i-S_i^*\right)Q_i\Delta t\Big/\sum\limits_{Q=Q_m}^{Q_M}\left(S_i-S_i^*\right)Q_i\Delta t=1/2$（$Q_M$、$Q_m$ 为最大流量、最小流量；S_i 为流量 Q_i 时的挟沙能力；S_i^* 为冲淤平衡时的挟沙能力）。第一造床流量为平均流量的 1.2 倍，与马氏第二造床流量相当；第二造床流量与马氏第一造床流量相当。不过，第二造床流量的确定方法理论依据不足。

整治河宽通常取造床流量下直河段的水面宽度。受河道地形地貌影响，天然河流断面形态非常复杂，且上下游断面河宽相差较大，多凭经验取值。一些学者通过实测资料分析建立了河道整治设计河宽与水沙要素的关系。朱太顺（1998）针对黄河下游游荡性河道，提出的公式为 $B=\xi^{10/11}\left(\overline{Q}n/\sqrt{J}\right)^{6/11}$（$B$ 为设计河宽；$\overline{Q}$ 为设计流量；ξ 为河相系数；J 为设计流量下水面比降；n 为糙率）；吴宾格进一步考虑了来流含沙量的影响，提出的公式为 $B=24\sqrt{Q}/\left[\sqrt{S_V}\left(0.0025-S_V\right)\right]$（$S_V$ 为体积含沙量）。

河湾曲率半径的研究成果多基于不同河流的实测资料总结，如 Lacey（1929）提出了曲率半径计算公式$r_0 = Q^{0.5}/\phi^2$（ϕ为弯道的中心角）；胡一三等（2020）提出了黄河下游高村以上曲率半径$r_0 = 4500/\phi^{1.85}$，高村以下$r_0 = 3220/\phi^{1.85}$；钱宁等（1987）考虑比降的影响，建立的公式为$r_0 = KQ_n^{0.5}J^{-0.25}\phi^{-1.3}$（$Q_n$为平滩流量；$J$为比降；$K$为系数，对黄河和永定河$K$可取 10，荆江和南运河的$K$取 3）；朱太顺等通过自然模型试验，给出了适用性更大的公式$r_0 = 1.2Q/\phi^{1.9}$（Q 为造床流量）；也有学者把曲率半径直接与直河段河宽（B）建立关系，即$r_0 = K_R B$（K_R为经验系数），黄河下游 K_R 为 2～6，长江 $3.5<K_R<5$～10。

在河湾跨度（T）研究方面，钱宁等（1978）认为其主要取决于平滩流量 Q_n，表示为$T = K_T Q_n^n$，通过美国、印度相关河流及我国黄河等资料率定，K_T取 50，n 为 0.5；对于河床和河岸物质组成中粉砂黏土含量较大的河流，河湾跨度有减小的趋势，其关系式为$T = 1.935Q_m^{0.48}M^{-0.74}$（$Q_m$为平均流量；$M$为河床和河岸物质中粉砂黏土的含量）。在弯曲幅度与直河段宽度之间，还存在$B_m = K_m B$ 的关系，钱宁等（1987）取K_m为 4.3，谢鉴衡（1990）认为K_m取 1～3。

江恩惠等（2008）开展了中小流量下河道整治工程迎送流关系研究，建立了工程送流距离与流量、工程弯曲半径、靠溜长度及入流角度等整治参数的关系；张红武等（2013）运用弯道环流理论，将环流强度衰减到 0.1%作为判断上游弯道工程送溜作用消失的标准，提出了上下游相邻弯道工程间直河段长度的计算方法；李永强等（2014）也提出了不同控制概率下直河段河长建议值。这些成果对指导整治工程平面布置均有重要意义。

当前随着流域水沙条件的变化和人类活动对河床边界的大规模改造，河流由非平衡状态向平衡状态调整的过程逐渐成为新的研究热点。江恩惠等（2006）结合大量模型试验研究提出，河流平面形态的变幅同水沙变幅成正比；Huang 等（2004a，2004b）利用变分法，证明了在非平衡条件下，冲积河流的床面剪切力变化值和新平衡态的宽深比之间存在线性关系。胡一三和肖文昌（1991）对黄河下游高村至陶城铺间过渡性河道的畸型河湾裁弯现象进行了详细分析，认为河道边界中出露的耐冲黏土层（胶泥嘴）在畸型河湾的形成中起着重要的作用，河道整治是控制畸型河湾的重要措施。20 世纪 80 年代以后，黄河下游游荡性河段因长期小水，也出现了大量畸型河湾。许炯心等（2000）对这一时期的畸型河湾形成、演变过程及机理进行了研究，认为游荡段畸型河湾的形成机理与过渡段相同，但促使游荡段畸型河湾形成的节点常常是人工节点（河道整治工程），是水沙过程改变后与人为工程边界条件不适应而出现的一种剧烈河势调整，这一认识与实际情况有不符之处。江恩惠等（2006）对黄河下游的畸型河湾进行系统分析后指出，黄河下游河道的淤积物成层分布及陡涨陡落的洪峰过后长期的中小水作用，使水流坐弯淘刷岸滩、持续发展，是畸型河湾形成的主要原因。

总的来看，工程的修建为河床变形提供了不同程度的控制条件，泥沙运动和河床冲淤也做出了复杂响应，但把工程单侧硬边界约束作为主要因素开展横断面形态分布特征的研究较少，有限约束边界下弯道凹岸处和软硬边界衔接处及其下游自由河段横断面形态调整过程及机理的研究也鲜有。

由于天然河流河势演变存在“小水上提、大水下挫”“大水趋直、小水坐弯”的自然规律，与之相应的工程布置也要考虑“大水短、小水长”“洪水高、枯水低”的因素。适用宽流量级范围的整治工程外形布置模式、河势“上提下挫”距离与流量变化的定量关系，目前尚无成熟的研究成果。河道整治流量的计算方法、整治流量阈值的确定，整治工程布置形式、工程设计参数的确定，都是目前亟待突破的关键技术难点。

2.3.3 河势稳定状态评价

天然游荡型河流通过对自身河势进行调整，以适应上游来水来沙或局部边界条件的改变，因而总是处于动态平衡中。对于游荡型河流河势稳定状态的量化研究按照判别指标与方法可分为三大类（表 2.1）。

表 2.1 河流稳定性判别方法与指标

指标或方法		公式
河型判别式	Leopold-Wolman 河型判别式	$J=0.012Q^{-0.44}$
	Paker 河型判别式	$\dfrac{J}{Fr}=\dfrac{h}{B}$
	van den Berg 河型判别式	$\Omega=900D_{50}^{0.42}$
	王兆印河型判别式	$R_s=\dfrac{V_{scour}+V_{dep}}{LT}$
	许炯心河型判别式	$\dfrac{Jh}{D_{50}}=1\times10^{6}\left(\dfrac{B}{h}\right)^{2.7928}$
	肖毅河型判别式	$\Delta=8\left(1-\dfrac{BJ^{0.2}}{Q^{0.5}}\right)^{3}+27\left(\dfrac{h}{D_{50}}\right)\left[1.2996-\dfrac{\gamma J}{\gamma_s-\gamma}\left(\dfrac{h}{D_{50}}\right)^{\frac{2}{3}}\right]^{3}$
河流稳定性指标	奥尔洛夫纵向稳定性指标	$\varphi_1=\dfrac{\gamma_s-\gamma}{\gamma}\dfrac{D_{50}}{hJ}$
	阿尔图宁横向稳定性指标	$\varphi_2=\dfrac{BJ^{0.2}}{Q^{0.5}}$
	钱宁冲积河流稳定性指标	$K=\dfrac{D_{35}}{hJ}$
	钱宁稳定性指标	$\theta=\left(\dfrac{\Delta Q}{0.5TQ_n}\right)\left(\dfrac{Q_{max}-Q_{min}}{Q_{max}+Q_{min}}\right)^{0.6}\left(\dfrac{hJ}{D_{35}}\right)^{0.6}\left(\dfrac{B}{h}\right)^{0.45}\left(\dfrac{W}{B}\right)^{0.3}$
	谢鉴衡稳定性指标	$\varphi=\left(\dfrac{D_{50}}{hJ}\right)\left(\dfrac{h}{B^{0.8}{D_{50}}^{0.2}}\right)^{3.62}\left(\dfrac{1}{C_V}\right)^{0.756}$
	张红武稳定性指标	$Z_w=\dfrac{1}{J}\left\lvert\dfrac{\gamma_s-\gamma}{\gamma}\left(\dfrac{D_{50}}{h}\right)\right\rvert^{\frac{1}{3}}\left(\dfrac{h}{B}\right)^{\frac{2}{3}}$
河道几何学指标	弯曲度指标	SI
	迁移幅度指标	深泓线迁移强度 M_T
		洪峰过程中的主流线累计摆动距离
		河道几何中心线质心的变化

1. 河型判别式

早期河流学家依据河流不同的平面形态、边界条件及来水来沙条件等，将天然河流划分为不同的河型，其中顺直型、弯曲型河流通常被认为是稳定的；而分汊、辫状河流则通常被认为是不稳定的（钱宁等，1987）。通过对河型进行分类，对游荡型河流的稳定性进行判定，常见的河型判别式包括以下几种。

（1）Leopold-Wolman 河型判别式（Leopold and Wolman，1960）：Leopold 和 Wolman 通过在双对数坐标中点绘天然河流流量 Q 与比降 J 之间的关系，认为辫状河流与弯曲河流能够被如下直线分开：

$$J = 0.012Q^{-0.44} \tag{2.5}$$

相同流量条件下，辫状河流的比降更陡。

（2）Paker 河型判别式（Parker and Anderson，1975）：Paker 和 Anderson 通过点绘天然河流数据认为，顺直型河流、弯曲型河流与辫状河流具有不同的比降 J 和 Froude 数 Fr 组合：

$$\frac{J}{Fr} = \frac{h}{B} \tag{2.6}$$

式中，h 为河道的平均水深；B 为河道宽度。

（3）van den Berg 河型判别式（van den Berg，1995）：van den Berg 认为河流功率与河床边界条件在河型判别中扮演了重要的角色，存在一条明显的单流路弯曲型与游荡分汊河型的分界线，这条分界线可以表示为单位河流功率（单位长度与宽度河床上的水流功率，$\Omega = \dfrac{\gamma QJ}{B}$，$\gamma$ 为容重）与河床中值粒径 D_{50} 的函数：

$$\Omega = 900 D_{50}^{0.42} \tag{2.7}$$

（4）王兆印河型判别式（王兆印等，2002）：王兆印等认为河道的运动是河道一侧不断冲刷，另一侧不断淤积所造成的，因而定义水流移床力为单位长度河段、单位时间内的泥沙冲刷量与淤积量之和，利用 R_s 来衡量河道的稳定状态：

$$R_s = \frac{V_{scour} + V_{dep}}{LT} \tag{2.8}$$

式中，V_{scour} 与 V_{dep} 分别为测量周期 T 内河床的冲刷量与淤积量；L 为河段长度。

经过对黄河下游花园口水文站实测资料进行分析，认为水流移床力与水流量脉动强度有关。

（5）许炯心河型判别式（许炯心等，2000）：许炯心认为河型转化的原因在于床沙质来量，较低的含沙量是弯曲型河流形成的基本条件之一，随着含沙量增加，弯曲型河流将会向游荡型河流转化，对于高含沙河流，河型又会由游荡型再次转化为弯曲型，因而二者之间满足下列分界线方程：

$$\frac{Jh}{D_{50}} = 1\times10^{6}\left(\frac{B}{h}\right)^{2.7928} \tag{2.9}$$

式中，B 与 h 分别为平滩流量下所对应的河宽与平均水深。

（6）肖毅河型判别式（肖毅等，2012a，2012b）：肖毅等将突变论中尖点突变模型应用于河型稳定性判别中，认为游荡型或分汊型是河流演变中的不稳定状态，根据河道横、纵向稳定性，建立了河道稳定性判别公式：

$$\Delta=8\left(1-\frac{BJ^{0.2}}{Q^{0.5}}\right)^3+27\left(\frac{h}{D_{50}}\right)\left[1.2996-\frac{\gamma J}{\gamma_s-\gamma}\left(\frac{h}{D_{50}}\right)^{\frac{2}{3}}\right]^3 \tag{2.10}$$

式中，Q 为河流造床流量；γ_s 与 γ 分别为泥沙颗粒与水的容重，其余符号物理意义同上。

2. 河流稳定性指标

天然游荡性河流的调整主要包括河槽的纵向冲淤与横向变形，早期的河流稳定性指标虽然形式上各异，但其基本思想一致，主要体现在纵向上水流对泥沙的作用力与泥沙对水流的抵抗力之间的对比，以及横向上的河床边界条件作用。最具代表性的有奥尔洛夫纵向稳定性指标 φ_1（窦国仁，1956）、阿尔图宁横向稳定性指标 φ_2（周宜林和唐洪武，2005）、钱宁冲积河流稳定性指标 K（钱宁，1958）：

$$\varphi_1=\frac{\gamma_s-\gamma}{\gamma}\frac{D_{50}}{hJ} \tag{2.11}$$

$$\varphi_2=\frac{BJ^{0.2}}{Q^{0.5}} \tag{2.12}$$

$$K=\frac{D_{35}}{hJ} \tag{2.13}$$

式中，D_{35} 为床沙组成中 35%重量较之为细的粒径，其余符号物理意义与上式相同。此后，随着研究的深入，河流学家倾向于将河床的各项横纵指标相结合，从而给出河床稳定性综合指标，具有代表性的有以下几种。

（1）钱宁稳定性指标（钱宁和周文浩，1965）：钱宁和周文浩将黄河下游游荡性河流的成因归结于河床的堆积抬高与两岸的不受约束，以洪峰过程中主流线的日平均摆动幅度代表河流的游荡强度 θ，统计了 θ 与洪峰流量上涨速度 $\left(\frac{\Delta Q}{0.5TQ_n}\right)$、洪峰流量变幅 $\left(\frac{Q_{max}-Q_{min}}{Q_{max}+Q_{min}}\right)$、河流稳定性 $\left(\frac{hJ}{D_{35}}\right)$、两岸约束性 $\left(\frac{B}{h}与\frac{W}{B}\right)$ 之间的回归关系：

$$\theta=\left(\frac{\Delta Q}{0.5TQ_n}\right)\left(\frac{Q_{max}-Q_{min}}{Q_{max}+Q_{min}}\right)^{0.6}\left(\frac{hJ}{D_{35}}\right)^{0.6}\left(\frac{B}{h}\right)^{0.45}\left(\frac{W}{B}\right)^{0.3} \tag{2.14}$$

式中，ΔQ 与 T 分别为一次洪峰过程中的流量涨幅与洪水历时；Q_{max} 与 Q_{min} 分别为汛期最大日平均流量与最小日平均流量；Q_n、h 与 B 分别为平滩流量、平滩水深与平滩河宽；J 为坡降；W 为历史最高水位对应的河道宽度；D_{35} 为床沙组成中 35%重量较之为细的粒径，并初步认为 $\theta>5$ 时为游荡性河流，$\theta<2$ 时为非游荡性河流，介于二者之间的为过

渡型河流。

（2）谢鉴衡稳定性指标（谢鉴衡，1990）：谢鉴衡引入了洪峰流量变差系数 C_V：

$$C_V = \frac{\sqrt{\sum_{i=1}^{n}\left(\frac{Q_i}{Q_{max}} - 1\right)^2}}{n-1} \tag{2.15}$$

式中，Q_i 为洪峰期间第 i 日日均流量；n 为洪峰持续天数，从而给出了稳定性指标φ：

$$\varphi = \left(\frac{D_{50}}{hJ}\right)\left(\frac{h}{B^{0.8}{D_{50}}^{0.2}}\right)^{3.62}\left(\frac{1}{C_V}\right)^{0.756} \tag{2.16}$$

式中，符号物理意义同上。谢鉴衡通过大量实测数据的分析，得出了各河型的阈值：$\varphi \leqslant 1\times10^5$ 时为游荡性河流；$1\times10^5<\varphi\leqslant 5\times10^5$ 时为分汊型河流；$5\times10^5<\varphi\leqslant 5\times10^4$ 时为蜿蜒型河流；$\varphi>5\times10^4$ 时为顺直型河流。

（3）张红武稳定性指标（张红武等，1998）：张红武等通过物理模型试验认为比降对河流稳定性的影响较大，并依此回归出河流稳定性指标 Z_W，

$$Z_W = \frac{1}{J}\left|\frac{\gamma_s - \gamma}{\gamma}\left(\frac{D_{50}}{h}\right)\right|^{\frac{1}{3}}\left(\frac{h}{B}\right)^{\frac{2}{3}} \tag{2.17}$$

式中，符号物理意义同上。

3. 河流几何学指标

第三类方法则是使用一系列可以反映河流平面形态变化的几何指标量化河流的不稳定性，常见的包括河道的弯曲度指标（sinuosity index，SI）与迁移幅度指标（migration index）。

（1）弯曲度指标。Asahi 等（2013）将河流按照弯曲度分为四类，并分别给出了阈值：SI<1.05 时为顺直型河流（straight river）；1.05≤SI≤1.25 时为蜿蜒型河流（winding river），1.25<SI≤1.5 时为曲折型河流（twisty river）；SI>1.5 时为弯曲型河流（meandering river），通过对比河流弯曲度的变化反映河流的稳定性。

（2）迁移幅度指标。李洁等（2017）定义了深泓线迁移强度 M_T 作为两时刻 t_1 与 t_2 期间河道深泓点的迁移距离与河道宽度之比：

$$M_T = \frac{B}{(B_1 + B_2)/2} \tag{2.18}$$

式中，B 为河道深泓点在两时刻间的迁移距离；B_1 与 B_2 分别为 t_1 与 t_2 时刻对应的河道宽度。李洁等（2017）通过 M_T 指标对黄河下游游荡性河道近 30 年的深泓线摆动规律进行了计算，探索了黄河下游游荡段的摆动规律及其影响因素。此外，相关的迁移幅度指标还包括一次洪峰过程中的主流线累计摆动距离（钱宁和周文浩，1965），或者是河道几何中心线质心（Shahrood et al.，2020）的变化，河流稳定性判别方法与指标见表 2.1。

2.4　滩区可持续发展模式及管控机制研究综述

2.4.1　土地利用变化相关研究

秦明周等（2009）在对开封市黄河滩区实地调查的基础上，结合2007年的SPOT 2.5遥感影像，对开封市黄河滩区土地利用现状进行了详细的编绘，得出了开封市黄河滩区土地利用存在的一些问题与不足。叶春波（2011）采用动态变化模型对不同时期的遥感图像进行解译，利用ArcGIS分析了昆山市的土地利用现状，然后对2001～2009年的土地利用变化情况进行分析，得到了昆山市土地利用变化的特点。申浩和荆一昕（2012）调查了开封市黄河滩区的土地利用情况以及土地的安全建设状况，以此为基础，分析了开封市黄河滩区的土地利用结构。于海影等（2014）通过收集1989年杨陵区的土地利用现状图，对2001年和2010年的航片进行目视解译，结合2007年和2013年实地调查数据，利用GIS分别建立了1989年、2001年、2010年的土地利用数据库，分析了该地区21年的土地利用变化规律与特点。同时，他们还调查了该地区233个农村家庭的社会经济情况，分析了土地利用变化的驱动力。唐霞和冯起（2015）创新了分析方法，他们通过查阅历史文件，结合树木年轮以及湖泊沉积情况，以绿洲格局演变和土地荒漠化过程为主线，对黑河流域长时间以来的土地利用变化情况进行了分析。陈珊珊和臧淑英（2017）利用遥感技术、全球导航卫星系统、地理信息系统（简称3S）对遥感影像进行处理，采用目视解译与监督分类相结合的方法提取黄州2010年和2014年的土地利用信息，并建立了土地利用类型转移矩阵，通过土地利用动态度的分析得到了该区域土地利用变化的特征与规律。

综上所述，由于滩区不同于其他常见的土地类型，有其自身特点。每个国家滩区的地理位置、面积大小都不相同，所以各个国家对滩区也有着不同的利用情况。同时，每个国家的社会经济条件也不同，因此滩区土地利用变化的驱动机制也不尽相同。目前对于如何科学地开发滩地还没有统一的标准。在土地利用方面，每个学者都会出于不同的考虑，从不同的角度来研究土地利用的变化，研究方法也由过去的单一性转变为现在的丰富多样性。目前，从我国的土地利用情况来看，不管是大城市还是小城市，都应该多层次、分区域来开展土地集约利用的研究。通过对国内关于土地利用变化与社会经济相互关系的相关文献进行搜集整理发现，近年来国内关于两者关系的研究主要从系统的角度和要素的角度两个层面来开展。土地利用变化和社会经济因素既是两个相对独立的系统，同时土地利用变化中又包含不同的要素，包括土地利用的数量和结构、土地利用的效益和程度等。社会经济因素也不例外，包括社会发展方面和经济发展方面的要素。土地利用和社会经济的关联既表现为系统间的相互影响，又表现为主导要素间的相互作用。

2.4.2　土地利用与社会经济系统关联关系的研究

将土地利用和社会经济作为相对独立的系统，来研究土地利用与社会经济的关联关系。国内已经有学者从系统角度入手，通过案例分析做了一定的探索。邓楚雄等（2019）

对长沙市区土地利用系统和经济发展系统的协调度进行分析，研究了土地利用与经济发展系统间的演进模式。其研究发现，土地利用系统与经济发展系统间协调发展度不高，协调度指数总体上呈下降趋势；土地利用与经济发展系统交替领先，由早期的经济发展相对落后于土地利用模式逐渐演变为经济发展超出土地利用的发展模式。丁金梅和文琦（2010）也采用系统关联研究的思路对陕北农牧交错区的生态环境与经济发展进行了研究。结果表明：1994～2005 年间陕北农牧交错区的生态环境与经济协调度基本保持在良好协调类型，变化趋势不大。生态与经济系统呈现交互领先的状态，从协调发展度评价结果来看，不同的发展阶段生态系统与经济系统的发展水平呈现不同的特点。1996 年以前，该区域发展主要受经济滞后制约；1997～2003 年表现为生态与经济同步协调发展；2004 年以后，主要表现为生态滞后影响区域社会经济发展。综上所述，从系统的层面来研究土地利用与社会经济的关联已经取得了一定成效，无论是对土地利用与经济发展的衡量，还是对干旱半干旱地区生态环境和经济发展系统间关联性的衡量，都能揭示出两者关联的特点与规律。

1. 土地利用变化与人口因素的关联

闫小培等（2006）通过研究珠江三角洲巨型城市的土地利用变化发现，影响土地利用变化的主要人文因素是人口、经济发展、城市化、工业化、产业结构、外资以及政策等。人口因素在土地利用变化中起着十分重要的作用，是区域土地利用变化中最活跃的驱动力之一。人口因素变化会对土地利用的时空变化产生影响，具体表现有，人口变化会对土地利用类型的数量产生一定影响，人口增加会导致耕地面积减少，建设用地面积增加；人口数量的变化会对土地利用的程度造成影响；人口数量的变化也会使土地利用结构发生变化。综上所述，人口变化会从数量、质量、利用程度和利用结构等方面对土地利用产生影响。许多学者从实证的角度对人口与土地利用的关联进行了分析，谭强林等（2011）在对湖南土地利用研究中指出，人民生活水平提高、膳食结构发生改变导致人类对耕地的需求增加，而随着人口的增加耕地却在减少，人口变化与耕地面积变化呈负相关。人口的增加又会使建设用地增多，与建设用地的增加呈正相关。王亚茹等（2008）也在对长沙开福区的研究中发现，人口的增加与耕地面积的增长呈负相关、与建设用地面积的增长呈正相关。

2. 土地利用变化与经济发展的关联

经济发展和土地利用的关系十分密切，经济发展会对土地利用类型和土地利用结构产生影响；反过来，土地利用也对社会经济的发展有重要影响，其变化在一定程度上决定着区域经济发展的轨迹。经济发展与土地利用存在着相互影响、相互依存的关系。谭强林等（2011）指出经济增长进程对土地利用影响很大，主要表现在两个方面：首先，经济的发展会对土地利用结构和类型产生重要影响；其次，土地利用又离不开经济发展的支持，土地持续利用所需要的先进技术和资金投入又要依靠经济发展的资助，两者相互依存、相互促进。

施毅超等在对长江三角洲地区土地利用变化与经济发展关系的研究中发现，耕地流失率与地区生产总值（GDP）递增率呈现“S”形变化，建设用地递增率与GDP递增率呈现抛物线倒“U”形变化。周忠学和任志远（2009）认为土地利用变化会对经济产生影响，以陕北地区为例，当地工矿用地比例的提高促进了工矿业的发展，工业经济发展水平迅速提高，工业部门产业结构得到优化，而工矿业的发展又会需要新的土地，最终更多的土地向工矿用地转变。

2.4.3 滩区可持续性发展

关于黄河下游滩区自然-经济-社会协同发展研究，目前主要采用定性的主观分析和经验分析。与此同时，可持续发展理论在其他生态经济复合系统研究领域取得了较丰富的研究成果：盖志毅（2006）分析了制约草原生态经济系统可持续发展的原因；王雄（2007）对森林生态经济复合系统的可持续发展及预警进行了研究，并构建系统动力学模型进行了模拟；丁勇等（2006）建立了天然草地放牧生态系统的“需求-供给-结构”关系模式，对天然草地放牧生态系统可持续发展开展研究；林珍铭和夏斌（2013）、孙玥等（2014）采用熵分析、能值分析的方法对广州市、辽宁省等生态经济系统的可持续发展进行了评价。

上述研究成果为开展黄河下游滩区可持续发展机制和模式的研究提供了借鉴，但是滩区系统与传统的森林、草场、城市系统相比具有更高的维度和复杂性。滩区自然社会经济复合系统的主要子系统是行洪输沙子系统、土地利用和经济发展子系统，行洪输沙系统的约束、农业主导下土地利用系统的资源约束都对滩区的可持续发展研究带来挑战。对于黄河下游滩区可持续发展，按照研究对象不同，可以分为三类：一是对黄河滩区洪水灾害的评价和防范。闫国杰（2004）研究了黄河河南段滩区防洪的补偿政策运用，介绍了黄河河南段滩区的概况，论述了洪水灾害及其影响，并分析了受灾原因，提出了对滩区防洪运用补偿政策的建议，同时建议建立洪水风险管理机制。张佳丽（2007）通过建立蓄滞洪区洪灾风险的评价指标，利用综合模糊评价法评价了蓄滞洪区的洪水风险。二是滩区土地承载力及效益评价研究。张鹏岩等（2008）、王争艳等（2011）、张惠贞等（2011）、申浩和荆一昕（2012）主要研究了滩区土地利用中存在的问题，并针对问题提出了相应的对策建议。王薇（2012）从水土资源的匹配度出发研究了黄河三角洲土地资源的承载力，建立了包含社会经济、生态环境的评价指标体系，用模糊综合评价法对黄河三角洲土地资源的承载力进行了评价。李良厚和李吉跃（2010）、吴永红（2009）研究了滩区土地利用结构优化问题。三是黄河滩区治理问题，高世中（2005）研究了黄河下游滩区安全建设状况。

第 3 章　流域系统科学及黄河下游河道滩槽协同治理的战略需求

3.1　流域系统科学概述

3.1.1　流域系统科学提出背景

人类社会的发展史在某种程度上就是一部人水关系演变史。早期人类傍水而居，水退人进，水进人退，河流自身演变主导了人水关系。随着人类社会和工程技术的不断进步，人类在人水关系中逐渐占据主导地位，尤其是第二次工业革命后，河流受到人类的强烈干扰。水库大坝建设显著改变了河流的天然形态与水流过程的时空分布，人们在获得防洪、发电、航运、供水等效益的同时，对原有自然生态系统也造成了不利的影响；工业废水和生活污水污染了河流，粗放用水方式导致干旱半干旱区的一些河流出现断流、干涸甚至消失。因此，人们开始反思对待河流的态度。1938 年德国学者 Seifert 提出"近自然河溪治理"观念，标志着河流生态修复研究的开始（陈兴茹，2011）。20 世纪 50 年代，德国提出了"近自然河道治理工程"，强调生态系统及影响因素之间的相互制约和协调作用（高甲荣，1999）。

保障河流自身安全是其为经济社会可持续发展提供支撑的前提。不同类型的河流/河流系统，由于主导因素的千差万别，维持河流自身安全的条件也不同。对于多沙河流，泥沙的侵蚀、输移与沉积是必须考虑的重要因素。同时，由于河流/河流系统的空间尺度较大，流域内的水文特征、地形地貌、生态类型等往往差异极大，造成维持河流生命永续存在的需求也不相同。流域上中下游不同区域的水生态与水环境，既是一个整体又具有显著的空间异质性，不同生态类型、生物群落演变和演替的时间尺度也存在差异，不同区域之间互为边界和约束，且不断进行着物质、能量和信息交流（罗跃初等，2003）。此外，流域抑或受水区范围内普遍存在社会经济发展的不均衡性，河流自身、生态环境、社会经济各要素之间的相互作用关系及其造成的影响表现形式复杂多样。例如，珠江流域西江上游经济欠发达的广西段，污染物总量相对较小，水质尚好，下游广东段水质明显变差（吴彦霖和左其亭，2007），但随着高耗水、重污染企业向上游转移，情况已在发生变化。

因此，流域所面临的各种问题不是孤立的，流域系统治理保护与区域社会经济可持续发展的有机协同是社会进步的必然选择。由于自然禀赋和社会经济发展程度的差异，河流上中下游的水安全保障需求具有显著的空间差异性，必须从流域层面统筹协调水资源的优化配置；从流域整体出发进行生态修复或从生态系统健康的角度综合整治流域生态环境，这已成为流域治理保护和开发的重要抓手（阎水玉和王祥荣，2001）；以水为脉，统筹山、林、田、湖、草、城的流域系统治理保护方略，成为研究者与决策者的必然选择（王浩和赵勇，2019）。所幸的是，许多学者已经从水环境承载力（刘臣辉等，2013；马巾英，2015；He et al.，2018）、水足迹（李宁等，2017；刘明胜和刘青山，2017）、水环境生态安全（耿润哲等，2018）等不同视角，研究社会经济与水环境的协调发展。国际社会致力于流域综合管理（叶建春，2010），全面提高流域水安全保障能力（岳中明，2015），实现流域协调的治理实践，这正逐步得到广泛认同。

流域系统的水文泥沙-生态环境-社会经济各要素自身的良性运转和彼此间的协同发展存在着复杂的博弈关系。例如，人类社会必需的各种服务功能的充分发挥，容易导致各类自然生态环境功能失调，从而降低流域系统的自然生态环境功能；良好的自然生态环境功能的发挥必然会给人类社会经济的发展施加种种限制，从而削弱流域系统的人类社会服务功能（嵇晓燕等，2015）。正是由于流域系统各要素之间存在复杂的联系，必须跳出流域内部任何一个单元的治理目标，将流域作为一个既有开放边界与外界进行物质与能量交换，又相对封闭具有明确的地理边界和治理保护目标的复杂巨系统。通过水利、经济、社会、生态和环境等诸多自然科学及社会科学的学科交叉（李国英，2004），将系统科学的理论方法和地球系统科学研究模式引入流域系统的研究，构建兼顾流域系统河流行洪输沙-生态环境-社会经济多维功能协同发挥的流域系统治理理论与技术体系，孕育并发展流域系统科学这一新的学科方向，为流域系统治理保护和社会经济高质量发展的战略布局与协同推进提供有力的研究工具和坚实的科学支撑。

3.1.2　流域系统及其科学方法的演变历程

1. 从河流到流域系统

1）从河流到流域

河流是水沙输移的重要通道。早期对河流的研究主要集中在传统的水文泥沙领域，以河床演变学、泥沙运动力学等学科为支撑，研究水流泥沙在河道内的输移和沉积过程及对河流演变的影响（武汉水利电力学院水文及防洪工程教研组，1960；钱宁等，1987；张瑞瑾，1989）。随着认识水平的不断提高，水文泥沙研究逐步由河道扩展到流域层面，通过建立分布式水文模型等模拟流域产汇流过程，揭示流域产汇流机理（Singh and Woolhiser，2002），分析降水、产流及河道洪水演进规律，探讨流域来水来沙与河床演变的关系（张仁，2009）。钱宁等（1978）在系统开展流域面上水土保持和下游河道河床演变的现场观测后提出，多沙河流的治理不仅要改变下游河道的边界条件，还应同时考虑上游水库工程，合理调节水沙过程。王光谦等（2006，2009）提出了流域泥沙的概念，建立了流域泥沙动力学模型，模拟流域泥沙侵蚀和输移运动，将泥沙研究从河流拓展到了流域尺度，标志着河流研究开始“上岸”。

2）从流域到流域系统

20 世纪 80 年代以来，随着社会经济的快速发展，人类对河流/流域的干扰不断增强，成为影响流域演变的重要因素。在水文水资源研究方面，随着世界性水危机凸显，从河流/流域层面开展研究已经不能满足需求，王浩等（2006，2010）构建了自然-社会二元水循环评价体系，该体系充分考虑了人类活动对水文过程和水资源循环过程的影响。刘宁（2005）提出了水基系统，将其视为水及与其相关的涉水介质和涉水工程构成的基础生境承载系统。李少华等（2007）提出了水资源复杂巨系统的概念，将水资源、人口、社会、经济、生态、环境等视为水资源系统的子系统。在泥沙研究方面，大规模的人类活动改变了流域下垫面条件，进而深刻影响了流域侵蚀产沙过程与进入河流的水沙关系，使得人为因素对流域水沙关系的影响成为当前研究的重要内容之一（赵文林等，1992；包为民和王从良，1995；马颖等，2008）。

随着河流污染的加剧和人们生态环境保护意识的增强，流域环境治理与生态修复日益受到人们的重视。其中，流域环境治理的概念发展同样经历了从河流到流域系统的发展过程，研究者的关注重点从直接的河湖水质污染控制与治理逐渐发展到陆域-水域的系统环境治理（王浩，2010），通过产业结构调整、生产生活用水全过程污染控制、末端治理等手段，实现流域面源污染、点源污染的源头控制和逐步削减；而流域生态的研究对象也从生物及其与生境之间的关系，逐渐拓展到生态系统的结构和功能及其与河流和人类社会的相互作用关系。河流生态学在发展过程中不断与其他学科进行交叉（董哲仁等，2009），流域生态学（邓红兵等，1998）、区域生态学（高吉喜等，2015）应运而生。以流域为整体开展生态修复（蔡庆华等，1997；陈求稳和欧阳志云，2005），将生态环境子系统和社会经济子系统结合起来进行研究的思想日渐深入人心。

在流域管理方面，由于涉及不同的利益相关方，流域管理机构、地方政府、各类企业、社会大众等，基于不同的权利、利益诉求，往往存在着各种矛盾和冲突（江恩慧等，2019c），导致一些流域的重大决策长期议而不决，如黄河上游黑山峡河段的综合利用、西线南水北调工程的论证等，原因之一就是缺乏从流域尺度和国家安全的高度，统筹考虑生态安全、供水安全、能源安全等方面的长远战略需求和布局，统筹考虑流域间不同区域和流域内上下游的博弈协同关系。因此，流域层面涉及的水文、泥沙、生态、管理、人类活动等问题，已经超出了其自身学科的范围，彼此之间的相互作用、相互制约及互馈效应，都需要研究者从流域系统的角度去审视和深入探讨，系统研究流域系统治理保护面临的各种挑战和问题，谋划流域社会经济可持续发展和治理保护的战略布局，阐明其长远效应和利弊趋避策略。

2. 从系统科学到流域系统科学

1）从系统科学到地球系统科学

系统普遍存在于自然界和人类社会（钱学森，2011），系统科学是研究系统内部运行过程及系统间复杂作用关系的一门学科。狭义的系统科学一般指贝塔朗菲的著作《一般系统论：基础、发展和应用》中所提出的将数学系统论、系统技术、系统哲学三个方面进行归纳而形成的学科体系（冯·贝塔朗菲，1987），而更广义的系统科学包括系统论、信息论、控制论、耗散结构论、协同学、突变论等一大批学科在内，是 20 世纪中叶以来发展最快的一门综合性科学，并已在各行业得到广泛应用（蒋义和詹冰，2015；刘娟，2016；崔慧妮等，2018；杨萍，2017）。此后，研究者们又提出了地球系统科学，其把地球看成一个统一的系统，探索大气、海洋、冰、固体地球以及生物系统等各部分以及不同时间尺度过程之间的相互作用（毕思文，1997）。在该学科体系内，研究者认为地球已进入了人类世的新纪元（Crutzen，2002；Zalasiewicz et al.，2010），面临气候变暖、物种灭绝、淡水资源短缺等全球环境问题（毕思文，1997），必须把地球作为一个由相互作用着的各组元或子系统组成的统一系统，才能回答人类所面临的一系列紧迫环境问题（Bretherton，1989；毕思文，2003）。围绕地球系统科学的概念，黄秉维（1996）提出了地球系统科学与可持续发展战略科学基础，陈述彭和曾杉（1996）提出了地球系统科学与地球信息科学等理论技术体系。

2）从地球系统科学到流域系统科学

在地球系统科学的基础上，研究者提出了未来地球计划和数字地球（冯筠和黄新宇，1999）。2012 年，国际科学院联盟发起了未来地球研究计划，该计划整合了世界气候研究计划、国际地圈生物圈计划、国际生物多样性计划和国际全球环境变化人文因素计划（刘源鑫和赵文武，2013），开展了自然科学和社会科学的联合研究。数字地球是一个开放的、复杂的巨系统（承继成和李琦，1999），其核心思想是用数字化手段最大限度地利用信息资源（郭华东和杨崇俊，1999），将区域可持续发展问题与全球变化、大尺度资源环境问题和全球经济一体化紧密联系起来。

近期，程国栋院士提出了流域科学的概念，其将流域视为地球系统的缩微，在流域尺度上开展“水-土-气-生-人”的集成研究，考虑水文和生态系统的自组织性如何影响流域系统的功能，以及人的因素如何被集成到流域水文学和流域生态学中（程国栋和李新，2015）。高吉喜等（2015）提出了区域生态学的概念，以流域、风域、资源域为研究对象，基于结构完整性、过程连续性、功能匹配性等新理念，系统构建了区域生态学的研究方法体系。

钱学森（2011）基于他提出的复杂巨系统概念，在详细了解黄河治理的复杂性后指出，“中国的水利建设是一项长期基础建设，而且是一项类似于社会经济建设的复杂系统工程，它涉及人民生活、国家经济。”“对治理黄河这个题目，黄河水利委员会的同志可以用系统科学的观点和方法，发动同志们认真总结过去的经验，讨论全面治河，上游、中游和下游，讨论治河与农、林生产，讨论治河与人民生活，讨论治河与社会经济建设等，以求取得共识，制定一个百年计划，分期协调实施。”流域系统既具有陆地表层系统的复杂性，同时又与外界保持着物质、能量和信息交换。流域系统治理是一项复杂的系统工程，需以系统论思想方法为统领，把流域内的河流系统、生态环境系统、社会经济系统作为一个有机的复合系统，统筹考虑（江恩慧，2019d）。因此，本书提出了流域系统科学的概念（图 3.1），以期针对流域系统治理和发展战略布局面临的科学问题和技术难题开展全面研究。

3.1.3　流域系统科学的研究对象

在河流研究层面，Schumm（1977）最先提出了河流系统的概念，即按照河流的自然特性把河流从上游至下游依次划分为 3 个子系统，即集水盆地子系统、河道子系统和

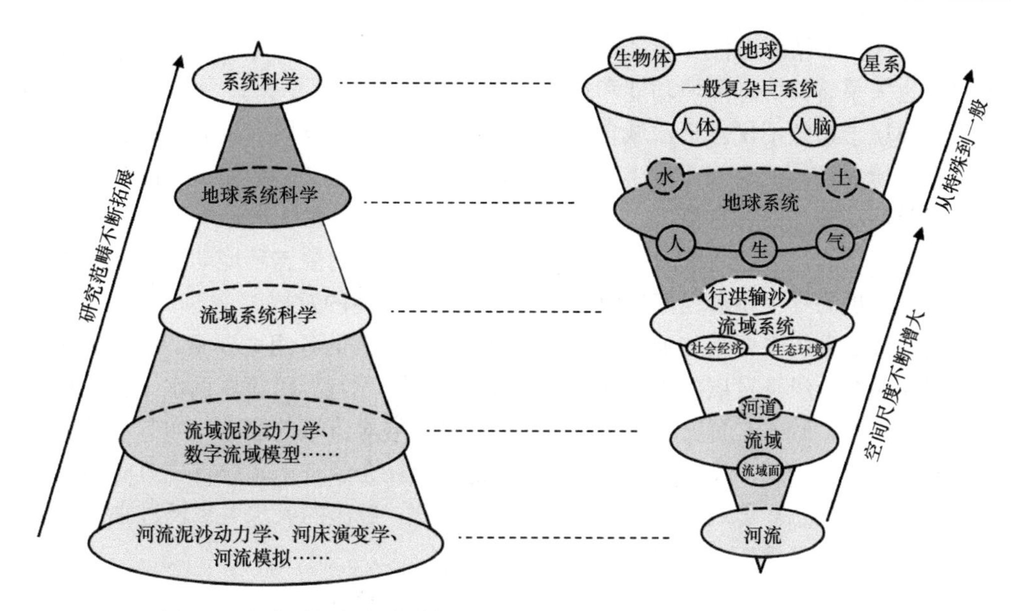

图 3.1　流域系统与流域系统科学分别在系统结构和学科体系中的位置

河口三角洲子系统。这种通过以空间位置划分子系统的方法研究河流自然演变过程是可行的，但已不能满足当前以流域系统多维功能为研究对象的需求。

一个完整的流域涵盖了不同的自然地理条件、生态环境类型、社会经济发展模式，且具有显著的空间差异性。河流上下游、河道内与流域面，河流自身安全、生态环境保护与社会经济发展，彼此间存在着复杂的制约与互馈关系，科学的划分方法应从流域系统整体出发，按照流域系统的服务功能进行划分。为此，将流域系统划分为三大子系统：第一，作为流域系统的骨干网络体系——干支流河流本身，是水沙输移的主要通道，需要保障水沙安全输移，确保防洪安全，称其为河流网络子系统，该子系统的主要目标定位是保障河流能够安全地永续存在，发挥其行洪输沙的自然功能，简称为“行洪输沙子系统”；第二，流域生态环境的健康维持和功能发挥，既涉及流域内生物群落所需生境与水文泥沙过程，又涉及与人类活动和社会经济发展相关的诸多水环境水生态要素，称其为“生态环境子系统”；第三，流域社会经济的可持续发展需要以河流健康生命的维持和良好的生态环境为依托，同时又反作用于河流健康和生态环境的保护和良性维持，称其为“社会经济子系统”。三大子系统作为一个有机的复合系统，不仅各子系统内部存在复杂的运行规律和潜在的演化机制，彼此之间的相互作用和制约关系也十分复杂。只有通过构建流域系统科学理论与方法体系，才能破解各子系统协同发展的战略性问题，实现河流水沙输移安全、生态环境健康维持、社会经济可持续发展的战略目标。

行洪输沙子系统主要包含与河流基本水沙输移功能相关的各组成要素，在空间上呈纵-横-垂三维分布。纵向上，由坡面产流产沙到入汇河道，从河流源头至上、中、下游乃至河口，物质和能量的传输过程级联推进；横向上，从支流到干流，从河道到与之连通的滩地、湖泊与湿地，水体与陆地之间存在强烈的相互作用与物质、能量交换；垂向上，大气水-地表水-土壤水-地下水四水转换，与陆面水流运动一同构成了完整的流域水循环过程。这种水循环过程和与之相伴的泥沙等物质交换与能量输入，是河流长久存在的前提，也关系着其生态环境功能和社会经济功能的实现。

生态环境子系统不仅包括流域自身的生态环境要素，还包括人类活动施加于流域的诸多生态环境要素。从空间维度上，其既涵盖了流域面上“山-水-林-田-湖-草”的天然状态和人类活动施加的种种影响，又包括了沟道-河道-河口系统水环境要素，生物群落生境、结构与功能，生态系统的完整性等。维持河流基本的生态环境功能，是河流健康的重要标志，也同样关系着河流行洪输沙和社会经济功能的发挥。

社会经济子系统主要指与流域系统社会服务功能相关的各组成要素。一方面反映的是河流对流域社会经济发展的支撑作用，如流域水资源配置、跨流域调水工程、灌区面积、水库规模等；另一方面反映的是流域社会经济发展对流域的影响，如节水意识与技术的提升、水管理法规、政策的出台等。一个健康的社会经济子系统首先对应的是一条行洪输沙功能和生态环境功能得到保障的河流；其次，健康的人水关系反过来也可以促进河流其他功能有效发挥。

综上所述，行洪输沙子系统关系到河流基本功能的持续发挥，生态环境子系统关系到河流系统内生态环境的优劣和生态功能的维持，社会经济子系统则关系到河流对区域社会经济发展的支撑作用以及后者对前者的依赖程度。从三者的关系来看，行洪输沙子系统的良性运转为社会经济子系统和生态环境子系统提供基础的水沙资源，生态环境子系统的健康是流域行洪输沙、社会经济功能可持续发展的重要保障，而社会经济子系统是河流行洪输沙子系统和生态环境子系统社会价值的具体体现，同时其也通过人工方式对行洪输沙子系统和生态环境子系统进行干预和修复（图 3.2）。

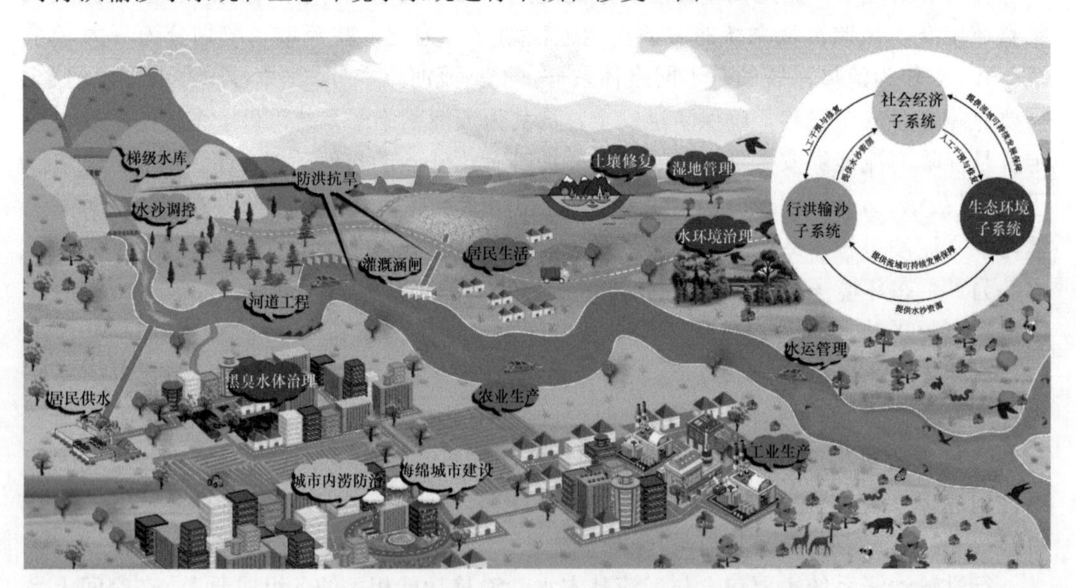

图 3.2 流域系统及各子系统之间相互作用的关系示意图

流域系统中三个子系统本身的科学研究均有各自的支撑学科。例如，行洪输沙子系统的研究主要以泥沙运动力学、河床演变学等为支撑，生态环境子系统的研究主要以生态学、土壤学、生物学等为支撑，社会经济子系统以经济学、人口学等为支撑。流域系统科学则在以上各学科的基础上，围绕流域系统各子系统内部及相互之间的作用关系和协同发展机制开展研究，打破学科壁垒，以系统理论为基础，构建针对流域系统的理论与方法体系。

3.1.4　流域系统科学内涵与关键科学问题

1. 流域系统科学内涵

流域系统科学是一门以系统理论和方法为手段，以流域系统整体为研究对象，揭示流域各子系统内部演化机理和彼此间协调运转机制的科学，在研究对象、研究方法上，均具有自己的独特性。从研究对象来看，流域系统科学针对的是整个“流域系统”及其三个功能子系统；从研究方法来看，采用的是“系统科学”的理论与方法体系，即以突变论、控制论、协同学、博弈论、非线性科学，以及各子系统传统学科体系的基本理论方法为依托，揭示各子系统内部演化及相互间协同演化规律。

由上述流域系统科学的定义可以看出，其与流域科学、区域生态学、流域生态学等概念的区别与联系。从学科区别来看，流域系统科学主要是应用系统科学的理论和方法，揭示流域系统三个功能子系统内部各要素及子系统之间的关系与协同演化机制，其核心支撑学科为系统工程；而流域科学的研究对象是“水-土-气-生-人”五圈在流域内的相互关系，其核心支撑学科为流域水文学与流域生态学；区域、流域生态学的研究对象是区域、流域内部生态结构、过程与功能，其核心支撑学科为生态学。从学科联系来看，流域科学、区域生态学、流域生态学等学科的研究方法在研究流域系统各功能子系统内部演化机制、行洪输沙-生态环境子系统协同演化机制等方面均有广阔的应用空间，是系统工程研究方法的有益补充。

综上，从以下三个层面阐释流域系统科学的基础研究需求。

（1）各子系统内部演化过程与机理。行洪输沙、生态环境、社会经济三个子系统内部演化过程的阐释、模拟与预测，规律的凝练与机理的揭示，都需要全面应用系统理论和方法，这就构成了流域系统科学研究的第一个层次。这些过去散见于河流泥沙动力学、河床演变学、社会经济学、生态水文学等学科内部的科学研究之中，已具备比较扎实的研究基础。

以行洪输沙子系统的研究为例，以连续方程、动量方程、能量方程为基础的牛顿力学体系在描述微观、局部的水流泥沙运动时具有显著的优势，但随着空间尺度逐渐放大到流域规模，研究对象成为河流这一复杂巨系统。其不仅由难以计数的水沙单元组成，还包含了与工程硬边界、生态软边界之间强烈的相互作用，更重要的是，由无数微观单元组成的宏观系统呈现了完全不同的系统特性和行为。此时，确定性的牛顿力学方法无法封闭求解宏观尺度的河流演化过程，经验性的河相关系目前仍是工程界用来预测河流宏观行为的主流方法，但很多时候已经难以满足工程实践的需求。因此，热力学第二定律、自组织理论、突变理论等系统理论与方法，被广泛引入河床演变学的研究中。

（2）各子系统间相互作用关系与协同演化机制。应用系统理论和方法揭示流域行洪输沙、生态环境、社会经济三个子系统间的相互作用关系与协同演化机制，构成了流域系统科学研究的第二个层次。这已经成为近年来跨学科研究的热点领域，也大大推进了如生态水文学、社会水文学、生态经济学、区域生态学等交叉学科的发展。

流域系统科学与上述交叉学科之间最大的区别在于其理论基础不同。生态水文学、社会水文学是考虑生态过程和社会过程的“水文学”，生态经济学是考虑生态过程的“经济学”，而流域系统科学的理论基础是“系统科学”。概而言之，其他任何一门交叉学科均是以某一子系统本身涉及的学科为核心，综合考虑其他子系统作为边界条件产生的影响。在流域系统科学研究中，行洪输沙、生态环境、社会经济三个子系统的地位是完全平等的，协同学、博弈论等是研究三者之间相互作用关系与协同演化机制的有效基础理论与方法。

（3）流域系统协调发展策略与战略布局。在前述两个层次工作的基础上，应用系统理论和方法，提出流域系统各子系统协同发展策略与长远战略布局，支撑流域系统治理保护的科学决策，构成了流域系统科学研究的最高层次。这部分工作的重点是在复杂巨系统及其相互关系中发掘其核心进程，通过关键路径上的调控行为和复杂边界的精准控制，推动流域系统整体的协调发展。以黄河流域生态保护和高质量发展国家重大战略的推进为例，必须充分考虑黄河上中下游的实际情况，统筹黄河流域生态治理、资源调控和社会经济水平提升，提出多维协同的流域发展战略布局，支撑流域管理与区域发展的战略决策。协同学、控制论、集成研讨厅（hall for workshop of metasynthetic engineering）等是研究黄河流域系统协调发展策略与战略布局的有效方法。

2. 拟解决的关键科学问题

流域系统科学当前主要面临 3 个层次 6 个关键科学问题，如图 3.3 所示。

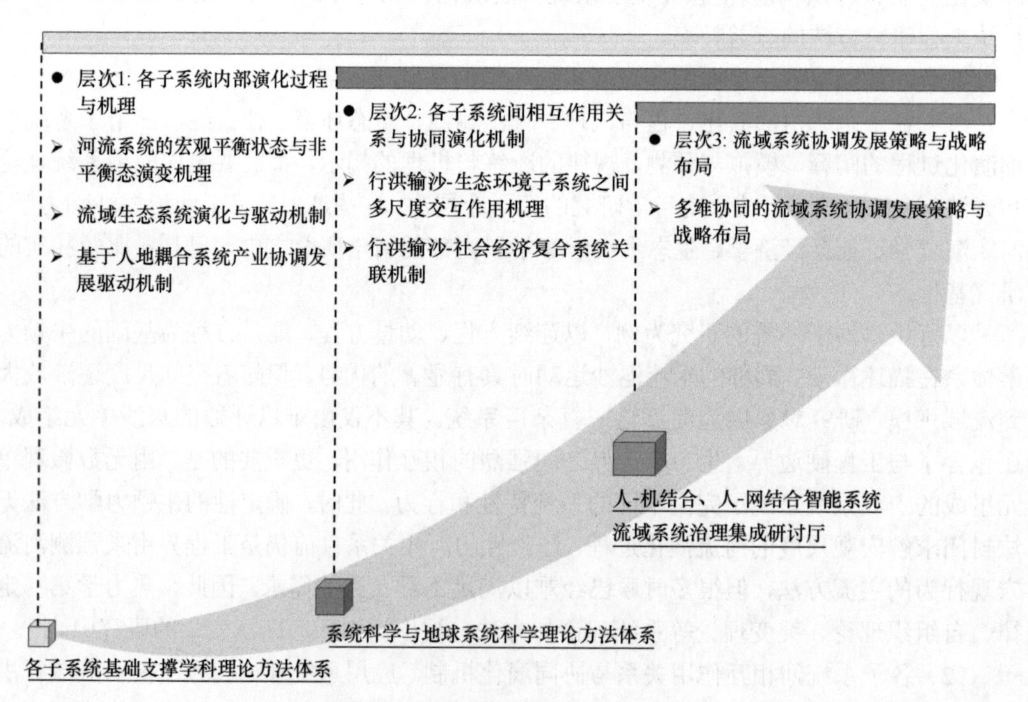

图 3.3 流域系统科学关键科学问题

（1）层次 1：各子系统内部演化过程与机理。

科学问题 1：河流系统的宏观平衡状态与非平衡态演变机理。其包括阐明河流系统的宏观平衡状态及阈值，河流系统远离平衡态的演变机理与模拟方法，上下游边界协同作用下非平衡态河床时空演变模式和描述方法，气候变化与人类活动影响下河流系统演化的长远效应。

科学问题 2：流域生态系统演化与驱动机制。其包括气候变化与人类活动对流域生态系统结构、功能及生态系统完整性和脆弱性的影响，流域生态系统演化的主控因素与驱动机制，变化环境下流域生态系统结构、功能变化趋势预测方法等。

科学问题 3：基于人地耦合系统产业协调发展驱动机制。其包括城市群与产业转型发展的非线性增长规律，基于人地耦合系统的城市群与产业发展模型，城市群与产业发展规模及结构的适应性评价，城市群与产业高质量发展模式等。

（2）层次 2：各子系统间相互作用关系与协同演化机制。

科学问题 4：行洪输沙-生态环境子系统之间多尺度交互作用机理。其包括河流全物质通量在水-沙-床-植物-动物多介质之间的相互转化过程，水流-泥沙-植被耦合作用机制，河口悬浮物与营养盐输运对水沙动力过程的响应机制，河流生态系统对多重胁迫的响应机理等。

科学问题 5：行洪输沙-社会经济复合系统关联机制。其包括行洪输沙-社会经济复合系统的内部结构和运行机制，系统要素内部关联、因果反馈的响应关系，防洪安全对土地开发利用的约束效应和经济发展对土地需求的增长效应，土地利用方式与防洪安全和经济发展、流域机构与地方政府、局部利益与全局利益的博弈关系等。

（3）层次 3：流域系统协调发展策略与战略布局。

科学问题 6：多维协同的流域系统协调发展策略与战略布局。其包括水文-经济-生态信息之间的传递机制与纽带关系，确保流域水安全-粮食安全-能源安全-生态安全的水沙资源配置理论与技术，流域生态治理、资源调控和社会经济等综合治理提升模式，生态修复-资源配置-产业发展多维协同的流域发展战略布局，流域可持续发展决策与优化评价方法等。

3.1.5　流域系统科学研究方法

流域系统科学的研究方法分为基础支撑学科方法体系、系统科学理论与方法、流域系统治理集成研讨厅三个层次。

1. 基础支撑学科方法体系

行洪输沙子系统的基础研究主要集中在传统的水文泥沙方面，相关基础支撑学科包括河流尺度的泥沙运动力学、河床演变学等传统学科，以及近年来逐渐发展到流域尺度的流域泥沙动力学（王光谦和李铁键，2009）、数字流域（王光谦和刘家宏，2006）等新兴学科。

生态环境子系统的基础研究主要集中在生态学和水文学的交叉领域，由此衍生出的生态水文学在过去20多年飞速发展，在河流治理领域得到广泛而深入的应用（Yongyong et al.，2015），但在大尺度多过程生态水文模型方面还有待进一步突破（夏军等，2020）。

社会经济子系统的基础研究主要集中在经济学、社会学及其与水文学的交叉领域，近些年衍生出的宏观经济水资源模型（翁文斌等，1995a，1995b）、二元水循环理论（王浩和贾仰文，2016）等跨学科理论，以及逐渐发展形成的社会水文学（Murugesu et al.，2012）等新兴学科，都是社会经济子系统的基础支撑学科。

2. 系统科学理论与方法

流域系统科学研究常用的系统科学方法，包括协同学、控制论、博弈论、突变论、非线性科学等。在不同层面的研究，这些方法均有各自的适用性。

针对流域子系统内部演化进程的研究，控制论、突变论、非线性科学等在泥沙起动、河床演变等领域已得到一定的应用（何文社等，2004；徐国宾和杨志达，2012）；针对流域子系统间协同竞争关系的研究，协同学和博弈论的应用前景广阔（黄强和畅建霞，2007；Kaveh，2009）；针对流域各子系统的协同演化机制研究，协同学也已取得了初步应用成果（黄强和畅建霞，2007），展现出未来在流域系统治理研究中的应用潜力。

3. 流域系统治理集成研讨厅

“集成研讨厅”是钱学森（2011）基于系统理论与方法提出的。其含义是以科学的认识论为指导，充分利用现代信息技术，构成以人为主、人-机结合、人-网结合的智能系统，“把各种学科的科学理论和人的经验知识结合起来”，形成一个巨大的智能系统，解决一般复杂巨系统中定性与定量相结合的科学难题。

流域系统治理不仅涉及行洪输沙-生态环境-社会经济各子系统协同演化的定量研究，还涉及一系列诸如政治、文化、宗教、民族等难以定量的非结构化影响因素。这类难以用定量化数学方程描述的非结构化问题，在宏观层面对流域重大治理工程与非工程措施的实施，往往有重大影响。为此，必须构建“流域系统治理集成研讨厅”，结合新一轮科技革命引发的大数据技术、人工智能技术的高速发展，形成一套综合河流、生态、社会、经济等基础学科及系统科学知识、相关学科专家经验和现代信息科学技术等的智能系统，支撑流域系统治理的科学决策。

3.2 基于流域系统科学的黄河下游滩槽协同治理战略需求

3.2.1 黄河下游滩槽协同治理战略需求

自小浪底水库运行以来，黄河下游河道治理的“边界条件”发生了巨大变化，突出表现在3个方面：①进入黄河下游的水沙条件发生了深刻变化，水沙俱减，来沙减少量更为显著，与较为接近天然情况的黄河中游潼关水文站1919～1959年的水沙序列相比，年来水来沙量分别从400亿m^3和16亿t锐减到近20年来的200亿m^3和3亿t左右；

②水沙调控体系进一步完善，小浪底水库于1999年建成并投入运行，沁河的控制性水库——河口村水库在2015年竣工，进入下游的水沙过程进一步两极分化；③国家对黄河下游滩区的经济社会发展提出了更高要求，特别是在国家区域协调发展战略、乡村振兴战略和2020年全面实现小康目标的背景下，黄河下游滩区已经成为我国最贫困的地区之一，滩区兼具的双重功能和严峻的“二级悬河”情势，使长期积累的治河与滩区社会经济发展之间的矛盾凸显。在国务院批复的《黄河流域综合规划（2012—2030年）》中，明确下游河道的治理方略为“稳定主槽、调水调沙，宽河固堤、政策补偿”；2011年中央一号文件明确指出，要搞好黄河下游治理和滩区安全建设。

面对新的挑战，2004年黄河水利委员会先后在北京、开封召开黄河下游治理方略专家研讨会，多位院士、专家齐聚，为黄河下游治理方略献策，钱正英、蒋树声和孙鸿烈等许多知名院士、专家等都曾为此专程实地考察滩区，随后针对性地开展了黄河下游生产堤利弊分析研究（河南黄河河务局，2004）、黄河下游滩区运用补偿政策研究（黄河下游滩区洪水淹没补偿政策研究工作组，2010）、黄河下游滩区治理模式和安全建设研究（黄河勘测规划设计有限公司，2007）等，围绕生产堤的存与废、滩区的可持续发展，形成了一批代表性成果。例如，胡春宏（2015）院士指出，在保障黄河下游河道防洪安全的前提下，利用现有的生产堤和河道整治工程形成新的黄河下游防洪堤，缩窄河道，使下游大部分滩区成为永久安全区，从根本上解决滩区发展与治河的矛盾；江恩慧等（2016）通过模型试验等方法对黄河下游中常高含沙洪水进行模拟，建议在高村以上滩区修建高标准防护堤以保障滩区安全和经济建设，高村以下滩区实施滩区淹没补偿政策；张旭东等（2017）、崔萌等（2018）也提出了对黄河下游进行河道改造的类似思路。2006年以来，在上述大背景下，黄河水利委员会基于小浪底水库运行以后开展的“黄河下游游荡性河道河势演变机理及整治方案研究”项目所取得的成果，于2006年底开始了黄河下游新一轮河段整治，取得明显成效。随着生态安全和2020年全面脱贫等国家战略的推进与逐步实施，有效解决滩区发展和治河矛盾日益突出的难题、实现区域社会经济发展与黄河防洪安全大局的和谐，已成为黄河下游河道滩槽协同治理的重大战略需求。其间，许多科技工作者都从不同角度开展了相关研究（李永强等，2009；牛玉国等，2013）。

3.2.2　流域系统科学在黄河流域系统治理中的初步应用与展望

1. 初步应用效果

黄河流域水沙关系复杂，水资源供需矛盾突出，生态系统脆弱，黄河的治理保护必须要突出系统性、整体性、协同性。围绕黄河流域系统治理过程中不同层面的实际问题，江恩慧等从2000年开始先后在“十二五”国家科技支撑计划、国家自然科学基金重点项目、中央公益性科研院所基本科研业务费专项、“十三五”国家重点研发计划等项目的支持下，运用系统理论方法开展了探索性的研究。其中，黄河下游游荡性河道河势稳定控制系统理论研究，应用突变论揭示了有限控制边界作用下河势演变机理，提出了以河势演变为广义函数的游荡性河道河势稳定控制系统模型（江恩慧等，2019a，2020）；

针对小浪底水库运行后黄河下游宽滩区的治理模式与运用方式这一焦点问题，应用Pareto原理构建了能同时反映河流自然属性与社会属性的“黄河下游宽滩区滞洪沉沙与综合减灾效益二维评价方法”，开展了不同治理模式、不同运用方案下宽滩区滞洪沉沙效果的综合效益评价（江恩慧等，2016）；针对黄河泥沙处理与资源利用良性运行机制和科学的综合效益评价方法缺失问题，应用生态经济学能值理论从经济、社会、生态环境3个维度出发，提出了黄河泥沙资源利用综合效益评价双层三维评价指标体系，构建了黄河泥沙资源利用综合效益评价模型（江恩慧等，2019b）；从维持河流生态环境健康的治河目标出发，综合考虑下游河道两岸社会经济发展，王远见等（2019）基于“可动性-组织性-弹性”理论构建了双层三维的河道生态系统效益能值评价指标体系，定量评价了小浪底水库自修建以来对黄河下游河道河流系统产生的生态环境和社会经济影响；江恩慧等基于国家重点研发计划项目“黄河干支流骨干枢纽群泥沙动态调控关键技术”，应用协同学、博弈论等研究手段，围绕流域内干支流行洪输沙-生态环境-社会经济等河流系统功能多维协同的目标，揭示了水库高效输沙的水-沙-床互馈机理和下游河道河流系统多过程耦合响应机理，研发了多目标协同的泥沙动态调控模拟仿真系统和智慧决策平台，提出了泥沙动态调控潜力及其实现途径，为流域水沙优化调控提供了理论基础和技术支撑。

2. 应用前景展望

展望未来，黄河流域生态保护和高质量发展重大国家战略的实施，迫切需要发展和应用流域系统科学方法，开展顶层设计，明确流域系统治理的目标与“路线图”，以水资源配置为纽带，以水安全保障、水生态修复、流域高质量发展为目标，最终实现流域系统行洪输沙-生态环境-社会经济等功能的多维协同发展。随着流域系统治理理念日渐深入人心，流域系统科学方法将逐渐走向成熟，辅以全流域系统观测网络和大数据平台建设的飞速发展，未来5～10年流域系统科学在黄河流域系统治理研究中可望取得如下突破。

（1）多维协同的流域发展战略布局及治理效果动态评价方法。统筹黄河流域生态治理、资源调控和经济提升，提出多维协同的流域发展战略布局；基于生态空间管控战略、生态保护修复与重点污染问题治理战略、滩区与河口治理战略，开展相关治理效果动态评价，实现流域保护、治理与发展协调共赢。

（2）水资源节约集约利用模式及区域差异化配置方案。针对黄河水资源供需矛盾突出的挑战，研究西北暖湿化对黄河流域水文水资源情势的影响，完善“八七”分水方案优化调整理论与方法，因地制宜提出适应青藏高原高寒区、黄土高原半干旱区、华北平原半湿润区的水资源节约集约利用模式及区域差异化配置方案，形成面向严重缺水流域的水资源-水生态-社会经济良性发展配置格局，提高流域水资源利用效率。

（3）流域洪涝旱灾协同防御与水沙联合调控理论技术体系。抓住“水沙关系调节”这个“牛鼻子”，研究黄河流域水沙变化机理与趋势，提出游荡性河道河势稳定控制和滩区综合提升治理技术，阐明流域巨型洪水泥沙灾害发生规律与驱动机制，突破水工程全生命周期安全建设与运行关键技术，构建流域洪涝旱灾协同防御与水沙联合调控的理论和技术体系，保障黄河长治久安。

（4）流域上-中-下游生态系统配置格局与补偿机制。围绕黄河上游水源涵养、中游水土保持、下游滩区和三角洲湿地保护等生态保护修复工程，阐明“水文泥沙-生态环境-社会经济”多维耦合情景下的流域水循环过程和水生态效应，揭示流域水沙运动与生态环境的多尺度交互作用机理，构建流域上-中-下游生态系统配置格局与补偿机制，保护流域生态系统健康和生态环境的良性维持。

（5）流域社会经济一体化布局与产业发展调控机制。统筹黄河流域社会经济不平衡发展的空间格局，研究流域水-粮食-能源-生态纽带关系与协同发展机制，构建覆盖黄河流域的人口、资源、生态、经济等时空演变数据库，提出流域社会经济一体化布局与产业发展调控机制，引领流域社会经济全面实现高质量发展的战略目标。

3.3　黄河下游滩槽协同治理亟待解决的关键科学和技术问题

3.3.1　现有研究存在的根本问题

多年来，国内外学者针对黄河下游河道治理开展了大量研究，许多成果直接指导了治河实践，发挥了重要作用。然而，由于游荡性河道河势演变及滩区的构成极其复杂，加之河流本身受到的约束越来越多，国家对于游荡性河道治理目标逐步提高，现有研究成果还远不能满足工程实践的要求。存在的主要问题表现在如下几个方面。

第一，黄河下游河道及滩区治理的研究方法亟待拓展与创新。在黄河下游河道整治的过程中，河道整治方案的确定、具体工程措施的实施，业界往往存在不同看法，无法达成共识。究其原因，就是在河道整治理论研究方面，至今没有一个科学系统的研究方法，没有一套理论体系来把研究对象作为一个整体，实现河道整治的宏观问题和河流泥沙动力学的微观问题有机联系、社会科学问题与自然科学问题有机结合，进行定量化、模型化和择优化研究。特别是滩和槽如何协同治理，亟须相关的理论架构。

第二，基本理论研究滞后制约了对游荡性河道河势演变规律的认知。目前，关于游荡性河道河势演变规律的认识大多停留在定性层面上，定量研究成果较少；提出的诸多理论与假说也多适用于河势较稳定的弯曲性河道。更关键的是，黄河下游游荡性河道由软、硬边界（天然河岸与河道整治工程）共同组成的有限控制边界，使河势演变更加复杂，导致人们对非平衡态河道时变响应机理、有限控制边界下游荡性河道河势调整机制以及河势稳定控制技术有待进一步的深入研究。

第三，滩区亟须建立一套可持续发展模式及运行机制。黄河下游河道内 120 多个自然滩是黄河特殊水沙条件和独特的河道特性形成的，目前已成为世界上唯一面积大、人口众多、社会经济发展缓慢、群众生产生活水平低下、受流域机构和地方政府多头管理的特殊区域。由于长期缺乏有效的协同与沟通，滩区滞洪沉沙与群众生产生活的矛盾愈演愈烈，引起社会高度关注。财政部、国家发改委和水利部联合下发《黄河下游滩区运用财政补偿资金管理办法》，河南省政府已启动滩区居民扶贫搬迁试点工作。滩区作为以抗御洪水为主导、自然环境为依托、土地资源为命脉、社会文化为经络的自然-经济-

社会复合系统，在黄河下游防洪工程体系中具有重要作用。为进一步缓解滩区人水争地矛盾，要积极应对洪水风险，推动滩区经济发展，实现自然与社会的协同。

3.3.2 亟须解决的关键问题

针对黄河水沙变化、下游河道治理存在的现实矛盾及国家对黄河治理提出的新要求，亟须构建黄河下游河道滩槽协同治理理论体系和治理效应三维评价模型；提出游荡性河道河势稳定控制技术；厘清洪水风险管理、土地资源配置、区域经济发展的关联机制，提出新形势下滩区管理运行方式。拟解决的关键问题具体包括以下几个方面。

1. 关键科学问题

1）多维约束下黄河下游河道滩槽协同治理系统理论及协同治理广义目标函数

由于黄河下游河情复杂，长期以来滩槽治理措施之间的协调性相对较弱，河道治理与社会经济发展的矛盾日益凸显。因此，迫切需要创新研究理念，引入先进的系统观点和协同理论，揭示河流各功能子系统之间的协同、竞争与博弈关系，厘清河道治理约束因子与主控因子，构建滩槽协同治理广义目标函数，确定河流系统由不可控的无序结构向可控有序结构演进的序参量，建立多维约束下黄河下游河道滩槽协同治理系统理论，为探求协同高效的治理方案奠定基础。

2）调控水沙过程与有限控制边界对河势演变的耦合作用机理

已经修建的大量河道整治工程与无工程约束的天然河岸形成了软、硬相间的有限控制边界，改变了流场空间分布结构；两岸经济社会的快速发展和稳定高效输沙通道的塑造与维持，使得“稳定主槽”的要求上升到国家层面。因此，探讨有限控制边界作用下水沙非均匀性调整规律和河势演变规律，揭示调控水沙过程与有限控制边界对河势演变的耦合作用机理，提出黄河下游游荡性河道河势稳定指标及阈值，是亟须解决的关键科学问题之一。

3）自然-经济-社会复合系统的关联机制

探寻未来土地利用方式中防洪安全和经济发展、流域机构与地方政府、局部利益与全局利益之间的准平衡点，是解决治河与区域经济发展矛盾的关键。因此，考虑滩区洪水风险不确定性和社会经济发展驱动性的双重影响，揭示自然-经济-社会复合系统内部的关联机制，是亟须解决的关键社会科学问题。

2. 关键技术问题

1）基于协同理论的滩槽协同治理综合效应评价方法

滩槽协同治理综合效应评价是河道治理方案制定与决策的前提。因此，基于协同理论，构建三维滩槽协同治理效应评价指标体系和评价模型，是本书拟解决的关键技术问题。该评价模型既可针对场次洪水和单个断面进行精准的“点”评价，又能对长时段水沙过程和全下游进行综合的“面”评价，从而定量评估不同治理模式、不同治理方案的综合治理效果。

2）变化水沙条件下河势稳定控制技术

河势稳定是黄河长治久安的基本保障。因此，基于黄河下游河道滩槽协同治理理念和治理目标，提出长期小水条件下维持河势稳定的下游河道综合治理技术，是亟须解决的关键技术问题之一。

第二篇

黄河下游滩槽协同治理系统理论方法与模式

第4章　黄河下游滩槽协同治理系统理论方法

4.1　黄河下游河道滩槽协同治理系统理论

4.1.1　黄河下游河道河流系统

1. 黄河下游滩槽协同治理的必要性

2019年9月，习近平总书记在河南郑州主持召开黄河流域生态保护和高质量发展座谈会并发表重要讲话时指出，在党中央坚强领导下，沿黄军民和黄河建设者开展了大规模的黄河治理保护工作，取得了举世瞩目的成就：水沙治理取得显著成效；生态环境持续明显向好；发展水平不断提升。

同时，习近平总书记也指出了当前黄河流域仍然存在的一些突出困难和问题，包括洪水风险依然是流域的最大威胁、流域生态环境脆弱（如下游生态流量偏低、一些地方河口湿地萎缩等）、水资源保障形势严峻、发展质量有待提高等。针对黄河流域存在的各种问题，习近平总书记提出了重在保护、要在治理的治理思路，并指出要坚持山水林田湖草综合治理、系统治理、源头治理，统筹推进各项工作，加强协同配合，推动黄河流域高质量发展。一方面，黄河流域治理开发过程中存在着涉及河流自身、社会经济和生态环境等多方面的问题，鉴于问题的复杂性、多元性，需要基于系统理论研究各种影响因素之间的相互作用关系；另一方面，习近平总书记在黄河流域生态保护和高质量发展座谈会上的讲话中也提到，坚持山水林田湖草综合治理、系统治理。因此，在未来一定时期内，黄河流域的治理开发需要以系统理论为指导，开展流域治理开发重大问题的研究，最终达到黄河下游河流系统整体的最优状态。

黄河下游是黄河流域最为复杂难治的河段，历史上黄河水患、决口等主要发生在黄河下游。当前，在科学治黄理念的指导下，黄河下游防洪安全得到进一步提升，游荡性河段得到深度治理、河势趋于稳定，自2002年实施调水调沙以来，黄河下游河道平滩流量逐渐增加，为滩区及两岸居民生活、生产提供了安全保障。然而，当前滩区内仍居住有近189万人口，滩区社会经济发展和黄河下游防洪仍存在需要协调和解决的问题。此外，习近平总书记在黄河流域生态保护和高质量发展座谈会上的讲话中提到，下游的黄河三角洲是我国暖温带最完整的湿地生态系统，要做好保护工作，促进河流生态系统健康，提高生物多样性；实施河道和滩区综合提升治理工程，减缓黄河下游淤积，确保黄河沿岸安全。因此，黄河下游河道治理不仅涉及河道行洪输沙问题，还涉及河道生态流量保障、生物多样性提高以及河道内外的社会经济发展问题，即同时涉及行洪输沙、生态环境和社会经济三大功能子系统。鉴于此，亟须基于系统理论，从系统的角度来探讨黄河下游河道治理工作，以滩槽协同治理以及行洪输沙、生态环境和社会经济协调发展为目标。

2. 黄河下游河道河流系统若干基本概念

黄河的治理和开发历史，是河流与人类社会相互交融、相互博弈的历史，涉及黄河自身的水沙产汇和输移以及人类社会的发展和繁衍生息。随着人们生态环境保护意识的不断增强以及社会经济和科学技术的发展，黄河流域的治理开发又涉及流域范围内的生态环境保护。因此，从某种意义来说，黄河流域的治理开发是一个综合的、多维的、系统的工程。对于黄河下游河道河流系统来说，行洪输沙、生态环境、社会经济是其承担的主要服务功能，研究各种功能对滩槽协同治理的约束，以及不同约束条件之间的相互作用关系，需要引入系统理论，从系统的角度出发，将黄河下游河道视作一个复杂巨系统，将行洪输沙、生态环境、社会经济视为其中的功能子系统。

1）概念与内涵

黄河下游河道作为人与自然相互作用最强烈的区域，社会经济发展对河流健康生命的依赖性极强，基于系统理论及黄河下游河道河流系统的功能属性，可将黄河下游河道河流系统定义为以水沙输移、床岸组成和涉水工程为物理基础，以水沙资源开发利用和合理配置为核心，以河流基本功能维持（行洪输沙）、生态环境有效保护、社会经济可持续发展等为最终目标的复合系统。

黄河下游河道河流系统中涉及多要素、多目标、多约束，各部分或各子系统均有各自最优的目标和实现途径，这些目标之间又存在着相互关联、相互促进以及相互竞争的关系。从系统的角度出发，黄河下游河道河流系统需要实现的目标是系统整体的最优目标，其实现过程必然导致各子系统目标的调整，以支撑系统整体最优目标的实现。因此，黄河下游河道河流系统中多目标的管理和实现属于非线性、多属性、多层次、多阶段、多目标的决策问题，需要引入系统论的方法，基于学科交叉开展集成研究。

2）结构与组成

Schumm（1977）曾提出，按照河流的自然态，整条河流从上游至下游依次可划分为3个子系统，集水盆地子系统、河道子系统和河口三角洲子系统。此种分类方法对于自然河流是适用的，然而随着社会经济的发展，河流不仅具有自然功能，同时还肩负了非常重要的社会功能，按照河流的空间区域来划分子系统，无法解决河流治理开发过程中存在的行洪输沙、生态环境、社会经济等各因素之间的矛盾。黄河流域作为人与自然相互作用最强烈的区域，社会经济发展对河流健康生命的依赖性最强，对其系统进行研究必须按其功能属性予以划分。从功能属性来看，一方面，河流需维持自身的健康生命，保证其行洪输沙功能的正常发挥，确保河床不抬高、堤防不决口和河道不断流；另一方面，河流还需要提供适宜人居的生态环境以及为地方社会经济发展提供水沙资源。黄河流域有 70 多万平方千米，涵盖了不同的自然地理条件、社会经济发展模式、生态环境类型以及用水需求等。从系统论的角度来看，将黄河下游河道视为一个复杂的巨系统，可将其划分为行洪输沙（河流）、生态环境、社会经济三个子系统。

各个子系统之间具有密切的有机联系，共同维系黄河下游河道河流系统的存在、发展和演化（图 4.1）。

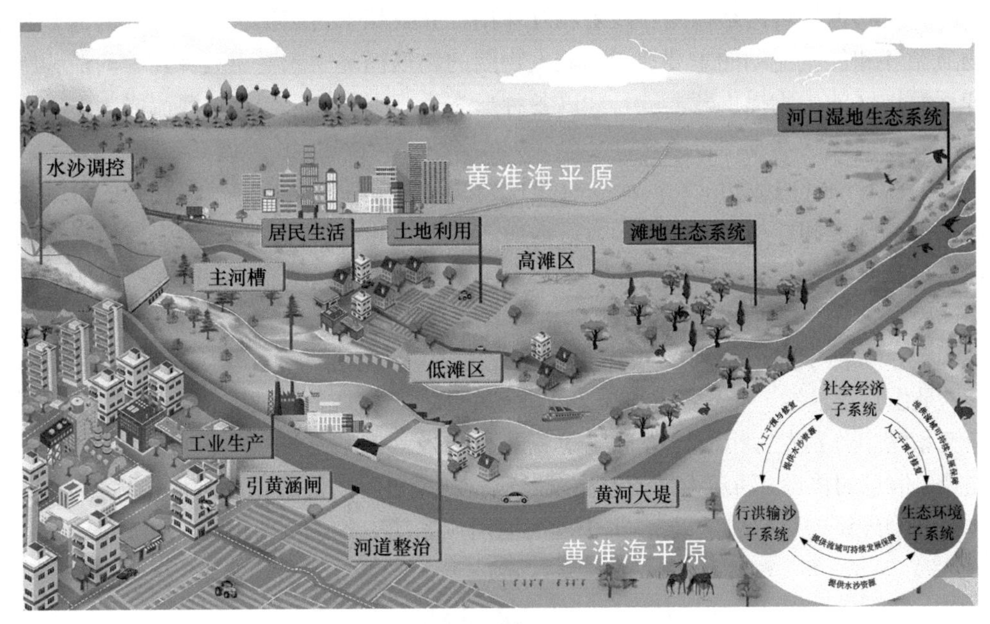

图 4.1　黄河下游河道河流系统组成

行洪输沙子系统包括河流河岸带、河床、水体、涉水工程等河流的自然结构，关系到河流水沙物质输移，并直接对生态环境和社会经济产生影响。生态环境子系统包括河流及滨河区域的生物群落、栖息地、植被等与生态环境有关的组成部分。社会经济子系统包括社会经济发展状况，如 GDP、粮食产量以及体现河流对经济社会发展支撑功能的指标（如引水量）等。这里的社会经济子系统构成仅限于与河流和社会经济相互作用有关的内容，不包括历史、文化、社会关系等完全隶属于社会系统的内容。在黄河下游河流系统理论框架中，各子系统均有自身的结构、功能和组成，在开展研究的过程中，均可用一系列特征指标来进行表征。

行洪输沙子系统为生态环境子系统和社会经济子系统提供一定的水沙条件，生态环境子系统是保证河流健康发育和社会经济可持续发展的重要基础，社会经济子系统则是河流行洪输沙子系统和生态环境子系统社会价值的具体体现，同时社会经济子系统也通过一定的方式对河流行洪输沙子系统和生态子系统进行干预和修复。

3）各子系统功能

（1）行洪输沙功能：在纵向上，由河流源头、湖泊、湿地、河口等构成的干流和不同级别的支流，形成了河流的河网水系。在横向上，河流水体与陆地间存在着相互作用，河流横向范围包括水域、沙洲、滩地、河道主槽、河岸带、堤防等。在垂向上，河流与地下水进行着径流及营养物质的交换。河流的水沙输移功能，尤其是洪水期的水沙输移功能是河流的基本功能，行洪输沙功能和作用的发挥关系着其生态服务功能和社会经济服务功能的实现。

（2）生态服务功能：河流系统中具有丰富的生物组成，包括动物、植物和微生物。

这些丰富的生物群落经过长期的自然选择，形成了较为稳定的生态系统，在生态系统内部具有复杂的食物链和食物网，生物之间通过食物链和食物网进行物质、能量和信息交换，同时生物也与自然结构间存在着相互作用，并依赖于自然结构而生存。河流是自然界物质循环和能量流动的重要通道，在生物圈的物质循环中起着重要作用。河流为流域内和近海地区的生物提供营养物，并以各种形态为其提供栖息地，使河流成为多种生态系统生存和演化的基本保证条件。

（3）社会经济服务功能：河流系统的社会经济服务功能是指河流在社会的持续发展中所发挥的功能和作用，河流系统为傍水而居的城镇和乡村提供生产、生活所必需的资源，同时在经济社会活动影响下和一定的人工干预下，其行洪输沙功能和生态服务功能也不断响应和调整。

因此，黄河下游河道河流系统兼有行洪输沙功能、生态服务功能和社会经济服务功能，是由行洪输沙、生态环境和社会经济三个子系统组成的开放复杂巨系统。各子系统在河流系统中分别发挥相应的功能，子系统之间以及河流系统与外界不断进行物质和能量的交换、信息的传递。河流系统的健康发展包括河流自身的健康发育、生态环境的有效保护以及社会经济的可持续发展。黄河下游河道河流系统中各子系统相互作用关系见图 4.2。

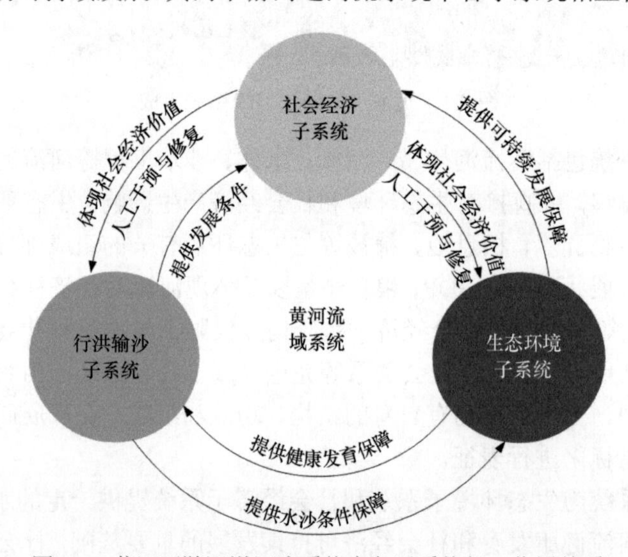

图 4.2　黄河下游河道河流系统中各子系统相互作用关系

4）黄河下游河道河流系统的协同性分析

从系统协同的角度出发，根据河流系统的组成和结构关系，黄河下游河道河流系统的协同主要包括两个层次。

（1）各子系统内部的协同：组成河流系统的各子系统——行洪输沙、生态环境、社会经济等内部各要素之间需保持协同发展，子系统内部的协同是河流系统整体协同的基础。在行洪输沙子系统中，水沙关系、河道演变、涉水工程等要素之间需维持协同关系；在生态环境子系统中，河流的流量过程需满足水生物种、湿地、植被等对生态流量（水量）的需求；在社会经济子系统中，用水量与相应的 GDP 之间应保持合理的比例关系，由此可维持各子系统内部的协同关系。

（2）河流系统整体的协同：系统整体协同是宏观层面的协同，是在构成系统的各子系统内部协同的基础上，河流行洪输沙功能、良好生态环境和社会经济可持续发展之间的整体协同，即其中任何一个子系统功能的正常发挥不影响其他子系统功能的正常发挥，或在一定条件下将对其他子系统的不利影响降至最低。

对黄河下游河道河流系统进行研究，主要目的为厘清河流系统的组成和结构特征，揭示各组成部分之间的相互作用关系，在明确各子系统协同发展机制的基础上，提出相应的工程措施与非工程措施，维持黄河下游河道河流系统的整体协同和协同发展，避免因各子系统竞争发展而引发粮食减产、经济下滑、生态破坏、环境恶化等一系列问题。

4.1.2　黄河下游河道河流系统约束因子

黄河下游河道河流系统包括行洪输沙、生态环境和社会经济三个子系统，河道河流系统物质与能量交换的约束也来自这三个子系统，即行洪输沙约束、生态环境约束和社会经济约束（图 4.3），各子系统中能够影响河流系统物质能量交换或被其影响的特征指标，即为约束因子。如水沙条件和河道行洪输沙能力即为影响河流系统物质能量交换的因子，同时水沙关系的改变将对河道演变、沿程饮用水、生态环境及社会经济产生影响。

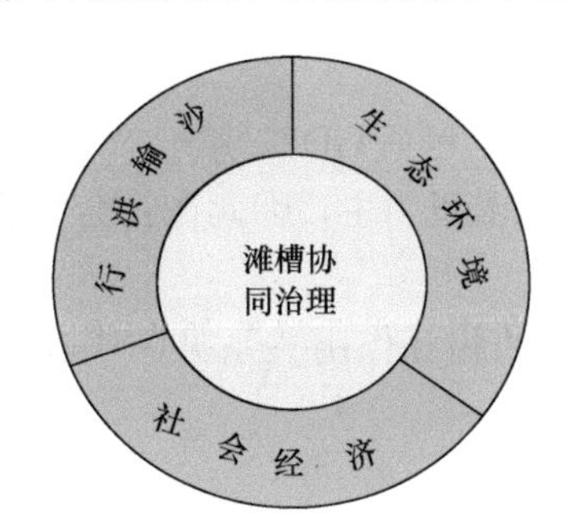

图 4.3　黄河下游河道河流系统的多维约束

1. 行洪输沙约束因子

行洪输沙子系统包括河流水文过程、河道的承受能力和水库的调控能力等，约束因子可分为径流泥沙指标、河道边界条件指标和水库调控指标等。

1）径流泥沙指标

径流泥沙指标包括反映流量特征、径流量特征以及泥沙特征的指标。

（1）反映流量特征的指标：年均流量和汛期平均流量分别反映了河道内某一断面一年内和汛期通过流量的平均大小；年最大流量和年最小流量表示一年内通过某一断面的最大流量和最小流量，反映了年内流量的最大变幅；3 日最大平均流量或 7 日最大平均流量反映了一年内连续 3 天或 7 天通过某一断面流量的最大平均值。

（2）反映径流量特征的指标：年径流量和汛期径流量分别反映了河道内某一断面一年内和汛期通过的水量。

（3）反映泥沙特征的指标：年均含沙量和汛期平均含沙量分别反映了河道内某一断面一年内和汛期通过的泥沙总量和水量的比值；年最大含沙量和年最小含沙量表示一年

内通过某一断面的最大含沙量和最小含沙量，反映了年内含沙量的最大变幅；年输沙量和汛期输沙量，分别反映了河道内某一断面一年内和汛期通过的泥沙总量。

2）河道边界条件指标

河道边界条件指标包括河道整治工程和平滩流量。河道整治工程主要反映河道对水流的约束强度和约束作用；平滩流量反映了河道某一断面的过流能力，直接影响水库调控过程中下泄流量是否导致漫滩和造成淹没损失。

3）水库调控指标

水库调控指标包括防洪、供水、发电等多方面。防洪指标主要指水库的各种限制水位、最大下泄能力等；供水指标主要指为了保证沿岸取用水水库在一定时期内必须维持的库容和水位等；发电指标主要指水库发电时不产生弃水的满发流量。

2. 生态环境约束因子

生态环境子系统中的约束因子包括河流水质、水面面积、栖息地面积、生物多样性、生态需水保障程度、植被覆盖度等，反映河流系统中各种生物的生存环境、生存范围、物种结构以及生物关键发育时期对流量、水量和涨落时期等一系列需求的保障和满足程度，体现了河流对其生态系统的支撑程度。

3. 社会经济约束因子

社会经济子系统中的约束因子包括 GDP、第一产业产值、种植面积、粮食产量、引水量等。黄河下游的供水主要以灌溉为主，因此在社会经济约束因子选取过程中，偏重于表征农业生产方面的因子。

河流系统中各子系统之间的相互作用关系见图 4.4，黄河下游河道河流系统的约束因子见图 4.5。

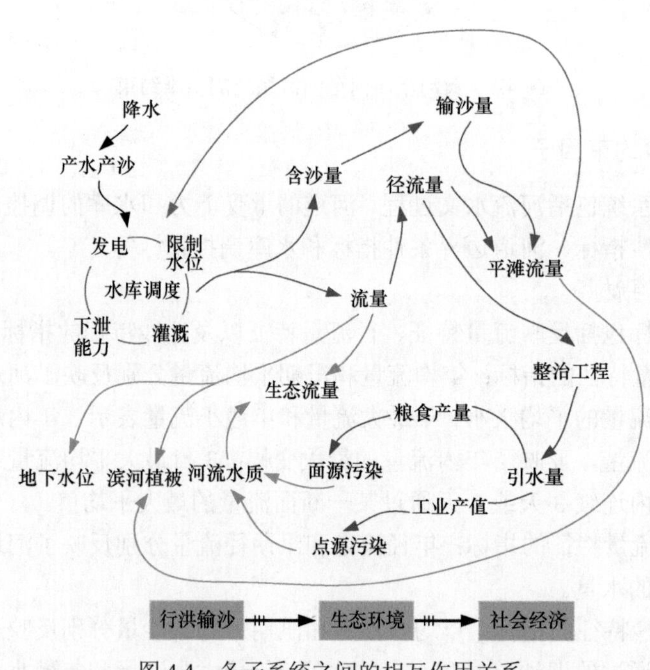

图 4.4 各子系统之间的相互作用关系

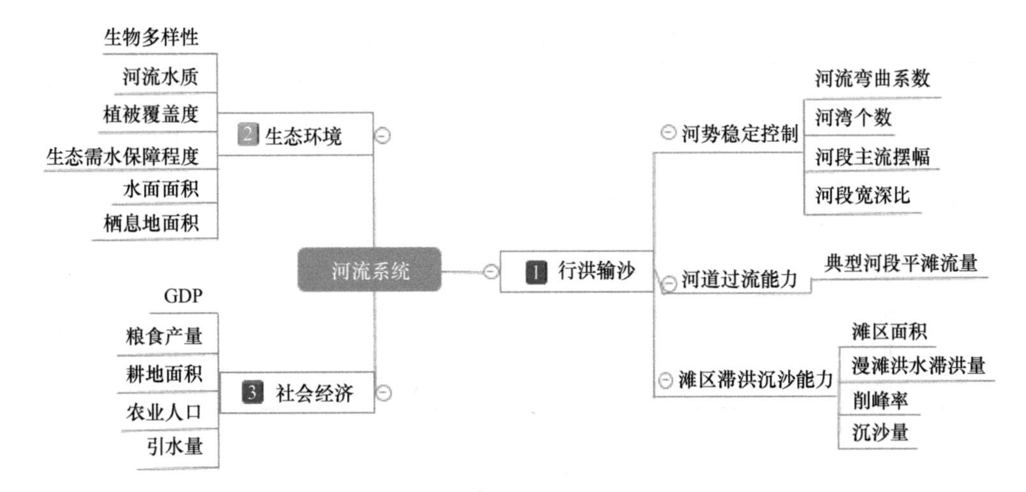

图 4.5　黄河下游河道河流系统的约束因子

4. 代表性指标遴选

河流系统各子系统的约束因子并非都是相互独立的，需要通过相关性检验遴选出主要的约束因子，用主要约束因子表征各子系统的主要特征并分析各子系统之间的相互作用关系。在进行相关性检验之前，可基于各因子的物理意义，识别相关性较高的因子，初步遴选出需进一步进行相关性检验的约束因子。

1）行洪输沙约束因子

在径流泥沙指标中，年径流量和年均流量、汛期径流量和汛期平均流量具有高度相关性，初步选取年均流量和汛期平均流量作为约束因子。年最大含沙量和年最小含沙量对河流输沙的表征意义相对较弱，且泥沙的表征指标中已经有年均含沙量和汛期平均含沙量指标，故舍去年最大含沙量和年最小含沙量两个因子。该子系统中其他约束因子不变。

经过初步遴选的行洪输沙约束因子主要包括径流泥沙约束因子、河道边界条件约束因子和水库调控约束因子。其中在水库调控约束因子中，各种设计水位以及满发流量和最大下泄流量都是水库调控过程中需要考虑的约束条件，各因子均为主要约束因子；在河道边界条件约束因子中，工程长度和工程密度为线性关系，本次选择工程密度为主要约束因子；平滩流量因子在一定程度上和河道的水沙条件有关，因此，将平滩流量因子与径流泥沙约束因子一起进行相关性分析。

通过相关性检验，得到黄河下游断面径流泥沙约束因子以及平滩流量因子之间的相关性，见表 4.1～表 4.11。从各因子的相关性来看，各站各因子的相关性均较高，仅在年最小流量和平滩流量两个因子中，利津断面与小浪底断面的相关性较弱。因此，选择其中某一断面的各因子即可代表其他断面各因子的特性。

从对水库调控响应最敏感的角度来看，应选择距离小浪底水库较近的断面，而从相关性检验结果来看，花园口断面的各因子与其他断面因子的相关性要高于小浪底断面。同时，考虑黄河流域综合规划对花园口断面的生态需水有明确要求，因此选择花园口断面的径流泥沙约束因子代表黄河下游各断面的径流泥沙约束因子。

表 4.1　年均流量相关性检验结果

相关性	小浪底	花园口	夹河滩	高村	孙口	艾山	泺口	利津
小浪底	1							
花园口	0.974**	1						
夹河滩	0.969**	0.995**	1					
高村	0.965**	0.990**	0.997**	1				
孙口	0.967**	0.988**	0.992**	0.996**	1			
艾山	0.949**	0.975**	0.988**	0.994**	0.995**	1		
泺口	0.944**	0.973**	0.983**	0.990**	0.992**	0.997**	1	
利津	0.934**	0.964**	0.977**	0.984**	0.987**	0.994**	0.998**	1

**表示通过 α=0.01 的显著性检验，*表示通过 α=0.05 的显著性检验，下同。

表 4.2　汛期平均流量相关性检验结果

相关性	小浪底	花园口	夹河滩	高村	孙口	艾山	泺口	利津
小浪底	1							
花园口	0.990**	1						
夹河滩	0.988**	0.999**	1					
高村	0.982**	0.996**	0.998**	1				
孙口	0.980**	0.992**	0.995**	0.998**	1			
艾山	0.964**	0.983**	0.987**	0.993**	0.996**	1		
泺口	0.958**	0.977**	0.982**	0.990**	0.994**	0.999**	1	
利津	0.949**	0.970**	0.977**	0.985**	0.990**	0.997**	0.999**	1

表 4.3　年最大流量相关性检验结果

相关性	小浪底	花园口	夹河滩	高村	孙口	艾山	泺口	利津
小浪底	1							
花园口	0.889**	1						
夹河滩	0.884**	0.990**	1					
高村	0.865**	0.983**	0.987**	1				
孙口	0.889**	0.959**	0.972**	0.981**	1			
艾山	0.856**	0.914**	0.926**	0.944**	0.979**	1		
泺口	0.863**	0.898**	0.911**	0.928**	0.970**	0.993**	1	
利津	0.839**	0.873**	0.885**	0.906**	0.951**	0.986**	0.991**	1

表 4.4　年最小流量相关性检验结果

相关性	小浪底	花园口	夹河滩	高村	孙口	艾山	泺口	利津
小浪底	1							
花园口	0.838**	1						
夹河滩	0.729**	0.930**	1					
高村	0.711**	0.882**	0.912**	1				
孙口	0.598**	0.802**	0.887**	0.876**	1			
艾山	0.521**	0.728**	0.824**	0.778**	0.937**	1		
泺口	0.274*	0.575**	0.662**	0.651**	0.794**	0.916**	1	
利津	0.018	0.430**	0.520**	0.536**	0.607**	0.778**	0.920**	1

表 4.5　3 日最大平均流量相关性检验结果

相关性	小浪底	花园口	夹河滩	高村	孙口	艾山	泺口	利津
小浪底	1							
花园口	0.897**	1						
夹河滩	0.889**	0.996**	1					
高村	0.891**	0.989**	0.990**	1				
孙口	0.914**	0.966**	0.972**	0.983**	1			
艾山	0.894**	0.934**	0.941**	0.953**	0.987**	1		
泺口	0.888**	0.915**	0.924**	0.939**	0.978**	0.996**	1	
利津	0.883**	0.898**	0.904**	0.924**	0.967**	0.989**	0.994**	1

表 4.6　7 日最大平均流量相关性检验结果

相关性	小浪底	花园口	夹河滩	高村	孙口	艾山	泺口	利津
小浪底	1							
花园口	0.926**	1						
夹河滩	0.920**	0.997**	1					
高村	0.899**	0.988**	0.992**	1				
孙口	0.921**	0.980**	0.984**	0.989**	1			
艾山	0.890**	0.962**	0.967**	0.974**	0.988**	1		
泺口	0.890**	0.949**	0.955**	0.963**	0.980**	0.996**	1	
利津	0.886**	0.944**	0.950**	0.960**	0.979**	0.993**	0.994**	1

表 4.7　平滩流量相关性检验结果

相关性	小浪底	花园口	夹河滩	高村	孙口	艾山	泺口	利津
小浪底	1							
花园口	0.937**	1						
夹河滩	0.856**	0.925**	1					
高村	0.732**	0.835**	0.931**	1				
孙口	0.610**	0.727**	0.785**	0.883**	1			
艾山	0.679**	0.734**	0.844**	0.884**	0.892**	1		
泺口	0.735**	0.812**	0.860**	0.888**	0.874**	0.814**	1	
利津	0.497**	0.544**	0.554**	0.610**	0.606**	0.576**	0.693**	1

表 4.8　年均含沙量相关性检验结果

相关性	小浪底	花园口	夹河滩	高村	孙口	艾山	泺口	利津
小浪底	1							
花园口	0.989**	1						
夹河滩	0.976**	0.990**	1					
高村	0.943**	0.970**	0.989**	1				
孙口	0.943**	0.968**	0.981**	0.992**	1			
艾山	0.914**	0.948**	0.963**	0.975**	0.981**	1		
泺口	0.894**	0.930**	0.960**	0.970**	0.976**	0.992**	1	
利津	0.853**	0.900**	0.924**	0.921**	0.939**	0.975**	0.978**	1

表 4.9　汛期平均含沙量相关性检验结果

相关性	小浪底	花园口	夹河滩	高村	孙口	艾山	泺口	利津
小浪底	1							
花园口	0.987**	1						
夹河滩	0.967**	0.987**	1					
高村	0.937**	0.971**	0.988**	1				
孙口	0.930**	0.965**	0.983**	0.995**	1			
艾山	0.906**	0.946**	0.967**	0.979**	0.988**	1		
泺口	0.886**	0.928**	0.961**	0.976**	0.983**	0.995**	1	
利津	0.878**	0.919**	0.952**	0.959**	0.971**	0.989**	0.990**	1

表 4.10　年输沙量相关性检验结果

相关性	小浪底	花园口	夹河滩	高村	孙口	艾山	泺口	利津
小浪底	1							
花园口	0.988**	1						
夹河滩	0.966**	0.991**	1					
高村	0.926**	0.970**	0.990**	1				
孙口	0.928**	0.963**	0.985**	0.994**	1			
艾山	0.884**	0.948**	0.967**	0.990**	0.996**	1		
泺口	0.868**	0.934**	0.967**	0.988**	0.995**	0.997**	1	
利津	0.836**	0.921**	0.954**	0.972**	0.990**	0.991**	0.993**	1

表 4.11　汛期输沙量相关性检验结果

相关性	小浪底	花园口	夹河滩	高村	孙口	艾山	泺口	利津
小浪底	1							
花园口	0.982**	1						
夹河滩	0.950**	0.989**	1					
高村	0.907**	0.968**	0.991**	1				
孙口	0.901**	0.958**	0.986**	0.995**	1			
艾山	0.867**	0.949**	0.970**	0.990**	0.996**	1		
泺口	0.853**	0.935**	0.971**	0.991**	0.995**	0.998**	1	
利津	0.827**	0.929**	0.962**	0.980**	0.992**	0.994**	0.994**	1

花园口断面共有 11 个径流泥沙约束因子，对这 11 个因子之间的相关性进行检验，结果见表 4.12。从表中可以看到，年均流量与汛期平均流量、年最大流量与 3 日最大平均流量和 7 日最大平均流量、年均含沙量与汛期平均含沙量、年输沙量与汛期输沙量之间的相关度均高于 0.9，可从以上各对因子中选择一个作为主要约束因子，且年均含沙量与年输沙量和汛期输沙量的相关度均在 0.86 以上，三个因子中可仅选一个作为主要约束因子。年最小流量、平滩流量与其他因子的相关度不高。

因此，通过各断面及各因子的相关性分析，最终确定径流泥沙主要约束因子为花园口断面年均流量、花园口断面年最大流量、花园口断面年最小流量、花园口断面年均含沙量 4 个径流泥沙约束因子，河道整治工程密度、花园口断面平滩流量两个河道边界条件约束因子，以及正常蓄水位、水库汛限水位、最大下泄流量和满发流量 4 个水库调控约束因子。共 10 个主要约束因子，见表 4.13。

表 4.12　花园口径流泥沙因子相关性检验结果

相关性	年均流量	汛期平均流量	年最大流量	年最小流量	3 日最大平均流量	7 日最大平均流量	平滩流量	年均含沙量	汛期平均含沙量	年输沙量	汛期输沙量
年均流量	1										
汛期平均流量	0.964^{**}	1									
年最大流量	0.679^{**}	0.748^{**}	1								
年最小流量	0.165	0.096	0.168	1							
3 日最大平均流量	0.699^{**}	0.763^{**}	0.988^{**}	0.176	1						
7 日最大平均流量	0.781^{**}	0.829^{**}	0.936^{**}	0.205	0.965^{**}	1					
平滩流量	0.522^{**}	0.423^{**}	0.312^{*}	0.410^{**}	0.355^{**}	0.436^{**}	1				
年均含沙量	0.263^{*}	0.394^{**}	0.442^{**}	-0.315^{*}	0.396^{**}	0.347^{**}	-0.249^{*}	1			
汛期平均含沙量	0.101	0.213	0.292^{*}	-0.337^{**}	0.238	0.173	-0.359^{**}	0.962^{**}	1		
年输沙量	0.661^{**}	0.754^{**}	0.695^{**}	−0.142	0.672^{**}	0.667^{**}	0.068	0.863^{**}	0.736^{**}	1	
汛期输沙量	0.613^{**}	0.727^{**}	0.698^{**}	−0.134	0.674^{**}	0.667^{**}	0.041	0.874^{**}	0.753^{**}	0.991^{**}	1

表 4.13　行洪输沙系统主要约束因子

类别	主要约束因子			
径流泥沙	花园口断面年均流量	花园口断面年最大流量	花园口断面年最小流量	花园口断面年均含沙量
河道边界条件	河道整治工程密度	花园口断面平滩流量	/	/
水库调控	正常蓄水位	水库汛限水位	最大下泄流量	满发流量

2）生态环境约束因子

生态环境子系统中各约束因子的数据系列均较难获取，由于黄河流域缺乏水面面积和栖息地面积的系列统计数据，故在开展研究时舍去这两个因子。

剩余的生态环境约束因子中，植被覆盖度仅有 2000 年以后的数据，生物多样性仅有 20 世纪 80 年代和 2008 年的数据，河流水质仅有 2003 年以来的数据，数据系列均较短，无法与其他子系统中具有长序列数据的因子进行对比分析，因此本次研究不将上述因子作为主要约束因子。对生态需水保障程度中花园口和利津断面的各因子进行相关性检验，结果见表 4.14。

各因子中大部分与适宜流量保证率和低限流量保证率的相关度较高，考虑我国生态文明建设日益加强，本次研究选择适宜流量保证率作为主要因子。同时，花园口断面 11～12 月适宜流量保证率与利津断面 11～12 月适宜流量保证率的相关度较高，故二者只取一个作为主要因子，本次研究取花园口断面 11～12 月适宜流量保证率作为主要因子。因此，生态环境子系统的主要约束因子包括花园口断面 1～3 月适宜流量保证率、花园口断面 4～6 月适宜流量保证率、花园口断面 11～12 月适宜流量保证率、花园口断面 4～6 月适宜流量脉冲次数、利津断面 1～3 月适宜流量保证率、利津断面 4 月适宜流量保证率和利津断面 4 月适宜流量脉冲次数 7 个因子，见表 4.15。

表 4.14　生态环境各因子相关性

相关性	花园口断面1～3月适宜流量保证率	花园口断面1～3月低限流量保证率	花园口断面4～6月适宜流量保证率	花园口断面4～6月低限流量保证率	花园口断面4～6月适宜流量脉冲次数	花园口断面4～6月低限流量脉冲次数	花园口断面11～12月适宜流量保证率	花园口断面11～12月低限流量保证率	利津断面1～3月适宜流量保证率	利津断面1～3月低限流量保证率	利津断面4月适宜流量保证率	利津断面4月低限流量保证率	利津断面5～6月适宜流量保证率	利津断面5～6月低限流量保证率	利津断面11～12月适宜流量保证率	利津断面11～12月低限流量保证率	利津断面4月适宜流量脉冲次数	利津断面4月低限流量脉冲次数
花园口断面1～3月适宜流量保证率	1																	
花园口断面1～3月低限流量保证率	0.510**	1																
花园口断面4～6月适宜流量保证率	0.195	0.134	1															
花园口断面4～6月低限流量保证率	0.200	0.086	0.949**	1														
花园口断面4～6月适宜流量脉冲次数	0.098	−0.065	0.318**	0.271*	1													
花园口断面4～6月低限流量脉冲次数	0.187	−0.056	0.334**	0.294*	0.792**	1												
花园口断面11～12月适宜流量保证率	0.147	−0.006	0.124	0.180	0.125	0.194	1											
花园口断面11～12月低限流量保证率	0.332**	0.252*	0.396**	0.471**	0.140	0.176	0.590**	1										
利津断面1～3月适宜流量保证率	0.599**	0.415**	0.240	0.242*	0.164	0.275*	0.380**	0.465**	1									
利津断面1～3月低限流量保证率	0.505**	0.486**	0.290*	0.286*	0.236	0.321**	0.433**	0.490**	0.943**	1								
利津断面4月适宜流量保证率	0.393**	0.155	0.306*	0.321**	0.237	0.414**	0.272*	0.340**	0.694**	0.666**	1							

续表

相关性	花园口断面1～3月适宜流量保证率	花园口断面1～3月低限流量保证率	花园口断面4～6月适宜流量保证率	花园口断面4～6月低限流量保证率	花园口断面4～6月适宜流量脉冲次数	花园口断面4～6月低限流量脉冲次数	花园口断面11～12月适宜流量保证率	花园口断面11～12月低限流量保证率	利津断面1～3月适宜流量保证率	利津断面1～3月低限流量保证率	利津断面4月适宜流量保证率	利津断面4月低限流量保证率	利津断面5～6月适宜流量保证率	利津断面5～6月低限流量保证率	利津断面11～12月适宜流量保证率	利津断面11～12月低限流量保证率	利津断面4月适宜流量脉冲次数	利津断面4月低限流量脉冲次数
利津断面4月低限流量保证率	0.363^{**}	0.269^{*}	0.389^{**}	0.402^{**}	0.281^{*}	0.423^{**}	0.285^{*}	0.405^{**}	0.710^{**}	0.739^{**}	0.928^{**}	1						
利津断面5～6月适宜流量保证率	0.430^{**}	0.048	0.509^{**}	0.468^{**}	0.472^{**}	0.579^{**}	0.316^{**}	0.314^{*}	0.563^{**}	0.532^{**}	0.718^{**}	0.676^{**}	1					
利津断面5～6月低限流量保证率	0.398^{**}	0.112	0.538^{**}	0.510^{**}	0.505^{**}	0.589^{**}	0.348^{**}	0.351^{**}	0.573^{**}	0.586^{**}	0.764^{**}	0.772^{**}	0.957^{**}	1				
利津断面11～12月适宜流量保证率	0.195	0.021	0.106	0.161	0.116	0.190	0.850^{**}	0.602^{**}	0.440^{**}	0.479^{**}	0.323^{**}	0.340^{**}	0.344^{**}	0.360^{**}	1			
利津断面11～12月低限流量保证率	0.207	0.003	0.095	0.154	0.127	0.186	0.732^{**}	0.574^{**}	0.434^{**}	0.459^{**}	0.307^{*}	0.346^{**}	0.318^{**}	0.346^{**}	0.946^{**}	1		
利津断面4月适宜流量脉冲次数	0.306^{*}	−0.071	0.130	0.157	0.089	0.251^{*}	0.193	0.178	0.394^{**}	0.341^{**}	0.551^{**}	0.476^{**}	0.468^{**}	0.433^{**}	0.191	0.170	1	
利津断面4月低限流量脉冲次数	0.361^{**}	0.081	−0.017	0.048	0.177	0.281^{*}	0.255^{*}	0.167	0.547^{**}	0.484^{**}	0.682^{**}	0.559^{**}	0.592^{**}	0.577^{**}	0.195	0.146	0.549^{**}	1

表 4.15 生态环境系统主要约束因子

类别	主要约束因子				
生态流量	花园口断面 1～3 月适宜流量保证率	花园口断面 4～6 月适宜流量保证率	花园口断面 11～12 月适宜流量保证率	利津断面 1～3 月适宜流量保证率	利津断面 4 月适宜流量保证率
脉冲流量	花园口断面 4～6 月适宜流量脉冲次数	利津断面 4 月适宜流量脉冲次数	/	/	/

3）社会经济约束因子

在社会经济约束因子中，社会经济数据的特性与径流泥沙约束因子不同，径流泥沙在输移过程中上游对下游具有一定的影响，而社会经济数据中相邻行政区域之间的相互影响作用不大，不能用某一行政区域的社会经济数据代表其他行政区域的数据，因此在遴选社会经济数据的主要约束因子时，采用黄河下游各县市、乡镇的平均值来进行分析。社会经济各因子相关性见表 4.16。

表 4.16 社会经济各因子相关性

相关性	县市第一产业产值	县市粮食产量	县市农业人口	乡镇粮食产量	乡镇农业施肥量	县市农业施肥量	引水量
县市第一产业产值	1						
县市粮食产量	0.885**	1					
县市农业人口	0.793**	0.955**	1				
乡镇粮食产量	0.839**	0.911**	0.329	1			
乡镇农业施肥量	0.591*	0.802**	0.520	0.773**	1		
县市农业施肥量	0.910**	0.886**	0.255	0.946**	0.671*	1	
引水量	0.105	0.014	–0.010	0.892**	0.479	0.900**	1

县市第一产业产值和县市粮食产量相关程度较高，县市粮食产量和县市农业人口之间的相关程度高于县市第一产业产值和县市农业人口的相关程度，表明农业人口对粮食产量的贡献大于其对第一产业产值的贡献。县市粮食产量与县市农业施肥量的相关程度远高于与引水量的相关程度，表明县市粮食产量的增加主要依赖于农业施肥量的增加。但乡镇粮食产量与引水量的相关度达到了 0.892，且通过了 α=0.01 的显著性检验，同时，乡镇粮食产量和乡镇农业施肥量相关程度也较高，表明乡镇粮食产量的提高与施肥以及引水有密切关系。

根据相关性分析结果，考虑各因子对水库泥沙调控的约束作用，本次研究将乡镇粮食产量和引水量作为社会经济的主要约束因子。

由此得到黄河下游河道河流系统多维子系统的主要约束因子，见表 4.17。

表 4.17 黄河下游多维子系统主要约束因子

子系统	类别	主要约束因子				
行洪输沙	径流泥沙	花园口断面年均流量	花园口断面年最大流量	花园口断面年最小流量	花园口断面年均含沙量	/
	河道边界条件	河道整治工程密度	花园口断面平滩流量	/	/	/
	水库调控	正常蓄水位	水库汛限水位	最大下泄流量	满发流量	/

续表

子系统	类别	主要约束因子				
生态环境	生态流量	花园口断面1～3月适宜流量保证率	花园口断面 4～6 月适宜流量保证率	花园口断面 11～12 月适宜流量保证率	利津断面1～3月适宜流量保证率	利津断面 4 月适宜流量保证率
	脉冲流量	花园口断面4～6月适宜流量脉冲次数	利津断面 4 月适宜流量脉冲次数	/	/	/
社会经济	滩区乡镇粮食产量	引水量	/	/	/	

4.1.3 各子系统间动态协同与竞争关系

基于以上得到的各子系统主要约束因子，通过相关性检验得到各子系统主要约束因子之间的动态协同与竞争关系，见表 4.18。水库调度约束因子均为水库运行的特定参数，在水库运行方式不变时，这些约束因子不变，经简单的分析表明，水库调度约束因子与行洪输沙子系统中其他约束因子相关性较低，具有较强的独立性，因此在相关性检验中不进行水库调度约束因子的分析。

行洪输沙子系统中花园口断面年均流量、花园口断面年最小流量与生态环境子系统中花园口断面生态需水保证率和利津断面生态需水保证率的相关度较高。花园口断面年均流量越大，花园口断面和利津断面年内各时期的适宜流量保证率越高，同时，适宜流量脉冲次数也越高。

社会经济主要约束因子中粮食产量与引水量、花园口断面平滩流量以及河道整治工程密度等相关性均较高，引水量与年均流量相关性较高。从各因子的物理意义来看，粮食产量与河道整治工程密度和花园口断面平滩流量之间的高相关性，主要有两方面原因，一是粮食产量呈增加趋势，河道整治工程密度和花园口断面平滩流量也呈增加趋势，决定了各因子在变化特征上具有较高的一致性，二是河道整治工程密度和花园口断面平滩流量的增加，在一定程度上减少了河漫滩以及侵蚀岸滩的概率，河势趋于稳定，有利于滩区的粮食生产安全，为粮食产量的提高提供了保障。

4.1.4 滩槽协同治理目标函数

黄河下游河道滩槽协同治理有两个层面的含义：一是就滩槽本身的自然功能而言，在当前小浪底水库建成运行以来下泄沙量大幅减少，清水持续冲刷主槽，提升主槽输沙能力的同时，应用适当的大水大沙过程漫滩，促进滩槽水沙交换，改善滩地淤积形态，实现滩槽自然功能的协同；二是就滩槽所具有的完整的多维功能而言，在滩槽形态改善的同时，兼顾河道内社会、经济、生态的协调发展，实现滩槽多维服务功能的协同。这两种协同均在本节得到完整的数学表达。

表 4.18　黄河下游各子系统主要约束因子协同关系

主要约束因子	Q	Q_{max}	Q_{min}	S	QB	GC	STH_1	STH_2	STH_3	STH_4	STL_1	STL_2	STL_3	LS	YS
Q	1														
Q_{max}	0.679^{**}	1													
Q_{min}	0.165	0.168	1												
S	0.263^{*}	0.442^{**}	-0.315^{*}	1											
QB	0.522^{**}	0.312^{*}	0.410^{**}	-0.249^{*}	1										
GC	-0.607^{**}	-0.523^{**}	0.106	-0.652^{**}	−0.191	1									
STH_1	0.288^{*}	0.240	0.502^{**}	−0.007	0.301^{*}	−0.228	1								
STH_2	0.163	0.018	0.566^{**}	-0.400^{**}	0.348^{**}	0.122	0.220	1							
STH_3	0.511^{**}	0.382^{**}	0.251^{*}	0.146	0.335^{**}	−0.233	0.133	0.147	1						
STH_4	0.376^{**}	−0.034	0.169	-0.368^{**}	0.468^{**}	0.102	0.077	0.333^{**}	0.113	1					
STL_1	0.451^{**}	0.337^{**}	0.294^{*}	0.098	0.491^{**}	-0.330^{**}	0.599^{**}	0.240	0.380^{**}	0.164	1				
STL_2	0.413^{**}	0.268^{*}	0.230	0.051	0.520^{**}	-0.309^{*}	0.393^{**}	0.306^{*}	0.272^{*}	0.237	0.694^{**}	1			
STL_3	0.467^{**}	0.228	0.127	0.274^{*}	0.286^{*}	-0.611^{**}	0.306^{*}	0.130	0.193	0.089	0.394^{**}	0.551^{**}	1		
LS	0.051	0.298	0.110	−0.523	0.943^{**}	0.945^{**}	0.504	/	−0.172	−0.563	0.060	0.524	0.236	1	
YS	0.569	−0.130	0.083	−0.050	−0.007	0.017	−0.373	−0.112	-0.433^{*}	−0.191	-0.444^{*}	−0.350	−0.180	0.892^{**}	1

注：Q 为花园口断面年均流量；Q_{max} 为花园口断面年最大流量；Q_{min} 为花园口断面年最小流量；S 为花园口断面年均含沙量；QB 为花园口断面平滩流量；GC 为河道整治工程密度；STH_1 为花园口断面 1～3 月适宜流量保证率；STH_2 为花园口断面 4～6 月适宜流量保证率；STH_3 为花园口断面 11～12 月适宜流量保证率；STH_4 为花园口断面 4～6 月适宜流量脉冲次数；STL_1 为利津断面 1～3 月适宜流量保证率；STL_2 为利津断面 4 月适宜流量保证率；STL_3 为利津断面 4 月适宜流量脉冲次数；LS 为粮食产量；YS 为引水量。

就滩槽系统本身的自然功能而言，需要一个稳定的行洪输沙主槽、一个稳定的河势、一个风险得到有效控制的滩槽关系。综上所述，选取主槽平滩流量 Q_{bf}、河相系数 ξ（后面章节将详细论述）及滩地平均横比降与河道纵比降的比值 J_c/J_L 作为滩槽行洪输沙子系统的治理目标，写成数学表达式，如下：

$$
\begin{gathered}
Q_{\mathrm{bf}} \geqslant Q_{c,\mathrm{bf}} \\
\xi = \frac{\sqrt{B}}{H} \leqslant \xi_{\mathrm{c}} \\
J_{\mathrm{c}} / J_{\mathrm{L}} \leqslant c
\end{gathered} \tag{4.1}
$$

就滩槽系统对应的社会经济功能而言，选取洪水受灾人数 P（上限为 P_{c}）、洪水受灾损失 E（上限为 E_{c}）作为滩槽社会经济子系统的治理目标，则其目标函数的表达式为

$$
\begin{gathered}
P \leqslant P_{\mathrm{c}} \\
E \leqslant E_{\mathrm{c}}
\end{gathered} \tag{4.2}
$$

就滩槽系统对应的生态环境功能而言，一般情境下研究者多选取系统的生物多样性指标 B_1、代表物种种群密度指标 B_2 作为滩槽生态环境子系统的治理目标，但由于黄河下游河道滩槽物种统计数据的严重缺失，选取两个间接指标来反映洪水泥沙的补给对滩区生态环境的改善作用，分别是反映河漫滩湿地空间和时间特征的洪水淹没面积 S_{b} 和淹没历时 T_{b}，则其目标函数的表达式为

$$
\begin{gathered}
S_{\mathrm{b}} \geqslant S_{\mathrm{b,c}} \\
T_{\mathrm{b}} \geqslant T_{\mathrm{b,c}}
\end{gathered} \tag{4.3}
$$

综上所述，如将滩槽协同治理目标视为水沙条件和河道边界的函数，则其是一个包含多目标的广义函数，其函数形式可写为

$$
\left(Q_{\mathrm{bf}}, \xi, J_{\mathrm{c}} / J_{\mathrm{L}}, P, E, S_{\mathrm{b}}, T_{\mathrm{b}}\right) = F\left(Q, S, \mathrm{GM}, \cdots\right) \tag{4.4}
$$

式中，Q 为流量；S 为含沙量；GM 为河段工程密度。

4.2　主控因子与滩槽协同治理目标的驱动-响应机制

4.2.1　各子系统代表因子的演变过程

1. 数据来源

1）径流泥沙数据

收集了黄河下游小浪底、花园口、夹河滩、高村、孙口、艾山、泺口、利津等水文站断面 1950～2015 年（部分断面为 1960～2015 年）的径流泥沙数据，对各断面的径流泥沙指标进行了提取。

2）生态环境数据

生态环境数据主要包括以下几个方面。

（1）黄河下游主要断面 2003～2017 年断面水质指标，包括花园口、高村、孙口、利津等断面。

（2）2013 年 1 月至 2018 年 12 月逐月水质指标，包括小浪底、花园口、高村、孙口、艾山、泺口、利津等。

（3）黄河流域 20 世纪 80 年代和 2008 年两次生态调查数据，包括底栖动物、浮游植物和浮游动物。

（4）《黄河流域综合规划（2012—2030 年）》有关黄河下游各断面生态环境用水量和断面下泄水量的控制指标，以及有关文献研究成果。

3）社会经济数据

（1）引水量：1998～2017 年黄河流域沿黄各省区取耗水量及分用途（农业、工业、城镇生活、农村人畜）取耗水量；黄河下游 1959～1985 年、2007～2014 年的引水量。

（2）行政区统计年鉴数据：2001～2016 年黄河流域各省区统计年鉴中 GDP、粮食产量、第一产业产值等与黄河引水有关的社会经济数据。

1960～2016 年黄河下游部分区域在黄河滩区的县（市）社会经济数据，包括人口（总人口、农业人口）、GDP（第一、二、三产业产值）、粮食（种植面积、粮食产量），涉及的县（市）有武陟县、原阳县、封丘县、长垣市、濮阳县、荥阳市、惠济区、中牟县、开封县（祥符区）和兰考县。

（3）乡镇经济数据：2005～2017 年黄河下游位于黄河滩区的乡镇经济数据，包括耕地面积、粮食产量、施肥量等。

2. 行洪输沙因子演变过程

1）径流泥沙指标

黄河下游径流泥沙指标 1950～2015 年的变化过程见图 4.6～图 4.15。1950～2000 年黄河下游的年均流量、汛期平均流量、年最大流量、3 日最大平均流量和 7 日最大平均流量均呈波动式降低趋势，与黄河流域一系列水库的投入运行、社会经济发展引起的用水量增加等密切相关。2000 年后小浪底水库投入运行，自 2002 年至今持续开展调水调沙，上述流量指标有所增加。年输沙量、汛期输沙量呈总体降低趋势，尤其是 2000 年之后，达到历史最低。

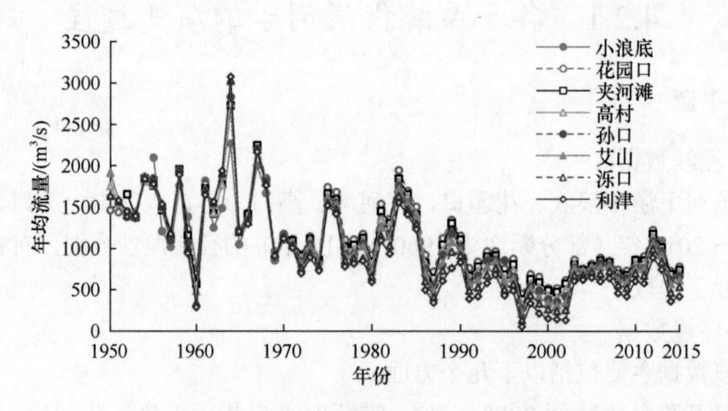

图 4.6　黄河下游年均流量历年变化

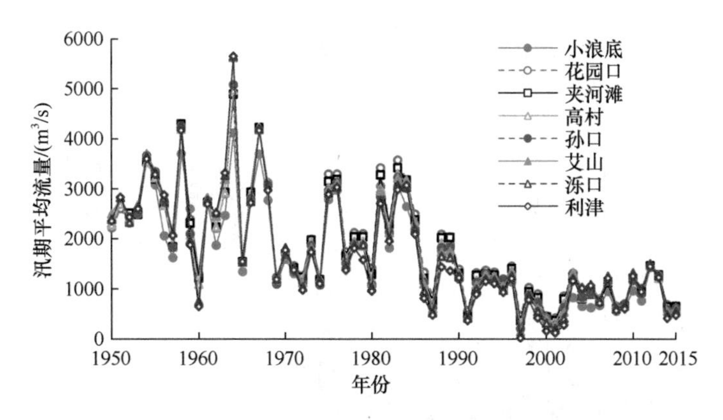

图 4.7　黄河下游汛期平均流量历年变化

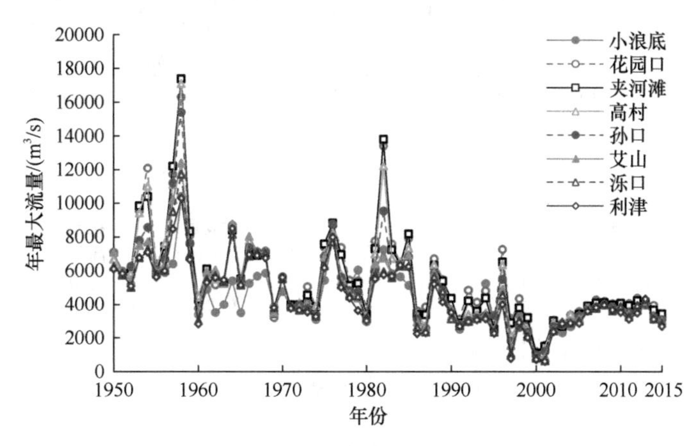

图 4.8　黄河下游年最大流量历年变化

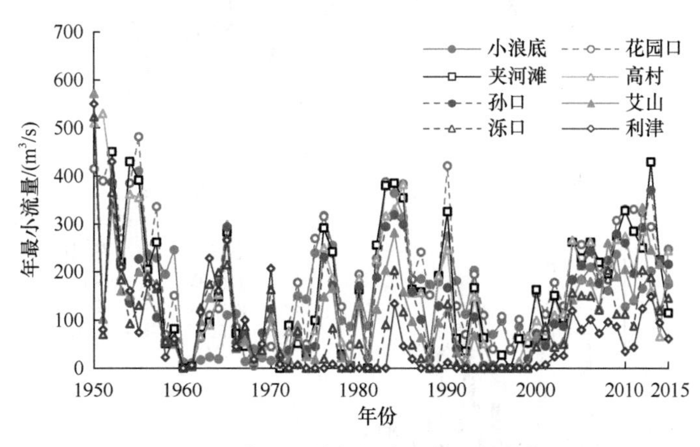

图 4.9　黄河下游年最小流量历年变化

2）河道边界条件指标

河道边界条件指标包括河道整治工程密度和河道平滩流量。黄河下游游荡性河段河南段（全长 229km）河道整治工程的长度及工程密度的变化见图 4.16，其中工程密度为工程长度占河道长度的比例。随着社会经济的发展和水利科技的进步，人们对河道整治的力度和效果不断加强。自 1950 年来，河南段河道整治工程的长度由 50 多千米增加到近 220km，工程密度由 24.8%增加为 94.8%，对河势的约束和控导能力得到有效提高。

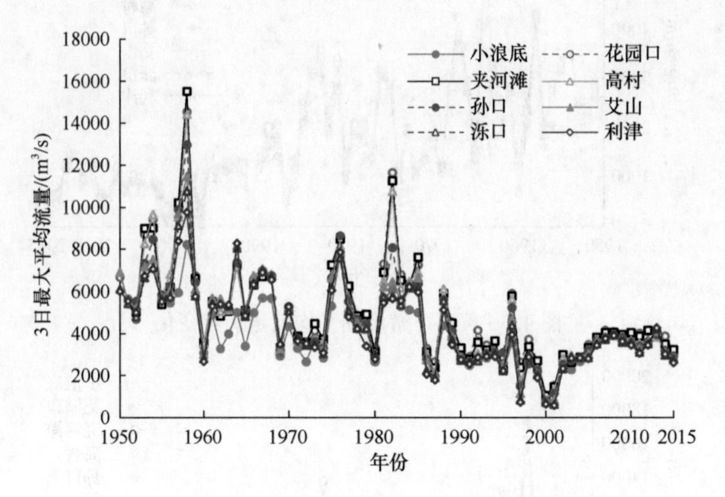

图 4.10 黄河下游 3 日最大平均流量历年变化

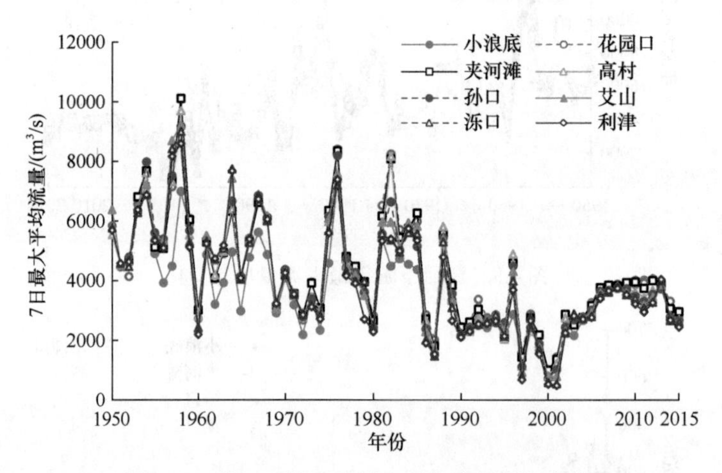

图 4.11 黄河下游 7 日最大平均流量历年变化

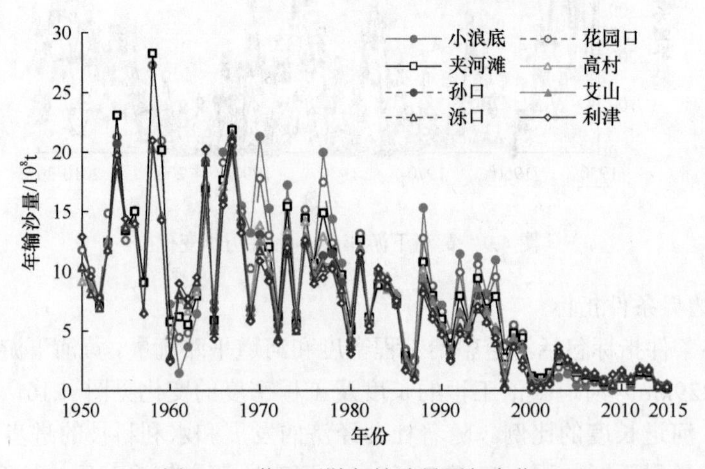

图 4.12 黄河下游年输沙量历年变化

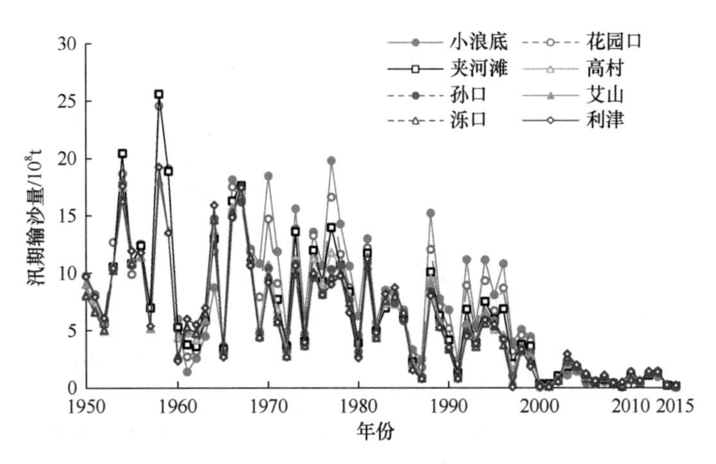

图 4.13　黄河下游汛期输沙量历年变化

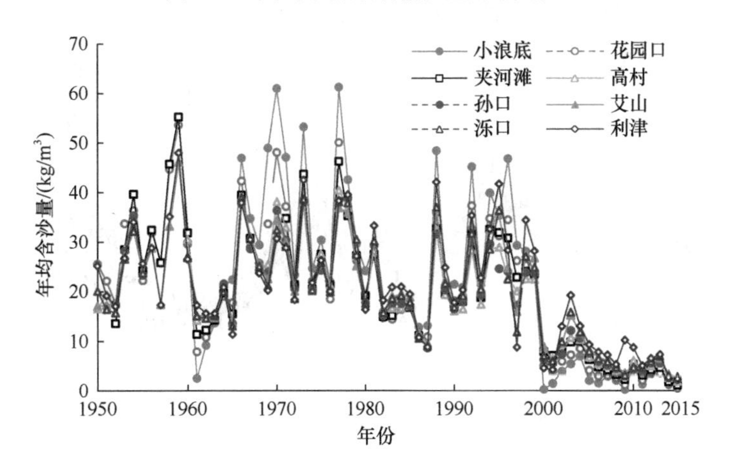

图 4.14　黄河下游年均含沙量历年变化

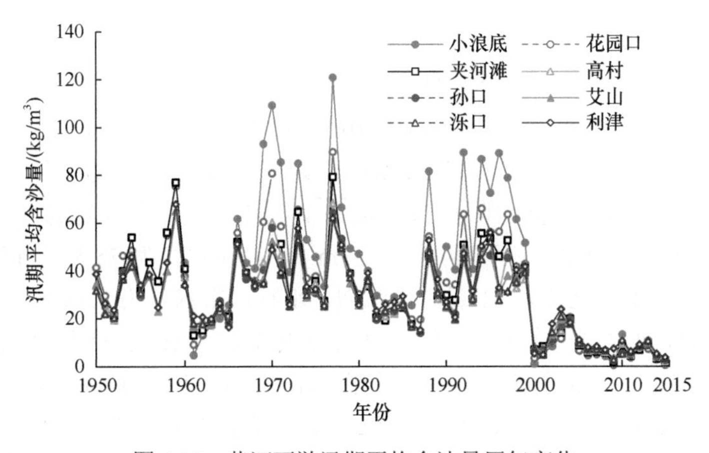

图 4.15　黄河下游汛期平均含沙量历年变化

黄河下游平滩流量历年变化见图 4.17。河道平滩流量在 20 世纪 60 年代、80 年代较高，之后受河道淤积影响，平滩流量不断下降，小浪底水库调水调沙运行以来，黄河下游各断面及河段的平滩流量又逐步回升，当前各河段的过流能力均在 4000m^3/s 以上。

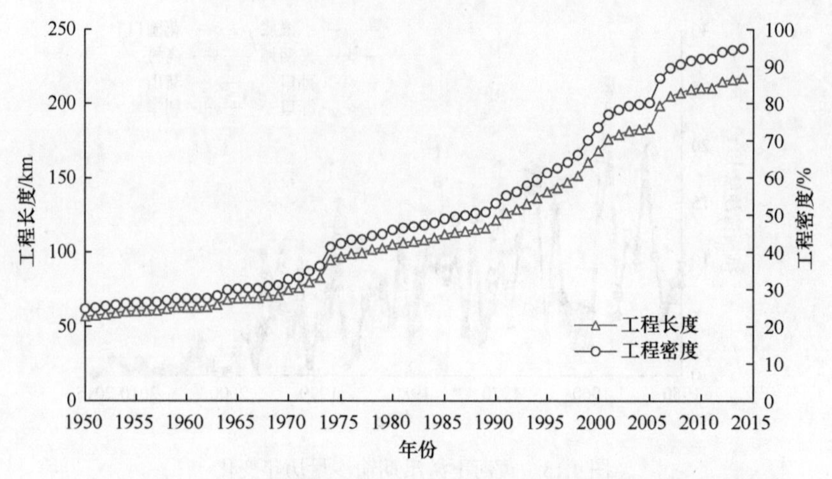

图 4.16 黄河下游游荡性河段河南段河道整治工程的工程长度及工程密度

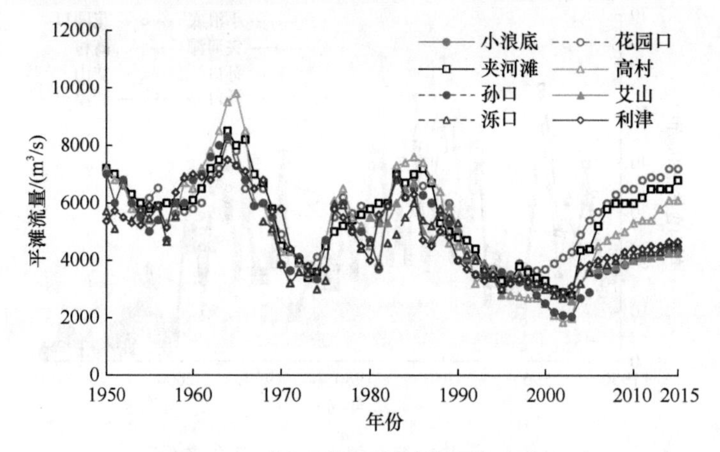

图 4.17 黄河下游平滩流量历年变化

3）水库调控指标

对黄河下游水沙调控影响较大的为小浪底水库，根据国家防汛抗旱总指挥部文件《关于黄河洪水调度方案的批复》（国汛〔2015〕19 号），小浪底水库的运行水位和调度方案为：水库千年一遇设计洪水位为 274.0m，校核洪水位、正常蓄水位以及设计防洪运行水位均为 275.0m；设计总库容为 126.5 亿 m^3，其中长期有效库容为 51.0 亿 m^3（防洪库容为 40.5 亿 m^3，调水调沙库容为 10.5 亿 m^3），拦沙库容为 75.5 亿 m^3；设计汛限水位为 254.0m。7 月 1 日至 8 月 31 日为前汛期，现状汛限水位为 230.0m，当水库淤积量达到 42 亿 m^3 时，汛限水位可抬升至 240.0m；9 月 1 日至 10 月 31 日为后汛期，汛限水位为 248.0m，8 月 21 日起水库水位可向后汛期汛限水位过渡，10 月 21 日起可向正常蓄水位过渡；每年凌汛期（12 月 1 日至次年 2 月底）需预留防凌库容 20 亿 m^3。水库最大下泄流量为 15307m^3/s（对应水位为 275.0m），发电的满发流量为 1800m^3/s。

3. 生态环境因子演变过程

1）生态流量

《黄河流域综合规划（2012—2030 年）》中对黄河下游花园口断面和利津断面的生态

流量进行了说明，花园口断面4～6月的生态需水为200m^3/s（最小）和320m^3/s（适宜），7～10月需维持一定量级洪水；利津断面4月的生态流量为75m^3/s（最小）和120m^3/s（适宜），5～6月的生态流量为150m^3/s（最小）和250m^3/s（适宜），7～10月需维持一定的输沙用水。《黄河流域综合规划（2012—2030年）》没有对花园口断面和利津断面11月至次年3月的生态流量进行说明。

研究人员根据黄河下游和河口的关键物种和关键生长期，提出了11月至次年3月花园口断面和利津断面的生态流量，即花园口断面最低流量为200 m^3/s，适宜流量为400 m^3/s，利津断面最低流量为70 m^3/s，适宜流量为120 m^3/s。此外，为满足黄河下游鱼类产卵和洄游，每年4～6月，还需有一定的脉冲流量。根据《黄河流域综合规划（2012—2030年）》及其他研究成果，得到黄河下游花园口断面和利津断面年内各月的生态流量，见表4.19。

表4.19　黄河下游典型断面生态流量

断面	生态需水		1～3月	4月	5～6月	7～10月	11～12月
花园口	低限	流量/（m^3/s）	200	200	200	一定量级洪水	200
		脉冲流量/（m^3/s）	/	1400，至少1次，持续时间≥6天	/		/
	适宜	流量/（m^3/s）	400	320	320		400
		脉冲流量/（m^3/s）	/	1700，至少1次，持续时间≥6天	/		/
利津	低限	流量/（m^3/s）	70	75	150	一定量级洪水	70
		脉冲流量/（m^3/s）	/	400，至少1次，持续时间≥7天	/		/
	适宜	流量/（m^3/s）	120	120	250		120
		脉冲流量/（m^3/s）	/	800，至少1次，持续时间≥7天	/		/

同时，《黄河流域综合规划（2012—2030年）》指出，考虑未来黄河水资源供需状况，综合考虑社会经济发展和生态环境用水要求，确定在南水北调东中线工程生效后至西线一期工程生效前，利津断面多年平均生态环境用水量不小于187.0亿m^3，同时统筹协调社会经济发展用水和河道内生态环境用水关系，提出了花园口、高村、利津等主要控制断面下泄水量控制指标，见表4.20。

表4.20　黄河下游典型断面生态环境用水及下泄水量控制指标

控制断面	南水北调东中线工程生效后至西线一期工程生效前	
	河道内生态环境用水量（下限）/（$10^8m^3/a$）	断面下泄水量（下限）/（$10^8m^3/a$）
花园口	—	282.8
高村	—	256.5
利津	187.0	187.0

2）生态流量保证率

由于7～10月为汛期，黄河下游河道基本能够维持一定量级的洪水过程，因此本次对生态基流满足程度的统计以非汛期各月为主。统计花园口断面和利津断面1950年以来非汛期各时段生态流量的保障程度，见图4.18和图4.19。由于低限流量小于适宜流量，各断面低限流量的保证率始终高于适宜流量的保证率。

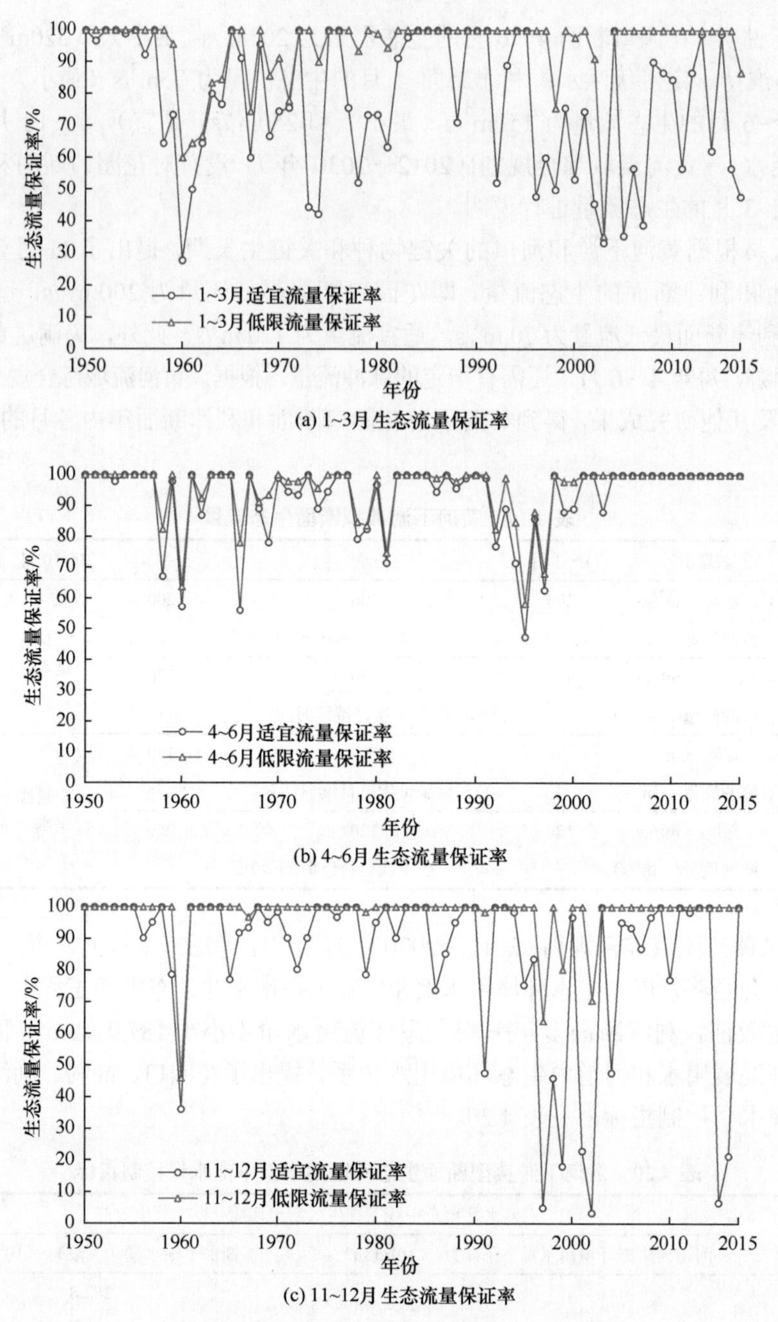

(a) 1~3月生态流量保证率

(b) 4~6月生态流量保证率

(c) 11~12月生态流量保证率

图 4.18　花园口断面生态流量保证率

花园口断面和利津断面的生态流量保证率均表现为 20 世纪 50 年代较高，当时河流受人为干扰较小，可视为处于自然状态；20 世纪 90 年代较低，与该时期黄河处于枯水期且频繁发生断流有关；2000 年以后明显升高，和全河水量统一调度息息相关。受三门峡水库蓄水影响，1960 年两个断面各月的生态需水保证率均显著降低。

花园口断面适宜流量保证率在 20 世纪 60～80 年代处于波动状态，低限流量保证率维持在较高水平。利津断面在 20 世纪 60～80 年代各月生态需水保证率表现略有差异：

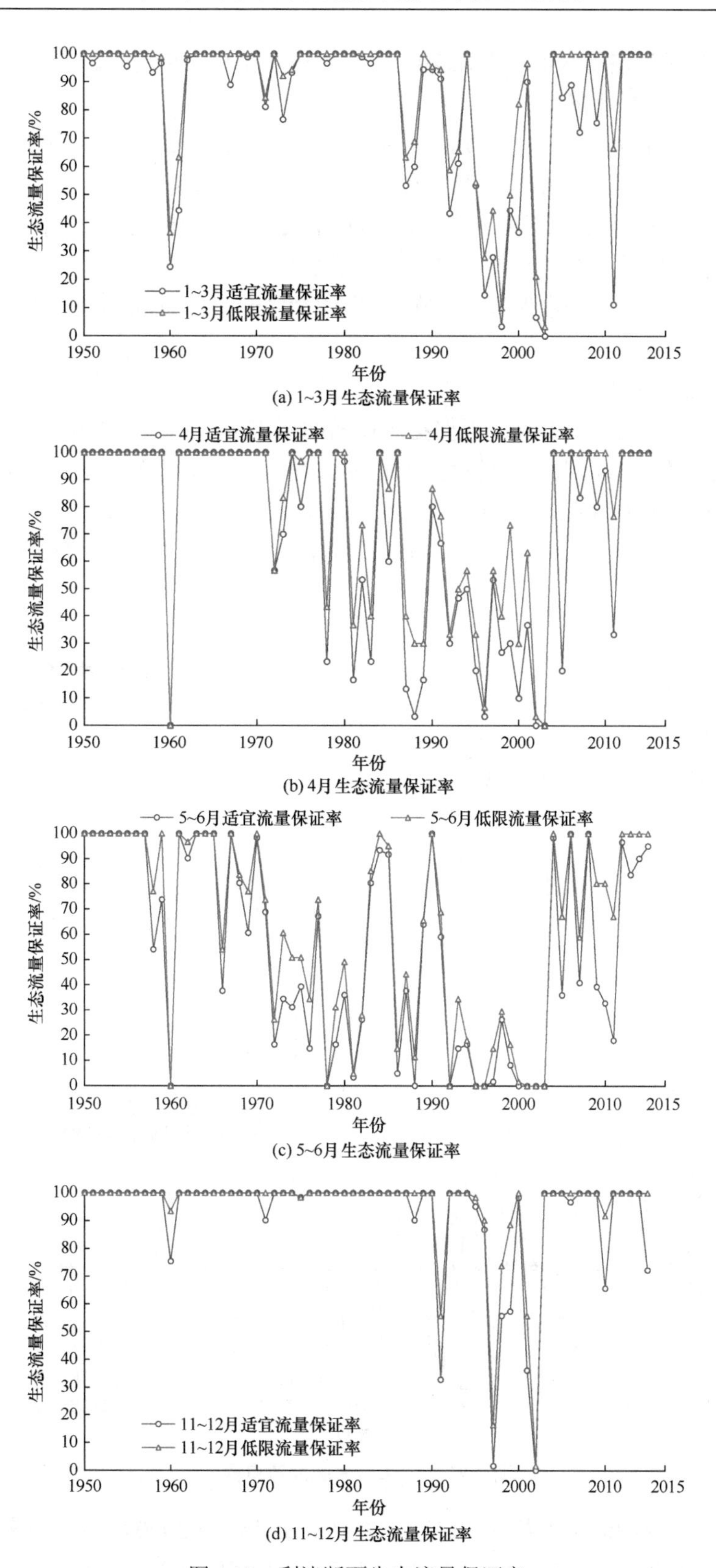

图 4.19　利津断面生态流量保证率

（1）1～3 月生态需水保证率在 20 世纪 60～80 年代中期处于较高水平，80 年代后期生态需水保证率显著降低；

（2）4 月生态需水保证率在 20 世纪 60～70 年代维持在较高水平，自 70 年代起表现出波动式变化的特征，80 年代后期生态需水保证率显著降低；

（3）5～6 月生态需水保证率自 20 世纪 60 年代起表现出波动式变化的特征，自 70 年代起，除个别年份保证率较高外，整体呈降低趋势；

（4）11～12 月生态需水保证率仅在 20 世纪 90 年代处于较低水平，其他时段均维持在较高水平。

3）脉冲流量次数

脉冲流量次数按以下方法：根据花园口断面历年 4～6 月的日均流量以及利津断面历年 4 月的日均流量，当流量过程大于脉冲流量并一直持续至小于脉冲流量，且持续天数满足要求的天数（花园口断面为持续 6 天，利津断面为持续 7 天）时，可视为发生了一次脉冲流量。据此求得花园口断面和利津断面自 1950 年以来的脉冲流量次数，见图 4.20 和图 4.21。

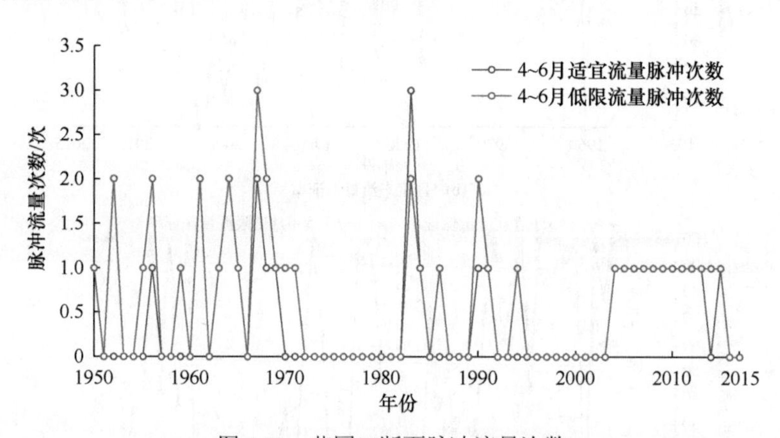

图 4.20 花园口断面脉冲流量次数

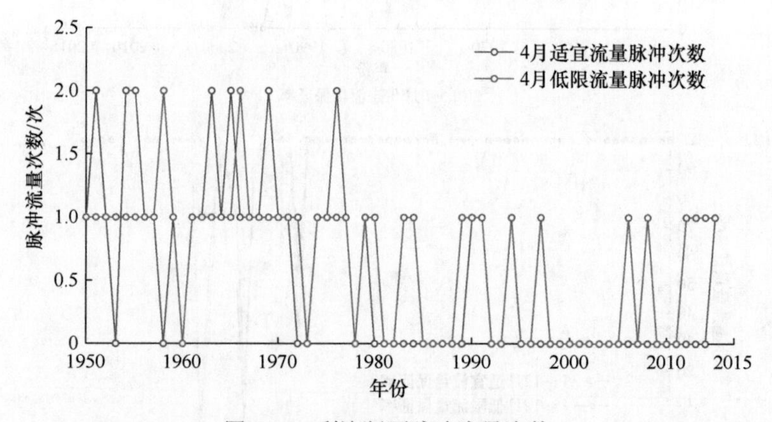

图 4.21 利津断面脉冲流量次数

花园口断面脉冲流量次数在 20 世纪 50～60 年代以及 2000 年以后较多，70～90 年代较少。适宜脉冲流量在 50～60 年代平均为 0.6 次/a，70～90 年代平均为 0.2 次/a，2000

年以后平均为 0.6 次/a；低限脉冲流量在 50～60 年代平均为 0.95 次/a，70～90 年代平均为 0.33 次/a，2000 年以后平均为 0.67 次/a。

利津断面脉冲流量次数可分为两个阶段，在 20 世纪 80 年代之前较多，之后则较少。适宜脉冲流量在 20 世纪 80 年代之前平均为 1.03 次/a，90 年代至今平均为 0.1 次/a；低限脉冲流量在 80 年代之前平均为 0.97 次/a，90 年代至今平均为 0.39 次/a。

4）植被覆盖度

植被覆盖度可通过归一化植被指数（normalized difference vegetation index，NDVI）来反映，NDVI 是指遥感影像中近红外波段的反射值和红光波段的反射值之差与两者之和的比值，可用于检测植被生长状态和植被覆盖度等。通过遥感影像提取黄河下游花园口—高村河段的 NDVI，分析其植被覆盖度的变化，见图 4.22。NDVI 反映了 2000 年以来花园口—高村河段的植被覆盖度呈增加趋势。

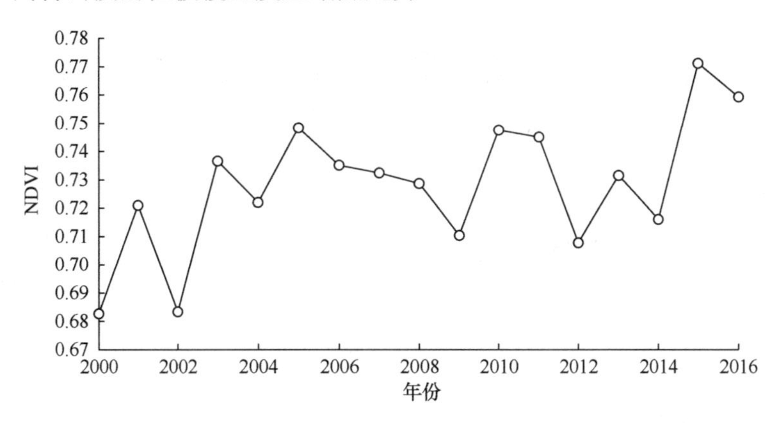

图 4.22　黄河下游花园口—高村河段 NDVI 指数变化

5）生物多样性

目前收集到的黄河全流域范围的生态调查数据共有两次，第一次是 20 世纪 80 年代由大连水产学院（2010 年更名为大连海洋大学）组织的黄河水系渔业资源调查，第二次为 2008 年黄河水利科学研究院组织的黄河干流水生态系统状况调查，两次调查均涉及浮游植物、底栖动物和鱼类等。

2008 年黄河干流河道浮游植物种类比 20 世纪 80 年代有所下降，由 197 种下降为 157 种，但生物量有所增加，尤其是刘家峡水库、石嘴山断面和花园口断面。两次调查结果的对比见图 4.23。

底栖动物的变化与浮游植物的变化特征相反，2008 年黄河干流河道底栖动物物种数较 20 世纪 80 年代显著增加（图 4.24），由 24 种增加为 67 种，但生物量却有所降低，由 2.44g/m^2 降低为 0.587g/m^2。

鱼类物种数下降明显（图 4.25），由 20 世纪 80 年代的 200 多种下降为 54 种，其中洄游鱼类由 16 种减少为 3 种，某些鱼类如刀鲚、鳗鲡已十分罕见。曾广泛分布于黄河干流的特有鱼类减少，人工驯养鱼类数量增加。

6）河流水质

根据《黄河水资源公报》中干流主要断面 2003 年以来的水质数据，统计黄河干流典型断面历年水质状况，见图 4.26。各断面的水质目标均为Ⅲ类水，自 2005 年起，下河沿断面、高村断面和利津断面均已达到其水质目标，潼关断面自 2013 年达到了水质目标，2017 年又表现出超标的状态。数据不连续的断面，从现有数据来看，三门峡断面水质未达标，吴堡断面 2007～2011 年、龙门断面 2005～2011 年、孙口断面 2011～2017 年水质均维持在Ⅲ类或Ⅱ类。

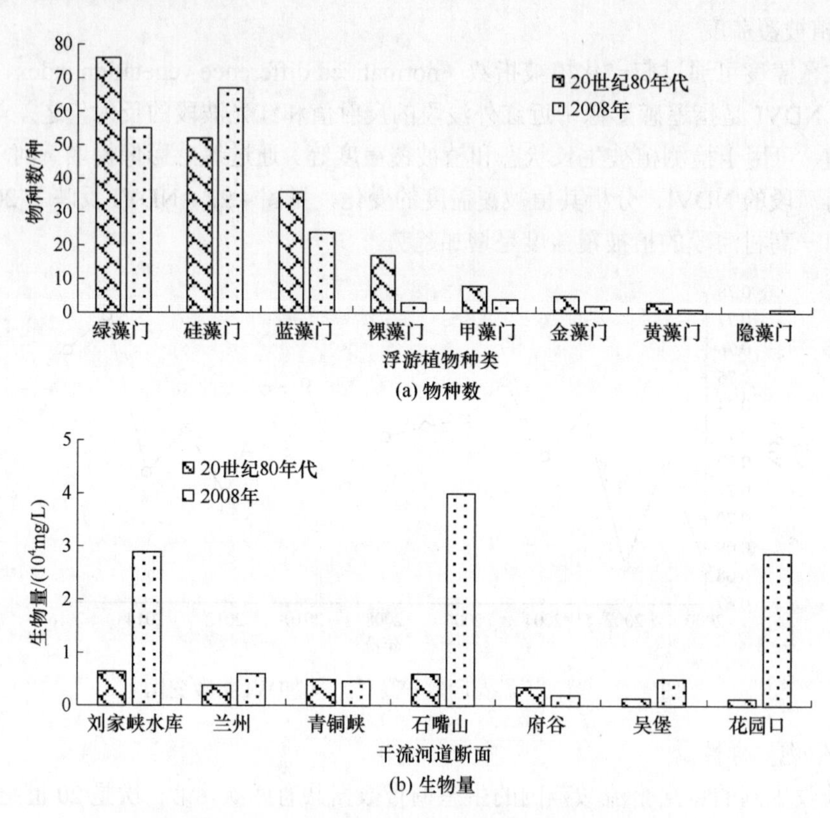

图 4.23 不同时期黄河干流浮游植物变化

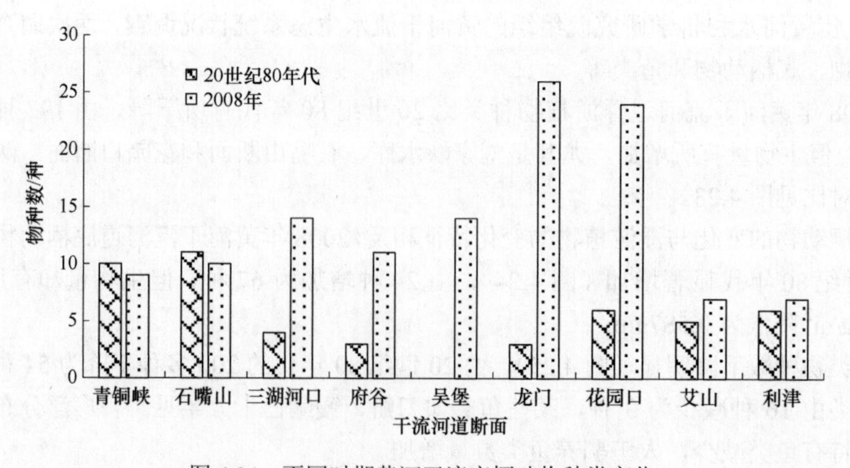

图 4.24 不同时期黄河干流底栖动物种类变化

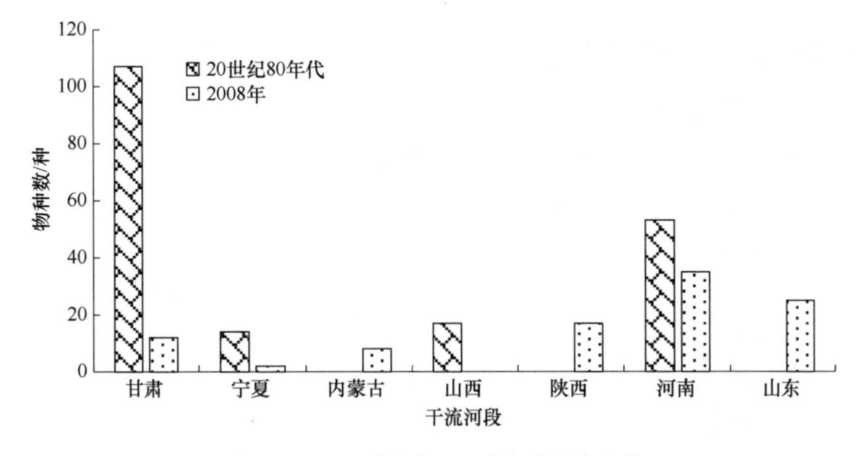

图 4.25　不同时期黄河干流鱼类种类变化

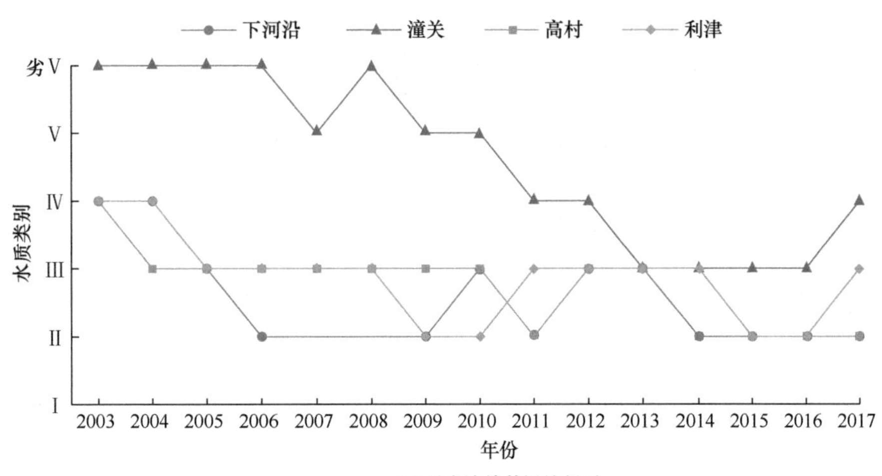

(a) 具有连续数据的断面

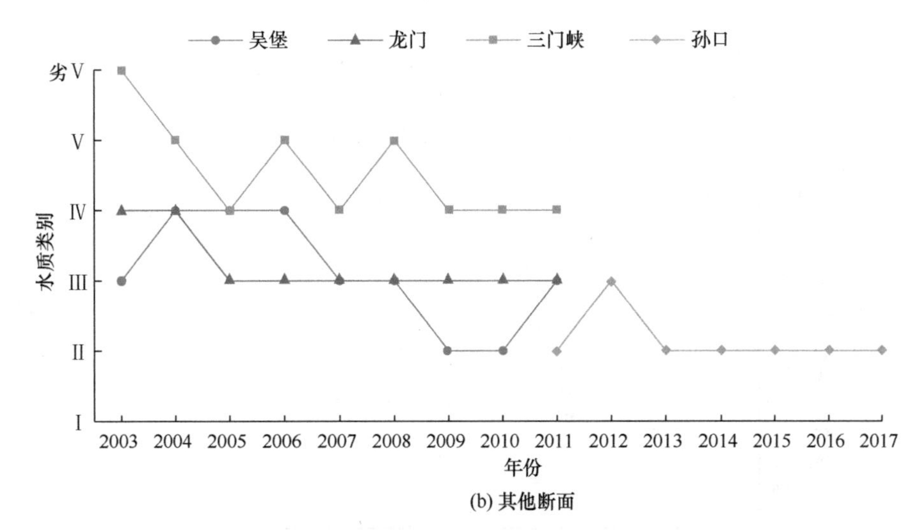

(b) 其他断面

图 4.26　黄河干流典型断面历年水质状况

4. 社会经济因子演变过程

1）下游两省社会经济因子

黄河下游流经河南、山东两省，其社会经济发展状况见图 4.27～图 4.30。自 2001 年

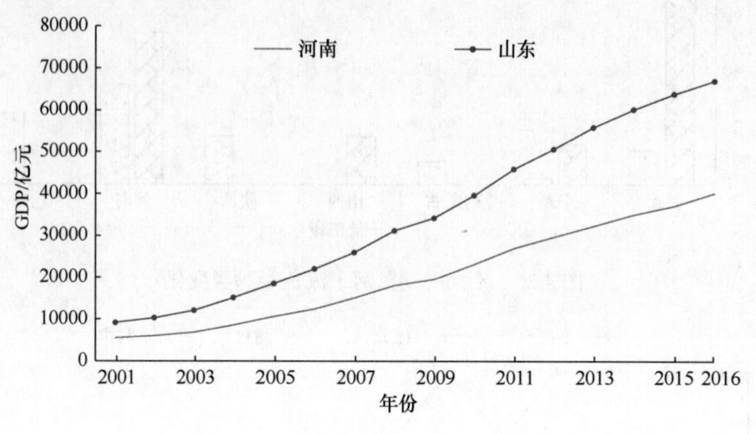

图 4.27　河南和山东两省 GDP 数据

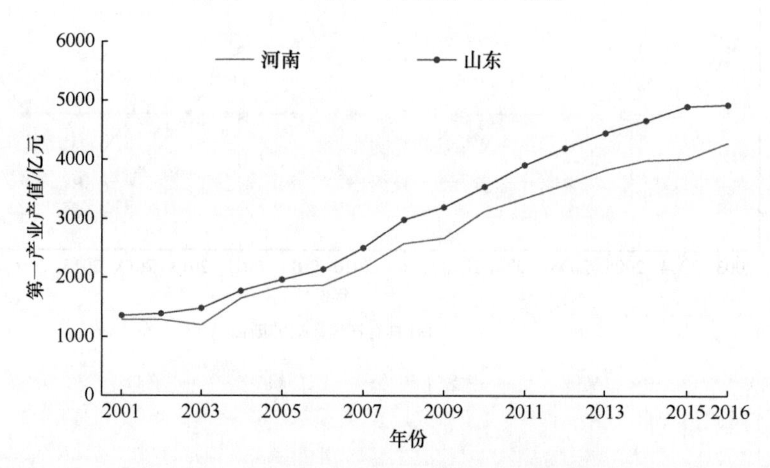

图 4.28　河南和山东两省第一产业产值

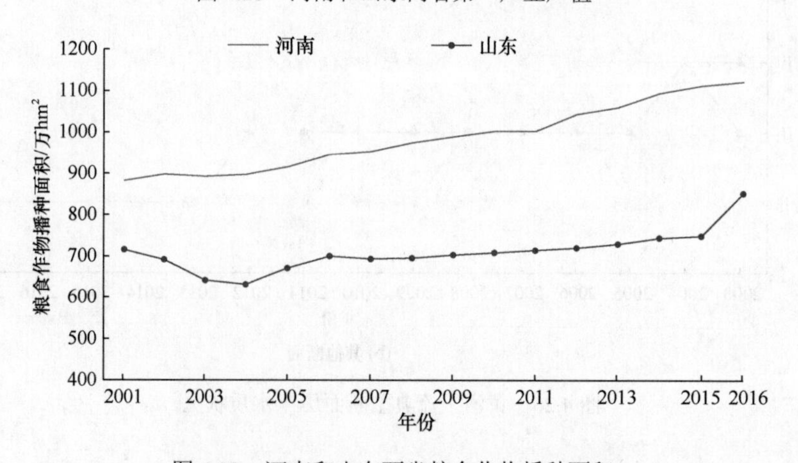

图 4.29　河南和山东两省粮食作物播种面积

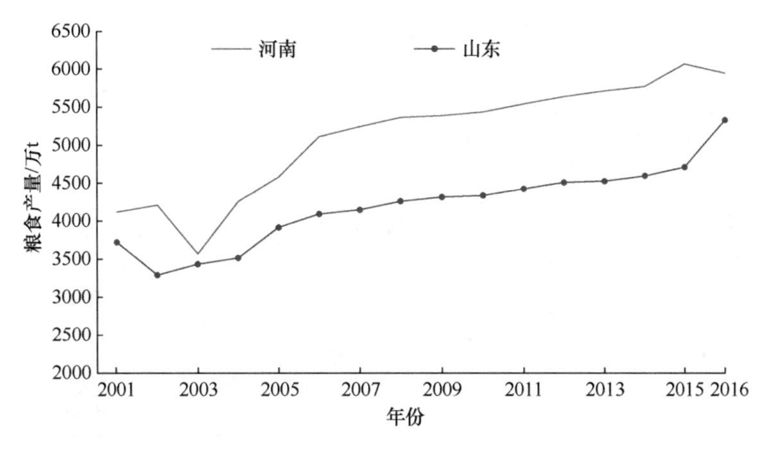

图 4.30　河南和山东两省粮食产量

以来，流域内各省 GDP、第一产业产值等显著增长，其中以黄河下游河南、山东两省的增幅最大。内蒙古、河南、山东三省（自治区）的粮食作物播种面积和粮食产量增幅较大，其他省（自治区、直辖市）的粮食作物播种面积和粮食产量保持稳定。

2）黄河下游沿岸各县社会经济发展特征

（1）黄河下游沿岸县级行政区分布。黄河下游花园口—高村河段北岸流经焦作市、新乡市和濮阳市，其中与黄河毗邻的县、市有武陟县、原阳县、封丘县、长垣市和濮阳县。南岸流经郑州市、开封市、菏泽市，与黄河毗邻的县（市、区）有荥阳市、惠济区、中牟县、开封县、兰考县和东明县。黄河沿岸分布有众多的引水闸门，从黄河取水作为沿岸的工农业用水和城市生活用水，黄河的径流量变化以及河势变迁等均会对沿岸的引水系统造成影响。因此，两岸的社会经济发展，尤其是粮食产量与黄河的水沙条件息息相关。

（2）沿岸县（市、区）社会经济发展特征。收集黄河下游沿岸各县（市、区）社会经济发展的相关数据，统计得到各县（市、区）第一产业产值及所占 GDP 比例的变化过程，见图 4.31 和图 4.32。图中产值是考虑 GDP 平减系数后的实际产值。GDP 平减系数又称 GDP 缩减指数，是指没有剔除物价变动前的 GDP（现价 GDP）增长与剔除了

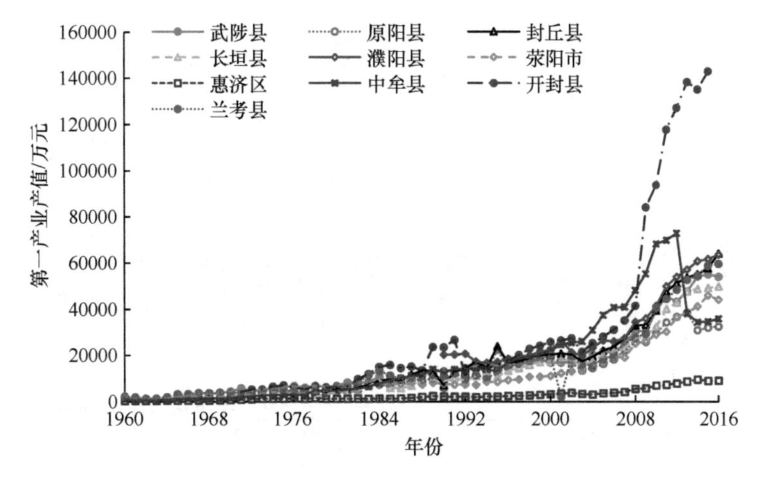

图 4.31　黄河下游沿岸县（市、区）第一产业产值

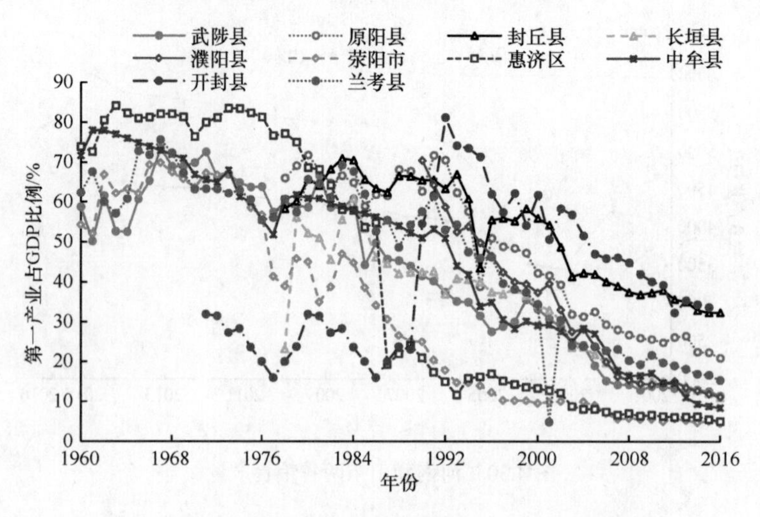

图 4.32　黄河下游沿岸县（市、区）第一产业占 GDP 比例

物价变动后的 GDP（不变价 GDP）增长之商，也可称为名义 GDP 与实际 GDP 之比。根据收集到的黄河下游沿岸各县（市、区）GDP 中第一产业产值数据，通过查询得到 1978～2006 年的第一产业产值 GDP 平减系数，通过换算后得到以不变价格计算的第一产业产值，其长期变化过程反映了不包含价格影响因素的真实增长水平。

1960～2016 年，黄河下游沿岸县（市、区）第一产业的产值显著增长，尤其是 20 世纪 80 年代以来，第一产业产值增速明显提高。但第一产业占整个 GDP 的比例却不断下降，由 20 世纪 60 年代的最高 80%左右下降至 2016 年的 40%以下，最小的如惠济区、荥阳市和中牟县等，第一产业占 GDP 的比例不足 10%。这表明随着社会经济的发展，第二产业和第三产业的产值较第一产业产值增加得更显著，所占 GDP 的比例不断提高。

图 4.33～图 4.35 为黄河下游沿岸县（市、区）的粮食种植面积、粮食产量以及粮食亩均产量的变化过程。各县（市、区）自 1960 年以来，粮食种植面积基本没有变化，但随着社会经济的发展，同时伴随着引水灌溉渠道的完善及肥料的使用等，粮食产量和亩均产量不断提高，粮食亩均产量由 20 世纪 60 年代的不足 100kg/亩增加到目前的 300kg/亩以上。

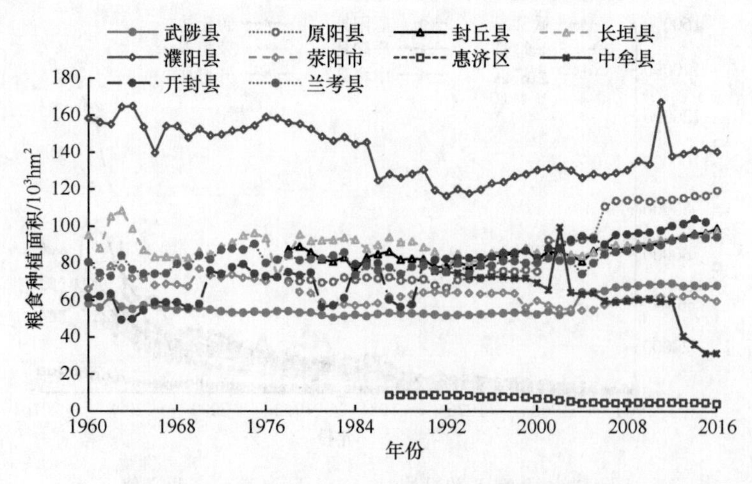

图 4.33　黄河下游沿岸县（市、区）粮食种植面积

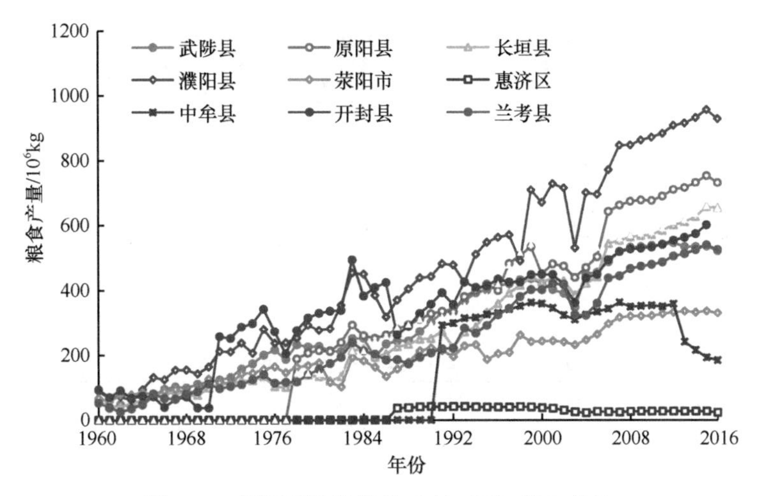

图 4.34　黄河下游沿岸县（市、区）粮食产量

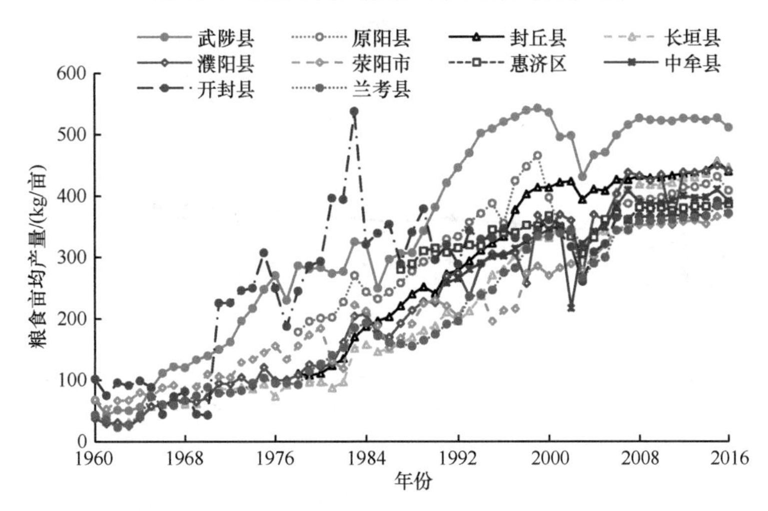

图 4.35　黄河下游沿岸县（市、区）粮食亩均产量

图 4.36 为 2005 年以来黄河下游沿岸县（市、区）农业化肥施用量，图中化肥施用量均为折纯量。从图中可以看到，2005 年以来除惠济区化肥施用量基本不变外，其他县、市的化肥施用量均有所增加。

3）黄河下游滩区乡镇社会经济发展特征

在县（市、区）整体社会经济数据的基础上，收集了 2005 年以来各县（市、区）中行政区域涉及滩区的乡镇第一产业数据，包括粮食产量、耕地面积以及化肥施用量，见图 4.37～图 4.39。自 2005 年以来，各乡镇在耕地面积基本不变的情况下，粮食产量呈增加趋势，同时施肥量也基本保持稳定。

4）流域饮用水演变特征

（1）流域各省（自治区）取耗水情况。黄河流域各省（自治区）（不含四川省）1998 年以来的总取耗水量以及分行业取耗水量见图 4.40～图 4.49。从取耗水情况来看，宁夏和内蒙古是黄河上游取耗水量最大的两个自治区，1998～2016 年均取水量分别为 78.99 亿 m^3 和 97.94 亿 m^3，年均耗水量分别为 41.18 亿 m^3 和 79.87 亿 m^3。

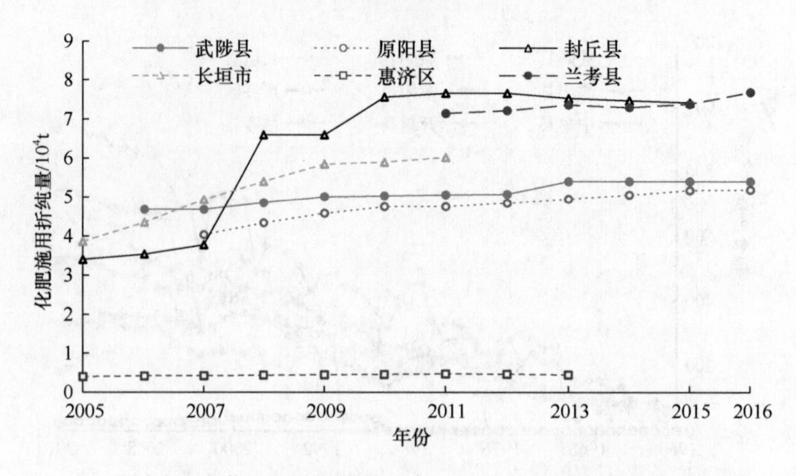

图 4.36　黄河下游沿岸县（市、区）农业化肥施用量

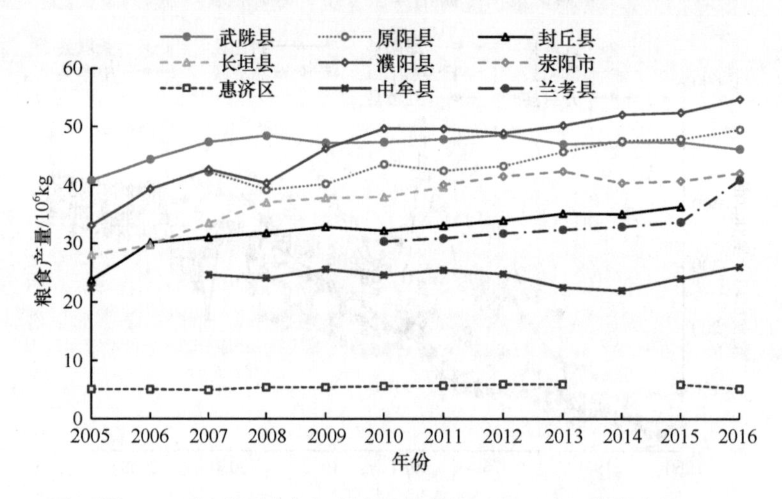

图 4.37　行政区域中包含滩区的各县（市、区）粮食产量

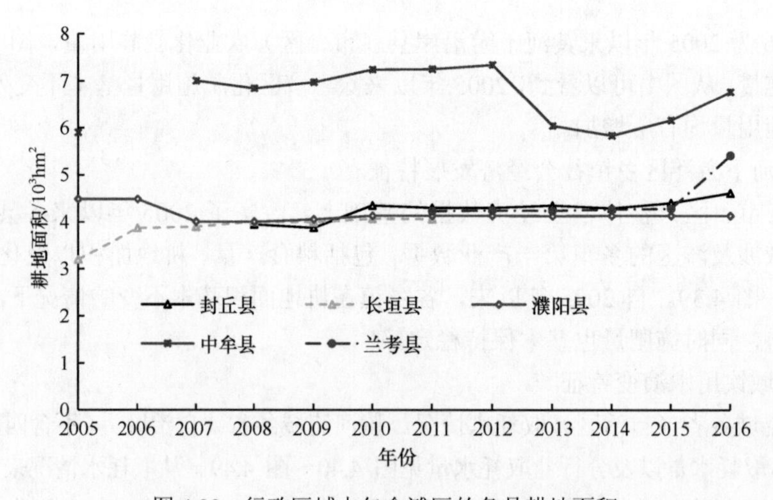

图 4.38　行政区域中包含滩区的各县耕地面积

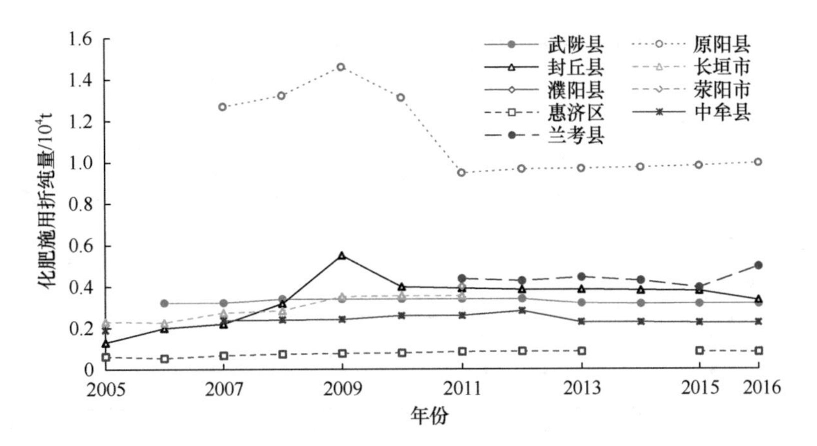

图4.39　行政区域中包含滩区的各县（市、区）化肥施用量

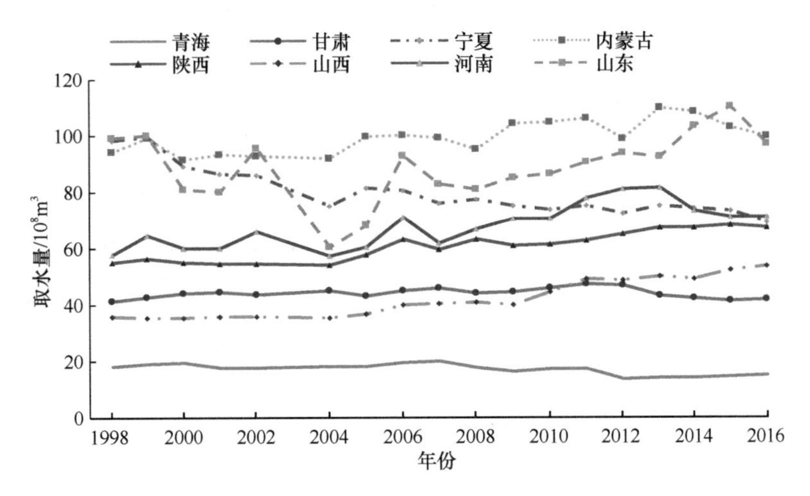

图4.40　黄河流域各省（自治区）总取水量

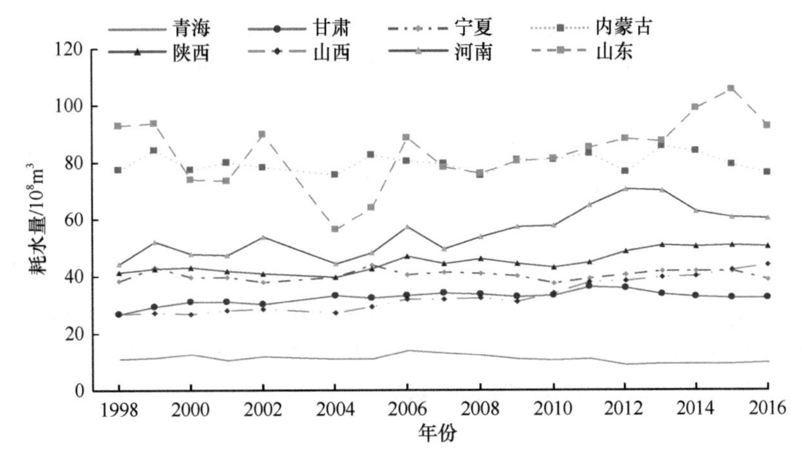

图4.41　黄河流域各省（自治区）总耗水量

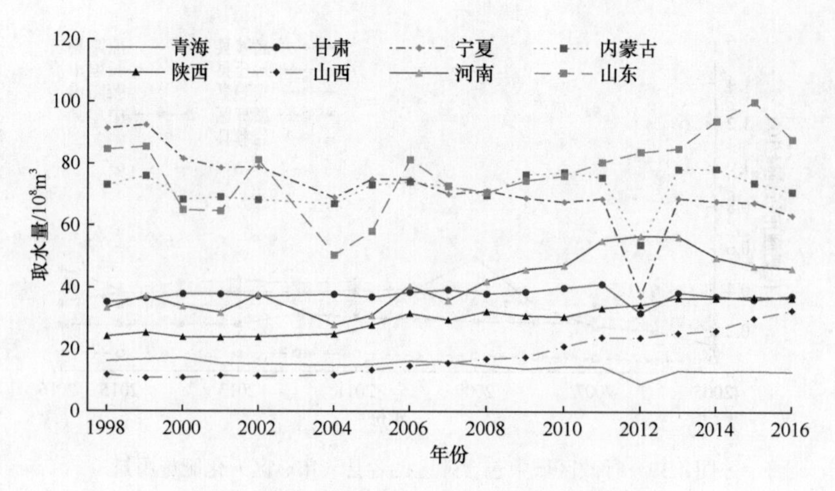

图 4.42　黄河流域各省（自治区）地表水取水量

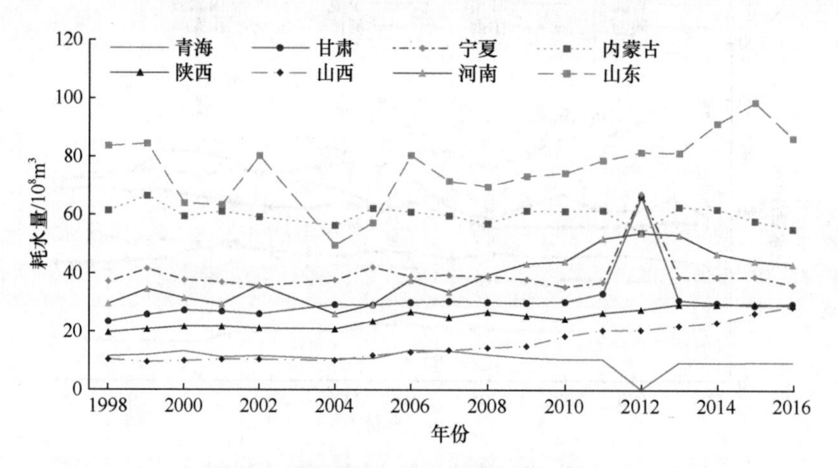

图 4.43　黄河流域各省（自治区）地表水耗水量

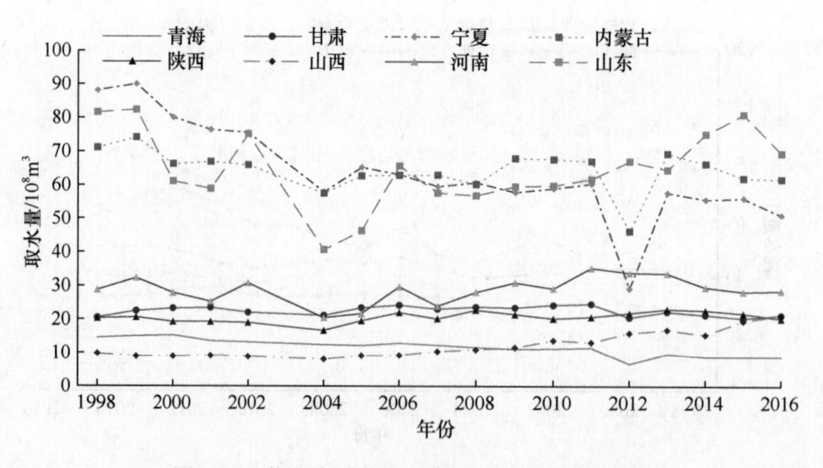

图 4.44　黄河流域各省（自治区）农业取水量

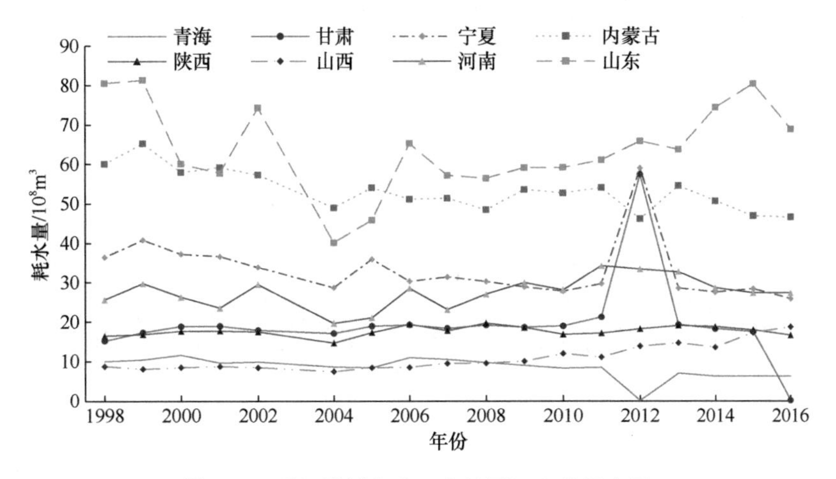

图 4.45　黄河流域各省（自治区）农业耗水量

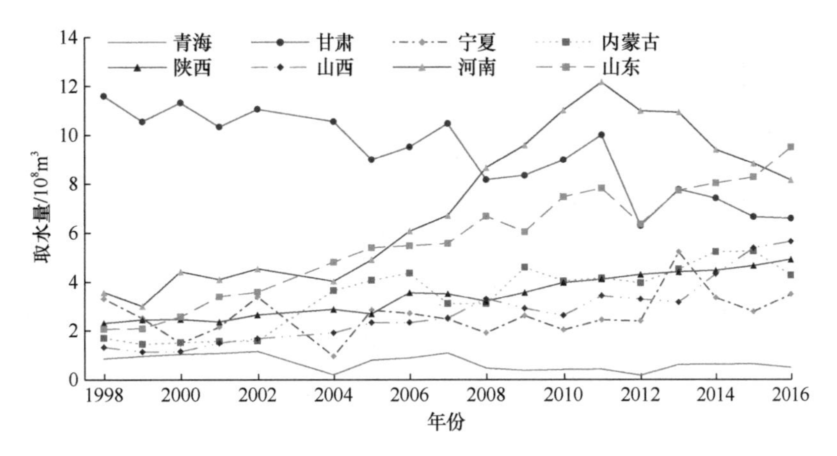

图 4.46　黄河流域各省（自治区）工业取水量

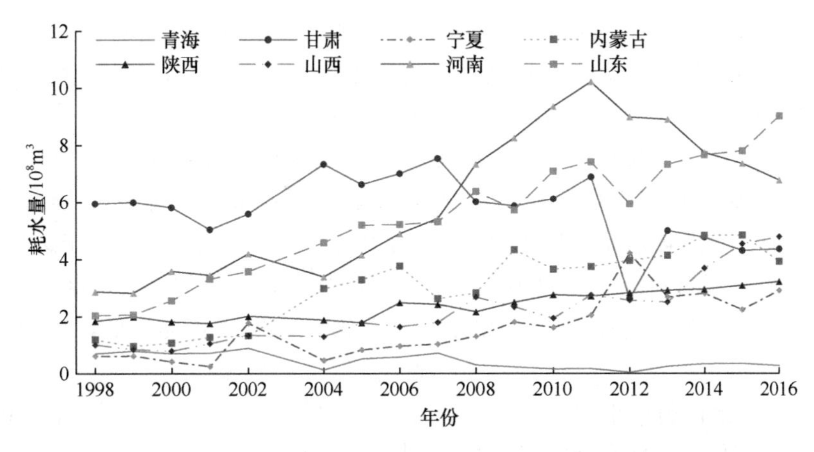

图 4.47　黄河流域各省（自治区）工业耗水量

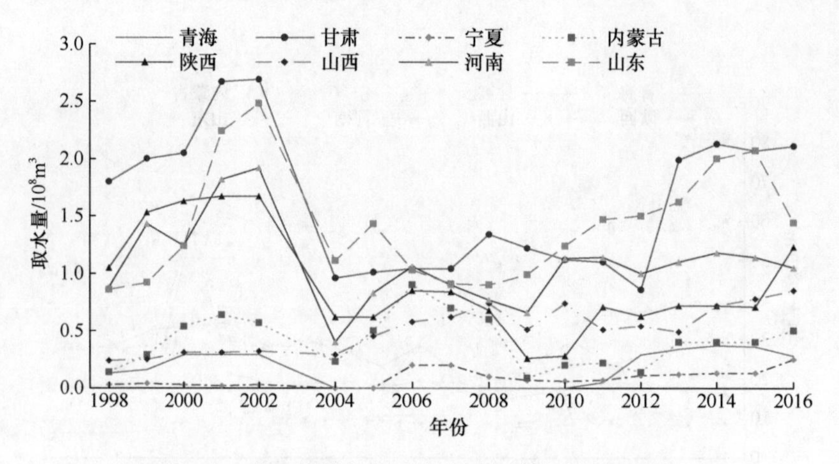

图 4.48　黄河流域各省（自治区）城镇生活取水量

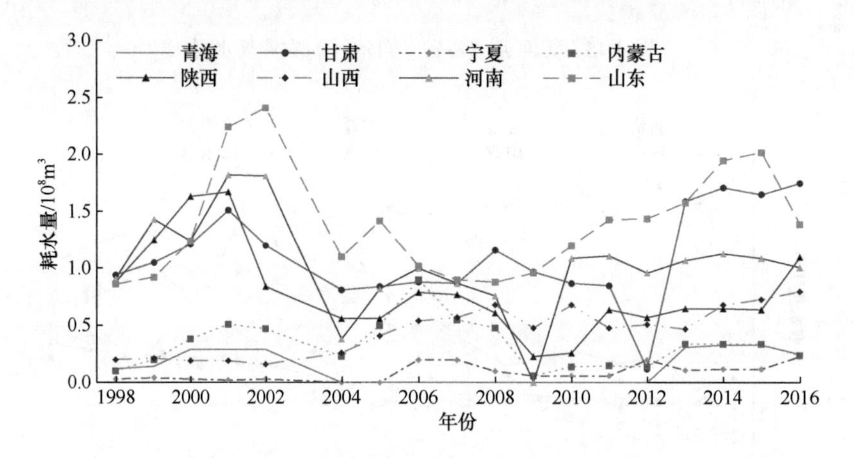

图 4.49　黄河流域各省（自治区）城镇生活耗水量

取水情况。1998～2016 年，黄河流域各省（自治区）中，青海、甘肃和宁夏的引水量和地表水取水量总体呈减少或维持不变的状态，其他各省（自治区）均呈增加趋势。分行业来看，青海、宁夏、内蒙古农业取水量有所下降，山西农业取水量略增。除青海和甘肃外，各省（自治区）的工业取水量均显著增加。城镇生活取水量在 2002 年达到最高，2004 年为最低，从 2004 年开始逐渐增加。

耗水情况。1998～2016 年，陕西、山西、河南和山东总耗水量和地表水耗水量有所增加，其他各省（自治区）微增或保持不变。分行业来看，青海农业耗水量下降幅度不大，内蒙古农业耗水量有所下降，河南、山东农业耗水量在 2004 年达到最低并逐步升高，其他省（自治区）变幅不大。除青海和甘肃外，各省（自治区）的工业耗水量均显著增加。城镇生活耗水量在 2002 年达到最高，2004 年为最低，从 2004 年开始逐渐增加。

（2）黄河下游高村以上引水情况。黄河下游高村以上河段引水量见图 4.50，引水量在 20 世纪 70 年代中后期及 2010 年以后较大。

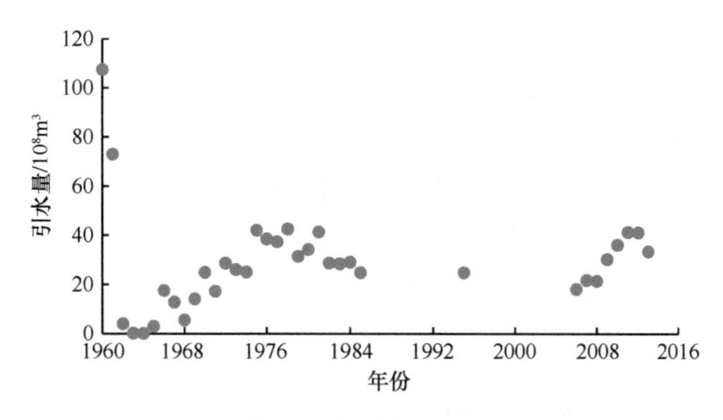

图 4.50　黄河下游高村以上河段引水量

4.2.2　主控因子与行洪输沙治理目标的驱动-响应关系

建立多维治理目标与主控因子，即水沙条件和河道边界条件的驱动-响应关系是困难的。特别是对于一些受到人类活动严重扰动的参量，如社会经济目标 P 和 E 及生态环境目标 S_b、T_b，只能通过资料分析的方法确定其临界阈值和与水沙过程、河床边界的定性关系，这也是下一步拟开展的重要工作。而对于滩槽治理的行洪输沙目标而言，建立定量的驱动-响应关系则是可能的，因此展开了一定的尝试。

由于河势变化可用一系列特征参数来进行表征和分析，本次研究选取弯曲系数、河湾个数、主流摆幅和宽深比等指标，来反映游荡性河道典型河段的河势变化特征，建立这些河势演化指标与主控因子之间的定量关系。

统计铁谢—伊洛河口、花园口—黑岗口和夹河滩—高村三个河段在 1960～2008 年弯曲系数的变化过程，见图 4.51。从总体趋势来看，1986 年之前三个河段的弯曲系数较小，分别为 1.08、1.11 和 1.09；而 1986 年之后各河段的弯曲系数都有所增加，特别是

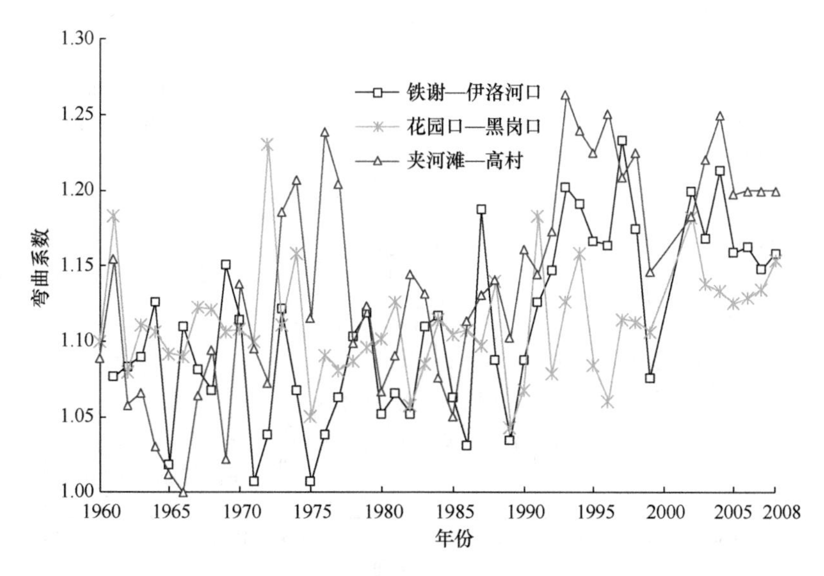

图 4.51　典型河段弯曲系数历年变化

1993 年之后，夹河滩—高村河段的弯曲系数增加最大，平均达 1.24；其次是铁谢—伊洛河口河段，弯曲系数在 1.15～1.17；花园口—黑岗口河段的弯曲系数变化不大，平均为 1.11，2000 年之后增至为 1.14。

图 4.52 为 1960～2008 年典型河段河湾个数历年变化。可以看出，各河段的河湾个数总体上呈增多趋势，尤其是 1986 年以后，河湾个数显著增加。1993 年之后各河段的河湾个数比较稳定，基本稳定在 9～10 个。

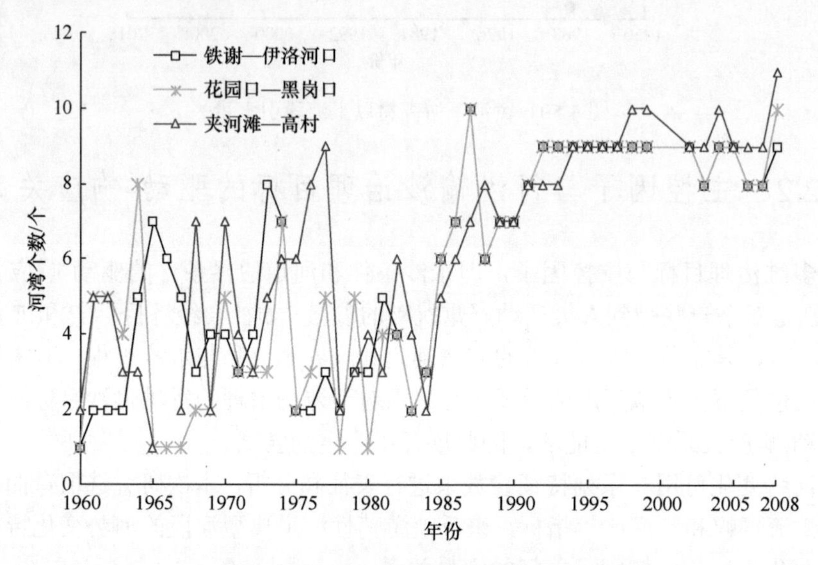

图 4.52　典型河段河湾个数历年变化

图 4.53 为 1960～2008 年典型河段主流摆幅历年变化。游荡性河段主流摆幅整体上呈下降趋势，表明河势整体上趋于稳定。从变化过程来看，1986 年之后，各河段主流摆幅显著减小。铁谢—伊洛河口、夹河滩—高村河段主流摆幅在 1993 年之后趋于稳定，

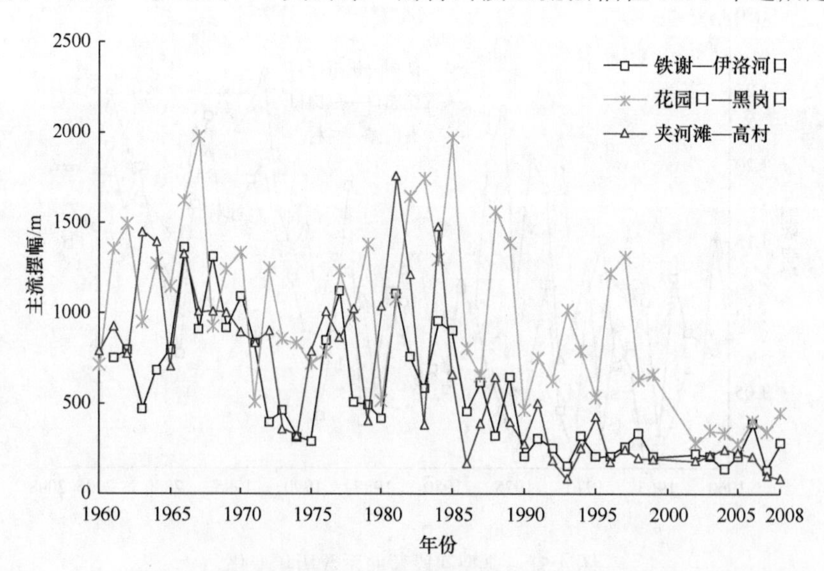

图 4.53　典型河段主流摆幅历年变化

平均摆幅约为 220m；花园口—黑岗口河段主流摆幅在 2000 年之后有明显的减小，平均为 345m。

图 4.54 为 1960～2008 年三个典型河段主河槽宽深比历年变化，各河段主槽宽深比总体呈减小趋势，与 20 世纪 60 年代相比，花园口—黑岗口河段减幅最大，其次是夹河滩—高村河段。各河段主河槽宽深比的减幅与河段初始游荡特征和宽深比特征有关，在整治工程和水沙条件的共同影响下，各河段宽深比减小，河势趋于稳定。

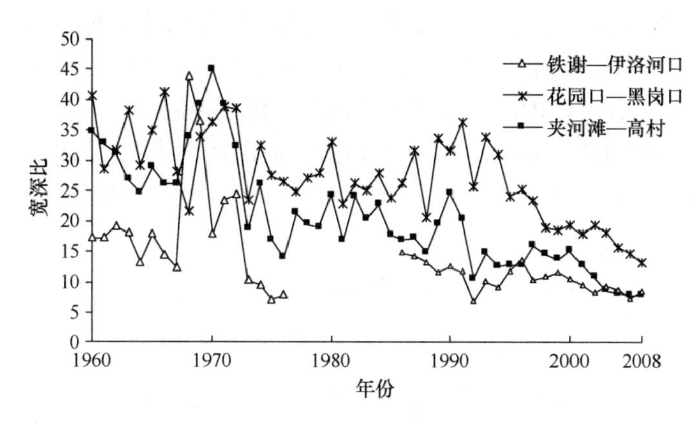

图 4.54　三个典型河段主河槽宽深比历年变化

整理铁谢—高村全河段的弯曲系数、河湾个数、主流摆幅与宽深比变化信息，将其与分河段对应的河势演变特征参数因子做相关分析，得到相关矩阵，见表 4.21。

表 4.21　分河段与全河段相关矩阵

		全河段	铁谢—伊洛河口	花园口—黑岗口	夹河滩—高村
平均弯曲系数	全河段	1	0.78**	0.43**	0.86**
	铁谢—伊洛河口	—	1	0.27	0.43**
	花园口—黑岗口	—	—	1	0.08
	夹河滩—高村	—	—	—	1
河湾个数	全河段	1	0.87**	0.93**	0.88**
	铁谢—伊洛河口	—	1	0.73**	0.60**
	花园口—黑岗口	—	—	1	0.76**
	夹河滩—高村	—	—	—	1
主流摆幅	全河段	1	0.89**	0.84**	0.87**
	铁谢—伊洛河口	—	1	0.61**	0.75**
	花园口—黑岗口	—	—	1	0.52**
	夹河滩—高村	—	—	—	1
宽深比	全河段	1	0.56**	0.73**	0.93**
	铁谢—伊洛河口	—	1	0.21	0.52**
	花园口—黑岗口	—	—	1	0.72**
	夹河滩—高村	—	—	—	1

**表示在 0.01 水平（双侧）上显著相关，相关系数保留两位小数。

由表 4.21 可知，在河湾个数和主流摆幅上，全河段平均数据与各分段河段的数据相关性较高（相关系数均大于 0.8），因此全河段平均数据具有很强的代表性。而对于平均弯曲系数和宽深比数据，全河段平均的数据代表性则有所下降。尽管如此，全河段数据仍至少在两个分河段上保持着超过 0.7 的相关系数，且所有的相关系数均通过显著性水平为 0.01 的统计检验。因此为了便于分析，最终选择全河段平均弯曲系数、河湾个数、主流摆幅和宽深比作为初筛的河势演变代表性特征参数因子。

运用类似方法，经过一系列相关分析，确定花园口年均流量和游荡性河段工程密度是两个最重要的主控因子，不但和所有河势演变特征参数因子均有相关关系，而且相关系数较大，物理意义合理，因此在本书中被选为关键主控因子。

鉴于此，构建的河段平均弯曲系数（WQ）、河段河湾个数（HW）、河段主流摆幅（BF）、河段宽深比（KS）与花园口站年均流量（Q）和河段工程密度（GM）之间的定量响应关系（图 4.55）式为

$$\mathrm{WQ}=1.465Q^{-0.003}\mathrm{GM}^{0.058} \quad (R^2=0.937) \tag{4.5}$$

$$\mathrm{HW}=173.895Q^{-0.253}\mathrm{GM}^{0.788} \quad (R^2=0.4) \tag{4.6}$$

$$\mathrm{BF}=19.794Q^{0.45}\mathrm{GM}^{0.71} \quad (R^2=0.237) \tag{4.7}$$

$$\mathrm{KS}=11.786\mathrm{GM}^{-0.755} \quad (R^2=0.59) \tag{4.8}$$

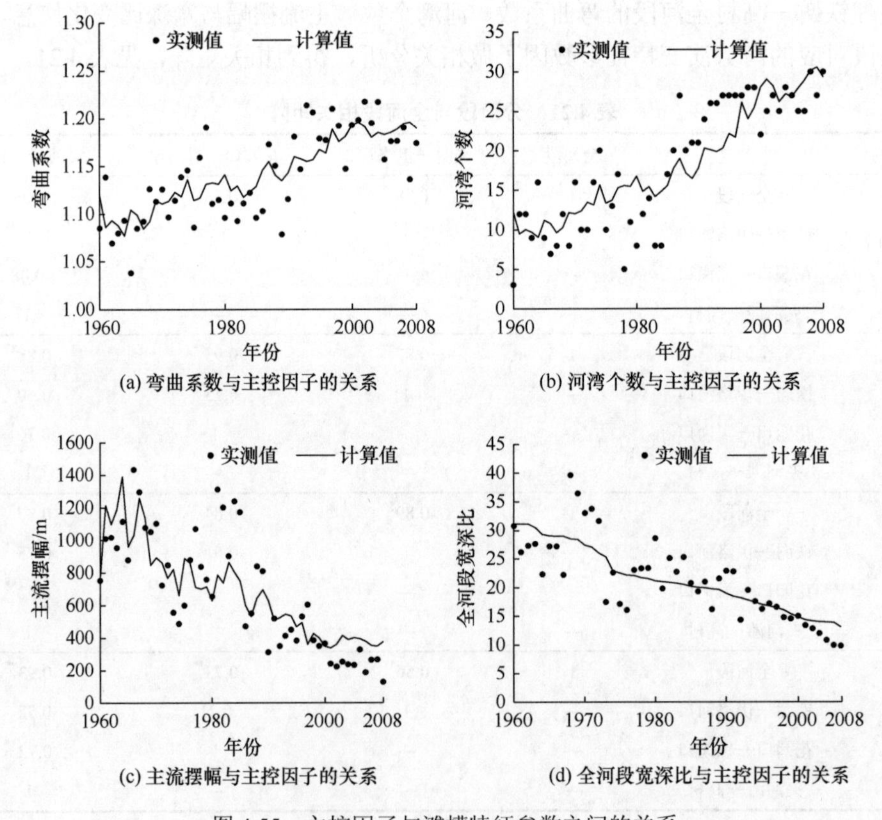

图 4.55　主控因子与滩槽特征参数之间的关系

可以看出，对河势演变的定量模拟结果合理，精度也较高。

4.2.3　主控因子与生态环境-社会经济治理目标的驱动-响应关系

1. 主控因子与生态环境治理目标的驱动-响应关系

花园口断面年均流量与生态环境治理目标之间的驱动-响应关系见表 4.22 和图 4.56。当花园口断面年均流量低于 1000m^3/s 时，花园口断面 1～3 月、4～6 月、11～12 月的适宜流量保证率均较低，小于 50%，且 4～6 月适宜流量脉冲次数基本不会发生；利津断面 1～3 月适宜流量保证率及 4 月适宜流量保证率小于 50%，4 月无适宜流量脉冲。

表 4.22　主控因子与生态环境治理目标的驱动-响应关系

花园口 1～3 月适宜流量保证率		花园口 4～6 月适宜流量保证率		花园口 11～12 月适宜流量保证率		花园口 4～6 月适宜流量脉冲次数		利津 1～3 月适宜流量保证率		利津 4 月适宜流量保证率		利津 4 月适宜流量脉冲次数	
年均流量/(m^3/s)	保证率/%	年均流量/(m^3/s)	保证率/%	年均流量/(m^3/s)	保证率/%	年均流量/(m^3/s)	脉冲次数/次	年均流量/(m^3/s)	保证率/%	年均流量/(m^3/s)	保证率/%	年均流量/(m^3/s)	脉冲次数/次
835	＜50	1043	＜70	655	＜50	＜1000	0	805	＜50	922	＜50	989	0
1177	＞70	1153	＞90	1032	＞70	1100	1	1039	＞70	1061	＞70	1382	1
1450	100	1245	100	1411	100	2171	＞2	1308	100	1367	100	1533	2

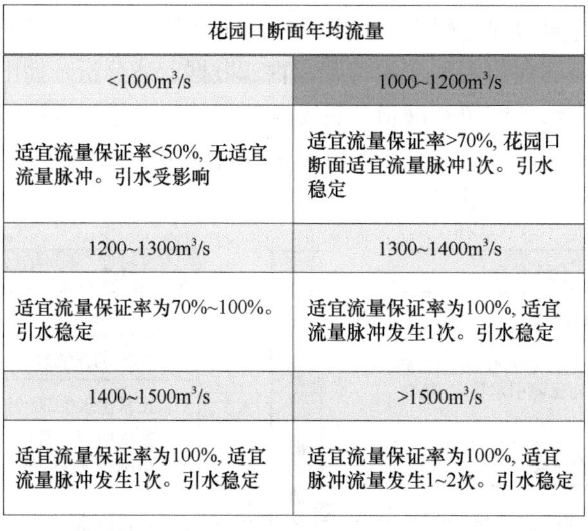

花园口断面年均流量	
<1000m^3/s	1000~1200m^3/s
适宜流量保证率<50%, 无适宜流量脉冲。引水受影响	适宜流量保证率>70%, 花园口断面适宜流量脉冲1次。引水稳定
1200~1300m^3/s	1300~1400m^3/s
适宜流量保证率为70%~100%。引水稳定	适宜流量保证率为100%, 适宜流量脉冲发生1次。引水稳定
1400~1500m^3/s	>1500m^3/s
适宜流量保证率为100%, 适宜流量脉冲发生1次。引水稳定	适宜流量保证率为100%, 适宜脉冲流量发生1~2次。引水稳定

图 4.56　花园口断面年均流量与生态环境治理目标的关系

当花园口断面年均流量为 1000～1200m^3/s 时，花园口断面 1～3 月、11～12 月的适宜流量保证率超过 70%，4～6 月适宜流量保证率超过 90%，其间可调控 1 次适宜流量脉冲过程；利津断面 1～3 月、4 月的适宜流量保证率超过 70%。

当花园口断面年均流量为 1200～1300m^3/s 时，其 4～6 月适宜流量保证率可达到 100%。

当花园口断面年均流量为 1300～1400m^3/s 时，利津断面 1～3 月、4 月的适宜流量保证率可达到100%，4～6月可调控1次适宜脉冲流量过程。

当花园口断面年均流量大于1400m³/s时，花园口断面1～3月、11～12月的适宜流量保证率可达到100%；大于1500m³/s时，利津断面4月可调控2次适宜脉冲流量过程；大于2100m³/s时，花园口断面4～6月可调控2次以上适宜脉冲流量过程。

2. 主控因子与社会经济治理目标驱动响应关系

通过回归分析，得到粮食产量与引水量的函数关系为

$$F = 19.25 W_{\mathrm{d}}^{\,0.163} \qquad R^2 = 0.842 \tag{4.9}$$

式中，F为粮食产量，10^6kg/a；W_{d}为引水量，10^8m³/a。

黄河下游的引水量与花园口断面年均流量的函数关系为

$$W_{\mathrm{d}} = 0.033 Q_{\mathrm{h}} \tag{4.10}$$

式中，Q_{h}为花园口断面年均流量，m³/s。

2005年以来，黄河下游乡镇平均粮食产量为3.3万t，根据粮食产量与引水量的函数关系可得每年需要的引水量为33.7亿m³，同时根据引水量与花园口断面年均流量的函数关系，花园口断面的年均流量需保持在1022m³/s以上。

3. 主控因子阈值

黄河下游河道滩槽协同治理需满足行洪输沙、生态环境和社会经济等子系统之间的协同关系，在滩槽协同治理过程中，各子系统的主要约束因子，尤其是相关性较高的主要约束因子应维持在其置信区间或阈值范围内。根据前述分析，提出黄河下游河道滩槽协同治理模式下多维约束因子及阈值，见图4.57。其中，行洪输沙子系统中水库调控能力和河道平滩流量属于硬约束，在滩槽协同治理过程中必须得到满足。生态需水为重要约束，可按照不同保证率来满足。

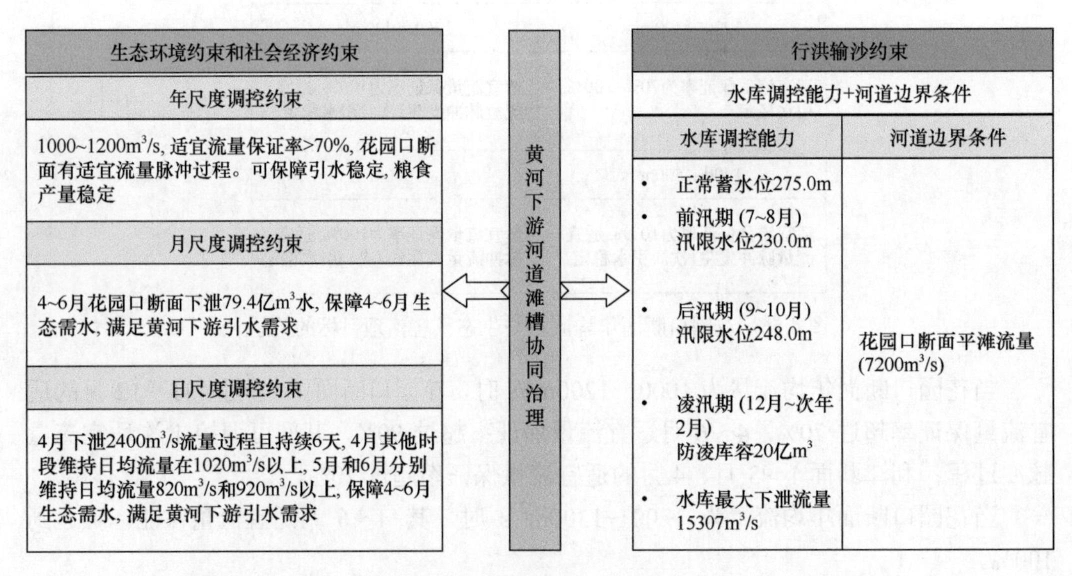

图4.57　黄河下游河道滩槽协同治理模式下多维约束主控因子及阈值

根据黄河的实际情况，在年尺度上按照生态需水保证率大于 70%考虑，保持花园口断面年均流量大于 1000m^3/s，此时粮食产量也可基本保持稳定；在月尺度上，以生态需水关键期 4～6 月的生态需水要求为基础，同时考虑该时期河南、山东的引水量，计算得到 4～6 月花园口断面的下泄水量；在日尺度上，基于花园口断面 4～6 月的适宜生态流量以及流量脉冲，并考虑该时期河南、山东引水量，得到日尺度滩槽协同治理过程中日尺度水沙调控阈值，即在年、月、日三个尺度上实现行洪输沙子系统、生态环境子系统和社会经济子系统的协同发展。

4.3　黄河下游河道滩槽协同治理效应评价指标体系与评价模型

开展黄河下游河道滩槽协同治理研究，必须构建一套能够科学表达滩区行洪输沙功能、社会经济效应和生态环境效应的评价指标体系和评价模型。由于黄河下游特殊的来水来沙条件，黄河下游河道和滩地必定要发挥行洪输沙的作用，评价指标体系的建立必须考虑滩区的这一定位。同时，滩区还是 189 万居民的生产生活场所，滩槽不同行洪输沙运用方式对山东河道的影响和堤外广大黄淮海平原的防洪安全，也是评价指标体系和评价模型构建的关键。黄河下游滩地生态系统脆弱，漫滩洪水对滩地湿地生态系统恢复有重要作用，不同洪水的生态效果不同，这也是评价指标体系和评价模型构建的重点。总之，该模型既要能反映不同量级洪水在下游河道滩槽行洪输沙功能，又要能反映滩槽不同洪水条件下的社会经济效应、生态环境效应。因此，构建三维结构的评价指标体系，能同时反映下游河道滩槽区的行洪输沙功能和不同运用方式的社会经济、生态环境效应，是本研究的重点和突破点之所在。

4.3.1　滩槽协同治理效应的评价原则

黄河下游河道滩槽协同治理效应评价指标应满足科学性、系统性、层次性、代表性、定量性和可比性。因此，评价指标选取时还应满足以下原则。

1. 水沙统筹——行洪功能与输沙功能的统筹兼顾

不同于其他少沙河流，黄河下游河道滩槽的行洪功能与输沙功能紧密联系，强大的行洪能力伴随的是高效的输沙功效，二者的协调关系不应忽视。

2. 利害统筹——下游河道漫滩洪水灾害性与生态环境效益的统筹兼顾

具有灾害和效益双重属性。一方面，漫滩洪水对滩区居民的生产生活造成危害；另一方面，适度的漫滩洪水对滩区生态环境的恢复有积极作用，可改善滩区生态环境，塑造季节性滩区湿地，为下游滩区提高物种多样性和生物量创造良好的水量和营养物质基础。厘清二者之间的损益权衡关系是滩槽协同治理的难点之一。

3. 时间统筹——可接受的现实洪水风险与未来河道改善的统筹兼顾

下游河道洪水漫滩，必然带来洪涝灾害。黄河下游滩区经济落后，生产发展缓慢，农民生活水平比较低，抗御自然灾害的能力较弱。因此，如果不可避免地要发生漫滩洪水，一方面需考虑滩区人民的受灾状况与经济损失，将其控制在可接受的范围内；另一方面，应着眼长远，适度的大流量洪水过程，是塑造窄深稳定河槽的难得机会，“大水出好河”是理论和实践都充分证明的河工经验。相反，长期小水带来河势的变化，将在未来产生新的防洪问题。黄河下游河道在过去半个世纪里已经发生过严重萎缩，在游荡性河段出现河势不稳、主流摆动幅度大、畸型河湾增多的现象；在过渡性河段，出现凹岸顶冲点上提、工程脱河和半脱河现象。这些都是长期缺乏有利的洪水过程导致的。在黄河的调水调沙实践及宽滩区的行洪应用时，必须综合考虑当前的洪水灾害影响与未来河势演变的效应，达到两者的平衡。

4.3.2　滩槽协同治理效应三维评价指标体系

基于黄河下游河道滩槽治理现状调查，分别从行洪输沙、社会经济和生态环境三个维度确定出 7 项评价指标，评价指标体系架构如图 4.58 所示。

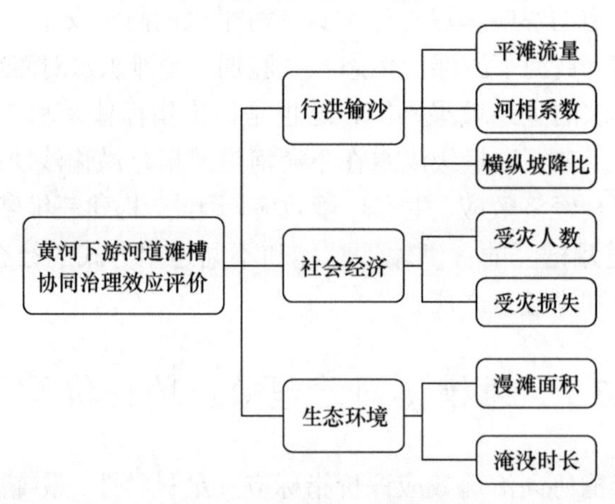

图 4.58　评价指标体系架构

1. 行洪输沙

在黄河下游河道滩槽协同治理体系中，行洪输沙是河道最基础的功能，行洪输沙功能的充分发挥既有利于发挥排洪输沙能力，又有利于维持河势稳定，是评价滩槽协同治理效应的重要功能指标。

对于黄河下游河道的行洪输沙功能，重点关注其对主槽的改造作用、河势稳定性及河道形态，有 3 个评价指标，见表 4.23。

表 4.23　黄河下游河道滩槽行洪输沙功能评价指标体系

总指标	指标意义	指标名称	计算方法
行洪输沙功能	对主槽的改造作用	平滩流量 Q_{bf}	汛后主槽平滩流量
	河势稳定性	河相系数 ξ	河道主槽宽度的开方/水深
	河道形态	横纵坡降比 J_c/J_L	滩地平均横比降/河道纵比降

其 3 个评价指标的具体解释如下。

平滩流量 Q_{bf}：反映不同滩区的河道行洪能力。该物理量取值为洪水后各个滩区对应河道的平滩流量，直观反映了大洪水过后对主槽过洪能力的改善效应。该值越高表示洪水对主槽的改造越成功。

河相系数 ξ：反映河道的稳定性。该物理量取值为平河漫滩水位下河宽的二分之一次方与平河漫滩水位下平均水深的比值 $\left(\frac{\sqrt{B}}{H}\right)$，反映了在一定来水来沙和河床边界条件下最适宜的河床形态。其平均值为 2.75，对于易冲刷的砂质河床，可达 5.5，对于较难冲刷的山区河流，仅为 1.4。该值直观反映了河势的易冲刷程度，值越小说明河道稳定性越高。

横纵坡降比 J_c/J_L：反映洪水对滩区横断面形态的改变。该物理量的取值是洪水后滩地平均横比降/河道纵比降。滩地横比降即从滩唇到堤根的滩区横断面比降，该比降通常情况下应显著小于滩区纵比降，保证漫滩洪水仍然主要沿着河道前进方向行进，避免横河、斜河和滚河的威胁。该值越小，说明滩区横断面形态越优。

2. 社会经济

黄河下游滩区发生洪灾的风险仍然存在，下游河道滩槽协同治理效应必须对洪灾造成的社会经济损失开展评估，有利于滩区的防洪规划、防洪调度和安全设施建设。根据损失评估开展的时间，评估可分为灾前评估、灾中实时评估和灾后评估。本书采用灾后评估，即根据洪灾造成的实际受灾情况数据进行洪灾社会经济效应的评估。

洪水对黄河下游河道滩槽社会经济功能的影响，重点关注滩区人身财产安全，有两个评价指标，见表 4.24。

表 4.24　黄河下游河道滩槽社会经济功能评价指标体系

总指标	指标意义	指标名称	统计范畴
社会经济功能	受灾人数	受灾人数 P	滩地受灾伤亡人员
	财产损失	受灾损失 E	工厂、水利设施、桥梁、道路设施等公共财产和个人财产、农作物与经济作物等私人财产

其两个评价指标的具体解释如下。

受灾人数 P：包括洪水淹没范围内滩区受灾情影响的居民人数。该值反映了洪水过程的影响范围，值越大表明漫滩洪水影响范围越大，对滩区社会经济的影响越大。

受灾损失 E：包括滩区公共财产损失和私人财产损失。公共财产损失包括工厂、水利设施、桥梁、道路等，私人财产损失包括个人财产损失、农作物与经济作物损失等。由于黄河水利委员会与地方政府在滩区防洪中采取了一系列有效举措，居民伤亡数据一直是严控的红线，因此 E 指标值在正常情况下，取为滩区财产损失值与财产总价值的比值。当出现重大的人员伤亡事件时，则在原比值的情况下再增加赋值。增加赋值的原则根据《生产安全事故报告和调查处理条例》中的标准，将事故分为特别重大事故、重大事故、较大事故和一般事故，如表 4.25 所示。

表 4.25　居民伤亡事故标准与指标赋值

事故等级	事故标准	评价值
特别重大事故	造成 30 人以上死亡，或者 100 人以上重伤（包括急性工业中毒，下同），或者 1 亿元以上直接经济损失的事故	0.75～1
重大事故	造成 10 人以上 30 人以下死亡，或者 50 人以上 100 人以下重伤，或者 5000 万元以上 1 亿元以下直接经济损失的事故	0.5～0.75
较大事故	造成 3 人以上 10 人以下死亡，或者 10 人以上 50 人以下重伤，或者 1000 万元以上 5000 万元以下直接经济损失的事故	0.25～0.5
一般事故	造成 3 人以下死亡，或者 10 人以下重伤，或者 1000 万元以下直接经济损失的事故	0～0.25

3. 生态环境

由于河流与滨河湿地的水文联系是这类湿地形成、发育和维持的主要驱动力，因此利用这一水文联系来恢复河流湿地水文是该类湿地恢复的主要手段。漫滩洪水作为二者水文联系的主要方式之一，也是最为直接和有效的水文联系方式。研究表明，洪水脉冲是河流-冲积平原湿地生态系统处于健康状态的主要驱动力；漫滩洪水是维持滨河湿地植被生长和繁殖的主要动力，滨河湿地的淹没状况对湿地植物的发育和生长以及分布影响很大；洪水干扰影响洪泛区湿地沉积过程，促进湿地系统水循环并对土壤发育产生影响，导致洪泛区湿地生态系统和景观的演替。

洪水对黄河下游河道滩槽生态环境功能的影响，重点关注下游生物多样性及生物种群数量，有两个评价指标，见表 4.26。

表 4.26　黄河下游河道滩槽生态环境功能评价指标体系

总指标	指标意义	指标名称
生态环境功能	生物多样性及生物种群数量	漫滩面积 S_b
		漫滩淹没时长 T_b

其两个评价指标的具体解释如下。

漫滩面积 S_b：反映河漫滩湿地的面积。洪水漫滩后淹没滩地，对河漫滩湿地生态系统带来大量的营养物质，这对黄河下游河道滩槽生态系统有重要作用，可促进生物量提高、生态物种繁衍和演替。该值直接反映河漫滩湿地生态系统的面积，从一定程度上反映了下游河道生态系统的生物多样性及生物种群数量，值越大表明洪水漫滩对生态环境的改善越好。

漫滩淹没时长 T_b：反映洪水淹没持续时间。对黄河下游来说，滩地常年处于未被淹水状态，滩地生态系统脆弱。若发生漫滩洪水，洪水干扰影响洪泛区湿地沉积过程，促进湿地系统水循环并对土壤发育产生影响，导致洪泛区湿地生态系统和景观的演替；洪水资源化为湿地的维系和保护提供了重要的依据和保障，利用蓄滞洪区主动分蓄水库弃掉的多余洪水来恢复湿地或回补地下水是其中重要的手段。由此，较长的漫滩淹没时长能够给予漫滩湿地水生植物景观充分的演替时间，形成较为稳定的滩区湿地生态系统，促进滩地生物多样性和生物量的提升。同时，较长的淹没时长能够为地下水系统提供充足的水量，有利于长时间保持滩地生态系统所需的水量。因此，该值越大表明对生态环境的改善效果越好。

4.3.3　滩槽协同治理效应评价模型

1. 模型构建

黄河下游河道滩槽协同治理效应评价应包括三方面：首先，要反映下游滩槽的行洪输沙功能，即能行多少洪水、能输送多少沙；其次，要反映洪水行洪输沙以后的社会经济效应和生态环境效应，即滩槽发挥行洪输沙功能后，对滩区及下游河道造成的灾情、对生态环境的影响。由于河流的自然功能与社会经济功能、生态环境功能既相互依存又相互制约，将行洪输沙功能的评价得分与社会经济效应、生态环境效应的评价得分直接相加作为最终的评价指标是不合适的。本次研究在得到不同水沙条件、不同滩区运用模式下的不同行洪输沙功能和社会经济效应、生态环境效应后，采用基于 Pareto 最优解的多元优化模型来综合评价下游河道滩槽协同治理效应。

基于上述思路构造的三维评价指标模型为

$$F=\{f_1(x),f_2(x),f_3(x)\} \qquad x=(x_1,x_2,\cdots,x_n)\in X^n \tag{4.11}$$

式中，f_1（x）为行洪输沙评价函数，侧重评价滩槽协同治理的自然功效；f_2（x）为社会经济评价函数，侧重评价滩槽协同治理的社会经济功效；f_3（x）为生态环境评价函数，侧重评价滩槽协同治理的生态环境功效；x 为 n 维自变量，表示对 n 个河段的调度指令。该指令既可以是简单的布尔变量，即仅使用 0 和 1 表示滩区的“启用”和“不用”，又可以是实数变量，表示对滩区运用方式更复杂的划分。

对于每一场漫滩洪水，都可用式（4.11）体现的一个三维评价指标 F 来评价其滩槽协同治理效果。当最终的评价指标函数确定为一个三维函数 F 时，该函数的最优解就非单一数值，而对应着一簇无穷多个三维向量，即 Pareto 最优解集。

对 Pareto 最优解的数学解释如下，对任一多元函数 $y=f(x)=[f_1(x),f_2(x),\cdots,f_n(x)]$，希望求此多元函数的最小值（或最大值），则对于两组不同的自变量 x_1 与 x_2，若对任意的 $i\in[1,2,\cdots,k]$，均有 $f_i(x_1)\leqslant(\geqslant)f_i(x_2)$，则称 x_1 支配 x_2。若在所有的可行域空间内找不到任何一组自变量能够支配 x_1，则 x_1 被称为非支配解（不受支配解），也称 Pareto 最优解。显然，这样的非支配解并非一个而是一组，所有 Pareto 最优解的集合就构成了 Pareto 最优解集（Pareto front）。

为便于理解，以二维优化模型为例解释 Pareto 最优解集。令 $\max y=F(x)=[f_1(x),f_2(x)]$，则这个二维 Pareto 最优解集如图 4.59 所示。

图 4.59 中，A、B 点所在的曲线构成了整个 Pareto 最优解集，在这个曲线上的任意两点都无法互相支配，即任意一个子函数值的增长必然伴随着另一个子函数值的下降，而 C、D、E 三点处在二维模型的可行域中，属于最优解集的被支配解，即在整个可行域中可以找到这样的点，相对于 C、D、E 三点，在两个子函数值上都能取得全面改进（如 A 点相对于 D 点，B 点相对于 E 点）。对于三维优化模型，Pareto 最优解集构成一个曲面，在曲面上的任意两点都无法互相支配，在三维模型可行域中的点属于最优解集的

被支配解。

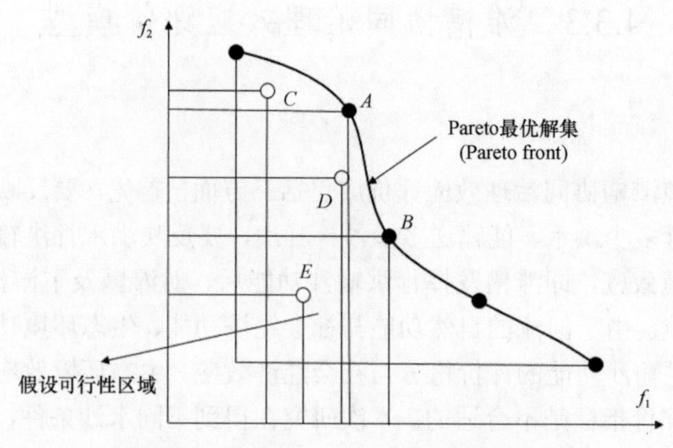

图 4.59　二维 Pareto 最优解集示意图

本节中，子函数 f_1 为滩槽协同治理的行洪输沙功能，f_2 为滩槽协同治理的社会经济效应，f_3 为滩槽协同治理的生态环境效应，如果某种滩槽协同治理方式相比原有方式能够同时提升行洪输沙功能、降低社会经济损失、改善生态环境，则其相对于原有的治理方式，就是一个 Pareto 改进。而通过对所有情景下的寻优计算，最终将确定一组相对最优的 Pareto 最优解，它们共同组成 Pareto 最优解集。在最优解集中，决策者可以自由地在不同解中选取相应的滩区运用和水沙调度方式。不同时期、不同的社会经济背景、不同的水沙情景、不同的滩区状况，决策者可以根据给出的 Pareto 最优解集，做出适时适情的科学判断。

根据 4.1 节构建的黄河下游滩槽协同治理目标函数（式 4.4），构建三维四层的河道滩槽治理效应评价指标体系。

明确评价对象，分为两类。第一类是针对单一洪水过程的评价，所有的单一评价指标都按照空间分布形成向量集：

$$I_1 = \{I_{1,\text{花园口}}, I_{1,\text{夹河滩}}, \cdots\} \tag{4.12}$$

第二类是针对长时段（如 50 年）水沙过程的评价，所有的单一评价指标按照空间与时间分布形成更长的向量集：

$$I_1 = \{I_{1,\text{花园口}2016}, I_{1,\text{花园口}2017}, \cdots, I_{1,\text{花园口}2065}, I_{1,\text{夹河滩}2016}, I_{1,\text{夹河滩}2017}, \cdots, I_{1,\text{夹河滩}2065}, \cdots\} \tag{4.13}$$

构建的滩槽协同治理效应三维评价指标体系逻辑关系图如图 4.60 所示。

本节中的黄河下游河道滩槽协同治理评价模型，可分为 4 层指标。具体各层指标说明如下。

（1）底层物理指标包括前述的所有滩槽治理目标在内，共 7 项。为了避免不同单位相互之间无法比较，采用布尔变量将全部 7 项底层指标无量纲化。如对某一场次洪水而言，选取第 i 个断面的平滩流量评价指标定义为

$$Q = \begin{cases} 0 & Q_{\text{bf},i} < 4000\text{m}^3/\text{s} \\ \dfrac{Q_{\text{bf},i} - Q_{\text{bf,min}}}{Q_{\text{bf,max}} - Q_{\text{bf,min}}} & Q_{\text{bf},i} \geqslant 4000\text{m}^3/\text{s} \end{cases} \tag{4.14}$$

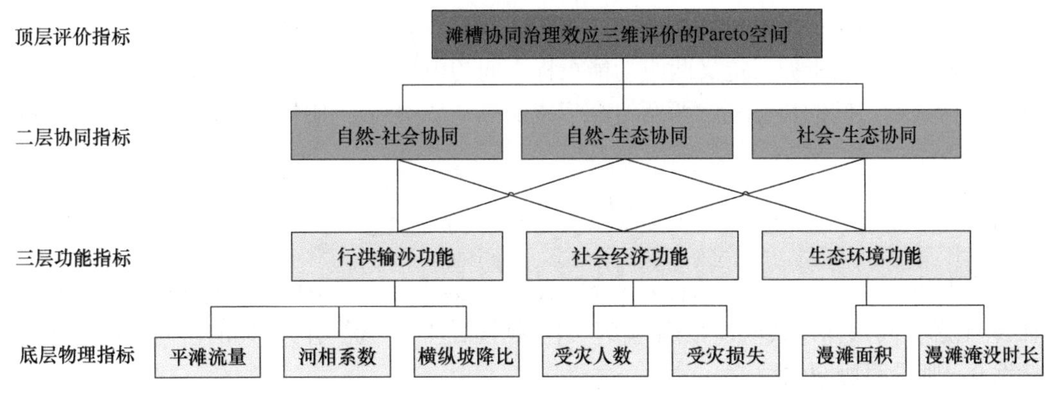

图 4.60　滩槽协同治理效应三维评价指标体系逻辑关系图

类似地，其他变量同样采取归一化处理方法，在指数存在阈值的情况下，本节采取的归一化方法为 min-max（min-max normalization）方法，也称为离差标准化，是对原始数据做简单的线性变换，将结果迅速映射到 0～1 进行处理，转换函数如下：

$$X^* = \frac{x - x_{\min}}{x_{\max} - x_{\min}}$$

或　　(4.15)

$$X^* = \frac{x_{\max} - x}{x_{\max} - x_{\min}}$$

式中，$x_{\max}$ 为样本数据的最大值；$x_{\min}$ 为样本数据的最小值。在计算多场运用功效时，为避免特殊极大值对分数造成的异常影响，取多个滩区对应最大值中的中位数作为 $x_{\max}$ 的取值，取多个滩区对应最小值中的中位数作为 $x_{\min}$ 的取值。如果归一化的 X^* 超过 1 则按 1 处理，小于 0 则按 0 处理。若指标存在阈值，则超过阈值的按 0 处理，在阈值之内的进行归一化处理。

经过这样的处理也均变为位于{0，1}之间的变量。7 组底层物理指标的形式为，$\tilde{Q}_{\mathrm{bf}}=\{x_1, x_2, \cdots, x_n\}$；$\xi=\{y_1, y_2, \cdots, y_n\}$；…；$\tilde{T}=\{z_1, z_2, \cdots, z_n\}$，$x, y, \cdots, z\in[0, 1]$，7 组向量的长度等于划分的研究河段数（场次洪水）或研究河段与时间段数的乘积（长时段水沙过程）。对每一个向量中的某一项而言，接近 1 为优，接近 0 为劣。

（2）三层功能指标是将这 7 组向量按照行洪输沙、生态环境、社会经济三个维度进一步融合成 3 组功能指标，分别表征在这三个维度上滩槽系统的功能发挥程度，具体的融合方法是，对极端重要变量，采用乘法原则融入评价指标；对次重要变量，采用加法原则融入评价指标，其计算公式如下：

$$\begin{aligned} I_{1,i} &= f(\tilde{Q}_{\mathrm{bf}}, \tilde{\xi}_i, \tilde{J}_i) = \alpha_1 \tilde{Q}_{\mathrm{bf},i} + \alpha_2 \tilde{\xi}_i + \alpha_3 \tilde{J}_i \\ I_{2,i} &= f(\tilde{P}_i, \tilde{E}_i) = \beta_1 \tilde{P}_i + \beta_2 \tilde{E}_i \\ I_{3,i} &= f(\tilde{S}_i, \tilde{T}_i) = \gamma_1 \tilde{S}_i + \gamma_2 \tilde{T}_i \end{aligned} \tag{4.16}$$

式中，$\sum \alpha_i = \sum \beta_i = \sum \gamma_i = 1$ 为待定参数。这三个功能指标同样是布尔向量，其最终形式为 $I_1=\{a_1, a_2, \cdots, a_n\}$；$I_2=\{b_1, b_2, \cdots, b_n\}$；$I_3=\{c_1, c_2, \cdots, c_n\}$，$a, b, c\in[0, 1]$。

对每一个向量的某一项功能指标而言，接近 1 为优，接近 0 为劣。

（3）二层协同指标。定义两组功能指标之间的内积除以指标向量的长度，即为两组功能指标向量之间的协参量，两两组合形成的三个协参量即构成三个协同指标，其计算公式如下：

$$C_{ij}=\frac{I_i I_j^T}{n} \quad i\leqslant j,i,j=1,2,3 \tag{4.17}$$

由上述公式可知，C_{12}、C_{13}、C_{23} 分别表征自然-社会协同指标、自然-生态协同指标、社会-生态协同指标，其取值范围为[0，1]，越接近 1，则说明两功能的协同性越好，越接近 0，则说明协同性越差。

（4）顶层评价指标。由这三个协同指标共同将全空间切成了 2^3 部分。在这个三维空间中，不同滩槽治理方略与技术产生的滩槽协同治理效应将会落在不同的空间内，形成 Pareto 先锋面。通过大量的情景模拟，将得到一组 Pareto 最优解，为滩槽综合治理决策提供理论支撑。

2. 层次分析法确定权重

1）方法原理

层次分析法（analytic hierarchy process，AHP），是由美国运筹学家 Saaty 于 20 世纪 70 年代提出的。具体步骤如下。

第一步，确定黄河下游河道滩槽协同治理效应评价的因子，进一步分析各因子之间的相互关系，构成多层次指标体系，建立生态指数的指标层次结构模型。按照属性不同，由上到下分成目标层、要素层、指标层，指标还可以再分。

第二步，专家按照重要程度两两比较对各因子分别进行打分，在专家评分的基础上建立数学判断矩阵模型。

这是层次分析法的关键一步。假设针对目标层的影响因子有 n 个，构成集合 $C=\{C_1,C_2,C_3,\cdots,C_n\}$，然后建立层次结构模型，分别构造两两比较判断矩阵。矩阵模式如下：

$$\boldsymbol{A}=(a_{ij})_{n\times n} \tag{4.18}$$

该判断矩阵满足条件：$a_{ij}>0$，$a_{ji}=1/a_{ij}$，$a_{ij}=1$，2，…（i，j=1，2，…，n）。

第三步，根据矩阵计算出每一层单个因子的权重，并加以排序。权重的计算方法有多种，可选用和积法、方根法、幂次法进行计算。本书以专家打分的层次分析法，判断矩阵 $\boldsymbol{A}_{ij}$ 的大小，根据 Saaty 提出的 1～9 及其倒数作为衡量尺度的标度方法给出，如表 4.27 所示。

表 4.27　黄河下游河道滩槽协同治理评价指标的层次分析重要性程度

标度	含义
1	表示两个因素相比，具有同样重要性
3	表示两个因素相比，一个因素比另一个因素稍微重要
5	表示两个因素相比，一个因素比另一个因素明显重要
7	表示两个因素相比，一个因素比另一个因素强烈重要
9	表示两个因素相比，一个因素比另一个因素极端重要
2、4、6、8	上述两相邻判断的中值
倒数	因素 i 与因素 j 比较得判断 C_{ij}，则因素 j 与因素 i 比较得判断 $C_{ji}=1/C_{ij}$

（1）计算矩阵最大特征根及相应的归一化（标准化）特征向量，可采用 Matlab 矩阵通用软件计算：

$$\lambda_{\max} = \sum_{i=1}^{n} \frac{(\mathbf{AW})_i}{n\boldsymbol{W}_i} \tag{4.19}$$

式中，$(\mathbf{AW})_i$ 为向量 **AW** 的第 i 个元素；经过标准化的 $\boldsymbol{W}$ 即同一层次中相应元素对于上一层次某个元素相对重要性的权重，则 $\boldsymbol{W}=(w_1,\ w_2,\ \cdots,\ w_n)^{\mathrm{T}}$ 为所求特征向量。

（2）利用判断矩阵一致性指标（consistency index，CI）进行一致性检验：

$$\mathrm{CI} = \left| \frac{\lambda_{\max} - n}{n-1} \right| \tag{4.20}$$

式中，n 为阶数。一致性指标 CI 值越大，表明判断矩阵偏离完全一致性的程度越大；CI 值越小，表明判断矩阵越接近于完全一致性。一般判断矩阵的阶数 n 越大，认为造成的偏离完全一致性指标的 CI 值便越大；n 越小，认为造成的偏离完全一致性指标的 CI 值便越小。

（3）对于多阶判断矩阵，引入平均随机一致性指标（random index，RI），表 4.28 给出了 1～15 阶正互反矩阵计算 1000 次得到的平均随机一致性指标（表 4.28）。

表 4.28　平均随机一致性指标表

n	1	2	3	4	5	6	7	8	9	10
RI	0	0	0.580	0.864	1.10	1.255	1.339	1.395	1.434	1.490
n	11	12	13	14	15	16	17	18	19	20
RI	1.512	1.538	1.55	1.581	1.585	1.596	1.604	1.610	1.625	1.624
n	21	22	23	24	25	26	27	28	29	30
RI	1.634	1.643	1.646	1.644	1.654	1.661	1.662	1.666	1.671	1.672

当 $n<3$ 时，判断矩阵永远具有完全一致性。判断矩阵一致性指标 CI 与同阶平均随机一致性指标 RI 之比称之为随机一致性比率（consistency ratio，CR）：

$$\mathrm{CR} = \frac{\mathrm{CI}}{\mathrm{RI}} \tag{4.21}$$

当 $\mathrm{CR}<0.1$ 时，判断矩阵具有满意的一致性，否则就需要调整和修正判断矩阵。然后，对层次总排序及其一致性进行检验。

（4）对于层次总排序就是利用层次单排序的结果计算各层次的组合权重。采用层次分析方法，通过各个层次判断矩阵的计算，最终得出各个子目标及其指标对总目标的权重系数，从而构造黄河下游河道滩槽行洪输沙功能、社会经济效应及其生态环境效应评价模型。当然，同层次单排序一样，在进行总排序时也要对其结果进行一致性检验。

（5）单项因子值及最终指标值计算。对于指标值越高适宜度越好的指标，其指标值为

$$P_{i1} = \frac{A_i}{B_i} w_i \tag{4.22}$$

对于指标值越低适宜度越好的指标，其计算模型为：

$$P_{i2}=\left(1-\frac{A_i}{B_i}\right)w_i \tag{4.23}$$

式中，P_{i1}和P_{i2}为i指标适宜度指数；A_i为i指标的现状值；B_i为i指标的基准值；w_i为指标的权重。

综合适宜度指标P计算公式为

$$P_{i1}=\sum_{i=1}^{n}P_j\cdot w_i \quad j=1,2,\cdots,n \tag{4.24}$$

式中，w_i为各个指标的权重；P_j为各指标的适宜度指数。

2）方法应用

为确定式（4.24）中权重系数的取值，将7个具体指标值放置到最底层子目标层B，将进一步提炼的3个综合指标放到总目标层A，其逻辑关系见表4.29。最终的目标是计算子目标层B中的7个指标相对于总目标层A中的3个目标的权重系数β，将其代入表4.29进行计算。

表4.29 黄河下游宽滩区滞洪沉沙功效与减灾效益综合评价模型指标分层表

层次划分	指标名						
总目标层A	行洪输沙功能f_1			社会经济效应f_2		生态环境效应f_3	
子目标层B	平滩流量	河相系数	横纵坡降比	受灾人数	受灾损失	漫滩面积	漫滩淹没时长

其具体步骤如下。

（1）根据已经建立的评价指标体系框架图，建立并发放滩槽行洪输沙功能、社会经济效应、生态环境效应层次重要性排序专家调查表，对滩区一级子目标和二级指标层次的重要性排序进行专家统计调查。

（2）构造各个层次的两两比较判断矩阵。结合专家统计调查结果，对同一层次的各个元素关于上一层次中某一准则的重要性进行两两比较，由9标度法构造两两比较判断矩阵$\boldsymbol{A}$，并用1～9及其倒数作为标度来确定a_{ij}的值，1～9比例标度的含义为配置措施或变量X_i比Y_j重要的程度，如表4.30所示。

表4.30 层次分析重要性程度9标度法取值表

X_i/X_j	同等重要		稍重要		重要		很重要		极重要
a_{ij}	1		3		5		7		9
		2		4		6		8	

黄河下游河道滩槽子目标对行洪输沙功能目标的重要性排序专家调查成果表如表4.31所示。通过发放调查表，对各个层次重要性排序进行专家调查统计，通过层次分析数学方法可以将专家调查的重要性排序转换为标准化的权重系数。

层次分析方法强调选择的专家调查对象应是熟悉调查问题的全部或大部分内容、条件和历史现状的专家、学者、工程技术人员及管理人员，这样才能得到较为客观、准确的判断。本次专家调查人数确定为7人。

表 4.31　黄河下游河道滩槽子目标对行洪输沙功能目标的重要性排序专家调查成果表

总评价目标	黄河下游河道滩槽行洪输沙功能		
子目标	平滩流量	河相系数	横纵坡降比
子目标排序			
排序理由			
依据说明			
填表说明	通过排序的方式说明子目标对总目标的重要性，简要说明排序理由和依据		

类似地，在子目标层 B 中，通过专家打分排序的方法，得到 7 个子目标重要性排序。继而通过各个层次的判断矩阵的计算，确定各评价指标值对总目标的权重系数，从而建立黄河下游河道滩槽协同治理效应评价指标函数。

根据各个子目标对总目标重要性排序的专家调查结果，由 9 标度法可以得到子目标 B 关于总目标层 A 的判断矩阵。

（1）黄河下游河道滩槽行洪输沙功能指标对黄河下游行洪输沙功能的判断矩阵如表 4.32 所示。求出上述三阶正互反矩阵的最大特征值 $\lambda_{max}=3$，该矩阵为完全一致矩阵，CI=0，最大特征值对应的特征向量归一化后，即为要求的权重系数 $\boldsymbol{W}=[0.6，0.2，0.2]$。

表 4.32　黄河下游河道滩槽行洪输沙功能指标对黄河下游行洪输沙功能的判断矩阵

行洪输沙 A_1	平滩流量 B_1	河相系数 B_2	横纵坡降比 B_3
平滩流量 B_1	1	3	3
河相系数 B_2	1/3	1	1
横纵坡降比 B_3	1/3	1	1

权重系数特征向量 $\boldsymbol{W}$ 表明，平滩流量 B_1 指标对于总目标行洪输沙功能 A_1 的权重系数为 0.6；河相系数 B_2 指标对于总目标行洪输沙功能 A_1 的权重系数为 0.2；横纵坡降比 B_3 指标对于总目标行洪输沙功能 A_1 的权重系数为 0.2。

（2）黄河下游河道滩槽社会经济指标对黄河下游社会经济效应的判断矩阵如表 4.33 所示。此二阶正互反矩阵为完全一致矩阵，最大特征值对应的归一化权重系数特征向量为 $\boldsymbol{W}=[0.5，0.5]$。

表 4.33　黄河下游河道滩槽社会经济指标对黄河下游社会经济效应的判断矩阵

社会经济 A_2	受灾人数 B_4	受灾损失 B_5
受灾人数 B_4	1	1
受灾损失 B_5	1	1

权重系数特征向量 $\boldsymbol{W}$ 表明，受灾人数 B_4 对于总目标社会经济效应 A_2 的权重系数为 0.5；受灾损失 B_5 对于总目标社会经济效应 A_2 的权重系数为 0.5。

（3）黄河下游宽滩区生态环境指标对黄河下游宽滩区生态环境效应的判断矩阵如表 4.34 所示。此二阶正互反矩阵为完全一致矩阵，最大特征值对应的归一化权重系数特征向量为 $\boldsymbol{W}=[0.5，0.5]$。

表 4.34　黄河下游宽滩区生态环境指标对黄河下游宽滩区生态环境效应的判断矩阵

生态环境 A_3	漫滩面积 B_6	漫滩淹没时长 B_7
漫滩面积 B_6	1	1
漫滩淹没时长 B_7	1	1

权重系数特征向量 $\boldsymbol{W}$ 表明，漫滩面积 B_6 对于总目标生态环境效应 A_3 的权重系数为 0.5；漫滩淹没时长 B_7 对于总目标生态环境效应 A_3 的权重系数为 0.5。

由上述结果可得，对应黄河下游河道滩槽协同效应的三个功能指标，得到黄河下游宽滩区滞洪沉沙功能评价权重表，如表 4.35 所示。

表 4.35　黄河下游宽滩区滞洪沉沙功能评价权重表

功能指标	物理指标	权重系数
行洪输沙功能	平滩流量	0.6
	河相系数	0.2
	横纵坡降比	0.2
社会经济效应	受灾人数	0.5
	受灾损失	0.5
生态环境效应	漫滩面积	0.5
	漫滩淹没时长	0.5

3. 评价模型验证

为了进一步验证模型的可靠性及适应性，系统搜集了黄河下游小浪底—花园口（简称小—花）间、花园口—夹河滩（简称花—夹）间、夹河滩—高村（简称夹—高）间三个典型滩区在 4 场不同洪水（1958 年、1982 年、1992 年、1996 年）中河道滩槽行洪输沙、灾情损失及漫滩情况的资料，计算了不同洪水作用下典型滩区的评价指标。之后采用评价模型对 4 次洪水的作用效果得出相应的评价，通过与洪水发生的实际情况对比，检验评价模型的适应性和可行性。

1）1958 年洪水计算

基于 1958 年洪水的水沙条件和当时滩区的地形特点，利用评价模型对小—花间、花—夹间、夹—高间 3 个主要滩区的行洪输沙功能、社会经济效应和生态环境效应进行评价，各个滩区行洪输沙功能、社会经济效应、生态环境效应如表 4.36～表 4.38 所示。黄河下游河道滩槽 1958 年洪水功能指标统计表如表 4.39 所示。

表 4.36　黄河下游河道滩槽 1958 年洪水行洪输沙功能统计表

项目	指标名称	小—花间	花—夹间	夹—高间
原始数据	平滩流量/（m^3/s）	5620	6000	5500
	河相系数	31.83	22.43	17.38
	横纵坡降比	3.3	4.7	3.6
归一化	平滩流量	0.810	1	0.789
	河相系数	0	0.543	0
	横纵坡降比	0	0	0

表 4.37　黄河下游河道滩槽 1958 年洪水社会经济效应统计表

项目	指标名称	小—花间	花—夹间	夹—高间
原始数据	受灾人数/人	38424	560921	477058
	受灾损失/万元	170336	1091714	817461
归一化	受灾人数	0	0	0
	受灾损失	0	0	0

表 4.38　黄河下游河道滩槽 1958 年洪水生态环境效应统计表

项目	指标名称	小—花间	花—夹间	夹—高间
原始数据	漫滩面积/km^2	537.27	1119.02	906.28
	漫滩淹没时长/d	1.92	4.00	4.00
归一化	漫滩面积	1	1	1
	漫滩淹没时长	0.304	0.300	0.273

表 4.39　黄河下游河道滩槽 1958 年洪水功能指标统计表

功能指标	小—花间	花—夹间	夹—高间
行洪输沙	0.486	0.709	0.474
社会经济	0	0	0
生态环境	0.652	0.650	0.636

2）1982 年洪水计算

基于 1982 年洪水的水沙条件和当时滩区的地形特点，利用评价模型对花园口—高村 3 个主要滩区的行洪输沙功能、社会经济效应和生态环境效应进行评价，各个滩区行洪输沙功能、社会经济效应、生态环境效应如表 4.40～表 4.42 所示。黄河下游河道滩槽 1982 年洪水功能指标统计表如表 4.43 所示。

表 4.40　黄河下游河道滩槽 1982 年洪水行洪输沙功能统计表

项目	指标名称	小—花间	花—夹间	夹—高间
原始数据	平滩流量/（m^3/s）	6000	6000	5900
	河相系数	15.33	30.06	13.58
	横纵坡降比	40.0	40.0	40.0
归一化	平滩流量	1	1	1
	河相系数	0.648	0	0.973
	横纵坡降比	0	0	0

表 4.41　黄河下游河道滩槽 1982 年洪水社会经济效应统计表

项目	指标名称	小—花间	花—夹间	夹—高间
原始数据	受灾人数/人	19798	309908	304410
	受灾损失/万元	104413	629387	527195
归一化	受灾人数	0.485	0.448	0.441
	受灾损失	0.441	0.441	0.441

表 4.42　黄河下游河道滩槽 1982 年洪水生态环境效应统计表

项目	指标名称	小—花间	花—夹间	夹—高间
原始数据	漫滩面积/km^2	358.09	747.41	617.63
	漫滩淹没时长/d	2.87	6.00	7.50
归一化	漫滩面积	0.559	0.559	0.559
	漫滩淹没时长	0.505	0.500	0.591

表 4.43　黄河下游河道滩槽 1982 年洪水功能指标统计表

功能指标	小—花间	花—夹间	夹—高间
行洪输沙	0.730	0.600	0.795
社会经济	0.463	0.444	0.441
生态环境	0.532	0.529	0.575

3）1992 年洪水计算

基于1992年洪水的水沙条件和当时滩区的地形特点，利用评价模型对小—花间、花—夹间、夹—高间 3 个主要滩区的行洪输沙功能、社会经济效应和生态环境效应进行评价，各个滩区行洪输沙功能、社会经济效应、生态环境效应如表 4.44～表 4.46 所示。黄河下游河道滩槽 1992 年洪水功能指标统计表如表 4.47 所示。

表 4.44　黄河下游河道滩槽 1992 年洪水行洪输沙功能统计表

项目	指标名称	小—花间	花—夹间	夹—高间
原始数据	平滩流量/（m^3/s）	4300	4400	3200
	河相系数	11.64	16.02	13.47
	横纵坡降比	0.9	5.0	4.4
归一化	平滩流量	0.150	0.200	0
	河相系数	0.793	1	1
	横纵坡降比	1	0	0

表 4.45　黄河下游河道滩槽 1992 年洪水社会经济效应统计表

项目	指标名称	小—花间	花—夹间	夹—高间
原始数据	受灾人数/人	0	0	85629
	受灾损失/万元	20876	43520	159368
归一化	受灾人数	1	1	1
	受灾损失	1	1	1

表 4.46　黄河下游河道滩槽 1992 年洪水生态环境效应统计表

项目	指标名称	小—花间	花—夹间	夹—高间
原始数据	漫滩面积/km^2	131.03	276.50	251.87
	漫滩淹没时长/d	0.47	1.00	1.00
归一化	漫滩面积	0	0	0
	漫滩淹没时长	0	0	0

表 4.47　黄河下游河道滩槽 1992 年洪水功能指标统计表

功能指标	小—花间	花—夹间	夹—高间
行洪输沙	0.449	0.320	0.200
社会经济	1	1	1
生态环境	0	0	0

4）1996 年洪水计算

基于 1996 年洪水的水沙条件和当时滩区的地形特点，利用评价模型对小—花间、花—夹间、夹—高间 3 个主要滩区的行洪输沙功能、社会经济效应和生态环境效应进行评价，各个滩区行洪输沙功能、社会经济效应、生态环境效应如表 4.48～表 4.50 所示。黄河下游河道滩槽 1996 年洪水功能指标统计表如表 4.51 所示。

表 4.48　黄河下游河道滩槽 1996 年洪水行洪输沙功能统计表

项目	指标名称	小—花间	花—夹间	夹—高间
原始数据	平滩流量/（m^3/s）	3420	3200	2800
	河相系数	6.35	17.92	16.32
	横纵坡降比	1.5	1.9	2.1
归一化	平滩流量	0	0	0
	河相系数	1	0.865	0
	横纵坡降比	0.408	1	0

表 4.49　黄河下游河道滩槽 1996 年洪水社会经济效应统计表

项目	指标名称	小—花间	花—夹间	夹—高间
原始数据	受灾人数/人	0	36645	116459
	受灾损失/万元	32648	126078	211201
归一化	受灾人数	1	0.935	0.921
	受灾损失	0.921	0.921	0.921

表 4.50　黄河下游河道滩槽 1996 年洪水生态环境效应统计表

项目	指标名称	小—花间	花—夹间	夹—高间
原始数据	漫滩面积/km^2	163.03	342.86	303.41
	漫滩淹没时长/d	5.23	11.00	12.00
归一化	漫滩面积	0.079	0.079	0.079
	漫滩淹没时长	1	1	1

表 4.51　黄河下游河道滩槽 1996 年洪水功能指标统计表

功能指标	小—花间	花—夹间	夹—高间
行洪输沙	0.282	0.373	0.054
社会经济	0.961	0.928	0.921
生态环境	0.539	0.539	0.539

5）协同指标

根据前文得到的黄河下游河道滩槽行洪输沙功能、社会经济效应及生态环境效应功能指标，进一步得到行洪输沙-社会经济、行洪输沙-生态环境和社会经济-生态环境功能协同指标，结果如表 4.52 和图 4.61 所示。

表 4.52 黄河下游河道滩槽四场洪水协同指标统计表

洪水年份	行洪输沙-社会经济	行洪输沙-生态环境	社会经济-生态环境
1958	0	0.360	0
1982	0.318	0.387	0.245
1992	0.323	0	0
1996	0.222	0.127	0.505

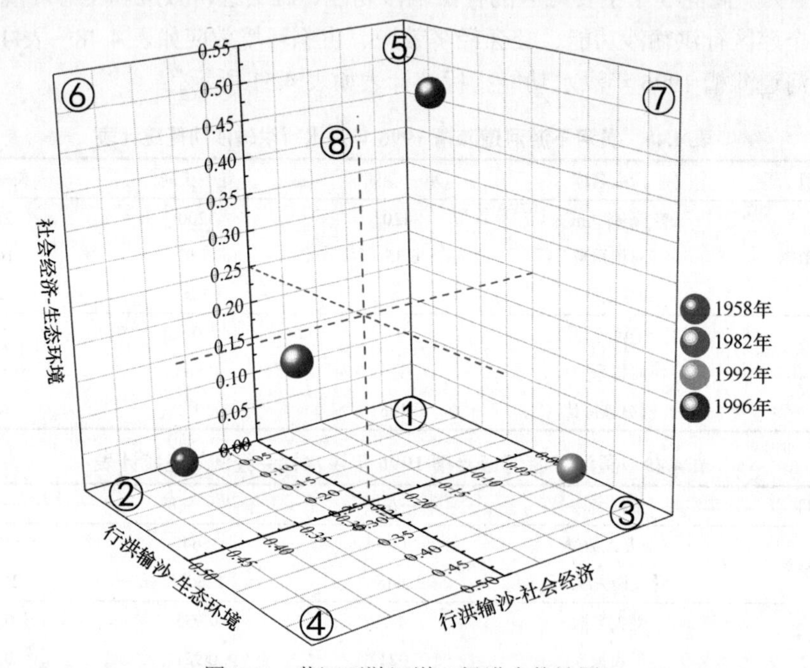

图 4.61 黄河下游河道 4 场洪水统计图

由此结果可以得到如下清晰直观的认识，1982 年洪水的行洪输沙功能评价较好，得分均在 0.6 以上；1958 年次之，得分接近或超过平均线（0.5）以上；1992 年评价较差；1996 年得分最低。这主要是由于 1996 年洪水量级较低，洪水无法有效冲刷河槽改善滩槽情况。对于社会经济效应评价来说，1958 年社会经济评价最差，1982 年次之，1992 年和 1996 年社会经济影响最小，得分均接近 1，这与行洪输沙功能效应的结果整体相反。这主要是由于一旦出现较大量级的洪水，行洪输沙功能得到充分发挥，但漫滩洪水对滩区人员和财产会产生不利影响。1958 年洪水的生态环境效应评价最好，1982 年和 1996 年次之，1992 年得分最低，这与行洪输沙功能效应整体一致，洪水量级较大时，漫滩面积和漫滩淹没时长相对较大和较长，漫滩洪水对水-陆生态环境起到连接作用，为滩地生态系统带去丰富的营养物质，同时对滩地生态系统产生有利影响。

对于自然-经济协同效应，1982 年和 1992 年的评价较好，得分均在平均线（0.25）以上，1996 年次之，1958 年得分最低。这主要是由于 1958 年洪水量级较大，对滩区人员和财产的损害较高，这一结果与已有认识一致。对于行洪输沙-生态环境协同效应，

1958 年和 1982 年的评价较好，得分均在平均线（0.25）以上，1996 年次之，1992 年得分最低，说明滩槽行洪输沙功能与生态环境功能之间有较好的一致性。对于社会经济-生态环境协同效应，1996 年的得分最高（超过 0.5），说明该场洪水的量级适中，在社会经济和生态环境两个功能之间得到较好的平衡，1982 年得分次之，1958 年和 1992 年得分最低，说明洪水量级过大或过小都会影响社会经济和生态环境协同效应之间的平衡。

由图 4.61 同样可知，在该三维评价体系中，象限①中的点为行洪输沙-社会经济、行洪输沙-生态环境和社会经济-生态环境协同效应评价均差，象限⑧中的点为行洪输沙-社会经济、行洪输沙-生态环境和社会经济-生态环境协同效应评价同时较好。1958 年洪水协同效应评价处于象限②中，属于行洪输沙-生态环境协同效应较好，行洪输沙-社会经济、社会经济-生态环境协同效应较差；1982 年洪水协同效应评价处于象限④中，属于行洪输沙-社会经济、行洪输沙-生态环境协同效应较好，社会经济-生态环境协同效应较差；1992 年洪水协同效应评价处于象限③中，属于行洪输沙-社会经济协同效应较好，行洪输沙-生态环境、社会经济-生态环境协同效应较差；1996 年洪水协同效应评价处于象限⑤中，属于社会经济-生态环境协同效应较好，行洪输沙-社会经济、行洪输沙-生态环境协同效应较差。在这四场洪水中，1982 年洪水、1992 年洪水和 1996 年洪水构成了图形的上包线，它们共同构成了这四场洪水的 Pareto 最优解集。而 1958 年洪水无论在行洪输沙-社会经济协同效应、行洪输沙-生态环境协同效应，还是社会经济-生态环境协同效应上的评价均低于 1982 年洪水，1982 年洪水的综合效益相对于 1958 年就是一个全面的 Pareto 改进。

第5章 黄河下游滩槽协同治理模式

5.1 黄河下游河道滩槽协同治理模式与框架方案

在“十二五”国家科技支撑计划课题“黄河下游宽滩区滞洪沉沙功能及滩区减灾技术研究”基础上，开展了“无防护堤”方案（即现状条件下生产堤全部破除）和“防护堤”堤距宽度3.5km，防护标准分别为6000m^3/s、8000m^3/s、10000m^3/s等方案的对比研究。本次研究即以此为基础，利用准二维数学模型开展“宽河固堤”现状方案、“防护堤”方案和“窄河固堤”等多种框架方案的对比分析。

本次选用的模型为黄河水利科学研究院自主开发的多沙河流洪水演进与冲淤演变数学模型，该模型参加了1998年、2001年、2002年由水利部国际合作与科技司、水利部黄河水利委员会组织的黄河数学模型大比试，获得了同行专家的高度评价，2009年荣获大禹水利科学技术奖一等奖。2011年12月获得中华人民共和国国家版权局计算机软件著作权登记证书（登记号：2011SR100615）。近年来，研究人员采用该模型开展了大量的洪水演进预报、河道冲淤演变预测、水库运行方式、河口治理等方面的研究工作，在小浪底水库调水调沙方案确定及黄河下游河道防洪与综合治理中发挥了重要作用。

模型计算河段为铁谢—西河口。初始地形及初始床沙级配仍采用2013年汛前大断面及床沙组成资料，根据宽滩区不同运用方式，将初始地形分别概化为现状无防护堤地形、现状防护堤地形（以下简称“现状防护堤”）两种不同断面条件。进口水沙条件采用黄河勘测规划设计研究院有限公司研究提出的进入黄河下游的50年水沙系列成果，下游沿程引水采用黄河流域水资源规划水量配置成果，并参考水利部黄河水利委员会批准的黄河取水许可证中逐河段的计划逐月引水过程比例，以旁侧出流的方式引出。初始出口水位流量关系采用西河口2013年设计水位流量关系。

5.1.1 滩区治理模式

从古至今，黄河下游河道滩区的不同治理策略或方案都与滩区治理模式紧密相关，对宽滩区的治理最具有影响力的是“宽河固堤”方案和“窄河束水攻沙”方案，到底采用何种方案效果更好，持续争论了2000余年；民国时期，国外学者恩格斯、方修斯等也加入进来，对黄河下游宽滩区的治理进行讨论。黄河治理也在持续不断的争论中前行。

中华人民共和国成立后，黄河下游初步形成了“上拦下排、两岸分滞”的防洪工程体系，即“宽河固堤”的大格局，在防灾、供水、灌溉和发电等方面都发挥了巨大的效益。但是，目前宽滩区的人口已达140万，按现行滩区运行方案，宽滩区仍要发挥滞洪沉沙作用，致使滩区经济难以发展。特别是近期进入黄河下游的水沙条件和防洪形势发生了重大变化，经济社会的发展也对黄河下游防洪提出了更高的要求，黄河下游河道未来的治理方略也受到了广泛关注。目前，基于对未来水沙条件变化趋势的不同估计，形成了多种黄河下游河道治理方案。绝大多数专家对目前的河道整治方案持赞同态度，存在异议的主要是黄河下游宽河段的宽滩区治理与运行模式。

1. 宽河固堤

大多数专家认为目前黄河下游的洪水威胁和泥沙问题依然存在，水沙关系仍不协调。小浪底水库运行后，进入黄河下游的流量大小两极分化趋势更明显，滩区发展与防洪安全矛盾突出，黄河下游仍需要“宽河固堤”，应对不同量级的洪水：大洪水时，依靠大堤约束洪水，利用广阔的滩地滞洪沉沙，使得滩槽同步淤积升高；配合调水调沙以及疏浚、河道整治等治理措施，维持中水河槽一定的过洪能力，加强滩区综合治理和安全建设，并利用滩区淹没补偿机制，使滩区群众安居乐业。在宽河固堤的格局下，如何更好地发挥滩区的滞洪沉沙作用，协调滩区治理与居民生产生活的关系，也仍有很多不同的意见。

1）现状方案

黄河下游大堤之间的河道是黄河下游行洪、蓄洪、沉沙的天然场所，同时又是滩区人民繁衍生息的地方。为了减少黄河漫滩洪水对农作物的破坏，滩地居民修建了大量的生产堤。

生产堤俗称“民埝”。早期的“民埝”是用来挡水、保护庄稼不受小水淹没的土埂、子堤，日常不管理，小水守护、大水弃守，保生产不保财产和生命安全。由于修筑民埝后，大堤长期不靠河，民埝至大堤之间洪水漫滩落淤的机会少，这部分滩地越来越低洼，一旦遇较大洪水，民埝溃决，洪水将直冲大堤，十分危险，如1933年兰考四明堂决口、1935年鄄城董庄决口等，都是由民埝溃决引起的。中华人民共和国成立后，黄河下游治理实行“宽河固堤”的方针，1950年黄河防汛总指挥部提出了“新修民埝必须禁止，旧有民埝必须废除”。1957年，黄河干流开始修建三门峡水库，由于当时对黄河泥沙淤积的问题认识不足，1958年汛后开始，提倡黄河下游在“防小水，不防大水”的原则下修筑生产堤。1960～1969年，黄河下游受三门峡水库清水下泄影响，东坝头以上河段塌滩掉村现象经常出现，生产堤垮塌入河现象也随处可见，断断续续的生产堤起不到挡水作用，东坝头以下河势变化不大，生产堤相对比较齐全。1969年后，三门峡水库采用滞洪排沙运用方式，因生产堤的存在，泥沙大部分淤积在生产堤以内的主河槽里，“二级悬河”开始出现，生产堤的危害暴露得越来越明显。1973年，水利部黄河水利委员会提出了《关于废除黄河下游滩区生产堤实施的初步意见》，国务院以国发〔1974〕27号文对该意见做了批示，指出“从全局和长远考虑，黄河滩区应迅速废除生产堤，修筑避水台，实行一水一麦，一季留足群众全年口粮”的政策。1974年汛后，滩区大力修筑避水台，但由于对生产堤的危害认识不足，国务院的批示精神并未得到很好的贯彻和落实，1982年大洪水时，生产堤大部分被冲决，但洪水之后又被修复。

1987年，按照破除长度占生产堤长度1/5的要求对生产堤进行破口，但大部分口门所处地势较高且留有底坎，或口门位置偏下，有的仅破除了前进生产堤，没破除老生产堤，还时有堵复现象发生，阻水现象仍较严重。1992年，根据《中华人民共和国防汛条例》及国家防汛抗旱总指挥部下达给黄河防汛抗旱总指挥部的清障任务，要求下游彻底破除生产堤，标准是口门高程与当地滩面平，口门长度占生产堤总长度的1/2，1996年8月洪水时黄河下游绝大部分滩区进水，之后在控导工程之间抢修生产堤，有的还修建了第2道或第3道生产堤。2002年以来，为防止调水调沙水流漫滩淹没耕地，尤其2003年蔡集生产堤破口、堵复后，不少地方突击修建了部分生产堤，加之2004年黄河第3次调水调沙控制水流漫滩，不少地方借堵截滩区串沟口门名义，汛前突击修建了一些生产堤，使生产堤数量明显增加。目前，黄河下游滩区生产堤主要分布在河南的开封、新乡、濮阳，山东的菏泽、济宁、济南、泰安等地，自上而下一般堤距在4500～700m，平均堤距为4.03km，多数已伸入黄河下游主槽行洪通道。

黄河下游生产堤在保护两岸滩区生产方面起到了一定作用，但其造成的不利影响也越来越突出，使黄河下游河道防洪形势更加严峻。小浪底水库投入运行后，进入黄河下游河道的水沙条件发生了较大的变化，河道的冲淤演变情况也发生新的调整，新形势下如何妥善处理生产堤问题，受到国家和地方各级领导及治黄专家的高度重视。因此，“宽河固堤”模式以现状大堤为边界，根据生产堤的存废分为两种方案，①有生产堤方案，即生产堤保持现状，生产堤可以拦蓄一定量级的洪水；②无生产堤方案，即将现有生产堤全部破除，让洪水自由漫滩。

2）防护堤方案

生产堤是历史形成的，几十年来不但没有破除掉，而且规模越来越大，究其原因，是因为大洪水发生频率低，用生产堤来防御小洪水，可减免滩区淹没损失。因此，有专家提出，在目前宽河格局下，应以现有生产堤为基础，调整改造后形成一定标准的堤防，配合其他措施稳定下游河势，这样在某一标准洪水下可保滩区防洪安全，在超过该标准洪水时仍采用滩区滞洪沉沙，在其正常运用的同时滩区加快安全建设，进行“二级悬河”治理，并结合滩区淹没补偿政策实施，即低标准防护堤方案。

生产堤的现状很混乱，将来情况如何发展也很难判断。防护堤的位置以及防洪标准等也是众说纷纭，但是在计算中必须选定一种模式作为河床的初始条件和边界条件。下面对现有的意见做简要点评，并据此综合确定计算条件。

（1）防护堤位置。防护堤的堤线布置主要考虑国内专家的意见及近年来有关河道治理研究成果、滩槽划分成果、现状生产堤情况等。国内专家具代表性的意见主要有以下几点：①全国政协原副主席钱正英于2006年6月考察黄河下游时建议下游窄河的堤距为3～6km；②2005年，水利部黄河水利委员会开展的《黄河下游滩区治理模式和安全建设研究》成果中，桃花峪—夹河滩在9km左右、夹河滩—高村堤距为2～4km；③2005年，黄河水利科学研究院（简称黄科院）完成的《黄河下游滩槽划分方案研究》中，高村以上河段为2.5～7km；④河南省黄河河务局、黄科院开展的近期（2010年前）黄河下游宽河段河道治理方案中，高村以上规划治导线设计河槽宽2.5km；⑤2013年，水利部黄河水利委员会开展的“黄河下游河道改造与滩区治理研究”成果中，高村以上平均堤距为 4.4km，高村—陶城铺河段平均堤距为 2.5km。各专家考虑问题的角度不同，关于堤距意见的差异较大，本章不对这些意见进行讨论，但为了选择一个有代表性的模拟方案，下面做一些简略的分析。

表 5.1 统计了近年来的研究成果，包括实测大断面 80%淤积宽度、主流最大摆幅、现状生产堤堤距、黄河下游滩槽划分办法和黄河下游滩区综合治理规划成果等。

表 5.1　宽滩区不同治理方案堤距宽度　（单位：km）

方案	80%淤积宽度	主流最大摆幅	现状生产堤堤距	黄科院“滩槽分界线”		《黄流规》“窄河固堤”		河道改造与滩区治理方案
				一线二区	两线三区	窄河 1	窄河 2	
平均宽度	4.31	3.50	4.03	3.33	2.85	3.22	2.70	4.4

注：表中各方案平均宽度是指铁谢—高村河段。《黄流规》全称为《黄河流域综合规划修编任务书》。

表 5.1 中，①80%淤积宽度是根据 1960～1999 年高村以上实测大断面及河道淤积泥沙的横向分布特点，研究计算断面淤积面积占全断面 80%的平均河宽。②主流最大摆幅为 1960～1999 年高村以上河段主流最大摆幅。③现状生产堤堤距为 4.03km。④黄科院“滩槽分界线”为黄河水利科学研究院《黄河下游滩槽划分办法研究》成果，以河道整治规划修建的整治工程为基础，结合今后发生 5000m^3/s 流量洪水的水位边界线划分河槽与滩地，同时满足排洪河槽宽度和河势游荡摆动范围，确定了“一线二区”和“两线三区”方案。“一线二区”指滩槽界线为一线，槽区和滩区为二区；“两线三区”在“一线二区”的槽区内划分黄区和红区，从而形成黄区、红区和滩区，即三区，其中红区淹没不予补偿。⑤《黄流规》“窄河固堤”是《黄河流域综合规划修编任务书》中，黄河勘测规划设计研究院有限公司综合考虑国内专家的意见、近年来有关河道治理研究成果、滩槽划分成果、现状生产堤情况等因素提出了“窄河固堤”模式中的两条堤线位置方案，即窄河 1 和窄河 2。⑥在《黄河下游河道改造与滩区治理方案研究》中，高村以上游荡性河段拟定两种堤线方案：第一种方案以河势演变对防护堤安全影响为主要考虑因素；第二种方案以满足河槽排洪要求为主要考虑因素，以主槽过流量在 80%以上的排洪河宽为基础，对畸型河湾等不利河势采用工程措施加以消除，尽可能保持河道平顺。同时对两种方案的堤线布置和堤线长度做了说明，并通过对比两方案在防护堤工程安全、河道形态、工程规模、护滩效益等方面的优劣，防护堤堤距推荐方案一，即高村以上平均堤距 4.4km，高村—陶城铺河段平均堤距 2.5km。

另外，在《黄河下游滩区综合治理关键技术研究》中，综合考虑河道整治规划治导线、排洪河槽宽度、历史河势演变、目前河势流路等因素，提出了“低标准防护堤”堤线位置；在《黄河下游滩区分区运用滞洪沉沙效果实体模型试验研究报告》中，黄河水利科学研究院结合《黄河下游滩槽划分办法研究》的研究成果，考虑专家意见并充分利用大部分生产堤，确定了防护堤堤线位置。

综上所述，防护堤堤距必须考虑两个重要因素：一是河势演变。近几十年来黄河下游河道整治虽然取得了明显成效，但游荡性河段河势尚未完全得到控制，局部河段主流线摆幅仍然较大，如 2011 年、2012 年三官庙与黑石断面之间主流摆幅接近 5000m。二是排洪能力。小浪底水库修建后，下游河道冲刷下切，但水库拦沙期过后，河道回淤，未来气候复杂多变，大洪水发生的可能性仍然存在，防护堤不能挤占行洪通道，对山东窄河道防洪造成过大压力。从表5.1可以看出，《黄河下游河道改造与滩区治理方案研究》中的推荐方案充分吸收了以往研究成果，高村以上宽滩区平均堤距为4.4km，既为主流摆动留足了空间，又保证了主槽过流量能力在80%以上。该方案防护堤的修建范围为京广铁桥—陶城铺，高村以上平均堤距为4.4km，高村—陶城铺河段平均堤距为2.5km（因该方案全下游平均堤距为3.45km，以下简称“防护堤3.5km”）。

同时，为进一步对比不同堤距情况下黄河下游冲淤演变情况，本次研究又在“防护堤3.5km”方案的基础上，将高村以上宽滩区堤距进一步按比例缩减，得到“防护堤2.5km”方案和“防护堤1.5km”方案。

（2）防护堤防洪标准。表5.2统计了《黄河下游滩区分区运用滞洪沉沙效果实体模型试验研究》（表5.2中简称分区运用）实体模型试验及数模计算、《黄流规》中“窄河固堤”数模计算、《黄河下游河道改造与滩区治理方案研究》、现状生产堤和控导工程等堤线堤顶高程。

表5.2 不同方案堤顶设计标准

方案	分区运用		《黄流规》“窄河固堤”	《黄河下游滩区综合治理关键技术研究》			现状生产堤	控导工程	
	模型试验	数模计算		低标准生产堤	分区运用	20年一遇标准堤防		过去	现在
防御洪水/(m^3/s)	8000	8000	15000	5000	8000（现状20年一遇洪水）	20年一遇洪水（现状防御洪水）	滩地高程	4000	5000
超高/m	1	1	1.5	1	1.5	1.5	1	1	1
堤线范围	夹河滩—陶城铺	白鹤—艾山	白鹤—陶城铺	京广铁路桥—陶城铺以下（水牛赵）	京广铁路桥—陶城铺河段面积大于30km^2的14个滩区和长平滩	京广铁路桥—陶城铺河段和长平滩（无人居住小滩和温孟滩除外）	京广铁路桥—陶城铺	白鹤—艾山	白鹤—艾山

表5.2中，①《黄河下游滩区分区运用滞洪沉沙效果实体模型试验研究报告》模型试验中，花园口—陶城铺河段围堤高程，是按现状花园口站8000m^3/s洪水，并考虑分区运用影响后的相应水位，加1m超高进行设计的，以实现陶城铺流量4000m^3/s为目标；数模计算中将围堤按8000m^3/s洪水标准控制，若下游控导工程低于围堤，控导工程按围堤标准加高。②《黄河流域综合规划修编任务书》“窄河固堤”165年数模计算中，黄河下游堤防防御按花园口洪峰15000m^3/s设防。③《黄河下游滩区综合治理关键技术研究》中，低标准生产堤防御标准选择5000m^3/s，堤顶超高采用1m；分区运用围堤、隔堤防御标准选择8000m^3/s，相当于黄河下游现状20年一遇洪水标准（花园口12370m^3/s），堤顶超高采用1.5m；20年一遇标准堤防防御标准采用20年一遇洪水（花园口12370m^3/s），相当于黄河下游现状防御洪水标准（花园口22000m^3/s），堤顶超高采用1.5m。④现状生产堤均为群众自发修筑，施工简单，且土质多为砂性土，质量较差，抗御洪水的能力很弱，一般标准为滩地高程加1m。⑤控导工程过去一般采用堤顶高程为4000m^3/s对应水位加1m超高，近年来新修工程采用堤顶高程为5000m^3/s对应水位加1m超高，对应过流能力约为8000m^3/s。

综上所述，参考以往防护堤的设计标准，本次计算中防护堤的防洪标准设为 6000m^3/s、8000m^3/s、10000m^3/s 三种（以下简称“防护堤-6000”“防护堤-8000”“防护堤-10000”）。

防护堤高程根据黄河水利科学研究院《2000 年黄河下游河道排洪能力分析》中的 6000m^3/s、8000m^3/s 和 10000m^3/s 流量水位设计值，采用直线内插法计算各断面对应的 6000m^3/s、8000m^3/s 和 10000m^3/s 洪水位，然后加上安全超高，即为本次防护堤设计高程（图 5.1）。在地形概化时，如原地形高程高于本次防护堤设计高程，则采用原地形高程；否则，加高原地形高程至防护堤设计高程。考虑本次计算水沙系列时间跨度和河道累计冲淤幅度比较大，在计算过程中每 10 年按照防护堤防洪标准流量水位变化值，将防护堤的堤顶高程加高，如遇累计冲刷，即防护堤防洪标准流量水位降低时，防护堤的堤顶高程不变。

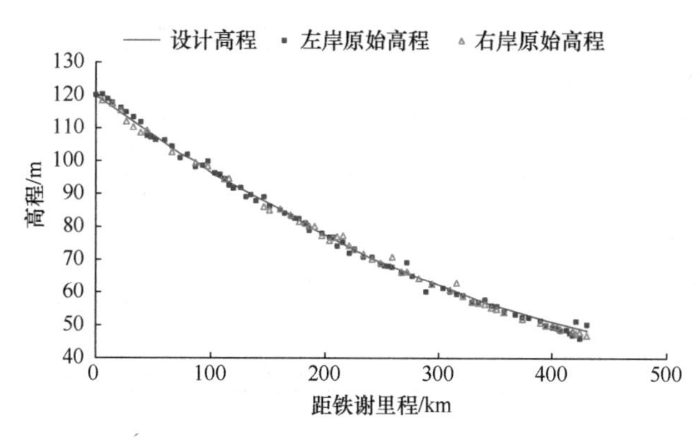

图 5.1　各断面堤线位置堤顶高程统计

2. 窄河固堤

部分专家认为，在全球气候变暖的总体影响下，黄河流域降水偏少，加上人类生活、生产用水总体上呈增加趋势，以及干流骨干工程的调蓄作用，黄河下游未来水沙变化总体上将呈继续减少的趋势，下游洪水以中常洪水为主，发生大洪水或特大洪水的概率甚小，从而提出“窄河固堤”的下游治理方略：首先，通过黄河干支流的多库水沙调节，修建桃花峪水库，削减稀遇的大洪水或特大洪水；其次，以现有的生产堤和控导工程为基础或通过河道整治工程及其他措施，塑造窄深河槽，控制河槽的严重淤积，以彻底解放滩区，让滩区群众和沿黄两岸群众享受相近的社会经济发展条件。

参照上节国内专家的意见、近年来有关河道治理研究成果、滩槽划分成果、现状生产堤情况等因素，且为方便与前述“宽河固堤”模式进行对比，本节“窄河固堤”模式的堤线方案有两种：①“窄河 3.5km”方案，即堤线布置与上述“防护堤 3.5km”方案中防护堤布置相同，其防洪标准提高为 15000m^3/s；②“窄河 5.0km”方案，进一步对比不同堤距情况下黄河下游冲淤演变情况，在“窄河 3.5km”方案的基础上，将高村以上宽滩区堤距进一步按比例扩展，得到“窄河 5.0km”方案。

综上所述，本次研究地形边界条件共设置 13 种，各方案具体地形条件汇总如表 5.3

所示。相对“现状无生产堤”方案，“现状有生产堤”解放滩区面积为 1806km²，“防护堤 3.5km”、“防护堤 2.5km”和“防护堤 1.5km”方案的解放滩区面积分别为 1757km²、2203km² 和 2582km²，“窄河 3.5km”和“窄河 5.0km”方案的解放滩区面积分别为 1757km² 和 1158km²。

表 5.3　13 种地形计算方案汇总表

序号	地形方案	地形条件					
		治理模式	堤距	防洪标准/(m^3/s)	宽河段堤距/km	宽河段堤内滩区面积/km^2	解放滩区面积/km^2
1	现状无生产堤		现状无生产堤		7.66	2994	
2	现状有生产堤		现状有生产堤	滩地+1m	4.03	1188	1806
3	防护堤 3.5km-6000			6000	4.40		
4	防护堤 3.5km-8000		防护堤 3.5km	8000	4.40	1237	1757
5	防护堤 3.5km-10000			10000	4.40		
6	防护堤 2.5km-6000	宽河固堤		6000	2.93		
7	防护堤 2.5km-8000		防护堤 2.5km	8000	2.93	791	2203
8	防护堤 2.5km-10000			10000	2.93		
9	防护堤 1.5km-6000			6000	2.13		
10	防护堤 1.5km-8000		防护堤 1.5km	8000	2.13	412	2582
11	防护堤 1.5km-10000			10000	2.13		
12	窄河 3.5km	窄河固堤	3.5km	15000	4.40	1237	1757
13	窄河 5.0km		5.0km	15000	5.14	1836	1158

5.1.2　黄河下游滩槽协同治理方案

1. 水沙过程

“十二五”国家科技支撑计划课题“黄河下游宽滩区滞洪沉沙功能及滩区减灾技术研究”开展期间，曾对未来水沙变化情景进行了系统研究，提出了少、平、丰 3 个 50 年水沙系列，分别为“3 亿 t”水沙系列、“6 亿 t”水沙系列、“8 亿 t”水沙系列。本次长系列水沙过程采用上述“3 亿 t”水沙系列和“6 亿 t”水沙系列的研究成果。

表 5.4 统计了两个水沙系列不同时段进入黄河下游的年均水沙量。从表中可以看出，两个系列进入黄河下游的年平均水量分别为 248.04 亿 m³ 和 262.86 亿 m³；年平均沙量分别为 3.21 亿 t 和 6.06 亿 t。

1）“3 亿 t”水沙系列

“3 亿 t”水沙系列黄河下游年来水来沙量过程如图 5.2 所示。“3 亿 t”水沙系列是少水少沙系列，黄河下游的年平均来水量为 248.04 亿 m³，年平均来沙量为 3.21 亿 t，年最大水量为 368.04 亿 m³，年最大沙量为 10.39 亿 t。其中，黄河干流小浪底站的年平均水量为 222.50 亿 m³，年平均沙量为 3.20 亿 t；支流伊洛河黑石关站和沁河武陟站合计的年平均水量为 25.54 亿 m³，年平均沙量为 0.01 亿 t。

表 5.4　各系列不同时段进入下游年均水沙量统计

时段/年	“3 亿 t” 水沙系列		“6 亿 t” 水沙系列	
	水量/亿 m^3	沙量/亿 t	水量/亿 m^3	沙量/亿 t
1～10	231.1	3.56	288.1	7.26
11～20	251.6	3.38	269.5	6.75
21～30	252.3	3.33	294.2	5.77
31～40	255.7	2.69	231.0	5.39
41～50	249.5	3.08	231.5	5.15
1～50	248.04	3.21	262.86	6.06

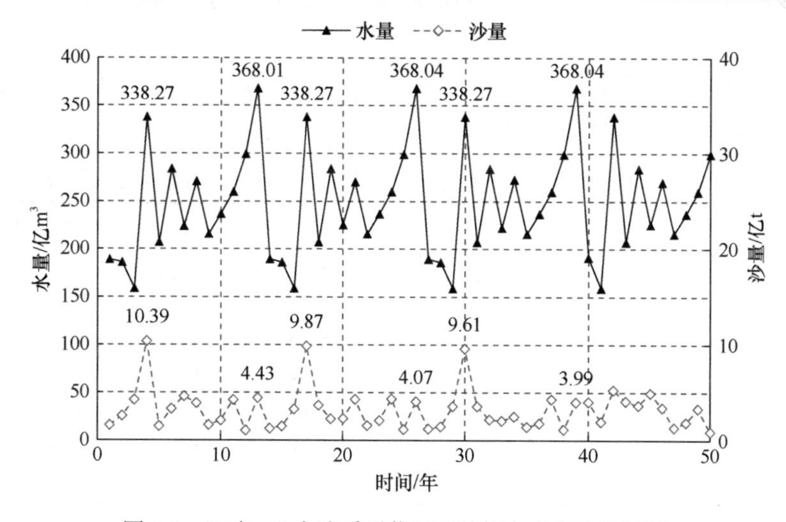

图 5.2　“3 亿 t” 水沙系列黄河下游年来水来沙量过程

2）“6 亿 t” 水沙系列

“6 亿 t” 水沙系列黄河下游年来水来沙量过程如图 5.3 所示。“6 亿 t” 水沙系列是平水沙系列，黄河下游的年平均来水量为 262.86 亿 m^3，年平均来沙量为 6.06 亿 t，年

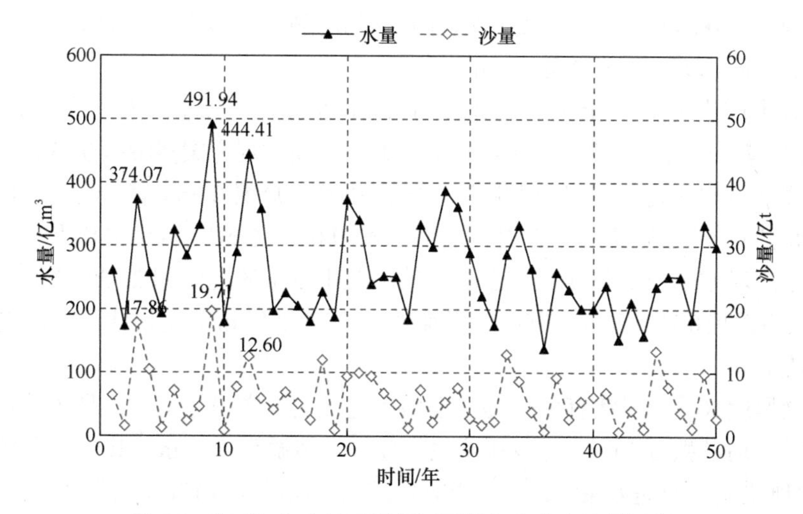

图 5.3　“6 亿 t” 水沙系列黄河下游年来水来沙量过程

最大水量为 491.94 亿 m^3，年最大沙量为 19.71 亿 t。其中，黄河干流小浪底站的年平均水量为 234.74 亿 m^3，年平均沙量为 5.93 亿 t；支流伊洛河黑石关站和沁河武陟站合计年平均水量为 28.10 亿 m^3，年平均沙量为 0.13 亿 t。

本次计算 13 种边界条件与“3 亿 t”“6 亿 t”两个水沙系列组合下的 26 个方案。

2. 方案计算结果

1）“3 亿 t”水沙系列方案计算结果

“3 亿 t”水沙系列为少水少沙系列，黄河下游 50 年的年平均来水量为 248.04 亿 m^3，年平均来沙量为 3.21 亿 t，该系列不同治理模式下各方案的计算结果如下。

A. 宽河固堤

（1）现状方案。表 5.5 统计了“3 亿 t”水沙系列“宽河固堤”模式下现状无生产堤和现状有生产堤两种方案冲淤计算结果。

表 5.5 “3 亿 t”水沙系列“宽河固堤”模式下现状不同方案冲淤计算结果

方案	部位	冲淤量/亿 m^3			冲淤厚度/m		
		艾山以上	艾山以下	全下游	艾山以上	艾山以下	全下游
现状无生产堤	全断面	6.336	4.388	10.724	0.18	0.52	0.24
	主槽	3.233	3.633	6.866	0.57	1.93	0.88
	滩地	3.103	0.755	3.858	0.10	0.12	0.11
现状有生产堤	全断面	5.922	4.496	10.418	0.34	0.54	0.40
	主槽	3.592	3.726	7.318	0.64	1.98	0.97
	滩地	2.330	0.770	3.100	0.20	0.12	0.17

注：现状有生产堤方案均统计的现状生产堤范围内数据。

现状无生产堤方案，全下游共淤积 10.724 亿 m^3，其中主槽淤积 6.866 亿 m^3，占总淤积量的 64.0%；滩地淤积 3.858 亿 m^3，占总淤积量的 36.0%；在纵向上，艾山以上淤积 6.336 亿 m^3，占总淤积量的 59.1%；艾山以下淤积 4.388 亿 m^3，占总淤积量的 40.9%。全下游平均淤高 0.24m，其中主槽平均淤高 0.88m，滩地平均淤高 0.11m；艾山以上平均淤高 0.18m，艾山以下平均淤高 0.52m。

现状有生产堤方案，全下游共淤积 10.418 亿 m^3，比现状无生产堤方案少淤积 0.306 亿 m^3。其中，主槽淤积 7.318 亿 m^3，比现状无生产堤方案多淤积 0.452 亿 m^3，艾山以上主槽淤积 3.592 亿 m^3，比现状无生产堤方案多淤积 0.359 亿 m^3，艾山以下主槽淤积 3.726 亿 m^3，比现状无生产堤方案多淤积 0.093 亿 m^3；滩地共淤积 3.100 亿 m^3，比现状无生产堤方案少淤积 0.758 亿 m^3，其中艾山以上滩地淤积 2.330 亿 m^3，比现状无生产堤方案少淤积 0.773 亿 m^3，艾山以下滩地淤积 0.770 亿 m^3，比现状无生产堤方案多淤积 0.015 亿 m^3。

从冲淤厚度来看，现状有生产堤方案均比现状无生产堤方案大。具体的，现状有生产堤全下游平均淤积 0.40m，比现状无生产堤方案多淤高 0.16m。其中，主槽平均淤积 0.97m，比现状无生产堤方案多淤高 0.09m；滩地平均淤积 0.17m，比现状无生产堤方案多淤高 0.06m，艾山以上宽滩区生产堤范围内淤高 0.20m，比现状无生产堤方案多淤高

0.10m。

（2）防护堤方案。表5.6统计了“3亿t”水沙系列“宽河固堤”模式下防护堤不同方案冲淤计算结果。

表5.6 “3亿t”水沙系列“宽河固堤”模式下防护堤不同方案冲淤计算结果

方案	部位（防护堤内）	冲淤量/亿 m^3			冲淤厚度/m		
		艾山以上	艾山以下	全下游	艾山以上	艾山以下	全下游
防护堤3.5km-6000	全断面	5.984	4.488	10.472	0.33	0.54	0.40
	主槽	3.520	3.670	7.190	0.63	1.95	0.96
	滩地	2.464	0.818	3.282	0.20	0.13	0.17
防护堤3.5km-8000	全断面	5.984	4.488	10.472	0.33	0.54	0.40
	主槽	3.520	3.670	7.190	0.63	1.95	0.96
	滩地	2.464	0.818	3.282	0.20	0.13	0.17
防护堤3.5km-10000	全断面	5.984	4.488	10.472	0.33	0.54	0.40
	主槽	3.520	3.670	7.190	0.63	1.95	0.96
	滩地	2.464	0.818	3.282	0.20	0.13	0.17
防护堤2.5km-6000	全断面	5.599	4.503	10.102	0.41	0.54	0.46
	主槽	3.729	3.808	7.537	0.66	2.02	1.00
	滩地	1.870	0.695	2.565	0.24	0.11	0.18
防护堤2.5km-8000	全断面	5.599	4.503	10.102	0.41	0.54	0.46
	主槽	3.729	3.808	7.537	0.66	2.02	1.00
	滩地	1.870	0.695	2.565	0.24	0.11	0.18
防护堤2.5km-10000	全断面	5.599	4.503	10.102	0.41	0.54	0.46
	主槽	3.729	3.808	7.537	0.66	2.02	1.00
	滩地	1.870	0.695	2.565	0.24	0.11	0.18
防护堤1.5km-6000	全断面	4.998	4.576	9.574	0.51	0.55	0.53
	主槽	3.877	3.881	7.758	0.69	2.06	1.03
	滩地	1.121	0.695	1.816	0.27	0.11	0.17
防护堤1.5km-8000	全断面	5.052	4.576	9.628	0.52	0.55	0.53
	主槽	3.874	3.881	7.755	0.69	2.06	1.03
	滩地	1.178	0.695	1.873	0.29	0.11	0.18
防护堤1.5km-10000	全断面	5.052	4.575	9.628	0.52	0.55	0.53
	主槽	3.874	3.881	7.755	0.69	2.06	1.03
	滩地	1.178	0.695	1.873	0.29	0.11	0.18

防护堤3.5km方案的三种防护堤标准下，全下游均淤积10.472亿 m^3，比现状无生产堤方案少淤积0.252亿 m^3，比现状有生产堤方案多淤积0.054亿 m^3；主槽淤积7.190亿 m^3，比现状无生产堤方案多淤积0.324亿 m^3，比现状有生产堤方案少淤积0.128亿 m^3；滩地淤积3.282亿 m^3，比现状无生产堤方案少淤积0.576亿 m^3，比现状有生产堤方案多淤积

0.182 亿 m^3。

防护堤 2.5km 方案的三种防护堤标准下，全下游均淤积 10.102 亿 m^3，比防护堤 3.5km 方案少淤积 0.370 亿 m^3，防护堤 1.5km-6000 方案、防护堤 1.5km-8000 方案和防护堤 1.5km-10000 方案全下游分别淤积了 9.574 亿 m^3、9.628 亿 m^3 和 9.628 亿 m^3，分别比防护堤 3.5km 方案少淤积 0.898 亿 m^3、0.844 亿 m^3 和 0.844 亿 m^3，比防护堤 2.5km 方案少淤积 0.528 亿 m^3、0.474 亿 m^3 和 0.474 亿 m^3。

从冲淤厚度来看，防护堤 3.5km 方案、防护堤 2.5km 方案和防护堤 1.5km 方案三种堤距下，淤积厚度均较现状无生产堤方案大，并且防护堤范围内堤距越小，淤积厚度也越大。三种方案淤积厚度分别是 0.40m、0.46m 和 0.53m，分别比现状无生产堤方案大 0.16m、0.22m 和 0.29m。

B. 窄河固堤

表 5.7 统计了“3 亿 t”水沙系列“窄河固堤”模式下两种方案冲淤计算结果。

表 5.7 “3 亿 t”水沙系列“窄河固堤”模式下两种方案冲淤计算结果

方案	部位（窄河范围内）	冲淤量/亿 m^3			冲淤厚度/m		
		艾山以上	艾山以下	全下游	艾山以上	艾山以下	全下游
窄河 3.5km	全断面	5.984	4.488	10.472	0.33	0.54	0.40
	主槽	3.520	3.670	7.190	0.63	1.95	0.96
	滩地	2.464	0.818	3.282	0.20	0.13	0.17
窄河 5.0km	全断面	6.199	4.477	10.676	0.26	0.53	0.33
	主槽	3.486	3.649	7.135	0.62	1.94	0.95
	滩地	2.713	0.828	3.541	0.15	0.13	0.14

窄河 3.5km 方案，全下游共淤积 10.472 亿 m^3，与防护堤 3.5km 方案相同，比现状无生产堤方案少淤积 0.252 亿 m^3，比现状有生产堤方案多淤积 0.054 亿 m^3；主槽淤积 7.190 亿 m^3，比现状无生产堤方案多淤积 0.324 亿 m^3，比现状有生产堤方案少淤积 0.128 亿 m^3；滩地淤积 3.282 亿 m^3，比现状无生产堤方案少淤积 0.576 亿 m^3，比现状有生产堤方案多淤积 0.182 亿 m^3。

窄河 5.0km 方案，全下游共淤积 10.676 亿 m^3，比防护堤 3.5km 方案多淤积 0.204 亿 m^3，比现状无生产堤方案少淤积 0.048 亿 m^3；主槽淤积 7.135 亿 m^3，比防护堤 3.5km 方案少淤积 0.055 亿 m^3，比现状无生产堤方案多淤积 0.269 亿 m^3；滩地淤积 3.541 亿 m^3，比防护堤 3.5km 方案多淤积 0.259 亿 m^3，比现状无生产堤方案少淤积 0.317 亿 m^3。

窄河 3.5km 方案总冲淤量与防护堤 3.5km 方案相同，比窄河 5.0km 方案少，比现状有生产堤方案多；其主槽冲淤量，比窄河 5.0km 方案多，比现状有生产堤方案少；其滩地冲淤量，比窄河 5.0km 方案少，比现状有生产堤方案多。

C.“3 亿 t”水沙系列河床冲淤总体情况

13 种方案总淤积量在 9.574 亿～10.724 亿 m^3，其中现状无生产堤方案淤积量最大，防护堤 1.5km 方案淤积量最小；“窄河固堤”方案总淤积量介于现状无生产堤方案和现状有生产堤方案之间；窄河 3.5km 与防护堤 3.5km 总冲淤量相同，这是两者堤线布置相同造成的；防护堤方案下，防护堤堤距越小，总淤积量也越小，即总冲淤量随着堤距的缩窄而减小。

13种方案主槽内淤积量在6.866亿～7.758亿m^3，其中，现状无生产堤方案主槽内淤积量最小，防护堤1.5km-6000方案主槽内淤积量最大；“窄河固堤”方案主槽内淤积量介于现状无生产堤方案和现状有生产堤方案之间；窄河3.5km与防护堤3.5km主槽内冲淤量相同；防护堤方案下，防护堤堤距越小，主槽内淤积量越大，即主槽内冲淤量随着堤距的缩窄而有所增大。

13种方案滩地淤积量在1.816亿～3.858亿m^3，其中，现状无生产堤方案滩地淤积量最大，防护堤1.5km-6000方案滩地淤积量最小；“窄河固堤”方案滩地淤积量介于现状无生产堤方案和现状有生产堤方案之间；窄河3.5km与防护堤3.5km滩地冲淤量相同；防护堤方案下，防护堤堤距越小，滩地淤积量越小，即滩地冲淤量随着堤距的缩窄而减小。

13种方案滩地淤积厚度在0.11～0.18m，其中，防护堤2.5km三个方案和防护堤1.5km-8000、防护堤1.5km-10000方案淤积厚度最大，都为0.18m，现状无生产堤方案滩地淤积厚度最小，为0.11m；现状有生产堤方案比现状无生产堤方案淤积厚度大。防护堤1.5km、防护堤2.5km、防护堤3.5km以及窄河3.5km方案滩地淤积厚度差别不大，即随着堤距缩窄，滩地淤积厚度差别不大。

综上所述，“3亿t”水沙系列条件下，堤距越窄，总冲淤量越小，主槽内淤积量越多，滩地淤积量越小，但宽河段堤内滩地淤积厚度越大。

2）“6亿t”水沙系列方案计算结果

“6亿t”水沙系列为平水沙系列，50年黄河下游的年平均来水量为262.86亿m^3，年平均来沙量为6.06亿t，该系列不同治理模式下各方案计算结果如下。

A. 宽河固堤

（1）现状方案。表5.8统计了“6亿t”水沙系列“宽河固堤”模式下现状无生产堤和现状有生产堤两种方案冲淤计算结果。

表5.8　“6亿t”水沙系列“宽河固堤”模式下现状不同方案冲淤计算结果

方案	部位	冲淤量/亿m^3			冲淤厚度/m		
		艾山以上	艾山以下	全下游	艾山以上	艾山以下	全下游
现状无生产堤	全断面	46.423	9.397	55.820	1.31	1.12	1.27
	主槽	21.667	5.715	27.382	3.85	3.03	3.69
	滩地	24.756	3.682	28.438	0.83	0.57	0.77
现状有生产堤	全断面	41.206	10.800	52.006	2.35	1.29	2.01
	主槽	22.808	6.350	29.158	4.05	3.37	3.88
	滩地	18.398	4.450	22.848	1.55	0.68	1.24

注：现状有生产堤方案均统计的现状生产堤范围内数据。

现状无生产堤方案，全下游共淤积55.820亿m^3，其中主槽淤积27.382亿m^3，占总淤积量的49.1%；滩地淤积28.438亿m^3，占总淤积量的50.9%；在纵向上，艾山以上全断面宽滩区淤积46.423亿m^3，占总淤积量的83.2%；艾山以下全断面共淤积9.397亿m^3，占总淤积量的 16.8%。全下游平均淤高 1.27m，其中主槽平均淤高 3.69m，滩地平均淤高 0.77m；艾山以上宽滩区平均淤高 1.31m，艾山以下平均淤高 1.12m。

现状有生产堤方案，全下游共淤积 52.006 亿 m^3，比现状无生产堤方案少淤积 3.814 亿 m^3。其中，主槽淤积 29.158 亿 m^3，比现状无生产堤方案多淤积 1.776 亿 m^3，艾山以上主槽内淤积 22.808 亿 m^3，比现状无生产堤方案多淤积 1.141 亿 m^3，艾山以下主槽内淤积 6.350 亿 m^3，比现状无生产堤方案多淤积 0.635 亿 m^3；滩地共淤积 22.848 亿 m^3，比现状无生产堤方案少淤积 5.590 亿 m^3，其中艾山以上滩地淤积 18.398 亿 m^3，比现状无生产堤方案少淤积 6.358 亿 m^3，艾山以下滩地淤积 4.450 亿 m^3，比现状无生产堤方案多淤积 0.768 亿 m^3。

从冲淤厚度来看，现状有生产堤方案均比现状无生产堤方案大。具体的，现状有生产堤全下游平均淤积 2.01m，比现状无生产堤方案多淤高 0.74m。其中，主槽平均淤积 3.88m，比现状无生产堤方案多淤高 0.19m；滩地平均淤积 1.24m，比现状无生产堤方案多淤高 0.47m，艾山以上宽滩区生产堤范围内淤高 1.55m，比现状无生产堤方案多淤高 0.72m。

（2）防护堤方案。表 5.9 统计了“6 亿 t”水沙系列“宽河固堤”模式下防护堤不同方案冲淤计算结果。

表 5.9 “6 亿 t”水沙系列“宽河固堤”模式下防护堤不同方案冲淤计算结果

方案	部位（防护堤内）	冲淤量/亿 m^3			冲淤厚度/m		
		艾山以上	艾山以下	全下游	艾山以上	艾山以下	全下游
防护堤 3.5km-6000	全断面	41.486	10.761	52.247	2.30	1.28	1.98
	主槽	22.351	6.159	28.510	3.97	3.27	3.79
	滩地	19.135	4.602	23.737	1.55	0.71	1.26
防护堤 3.5km-8000	全断面	41.697	10.789	52.486	2.32	1.29	1.99
	主槽	22.363	6.161	28.524	3.97	3.27	3.80
	滩地	19.334	4.628	23.962	1.56	0.71	1.27
防护堤 3.5km-10000	全断面	41.908	10.816	52.724	2.33	1.29	2.00
	主槽	22.374	6.162	28.536	3.97	3.27	3.80
	滩地	19.534	4.654	24.188	1.58	0.72	1.28
防护堤 2.5km-6000	全断面	36.217	10.975	47.192	2.67	1.31	2.15
	主槽	23.086	6.471	29.557	4.10	3.43	3.93
	滩地	13.131	4.504	17.635	1.66	0.69	1.22
防护堤 2.5km-8000	全断面	36.579	11.123	47.702	2.70	1.33	2.17
	主槽	23.299	6.555	29.854	4.14	3.48	3.97
	滩地	13.280	4.568	17.848	1.68	0.70	1.24
防护堤 2.5km-10000	全断面	36.755	11.358	48.113	2.71	1.35	2.19
	主槽	23.513	6.596	30.109	4.18	3.50	4.01
	滩地	13.242	4.762	18.004	1.67	0.73	1.25
防护堤 1.5km-6000	全断面	31.178	11.061	42.239	3.20	1.32	2.33
	主槽	23.994	6.630	30.624	4.26	3.52	4.07
	滩地	7.184	4.431	11.615	1.74	0.68	1.09

续表

方案	部位（防护堤内）	冲淤量/亿 m^3			冲淤厚度/m		
		艾山以上	艾山以下	全下游	艾山以上	艾山以下	全下游
防护堤 1.5km-8000	全断面	31.459	11.073	42.532	3.22	1.32	2.34
	主槽	24.203	6.634	30.837	4.30	3.52	4.10
	滩地	7.256	4.439	11.695	1.76	0.68	1.10
防护堤 1.5km-10000	全断面	32.088	11.073	43.161	3.29	1.32	2.38
	主槽	24.324	6.634	30.958	4.32	3.52	4.12
	滩地	7.764	4.439	12.203	1.88	0.68	1.15

防护堤 3.5km 方案 6000m^3/s、8000m^3/s 和 10000m^3/s 三种防护堤标准下，全下游淤积量随着防洪标准的提高，防洪堤内淤积量也增加，且淤积量介于现状无生产堤方案和现状有生产堤方案之间。防护堤 3.5km 方案 6000m^3/s、8000m^3/s 和 10000m^3/s 三种防护堤标准下，全下游分别淤积 52.247 亿 m^3、52.486 亿 m^3 和 52.724 亿 m^3，比现状无生产堤方案分别少淤积 3.573 亿 m^3、3.334 亿 m^3 和 3.096 亿 m^3，比现状有生产堤方案多淤积 0.241 亿 m^3、0.480 亿 m^3 和 0.718 亿 m^3；主槽分别淤积 28.510 亿 m^3、28.524 亿 m^3 和 28.536 亿 m^3，比现状无生产堤方案多淤积 1.128 亿 m^3、1.142 亿 m^3 和 1.154 亿 m^3，比现状有生产堤方案少淤积 0.648 亿 m^3、0.634 亿 m^3 和 0.622 亿 m^3；滩地分别淤积 23.737 亿 m^3、23.962 亿 m^3 和 24.188 亿 m^3，比现状无生产堤方案少淤积 4.701 亿 m^3、4.476 亿 m^3 和 4.250 亿 m^3，比现状有生产堤方案多淤积 0.889 亿 m^3、1.114 亿 m^3 和 1.340 亿 m^3。

防护堤 2.5km 方案 6000m^3/s、8000m^3/s 和 10000m^3/s 三种防护堤标准下，全下游淤积量随着防洪标准的提高，防洪堤内淤积量也增加，且淤积量介于现状有生产堤方案和防护堤 1.5km 方案之间。

从冲淤厚度来看，防护堤 3.5km 方案、防护堤 2.5km 方案和防护堤 1.5km 方案三种堤距下，淤积厚度均较现状无生产堤方案大，并且防护堤范围内堤距越小，淤积厚度也越大；相同堤距下，防洪标准越高，淤积厚度越大。例如，防护堤 3.5km-6000 方案、防护堤 2.5km-6000 方案和防护堤 1.5km-6000 方案，50 年全下游平均淤积厚度分别为 1.98m、2.15m 和 2.33m，分别比现状无生产堤方案大 0.71m、0.88m 和 1.06m；防护堤 2.5km 方案 6000m^3/s、8000m^3/s 和 10000m^3/s 三种防护堤标准下，全下游平均淤积厚度分别为 2.15m、2.17m 和 2.19m。

B. 窄河固堤

表 5.10 统计了“6 亿 t”水沙系列“窄河固堤”模式下两种方案冲淤计算结果。

窄河 3.5km 方案全下游共淤积 52.508 亿 m^3，比防护堤 3.5km-6000 方案多，比现状无生产堤方案少淤积 3.312 亿 m^3，比现状有生产堤方案多淤积 0.502 亿 m^3；主槽淤积 28.676 亿 m^3，比现状无生产堤方案多淤积 1.294 亿 m^3，比现状有生产堤方案少淤积 0.482 亿 m^3；滩地淤积 23.832 亿 m^3，比现状无生产堤方案少淤积 4.606 亿 m^3，比现状有生产堤方案多淤积 0.984 亿 m^3。

表 5.10 "6 亿 t"水沙系列"窄河固堤"模式下两种方案冲淤计算结果

方案	部位（窄河范围内）	冲淤量/亿 m^3			冲淤厚度/m		
		艾山以上	艾山以下	全下游	艾山以上	艾山以下	全下游
窄河 3.5km	全断面	42.117	10.391	52.508	2.34	1.24	1.99
	主槽	22.596	6.080	28.676	4.01	3.23	3.82
	滩地	19.521	4.311	23.832	1.58	0.66	1.26
窄河 5.0km	全断面	45.242	9.519	54.761	1.89	1.13	1.69
	主槽	21.979	5.945	27.924	3.90	3.15	3.72
	滩地	23.263	3.574	26.837	1.27	0.55	1.08

窄河 5.0km 方案全下游共淤积 54.761 亿 m^3，比窄河 3.5km 方案多淤积 2.253 亿 m^3，比现状无生产堤方案少淤积 1.059 亿 m^3；主槽淤积 27.924 亿 m^3，比窄河 3.5km 方案少淤积 0.752 亿 m^3，比现状无生产堤方案多淤积 0.542 亿 m^3；滩地淤积 26.837 亿 m^3，比窄河 3.5km 方案多淤积 3.005 亿 m^3，比现状无生产堤方案少淤积 1.601 亿 m^3。

也就是说，窄河 3.5km 方案总冲淤量介于防护堤 3.5km-6000 方案与窄河 5.0km 方案之间，比现状有生产堤方案多；其主槽冲淤量比窄河 5.0km 方案多，比现状有生产堤方案少；其滩地冲淤量，比窄河 5.0km 方案少，比现状有生产堤方案多。

C. "6 亿 t"水沙系列冲淤小结

13 种方案总淤积量在 42.239 亿～55.820 亿 m^3，其中现状无生产堤方案淤积量最大，防护堤 1.5km-6000 方案淤积量最小；"窄河固堤"方案总淤积量介于现状无生产堤方案和现状有生产堤方案之间；防护堤方案下，堤距越小，总淤积量也越小，即总冲淤量随着堤距的缩窄而减小。

13 种方案主槽内淤积量在 27.382 亿～30.958 亿 m^3，其中现状无生产堤方案主槽内淤积量最小，防护堤 1.5km-10000 方案主槽内淤积量最大；"窄河固堤"方案主槽内淤积量介于现状无生产堤方案和现状有生产堤方案之间；防护堤方案下，防护堤堤距越小，主槽内淤积量越大，即主槽内冲淤量随着堤距的缩窄而有所增大。

13 种方案滩地淤积量在 11.615 亿～28.438 亿 m^3，其中现状无生产堤方案滩地淤积量最大，防护堤 1.5km-6000 方案滩地淤积量最小；"窄河固堤"方案滩地淤积量介于现状无生产堤方案和现状有生产堤方案之间；防护堤方案下，防护堤堤距越小，滩地淤积量越小，即滩地冲淤量随着堤距的缩窄而减小。

13 种方案滩地平均淤积厚度在 0.77～1.28m，其中现状无生产堤方案滩地平均淤积厚度最小，防护堤 3.5km-10000 方案滩地平均淤积厚度最大；"窄河固堤"方案滩地平均淤积量厚度介于现状无生产堤方案和现状有生产堤方案之间；窄河 3.5km 方案比防护堤 3.5km-10000 方案滩地平均淤积稍小；防护堤方案下，防护堤堤距越小，滩地平均淤积厚度越大；堤距相同时，防洪标准越高，滩地淤积厚度也越大，即滩地平均淤积厚度随着堤距的缩窄而增大。

综上所述，"6 亿 t"水沙系列条件下，堤距越窄，总冲淤量越小，主槽内淤积量越多，滩地淤积量越小，但艾山以上宽河段堤内滩地淤积厚度越大。

5.1.3　三种治理模式不同治理方案的滩槽协同效果

因“3 亿 t”水沙系列条件下各方案总体冲淤量不大，部分方案之间差别不大，不同治理方案的滩槽协同效果差别也不大，故本节仅对“6 亿 t”水沙系列条件下不同治理方案的滩槽协同效果进行分析。另外，从前述中可以看出，堤距相同时防护堤越高，滩地淤积厚度也越大，下游“二级悬河”态势恶化也会越严重，不同治理模式对比分析中防护堤标准仅为 6000m^3/s 结果；而窄河 3.5km 方案与防护堤 3.5km 方案堤距也相同，其防洪标准更高（15000m^3/s），因此不同治理模式对比分析中仅针对窄河 5.0km 方案。

表 5.11 统计了不同治理模式下不同方案宽河段解放滩区情况。

表 5.11　不同治理模式下不同方案宽河段解放滩区情况

方案	宽河段堤距/km	宽河段堤内滩区面积/km^2	解放滩区面积/km^2	解放滩区面积占比/%
现状无生产堤	7.66	2994	—	—
现状有生产堤	4.03	1188	1806	60.3
窄河 5.0km	5.14	1836	1158	38.7
防护堤 3.5km	4.40	1237	1757	58.7
防护堤 2.5km	2.93	791	2203	73.6
防护堤 1.5km	2.13	412	2582	86.2

从表 5.11 中可以看出，堤距越小，宽河段解放滩区的面积越大，其中防护堤方案宽河段解放滩区面积的比例为 58.7%～86.2%，防护堤 3.5km 方案宽河段解放滩区面积的比例为 58.7%，仅比现状有生产堤方案的 60.3%稍小；窄河 5.0km 方案宽河段解放滩区面积的比例为 38.7%，解放滩区面积最小。

图 5.4 点绘了艾山以上宽河段不同治理模式下各方案冲淤量，图 5.5 点绘了艾山以上宽河段不同治理模式下各方案冲淤厚度。从图 5.4 可以看出，随着堤距减小，艾山以上宽河段主槽冲淤量有所增加，但变化不大，而滩地冲淤量明显减小；从图 5.5 可以看出，随着堤距的减小，艾山以上宽河段冲淤厚度无论是主槽还是滩地都有所增加，且滩地淤积厚度增加速度更快。这就造成堤距越小，目前下游“二级悬河”的态势越严重。

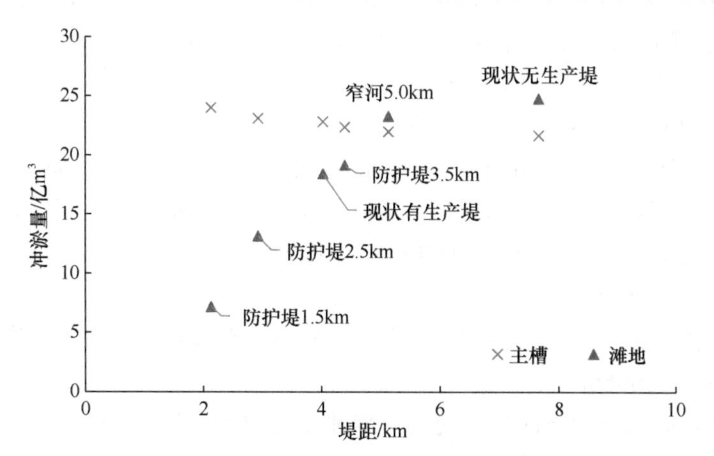

图 5.4　艾山以上宽河段不同治理模式下各方案冲淤量

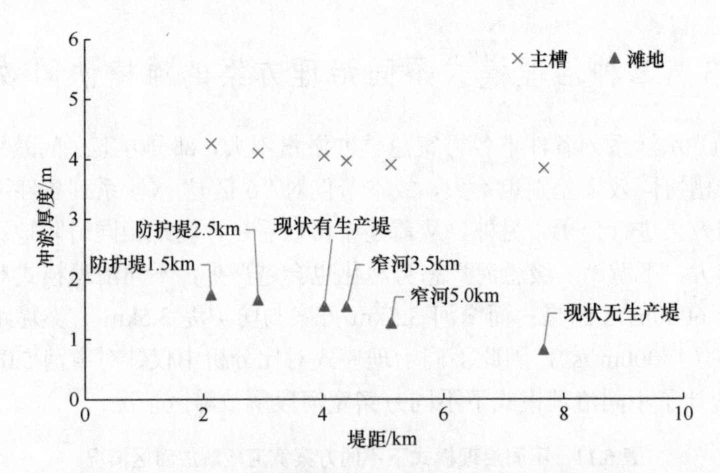

图 5.5　艾山以上宽河段不同治理模式下各方案冲淤厚度

综上所述：①堤距越小，宽河段解放滩区面积越大，其中窄河 5.0km 方案解放滩区面积最小，所占比例为 38.7%；防护堤 1.5km 方案解放滩区面积最大，所占比例为 86.2%；防护堤 3.5km 方案宽河段解放滩区面积的比例为 58.7%，仅比现状有生产堤方案的 60.3% 稍小。②堤距越小，滩地平均淤积厚度越大，滩地平均淤积厚度随着堤距的缩窄而增大；堤距相同时，防洪标准越高，滩地淤积厚度也越大，即堤距越小，“二级悬河”态势恶化越严重。综合考虑，3.5km 堤距，6000～8000m^3/s 标准的防护堤，对于黄河下游洪、中、枯水沙过程较适应，建议宽河段治理以此方案为主。

5.2　黄河下游滩区功能区划确定

5.2.1　黄河下游滩槽水沙交换过程和时空分布规律

本节根据 2017～2019 年黄河下游洪水预报试验结果，分析黄河下游滩槽水沙交换过程和时空分布规律。

2017 年的试验利用小浪底—陶城铺河段动床河道模型，以 2016 年汛后地形为初始边界条件，选用 1982 年典型百年一遇设计洪水（演进至花园口站时最大洪峰流量为 15500m^3/s），开展了洪水预演实体模型试验。

洪水演进过程中，花园口、夹河滩、高村和孙口水文站实测最大洪峰流量分别为 15267m^3/s、13013m^3/s、10783m^3/s 和 11200m^3/s，相应水位分别为 94.16m、77.75m、64.28m 和 49.20m。由于漫滩洪水的滞后效应，高村及以下河段的最大洪峰、最高洪水位出现在进口设计洪峰之后的小浪底控泄 10000m^3/s 流量过程期间。

2018 年，试验典型洪水选用“上大型”5 年一遇仿真型洪水 1，洪水过程设计同样考虑了现有干支流水库的调节能力和小花干流的暴雨产流，设计洪水演进至花园口站时最大洪峰流量为 10606m^3/s。

进口设计洪峰演进至花园口站时的洪峰流量为 9940m^3/s，演进至夹河滩站的洪峰流量为 9853m^3/s，演进至高村站的洪峰流量为 9536m^3/s，均为该站的最大流量。但是进口设计洪峰演进至孙口站时则衰减为 7513m³/s；孙口站的最大洪峰流量出现在进口设计洪峰之后下一级流量，最大洪峰流量为 8225m³/s。

2019 年，试验典型洪水选用 1982 年 8 月型洪水+中游较大洪水，洪水过程设计同样考虑现有干支流水库的调节能力和小花干流的暴雨产流，设计洪水演进至花园口站时最大洪峰流量为 16595m³/s。

1. 水沙滩槽交换过程和时空分布规律

2017 年试验洪水演进特点：①夹河滩以上洪水漫滩范围较小，花园口站、夹河滩站洪峰流量与进口设计洪峰对应，洪峰流量分别为 15267m³/s、13013m³/s，对应水位均为该站最高洪水位；②东坝头以下洪水大量漫滩，进口设计洪峰衰减严重，高村站、孙口站对应进口设计洪峰的流量分别为 10034m³/s、5460m³/s，均未达到该站最大流量和最高洪水位；③高村站、孙口站最大洪峰流量分别为 10783m³/s、11200m³/s，均出现在进口设计洪峰之后、持续较长时间的 10000m³/s 流量过程中。

图 5.6 为 2017 年试验花园口站、夹河滩站、高村站、孙口站的洪水沿程演进过程图。花园口至夹河滩河段，因漫滩范围较小，洪峰峰型变化不大，基本与进口设计过程一致。夹河滩至高村河段，由于兰东滩、长垣滩的大量漫水，因而高村站虽然峰型与夹河滩站基本一致，但洪峰衰减较多；后续的来流加上滩区退水，使洪峰后沿程流量逐步增大，高村站的最大流量大于进口设计洪峰的峰值。高村以下，由于河槽平滩流量较小，洪水期大量漫滩，因而洪水演进至孙口站时，峰型发生较大变化，进口设计洪峰坦化、衰减，在峰型上已显现不出来，洪水在孙口站演变为缓慢起涨的过程，然后是 10000m³/s 左右的平头峰，最大流量出现在洪水后期；受滩区退水影响，孙口站在洪水后持续四天的 4000m³/s 流量过程中，实测流量在 5390m³/s 左右。

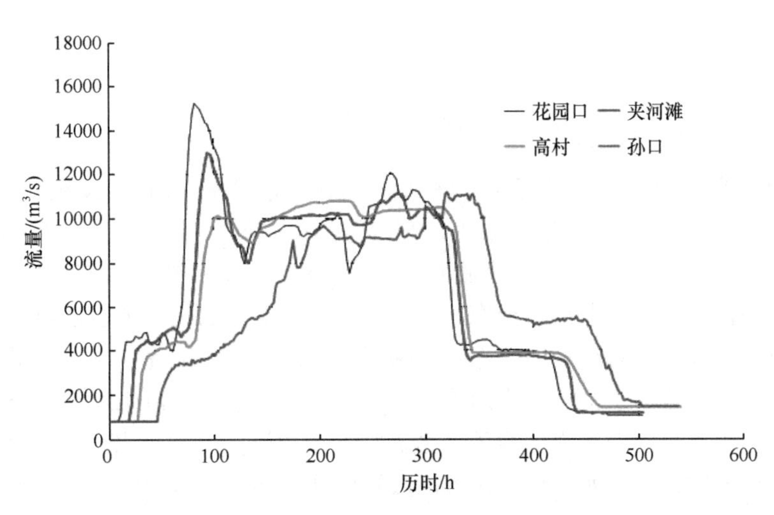

图 5.6　2017 年洪水沿程演进过程图

2018 年试验洪水演进特点：①夹河滩以上洪水漫滩范围较小，仅到达时部分河段的嫩滩和串沟内有少量漫水。花园口站、夹河滩站洪峰流量与进口设计洪峰对应，洪峰流量分别为 9940m^3/s、9853m^3/s，比进口流量衰减 1.0%、1.8%，对应水位均为该站最高洪水位。②夹河滩至高村河段，兰东滩没有上水，但在高村断面附近洪水淹没工程范围内滩地，高村站洪峰流量为 9805 m^3/s，与进口设计洪峰对应，比进口流量衰减了 5.0%。③在高村以下河段，洪水大量漫滩，洪峰演进至孙口站时的流量为 7513m^3/s，落水期由于漫滩水流归槽，出现了最大流量 8225m^3/s，流量衰减 17%。

图 5.7 为 2018 年试验花园口站、夹河滩站、高村站、孙口站的洪水沿程演进过程图。可以看出，由于近年来黄河下游主河槽不断扩大，高村以上河段洪水漫滩范围较小，洪峰峰型变化不大，基本与进口设计过程一致。高村以下，由于河槽平滩流量减小，洪水期开始大量漫滩，因而洪水演进至孙口站时，峰型发生较大变化，进口设计洪峰坦化、衰减，洪水在孙口站演变为缓慢起涨的过程，进口水沙过程的第一峰明显小于前三站的洪峰值，但是在第二峰时，受滩区退水影响，洪峰比前三站又有所增加。

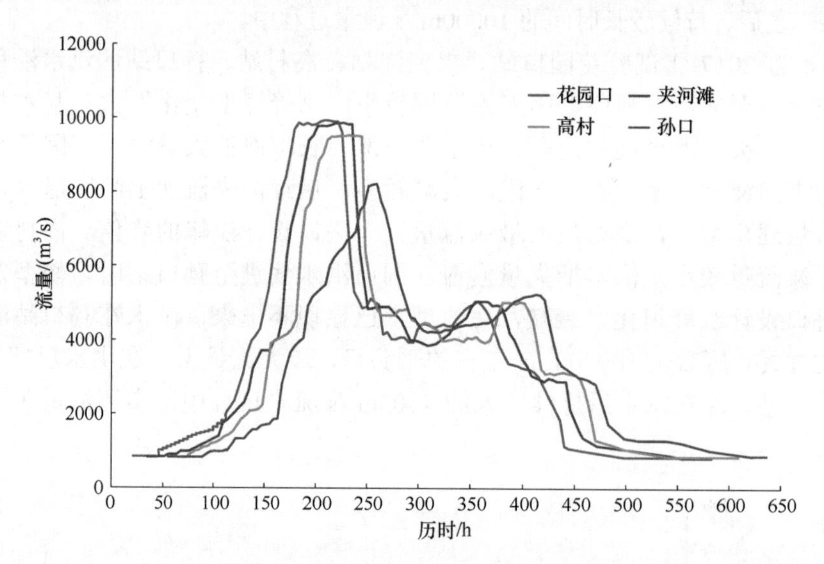

图 5.7　2018 年洪水沿程演进过程图

2019 年试验的洪水演进具有如下特点：①洪峰期夹河滩以上洪水漫滩范围较小，仅在局部嫩滩或串沟位置有少量上水。花园口站、夹河滩站最大洪峰流量分别为 15793m^3/s、15247m^3/s，与进口设计最大洪峰流量对应，衰减约 2%、5.4%。②东坝头至高村之间滩地漫滩范围较花园口至东坝头河段有所增大，表现为上段漫滩少、下段漫滩多。兰东滩漫滩较少，大洪水期洪水漫上嫩滩，在河道两岸工程控制的范围内演进。东明西滩和长垣滩下段由于河道内弯道增多且工程阻水等影响，洪水运行不畅，漫滩水量增加，滩地内串沟过水至大堤堤根处，至高村断面附近，滩地上水严重，全断面过水，大洪水演进至此时出现壅水，洪水在该河段蓄滞作用明显。试验测得，高村站最大洪峰流量为 13585m^3/s，与进口设计最大洪峰流量对应，衰减 15.7%。③高村以下洪水漫滩严重，左右岸滩地全部上水。洪水在演进过程中，不断从主河道两侧漫向滩地，并沿工程背后与滩地中间以及大堤堤根处向下游传播，导致孙口站洪峰流量增长缓慢，持续过程延长，孙口站对应进口设计最大洪水流量为 6652m³/s，在落峰期出现了最大流量，为 10430m³/s，对应水位为该站最高洪水位。由于本次洪水水沙过程沙量较小，且前期河道的河槽过流能力较以往有进一步提高，因此洪水沿程漫滩情况相较以前类似洪峰的洪水预演试验（2017 年的洪峰流量为 16360m³/s）小一些，洪峰流量衰减有所减少，洪水峰型坦化程度较小。

图 5.8 为 2019 年试验花园口站、夹河滩站、高村站、孙口站的洪水沿程演进过程图。可以看出，花园口至夹河滩河段，因为漫滩范围较小，洪峰峰型变化不大；高村以下，洪水开始大量漫滩，最大洪水流量明显衰减。

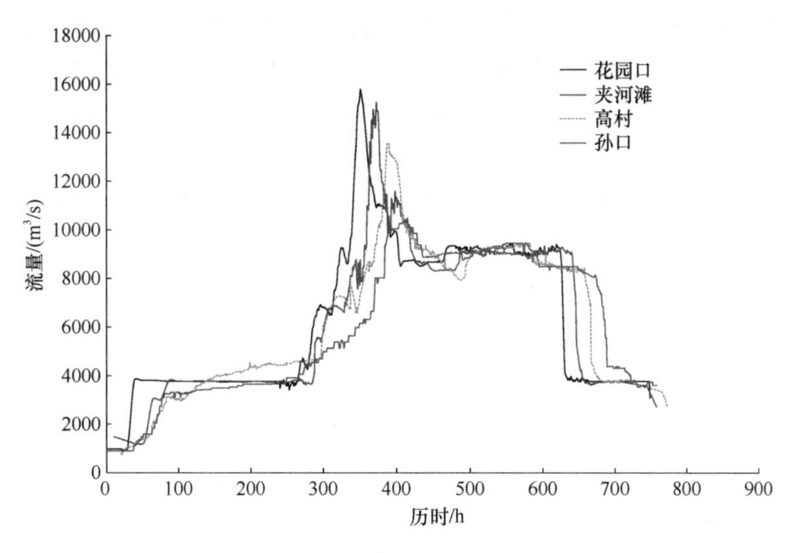

图 5.8　2019 年洪水沿程演进过程图

2. 泥沙滩槽交换过程和时空分布规律

2017 年，试验前后根据两次测量的 198 个大断面结果，同时考虑断面间的特殊地形变化，利用断面法计算，得到 2017 年白鹤至孙口河段冲淤量计算结果，见表 5.12。由表 5.12 可以看出，整个试验河段呈现槽冲滩淤的态势。主河槽内夹河滩以上河段发生冲刷，以下河段呈现淤积状态，总体上共冲刷 1.182 亿 m³。白鹤至伊洛河口河段冲刷 0.312 亿 m³，伊洛河口至花园口河段冲刷 0.796 亿 m³，花园口至夹河滩河段冲刷 0.455 亿 m³，夹河滩至高村河段淤积 0.129 亿 m³，高村至孙口河段淤积 0.252 亿 m³。滩地共淤积 5.327 亿 m³，其中白鹤至伊洛河口河段由于未漫滩，因而淤积量为 0；伊洛河口以下随着漫滩范围的逐渐增加，从上至下淤积量逐渐增大，伊洛河口至花园口河段淤积 0.112 亿 m³，花园口至夹河滩河段淤积 0.476 亿 m³，夹河滩至高村河段淤积 1.108 亿 m³，高村至孙口河段淤积 3.631 亿 m³。全断面呈现上冲下淤的总体态势，总淤积量为 4.145 亿 m³，其中白鹤至伊洛河口河段冲刷 0.312 亿 m³，伊洛河口至花园口河段冲刷 0.684 亿 m³，花园口至夹河滩河段淤积 0.021 亿 m³，夹河滩至高村河段淤积 1.237 亿 m³，高村至孙口河段淤积 3.883 亿 m³。

表 5.12 2017 年白鹤至孙口河段冲淤量计算结果 （单位：亿 m^3）

河段	全断面	主槽	滩地
白鹤至伊洛河口	−0.312	−0.312	0.000
伊洛河口至花园口	−0.684	−0.796	0.112
花园口至夹河滩	0.021	−0.455	0.476
夹河滩至高村	1.237	0.129	1.108
高村至孙口	3.883	0.252	3.631
合计	4.145	−1.182	5.327

图 5.9 为 2017 年白鹤至孙口河段沿程累计冲淤量分布图。可以看出，在沿程冲淤分布上，主槽表现为上冲下淤，黑岗口以上处于冲刷状态，黑岗口至高村河段基本冲淤平衡，高村以下处于微淤状态，全河段主槽累积冲刷量为 1.182 亿 m^3。滩地表现为沿程淤积，淤积量沿程变化明显，花园口以上滩地淤积量较小，花园口至东坝头滩地淤积量缓慢抬升，东坝头至高村河段滩地淤积量明显增大，高村以下滩地淤积量急剧增大。

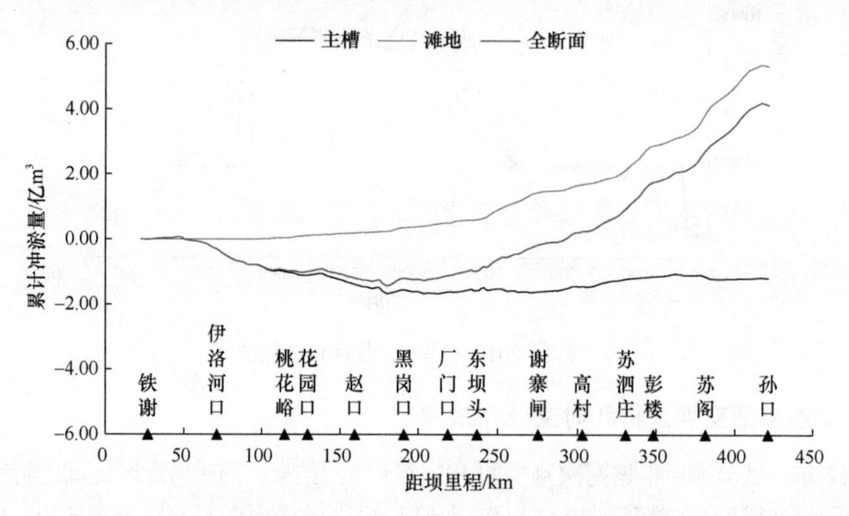

图 5.9 2017 年白鹤至孙口河段沿程累计冲淤量分布

试验前后根据断面法得出 2018 年白鹤至孙口河段冲淤量计算结果，见表 5.13。由表 5.13 可以看出，主槽内夹河滩以上河段发生冲刷，以下河段呈现淤积状态，总体上共淤积 0.131 亿 m^3，其中白鹤至伊洛河口河段冲刷 0.117 亿 m^3，伊洛河口至花园口河段冲刷 0.105 亿 m^3，花园口至夹河滩河段冲刷 0.073 亿 m^3，夹河滩至高村河段淤积 0.193 亿 m^3，高村至孙口河段淤积 0.233 亿 m^3；滩地共淤积 1.452 亿 m^3，其中白鹤至高村河段由于未漫滩，因而淤积量为 0，滩地的淤积主要在高村以下河段；全断面呈现上冲下淤、槽冲滩淤的总体态势，总淤积量为 1.583 亿 m^3。

图 5.10 为 2018 年白鹤至孙口河段沿程累计冲淤量分布图。可以看出，全河段主槽累计淤积量为 0.131 亿 m^3。滩地表现为高村以下沿程淤积，淤积量沿程累计逐渐增加，累计淤积量线逐步抬升，滩地总淤积量为 1.452 亿 m^3。

表 5.13　2018 年白鹤至孙口河段冲淤量计算结果　（单位：亿 m^3）

河段	全断面	主槽	滩地
白鹤至伊洛河口	–0.117	–0.117	0.000
伊洛河口至花园口	–0.105	–0.105	0.000
花园口至夹河滩	–0.073	–0.073	0.000
夹河滩至高村	0.193	0.193	0.000
高村至孙口	1.685	0.233	1.452
合计	1.583	0.131	1.452

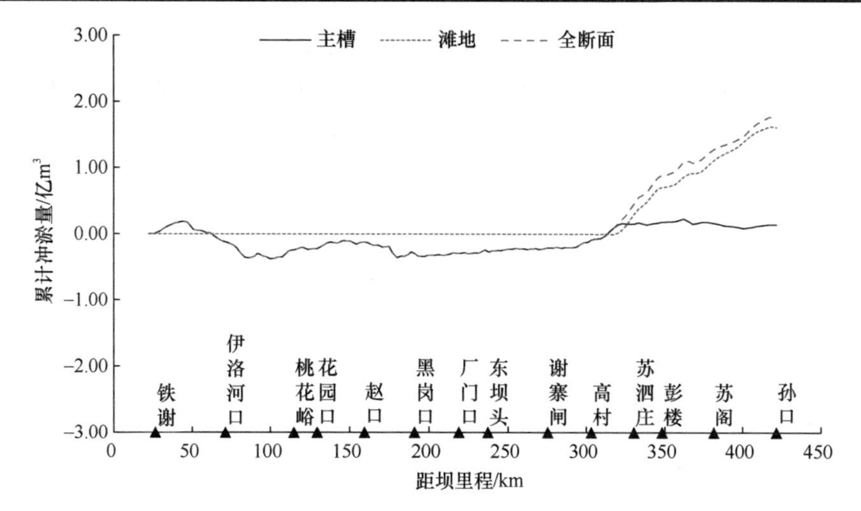

图 5.10　2018 年白鹤至孙口河段沿程累计冲淤量分布

结合试验洪峰前后 800m^3/s 流量的水位变化情况，同河槽的冲淤变化在部分河段存在差异，主要表现为夹河滩以上河段河槽发生微冲，而水位抬升，究其原因主要有以下三点：①试验过程中部分河段内的畸型河势发生调整，由于原河道并未淤平，断面法冲淤计算表现为微冲，但现行河道的平均河底高程并未降低，所以水位表现为略有抬升；②从试验前后断面变化图中可以看出，主槽冲刷主要表现为河道展宽，800m^3/s 流量流路范围内并未发生明显冲刷下切，从而造成水位偏高；③模型试验期间，特别是大洪水过后，主槽内形成的沙波尺度相对较大，造成主槽糙率偏大，对 800m^3/s 流量水位也有一定影响。

2019 年，试验前后进行了详细的地形测量，根据断面法，得出 2019 年白鹤至孙口河段冲淤量计算结果，见表 5.14。由表 5.14 可以看出，主槽内沿程均发生冲刷，夹河滩以上河段冲刷较为剧烈，以下河段冲刷量相对较小，总体上共冲刷 1.356 亿 m^3，其中白鹤至伊洛河口河段冲刷 0.299 亿 m^3，伊洛河口至花园口河段冲刷 0.613 亿 m^3，花园口至夹河滩河段冲刷 0.347 亿 m^3，夹河滩至高村河段略有冲刷，冲刷量为 0.089 亿 m^3，高村至孙口河段基本冲淤平衡，冲刷量为 0.008 亿 m^3；滩地共淤积 1.703 亿 m^3，其中白鹤至高村河段漫滩范围较小，淤积量很小，滩地的淤积主要在高村至孙口河段，淤积 1.648 亿 m^3，占滩地淤积量的 97%；总体上呈现上冲下淤、槽冲滩淤的态势，总淤积量为 0.347 亿 m^3。

表 5.14　2019 年白鹤至孙口河段冲淤量计算结果　（单位：亿 m^3）

河段	全断面	主槽	滩地
白鹤至伊洛河口	–0.299	–0.299	0.000
伊洛河口至花园口	–0.611	–0.613	0.002
花园口至夹河滩	–0.296	–0.347	0.051
夹河滩至高村	–0.087	–0.089	0.002
高村至孙口	1.640	–0.008	1.648
合计	0.347	–1.356	1.703

图 5.11 为 2019 年白鹤至孙口河段沿程累计冲淤量分布图。可以看出，全河段主槽累计淤积量为 1.356 亿 m^3。滩地表现为高村以下沿程淤积，淤积量沿程累计逐渐增加，累计淤积量线逐步抬升，滩地总淤积量为 1.703 亿 m^3。

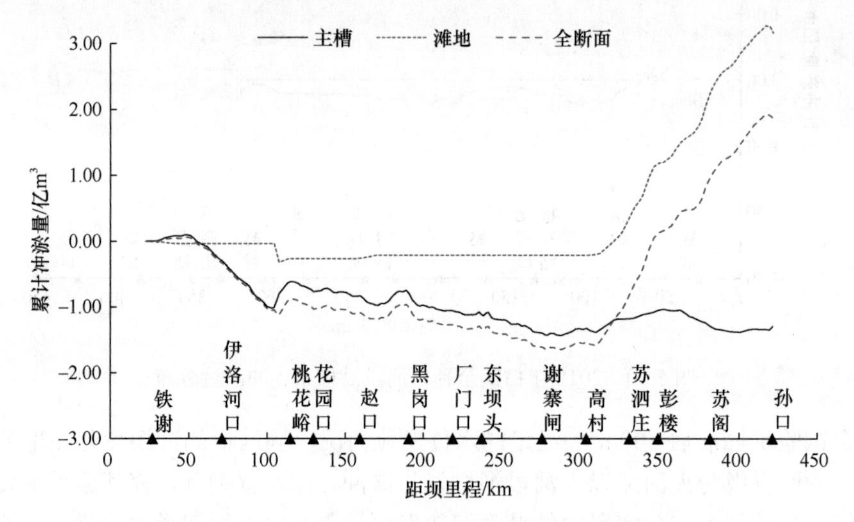

图 5.11　2019 年白鹤至孙口河段沿程累计冲淤量分布

从表 5.15 可以看出，大洪水时滩槽水沙交换表现出上冲下淤、槽冲滩淤的规律，上段洪水上滩滞洪减弱，下段洪水上滩滞洪相对增强。在时空分布上，高村以上河段滩地淤积相对较少，白鹤至伊洛河口河段滩地淤积为 0，往下游淤积量逐渐增加。高村至孙口滩地淤积量占全断面的 60%以上，其中 2017 年试验中为 68.16%，2018 年试验中为 100%，2019 年试验中为 96.77%。主槽在 2019 年试验中表现为微淤，在 2018 年试验中表现出上冲下淤，在 2017 年试验中表现出上段微淤，下段冲刷。

表 5.15　不同水沙过程不同河段滩槽淤积百分比　（单位：%）

河段	2017 年			2018 年			2019 年		
	全断面	主槽	滩地	全断面	主槽	滩地	全断面	主槽	滩地
白鹤至伊洛河口	–7.53	26.40	0.00	–7.39	–89.31	0.00	–85.92	22.05	0.00
伊洛河口至花园口	–16.50	67.34	2.10	–6.63	–80.15	0.00	–175.57	45.21	0.12
花园口至夹河滩	0.51	38.49	8.94	–4.61	–55.73	0.00	–85.06	25.59	2.99
夹河滩至高村	29.84	–10.91	20.80	12.19	147.33	0.00	–24.71	6.56	0.12
高村至孙口	93.68	–21.32	68.16	106.44	177.86	100.00	471.26	0.59	96.77

3. 主河槽断面形态分析

自小浪底水库投入运行以来，经过连续的调水调沙试验和生产运行，黄河下游河道主槽发生了显著的冲刷，主槽的过洪能力明显增加，平滩流量增大。2017 年模型试验，花园口站最大洪峰流量达到 15500m^3/s，河道的断面形态发生了明显变化，河道整体呈展宽，局部刷深，断面形态有所改善。

图 5.12～图 5.19 为 2017 年试验前后典型断面套绘图。可以看出，伊洛河口以上河段断面形态变化不大，局部有刷深情况，部分嫩滩滩唇淤高，裴峪和神堤断面因河势调整引起横向变化；伊洛河口至花园口河段主槽宽度变化不大，滩地淤积也不甚明显，

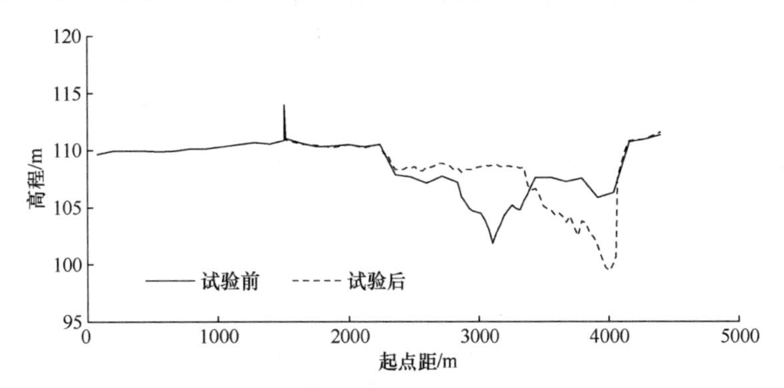

图 5.12　2017 年试验前后典型断面套绘图——裴峪 1

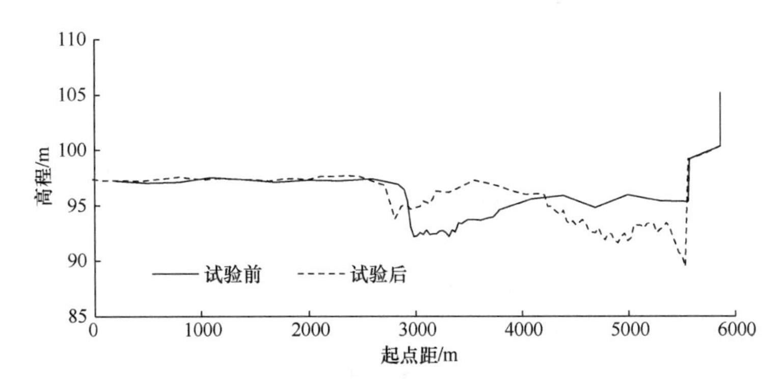

图 5.13　2017 年试验前后典型断面套绘图——秦厂

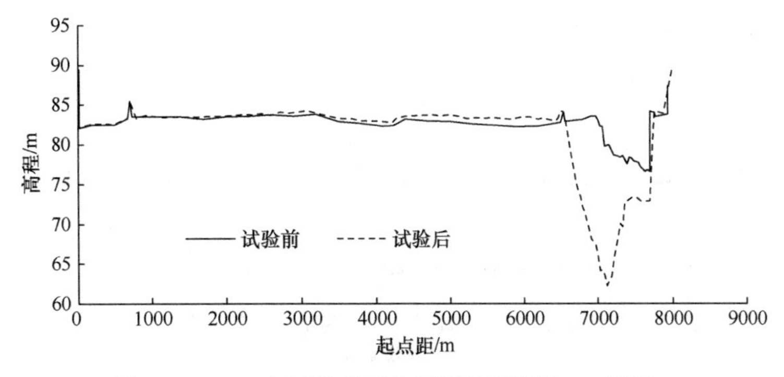

图 5.14　2017 年试验前后典型断面套绘图——黑岗口

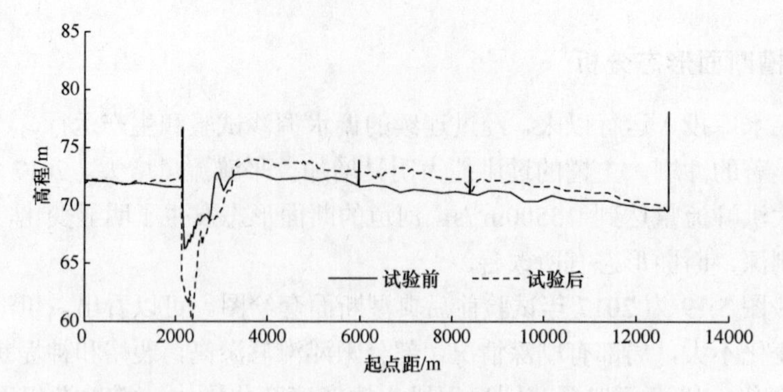

图 5.15　2017 年试验前后典型断面套绘图——禅房

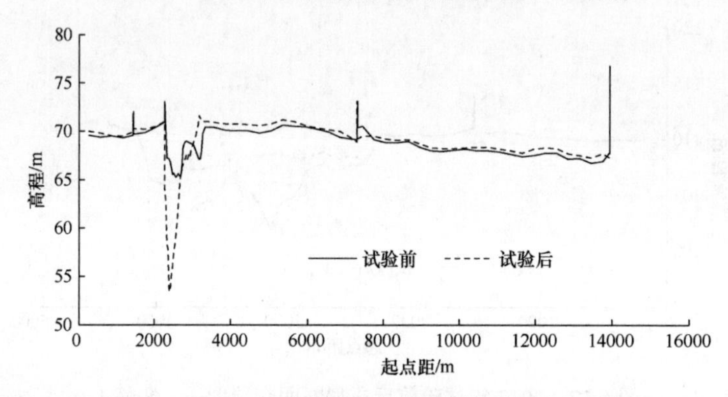

图 5.16　2017 年试验前后典型断面套绘图——马厂

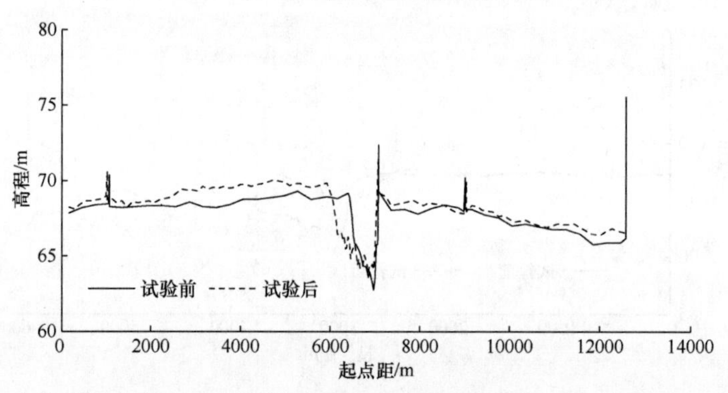

图 5.17　2017 年试验前后典型断面套绘图——六合集

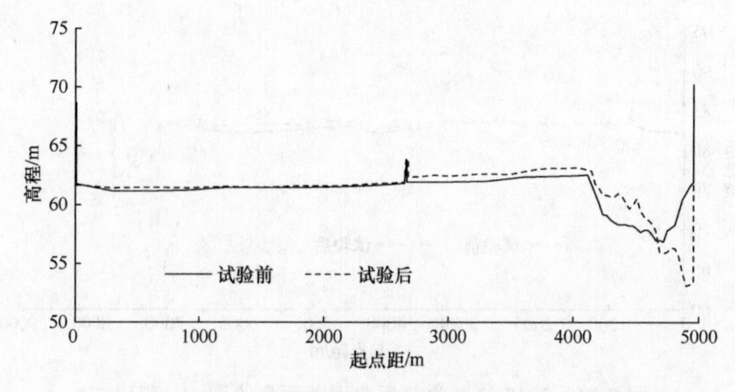

图 5.18　2017 年试验前后典型断面套绘图——高村

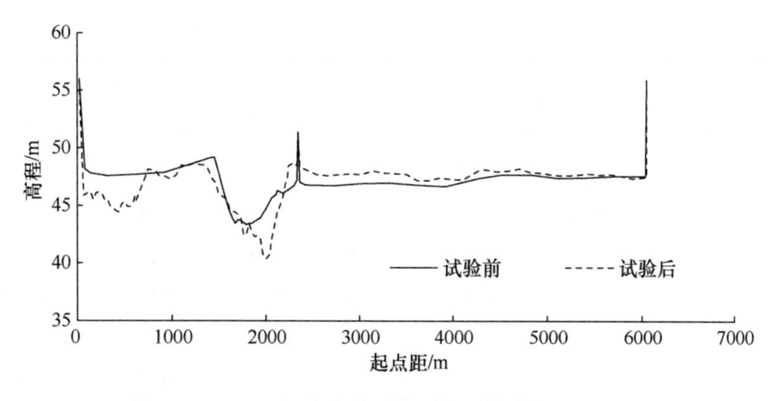

图 5.19　2017 年试验前后典型断面套绘图——孙口

以主槽刷深为主；花园口至东坝头河段河道的断面形态变化不大，主槽断面呈现少量的展宽和下切，三义寨断面主要表现为河势摆动；东坝头至高村河段受水流顶冲的工程位置主槽下切明显，如禅房、马厂、青庄等断面，工程之间的直河段河道断面淤积抬高明显，如南北庄、西张集、六合集、谢寨闸、南小堤等断面；高村断面滩唇淤积，主槽下切明显；高村以下滩地淤积量较大，滩地断面明显抬升，如苏泗庄和苏阁断面，孙口断面滩地冲刷成槽。

表 5.16 为黄河下游 42 个典型断面试验前后断面形态参数变化统计。可以看出，洪水后赵口以上河段滩唇高程变化不大，仅黄寨峪东断面展宽了 480m，西牛庄断面缩窄了 240m，但平均河底高程明显降低，平均降低了 0.72m，断面形态系数（$\sqrt{B}/H$）明显减小，平均减小了 2.78；赵口至东坝头 1 河段，河宽变化明显，厂门口断面展宽了 600m，朱寨断面缩窄了 510m，由于冲刷坑的存在，东坝头 1 断面的平均河底高程明显降低，断面形态系数减小至 1.96；东坝头 1 至高村河段断面的宽度有所减小，主要表现为滩唇淤高主槽刷深，断面形态系数有所减小；高村至孙口河段主槽展宽比较明显，平均展宽约 140m，同时平均河底高程也有所增大，但断面形态系数变化不大。

表 5.16　黄河下游 42 个典型断面试验前后断面形态参数变化统计

断面	洪水前				洪水后			
	滩唇高程/m	河宽/m	平均河底高程/m	$\sqrt{B}/H$	滩唇高程/m	河宽/m	平均河底高程/m	$\sqrt{B}/H$
铁谢 1	119.95	1200	116.07	8.94	119.77	1200	116.15	9.58
花园口	114.49	1020	110.24	7.51	114.37	1020	110.26	7.76
两沟	113.17	1830	109.10	10.51	113.23	1830	107.50	7.46
马峪沟	109.21	1290	106.49	13.19	109.45	1290	106.28	11.34
黄寨峪东	107.05	720	102.25	5.59	106.99	1200	100.53	5.36
十里铺东	105.57	1410	102.95	14.33	105.27	1410	100.41	7.72
孤柏嘴 2	103.38	1470	100.04	11.47	103.77	1470	99.20	8.39
官庄峪	100.86	2268	98.79	23.00	100.92	2268	97.92	15.85
寨子峪	99.72	2610	97.23	20.48	99.84	2610	96.72	16.38
西牛庄	95.84	3600	92.85	20.08	95.78	3360	92.79	19.37

续表

断面	洪水前				洪水后			
	滩唇高程/m	河宽/m	平均河底高程/m	$\sqrt{B}/H$	滩唇高程/m	河宽/m	平均河底高程/m	$\sqrt{B}/H$
东风渠	95.66	3000	93.12	21.57	95.60	3000	92.63	18.46
破车庄	93.44	2178	89.61	12.19	93.62	2178	90.64	15.64
申庄	93.30	2298	91.47	26.26	93.14	2298	90.35	17.16
赵口	88.21	1560	85.43	14.21	88.21	1560	84.25	9.98
小大宾	85.93	1110	82.42	9.50	85.93	1410	81.14	7.85
黑岗口	83.54	840	76.55	4.15	82.09	870	76.30	5.10
厂门口	77.21	1410	73.28	9.56	77.60	2010	75.12	18.05
朱寨	75.65	1710	72.94	15.24	78.26	1200	74.94	10.44
东坝头 1	72.89	960	70.44	12.64	74.37	540	62.49	1.96
左寨闸	71.08	1980	68.84	19.86	71.90	900	66.64	5.70
六合集	69.18	690	65.22	6.64	69.83	1206	66.22	9.62
竹林	67.74	780	63.94	7.35	68.15	1020	64.41	8.53
小苏庄	66.95	840	63.67	8.84	67.07	768	62.07	5.54
西堡城	65.27	1740	63.47	23.15	66.11	630	56.15	2.52
高村	63.39	1110	59.71	9.06	63.95	630	55.41	2.94
南小堤	60.95	1050	58.19	11.72	62.57	1440	60.01	14.85
梨园	59.15	780	56.42	10.21	60.47	720	56.57	6.89
夏庄	58.57	480	54.63	5.56	59.45	840	55.70	7.73
董口	58.03	900	54.89	9.56	59.83	1434	56.73	12.22
马棚	56.75	660	52.73	6.38	57.29	1020	54.17	10.24
史楼	53.99	330	49.18	3.78	55.52	810	50.55	5.72
徐码头（二）	53.85	840	49.72	7.01	54.03	780	49.55	6.23
于庄（二）	53.01	900	49.27	8.02	52.95	960	49.47	8.90
葛庄	51.57	1140	48.94	12.82	52.71	780	46.04	4.18
徐沙洼	50.22	1320	47.54	13.56	51.18	1680	47.43	10.93
伟那里	49.62	720	44.96	5.76	50.46	780	45.77	5.95
龙湾（二）	49.62	450	44.57	4.20	49.26	570	45.33	6.07
孙口	48.84	1260	45.67	11.21	48.53	840	44.49	7.18
影唐	48.17	600	40.47	3.18	48.17	1080	40.71	4.40
雷口	46.55	390	41.32	3.78	46.73	660	42.02	5.46
十里堡	44.87	750	42.19	10.23	43.97	900	42.22	17.12
邵庄	45.34	630	41.85	7.20	44.89	690	40.55	6.05

2018 年模型试验，设计花园口站最大洪峰流量为 10606 m^3/s，最大含沙量为 159.6kg/m^3，河道的断面形态发生了明显变化，夹河滩以上河道整体呈展宽，局部刷深，断面形态有所改善，夹河滩至高村河段断面形态变化不大，高村以下河段由于河道淤积，断面变得

宽浅。

由 2018 年试验前后典型断面套绘图（图 5.20～图 5.25）可以看出，铁谢 1 和下官庄断面变化不大，河道的冲淤不明显；裴峪 1、神堤和沙鱼沟断面位置由于河势发生变化，断面处的主流位置发生偏移，同时河道发生明显冲刷，冲刷的表现主要为河道展宽；孤柏嘴 2 至花园口河段河道发生冲刷，河道断面形态变化主要以刷深为主，其中在秦厂断面，由于畸型河势发生变化，主槽位置由左岸移动到右岸；花园口至东坝头河段河道的断面形态变化不大，主槽断面呈现少量的展宽和下切，黑岗口断面展宽和刷深明显，司庄断面主要以刷深为主，陡门断面主要表现为河势调整后主流位置发生变化；东坝头至高村河段在主流的顶冲位置主槽下切明显，其他位置主槽稍有淤积抬升，如禅房、东黑岗、杨小寨等断面；高村至孙口河段滩地淤积明显，主槽断面稍有淤积，如三合、大王庄和徐码头断面；孙口以下河段滩区淤积不明显，主槽出现冲刷，如影唐和白铺断面，孙口断面呈现复式结构，在左岸滩地冲刷成槽。

2019 年模型试验，设计花园口站最大洪峰流量为 10606m^3/s，最大含沙量为 159.6kg/m^3，河道的断面形态发生了明显变化，夹河滩以上河道整体呈展宽，局部刷深，断面形态有所改善，夹河滩至高村河段断面形态变化不大，高村以下河段由于河道淤积，滩地抬升，河槽断面呈宽浅趋势。

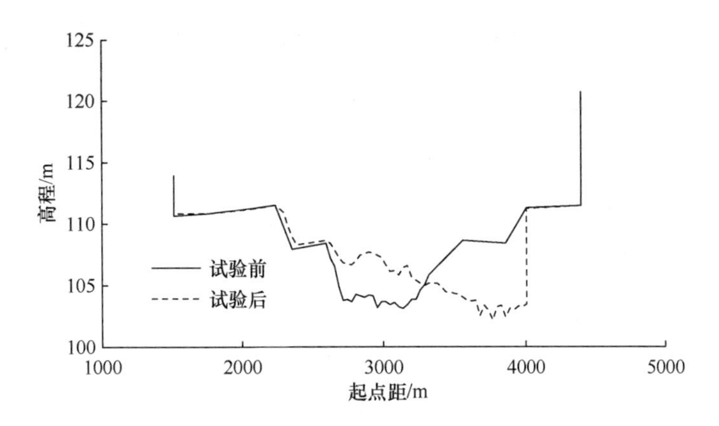

图 5.20　2018 年试验前后典型断面套绘图——裴峪 1

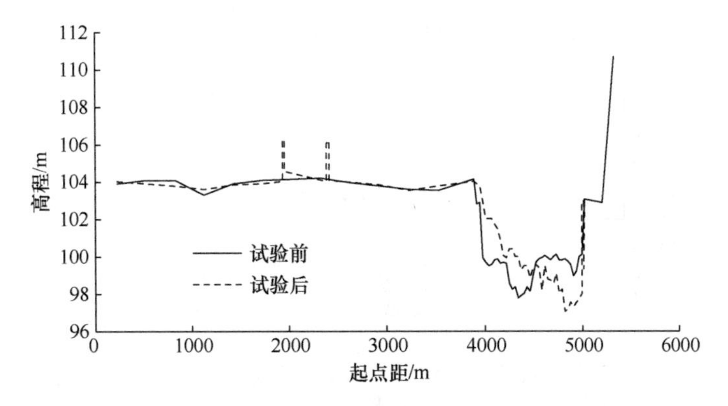

图 5.21　2018 年试验前后典型断面套绘图——孤柏嘴 2

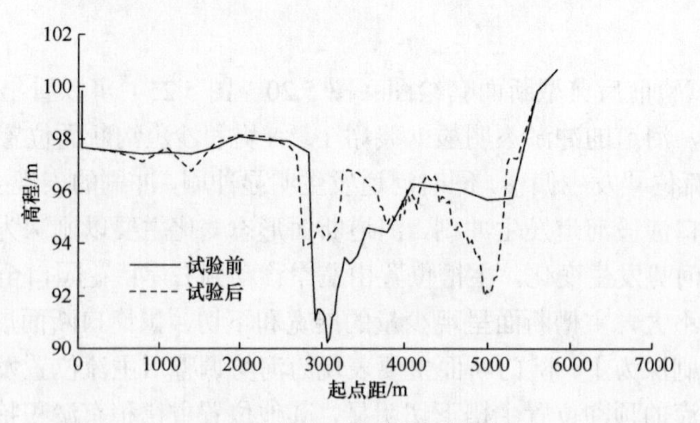

图 5.22　2018 年试验前后典型断面套绘图——秦厂

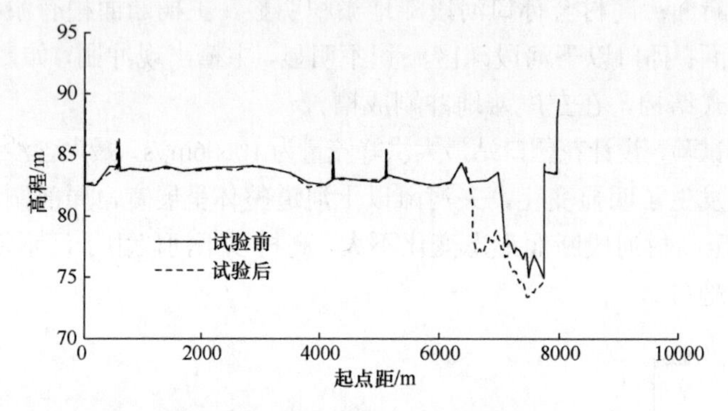

图 5.23　2018 年试验前后典型断面套绘图——黑岗口

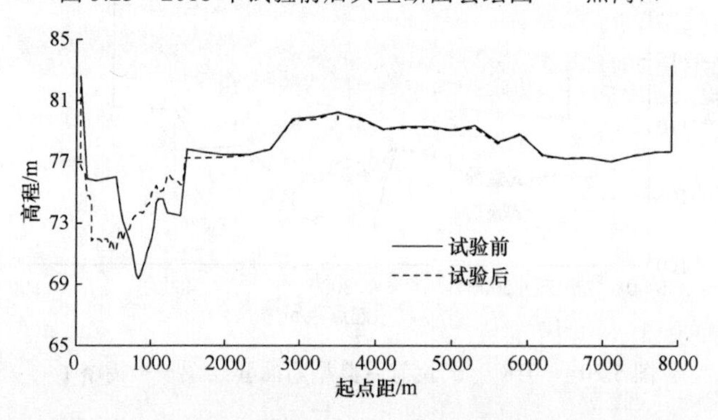

图 5.24　2018 年试验前后典型断面套绘图——厂门口

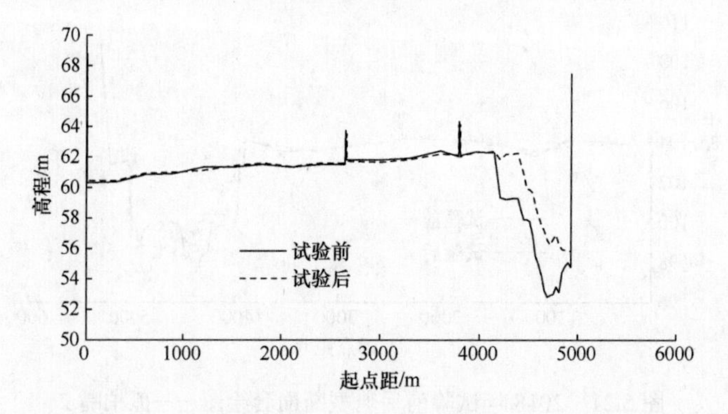

图 5.25　2018 年试验前后典型断面套绘图——高村

由 2019 年试验前后典型断面套绘图（图 5.26～图 5.29）可以看出，铁谢 1 断面变化不大，河床主要由卵石组成，冲淤不明显；马峪沟断面河势展宽，右岸嫩滩发生明显冲刷；裴峪 1 断面位于裴峪工程的主流顶冲位置，河槽发生剧烈冲刷，出现明显深槽；神堤断面位置河势右摆，神堤工程上提，主流顶冲在断面和工程的交叉位置，形成深槽，孤柏嘴 2 和驾部断面同神堤断面的情况类似，主槽位置发生明显冲刷，局部形成深槽；

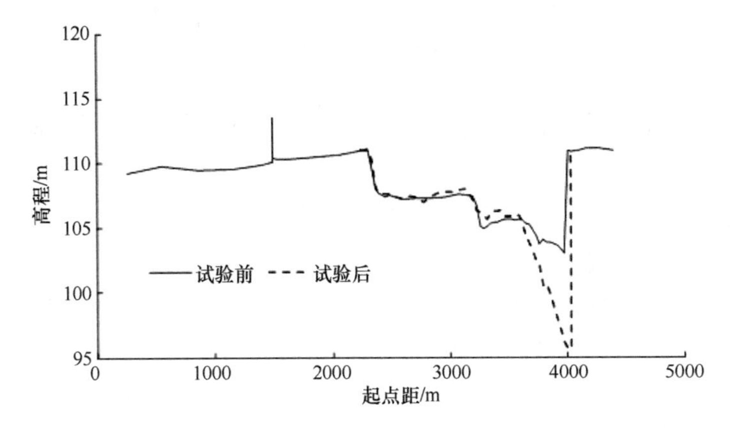

图 5.26　2019 年试验前后典型断面套绘图——裴峪 1

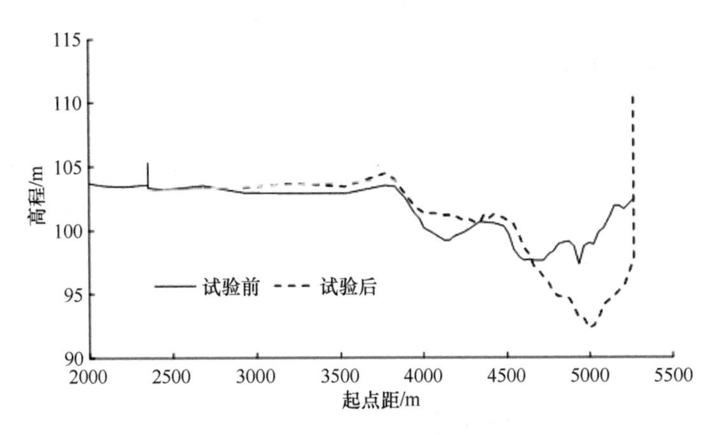

图 5.27　2019 年试验前后典型断面套绘图——孤柏嘴 2

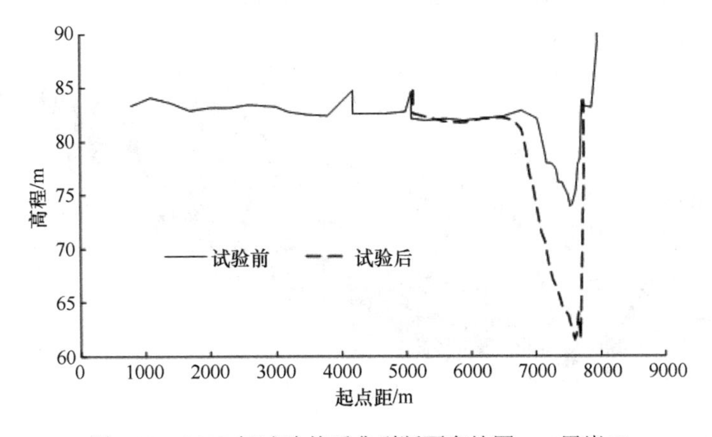

图 5.28　2019 年试验前后典型断面套绘图——黑岗口

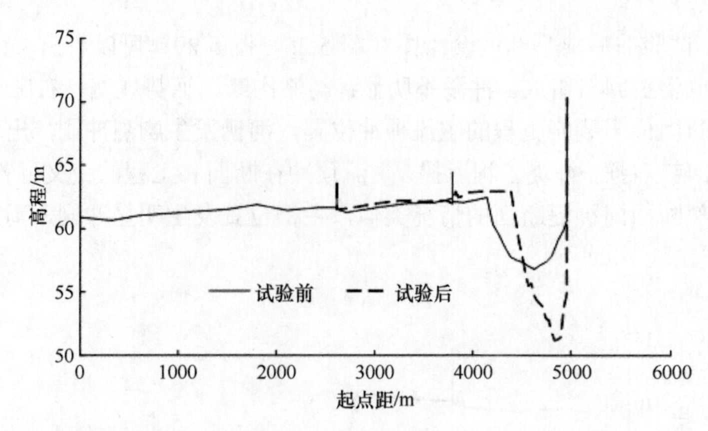

图 5.29　2019 年试验前后典型断面套绘图——高村

老田庵断面仍然呈现宽浅的断面形态，主流位置左移；破车庄、赵口和小大宾断面变化不大，断面整体上略有扩大；黑岗口和司庄断面明显变深，主要原因为主流顶冲工程，形成冲刷坑；从厂门口至双井河段断面形态变化不大，局部位置略有展宽；高村断面变得更加窄深，滩唇位置淤高，河道变窄；高村以下河段的断面形态主要表现为滩槽水沙交换明显，滩地大范围淤积，河槽内冲淤变化不大，河槽略有展宽，如三合、马棚、十三庄断面；孙口断面形态变化较大，左岸滩地冲刷成槽。

4. 典型滩区漫滩情况

2017 年试验采用的水沙过程洪峰流量较大，但超万洪量（超过 10000m^3/s 的水量）并不大，试验河段内白鹤至伊洛河口河段基本不漫滩，伊洛河口至花园口河段有局部滩地和嫩滩上水，花园口至东坝头河段部分滩地和全部嫩滩上水，东坝头以下漫滩范围较大，特别是高村以下河段滩区全部被洪水淹没，局部形成顺堤行洪态势，堤根流速较大，危及大堤安全。

1）2017 年

A. 兰东滩区

图 5.30 为试验期间通过流场可视化观测系统（VDMS）系统观测的兰东滩流场分布图，根据图中信息看出兰东滩区的漫滩洪水演进情况如下。

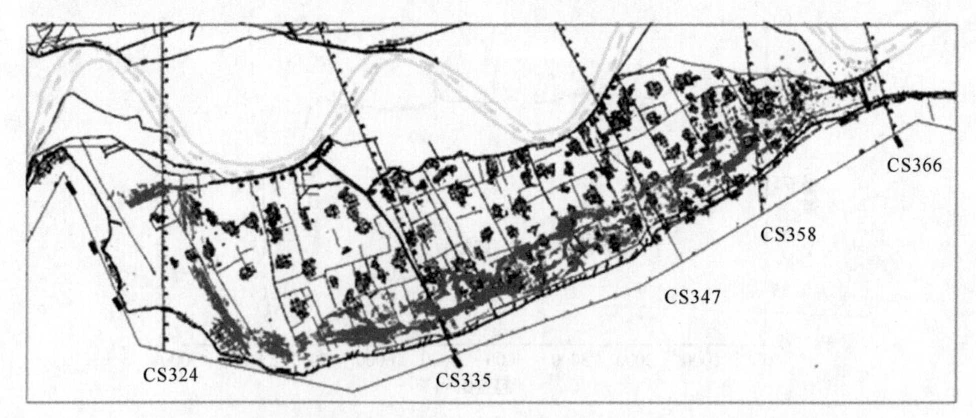

图 5.30　试验期间通过 VDMS 系统观测的兰东滩漫滩洪水流场分布图

漫滩水流演进状况。滩区水流进入滩区是在蔡集工程以上至杨庄、东坝头险工之间区域，径直冲向堤根，而后顺堤行洪向阎潭闸（油坊寨断面）的渠堤演进。漫滩水流冲破渠堤后，继续向下游推进，受村台、渠堤等建筑物阻碍，水流分散为多股；水流到达王高寨和六合集断面之间，水面宽度增加，流速降低，流向散乱。漫滩水流顺大堤继续向下游演进，并汇集于老君堂工程后侧退入主河道。

漫滩水流流速和流场范围。受技术限制，监控设备只能监测出水深较大处的流速，对于停滞水流则基本没有光点显示。根据流场监测数据，进滩洪水入口处禅房断面附近的流速较大，最大达到2.6m/s，禅房断面（CS324）处的动水流宽度范围为1800m。顺堤行洪范围内，流速最大的区段在油坊寨—六合集断面（CS335—CS347），最大流速达到了1.6m/s；油坊寨断面（CS335）水流有明显流动的宽度为1200m，六合集断面（CS347）水流有明显流动的宽度为1500m。六合集—谢寨闸断面（CS347—CS366）范围内流势较为散乱，流速相对较小（表5.17）。

表5.17　兰东滩洪峰期滩地行洪流速及流场范围

断面	禅房（CS324）	油坊寨（CS335）	六合集（CS347）	竹林（CS358）	谢寨闸（CS366）
最大流速/（m/s）	2.6	1.6	1.3	1.0	1.5
动水流宽度/m	1800	1200	1500	2400	800
过水宽度/m	5400	6600	4800	6000	1200

漫滩水流淹没范围。本次洪水试验洪峰较高，洪量较大，上滩洪水也较多，整个兰东滩全部上水，滩区各主要断面过水宽度见表5.17。

兰东滩人工实时观测结果表明，在进口设计流量达到14136m^3/s时，兰东滩开始漫滩，杨庄险工至蔡集工程上首（雷集断面附近）洪水冲破生产堤进入滩地，上滩流速达到2.7m/s；之后漫滩洪水大量上滩，禅房断面、蔡集工程上首（店集断面）等处也有部分洪水上滩，上滩流速最大约为1.5m/s；洪峰演进至东坝头险工，进入兰东滩区的分流量约3000m^3/s，漫滩洪水汇集于大堤堤根处，顺堤向下游流动，顺堤行洪流速最大达1.7m/s，平均流速为0.8m/s；当进口设计洪峰流量减小为10593m^3/s时，仍有少量水流从拉滩成槽的位置进滩。

人工观测结果与VDMS系统观测结果基本一致。

B. 习城滩区

习城滩在进口设计流量5452m^3/s演进至南小堤险工时开始逐渐漫滩，漫滩水流流量较小。在大洪水期开始大范围漫滩，自刘庄断面下首至连山寺工程上首多处位置上滩（图5.31），漫滩水流流速约为0.7m/s，漫滩水深约为0.6m。上滩洪水汇集在堤根处，形成顺堤行洪态势，在西六市断面、苏泗庄断面、董楼断面和董口断面测得流速分别为1.2m/s、1.0m/s、1.1m/s和1.3m/s。

洪峰后期，进口设计流量级为12593m^3/s时，随着上游漫滩水流逐渐退入主河槽，习城滩区的漫滩水流逐步加大（图5.32），刘庄断面上游生产堤破口，口门流速达到1.5m/s，顺堤行洪流速最大达到1.5m/s，滩区退水口处流速较小，为0.3m/s。

图 5.31　习城滩区洪峰期大范围漫滩

图 5.32　习城滩区洪水后期漫滩情况

C. 清河滩区

当进口设计流量级为 5900m^3/s 演进至清河滩时，清河滩开始漫滩，此阶段滩地漫水主要由两部分组成：①孙楼工程后至大堤之间，口门处流速约 1.0m/s，流量约为 500m^3/s，向下游推进过程中，漫滩水流逐渐变宽，整个滩地基本全部漫水（图 5.33），流速降为 0.5m/s；②在韩胡同工程上首也有约 5%的水流入滩，上滩流速约 2.0m/s。

洪峰期，漫滩水流逐渐增加，孙楼工程后至大堤之间口门处流速逐渐增大，最大达 2.5m/s，此时口门处漫滩流量约 3000m^3/s，滩地行洪流速约 2.0m/s；韩胡同工程上首漫入滩地的水流流速达到 2.5m/s，滩区退水在梁路口工程后至大堤之间（图 5.34），穿过孙口断面，口门流速达 3.0m/s。

洪峰过后，滩区洪水持续向下游演进，逐渐拉沟成槽，至进口流量级为 4000m^3/s 时，堤根处滩地上形成一股宽约 500m、流速约 1.6m/s 的水流。至流量级为 1000 m^3/s 时，孙楼工程上首依然有水流进入清河滩区，进口流速为 1.4m/s，滩地流速为 1.1m/s，退水口门流速达到 2.3m/s。

图 5.33　清河滩区漫滩及观测情况

图 5.34　清河滩区退水情况

2）2018 年

2018 年试验采用的水沙过程洪峰流量较大，但超万洪量并不大，试验河段内白鹤至高村河段基本不漫滩，仅有局部嫩滩上水，高村以下河段滩区漫滩严重，局部形成顺堤行洪态势，堤根流速较大，危及大堤安全。试验过程中重点关注了习城滩、清河滩等典型滩区的漫滩水流，对滩区的水深、流速、漫滩范围等进行了观测。

A. 习城滩区

洪水期间习城滩区生产堤破口严重，洪水满溢河槽从多处生产堤破口处漫入滩区，形成了较大的漫滩洪水（图 5.35）。在进口流量为 8084m^3/s 时，演进至习城滩附近主槽开始逐渐漫滩，漫滩洪水首先从右岸张闫楼工程下首三合断面处破堤上滩，流速为 0.5～0.7m/s。由于此处滩面不大，漫滩洪水很快溢满整个滩区，漫滩水深为 0.5～0.6m，水流从苏泗庄工程上首汇入主槽。在进口流量为 9943m^3/s 时，洪水在左岸伊庄工程下首、连山寺工程下首相继冲破生产堤，开始上滩，不断漫入的洪水汇聚堤根，形成顺堤行洪水流，堤根平均流速达 1.5m/s。随着洪水流量逐渐增大，进口流量为 10038m^3/s 时，堤根水深增加，流速增大，最大流速可达 1.9m/s，滩区最大分洪流量约 820m^3/s。

图 5.35　马张庄工程上首生产堤破口洪水上滩

整个洪水期间习城滩漫滩洪水从西六市断面以下滩区漫入，上段滩区没有上水。漫滩水量自上而下逐渐增加，至滩区彭楼断面处，水深可达 1.0m 以上，水流流速可达 2.5m/s。

B. 清河滩区

清河滩附近河段河槽在进口流量为 3997m^3/s 演进至此时，开始漫嫩滩，至进口第 4 级流量为 8084m^3/s 时，孙楼工程下首、韩胡同工程下首生产堤开始溃决，漫滩洪水从溃口处入流，流速在 0.2～0.6m/s。洪水漫至整个滩区，但是滩区水流分布散乱，流速较小。至大洪水过后进口第 7 级流量为 9965m^3/s 时，上游大量漫滩洪水从孙楼工程背后汇入清河滩，溃口处流速约为 1.2m/s，汇流流量约 900m^3/s，与本滩区漫滩洪水汇聚在堤根处形成堤河，顺堤流速约 1.5m/s。

洪峰过后，由于上游漫滩洪水不断归槽，本河段河槽的漫滩水流有所加大，在孙楼工程下首汇入滩地的水流达到 400m^3/s，流速达 1.4m/s，韩胡同工程下首口门不断加大（图 5.36），最大破口宽度达 430m，水流在滩区中间位置与堤根河平行向下游演进，水流流速约 1.0m/s。

试验后期，进口流量减小，主河槽水流停止漫滩，而漫滩洪水逐渐归槽。在进口第 8 级流量为 4878m^3/s 演进至此时，清河滩漫滩洪水从梁路口工程后拉滩成槽，在龙湾断面附近汇入主河槽，汇流流速达 0.8m/s，流量约 2900m^3/s。较大的滩区归槽水流与主河槽水流在此处汇聚，形成巨大的回旋水流，影响了龙湾断面与孙口断面间左侧滩区的稳定。

第二个洪峰到来时（第 12 级流量为 5079m^3/s），清河滩又有少量漫滩，但是进滩流量很小。至试验结束，清河滩堤根处和滩内串沟仍有少量水流，部分区域仍有积水，存在明显的淤积体，漫滩洪水对滩区冲淤影响很大。

图 5.36　韩胡同工程下首生产堤破口洪水上滩

3）2019 年

2019 年试验采用的水沙过程洪峰流量较大，花园口站超万洪量为 8.52 亿 m^3，洪峰流量为 16595m^3/s，试验河段内白鹤至高村河段局部嫩滩漫滩，高村以下河段滩区漫滩严重，局部形成顺堤行洪态势，堤根流速较大，危及大堤安全。试验过程中重点关注了习城滩、清河滩两个典型滩区的漫滩情况，对滩区的水深、流速、漫滩范围等进行了观测。

A. 习城滩区

本次洪水由于水大沙小，河槽过洪能力强，因此河道洪水演进速度较快。前期大洪水一直顺槽行洪，习城滩河段只有少数滩唇较低处有少量洪水漫入嫩滩，如安庄险工下首右岸、苏泗庄险工上首左岸处。

在进口流量达到 10182m^3/s 流量级后，习城滩及对面的张闫楼滩漫滩范围开始加大，漫滩从下段向上段发展，主要上滩位置还是前期滩地地势较低的位置，其中安庄险工下首、苏泗庄险工上首洪水已漫至堤根处，此后，随着流量增加，主槽两侧漫滩范围增加，马张庄工程下首（CS447—CS449）、龙长治控导工程下首（CS445—CS447）左岸、西六市断面左岸（CS419）生产堤破口，洪水大量上滩，实测马张庄工程下首破口处上滩流速达 1.6m/s，龙长治工程下首破口处上滩最大流速达 2.3m/s、西六市断面处上滩流速达 1.5m/s。

大洪水期，洪水大量漫滩，漫滩洪水顺左岸大堤堤根向下游演进，平均水深约 1.2m，最大流速约 1.3m/s。

随着洪水退落，习城滩漫滩洪水迅速顺堤根退向下游，顺堤根流速为 0.6～0.8m/s，上段滩地内积水较少，下段滩地还有一定积水（图 5.37）。

B. 清河滩区

清河滩位于孙口断面以上，基本处于堤距变窄的卡口位置，试验中整个滩区洪水漫滩较为严重。

图 5.37 习城滩落水期间漫滩情况

涨峰期，进口流量在 7015～9000m^3/s 时，洪水开始上滩，首先是上游漫滩洪水从孙楼工程后进入清河滩区，进滩流速约为 0.4m/s，之后该河段主槽洪水逐渐漫向两岸的嫩滩，漫滩位置主要在左岸孙楼工程下首、韩胡同工程下首等滩地较低处（图 5.38），漫滩流速为 0.3～0.4m/s，漫滩洪水顺着整个滩地向下游演进。最大洪峰演进至清河滩区时，漫滩水量进一步增大，局部上滩最大流速达 1.8m/s，平均水深约 1.3m，堤根处实测最大流速达 1.4m/s，由于上游漫滩水流不断汇入，在落峰期，堤根处流速仍在 1.2m/s 左右，滩区退水口门处流速超过 0.3m/s。

图 5.38 清河滩大洪水期间漫滩情况

综上所述，面对不同的洪水过程，黄河下游滩槽水沙交换过程不同，其滩槽淤积的时空分布规律也不一致。这三个年份在整个试验河段都呈现了上冲下淤、槽冲滩淤的态势，夹河滩以上河段冲刷较为剧烈，以下河段冲刷量相对较小。滩地不同洪水漫滩范围不一样，各个河段淤积量也不一样。其中高村以下河段滩地淤积较多，高村以上河段洪水量级大，淤积多；量级小，淤积少。

5.2.2 黄河下游滩区洪水风险评价和分布规律

目前，随着我国社会经济的快速发展，黄河下游宽滩区面临重大洪涝灾害的物理暴露量越来越大。

极端灾害事件的影响是极端气候本身以及人类和自然系统的暴露度和脆弱性共同作用的结果。它的严重性不仅取决于极端气候事件自身，还取决于人类和自然系统面对重大灾害的暴露度和脆弱性程度。物理暴露度反映了承险体，包括人口、GDP、耕地等在一定危险性因子干扰下的物理暴露程度。

1. 洪水情景设计

结合黄河目前实际情况并经专家咨询，选取历史上 1958 年 7 月的洪水过程作为典型洪水情景。它是黄河自 1919 年有实测水文资料以来的最大洪水，特点是来势猛、峰值高、洪水过程陡涨陡落。花园口水文站的洪峰流量达到 22757m^3/s，洪峰水位高达 93.82m，峰顶持续时间约 2.5h，洪水含沙量小，花园口站 5 天沙量累积 4.6 亿 t（图 5.39）。

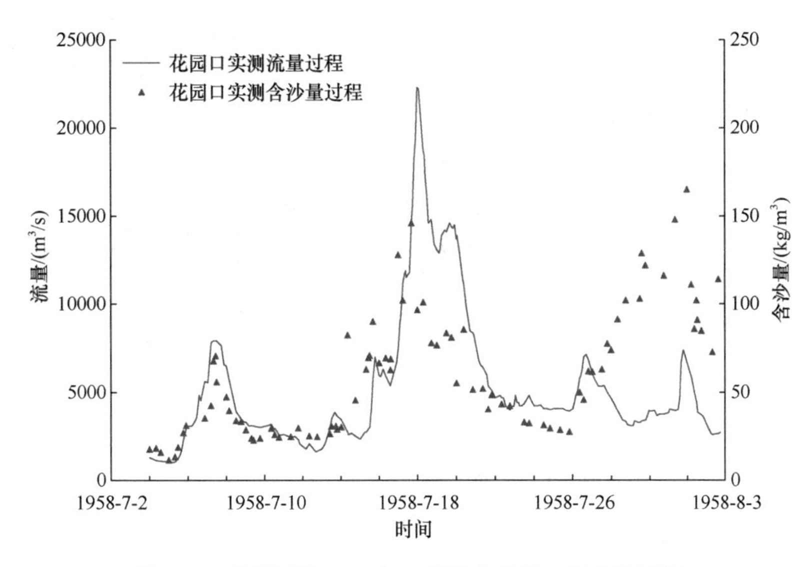

图 5.39　黄河下游 1958 年 7 月洪水花园口站水沙过程

本次洪水造成的灾情非常严重，洪水大面积漫滩，大堤临水，交通受洪水威胁中断长达 14 天。仅山东和河南滩区以及东平湖区就多达 1708 个村庄被淹，大约 74.08 万人受灾，淹没耕地超 304.79 万亩，倒塌房屋约 29.53 万间。

鉴于黄河下游多年未发生大洪水，现状边界条件下滩区洪水淹没风险分析缺乏基础信息资料，在此采用黄河水利科学研究院小浪底到陶城铺大型河工模型洪水预报试验结果进行滩区洪水风险评价，包括有无防护堤情景下的两种滩区运用模式、两个典型洪水过程共 4 组模型试验。第一个水沙过程，考虑小浪底水库运行后夹河滩以上河道严重冲刷的现实状况，在初始地形上，施放黄河设计公司设计的“6 亿 t”水沙系列经过小浪底水库调节后的 1958 年 7 月洪水过程（简称调控“58 • 7”洪水过程）。该洪水经小浪底水库调控后进入下游河道的洪水流量不超过 8000 m^3/s，但是含沙量高达 480.5 kg/m^3。第二个水沙过程是在第一个水沙过程试验后的地形上，施放未经小浪底水库调控的 1958 年 7 月实际洪水过程（简称未调控“58 • 7”洪水过程）。

2. 滩区运用模式

小浪底至陶城铺河道模型模拟河道总长 476 km，水平比尺为 600，垂直比尺为 60，是黄河下游治理最有效的研究手段之一。除黄河干流外，模型还模拟了伊洛河、沁河两条较大支流的入汇情况。此外，模型选取郑州热电厂粉煤灰作为模型沙。

其中，无防护堤模式试验，滩区所有生产堤全部拆除，仅保留村镇、植被及其他工农业设施；有防护堤模式，防护堤的设置标准按 2000 年 8000 m^3/s 水位加 1.5 m 超高，在防护堤的不同位置分别设置分洪口门与退水口门。

两组试验初始河床边界条件保持一样。模型初始地形均采用 2013 年汛前地形，从小浪底到陶城铺河段共布置了实测的 206 个大断面。滩地、村庄、植被状况等根据 1999 年航摄、2000 年调绘的 1∶10000 黄河下游河道地形图制作，同时结合现场查勘情况给予一定的修正。初始河势主要参考 2013 年汛前河势，并根据 2013 年现状工程，布设与初始地形相适应的河道整治工程。河道内的生产堤、路堤、渠堤等阻水设施，均根据试验方案需要除保留一些重要路堤和渠堤外，其他全部予以破除。试验初始床沙级配也按 2013 年测验成果进行控制。具体见表 5.18。

表 5.18　滩区防护堤位置及口门布置

防护堤所在滩区		防护堤口门位置	距小浪底距离/km	进口尺寸/m	退口尺寸/m
左岸	张王庄—沁河滩	神堤断面—官庄峪断面	66.4	500	500
	原阳Ⅰ滩	京广铁路桥—马庄控导工程	115.4	500	500
	原阳Ⅱ滩	马庄工程后—辛寨断面	127.7	500	500
	原阳封丘滩	辛寨断面—樊庄断面	136.7	500	500
	长垣一滩	东坝头断面—周营上延 CS350	235.1	500	500
	长垣二滩	周营下首 CS360—CS389	273.5	500	500
	习城滩	南小堤下首 CS408—吉庄险工 CS457	307.2	500	500
	辛庄滩	彭楼 CS462—李桥 CS476	350.0	200	200
	李庄、陆集滩	李桥 CS482—孙楼上首 CS510	370.0	300	300
	清河滩	孙楼下首 CS513—梁路口下首 CS533	392.4	400	400
	梁集滩	枣包楼上首 CS545—张堂险工 CS563	432.1	100	100
	赵桥滩	张堂险工 CS565—张庄入黄闸 CS574	445.5	100	100
右岸	郑州滩	上端为九堡险工，下端为黑岗口闸	437.2	400	400
	开封滩	柳园口断面—三义寨闸	197.4	500	500
	兰东滩	杨庄断面 CS317—老君堂工程后 CS365	240.0	500	500
	东明西滩二	桥口险工后—南小堤险工后 CS411	301.1	100	100
	葛庄滩	安庄 CS452—老宅庄上首 CS463	345.0	100	100
	旧城、李进士堂滩	桑庄险工下首—郭集下首老门庄处	360.0	300	300
	蔡楼滩	程那里下首 CS532—路那里上首 CS550	412.4	300	300
	代庙、银山滩	十里堡后 CS558—陶城铺 CS576	442.6	100	100

防护堤上分洪口门和退水口门的位置及尺寸，参照项目组以往开展的黄河下游滩区分区运用滞洪沉沙效果实体模型试验，根据滩区面积大小以河势演变情况进行优化布

置。进退水口规模的确定充分考虑了滩区面积大小、河势演变情况以及实施可操作性，并参照以往闸门设计经验，将进退水口设在防护堤上，有利于超量洪水按规划进入滩区。进水口、退水口的所有闸门在试验开始全部打开，让其自然漫滩分洪和退水。防护堤及进退水口位置见表 5.18。

3. 物理暴露量数据来源

本节利用已经构建的基于 ArcGIS 黄河下游宽滩区洪涝灾害数据库，所使用的资料包括 1∶10000 以县为单位的中国基础行政区地图，道路、控导工程、生产堤、渠堤、串沟等防洪工程位置信息，水文站、分辨率为村一级的居民地和 2009～2010 年社会经济信息等。其中，社会经济信息包括黄河下游宽滩区每个村庄的人口数量、耕地面积、粮食产量、国有资产、集体资产、个人资产、2010 年生产总值等。其中，耕地面积分别包括了老滩和嫩滩所有耕种土地，粮食产量分为夏粮和秋粮的产量。

4. 黄河下游宽滩区重大洪涝灾害年的灾害空间分布分析

将 1958 年 7 月（简写为“58 • 7”）洪水黄河下游宽滩区防护堤和无防护堤两种运用模式洪水淹没面积、淹没水深、沿程变化等信息输入 ArcGIS。通过空间分析功能，获取不同情景方案下不同河段的淹没面积（表 5.19 和表 5.20）和各个滩区的淹没面积（图 5.40）。

表 5.19　未调控“58 • 7”洪水过程情景下无防护堤和防护堤模式各河段滩区淹没面积统计表

河段	滩区总面积/km^2	无防护堤模式		防护堤模式	
		淹没面积/km^2	淹没面积占河段总面积/%	淹没面积/km^2	淹没面积占河段总面积/%
京广铁路桥—东坝头	600.74	371.35	61.82	152.86	25.45
东坝头—高村	445.22	231.20	51.93	194.38	43.66
高村—孙口	366.34	239.33	65.33	320.30	87.43
合计	1412.30	841.88	59.61	667.54	47.27

表 5.20　调控“58 • 7”洪水过程情景下无防护堤和防护堤模式各河段滩区淹没面积统计表

河段	滩区总面积/km^2	无防护堤模式		防护堤模式	
		淹没面积/km^2	淹没面积占河段总面积/%	淹没面积/km^2	淹没面积占河段总面积/%
京广铁路桥—东坝头	600.74	3.38	0.56	—	—
东坝头—高村	445.22	4.13	0.93	—	—
高村—孙口	366.34	56.95	15.55	69.78	19.05
合计	1412.30	64.46	4.56	69.78	4.94

“58 • 7”洪水情景下黄河下游宽滩区不同运用模式淹没范围的空间分布如图 5.41 所示。从图 5.41 可以看出，未调控“58 • 7”洪水过程情景下，两种运用模式下滩区淹没总面积都较大，并且无防护堤模式明显大于防护堤模式。调控“58 • 7”洪水过程情景下，两种运用模式滩区淹没总范围都较小。

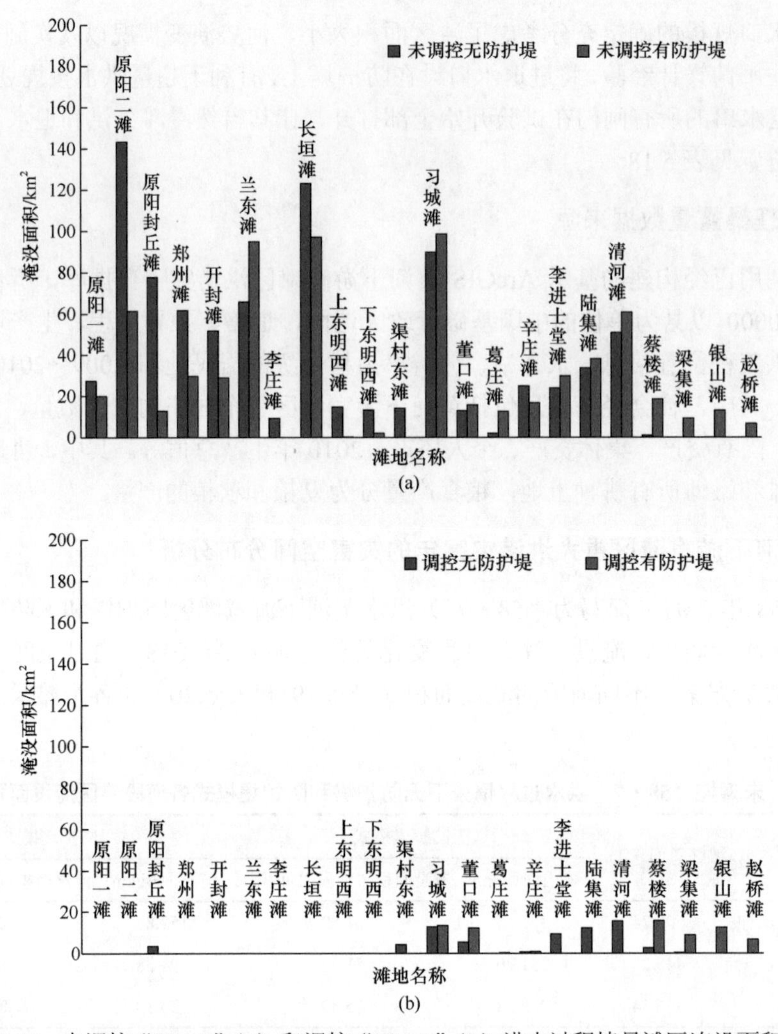

图 5.40 未调控“58 · 7”（a）和调控“58 · 7”（b）洪水过程情景滩区淹没面积图

未调控“58 · 7”洪水过程情景，无防洪堤模式下除梁集滩和赵桥滩之外的 20 个滩区漫滩上水，淹没总面积为 841.88 km²，占滩区总面积的 59.61%；有防洪堤模式下 22 个滩区中除李庄滩和渠村东滩以外其余都漫滩上水，滩区淹没总面积为 667.54 km²，占滩区总面积的 47.27%。

调控“58 · 7”洪水过程情景，无防洪堤模式下 18 个滩区中有 10 个漫滩上水，淹没面积为 64.46 km²，占滩区总面积的 4.56%；防洪堤模式下淹没面积为 69.78 km²，占滩区总面积的 4.94%。

从滩区淹没情况沿程分布来看，未调控“58 · 7”洪水过程情景下无防洪堤模式各河段淹没面积比率相差不大，京广铁路桥—东坝头河段淹没面积占该河段滩区总面积的 61.82%，东坝头—高村河段占总面积的 51.93%，高村—孙口河段占总面积的 65.33%。防洪堤模式下各河段淹没面积比率相差较大，并且自上而下比率逐渐增大，京广铁路桥—东坝头河段占河段滩区总面积的 25.45%，东坝头—高村河段占总面积的 43.66%，高村—孙口河段占 87.43%。

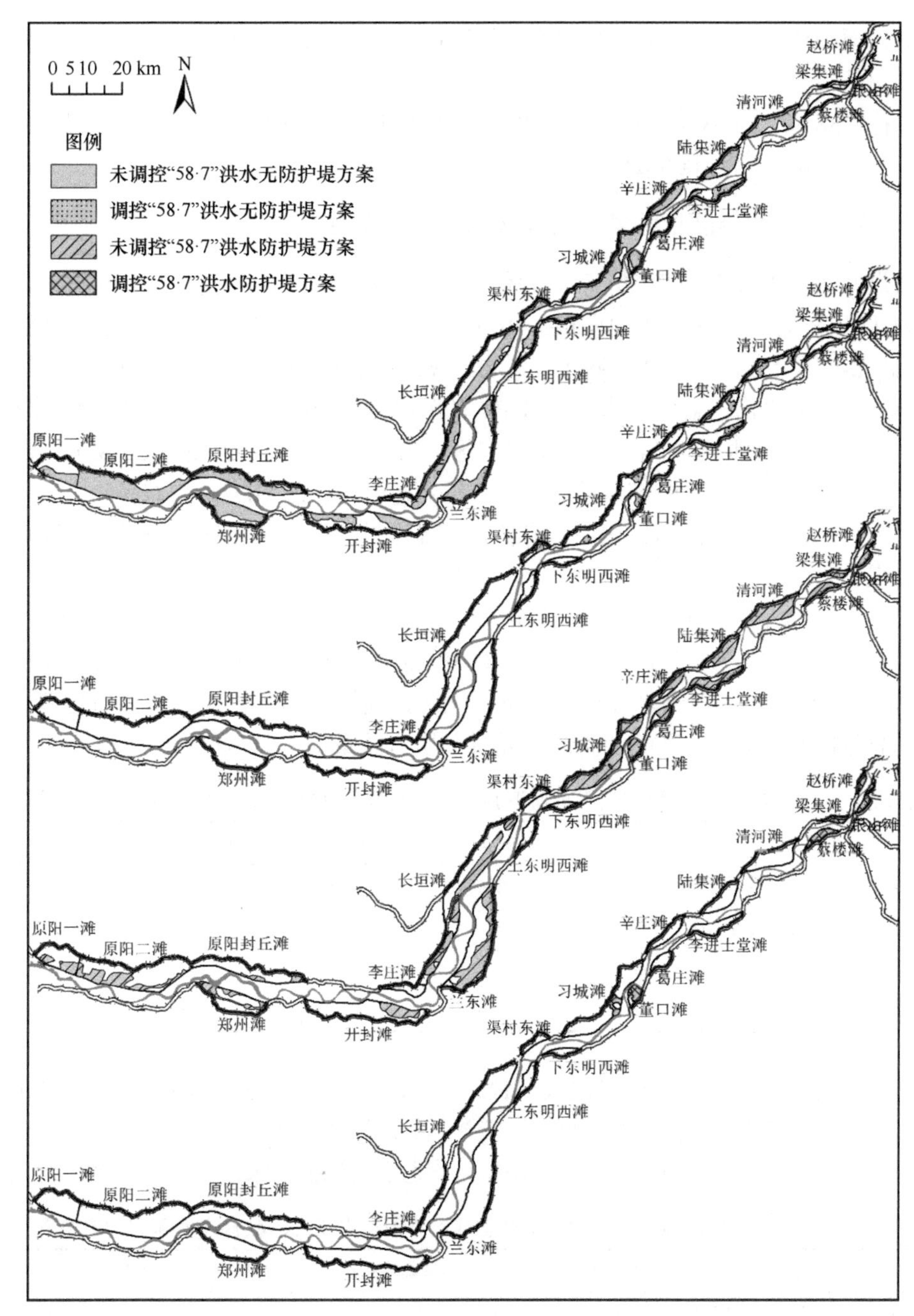

图 5.41　“58 • 7”洪水过程情景下黄河下游宽滩区不同运用模式淹没范围的空间分布

调控“58 • 7”洪水过程情景下无防护堤模式京广铁路桥—东坝头河段，淹没面积占该河段滩区总面积的 0.56%；东坝头—高村河段占总面积的 0.93%；高村—孙口河段占该河段滩区总面积的 15.55%，淹没面积比率明显高于高村以上河段。有防护堤模式下高村以上河段未漫滩，漫滩区集中于高村—孙口河段，占该河段滩区总面积的 19.05%。

未调控“58 • 7”洪水过程情景无防护堤模式下，淹没面积达到 60 km^2 以上的滩区从大至小依次是原阳二滩、长垣滩、习城滩、原阳封丘滩、兰东滩和郑州滩；防护堤模式下淹没面积达到 60 km^2 以上的滩区从大至小依次为习城滩、长垣滩、兰东滩、原阳二滩和清河滩。

调控“58 • 7”洪水情景两种运用模式下都漫滩上水的滩区有 5 个，分别是习城滩、董口滩、辛庄滩、蔡楼滩和梁集滩。

5. 黄河下游宽滩区重大洪涝灾害年的物理暴露性

假设此次洪水发生于 2010 年，经统计，当年黄河下游滩区总人口 189 万人，GDP 总量为 127.49 亿元，总农作物夏粮为 146.02 亿 t，秋粮为 103.60 亿 t，总公共资产为 31.58 亿元，总个人资产为 286.49 亿元。根据模型试验结果，分析黄河下游宽滩区不同运用模式下重大洪涝灾害年的人口、GDP、农作物、公共资产和个人财产的物理暴露量，利用 ArcGIS 空间叠加分析等，分别将受灾区域内 22 个滩区相对应的人口数量、农作物产量、公共资产量和个人财产量叠加求和，得到总人口、总 GDP、总农作物、总公共资产和个人财产的物理暴露量。进而，将各物理暴露量除以上述相应物理量总值即可研判洪水的灾害影响。

其中，未调控“58 • 7”洪水过程情景下，无防护堤模式和防护堤模式人口物理暴露量分别占总量的 29.37%和 24.12%，GDP 的物理暴露量分别占总量的 22.99%和 20.04%。调控“58 • 7”洪水过程情景下，无防护堤模式和防护堤模式人口物理暴露量均达到总量的 6%以上，GDP 的物理暴露量分别占总量的 1.51%和 3.54%（表 5.21）。

表 5.21 “58 • 7”洪水过程情景下黄河下游宽滩区不同运用模式的人口和 GDP 物理暴露量

洪水情景模式	淹没面积/km^2	人口暴露量/万人	人口暴露比例/%	GDP 暴露量/亿元	GDP 暴露比例/%
未调控“58 • 7”洪水过程+无防护堤	841.88	55.65	29.37	29.31	22.99
调控“58 • 7”洪水过程+无防护堤	64.45	6.41	3.38	1.93	1.51
未调控“58 • 7”洪水过程+防护堤	667.54	45.70	24.12	25.55	20.04
调控“58 • 7”洪水过程+防护堤	69.78	6.44	3.40	4.51	3.54

该洪水情景下不同滩区运用模式粮食产量和固定资产的物理暴露量，粮食产量总体上夏粮产量的物理暴露量略大于秋粮。其中，未调控“58 • 7”洪水过程情景有防护堤模式和无防护堤模式夏粮和秋粮的物理暴露量均远大于调控洪水情景（表 5.22）。

表 5.22 “58 • 7”洪水过程情景下黄河下游宽滩区不同运用模式的粮食产量和固定资产暴露量

洪水情景模式	夏粮暴露量/亿 t	秋粮暴露量/亿 t	公共资产暴露量/亿元	个人财产暴露量/亿元
未调控“58 • 7”洪水过程+无防护堤	42.06	33.69	10.50	75.53
调控“58 • 7”洪水过程+无防护堤	3.62	3.51	0.63	6.43
未调控“58 • 7”洪水过程+防护堤	33.28	24.72	4.95	56.74
调控“58 • 7”洪水过程+防护堤	3.26	2.00	0.46	9.62

固定资产包括公共资产和个人财产两部分，公共资产分为国有资产和集体资产。在公共资产和个人财产暴露量方面，呈现的特征与粮食物理暴露量相似。未调控“58 • 7”

洪水情景无防护堤模式公共资产和个人财产的物理暴露量比例为33.25%和26.36%。在四种模式中，调控“58·7”洪水情景防护堤模式的公共资产物理暴露比例最小，调控“58·7”洪水情景无防护堤模式的个人资产物理暴露比例最小，但和调控“58·7”洪水情景防护堤模式差别不大。这说明在保护滩区居民生命财产安全方面，调控洪水情景优于未调控洪水情景，有防护堤模式优于无防护堤模式。

5.2.3 黄河下游滩区功能区划

在系统论证黄河下游滩区防护堤标准6000～8000m^3/s治理方案基础上，初步提出了黄河下游河道滩槽配置格局与功能区划。

发挥干流小浪底等水库群联合调控作用，根据黄河下游水沙特性、典型滩槽的空间相对关系（图5.42）、地形状况和经济发展情况，确保中常洪水不漫滩，大洪水期实施有计划分区行洪滞洪沉沙，并采用引洪放淤、抽沙放淤、挖河疏浚等方法，治理滩区堤沟河、串沟等，系统整治黄河下游滩地和河槽。

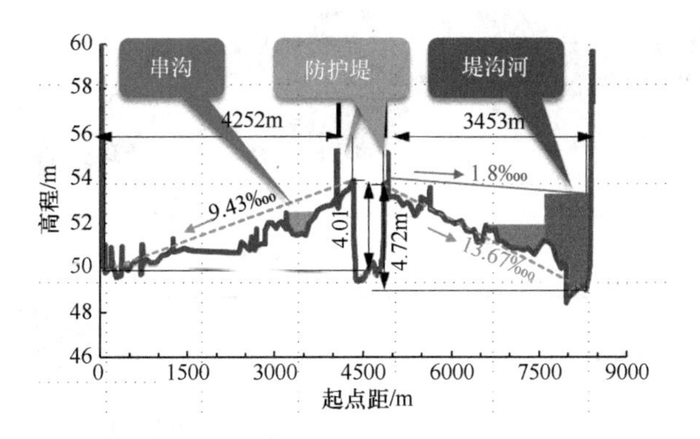

图5.42 黄河下游滩槽空间相对关系

根据黄河下游河道的自然地貌特征，将黄河大堤以内的主槽和滩地依次划分为“主河槽”“嫩滩”“二滩”“高滩”等。根据滩槽的不同分区，充分考虑地方区域经济发展规划，对滩区进行功能区划，确定滩槽综合治理的空间配置格局（图5.43）。

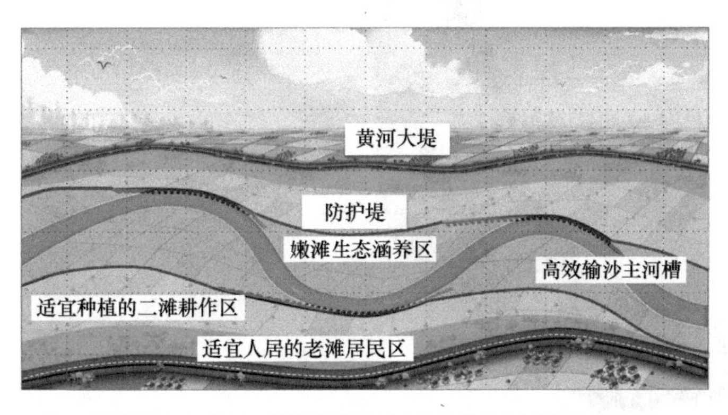

图5.43 黄河下游滩槽综合治理的空间配置格局

根据滩地的空间配置格局，将花园口—陶城铺宽滩区划分为三类功能区划，如图 5.44～图 5.46 所示。

第一，将地形较高、洪水风险相对较小的“老滩”区，设置成适宜人居的老滩居民区，解决滩区群众居住和生活问题，即在沿大堤两岸 500m 内的空间，通过放淤固堤等方式，改善现在严峻的“二级悬河”态势，构筑适宜人居的老滩居民区。

第二，在防护堤和老滩居民区之间打造适宜种植的二滩耕作区，这样一方面可以解决滩区群众生产的问题；另一方面可以留作后备滞洪沉沙区，承担滞洪沉沙的功能。在该区域发展高效生态农业、观光农业等，鼓励农民将土地承包经营权以出租或入股形式，流转给农业企业经营，大力扶持一批生产经营链条长、深加工增值高、辐射带动能力强

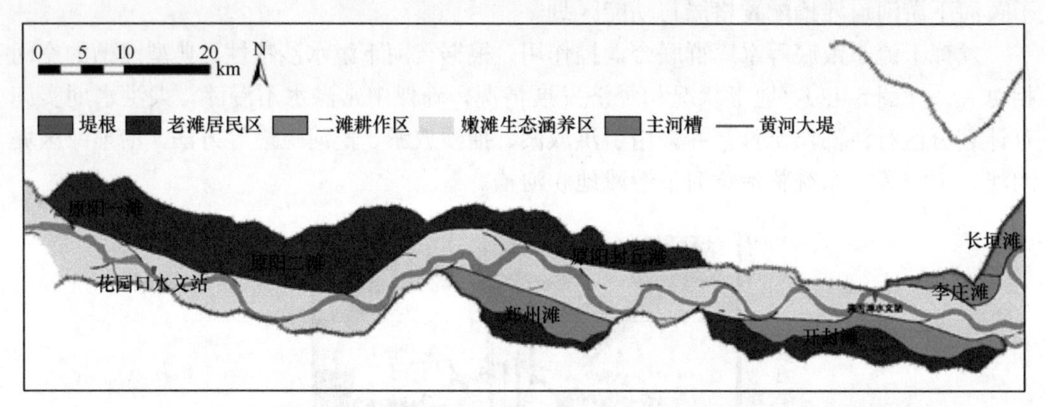

图 5.44　黄河下游花园口—夹河滩滩地空间格局

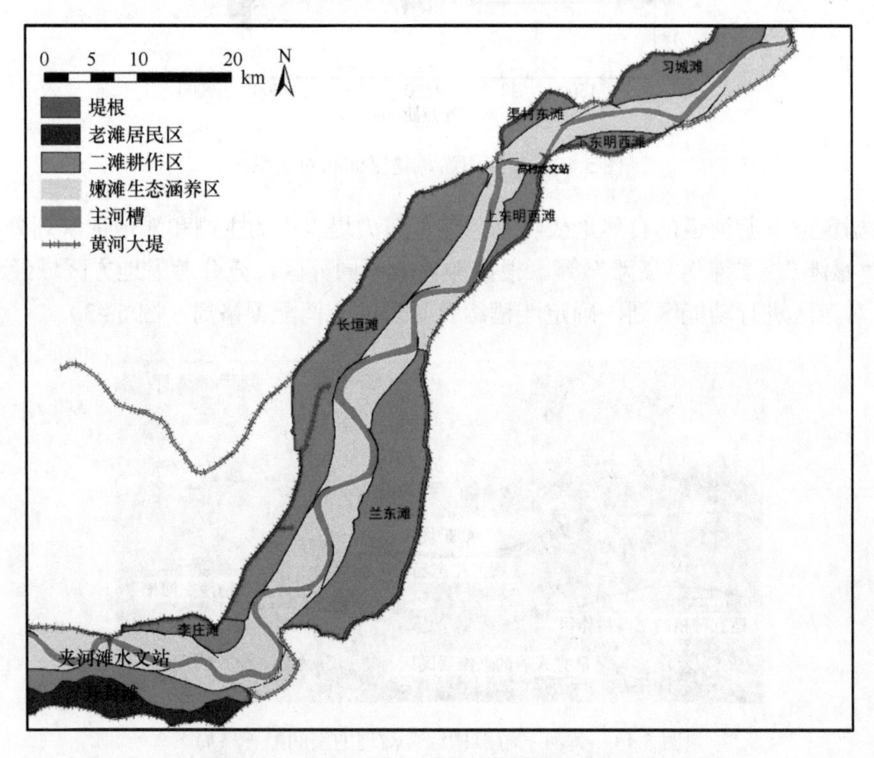

图 5.45　黄河下游夹河滩—高村滩地空间格局

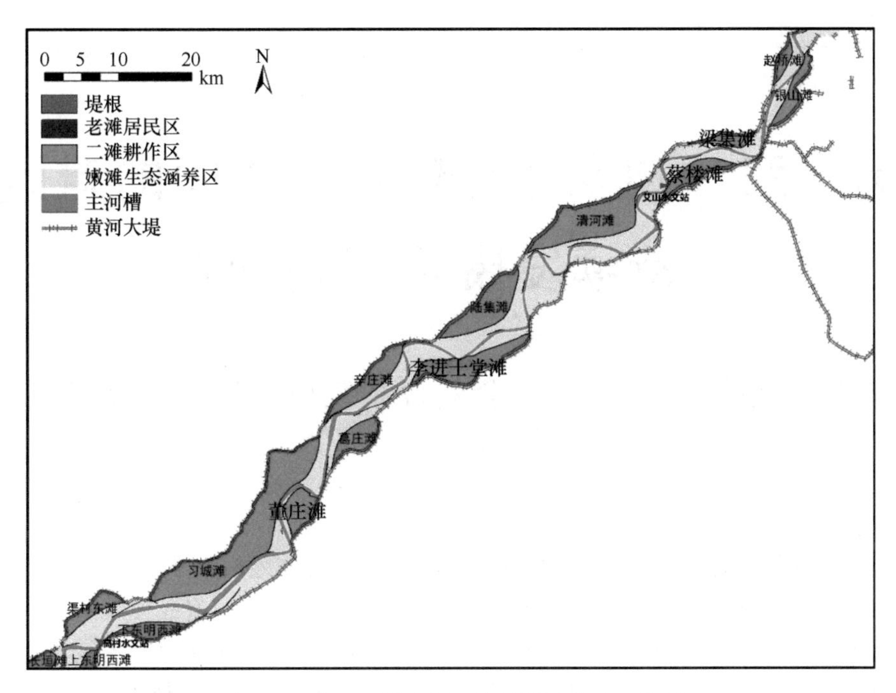

图 5.46　黄河下游高村—陶城铺滩地空间格局

的农工商紧密结合的产业，这样既增加农民土地财产性收益，又促进农业规模经营，形成集约化农业规模；并鼓励国内外一些企业到滩区投资，出台政策鼓励企业优先雇用原滩区居民，鼓励滩区居民到新城中就业，形成良性循环。

第三，将洪水风险较高的临河嫩滩区设置为嫩滩生态涵养区。将防护堤与河道工程边界相连、与河槽水边线组成的区域，打造成嫩滩生态涵养区，可以建一些湿地公园，并设置亲水生态景观设施。同时，该区域还承担漫滩洪水至 10000m^3/s 洪水的滞洪沉沙作用，充分发挥河道的自然功能。

第四，稳定与黄河下游来水来沙相适宜的主河槽，用于黄河下游的行洪和高效输沙。即在河槽内，构建宽度 800～1000m 的高效输沙通道，并控制中水与小水期的河势稳定。

因地制宜地将湿地生态保护模式、分散农牧生产模式、乡村生态宜居模式、集约化农业发展模式等相结合，实现治河和经济发展的双赢。

第6章　自然-经济-社会协同的滩区可持续发展及管理机制

6.1　滩区自然-经济-社会复合系统协同发展关联机制

6.1.1　概　　述

本节重点研究滩区协调发展关联机制问题，故此将前述黄河下游河道行洪输沙-生态环境-社会经济河流系统的行洪输沙和生态环境子系统合并，将社会经济子系统拆分为社会、经济两部分。自然-经济-社会复合系统是典型的农业生态复合系统。土地作为十分重要的自然资源，是滩区农业生态系统建设活动中不可缺少的载体。土地的用途往往是多样的，在农业、工业、服务业乃至人类日常生活的各个方面都有体现。土地的不可替代性说明了土地独有的价值，同时土地的面积有限，人类的生产建设活动只能改变土地的形态，不能增加土地的总量。这也造成了留给人们从事各种土地利用活动的面积是有限的，不能满足人类对各种用地的需求。我国土地资源的特点是土地面积数量大、人均占有量少、后备土地资源不足、农地分布不均和水土资源不平衡等。尤其是改革开放以来，随着我国经济的快速发展和城镇化水平的不断提高，大量农用耕地转化为建设用地或其他类型的用地，土地资源利用粗放，对土地的不合理利用导致一系列社会问题和环境问题。

黄河下游滩区承担着行洪、滞洪、沉沙的功能，是黄河防洪工程体系的重要组成部分，同时也是滩区约190万群众赖以生存和生活的场所，防洪运行和经济发展矛盾长期存在，社会经济发展缓慢、群众生产生活水平低，是流域和地方政府共同关注的特殊区域。

黄河下游滩区土壤肥沃，耕地质量较高，适宜进行农业生产，是我国耕地资源重要的后备来源。从系统论的角度来看，以滩区自然-经济-社会复合系统协同发展为目标，保障滩区周边经济的健康协调发展和社会稳定，有必要通过研究对滩区土地资源进行有效管制和合理的开发利用，加强黄河滩区安全建设，着力解决防洪安全与滩区开发间的矛盾，使滩区综合开发利用实现持续协调发展。

6.1.2　滩区自然-经济-社会复合系统及其内部关系

1. 自然-经济-社会复合系统理论基础

复合系统理论认为复合系统包含多个子系统，这些子系统之间既是相互独立的，同时又以一定方式相互作用。复合系统不是由各子系统简单叠加而成的，而是各子系统有机复合的结果。在复合系统内部，子系统间既有协同关系，又有竞争和制约关系。复合系统整体功能的强弱由协同作用的大小决定，如果子系统间协同作用强，复合系统的整体功能就强，整个系统就协调；反之，则不协调。复合系统追求的是子系统有机复合后的总体优化与协调，这是复合系统的基本目标。

1）复合系统的内涵

复合系统是一个复杂的动态大系统，它由具有不同属性、相互关联、相互渗透、相互作用的子系统有机复合而成。复合系统包含结构与功能，其内涵可以用公式表示为

$$\begin{aligned} &C_s \in \{S_1, S_2, \cdots, S_i, \cdots, S_n, R_a\} \quad n \geqslant 2; i = 1, \cdots, n \\ &S_i \in \{E_1, E_2, \cdots, E_j, \cdots, E_m\} \quad m \geqslant 1; j = 1, \cdots, m \end{aligned} \tag{6.1}$$

式中，S_i为子系统 i；E_j为子系统 i 中的要素 j。各子系统包含多个要素或变量，各要素之间发生相互作用且它们之间的关系错综复杂。用 R_a 代表关联系统，来说明复合系统中各子系统之间、子系统各要素之间的关系集合。相应地，复合系统可抽象表示为

$$S_f = f(S_1, S_2, \cdots, S_i, \cdots, S_n) \tag{6.2}$$

式中，f为复合因子。

2）复合系统的分类

根据子系统之间的相互作用关系，复合系统可以分为正作用关系系统与负作用关系系统。正作用关系系统是指各子系统间起相互促进作用的系统，具体地讲，假如 S_a、S_b是复合系统中的两个子系统，正作用是指子系统 S_a 与子系统 S_b 对相互的发展起促进和保障的作用。负作用关系系统是指子系统间起相互制约作用的系统，具体地讲，还以复合系统中的两个子系统 S_a、S_b 为例，子系统 S_a 与子系统 S_b 对相互的发展起制约和阻碍作用。通常情况下，一个复合系统中可能同时存在正作用关系系统和负作用关系系统，但复合系统表现出来的整体特性取决于两个系统作用的强弱。

3）复合系统的基本特征

复合系统具有如下特征：①目的性，复合系统具有目的性明确的特点，它的目的是实现系统的总体优化与协调发展，为了这个目标的实现，可以采取改变系统的外部环境、子系统之间的作用关系等措施；②整体性，复合系统所表现出来的整体效应是各个子系统相互关联、相互作用的结果，复合系统的整体功能超过各个子系统功能的简单相加，即 1+1>2；③全面性，复合系统是其功能、结构、组织管理与内外部协调的统一。

2. 自然-经济-社会复合系统

自然-经济-社会复合系统是将与经济、社会系统有密切联系的自然系统内化为这一大系统内部的构成要素，使其成为系统运行不可缺少的有机组成部分，因此形成了包含经济子系统、社会子系统、自然子系统在内的更高层次的大系统。

人的生存环境可以用水、土地、空气等及其之间的相互关系来描述，是人类赖以生存、繁衍的自然子系统。第一是水，包括水资源、水环境、水生境、水景观和水安全等，有利有弊，既能成灾，又能造福。第二是土地，土是人类生存之本，人类依靠土壤、土地、地形、地景、区位等获得食物、纤维物质，土地支持社会经济活动。第三是空气，

一系列空气流动和气候变化，提供了生命生存的气候条件，也造成了各种气象灾害、环境灾害。

第二个子系统是以人类的物质能量代谢活动为主体的经济子系统。人类能主动地为自身生存和发展组织有目的的生产、流通、消费、还原和调控活动。第一，人们将自然界的物质和能量变成人类所需要的产品，满足眼前和长远发展的需要，从而形成了生产系统；第二，生产规模大了，就会出现交换和流通，包括金融流通、商贸物质流通以及信息和人员流通，形成流通系统；第三是消费系统，包括物质的消费、精神的享受，以及固定资产的耗费；第四是还原系统，城市和人类社会的物质总是不断地从有用的东西变成“没用”的东西，再还原到自然生态系统中进入生态循环，也包括人类生命的循环以及人的康复；第五是调控系统，调控有几种途径，包括政府的行政调控、市场的经济调控、自然调节以及人的行为调控。

社会的核心是人，人的观念、体制和文化构成复合系统的第三个子系统，即社会子系统。第一是人的认知系统，包括哲学、科学、技术等；第二是体制，是由社会组织、法规、政策等形成的；第三是文化，是人在长期进化过程中形成的观念、伦理、信仰和文脉等。“三足鼎立”，构成社会子系统中的核心控制系统。

自然子系统、经济子系统和社会子系统是相生相克、相辅相成的。三个子系统在时间、空间、数量、结构、秩序方面的生态耦合关系和相互作用机制决定了复合生态系统的发展与演替方向。每一个子系统内部以及三个子系统之间在时间、空间、数量、结构、秩序方面的生态耦合关系如下：

（1）时间关系包括地质演化、地理变迁、生物进化、文化传承、城市建设和经济发展等不同尺度；

（2）空间关系包括大的区域、流域、政域直至小街区；

（3）数量关系包括规模、速度、密度、容量、足迹、承载力等量化关系；

（4）结构关系包括人口结构、产业结构、景观结构、资源结构、社会结构等。

复合系统的动力学机制来源于自然、经济和社会三种作用力。

3. 自然-经济-社会复合系统的内部关联性

国内已经有学者从系统角度入手，对特定区域自然-经济-社会复合系统的内部关联性做了一定探索。邓楚雄等对长沙市区土地利用系统和经济发展系统的协调度进行分析，研究了土地利用与经济发展系统间的演进模式。研究发现，土地利用系统与经济发展系统间的协调发展度不高，协调度指数总体呈下降趋势；土地利用与经济发展系统交替领先，由早期的经济发展相对落后于土地利用模式逐渐演变为经济发展超出土地利用的发展模式。可以看出我国学者对土地利用主导因素与社会经济关系的研究主要从以下几方面展开。

1）土地利用变化与人口因素的关联

人口因素在土地利用变化中起着十分重要的作用，是区域土地利用变化中最活跃的驱动力之一。人口因素变化会对土地利用时空变化产生影响，具体表现有：①人口变化会对土地利用类型的数量有一定影响，人口增加会导致耕地面积减少，建设用地面积增加；②人口数量变化会对土地利用程度造成影响；③人口数量变化也会使土地利用结构发生变化。综上所述，人口变化会从数量、质量、利用程度和利用结构等方面对土地利用产生影响。许多学者从实证的角度对人口与土地利用的关联进行了分析，谭强林等（2011）在对湖南土地利用研究中指出，由于人民生活水平提高、膳食结构发生改变，人类对耕地的压力增大，而随着人口的增加，耕地却在减少，人口变化与耕地面积变化呈负相关。人口增加又会使建设用地增多，与建设用地的增加呈正相关。王亚茹等也在对长沙开福区的研究中发现人口增加与耕地呈负相关、与建设用地呈正相关。

2）土地利用变化与经济发展的关联

经济发展和土地利用的关系十分密切，经济发展会对土地利用类型和土地利用结构产生影响；反过来，土地利用也对社会经济的发展有重要影响，土地利用变化在一定程度上决定着区域经济发展的轨迹。经济发展与土地利用是一种相互影响、相互依存的关系。谭强林等（2011）指出经济增长进程对土地利用影响很大，主要表现在两个方面：首先，经济的发展会对土地利用结构和类型产生重要影响；其次，土地利用又离不开经济发展的支持，土地持续利用所需要的先进技术和资金投入又要依靠经济发展的资助，两者相互依存、相互促进。

施毅超等在对长江三角洲地区土地利用变化与经济发展关系的研究中发现，耕地流失率与GDP递增率呈现“S”形变化，建设用地递增率与GDP递增率呈现抛物线倒“U”形变化。周忠学认为土地利用变化会对经济产生影响，以陕北地区为例，当地工矿用地比例的提高促进了工矿业的发展，工业经济发展水平迅速提高，工业部门产业结构得到优化，而工矿业的发展又会需要新的土地，最终更多的土地向工矿用地转变。胡明从土地利用结构调整对社会经济发展影响的视角出发，对县域经济发展和农村土地利用结构调整进行分析，结果发现土地利用结构的调整促进了县域经济水平的提高。骆东奇等从耦合的角度出发，在对重庆市土地利用与经济发展进行分析后指出，土地利用与经济发展耦合关系是土地利用与社会经济因素在某一时期的特殊表现形式，是土地利用集约和节约水平的一种表现，并通过对不同土地和三大产业进行相关性分析找出其关联特点。

3）土地利用变化与工业化城市化的关联

城市的形成、发展和扩展，以及城市本身结构的变化，既是土地利用变化的因素，又是土地利用类型变化的表现。不同的城市发展阶段、不同的城市结构类型，以及城市化的不同方式，都会形成与之相对应的土地利用状况。

张文忠等对珠江三角洲 1990～2000 年土地利用变化的研究表明，土地利用变化与工业化、城市化进程和状态在不同工业化城市化发展阶段，具有一定的内在联系，土地利用变化与产业非农化、城市化耦合度很高。潘爱民等对长株潭城市群土地利用变化进行研究发现，城市化率与研究区的土地利用程度关系密切；长株潭地区已进入快速城市化发展阶段，人口、产业的集聚加强，非农用地侵占农用地的数量逐年增加。因此，长株潭地区城市化的加速发展促进了当地土地利用水平的提高，提高了土地利用的集约水平。许月卿等对北京市平谷区进行了系统的研究，认为城镇规模的扩大必然引起土地利用结构变化，农地非农化现象将十分突出，因此应加强旧城改造、农用地进一步挖潜、严格保护耕地和基本农田，调整土地利用与城市化之间的关系。谭雪兰等通过对长沙市进行研究发现，新型工业化促进工业结构优化，继而促进工业增加值的增长，并对工业用地造成影响。

汤青等对广东省土地利用变化与城市化工业化耦合关系的研究结果表明，处于城市化加速和完成阶段、工业化中期和后期的县市区，土地利用变化较为明显。城市化和工业化过程及其所处的不同发展阶段都会导致不同的土地利用类型变化。郑宇等对无锡市工业化城市化与土地利用关系的研究结果表明，在工业化与城市化发展的不同时期，土地利用也呈现出不同的特征。

4）土地利用变化与产业结构的关联

土地利用结构与经济结构关系密切，经济结构的演化必然导致土地利用结构的变化，同时土地利用结构也能在一定程度上反映出区域经济发展的水平。如果土地利用类型与经济结构相适应，将会促进经济发展；反之，如果土地利用方式与经济结构不匹配，将会对经济发展起到阻碍作用。

孔祥斌等在对北京海淀区、平谷区和河北省的曲周县也进行了系统研究，结果表明，产业发展阶段不同，其用地方式与特点也不同，第一产业为主的时期，耕地面积增加，林地减少；第二产业为主的时期，建设用地占用大量的耕地；第三产业为主的时期，建设用地和环境用地对耕地占用呈现竞争态势。

4. 自然-经济-社会复合系统可持续发展

从宏观的角度分析自然子系统、经济子系统、社会子系统，三者之间具有如图 6.1 所示的密切关系，其中一个系统的变化将会对其他系统产生相应的影响，其他系统受到影响后产生的变化主要是正、负两个方向。

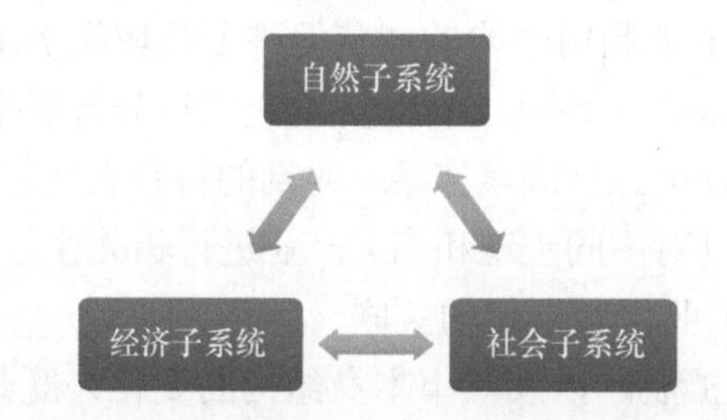

图 6.1 自然-经济-社会复合系统的相互作用

自然子系统为经济子系统提供生产资料，为社会子系统提供生活资料；反过来，经济活动对自然子系统也有可能造成破坏，如工业污水和固体废物的排放等，社会子系统也有向自然系统排放生活污水和废弃物的情况。

经济子系统与社会子系统之间的密切关系更是不言而喻。简单地说，社会子系统为经济子系统的运行提供劳动力，经济子系统的运行能够提高人们的生活水平、改善生活质量。

从微观经济学的角度分析，在自然子系统、经济子系统、社会子系统中，对系统施加影响的主体一般有生产企业、居民和环境监管部门等政府机构。

一般来说，企业要生产可供消费的商品，除了要投入资本、劳动力和其他部门的商品（中间投入）外，还需要投入来自自然子系统的原材料、土地和水资源等。这些投入的自然资源在生产和消费过程中，一部分被消耗掉，另一部分则成为废弃物排放回自然子系统中。

因此，自然子系统不但是各种资源的提供者，而且是生产和生活废弃物的容纳者。很显然，自然子系统提供自然资源的能力和纳污能力都是有限的，而且受其他子系统的影响，这种有限性必然会对经济的发展起抑制作用。

自然子系统、经济子系统、社会子系统之间的关系，根据排列组合，可以形成 $p_3^3=6$ 条关系链，形如“自然→经济→社会→自然”“经济→社会→自然→经济”，其余4条关系链就是各因素之间的顺序调整。

5. 黄河下游滩区行洪滞洪-经济社会复合系统协调发展

本书以黄河下游滩区为研究对象，黄河下游滩区作为河道的重要组成部分，是行洪输沙的重要通道，既要有效控制洪水、妥善处理泥沙，又要统筹考虑好滩区人民群众的生产、生活，使他们安居乐业。因此，本章重点从行洪输沙-经济社会协调发展的角度对自然-经济-社会复合系统进行分析。

由于历史原因，特殊的水沙条件和独特的河道特性决定了黄河下游河道内存在诸多的滩区，并有一定数量的人口居住、生活在此，滩区土地为滩区群众提供了生产用地、生活用地。但是，由于黄河洪水突发性强，漫滩频率高，滩区一旦漫滩，就会冲毁滩区的生产设施，破坏滩区生产条件。在这种情况下，生活在滩区的群众，缺乏必要的应对措施，就会长期遭受洪水的威胁和侵袭，生产生活受到影响；故而滩区群众为了保护自身利益，防止黄河滩区行洪破坏生产设施，便年年筑生产堤，从而影响了洪水漫滩和滩槽水沙交换，改变了河道天然情况下淤滩刷槽的自然规律，特别是20世纪90年代黄河下游频发高含沙量小洪水，造成河槽急剧萎缩，二级悬河不利态势逐步加剧。因此，优化黄河上中游水沙调控工程体系及联合调控运用方式，对黄河下游河道采取合理的治理模式，为滩区发挥行洪滞洪沉沙功能，改善滩区群众生产生活条件和生态环境状况显得十分必要。

滩区行洪输沙功能是自然子系统对社会经济子系统产生的主要作用关系，社会经济子系统的生产、生活以及修建生产堤、分区治理等行为又反过来对自然子系统产生影响。因此，通过有效的管理手段，形成科学的防洪体系，可以使滩区防洪与滩区人民群众的生产、生活活动和防洪要求协同起来，使自然系统、经济系统、社会系统形成良性循环，为黄河滩区乃至黄河经济带实现可持续发展提供基础。

6.1.3　滩区自然-经济-社会协同发展的作用机理

本节采用黄河下游滩区2005年、2015年的土地利用遥感数据，以及2005～2015年经济社会发展的统计调研数据，在研究滩区土地利用和社会经济发展演变规律的基础上，建立滩区土地利用与经济社会发展的关联，揭示滩区土地利用与社会经济发展的关联机制，为基于滩区自然-经济-社会复合系统协同发展、选择黄河下游滩区土地管理模式和滩区防洪滞洪策略提供参考。

1. 基于 GIS 的滩区土地利用变动测度

1）数据来源

（1）河南省和山东省黄河滩区 2005 年和 2015 年的土地利用分类图，空间分辨率为 30m；

（2）河南省和山东省的乡镇边界图；

（3）河南省和山东省的黄河下游滩区属性数据。

2）数据准备

在 ArcMap 中利用河南、山东的乡镇边界图对河南省和山东省的土地利用分类图进行裁剪，裁剪出河南和山东的黄河滩区；对裁剪出的研究区进行数据提取，提取到 Excel 表中做数据透视，得到两个时间段河南、山东滩区土地利用情况结果如表 6.1 和表 6.2 所示。

表 6.1 2005～2015 年河南黄河滩区土地利用一级分类面积变化 （单位：hm^2）

土地利用类型	2005 年	2015 年	面积变化
耕地	526085.12	514405.17	–11679.95
林地	6410.70	6816.93	406.23
草地	14140.29	14105.96	–34.33
水域	60297.23	65780.28	5483.05
建设用地	107034.35	112985.25	5950.90
未利用地	2020.45	1894.54	–125.91
总计	715988.14	715988.13	0.00

注：表中数值为四舍五入结果，导致总计有微小差异，可忽略。

表 6.2 2005～2015 年山东黄河滩区土地利用一级分类面积变化 （单位：hm^2）

土地利用类型	2005 年	2015 年	面积变化
耕地	619281.51	609713.79	–9567.72
林地	16767.48	16895.24	127.76
草地	43524.85	42785.50	–739.35
水域	73330.98	77360.77	4029.79
建设用地	130706.84	137100.22	6393.38
未利用地	10339.38	10095.52	–243.86
总计	893951.04	893951.04	0.00

3）滩区土地利用类型面积增减情况

2005～2015 年，河南黄河滩区土地利用总体上呈现出“三减三增”的特点，即耕地、草地、未利用地面积减少，林地、水域、建设用地面积增加。

2005～2015 年，山东黄河滩区耕地减少的面积最多，减少了近 $10000hm^2$，而增加较多的是水域和建设用地，分别增加了 $4029.79hm^2$ 和 $6393.38hm^2$。

4）黄河滩区土地利用动态度分析

土地利用动态度是指某一地区在一定时间内某一土地利用数量的变化。通过计算可以定量描述区域土地利用变化的速度，对比较土地利用变化的区域差异和预测未来土地

利用变化趋势都具有积极的作用。其计算公式为

$$R_s = \frac{U_b - U_a}{U_a} \times \frac{1}{T} \times 100\% \tag{6.3}$$

式中，R_s 为研究时段内某一土地利用类型面积的年变化，即土地利用动态度；U_a 和 U_b 分别为研究初期和研究末期某一土地利用类型的面积；T 为研究时段。

2005～2015 年，河南黄河滩区的耕地面积变化量最大，建设用地和水域次之，但是由于耕地的基数较大，超过了 50 万 hm^2，导致耕地的变化幅度和变化速度较小（表 6.3）。相反地，水域的变化幅度和变化速度都是最大的，分别为 9.09%和 0.91%，其次是林地、未利用地和建设用地，变化幅度分别为 6.34%、–6.23%和 5.56%，变化速度分别为 0.63%、–0.62%和 0.56%。耕地、草地以及未利用地的变化幅度是降幅，其中未利用地降幅最为明显；而林地、水域以及建设用地的变化幅度是增幅，其中增幅最为明显的是水域。从图 6.2 可以看出，河南黄河滩区耕地、草地和未利用地的土地利用动态度是负值，林地、水域以及建设用地的土地利用动态度为正值。其中，土地利用动态度最为明显的是水域，其次是林地、未利用地以及建设用地，耕地的土地利用动态度较低，草地的土地利用动态度则最小。

表 6.3　2005～2015 年河南黄河滩区土地利用变化

土地利用类型	2005 年面积/hm^2	2015 年面积/hm^2	变化量/hm^2	变化幅度/%	变化速度/%
耕地	526085.12	514405.17	–11679.95	–2.22	–0.22
林地	6410.70	6816.93	406.23	6.34	0.63
草地	14140.29	14105.96	–34.33	–0.24	–0.02
水域	60297.23	65780.28	5483.05	9.09	0.91
建设用地	107034.35	112985.25	5950.90	5.56	0.56
未利用地	2020.45	1894.54	–125.91	–6.23	–0.62
总计	715988.14	715988.13	0.00	0.00	0.00

注：表中数值为四舍五入结果，导致总计有微小差异，可忽略。

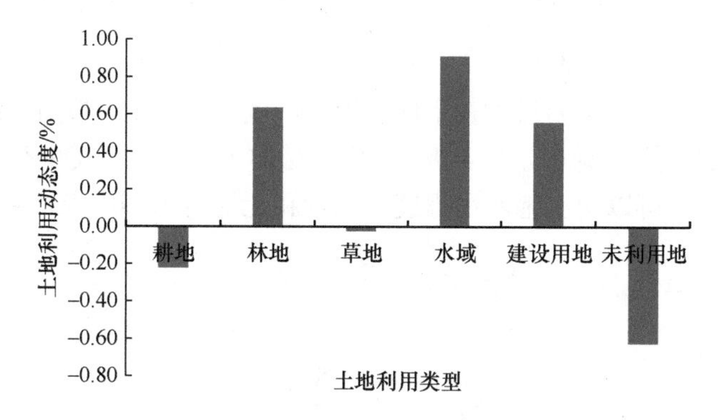

图 6.2　2005～2015 年河南黄河滩区土地利用动态度

2005～2015 年，山东黄河滩区林地、水域以及建设用地的变化幅度为正增长状态，其中增幅最为明显的是水域；而耕地、草地以及未利用地面积呈现出减少状态，其中未利用地降幅最为明显。虽然耕地面积变化量最大，但是由于耕地的基数较大，超过了 60 万 hm^2，

导致耕地的变化幅度和变化速度较小。相反地，水域的变化幅度和变化速度都是最大的，分别为5.50%和0.55%；其次是建设用地和未利用地，变化幅度分别为4.89%和–2.36%，变化速度分别为0.49%和–0.24%。林地、草地的变化幅度和变化速度较小，林地、草地的变化幅度分别为0.76%、–1.70%，变化速度分别为0.08%、–0.17%（表6.4）。从图6.3可以看出，山东黄河滩区耕地、草地和未利用地的土地利用动态度是负值，林地、水域以及建设用地的土地利用动态度为正值。其中，土地利用动态度最为明显的是水域和建设用地，其次是未利用地、草地以及耕地，林地的土地利用动态度最小。

表6.4　2005～2015年山东黄河滩区土地利用变化

土地利用类型	2005年面积/hm^2	2015年面积/hm^2	变化量/hm^2	变化幅度/%	变化速度/%
耕地	619281.51	609713.79	–9567.72	–1.54	–0.15
林地	16767.48	16895.24	127.76	0.76	0.08
草地	43524.85	42785.50	–739.35	–1.70	–0.17
水域	73330.98	77360.77	4029.79	5.50	0.55
建设用地	130706.84	137100.22	6393.38	4.89	0.49
未利用地	10339.38	10095.52	–243.86	–2.36	–0.24
总计	893951.04	893951.04	0.00	0.00	0.00

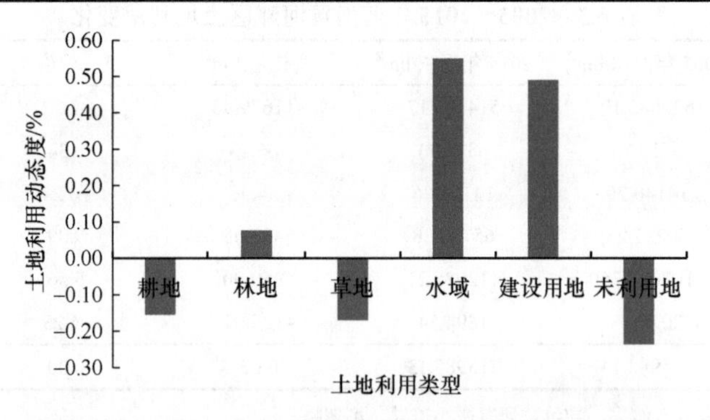

图6.3　2005～2015年山东黄河滩区土地利用动态度

5）黄河滩区土地利用程度

土地利用程度的变化主要反映在土地利用的广度和深度上，按照土地自然综合体在社会因素影响下的自然平衡态分为4级。一定区域的土地利用程度的变化是多种土地利用类型变化的结果，可以用土地利用程度变化量和土地利用程度变化率表示：

$$\Delta L_{b-a} = L_b - L_a = 100 \times \left(\sum_{i=1}^{n} A_i \times C_{ib} - \sum_{i=1}^{n} A_i \times C_{ia} \right) \tag{6.4}$$

$$R = \frac{\sum_{i=1}^{n} A_i \times C_{ib} - \sum_{i=1}^{n} A_i \times C_{ia}}{\sum_{i=1}^{n} A_i \times C_{ia}} \tag{6.5}$$

式中，ΔL_{b-a}为土地利用程度变化量；R为土地利用程度变化率；L_b、L_a分别为b、a时间区域土地利用程度的综合指数；A_i为某类型土地资源的土地利用程度分级指数；C_{ib}、

C_{ia} 分别为某区域 b、a 时间第 i 级土地利用程度面积百分比。如果 $\Delta L_{b-a}>0$ 或 $R>0$，则该区域土地利用处于发展期，否则处于调整期或衰退期。

土地利用程度既可以反映土地利用的广度和深度，又反映了驱动因素对土地利用变化的综合效应。表 6.5 中，河南黄河滩区耕地的土地利用程度变化量和土地利用程度变化率均为负值，说明 2005～2015 年耕地处于衰退期；较为明显的还有建设用地，建设用地的土地利用程度变化量和土地利用程度变化率均大于 0，说明建设用地处于发展期；水域和林地的土地利用程度变化量和土地利用程度变化率都大于 0，则说明水域和林地也都处于发展期；而未利用地的土地利用程度变化量和土地利用程度变化率小于 0，说明未利用地处于衰退期；虽然草地的土地利用程度变化量和土地利用程度变化率都小于 0，但是其数值与 0 非常接近，故草地处于调整期。

表 6.5　2005～2015 年河南黄河滩区土地利用程度变化

土地利用类型	2005 年综合指数	2015 年综合指数	变化量	变化率
耕地	220.430	215.536	–4.894	–0.022
林地	1.791	1.904	0.113	0.063
草地	3.950	3.940	–0.010	–0.003
水域	16.843	18.375	1.532	0.091
建设用地	59.797	63.121	3.324	0.056
未利用地	0.282	0.265	–0.017	–0.060

表 6.6 中，山东黄河滩区耕地土地利用程度变化量和土地利用变化率均为负值，说明 2005～2015 年耕地处于衰退期；较为明显的还有建设用地，建设用地的土地利用程度变化量和土地利用程度变化率均大于 0，说明建设用地处于发展期；水域和林地的土地利用程度变化量和土地利用程度变化率都大于 0，但是林地的土地利用程度变化量和土地利用程度变化率接近于 0，所以水域处于发展期，林地处于调整期；未利用地和草地的土地利用程度变化量和土地利用程度变化率小于 0，并且都与 0 较为接近，所以未利用地和草地都处于调整期。

表 6.6　2005～2015 年山东黄河滩区土地利用程度变化

土地利用类型	2005 年综合指数	2015 年综合指数	变化量	变化率
耕地	207.824	204.613	–3.211	–0.015
林地	3.751	3.780	0.029	0.008
草地	9.738	9.572	–0.166	–0.017
水域	16.406	17.308	0.902	0.055
建设用地	58.485	61.346	2.861	0.049
未利用地	1.157	1.129	–0.028	–0.024

6）黄河滩区土地利用类型转移矩阵

在 ArcGIS 中建立土地利用类型转移矩阵，土地利用类型转移矩阵的建立可以分析研究时段内研究区各土地利用类型相互之间转变的方向和数量。具体的操作流程为：首先，打开两个裁剪后的土地利用分类结果，利用 ArcGIS 10.3 软件将 2005 年、2015 年河南、山东黄河滩区的土地利用分类结果转为矢量图。其次，对两期的矢量图进行交叉分析，继而在交叉后所得结果的属性表中计算面积，在 Excel 中打开分析后数据的 dbf 文件，看到的是大量复杂的数据。然后，运用 Excel 做数据透视表处理，将数据分类整合。最后，对结果进行整理，得到 2005～2015 年河南、山东黄河滩区土地利用类型转移矩阵。

2005～2015 年，河南黄河滩区耕地的面积转出率为 2.95%，转移面积为 15510.48hm^2，分别转变为林地、草地、水域、建设用地以及未利用地（表 6.7）。

表 6.7　2005～2015 年河南黄河滩区土地利用分类转移矩阵　（单位：hm^2）

土地利用类型	耕地	林地	草地	水域	建设用地	未利用地	总计
耕地	510574.64	423	138.64	8705.18	6237.98	5.68	526085.12
林地	13.86	6097.32	0.44	241.45	56.08	1.56	6410.71
草地	7.25	0.58	13952.47	164.65	15.34	0	14140.29
水域	3498.99	288.39	13.66	56225.6	269.88	0.72	60297.24
建设用地	268.7	0.9	0.76	357.98	106405.96	0.04	107034.34
未利用地	41.73	6.75	0	85.43	0	1886.55	2020.46
总计	514405.17	6816.94	14105.97	65780.29	112985.24	1894.55	715988.16

2005～2015 年，山东黄河滩区的耕地面积转出率为 1.67%，转移面积为 10339.04hm^2（表 6.8）。耕地分为水田和旱地，其中水田转出面积比较少，转出了 505.87hm^2，分别转变为旱地、其他林地、水库坑塘、城镇用地、农村居民点用地、工业与交通建设用地以及盐碱地。

表 6.8　2005～2015 年山东黄河滩区土地利用一级分类转移矩阵　（单位：hm^2）

土地利用类型	耕地	林地	草地	水域	建设用地	未利用地	总计
耕地	608942.46	326.29	8.73	1838.27	8164.24	1.51	619281.50
林地	28.32	16565.42	0.34	88.68	84.72	0.00	16767.48
草地	56.61	0.57	42770.49	421.30	275.87	0.00	43524.84
水域	531.00	0.21	3.46	72545.08	250.19	1.04	73330.98
建设用地	86.27	2.75	2.45	2306.29	128308.50	0.59	130706.85
未利用地	69.13	0.00	0.02	161.16	16.69	10092.38	10339.38
总计	609713.79	16895.24	42785.49	77360.78	137100.21	10095.52	893951.03

7）滩区土地利用结构变化分析

土地利用结构变化反映出土地利用方向的变化趋势，其计算公式为

$$K=\sum_{i=1}^{n}\frac{\left|Q_{it}-Q_{io}\right|}{T} \tag{6.6}$$

式中，Q_{it} 和 Q_{io} 为研究末期和研究初期的 i 类土地在土地利用中的比例；T 为时间间隔的年份。

2005～2015 年，耕地的结构变化速度最为明显，林地、草地以及未利用地的结构变化轻微，水域和建设用地的结构变化速度居中。河南黄河滩区土地利用率总体上呈上升

态势，从 2005 年的 99.72%增长到 2015 年的 99.74%。建设用地从 2005 年的 14.95%增加到 2015 年的 15.78%。2005～2015 年，水域所占的比例从 8.42%上升到 9.19%。河南黄河滩区的林地、草地以及未利用地在 2005～2015 年不但所占比例少，而且 10 年间的变化不明显，草地尤为突出，不足 0.01%的变化；林地所占比例从 0.90%增加到 0.95%；未利用地所占比例由 0.28%降为 0.26%（表 6.9）。

表 6.9　2005～2015 年河南黄河滩区土地利用结构变化

土地利用类型	2005 年所占比例/%	2015 年所占比例/%	K
耕地	73.48	71.85	0.1631
林地	0.90	0.95	0.0057
草地	1.97	1.97	0.0005
水域	8.42	9.19	0.0766
建设用地	14.95	15.78	0.0831
未利用地	0.28	0.26	0.0018

2005～2015 年，山东黄河滩区耕地的结构变化速度最为明显，水域和建设用地的结构变化速度居中，林地、草地以及未利用地的结构变化轻微。山东省黄河滩区土地利用率总体上呈上升态势，从 2005 年的 98.84%增长到 2015 年的 98.87%。耕地呈现下降态势，从 69.27%下降到 68.20%，虽然耕地在不断减少，但垦殖率依然很高。建设用地从 2005 年的 14.62%增加到 2015 年的 15.34%。水域所占的比例从 8.20%上升到 8.65%（表 6.10）。

表 6.10　2005～2015 年山东黄河滩区土地利用结构变化

土地利用类型	2005 年所占比例/%	2015 年所占比例/%	K
耕地	69.27	68.20	0.1070
林地	1.88	1.89	0.0014
草地	4.87	4.79	0.0083
水域	8.20	8.65	0.0451
建设用地	14.62	15.34	0.0715
未利用地	1.16	1.13	0.0027

8）黄河下游不同滩区土地利用变化分析

将河南、山东黄河滩区细分为 22 个滩区和 189 个乡镇进行具体分析，在 ArcGIS 中利用 ArcToolbox—分析工具—叠加分析—联合，将乡镇边界图和土地利用分类图进行叠加，使之既拥有乡镇的属性，又拥有分类的属性。然后在 Excel 中利用数据透视表对数据进行整理，得到每个乡镇的土地利用情况，将每个滩区所包含的乡镇进行加合，得到每个滩区的土地利用情况。

在 22 个滩区中，变化较为明显的三类用地是耕地、水域以及建设用地，耕地面积减少，水域和建设用地面积增加，而林地、草地和未利用地的变化较小。在各滩区的耕地中，面积减少最多的两个滩是开封滩和下东明西滩，分别减少了 638.51hm^2 和 503.01hm^2；水域面积增加最多的两个滩是开封滩和原阳二滩，分别增加了 500.73hm^2 和 300.90hm^2；建设用地面积增加最多的两个滩是东明西滩和开封滩，分别增加了

284.48hm^{2}和178.53hm^2。由于林地、草地基数较小，所以其面积变化较不明显，其中林地面积增加最多的是原阳封丘滩，增加了105.34hm^2，林地减少最多的滩是兰东滩，减少了88.42hm^2；草地面积增加最多的滩是郑州滩，增加了40.72hm^2，草地面积减少最多的滩是原阳二滩，减少了74.53hm^2（表6.11）。

表6.11 2005～2015河南、山东分滩区土地利用变化 （单位：hm^2）

滩区名	耕地	林地	草地	水域	建设用地	未利用地	总计
开封滩	–638.51	–47.34	2.79	500.73	178.53	3.68	–0.12
兰东滩	–191.35	–88.42	–18.52	196.09	102.18	0.00	–0.02
李庄滩	1.20	–0.37	0.00	–40.66	39.84	0.00	0.01
梁集滩	–7.65	0.00	0.00	0.00	7.65	0.00	0.00
陆集滩	0.54	0.00	0.00	–0.14	–0.40	0.00	0.00
清河滩	–67.64	0.00	0.00	15.97	51.45	0.00	–0.22
渠村东滩	0.59	0.00	0.00	–0.67	0.08	0.00	0.00
习城滩	–23.66	0.00	0.00	–1.88	24.40	0.00	–1.14
辛庄滩	–43.81	0.00	0.00	–0.42	44.18	0.00	–0.05
原阳二滩	–389.43	0.00	–74.53	300.90	163.21	0.00	0.15
原阳封丘滩	–120.09	105.34	–33.82	–77.45	125.59	0.46	0.03
原阳一滩	–255.67	0.00	0.00	216.73	39.33	–0.40	–0.01
长垣滩	–60.15	0.00	–13.98	51.98	21.84	0.00	–0.31
赵桥滩	0.00	0.00	0.00	0.00	0.00	0.00	0.00
郑州滩	–219.78	3.56	40.72	151.93	23.62	0.00	0.05
蔡楼滩	–29.99	0.00	0.00	0.00	29.99	0.00	0.00
董口滩	–10.77	0.00	0.00	0.00	10.77	0.00	0.00
葛庄滩	–20.41	0.00	0.00	0.00	20.41	0.00	0.00
李进士堂滩	0.00	0.00	0.00	0.00	0.00	0.00	0.00
上东明西滩	–134.01	0.00	0.00	111.25	22.76	0.00	0.00
下东明西滩	–503.01	0.00	0.05	218.30	284.48	0.00	–0.18
银山滩	–14.66	0.00	0.00	0.00	14.66	0.00	0.00
总计	–2728.26	–27.23	–97.29	1642.66	1204.57	3.74	–1.81

耕地、水域以及建设用地的面积变化得多，而其他三类用地变化得少，一个很重要的原因是基数不同，耕地、水域和建设用地的面积原本就很大，而其他三类用地的面积较少。另一个原因是前者的活跃度大，土地利用类型之间的转移也主要在前者的三类用地之间发生，耕地减少和水域、建设用地增加。其中，耕地减少是一个普遍存在的现象，不仅有建设用地占耕现象，还伴有退耕还林还草以及黄河游荡淹没耕地。

2. 滩区土地利用对经济社会发展的作用机制

土地利用变化驱动力一般包括自然驱动力、政策制度驱动力以及社会经济驱动力。其中，社会经济驱动力为主要驱动力，主要包括人口、GDP、城镇化率以及三次产业比重，这些对土地利用的变化以及结构都有着强烈影响。人口是最具有活力的驱动力之一，人口的增加必然导致建设用地的扩张，随着社会经济的发展，人们对住房居住条件的要求不断升高，对农村宅基地和城镇居住用地的需求明显增加，对交通用地、商业用地、公共建筑用地等需求也明显增加。

政府政策也可以起到关键性作用，政府下达的相关政策文件以及法律法规对土地利用变化有着极其重要的影响。政府政策对土地利用的变化产生直接或者间接的影响，我国已经改变了过去土地无偿划拨的制度，把过去的无偿、不限期占用土地变为现在的有偿、有期限的占用土地。

对于一般性区域而言，自然驱动力基本上只能起到间接性的作用，因为随着经济的发展，自然对土地利用方面的影响逐渐降低，自然驱动力包括区位、气候、土壤和水文。本书中的黄河滩区，由于其特殊的地理环境以及区位特征，自然驱动力也起着不可忽视的作用，黄河滩区的地形、地貌也在一定范围内影响着土地利用的变化。黄河河道宽、浅、散、乱、游荡多变，主流摆动频繁，槽内滩高地宽、曲折复杂，所以极易发生洪水侵袭。虽然小浪底水库运行后防洪能力提高，但仍需重视黄河下游滩区洪水的预防。因此需要大量减少黄河河道周围的建设用地，避免黄河洪水对人民生命财产的侵袭。

黄河滩区自然生态系统脆弱，水土流失严重，长期以来人民生活落后，人均收入低下，土地是人类社会赖以生存和发展的基本资源。滩区土地利用变化与经济社会发展的作用机制主要体现在两个方面：一是经济社会发展为土地利用提供一定的物质基础，经济社会快速发展为农业生产提供充足的资本支持和人力支持，为提高技术水平奠定基础，从而调整土地利用的投入结构；二是通过对土地系统进行合理开发，根据市场需求调整土地系统的产出结构，推动经济社会的发展。

土地利用水平的提高需要资金的支持，农业机械化水平的提高更需要资金的支持，经济社会快速增长为土地利用水平的提高提供经济基础，进而提高农业机械化水平。经济社会的不断发展还会形成对科学技术的需求，从而推动技术进步。在自然资源有限的条件下，经济增长会促使土地利用结构优化，实现多种经营、全面发展、综合利用。立体农业、立体林业、立体渔业，会增强农业自身扩大再生产能力。根据市场需求，适当调整产出结构，优化生产结构，延长产品的产业链，增加农产品的附加价值，促使产业升级，使产品多样化生产。

以上所述，除了一般性自然-经济-社会复合系统中的土地特性之外，滩区行洪滞洪的需求和滩区治理模式使得滩区土地利用规模和结构存在制约性。因此，滩区行洪滞洪的需求和滩区治理模式是滩区土地利用与经济社会发展的外在调控要素。滩区土地利用变化与经济社会发展的作用机制可以用图 6.4 进行简单刻画。

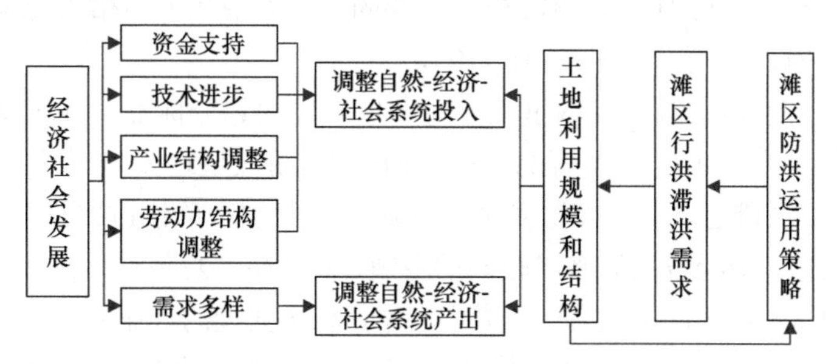

图 6.4　滩区土地利用变化与经济社会发展的作用机制

3. 滩区土地利用与经济社会发展的相关性分析

1）地均农业生产总值变化规律

地均农业生产总值反映单位面积土地上农业生产的产出规模，直接反映土地利用水平，将河南省黄河滩区 96 个乡镇的地均农业生产总值作为滩区土地利用水平的衡量指标，见图 6.5 和表 6.12。

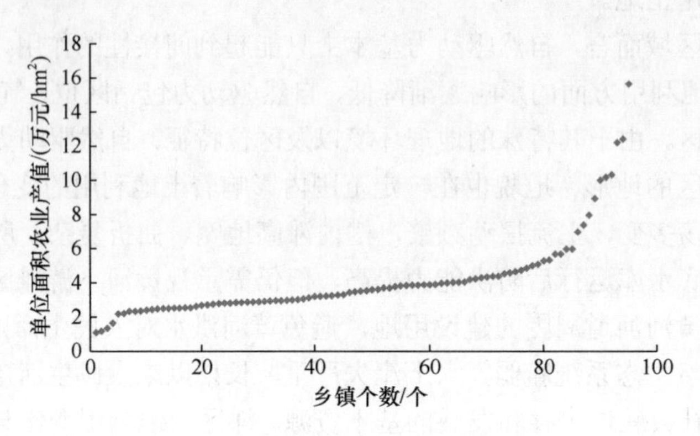

图 6.5　滩区地均农业生产产值

表 6.12　滩区地均生产总值分布

地均生产总值	乡镇名称	乡镇个数
<2 万元/hm^2	张庄镇、孙口镇等	4
2 万～6 万元/hm^2	河洛镇、祝楼乡等	81
>6 万元/hm^2	桥北乡、花园口镇等	11

图 6.5 中存在两个拐点：第一个拐点为 2 万元/hm^2 左右，第二个拐点为 6 万元/hm^2 左右。在 2 万元/hm^2 之前、6 万元/hm^2 之后，土地利用水平存在明显分化，而滩区多数乡镇（81 个）的土地经济效益横盘在 2 万～6 万元/hm^2。6 万元/hm^2 的地均农业生产产值是滩区土地利用水平提升的突破值。

2）农业生产总值占比与人均 GDP 的关联性

农业生产总值直接反映了耕地利用的经济效益，而人均 GDP 是衡量经济社会发展的重要指标。将滩区农业生产总值占比作为滩区土地利用经济效益的代表性衡量指标，人均 GDP 作为经济增长的代表性衡量指标，对滩区代表性县域，如濮阳市濮阳县、濮阳市台前县、焦作市武陟县、郑州市辖乡镇等的滩区农业生产总值占比与人均 GDP 变化规律曲线进行对比分析（图 6.6～图 6.9）。

结合图 6.6～图 6.9，按照钱纳里工业化发展阶段的划分标准，黄河滩区经济发展阶段基本上处于初级产品生产阶段（部分向工业化初级阶段迈进）。随着人均 GDP 的增加，濮阳县、台前县、武陟县、郑州市辖乡镇等区域的农业生产总值占比呈明显的下降趋势，二者呈强负相关性，即经济发展水平较好的乡镇，农业生产总值总体占比较低，这符合产业结构高级化的基本规律。但从另一个方面来看，作为典型的农业生态复合系统，滩区的农业发展对国民经济的发展支撑力度不够，需进一步促进农业的内涵式增长。

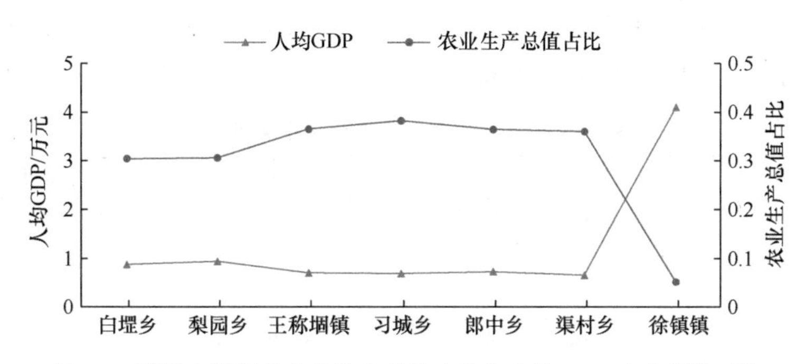

图 6.6　濮阳市濮阳县农业生产总值占比与人均 GDP 变化规律对比

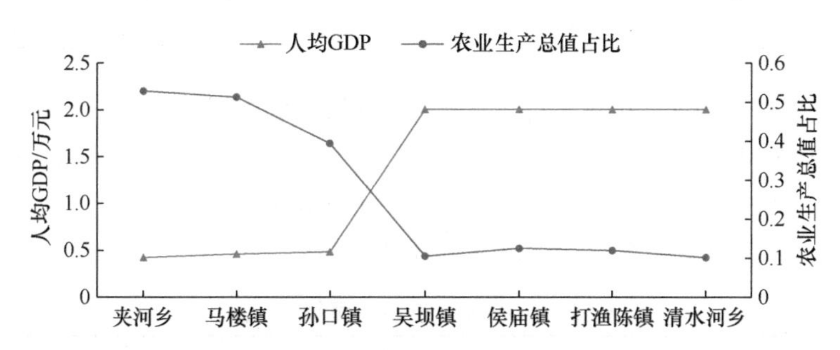

图 6.7　濮阳市台前县农业生产总值占比与人均 GDP 变化规律对比

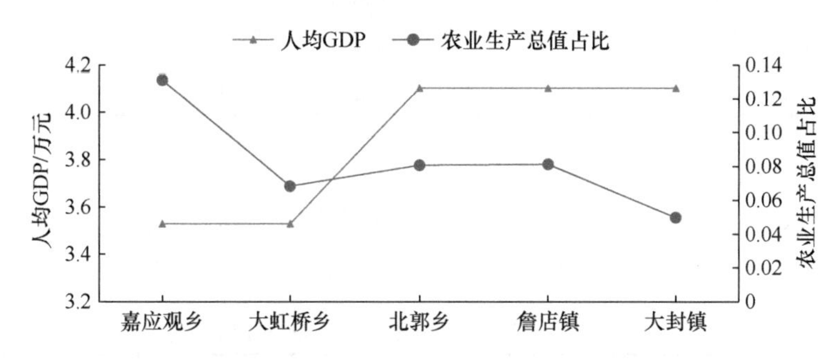

图 6.8　焦作市武陟县农业生产总值 GDP 占比与人均 GDP 变化规律对比

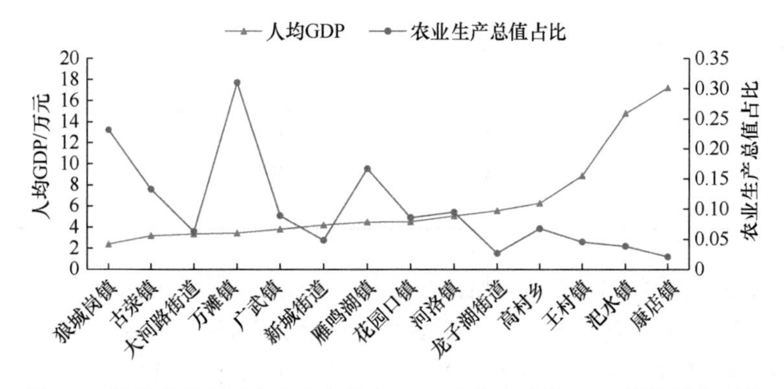

图 6.9　郑州市辖乡镇农业生产总值 GDP 占比与人均 GDP 变化规律对比

3）GDP 与建设用地面积相关度分析

用 SPSS 对河南省 15 个滩区的 GDP 与建设用地面积之间的 Pearson 相关性进行计算，得二者的相关系数为 0.746（表 6.13）。滩区 GDP 与建设用地面积之间显著相关。

表 6.13　GDP 与建设用地面积相关性分析

模型		GDP	建设用地面积
GDP	Pearson 相关性	1	0.746
	显著性（双侧）		0.001
	N	15	15
建设用地面积	Pearson 相关性	0.746	1
	显著性（双侧）	0.001	
	N	15	15

先取对数再对各滩区 GDP 与建设用地面积进行回归分析，得出建设用地面积的系数为 1.023（表 6.14），说明建设用地与 GDP 之间存在正相关。建设用地面积每增加 1%时，GDP 增加 1.023%左右。因此 GDP 对建设用地面积变化是有弹性的。此外，如果考虑绝对量的变化，经过计算后得出，建设用地面积增加 1 万亩，地区 GDP 增加 6.624 亿元。

表 6.14　GDP 与建设用地面积回归分析

模型	非标准化系数		标准系数试用版	*t*	Sig.
	B	标准误差			
回归模型参数	1.859	0.361		5.147	0.000
建设用地面积	1.023	0.253	0.746	4.041	0.001

4）GDP 与耕地面积相关度分析

耕地是滩区农业发展和粮食生产的基础，而粮食是关系到滩区发展的重要产品。通过对滩区 GDP 与耕地面积进行相关性分析，可得相关系数为 0.598，如表 6.15 所示。

表 6.15　GDP 与耕地面积相关性分析

模型		GDP	耕地面积
GDP	Pearson 相关性	1	0.598
	显著性（双侧）		0.019
	N	15	15
耕地面积	Pearson 相关性	0.598	1
	显著性（双侧）	0.019	
	N	15	15

先取对数再对各滩区 GDP 与耕地面积进行回归分析，得出耕地面积的系数为 0.914，耕地面积与 GDP 之间存在正相关。当耕地面积每增加 1%时，地区 GDP 增加 0.914%左右，因此 GDP 对耕地面积变化是有弹性的。此外，如果考虑绝对量的变化，经过计算后得出，耕地面积增加 1 万亩，地区 GDP 增加 1.438 亿元。回归分析结果如表 6.16 所示。

表 6.16　GDP 与耕地面积回归分析

模型	非标准化系数		标准系数试用版	t	Sig.
	B	标准误差			
回归模型参数	0.486	1.003		0.484	0.636
耕地面积	0.914	0.340	0.598	2.687	0.019

对比 GDP 与建设用地面积和耕地面积的相关性和回归分析结果，GDP 与建设用地面积的相关性远远超过与耕地面积的相关性，滩区建设用地面积的边际收益可以达到耕地面积边际收益的 5 倍。

5）滩区固定资产与建设用地相关度分析

对河南省 15 个滩区的固定资产与建设用地面积进行相关性分析，可得相关系数为 0.833，如表 6.17 所示。

表 6.17　固定资产与建设用地面积相关性分析

模型		固定资产	建设用地
固定资产	Pearson 相关性	1	0.833
	显著性（双侧）		0.000
	N	15	15
建设用地面积	Pearson 相关性	0.833	1
	显著性（双侧）	0.000	
	N	15	15

先取对数再对各滩区固定资产与建设用地面积进行回归分析，得出建设用地面积的系数为 0.755，建设用地面积与固定资产之间存在正相关。回归分析结果如表 6.18 所示。

表 6.18　固定资产与建设用地面积回归分析

模型	非标准化系数		标准系数试用版	t	Sig.
	B	标准误差			
回归模型参数	1.892	0.198		9.540	0.000
建设用地面积/万亩	0.755	0.139	0.833	5.430	0.000

当建设用地每增加 1%时，固定资产增加 0.755%左右。这从现实看是比较合理的，因为建设用地增加必然需要相应地增加投资，两者存在很强的正相关关系。考虑绝对量的关系，建设用地每增加 1 万亩，固定资产增加 4.56 亿元。

4. 滩区土地利用与社会经济发展的灰色关联分析

1）灰色关联分析的基本思路

由于土地利用结构与区域社会经济发展系统的关联性和复杂性，采用灰色关联分析方法是对土地利用结构熵与区域社会经济发展间的关系进行刻画的一种较好的方法，它对样本数据的多少和样本数据有无规律性都同样适用。

第一步：确定分析数列。

确定反映系统行为特征的参考数列和影响系统行为的比较数列。反映系统行为特征的数据序列，称为参考数列。设参考数列（又称母序列）为 $Y=\{Y(k)\mid k=1, 2, \cdots, n\}$；由影响系统行为的因素组成的数据序列，称为比较数列。比较数列（又称子序列）$X_i=\{X_i(k)\mid k=1, 2, \cdots, n\}$，$i=1, 2, \cdots, m$。

第二步：变量的无量纲化。

系统中各因素列的数据可能因量纲不同，不便于比较或在比较时难以得到正确的结论，因此为了保证结果的可靠性，在进行灰色关联度分析时，一般都要进行数据的无量纲化处理。

$$x_i(k)=\frac{X_i(k)}{X_i(l)} \qquad k=1,2,\cdots,n;i=0,1,2,\cdots,m \tag{6.7}$$

第三步：计算关联系数。

$X_0(k)$ 与 $X_i(k)$ 的关联系数为

$$\xi_i(k)=\frac{\min\limits_i\min\limits_k\left|y(k)-x_i(k)\right|+\rho\max\limits_i\max\limits_k\left|y(k)-x_i(k)\right|}{\left|y(k)-x_i(k)\right|+\rho\max\limits_i\max\limits_k\left|y(k)-x_i(k)\right|} \tag{6.8}$$

记 $\varDelta_i(k)=\left|y(k)-x_i(k)\right|$，则

$$\xi_i(k)=\frac{\min\limits_i\min\limits_k\varDelta_i(k)+\rho\max\limits_i\max\limits_k\varDelta_i(k)}{\varDelta_i(k)+\rho\max\limits_i\max\limits_k\varDelta_i(k)} \tag{6.9}$$

ρ 越小，分辨力越大，一般 ρ 的取值区间为（0，1），具体取值可视情况而定。当 $\rho\leqslant 0.5463$ 时，分辨力最好，通常取 $\rho=0.5$。

$\xi_i(k)$ 即比较数列 X_i 的第 k 个元素与参考数列 X_0 的第 k 个元素之间的关联系数。

第四步：计算关联度。

因为关联系数是比较数列与参考数列在各个时刻（即曲线中的各点）的关联程度值，所以它的数不止一个。然而信息过于分散不便于进行整体性比较，因此有必要将各个时刻（即曲线中的各点）的关联系数集中为一个值，即求其平均值，作为比较数列与参考数列间关联程度的数量表示，关联度 γ_i 公式如下：

$$\gamma_i=\frac{1}{n}\sum_{k=1}^{n}\xi_i(k) \qquad k=1,2,\cdots,n \tag{6.10}$$

第五步：关联度排序。

关联度按大小排序，如果 $\gamma_1<\gamma_2$，则参考数列 Y 与比较数列 X_2 更相似。在算出 $X_i(k)$ 序列与 $Y(k)$ 序列的关联系数后，计算各类关联系数的平均值，平均值 γ_i 就称为 $Y(k)$ 与 $X_i(k)$ 的关联度。

2）指标选择

通过搜集土地利用与社会经济方面的相关数据，参考已有研究成果指标体系的选取标准以及结合研究区具体社会经济发展的特点，建立协调度评价指标体系。土地利用变化包括土地利用结构、土地利用效益两大类指标，具体指标体系如表 6.19 所示。

表 6.19　土地利用与社会经济系统指标体系

目标层	准则层	因素层	指标层	单位
土地利用变化和社会经济因素指标体系	土地利用指标	土地利用结构	耕地比例	%
			林地、草地、水域比例	%
			建设用地比例	%
		土地利用效益	地均 GDP	元/km^2
			地均农业产值	元/km^2
			地均工业产值	元/km^2
			地均第三产业产值	元/km^2
	社会经济发展指标		年末总人口	人
			人均 GDP	元/人
			第二、三产业占人均 GDP 的比重	元/人
			工业固定资产	元
			商贸固定资产	元

3）地均农业产值与社会经济发展的灰色关联度

地均农业产值与社会经济发展的灰色关联度如表 6.20 所示。

表 6.20　地均农业产值与社会经济发展的灰色关联度

指标	地均 GDP	地均农业产值
年末总人口	0.7809	0.7106
人均 GDP	0.8949	0.7546
第二、三产业占人均 GDP 的比重	0.8075	0.8656
工业固定资产	0.7871	0.7103
商贸固定资产	0.7871	0.7103

总体来看，地均农业产值与社会经济发展各指标之间的关联度在 0.7103～0.8656 之间，关联性较强，土地利用效益是滩区社会经济发展的支撑。

4）土地利用结构与社会经济发展的灰色关联度

土地利用结构与社会经济发展的灰色关联度如表 6.21 所示。

表 6.21　土地利用结构与社会经济发展的灰色关联度

指标	耕地比例	林地、草地、水域比例	建设用地比例
年末总人口	0.7537	0.7903	0.7152
人均 GDP	0.7433	0.7948	0.6921
第二、三产业占人均 GDP 的比重	0.8467	0.884	0.7588
工业固定资产	0.7477	0.8122	0.7021
商贸固定资产	0.7477	0.8122	0.7021

从表 6.21 可以看出，滩区耕地比例，林地、草地、水域比例，建设用地比例均与社会经济发展各指标之间关联度的差异性不大。

5）土地利用结构熵与经济社会的灰色关联性分析

（1）土地利用结构熵。土地利用结构熵是对土地这一系统有序程度的度量，能够综合反映各个滩区土地结构利用的程度。根据香农熵公式，河南省各个滩区的土地利用结构熵公式可表示为

$$H=-\sum_{i=1}^{N}P(x_i)\ln P(x_i) \tag{6.11}$$

式中，H 为土地利用结构熵，在大多数情况下，熵值越小，系统有序程度越高；熵值越大，系统有序程度越低；$P(x_i)$ 为河南省各个滩区占河南省总滩区面积的百分比，即

$$P(x_i)=\frac{S(x_i)}{S} \qquad i=1,2,\cdots,n \tag{6.12}$$

从该式可以看出，$P(x_i)$ 具有归一性，即 $\sum P(x_i)=1$。当河南省各个滩区用地类型的面积相等时，即 $P(x_1)=P(x_2)=\cdots=P(x_n)=1/N$ 时，熵值达到最大，$H_{\max}=\ln N$。

（2）分滩区土地利用结构熵。河南省各滩区土地利用结构熵如表 6.22 所示。

（3）土地利用结构熵与社会经济发展的灰色关联度。土地利用结构熵与社会经济发展的灰色关联度如表 6.23 所示。

表 6.22　河南省各滩区土地利用结构熵

滩区	结构熵
开封滩	0.794308
兰东滩	0.656558
李庄滩	0.777222
梁集滩	0.738011
陆集滩	0.962112
清河滩	0.780763
渠村东滩	0.595911
习城滩	0.57995
辛庄滩	0.661072
原阳二滩	0.788463
原阳封丘滩	0.86262
原阳一滩	0.893171
长垣滩	0.710566
赵桥滩	0.845743
郑州滩	0.764588

表 6.23　土地利用结构熵与社会经济发展的灰色关联度

指标	关联度	关联度排序
年末总人口	0.8311	5
人均 GDP	0.8355	3
地均 GDP	0.8343	4
第二、三产业占人均 GDP 的比重	0.9046	1
工业固定资产	0.8400	2
商贸固定资产	0.8400	2

从表6.23可以看出，年末总人口，人均GDP，地均GDP，第二、三产业占人均GDP的比重，工业固定资产和商贸固定资产这六个社会经济发展指标与土地利用结构熵的关联度都在0.8以上，关联度都非常高，说明这六个指标都是影响土地利用结构熵的重要因素。其中，第二、三产业占人均GDP的比重与土地利用结构熵的关联度高达0.9046，关联度最高，说明第二、三产业的发展是推动滩区土地利用结构变动的主要因素，产业结构高级化是对滩区土地利用结构变动的内在驱动力。以产业结构高级化带动土地利用结构转型，同时挖掘耕地生产潜力，提高土地集约利用程度，是滩区土地利用管理的必然方向。

6.1.4　滩区自然-经济-社会协同发展的系统关联性评估

本节主要运用协调度模型来进行土地利用变化与社会经济因素关联的系统分析，通过选取指标体系、构建协调度模型，对土地利用变化和社会经济因素的协调发展综合水平进行评价，然后对比土地利用变化与社会经济因素的发展现状，找出两者的发展差异；引入发展度指数来衡量土地利用系统和社会经济系统的总体发展水平，最后通过协调发展度函数来测度两者关联的协调发展总体水平。

1. 研究方法及模型构建

土地利用变化和社会经济因素既相互独立又相互影响，两者是一种相互促进、相互制约的关系。其中一方的变化必然要求另一方产生与之相应的改变，如果两者发展在速度和水平上出现不同步，则会影响两者的共同发展。通过协调度模型能很好地分析不同系统间发展水平的关联，可通过对两者发展综合水平的测度来分析它们之间的关联程度。本节选用协调度分析方法来研究土地利用系统和社会经济系统间的内在关联。协调度衡量系统或要素的相互适应程度，但是对系统的发展水平高低缺乏考虑。土地利用的协调发展度是在土地利用过程中社会经济效益与土地利用效益的综合发展水平以及协调程度的基础上提出的，是指在土地利用中社会经济发展系统诸要素总效益最佳的发展。

在对数据进行主成分分析之前，首先要对数据进行标准化处理，以消除由变量的量纲不同所造成的影响。指标有两种类型，分别是正功效型指标和负功效型指标。正功效型指标和负功效型指标分别对系统协调发展度起正向作用和逆向作用。

正功效型指标标准化：

$$x_i' = \frac{x_i - x_{i\min}}{x_{i\max} - x_{i\min}} \tag{6.13}$$

负功效型指标标准化：

$$x_i' = \frac{x_{i\max} - x_i}{x_{i\max} - x_{i\min}} \tag{6.14}$$

式中，$x_{i\max}$和$x_{i\min}$为指标i的最大值和最小值；x_i'为标准化后的值。

2. 指标权重确定

权重的确定方法通常有主观赋权法和客观赋权法两种，为了尽量减少主观因素对指标权重的影响，采用主成分分析法来确定指标权重。主成分分析法是一种降维分析法，通过主成分分析找出特征值较明显的因子，确立主成分，用 SPSS 23.0 对标准化后的数据进行主成分分析，依据要素成分特征值＞1 以及累计贡献率≥75%的原则，提取土地利用变化和社会经济因素的主成分（表 6.24 和表 6.25），并得到各指标的旋转成分矩阵（表 6.26 和表 6.27）。

表 6.24 土地利用变化指标的主成分分析结果

成分	初始特征值			提取载荷平方和			旋转载荷平方和		
	总计	方差百分比/%	累计/%	总计	方差百分比/%	累计/%	总计	方差百分比/%	累计/%
1	3.148	44.977	44.977	3.148	44.977	44.977	3.038	43.397	43.397
2	1.893	27.041	72.018	1.893	27.041	72.018	1.893	27.049	70.445
3	1.368	19.542	91.560	1.368	19.542	91.560	1.478	21.115	91.560
4	0.588	8.398	99.958						
5	0.003	0.042	100.000						
6	-3.209×10^{-17}	-4.585×10^{-16}	100.000						
7	-2.423×10^{-16}	-3.462×10^{-15}	100.000						

注：因数据修约个别数据存在误差，全书同。

表 6.25 社会经济指标的主成分分析结果

成分	初始特征值			提取载荷平方和			旋转载荷平方和		
	总计	方差百分比/%	累计/%	总计	方差百分比/%	累计/%	总计	方差百分比/%	累计/%
1	2.866	57.320	57.32	2.866	57.320	57.320	2.859	57.175	57.175
2	1.196	23.928	81.248	1.196	23.928	81.248	1.204	24.073	81.248
3	0.898	17.951	99.198						
4	0.040	0.802	100.000						
5	2.627×10^{-17}	5.255×10^{-16}	100.000						

表 6.26 土地利用变化指标的旋转成分矩阵分析结果

指标	成分		
	1	2	3
耕地比例	−0.253	−0.462	0.829
林地、草地、水域比例	0.380	−0.503	−0.766
建设用地比例	−0.142	0.921	0.018
地均 GDP	0.140	0.758	−0.048
地均农业产值	0.983	0.034	0.173
地均工业产值	0.983	0.034	0.173
地均第三产业产值	0.983	0.034	0.173

表 6.27 社会经济指标的旋转成分矩阵分析结果

指标	成分	
	1	2
年末总人口	0.948	−0.255
人均 GDP	−0.172	−0.578
二、三产业占人均 GDP 的比重	−0.047	0.883
工业固定资产	0.984	0.094
商贸固定资产	0.984	0.094

通过得到的主成分载荷值计算每个指标的权重，公式为

$$a_i = \frac{|A_i|}{\sum_{i=1}^{n}|A_i|} \tag{6.15}$$

$$b_j = \frac{|B_j|}{\sum_{j=1}^{m}|B_j|} \tag{6.16}$$

式中，A 为第一主成分值；B 为第二主成分值。

3. 评价模型构建

1）协调度模型

土地利用系统评价函数和社会经济系统评价函数分别为

$$f(x) = \sum_{i=1}^{n} a_i x_i \tag{6.17}$$

$$g(y) = \sum_{j=1}^{m} b_j y_j \tag{6.18}$$

式中，f（x）为土地利用系统综合发展水平；g（y）为社会经济系统综合发展水平；a_i 和 b_j 分别为土地利用系统和社会经济系统各指标的权重；x_i 和 y_j 分别为土地利用系统和社会经济系统指标的标准化值。引用协调度评价模型：

$$C = \left\{ \frac{[f(x) \cdot g(y)]}{\left[\frac{f(x)+g(y)}{2}\right]^2} \right\}^k \tag{6.19}$$

式中，k 为调节系数，取 k=2；协调度 C 取值在 0～1，C 值代表土地利用系统与社会经济系统的协调状态，越接近 1 说明两者协调程度越高，越接近 0 说明两者协调程度越低。

2）协调发展度模型

协调度能在一定程度上反映土地利用与社会经济的协调性，但是协调度在有些情况下很难反映出土地利用与社会经济的整体发展水平。协调发展度公式为

$$D = \sqrt{C \cdot T} \tag{6.20}$$

$$T = \alpha f(x) + \beta g(y) \tag{6.21}$$

式中，D 为系统间的协调发展度；C 为两者的协调度；T 为土地利用系统与社会经济系统的综合评价指数，代表两者的整体发展水平；α、β 为待定权数。一般情况下，认为社会经济系统与土地利用系统同等重要，所以 α、β 的取值均设定为 0.5。协调发展度模型与协调度模型相比，能更加全面地表现不同发展阶段不同系统间的协调发展水平。

6.1.5　评价结果及分析

根据协调发展度评价模型对河南省黄河滩区的土地利用变化与社会经济因素关联的系统分析，得出两者协调发展的量化结果。根据对协调发展度阶段的划分，对不同发展阶段两者的协调度结果进行评价，并对其原因进行分析，找出影响两者协调度发展的主要因素。

1. 协调发展度阶段划分

通过对前人关于协调度研究成果进行搜集整理，将协调发展度进行阶段划分，如表 6.28 所示。

表 6.28　协调发展状况划分

第一层次 D	类型	第二层次 $f(x)$ 与 $g(y)$ 的对比关系	第三层次（基本类型）类型
0.90～1.00	优质协调发展类	$f(x)>g(y)$	优质协调发展类社会滞后型
		$f(x)=g(y)$	优质协调发展类土地与社会同步型
		$f(x)<g(y)$	优质协调发展类土地滞后型
0.80～0.89	良好协调发展类	$f(x)>g(y)$	良好协调发展类社会滞后型
		$f(x)=g(y)$	良好协调发展类土地与社会同步型
		$f(x)<g(y)$	良好协调发展类土地滞后型
0.70～0.79	中级协调发展类	$f(x)>g(y)$	中级协调发展类社会滞后型
		$f(x)=g(y)$	中级协调发展类土地与社会同步型
		$f(x)<g(y)$	中级协调发展类土地滞后型
0.60～0.69	初级协调发展类	$f(x)>g(y)$	初级协调发展类社会滞后型
		$f(x)=g(y)$	初级协调发展类土地与社会同步型
		$f(x)<g(y)$	初级协调发展类土地滞后型
0.50～0.59	勉强协调发展类	$f(x)>g(y)$	勉强协调发展类社会滞后型
		$f(x)=g(y)$	勉强协调发展类土地与社会同步型
		$f(x)<g(y)$	勉强协调发展类土地滞后型
0.40～0.49	濒临失调衰退类	$f(x)>g(y)$	濒临失调衰退类社会滞后型
		$f(x)=g(y)$	濒临失调衰退类土地与社会同步型
		$f(x)<g(y)$	濒临失调衰退类土地滞后型
0.30～0.39	轻度失调衰退类	$f(x)>g(y)$	轻度失调衰退类社会滞后型
		$f(x)=g(y)$	轻度失调衰退类土地与社会同步型
		$f(x)<g(y)$	轻度失调衰退类土地滞后型
0.20～0.29	中度失调衰退类	$f(x)>g(y)$	中度失调衰退类社会滞后型
		$f(x)=g(y)$	中度失调衰退类土地与社会同步型
		$f(x)<g(y)$	中度失调衰退类土地滞后型
0.10～0.19	严重失调衰退类	$f(x)>g(y)$	严重失调衰退类社会滞后型
		$f(x)=g(y)$	严重失调衰退类土地与社会同步型
		$f(x)<g(y)$	严重失调衰退类土地滞后型
0～0.09	极度失调衰退类	$f(x)>g(y)$	极度失调衰退类社会滞后型
		$f(x)=g(y)$	极度失调衰退类土地与社会同步型
		$f(x)<g(y)$	极度失调衰退类土地滞后型

2. 评价结果分析

1）滩区土地利用与社会经济因素协调度变化

根据协调度发展模型和方法，计算得出开封滩、兰东滩、李庄滩、梁集滩、陆集滩、清河滩、渠村东滩、习城滩、辛庄滩、原阳二滩、原阳封丘滩、原阳一滩、长垣滩、赵桥滩、郑州滩 15 个滩区土地利用变化与社会经济因素协调发展的各项指数值。从图 6.10 可以看出，有 8 个滩区的协调发展度 D 值高于 0.5，即开封滩、陆集滩、清河滩、习城滩、辛庄滩、原阳二滩、原阳封丘滩、原阳一滩。15 个滩区中属于土地滞后型的有 4 个，即开封滩、习城滩、长垣滩和郑州滩，其他 11 个都是社会滞后型。

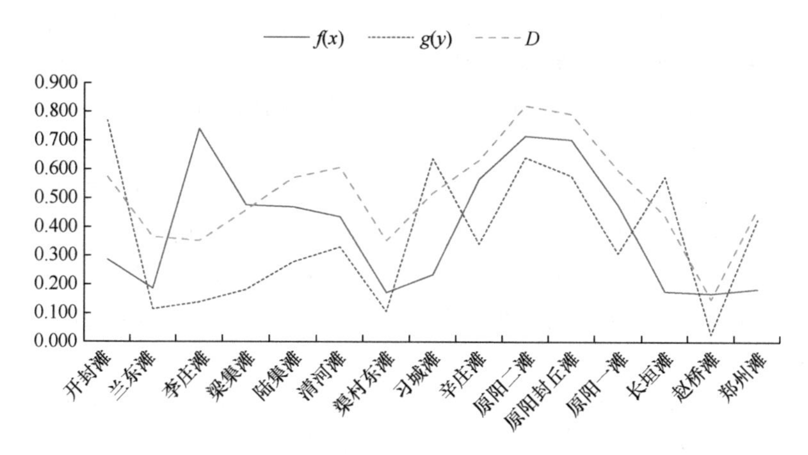

图 6.10　各滩区土地利用变化与社会经济因素协调度变化

2）土地利用变化与社会经济因素协调发展水平

根据表 6.29 把各滩区的土地利用变化与社会经济因素协调发展程度分为不同阶段来分析。

表 6.29　各滩区土地利用变化与社会经济因素协调发展程度

滩区名称	$f(x)$	$g(y)$	C	T	D	协调发展程度
开封滩	0.286	0.769	0.624	0.528	0.574	勉强协调发展类土地滞后型
兰东滩	0.186	0.114	0.889	0.150	0.365	轻度失调衰退类社会滞后型
李庄滩	0.741	0.138	0.281	0.440	0.351	轻度失调衰退类社会滞后型
梁集滩	0.476	0.182	0.639	0.329	0.459	濒临失调衰退类社会滞后型
陆集滩	0.470	0.278	0.873	0.374	0.571	勉强协调发展类社会滞后型
清河滩	0.435	0.329	0.962	0.382	0.606	初级协调发展类社会滞后型
渠村东滩	0.172	0.106	0.892	0.139	0.352	轻度失调衰退类社会滞后型
习城滩	0.234	0.637	0.617	0.436	0.518	勉强协调发展类土地滞后型
辛庄滩	0.567	0.341	0.880	0.454	0.632	初级协调发展类社会滞后型
原阳二滩	0.716	0.641	0.994	0.679	0.821	良好协调发展类社会滞后型
原阳封丘滩	0.703	0.577	0.981	0.640	0.792	中级协调发展类社会滞后型
原阳一滩	0.476	0.308	0.910	0.392	0.597	勉强协调发展类社会滞后型
长垣滩	0.176	0.575	0.516	0.375	0.440	濒临失调衰退类土地滞后型
赵桥滩	0.169	0.027	0.224	0.098	0.148	严重失调衰退类社会滞后型
郑州滩	0.185	0.427	0.710	0.306	0.466	濒临失调衰退类土地滞后型

开封滩处于勉强协调发展阶段，土地利用变化和社会经济因素协调度 C 值为 0.624，

从总体上来讲两者的发展较同步，协调水平适中；发展度 T 值为 0.528，说明这一阶段开封滩的土地利用水平和社会经济发展协调水平适中。社会经济发展远高于土地利用发展，属于土地滞后型；协调发展度 D 值为 0.574，说明两者的协调度有待提高。习城滩与开封滩情况类似。

陆集滩处于勉强协调发展阶段，土地利用变化和社会经济因素的协调度 C 值为 0.873，总的来说两者发展协调水平高，两者同步程度高；发展度 T 值为 0.374，说明这一阶段陆集滩的土地利用水平和经济发展水平较差，社会经济发展稍低于土地利用发展，属于社会滞后型；协调发展度 D 值为 0.571，说明这两者的协调度有待提高。原阳一滩情况类似。

兰东滩、李庄滩和渠村东滩都属于轻度失调衰退类社会滞后型。其中，兰东滩的协调度 C 值为 0.889，说明两者协调度高；但是发展度 T 值仅为 0.150，说明两者在这一阶段发展不平衡，而土地利用水平和社会经济发展水平相差不大，都处于低水平，协调发展度 D 值仅为 0.365，说明兰东滩处于轻度失调衰退阶段，在土地利用和社会经济发展方面可采取相应的方法手段、政策方针，还可通过提高设备质量、增加资金等来挽救已经处于失调阶段的状况。李庄滩与兰东滩相比土地利用水平高，但是协调度 C 值仅为 0.281，发展度 T 值为 0.440，说明这两者协调度和发展水平都较低，需要在现有的经济背景下采取对策来改善这种情况。渠村东滩与兰东滩的协调度、发展度、协调发展度处于相近水平。

梁集滩、长垣滩和郑州滩都处于濒临失调衰退阶段，不同的是梁集滩属于社会滞后型，而长垣滩和郑州滩属于土地滞后型。梁集滩的协调度 C 值为 0.639，说明土地利用水平和社会经济发展水平协调度良好，但是发展度 T 值仅为 0.329，发展水平较低，土地利用水平高于社会经济发展水平。长垣滩和郑州滩的协调度都在 0.5 以上，发展值都在 0.3 左右，土地利用水平低于社会经济发展水平。因此，需要在土地利用方面多下功夫，争取扭转目前将变为失调阶段的局面。

清河滩和辛庄滩都属于初级协调发展类社会滞后型。清河滩的协调度 C 值高达 0.962，说明二者发展水平基本同步；辛庄滩的协调度 C 值为 0.880，也属于高水平协调阶段。然而两者的发展度都在 0.5 以下，说明这两者在发展度方面有待提高，经济发展结构、生产方式等有待改善调整。

原阳二滩属于良好协调发展类社会滞后型，土地利用变化和社会经济因素协调度 C 值高达 0.994，说明从总体上讲两者的发展基本同步，协调水平较高；发展度 T 值为 0.679，说明这一阶段原阳二滩的土地利用水平和社会经济发展水平良好，还有继续提升的空间。

原阳封丘滩属于中级协调发展类社会滞后型，土地利用变化和社会经济因素协调度 C 值高达 0.981，说明这两者基本同步，协调水平高；发展度 T 值为 0.640，说明这一阶段原阳封丘滩的土地利用水平和社会经济发展水平良好，社会经济发展稍落后于土地利用发展，属于社会滞后型；协调发展度 D 值为 0.792，属于良好水平，说明土地利用和社会经济发展协调度虽然水平不高，但是还有改善提高的空间。

赵桥滩属于严重失调衰退类社会滞后型，协调度 C 值为 0.224，发展度 T 值为 0.098，协调发展度 D 值为 0.148，这三个指标值都很低，整体水平都差。

6.2　滩区自然-经济-社会协同发展的可持续发展模式及仿真

6.2.1　滩区自然-经济-社会协同发展的系统动力学模型

1. 模型构建思路

黄河下游滩区治理是一个复杂的系统工程问题，涉及洪水防御、土地资源承载和区域经济发展需求等多个方面，各方面存在多重直接或间接的联动关系。发生洪水时，黄河下游滩区承担着滞洪削峰、沉积泥沙的功能，即调节下游洪峰流量、减缓河道持续淤高、增强河道整体行洪能力，保障滩区及黄河下游居民生命财产安全。而对于滩区居民而言，土地是其赖以生存的基本资源，其生产生活对土地资源的需求与行洪、滞洪、沉沙占用的滩区土地构成了一对突出的矛盾。因此，滩区社会经济发展受到黄河下游洪水防御与调控方式的约束，滩区治理方案选择应充分考虑滩区经济社会可持续发展的要求。

本节通过构建黄河下游滩区经济社会可持续发展系统动力模型，分析系统中的因果反馈结构，利用因果关系图、流图和系统动力学方程刻画洪水防御、土地资源配置和滩区经济社会发展之间的联动关系，并设定系统仿真情形，模拟黄河水沙过程和不同滩区治理模式下，滩区经济社会系统各变量的变化情况，从而为未来黄河滩区治理模式选择和滩区经济社会可持续发展决策提供理论和实证支撑。

1）系统结构分析

洪水防御方案选择时需要考虑其对滩区社会经济发展的影响，表现为黄河来水来沙外生冲击和不同治理模式选择、对滩区经济生产各方面的联动影响和循环反馈。本节构建系统动力学模型，将滩区治理模式（无防护堤滩区治理模式和修建防护堤的洪水分级运用治理模式）相应抽象为两种仿真模拟情形，即无防护堤情形和有防护堤情形，其中有防护堤情形进一步细分为 $6000m^3/s$、$8000m^3/s$ 和 $10000m^3/s$ 的防护堤标准。模型将黄河来水来沙和治理模式选择等外生影响，抽象简化为对应仿真情形下淹没的滩区面积，淹没滩区导致农村居民当季的播种面积相应减少，并进一步造成一定程度的农作物损失和农村居民经营性收入减少。黄河来水来沙和不同治理模式选择等外生冲击通过滩区的农业生产活动，逐步导向整个滩区经济社会系统，引起滩区土地资源配置、农村居民经营性收入和农村人口等因素的互动影响和循环反馈。

系统具体包括三个主要反馈回路，分别为滩区耕地面积反馈回路、滩区农业生产率反馈回路和滩区人口变动反馈回路。各反馈回路的内部循环和彼此影响共同构成了滩区行洪输沙-经济-社会协调发展因果关系网络。

2）滩区耕地面积反馈回路

在滩区基本产业结构和农村居民收入结构短期基本保持不变的假设下，农村居民收入的增长需要以适量的耕地面积作为保障，当农村居民收入下降与周边地区居民的收入差距逐渐增加时，居民会期望增加耕地面积以实现收入水平的提高。辛翔飞和秦富（2005）、杨钢桥等（2011）和费喜敏等（2018）均对耕地投入和利用的影响因素进行了研究，认为农村居民的收入水平分化为正向影响因素。因此，存在耕地面积变动的反馈回路：耕地面积→（+）播种面积→（+）农作物产量→（+）农业收入→（–）收入差距→（+）耕地增加→（+）耕地面积。其中，播种面积和农作物产量因为来水来沙的外生影响而减少时，将通过该反馈回路呈现的因果关系出现农村居民收入下降，并期望增加耕地面积的情况（图 6.11）。

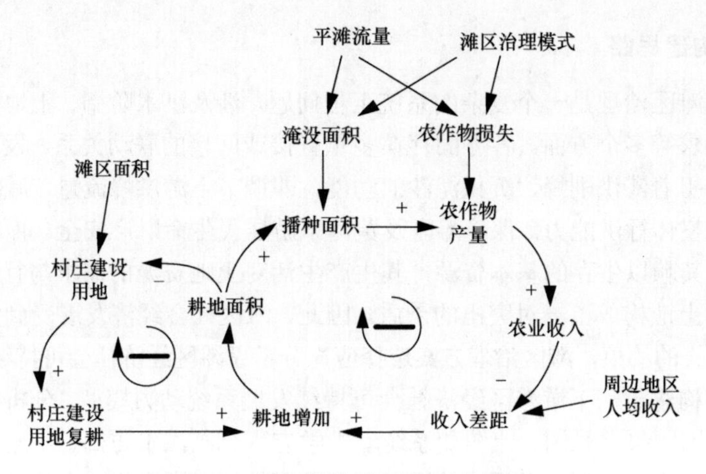

图 6.11　滩区耕地面积因果反馈回路

但耕地面积增加并不是没有限制，会受到滩区总面积和村庄建设用地面积的约束，农村居民开垦的耕地面积越多，可用于居民住房、公共设施建设、生态保护等的土地面积越少；相反，由于居民迁出，村中建筑用地重新统一整理和复垦，会相应增加可用的耕地面积。因此，存在负反馈回路[①]：耕地面积→（–）村庄建设用地→（+）村庄建设用地复耕→（+）耕地增加→（+）耕地面积（图 6.11）。

3）滩区农业生产率反馈回路

农业收入提高也可以通过在单位面积上精耕细作、提高农业生产效率实现。农业生产投入要素大致包括机械动力和劳动力两大类，且二者存在互相替代关系。在农业机械化和规模化发展的趋势下，机械动力能够在一定程度上替代劳动力、提高生产效率，并实现农民增收。其包括两条正反馈回路：①农业收入→（+）单位面积机械动力投入→（+）单位面积农作物产量→（+）农作物产量→（+）农业收入；②农业收入→（+）单位面积劳动力投入→（+）单位面积农作物产量→（+）农作物产量→（+）农业收入（图 6.12）。

4）滩区人口变动反馈回路

与滩区治理模式和经济社会发展关系密切的另一个因素是滩区的常住人口变动。滩区农村居民的收入水平相对低于周边地区，加上政府为滩区治理出台的人口迁出优惠政策，滩区会有部分农村居民迁出本村（镇），一方面减少了滩区农业生产劳动力，另一方面通过整合复垦建筑用地增加了耕地面积，形成了一正一负两条反馈回路：①人口

① 反馈回路，指由一系列因果与相互作用链组成的闭合回路或由信息与动作构成的闭合路径。按照反馈过程的特点，可以分为正反馈和负反馈两类。其中正反馈回路的特点是，能产生自身运动的加强过程，在此过程中运动或动作所引起的后果将使原来的趋势得到加强；负反馈的特点是，能自动寻求给定的目标，未达到（或者未趋近）目标时将不断做出反应。

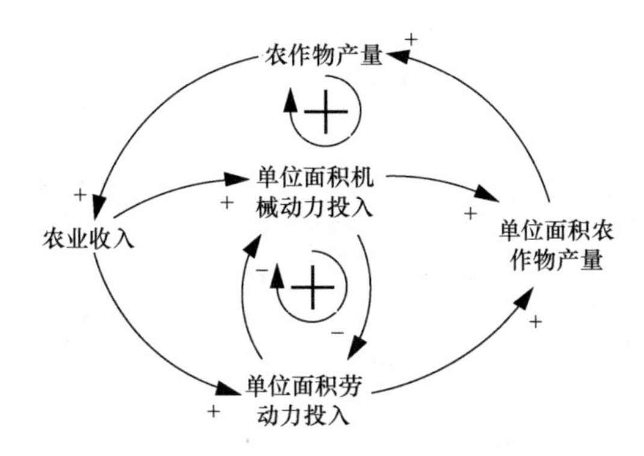

图 6.12　滩区农业生产率反馈回路

迁出→（–）农村常住人口→（+）单位面积劳动力投入→（+）单位面积农作物产量→（+）农作物产量→（+）农业收入→（–）收入差距→（+）人口迁出；②人口迁出→（+）村庄建设用地复耕→（+）耕地增加→（+）耕地面积→（+）农作物产量→（+）农业收入→（–）收入差距→（+）人口迁出（图 6.13）。

5）滩区行洪输沙-经济-社会协调发展因果关系

滩区行洪输沙-经济-社会协调发展因果关系（图 6.14），综合反映了滩区耕地面积反馈回路、滩区农业生产率反馈回路和滩区人口变动反馈回路之间的因果关系，直观反映了系统中各要素之间的矛盾、制约、互相作用及产生的结果和影响，明晰了洪水风险管理、土地资源配置和经济社会发展之间的联动关系。

2. 模型设定

按照因果关系分析，本节建立了黄河下游滩区行洪输沙-经济-社会协调发展的系统动力学流图，使用流位、流率、流、源、参数、辅助变量等符号量化描述系统运动过程中的因果关系，如图 6.15 所示。在此基础上，建立 DYNAMO 方程，并使用 2005～2016 年历史数据调试检验仿真模型，确定模型动态仿真运行所需的变量初值和参数。模型中使用的历史数据由黄河水利科学研究院提供，参数的确定方法包括计量模型回归和构建表函数等。

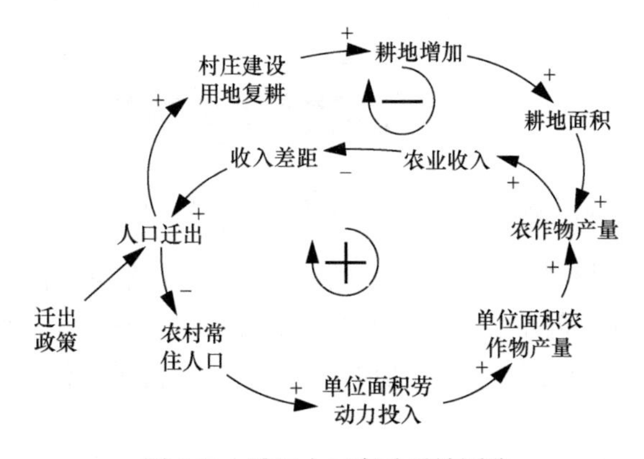

图 6.13　滩区人口变动反馈回路

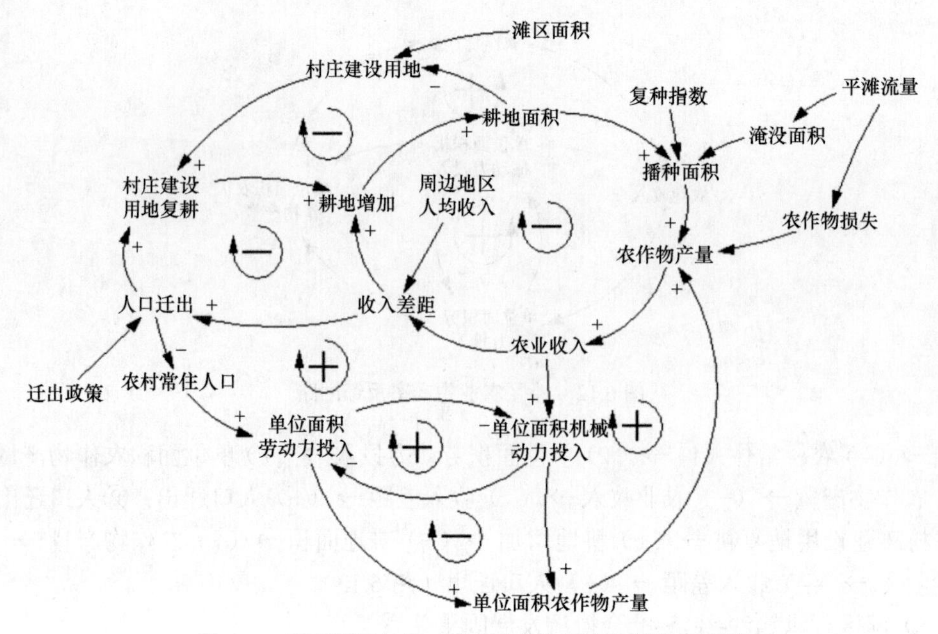

图 6.14　滩区行洪输沙-经济-社会协调发展因果关系图

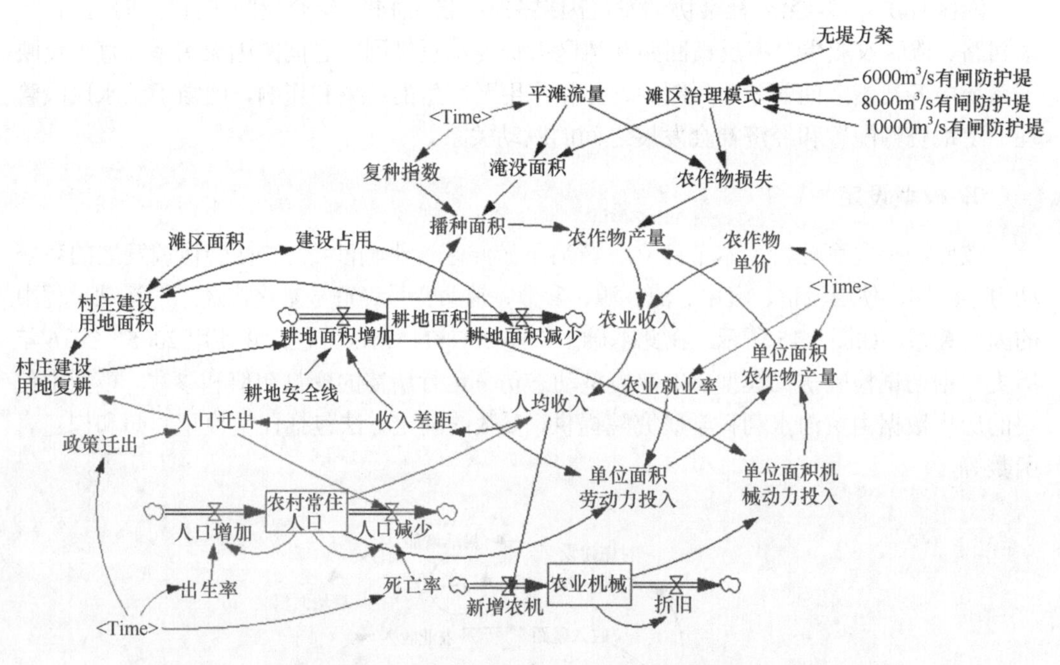

图 6.15　黄河下游滩区行洪输沙-经济-社会协调发展的系统动力学流图

需要说明的是，本模型以 1 年为模拟的时间间隔，在不清楚部分变量调整是否存在其他延迟时间的情况下，暂不加入延迟变量。未来研究需细致考虑变量调整的时间延迟问题，进一步优化该系统动力模型，使模型更符合现实情况变化。

1）滩区耕地面积

滩区耕地面积反馈回路表明，农村居民的收入增长需要以适量的耕地面积作为保障，当农村居民收入下降时，会期望增加耕地面积以实现收入水平的提高。但耕地面积的变化并不是无限制的，会受到既定滩区面积和村庄建设面积的约束。然而由于居民迁出，村中建筑用地重新统一整理和复垦，会相应增加可用的耕地面积。因此，在滩区耕地面积子系统中，耕地面积为状态变量，由耕地面积初始值和各年耕地增减面积等变量决定，而耕地面积增加和减少受到收入差距、滩区总面积、建设面积等因素的影响。具体函数关系如下：

$$\text{GDAR=INTEG(GDAIC}-\text{GDADC，TQAR}-\text{JZAR)} \quad (6.22)$$

$$\text{GDAIC=IF ELSE(GDAR} \leqslant \text{SFL，JZARIC+}\alpha_1 \cdot \text{INCMD+}\alpha_2\text{,0)} \quad (6.23)$$

$$\text{JZARIC=PLE} \cdot (\text{JZAR / PL}) \quad (6.24)$$

式中，GDAR 为耕地面积状态变量。GDAIC 为耕地面积增加量。GDADC 为耕地面积减少量。TQAR 为滩区总面积。JZAR 为村庄建设用地。滩区总面积与期初村庄建设用地的差值作为耕地面积模拟的初始值，耕地面积增加与减少的差值作为各年净增加的耕地面积。本节借鉴王嫚嫚等的研究思路，设定耕地安全线作为耕地面积增加的约束条件。若当期耕地面积超过安全线，则不再增加耕地面积；若尚未超过，则假设耕地面积增加为居民收入的函数，收入差距越大，居民希望增加的耕地面积也越大。SFL 为事先设定的耕地安全线，采用滩区总面积与农村建设面积底线的差额作为耕地安全线，农村建设面积底线为农村最小人均住房面积与常住人口的乘积。JZARIC 为各年建设用地复耕。INCMD 为农村居民收入差距。α_1 和 α_2 分别为耕地调整系数和调整常量，二者根据各年各县农村居民收入差距和耕地面积增加量拟合回归得到。式（6.24）为耕地面积增加函数，PLE 为迁出人口数量；PL 为常住人口数量。滩区增加的耕地面积即为迁出居民人数与人均占有建筑面积的乘积。

2）滩区农业生产

在特定标准防护堤或其他滩区治理方式下，洪水可能造成部分滩区淹没，减少当季农村居民的农作物播种面积，造成部分农作物损失。具体函数关系如下：

$$\text{BZAR=GDAR} \times \text{mltc} - \text{YMAR} \quad (6.25)$$

$$\text{CPYD=BZAR} \times \text{CPYPA} - \text{CPLS} \quad (6.26)$$

$$\text{YMAR=}\beta_1 \times \text{FLV+}\beta_2 \quad (6.27)$$

$$\text{CPLS=}\beta_3 \times \text{FLV+}\beta_4 \quad (6.28)$$

式中，BZAR 为播种面积；mltc 为复种指数，当年滩区农业生产的播种面积为耕地面积与复种指数的乘积，减去当年洪水淹没面积（YMAR）；CPYD 为农作物产量；CPYPA 为单位面积农作物产量；FLV 表示洪水淹没的播种面积；CPLS 为洪水淹没农作物损失，当年滩区农作物产量为播种面积与单位面积农作物产量的乘积减去洪水带来的农作物损失。式（6.27）和式（6.28）分别为各年洪水淹没面积和淹没农作物损失的估算方程，由 1958 年和 1977 年来水来沙量、淹没面积和农作物损失量回归拟合得到参数 β_1～β_4。

在洪水淹没滩区耕地面积的情形下，单位耕地面积上的精耕细作、提高农业生产效率成为提高农业产出和农村居民收入水平的重要途径。根据滩区农业生产率反馈回路反映的因果互动关系，农业机械动力和农业劳动力两类生产要素投入增加是影响单位面积农作物产量，即农业生产效率的重要因素，且两类生产要素之间能够互相替代。具体的函数关系如下：

$$\mathrm{CPYPA}=\mathrm{EXP}\left(\gamma_0+\gamma_1\times t\right)\times \mathrm{POWER}\left(\mathrm{LIPA},\ \delta_1\right)\times \mathrm{POWER}\left(\mathrm{MCPA},\ \delta_{\mathrm{m}}\right) \quad (6.29)$$

$$\mathrm{LIPA}=(\mathrm{PL}\times \mathrm{EMPLR})/\mathrm{GDAR} \quad (6.30)$$

$$\mathrm{MCPA}=\mathrm{MC}/\mathrm{GDAR} \quad (6.31)$$

$$\mathrm{MC}=\mathrm{INTEG}(\mathrm{NMC}-\mathrm{MCDC},\ \mathrm{MC}_0) \quad (6.32)$$

$$\mathrm{NMC}=\theta_1\times \mathrm{INCM}+\theta_2 \quad (6.33)$$

式（6.29）为农业生产率函数，CPYPA 为单位面积农作物产量，由三类因素决定，其中 $\gamma_0+\gamma_1\times t$ 代表技术进步，γ_1 为技术进步系数；LIPA 为单位面积劳动力投入；δ_1 为劳动投入弹性系数；MCPA 为单位面积机械动力投入；δ_{m} 为机械投入弹性系数。式（6.30）为单位面积劳动投入函数，由农村常住居民人数（PL）和农村居民就业率（EMPLR）的乘积与耕地面积的比值得到。式（6.31）为单位面积机械动力投入函数，为农业机械动力（MC）与耕地面积的比值。式（6.32）为农业机械动力函数，本节将农业机械设定为状态变量，各年投入生产的农业机械为新增农业机械减去机械折旧的累加值。其中 MC_0 为期初农业机械存量；NMC 为当年新增农业机械；MCDC 为农业机械折旧。式（6.33）为新增农业机械的决定函数，本节假定新增农业机械与农村居民收入（INCM）水平线性相关，参数 θ_1 和 θ_2 根据历年农村居民收入水平和各年新增农业机械回归拟合得到。

滩区农村居民收入中，较大部分来自农业经营性收入。洪水淹没滩区耕地面积，导致当季播种面积减少和农作物损失，农业收入可能相应下降，农村居民收入水平可能低于周围地区平均水平。具体函数关系如下：

$$\mathrm{AGINCM}=\mathrm{CRPUP}\times \mathrm{CPYD} \quad (6.34)$$

$$\mathrm{INCMPC}=(\mathrm{AGINCM}/\mathrm{PL})/\mathrm{PAGINCM} \quad (6.35)$$

$$\mathrm{INCMGAP}=\mathrm{INCMOT}-\mathrm{INCMPC} \quad (6.36)$$

式（6.34）为农业收入函数，CRPUP 为农作物单价；CPYD 为农作物产量；农业经营性收入（AGINCM）为农作物单价与农作物产量的乘积。式（6.35）为农村居民人均收入函数，人均收入（INCMPC）水平为人均农业收入水平（AGINCM/PL）除以农业经营收入占总收入的比重（PAGINCM）得到。式（6.36）为收入差距函数，即周围地区农村居民人均收入水平（INCMOT）与当地农村居民人均收入水平（INCMPC）的差额。

3）滩区农业人口

农村人口变动子系统的结构相对简单，仅反映农村常住人口变动的主要影响因素。具体函数关系如下：

$$\mathrm{PL}=\mathrm{INTEG}(\mathrm{PLI}-\mathrm{PLD},\ \mathrm{PL}_0) \quad (6.37)$$

$$\mathrm{PLI}=\mathrm{PL}\times \mathrm{bthr} \quad (6.38)$$

$$\mathrm{PLD}=\mathrm{PL}\times \mathrm{dthr}+\mathrm{PLE} \quad (6.39)$$

$$\mathrm{PLE}=\rho_1\times \mathrm{INCMGAP}+\rho_2 \quad (6.40)$$

式（6.37）为农村常住人口函数，农村常住人口（PL）为状态变量，是期初人口数与各期人口增减的累加。其中，PL_0 为期初农村人口数量；PLI 为人口增加；PLD 为人口减少。式（6.38）为人口增长函数，主要影响因素为人口出生，bthr 为人口出生率。式（6.39）

为人口减少函数，主要影响因素为人口死亡和人口迁出，dthr 为人口死亡率；PLE 为人口迁出。式（6.40）为人口迁出函数，人口迁出可能由两种因素导致：一是当地相对贫困的生活，即与周围地区相比可能存在收入差距；二是鼓励人口迁出的优惠政策，参数 ρ_1 和 ρ_2 为迁出系数和常数，根据各年净迁出人口和收入差距回归拟合得到。

3. 模型检验

为检验现实系统的行为是否能被模型很好地模拟出来，需要使用历史统计数据与仿真结果进行误差检验。本节选取黄河下游滩区 2005～2016 年的相关数据作为模型仿真的历史数据，仿真步长为 1 年。由于仿真需要连续年份的耕地面积、播种面积、人均收入等数据，而目前黄河下游滩区并非独立的行政建制区，缺乏直接的社会经济统计数据，因此只能选择子滩区所在的行政建制乡镇和县（市）调研收集模拟数据。针对沿黄宽滩区所在县统计局的年鉴资料，共调研了河南 14 个县（市）97 个乡镇和山东菏泽的东明、鄄城、郓城 3 个县 15 个乡镇的农业数据，以此数据为基础进行模型历史检验。

表 6.30 为模型中耕地面积、播种面积、人均收入和农村常住人口的仿真值和误差，

表 6.30　模型历史检验

年份	耕地面积			播种面积		
	统计值/km^2	仿真值/km^2	误差/%	统计值/km^2	仿真值/km^2	误差/%
2005	1092.87	1092.87	0.00	1209.74	1209.73	0.00
2006	1101.59	1111.80	0.93	1225.57	1245.40	1.62
2007	1136.11	1148.89	1.13	1295.57	1320.43	1.92
2008	1199.72	1203.95	0.35	1438.13	1446.36	0.57
2009	1194.60	1277.02	6.90	1150.05	1292.89	12.42
2010	1190.39	1237.01	3.92	1153.99	1234.69	6.99
2011	1224.40	1218.39	–0.49	1219.39	1212.58	–0.56
2012	1226.31	1212.49	–1.13	1216.25	1192.68	–1.94
2013	1167.94	1220.42	4.49	1130.48	1222.23	8.12
2014	1170.40	1243.26	6.23	1152.45	1280.87	11.14
2015	1241.88	1274.11	2.60	1305.08	1284.91	–1.55
2016	1067.35	1264.36	18.46	1123.34	1295.35	15.31
年份	人均收入			农村常住人口/万人		
	统计值/元	仿真值/元	误差/%	统计值/万人	仿真值/万人	误差/%
2005	2222.3	2602.3	17.1	179.13	179.13	0
2006	3399.8	3717.0	9.33	178.73	186.56	4.38
2007	4352.7	4623.4	6.22	184.59	188.78	2.27
2008	5350.4	5513.6	3.05	185.99	190.36	2.35
2009	3879.5	4755.2	22.57	186.96	186.77	0.1
2010	4813.9	5648.6	17.34	181.88	190.74	4.87
2011	5455.5	6271.7	14.96	183.31	190.48	3.91
2012	6769.9	7607.4	12.37	181.51	191.35	5.42
2013	8421.3	9097.6	8.03	180.89	193.42	6.93
2014	8694.6	9424.1	8.39	183.87	197.31	7.31
2015	8273.1	8054.7	2.64	184.92	190.57	3.06
2016	7890.5	8185.6	3.74	180.05	191.45	6.33

可以看出，仅有部分变量在部分年份的仿真值出现了超过10%的误差，变化趋势基本与统计值趋势相符，该系统动力模型基本可以代表黄河下游滩区行洪输沙-经济-社会协调发展的现状，可以用于预测未来滩区治理情形下的发展趋势。

通过构建黄河下游滩区经济社会可持续发展系统动力模型，分析滩区土地资源配置、农业生产活动和人口变动等问题的因果关系，构建系统动力流图，设定系统动力学方程等，刻画滩区经济社会可持续发展系统。为验证构建模型的现实解释力，选取黄河下游滩区 2005～2016 年的耕地面积、播种面积、人均收入和农村常住人口等数据作为模型仿真的历史数据进行模拟，除人均收入仿真模拟误差相对较大外，其他指标仿真模拟误差值均可。滩区农村人口的人均收入受多种因素影响，上述 4 个指标仿真模拟值与统计值变化趋势高度一致，基本可以代表黄河下游滩区行洪输沙-经济-社会协调发展的现状，表明仿真模型具有较好的现实解释力。

6.2.2 不同治理模式下的滩区经济社会发展情景仿真

1. 模拟情景设定

本节以“十二五”国家科技支撑计划课题“黄河下游宽滩区滞洪沉沙功能及滩区减灾技术研究”(以下简称“十二五科技支撑计划”) 研究提出的滩区不同运用方案为基础，设置两种滩区治理模式：一类是无防护堤方案，全面破除生产堤，洪水自然漫滩；另一类是防护堤方案，基本以现状防护堤为基础，通过调整、改造、加固，建设成保护堤，以抵御一定标准的洪水，保障堤内生产生活。防护堤防洪标准分别为 6000m^3/s、8000m^3/s 和 10000m^3/s，均采用有闸门的防护堤方案。不同的滩区治理方案和水沙过程，产生的淹没面积不同，对滩区经济社会系统运行的影响也会有差异。因此，设定以下两种模拟情景，模拟 2017～2030 年黄河下游来水来沙对滩区经济社会系统发展产生的影响。

2. 主要经济指标

主要经济指标包括：

(1) 耕地面积。洪水将淹没部分滩区面积，当季农业生产所需的播种面积相应减少，并可能造成一定量的农作物损失。农村居民出于增产增收、改善生活水平的需求，将希望增加耕地面积。但耕地面积受既定滩区面积和农村基本建设面积的约束，当耕地面积增加到一定程度时，新增量为 0，减少因素发挥主要作用，耕地面积相应减少，如此循环往复。

(2) 播种面积是在已有耕地面积的基础上多次播种形成的农作物生产实际使用面积，播种面积与耕地面积之比称为复种指数。河南省农作物种植的平均复种指数为 1.7～1.9，即农作物平均一年种植两季。洪水淹没的滩区面积，可以认为是减少了部分耕地面积一季农作物的播种。

整理 23 个滩区数据进行分析，耕地面积初始值为 1092.87km^2，滩区人口初始值为 179.13 万，农业机械动力初始值为 536.437 万 kW。淹没面积由物理模型试验获得，见表 6.31。

表 6.31　不同治理方案下滩区淹没面积情况

序号	滩区名称	滩区总面积/km²	无堤条件下淹没面积				有堤条件下淹没面积			
			调控洪水/km²	淹没面积占滩区面积百分比/%	原型洪水/km²	淹没面积占滩区面积百分比/%	调控洪水/km²	淹没面积占滩区面积百分比/%	原型洪水/km²	淹没面积占滩区面积百分比/%
1	原阳一滩	69.214	0.000	0.000	26.686	38.556	0.000	0.000	8.716	12.593
2	原阳二滩	199.624	2.525	1.265	121.829	61.029	0.000	0.000	54.962	27.533
3	原阳封丘滩	89.073	3.371	3.785	78.478	88.105	0.000	0.000	10.987	12.335
4	郑州滩	83.613	14.148	16.921	58.974	70.532	0.000	0.000	26.106	31.222
5	开封滩	134.917	9.167	6.795	45.368	33.627	0.000	0.000	28.894	21.416
6	兰东滩	174.937	2.600	1.486	5.795	3.313	0.000	0.000	0.000	0.000
7	李庄滩	24.308	0.386	1.588	2.205	9.071	0.458	1.884	0.000	0.000
8	长垣滩	217.108	2.683	1.236	128.440	59.159	0.739	0.340	97.358	44.843
9	上东明西滩	23.379	0.000	0.000	14.713	62.933	0.000	0.000	0.348	1.489
10	下东明西滩	14.472	0.000	0.000	13.154	90.893	0.000	0.000	2.011	13.896
11	渠村东滩	15.323	4.120	26.888	14.324	93.480	0.000	0.000	0.000	0.000
12	习城滩	110.360	12.794	11.593	89.718	81.296	13.379	12.123	96.424	87.372
13	董口滩	17.421	5.380	30.882	13.011	74.686	12.164	69.824	15.732	90.305
14	葛庄滩	18.157	0.000	0.000	2.072	11.412	0.196	1.079	12.405	68.321
15	辛庄滩	27.674	0.555	2.005	25.003	90.348	0.791	2.858	16.918	61.133
16	李进士堂滩	38.058	9.272	24.363	19.639	51.603	0.000	0.000	29.822	78.359
17	陆集滩	41.193	12.119	29.420	33.532	81.402	0.000	0.000	38.064	92.404
18	清河滩	62.295	15.416	24.747	50.997	81.864	0.000	0.000	60.940	97.825
19	蔡楼滩	18.968	0.838	4.418	1.011	5.330	15.583	82.154	18.493	97.496
20	梁集滩	9.888	0.319	3.226	0.000	0.000	8.740	88.390	9.440	95.469
21	银山滩	15.114	0.000	0.000	0.056	0.371	12.406	82.083	13.168	87.125
22	赵桥滩	7.216	0.000	0.000	0.000	0.000	6.655	92.226	6.755	93.611

2017～2030年，模型中涉及的滩区经济社会发展外生变量，如农作物单价、出生率、死亡率均按已有趋势移动平均得到（表6.32），河南省农村居民人均收入水平按河南省“十三五”规划制定的年均8%增长率推算得到。

表 6.32　模型涉及的主要经济社会变量值

年份	最大流量/(m³/s)	农作物损失/万元				复种指数	农作物单价/元	农业就业率	出生率/‰	死亡率/‰
		现状	6000m³/s有闸	8000m³/s有闸	10000m³/s有闸					
2005	3460	943750.1	545320.1	412289.8	405917.2	1.933372	1.324577	0.235841	10.34343	3.711769
2006	3870	951477.8	562621.3	434134.6	427901.4	1.943156	2.017714	0.229735	13.13373	3.620167
2007	4280	959205.4	579922.4	455979.4	449885.6	1.956128	2.298601	0.214044	14.66092	5.138027
2008	4190	957509.1	576124.6	451184.2	445059.8	1.969075	2.34494	0.206666	10.85022	4.92325
2009	4050	954870.4	570216.9	443725	437553	1.732982	2.232624	0.205553	10.0482	5.489229
2010	4050	954870.4	570216.9	443725	437553	1.742426	2.309369	0.206754	13.45545	5.619292
2011	4030	954493.4	569372.9	442659.4	436480.6	1.746972	1.79351	0.203687	11.24049	7.76608
2012	4320	959959.4	581610.4	458110.6	452030.4	1.748501	2.33671	0.20478	10.25639	6.965686

续表

年份	最大流量/（m^3/s）	农作物损失/万元				复种指数	农作物单价/元	农业就业率	出生率/‰	死亡率/‰
		现状	6000m^3/s有闸	8000m^3/s有闸	10000m^3/s有闸					
2013	4200	957697.6	576546.6	451717	445596	1.759497	2.455276	0.200249	10.75173	7.1006
2014	3990	953739.5	567685	440528.2	434335.8	1.769402	2.319485	0.192932	10.96878	5.136513
2015	3520	944881	547852	415486.6	409134.4	1.779561	2.121783	0.207115	10.95307	5.419425
2016	1990	916043.5	483289	333968.2	327095.8	1.784274	1.834283	0.210789	11.38094	4.445059

3. 黄河下游滩区治理模式分析

针对黄河当前“宽河固堤、稳定主槽、调水调沙、政策补偿”的治河方略，黄河下游滩地治理模式主要存在两种不同的思路：一是破除生产堤，按照功能对滩区进行划分的治理理念，以滩区的功能为前提，把滩区划分为群众居住区、农牧业发展区（兼作滞洪沉沙区）和行洪区；二是洪水分级运用下的滩区分区治理理念，即在现有滩区生产堤的基础上，按一定的标准修建防护堤，在特定洪水情况下进行分级运用，其治理理念主要是强调洪水的分级运用和一定程度提高滩区的防洪安全。

1）按功能区划分模式

图 6.16 为按功能划分的滩区分区治理方案平面布置情况。该方案首先破除滩区原有生产堤，按功能划分滩区，充分发挥“宽滩”滞洪沉沙的作用，充分考虑滩区的生活、生产以及滞洪沉沙等各种功能，即根据不同河段的实际情况，将河道划分为高效输沙主河槽、嫩滩生态涵养区、适宜种植的二滩耕作区和适宜人居的老滩居民区。

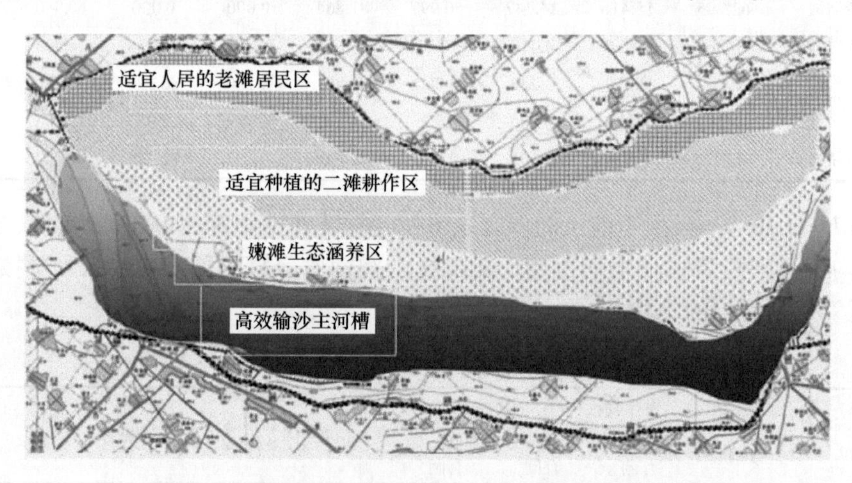

图 6.16　按功能划分的滩区分区治理方案平面布置情况

按功能划分的滩区分区治理方案，主要是将以往的滩区安全建设内容进行了工程平面布置的调整，并对不同区域的开发治理从宏观上进行了规范。该治理方案中，洪水的演进过程与目前差异不大，滩区仍充当了一个大的过洪通道和滞洪沉沙区，只是更注重滩区群众的生活安全。与洪水分级运用下的滩区分区治理方案相比，该方案更有利于发挥主河道、滩区的行洪和削峰作用，有效缓解生产堤存废之间的矛盾。

在按功能划分的滩区分区治理模式下，分区后的滩区同天然状态下的滩区类似，洪水漫滩与否仅与洪水量级相关，发生漫滩以上洪水时，滩区仍能自然滞洪沉沙，较好地发挥天然沉沙功能。

在按功能划分的滩区分区治理方案中，滩区安全建设是其中重要的组成部分。该方案以滩区安全建设为基础，并有机结合防洪工程建设，即居住区布设在邻近现黄河大堤修建的村台上，使其防御洪水标准提高。当来水大于行洪区可容洪量时，行洪区和嫩滩区可以同时行洪并能进行水沙交换；发生更大洪水时，行洪区、嫩滩区、二滩区均可蓄洪、滞洪、沉沙、泄洪。由于洪水防御标准提高，因此居住区（滩区）内群众的生产、生活得以保障。该方案中各分区功能明确且相互作用，不仅有效发挥了滩区的过洪、滞洪作用，在合理的滩区补偿政策下，更有利于滩区整体防洪安全。

2）修建防护堤分区治理模式

按洪水量级运用的滩区分区治理方案，在自然滩区内原有生产堤基础上，按一定标准修建防护堤，同时分别在防护堤及其每个滩区上首和下首适宜处布设分洪口门和退水设施，根据洪水情况，有目的地选择不同滩区进行分洪、滞洪和沉沙。该治理措施，一是能够避免出现中常洪水频繁漫滩、走一路淹一路的不利局面，较好地保障滩区群众的生命财产安全；二是能够根据洪水量级进行主动的、有选择的分洪，还能在合适的来水来沙条件下，通过适当的运用方式利用滩区处理部分泥沙。

滩区周围修建了一定标准的防护堤，在防护堤的防御标准内，洪水在主河道内行进，滩区群众的生活、生产不受影响，河道的冲淤变化也发生在主河道内；在发生高于防护堤防御标准的洪水时，根据预测的洪水量级，可以有选择地进行分洪运用，这时，防护堤内滩区的功能相当于大洪水的滞洪区。该方案在不同量级洪水的情况下，河道过洪情况会发生变化。

在洪水分级运用的滩区分区治理模式下，洪水期间要向划定的滩区分洪，泥沙将随洪水进入划定滩区，分区滞洪沉沙量与分洪次数和分洪量有关，受黄河河势变化的影响，分洪量本身也将受分洪口与主溜之间关系的影响。由于滩区周围修建了防护堤，降低了所有滩区全部遭受洪水淹没的可能性，因此滩区内群众的生活、生产安全得到保障。然而因为修筑了防护堤，降低了滩区滞洪沉沙功能，阻碍了滩槽水沙交换，有可能导致“二级悬河”局面进一步恶化。

在洪水分级运用的滩区分区治理方案中，洪水标准低于防护堤防御标准时，滩区群众的生活安全是有保障的。除防护堤外，不需要开展其他形式的防洪、避水工程建设。为方便和及时分洪运用，保障其下游河段整体防洪安全，在该治理模式基础上提出了一些相应的滩区安全建设措施，以便较好地实施洪水分级运用。

4. 不同治理方案下滩区行洪输沙情况

根据“十二五”国家科技支撑计划课题的研究成果，无论是水量较大的“58·7”洪水，还是含沙量较大的1977年8月（简写“77·8”）洪水，无防护堤方案的滞洪量均最大，分别达到27.37亿m^3和10.15亿m^3。有防护堤方案中，6000m^3/s标准防护堤的滞洪量相对较大，8000m^3/s和10000m^3/s标准防护堤方案的滞洪量接近，均相对较小。以“77·8”洪水为例，6000m^3/s标准防护堤方案的滞洪量为11.93亿m^3，8000 m^3/s和

10000m^3/s 标准防护堤方案的滞洪量均为 6.57 亿 m^3，约为无防护堤方案和 6000 m^3/s 标准防护堤方案滞洪量的一半。有堤有闸的防护堤模式滩区分洪只能通过进水闸门进入滩区，减少了洪水上滩路径。防洪标准较低时，滩区仍能发挥一定的滞洪作用，防洪标准较高则减少了上滩水量，滩区滞洪作用相对减弱。

不同治理方案下的沉沙效果也有类似的结论。对于“58·7”洪水和“77·8”洪水，无防护堤方案的沉沙量最大，分别达到 2.50 亿 t 和 1.76 亿 t。有防护堤方案的沉沙量相对较小，以“77·8”洪水为例，6000m^3/s 标准防护堤方案的沉沙量为 1.73 亿 t，略小于无堤方案，8000m^3/s 和 10000 m^3/s 标准防护堤方案的沉沙量均为 0.67 亿 t，不足无防护堤方案和 6000 m^3/s 标准防护堤方案沉沙量的一半。

不同治理方案下，洪水的淹没面积则是相反的结论。以“77·8”洪水为例，无防护堤方案将淹没 1015.82km^2 的滩区面积，达到滩区总面积的 71.93%，对滩区居民生产生活产生较大的冲击；6000m^3/s、8000m^3/s 和 10000m^3/s 有闸有防护堤方案下，滩区淹没面积分别为 888.42 km^2、715.90 km^2 和 715.86 km^2，分别为滩区总面积的 62.91%、50.69%和 50.69%，在一定程度上保障了滩区居民的生产生活。

5. 无防护堤方案下滩区经济社会发展情景仿真

无防护堤方案下，洪水淹没部分滩区耕地面积，当季农业生产所需的播种面积相应减少，并造成一定量的农作物损失。农村居民出于增产增收、改善生活的需求，希望耕地面积增加，但耕地面积受既定滩区面积和农村基本农田面积的约束，当耕地面积增加到一定程度时，新增量为 0，减少因素发挥主要作用，耕地面积相应减少，如此循环往复。如图 6.17 所示，情景模拟中的滩区耕地面积和播种面积呈现一定程度的周期性波动。2005～2009 年滩区耕地面积不断增加，于 2009 年达到 1282.05 km^2 的较高水平，之后耕地面积逐步下降，直到 2012 年开始恢复增加趋势，并于 2025 年重新达到 1277.04 km^2 的较高水平，之后波动周期相对缩短。

播种面积是在已有耕地面积的基础上，多次播种形成的农作物生产实际使用面积。河南省农作物种植的平均复种指数为 1.6，即农作物平均一年种植两季。洪水淹没的滩区面积，可以认为是减少了部分耕地面积一季农作物的播种。无防护堤方案下，洪水淹没面积较大，滩区播种面积基本等于耕地面积，甚至在部分年份出现播种面积小于耕地面积的情况，农业用地相对紧张。

与耕地面积和播种面积周期性波动相应，滩区农业生产率也呈现周期性波动。每次耕地面积紧张，都为农业生产率提高提供了动力，并且各次周期变动均体现出技术进步，各周期的波峰、波谷均高于上一周期的相应位置。在单位面积农作物产量和播种面积变动的共同作用下，滩区农作物产量逐步增加。滩区农业收入相应增加，于 2030 年达到 102.674 亿元。

无防护堤方案下，2005～2010 年滩区农村常住人口基本保持稳定，2022 年起人口出现下降，并于 2030 年下降到 129.1 万人，2016～2030 年滩区农村常住人口平均减少率为 2.45%。随着滩区农业产出稳步增加和农村常住人口的不断下降，滩区农村居民人均收入水平自 2022 年起快速提高，于 2030 年达到 23207.5 元。

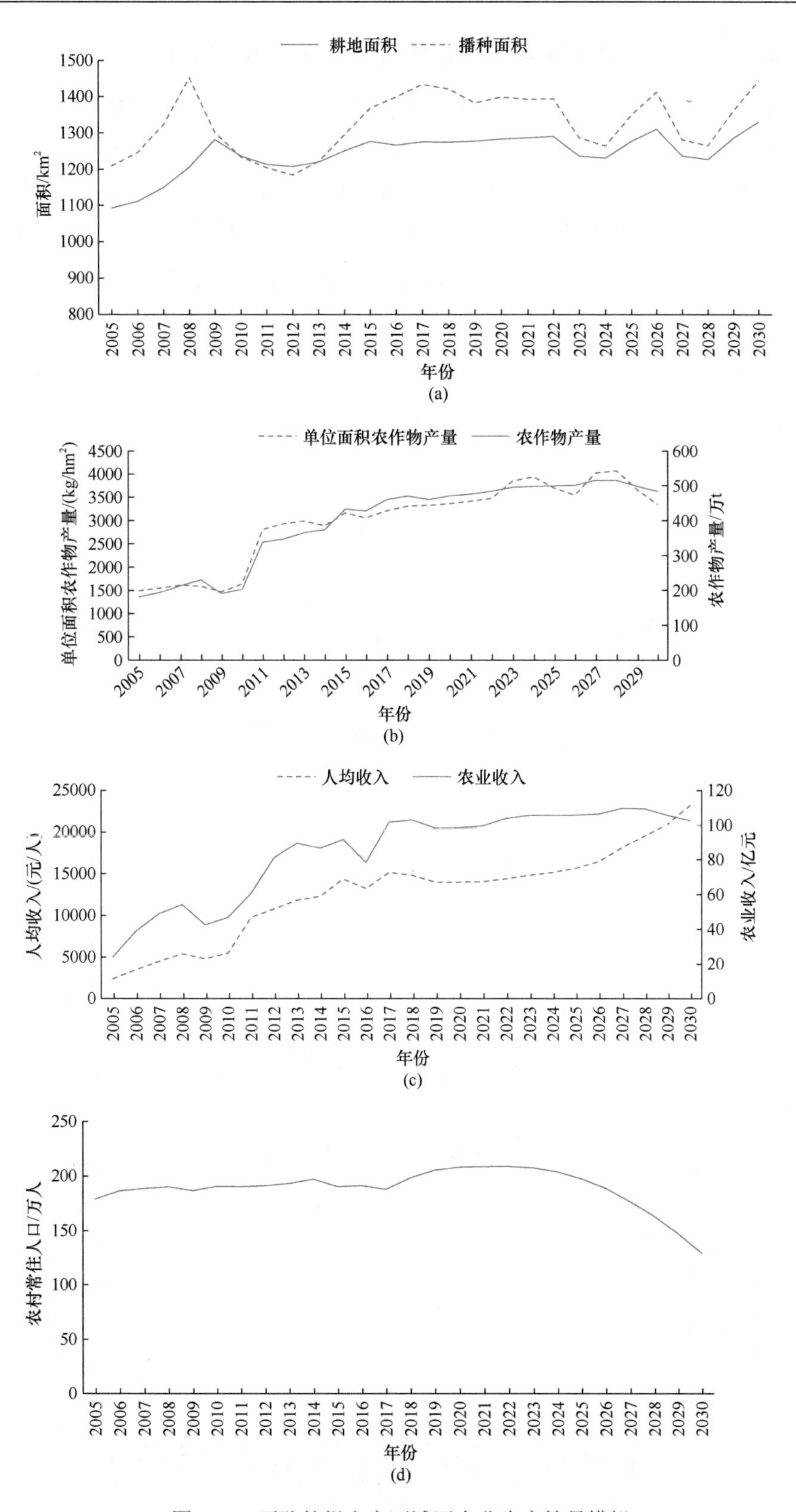

图 6.17　无防护堤方案下滩区农业生产情景模拟

6. 6000m^3/s 标准防护堤方案下滩区经济社会发展情景仿真

6000m^3/s 标准防护堤方案下，滩区面积和播种面积变动幅度相对较小。如图 6.18 所示，2005～2009 年，滩区耕地面积快速增加至 1252.60 km^2 的较高水平，之后基本保持在 1250～1300 km^2 的稳定水平。由于 6000m^3/s 标准防护堤在一定程度上保障了堤内农业生产安全，滩区播种面积有所提高，达到 1475.98 km^2 的平均水平。

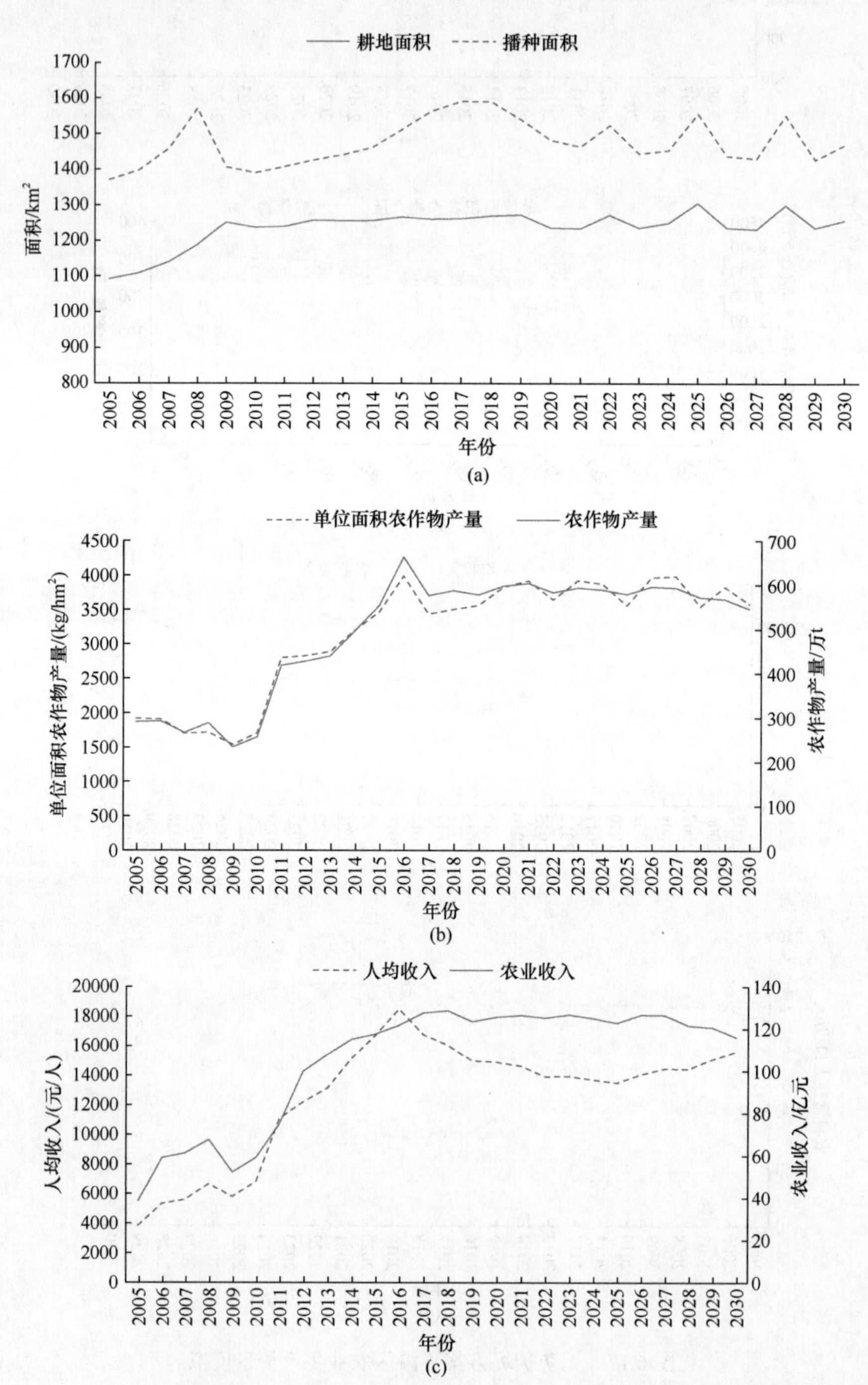

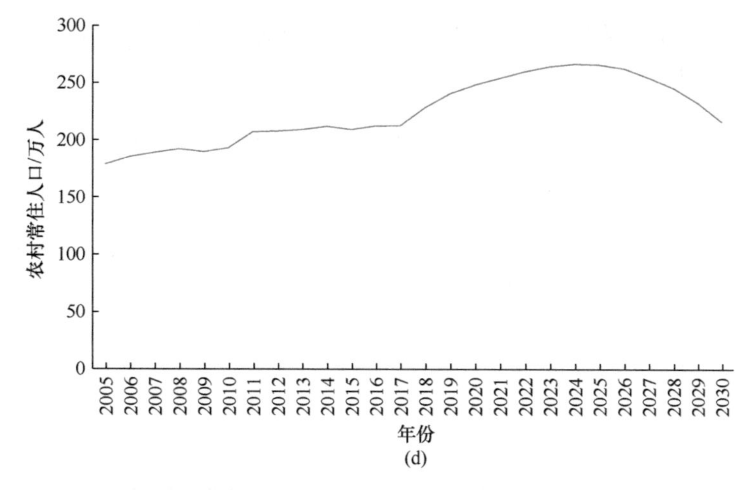

图 6.18　6000 m^3/s 标准防护堤方案下滩区农业生产情景模拟

滩区农业生产率小幅波动、快速提高。如图 6.18 所示，滩区单位面积农作物产量仍随着播种面积的变化呈现周期性波动，主要体现为技术进步带来的生产率快速提高。根据模拟结果，2005 年滩区单位面积农作物产量为 1918.68 kg/hm^2，2030 年将提高到 3581.64 kg/hm^2，平均水平达到 3148.1 kg/hm^2。相应地，滩区农作物产量和农业收入快速增长，2030 年滩区农业收入达到 115.988 亿元，较 2005 年增长了 2.01 倍。

6000m^3/s 标准防护堤方案保障了滩区农村居民的生产生活，在不考虑扶贫外迁政策因素和滩区人口限制政策因素等的特殊影响下，农村居民迁出人口有所减少，常住人口数量经过前期的小幅波动后基本保持稳定。如图 6.18 所示，2005～2017 年滩区农村常住人口相对稳定，保持在 180 万人左右的水平，之后缓慢上升至 2024 年的 226.71 万人，随后缓慢下降到 216.60 万人，基本与期初常住人口数持平。由于滩区常住人口变动相对平稳，农村居民人均收入变动主要取决于农业收入的快速增长。2030 年滩区农村居民人均收入水平将达到 15624.9 元/人，与 2005 年相比年均增长 6.7%。

7. 8000m^3/s 标准防护堤方案下滩区经济社会发展情景仿真

8000m^3/s 标准防护堤方案为滩区农村居民的生产生活提供了更好的保障，滩区常住人口的迁出相应减少。在既定滩区面积和居民住房面积的约束下，滩区耕地面积变动呈现一定幅度的周期性波动，滩区播种面积平均为 1575.13km^2。

与滩区耕地面积和播种面积的周期性波动对应，滩区农业生产率的波动幅度有所增加，总体保持上升趋势。如图 6.19 所示，2005～2010 年滩区耕地面积增加，耕地紧张情形有所缓解，农业生产率提高动力相对不足，基本保持在 1800t/km^2 的水平附近波动；2010～2021 年，滩区耕地面积和播种面积经历了先减少后增加的周期性变动。单位面积农作物产量在有限的滩区面积约束下，相应快速提高到 2015 年的 4360.85 kg/hm^2，之后小幅下降至 2940.47 kg/hm^2 水平。经过两个周期的变动，2030 年滩区单位面积农作物产量为 3996.5 kg/hm^2 的较高水平。

在播种面积和农业生产率的共同影响下，滩区农作物产量和农业收入稳步提高。

2030 年，滩区农作物产量将达到 599.51 万 t，农业收入将达到 127.31 亿元，分别较 2005 年提高 71.28%和 1.75 倍。

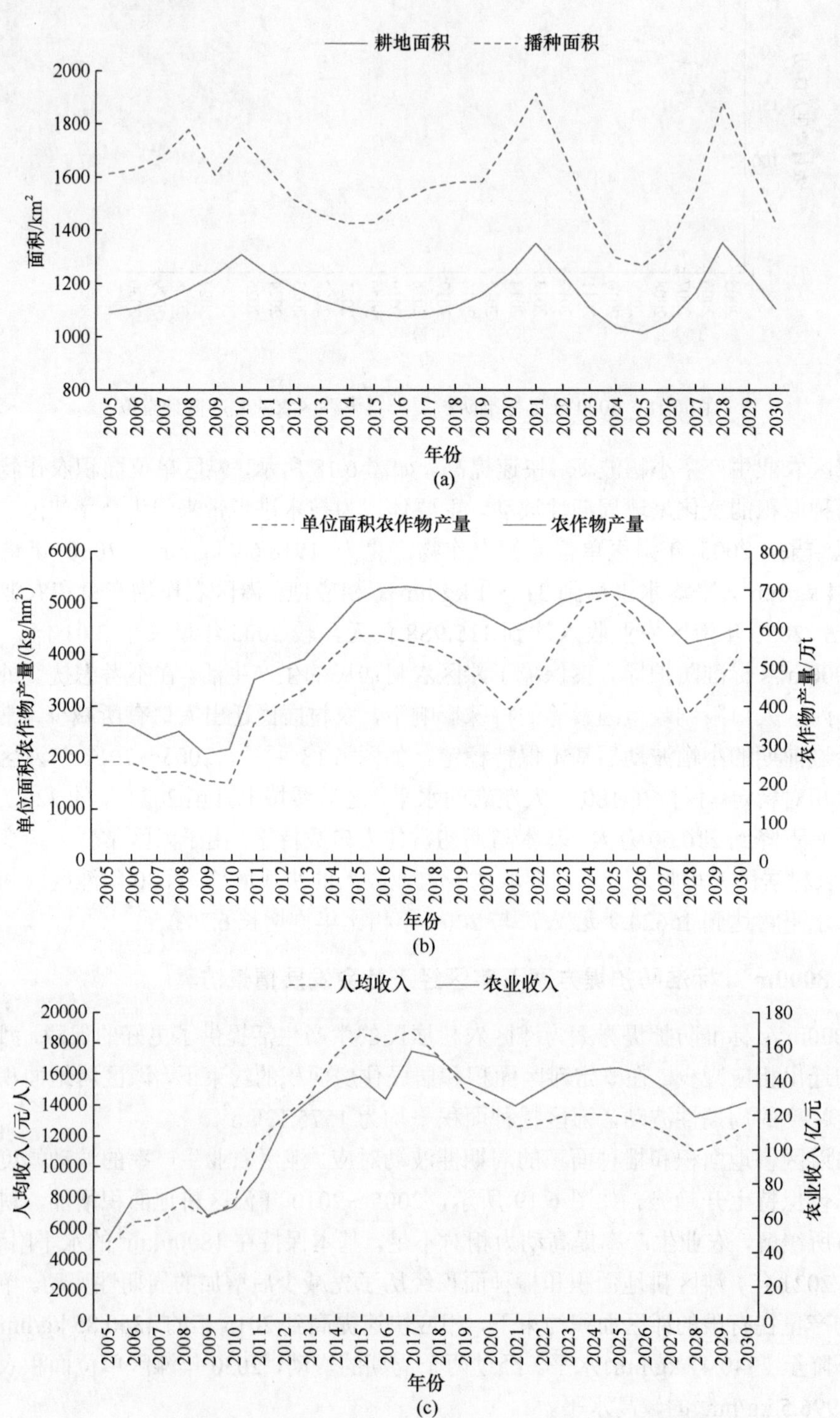

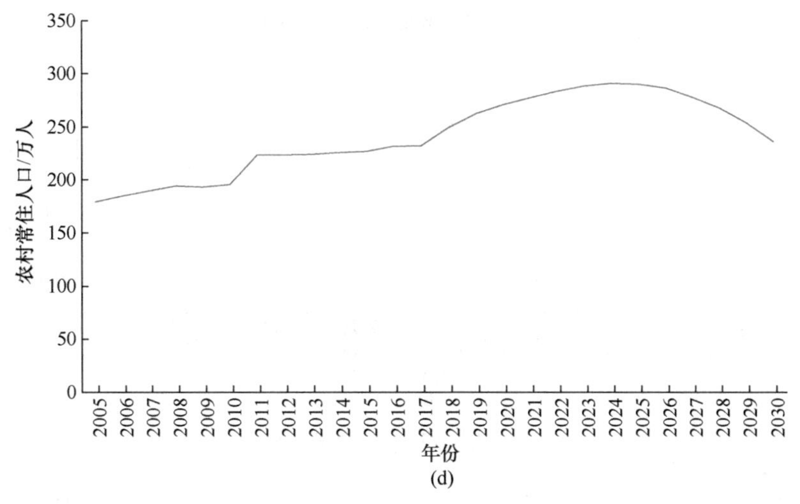

(d)

图 6.19 8000 m^3/s 标准防护堤方案下滩区农业生产情景模拟

在 8000 m^3/s 标准防护堤方案的保障下，滩区迁出农村居民相应较少，在不考虑扶贫外迁政策因素和滩区人口限制政策因素等的特殊影响下，常住居民人数长期呈小幅增长趋势。2005～2018 年，滩区农村常住居民人数基本稳定在 190 万，之后滩区农村居民人口略有增加后仍呈下降趋势。农村居民人均收入水平增速相对放缓，年均增长率为 2.32%，于 2030 年达到 12686.9 元/人。

8. 10000m^3/s 标准防护堤方案下滩区经济社会发展情景仿真

10000m^3/s 标准防护堤方案的防洪等级更高，保障堤内农村居民人数更多，政策性人口迁出比例进一步下降，滩区农村常住居民人数相对较多。滩区耕地和播种面积同样呈现周期性波动，波动周期更长。如图 6.20 所示，2005～2011 年，滩区耕地面积逐步增加至 1292.31km^2 的较高水平，2012～2025 年和 2026～2030 年为 1.5 个耕地面积调整周期。在高标准防护堤的保护下，滩区平均播种面积达到 1538.48km^2，平均复种指数为 1.35。

该方案下的农业生产率提高动力相对较小，农作物产量和农业收入增幅也相应较小。2030 年，滩区单位面积农作物产量将达到 3745.13 kg/hm^2，农作物产量为 541.37 万 t，农业收入为 114.96 亿元，均小于 8000 m^3/s 标准防护堤方案。

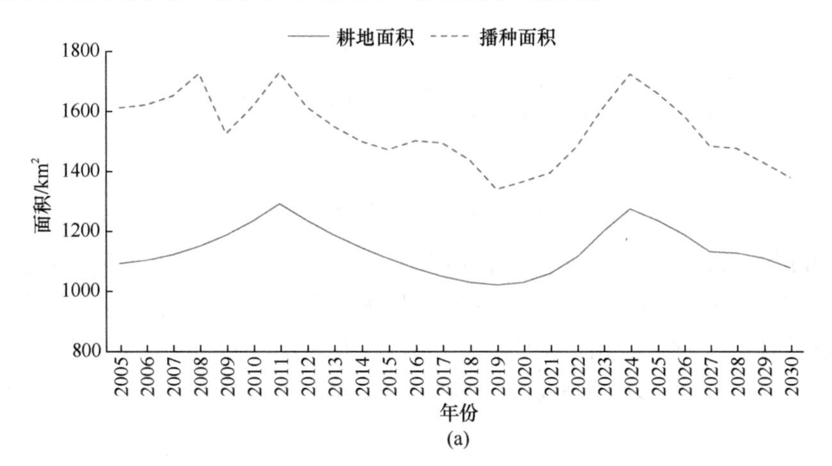

(a)

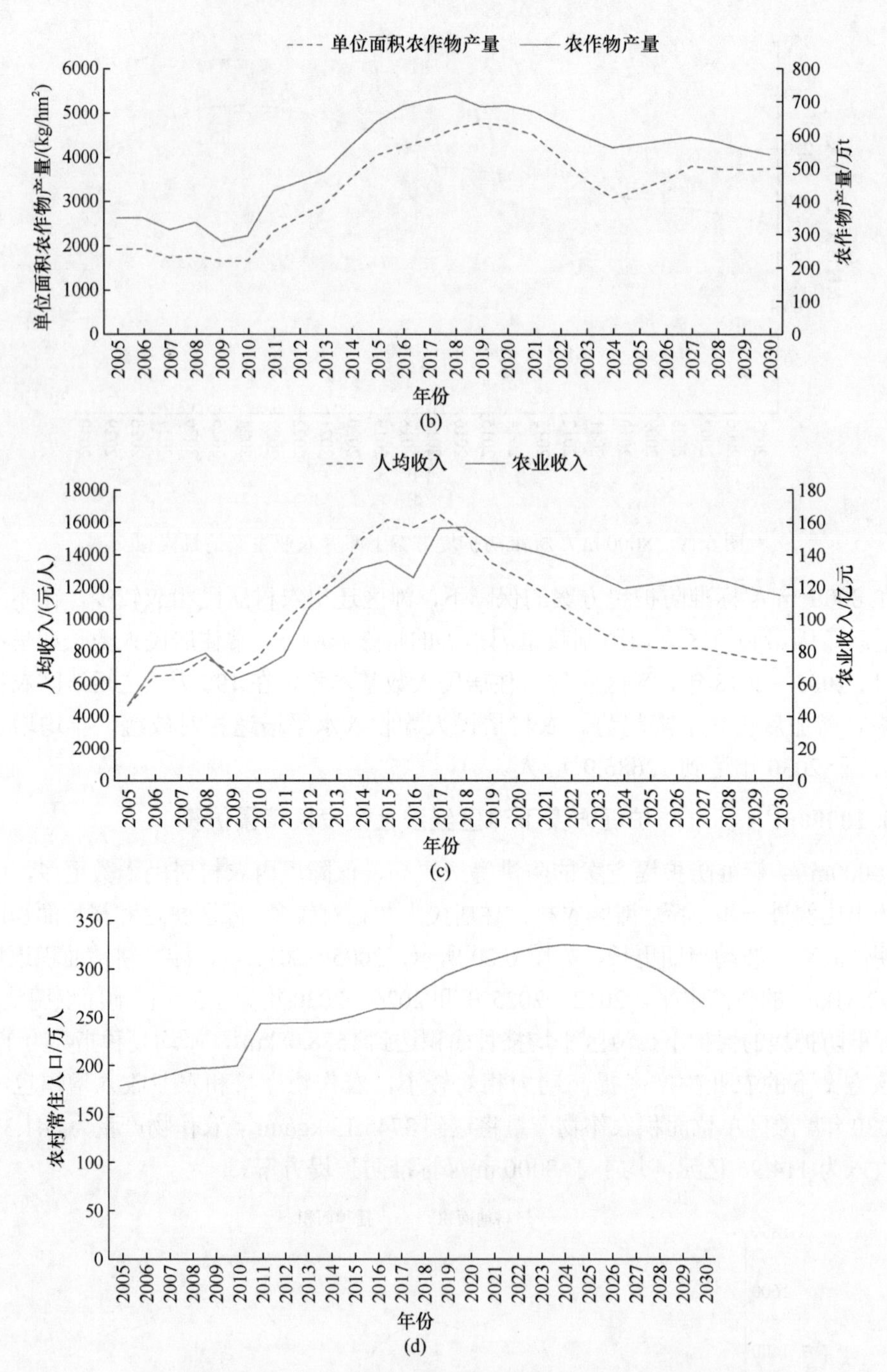

图 6.20 10000 m³/s 标准防护堤方案下滩区农业生产情景模拟

10000m³/s 标准防护堤方案下，在不考虑扶贫外迁政策因素和滩区人口限制政策因素等的特殊影响下，2030 年滩区农村常住居民人口会增加较多，为四种模拟情形的最高水平。农村居民人均收入水平相应较低。2005～2018 年，在稳步提高农业生产率的影响下，滩区农村居民人均收入水平达到 16488.7 元/人，之后受自然人口规模的影响，人均收入水平出现回落。

6.2.3　新形势下滩区自然-经济-社会可持续发展模式

1. 不同治理方案下滩区经济社会发展情景比较

1）耕地面积

堤防工程的防洪标准越高，滩区保护的农村居民人口越多，居民农业生产用地与生活居住用地此消彼长的关系也更明显，滩区耕地面积将呈现幅度更大的周期性波动。如图 6.21 所示，无防护堤方案和 6000m^3/s 标准防护堤方案，滩区农村居民将长期减少或保持稳定，滩区耕地面积变动幅度相对较小。8000m^3/s 和 10000m^3/s 标准防护堤方案，滩区农村人口将长期呈增长趋势，耕地面积将呈较大幅度的周期性波动。其中，8000m^3/s 标准防护堤方案下的人口增幅较小，耕地面积波动的周期也较短；10000m^3/s 标准防护堤方案下的人口增幅更大，耕地面积波动的周期相对较长。

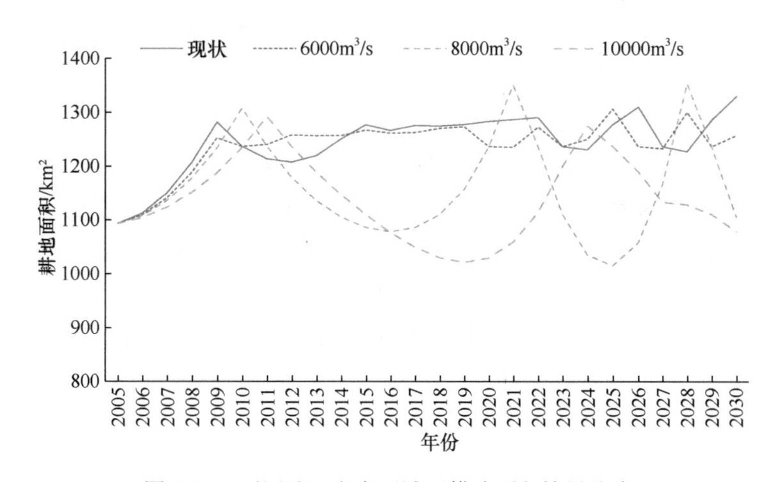

图 6.21　不同治理方案下滩区耕地面积情景仿真

可以认为，防护堤方案提高了滩区农业生产的稳定性，前期防护堤标准越高，耕地面积的波动幅度越小，后期逐步收敛、差异不大。

2）播种面积

不同防洪标准的防护堤方案对滩区经济社会的影响，还体现在洪水来临时淹没的滩区面积不同，造成的农业生产损失也不同。防洪标准越高，洪水淹没的滩区播种面积越小，农业生产的损失也相应越小。如图 6.22 所示，无防护堤方案的淹没面积最大，对应的播种面积最小，6000m^3/s 标准防护堤方案次之，两种情形下滩区农作物复种指数分别为 1.1 和 1.2；8000m^3/s 和 10000m^3/s 标准防护堤方案对农业生产的保护程度更高，洪水淹没面积较小，滩区农作物复种指数达到 1.4，接近河南省农作物的平均复种指数 1.6。在 8000m^3/s 和 10000m^3/s 标准防护堤方案下，滩区农作物的复种指数相对较高，农作物播种面积虽然仍随耕地面积变化呈现周期性波动，但波动幅度明显减小。

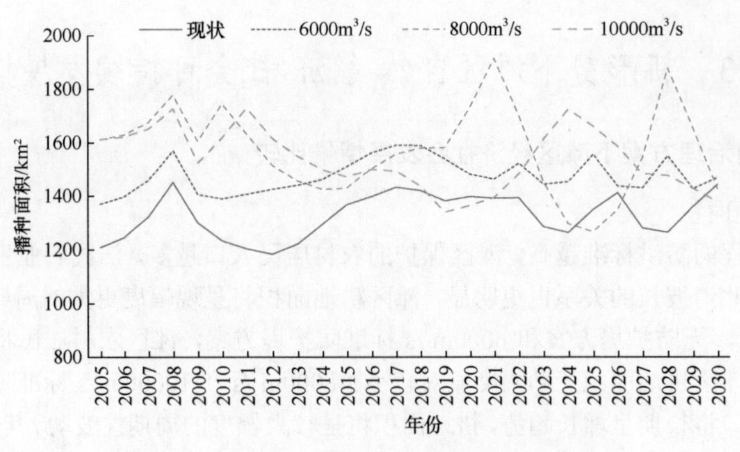

图 6.22 不同治理方案下滩区播种面积情景仿真

3）单位面积农作物产量

面对相对紧张的农业生产用地，在技术进步等因素的作用下，四个滩区治理方案中的单位面积农作物产量均呈现在波动中提高的趋势。如图 6.23 所示，无防护堤方案和 6000m^3/s 标准防护堤方案的播种面积及其波动幅度均较小，农业生产需要通过精耕细作提高收入水平，其单位面积农作物产量稳步提高，2030 年达到 3581.64 kg/hm^2 的较高水平。8000m^3/s 和 10000m^3/s 标准防护堤方案的耕地面积约束较强，虽然在高标准防护堤的保护下复种指数较高，但农业生产率仍会在耕地面积减少时实现跃升，最终达到较高的生产率水平。其中，8000m^3/s 标准防护堤方案的单位面积农作物产量均值更高，达到 3996.5 kg/hm^2，10000m^3/s 标准防护堤方案相对较低，为 3745.13 kg/hm^2。

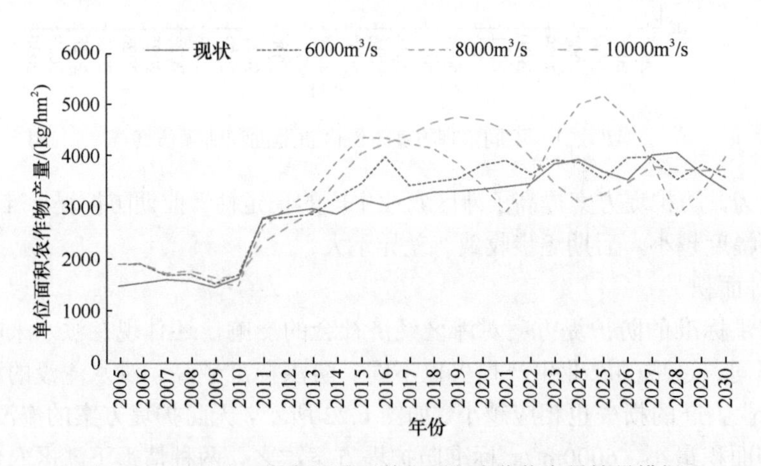

图 6.23 不同治理方案下滩区单位面积农作物产量情景模拟

4）农业收入水平

在播种面积和单位面积农作物产量变化的共同影响下，四种治理方案的滩区农作物产量逐年增加。由于农作物单价相对稳定，滩区农业收入水平总体呈稳步提高趋势。如图 6.24 所示，2005～2010 年，8000m^3/s 和 10000m^3/s 标准防护堤方案的播种面积和单位面积农作物产量均较接近，高于 6000m^3/s 标准防护堤方案和无防护堤方案，两个方案的农业收入也相应较高。2011 年后，8000m^3/s 标准防护堤方案的农业收入水平更高，10000m^3/s 标准防护堤方案次之，6000m^3/s 标准防护堤方案和无防护堤方案的农业收入水平仍相对较低。可以认为，尽管农业生产率提高有助于农村居民的增产增收，但现阶段的农业生产收益仍主要取决于农业生产用地保障。建设可以防御一定标准洪水的保护堤，保障部分堤内农业生产用地，对于稳定提高滩区农业收入水平具有重要作用。

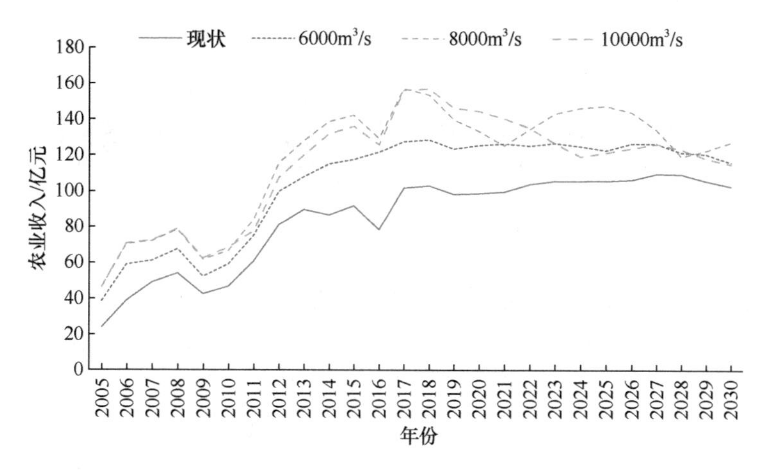

图 6.24　不同治理方案下滩区农业收入水平情景模拟

5）农村居民人均收入水平

在滩区农业收入和农村居民人口变动的共同影响下，滩区农村居民人均收入变化趋势相对复杂。2005～2010 年，四种治理方案下的农村常住人口数相对稳定，滩区居民人均收入水平与农业收入水平变动趋势基本一致，8000m^3/s 和 10000m^3/s 标准防护堤方案的人均收入水平略高于 6000m^3/s 标准防护堤方案和无防护堤方案。2011～2018 年，防洪标准较低方案的滩区净迁出人口增加，滩区农村人口略少于防洪标准较高的方案。同期，8000m^3/s 标准防护堤方案的农业收入水平最高，该方案下的农村居民人均收入水平也为四种模拟方案中最高。2021 年后，四种治理方案下的农村居民人口变动趋势逐渐明确，无防护堤方案下农村人口逐步减少，农村居民人均收入水平相应提高；在 6000m^3/s 标准防护堤方案中，人口基本保持稳定，人均收入水平也相对稳定；在 8000m^3/s 标准防护堤方案中，防洪标准的提高意味着可利用土地的增加，滩区人口相应小幅增加，人均收入水平在波动中略有下降，但总体高于期初水平；在 10000m^3/s 标准防护堤方案中，人口获得大幅增加，但相应地，由于可利用土地面积和单位土地产出无法同步增长，人均收入降幅明显（图 6.25）。

6）常住人口

根据水利部制定《防洪标准》（GB 50201–2014），堤防工程防洪标准应根据其保护对象或防洪保护区的防洪标准分析确定，即防洪保护区内常住人口越多，堤防工程防洪标准也应越高。相应地，如果没有其他特殊的限制性政策因素，在较高防洪标准的防护堤建设情形下，防洪保护区内因政策要求迁出的居民人口相对较少，保护区内常住居民人口基本保持自然增长状态。在本研究的模拟情形中，8000 m^3/s 标准防护堤和 10000m^3/s

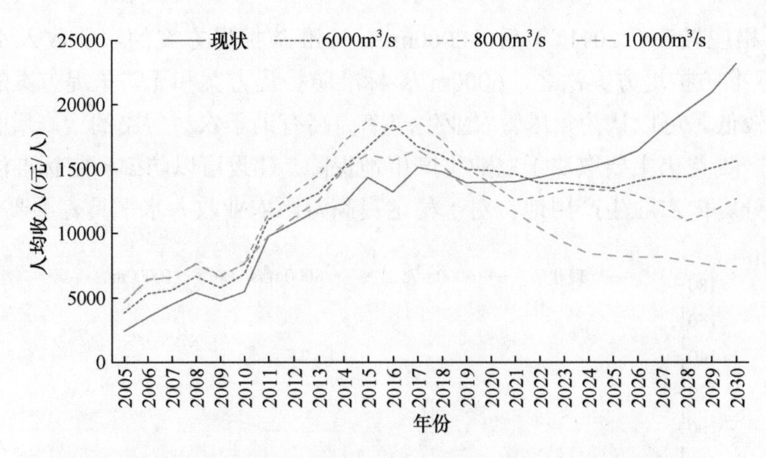

图 6.25　不同治理方案下滩区农村居民人均收入水平情景模拟

标准防护堤能更好地保障了滩区农村居民的生产生活。理论上，由于生产生活条件保障水平大幅提高，滩区适宜生产生活，将减缓滩区农村人口外迁趋势，滩区农村常住居民人数将呈一定增加趋势，于 2030 年分别达到 236.23 万人和 263.73 万人，均高于 6000 m^3/s 标准防护堤方案和无防护堤方案下的滩区农村居民人数（图 6.26）。

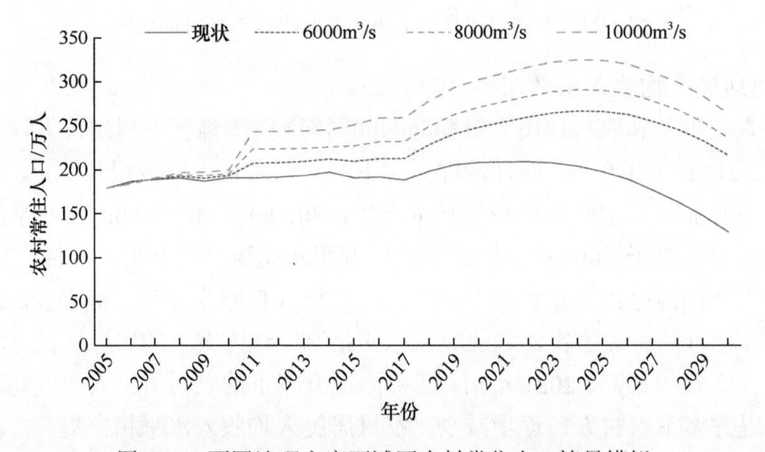

图 6.26　不同治理方案下滩区农村常住人口情景模拟

需要说明的是，这反映的只是在不考虑其他外生政策变量影响下滩区常住人口的增长趋势。在无防护堤方案下，洪水淹没农业耕地面积会影响滩区农业收入，加上滩区特殊的地理位置，导致滩区人口在长期看来逐步减少。模型设定修筑防护堤情景后，对滩区农业生产起到一定程度的保护作用，滩区淹没面积相对无堤方案有所减少，农业收入水平基本保持稳定，虽然滩区限制人口政策，但是如果没有强制性控制手段，滩区人口仍会大致处于自然增长趋势。政府出台更大规模的外迁滩区人口政策或强制性控制人口数量政策后，可以在之后的研究中增加这一限制条件，在目前阶段的研究中，缺少直接加入限制人口增长约束条件的现实依据。因此，仅从理论上对其在不同治理方案下的增长趋势进行对比分析。

不同标准防护堤下，标准越高，防洪功能越强。虽然可利用耕地不一定增加，但这意味着洪水和漫滩风险降低，以及提高了滩区生产生活保障能力，因而滩区对人口吸引力增强。黄河下游是我国人口密度最高的区域之一，考虑这一背景，当滩区生产生活条件得到更高保障时，这是可以理解的理性选择。另外，由于人口增长对滩区发挥防洪沉沙功能产生干扰，因此需要通过人口和区域经济发展政策进行干预。本书将在后文政策建议中对此进一步分析阐述。

2. 滩区自然-经济-社会可持续发展优化模式

从行洪输沙情况来看，四种治理方案中，无防护堤方案淹没滩区面积最大，行洪输沙效果最好；6000m^3/s 和 8000m^3/s 标准防护堤方案的淹没面积次之，行洪输沙效果较好；10000m^3/s 标准防护堤方案的淹没面积最小，行洪输沙效果相对较差。

从经济社会发展情况来看，①无防护堤方案和 6000m^3/s 防护堤方案对滩区农业生产和居民生活的保障较弱，洪水淹没面积较大，造成农作物损失也较大，滩区农村居民人口将长期减少，农业收入水平也相应较低；②8000m^3/s 和 10000m^3/s 标准防护堤方案能够较好保障滩区居民的生产生活，农作物复种指数基本相当于周边地区平均水平，农业生产受洪水影响较小，农业收入水平相对较高；③8000m^3/s 和 10000m^3/s 标准防护堤方案均为高标准防护堤方案，但二者长期的人口变动趋势存在差异。10000m^3/s 标准防护堤方案的人口增幅较大，农村居民生产用地和生活居住用地之间的冲突难以通过促进技术进步、提高单位面积农作物产量等方式进行缓解，农业收入水平将相对低于 8000m^3/s 防护堤方案。可以认为，建设可以防御一定标准洪水的保护堤，保障部分堤内农业生产用地，对于提高滩区农业收入水平具有重要作用。但防洪标准提高后，将会导致人口加快增长。因此，稳定滩区人口增速，适当控制滩区人口规模也是滩区实现经济社会协同可持续发展的重要措施。这意味着仅仅依靠修建高标准防护堤还不够，必须同时采取其他配套措施，控制滩区人口过快增长即是需要考虑的政策之一。

6.3　流域与区域协同发展的滩区管理机制与模式

6.3.1　黄河下游滩区土地功能定位

1. 黄河下游滩区滞洪削峰和沉沙作用

1）滩区的滞洪削峰作用

滩区在防洪中具有行洪、滞洪削峰的功能。首先，洪水超过一定限度时，滩区是排洪河道的一部分，和主槽一起将洪水排泄入海。其次，黄河下游滩区面积广大，当发生漫滩流量以上洪水时，水流进入广大滩区，下游滩区就成为一个天然的大滞洪区。最后，黄河下游河道上宽下窄，排洪能力上大下小，艾山以下河道安全下泄流量为 10000 m^3/s，而花园口设防流量为 22000m^3/s。历史上曾发生过 30000 m^3/s 以上的洪水，超出艾山安全下泄流量的洪水，须在艾山以上宽阔的河道（含滩区）中滞蓄，以保证艾山以下堤防的安全。

在历次抗御大洪水中，滩区对削减下游洪峰发挥了重大作用。以 1954 年、1958 年、1977 年、1982 年和 1996 年为例，黄河下游各河段滩区削峰情况如表 6.33 所示，根据花园口站洪峰流量大于 15000m^3/s 的三次洪水分析，花园口至孙口河段的平均削峰率为

34.5%，大大降低了孙口以下河段的洪峰流量。

表 6.33　黄河下游各河段滩区削峰情况

年份	花园口	夹河滩		高村		孙口		艾山	
	洪峰/（m^3/s）	洪峰/（m^3/s）	削峰/%	洪峰/（m^3/s）	削峰/%	洪峰/（m^3/s）	削峰/%	洪峰/（m^3/s）	削峰/%
1954	15000	13300	11	12600	16	8640	42	2900	81
1958	22300	20500	8	17900	20	15900	29	12600	43
1977	10800	8000	26	6100	44	6060	44	5540	49
1982	15300	14500	5	13000	15	10100	34	7430	51
1996	7600	7150	6	6810	10	5800	24	5030	34

2）滩区的沉沙作用

黄河洪水泥沙携带量大，进入下游，水流减缓，泥沙不断沉积，致使黄河下游河道不断淤积抬高，形成“地上悬河”，这是造成历史上灾害频繁的根本原因。宽阔的滩区可以扩大泥沙沉积范围，减缓河道淤积抬高的速度，从而延长河道的使用年限。如果没有滩区的沉沙，下游河道主槽淤积速度更快，河槽排洪能力将更难维持。滩区的沉沙作用也减少了进入河口的泥沙，减缓了河口地区的淤积、延伸、摆动速度，从而减轻了因河口延伸对河口以上河道的溯源淤积影响。

2. 黄河下游滩区是群众生产生活的主要承载区

黄河下游现行河道上宽下窄，两岸堤防之间有广阔的滩地，滩区总面积超过 4000 km^2，广大的滩地既是汛期行滞洪和沉沙的区域，又是滩区群众生产和生活的主要承载区。随着社会经济的发展和黄河治理的全面推进，黄河沿线发展对土地资源的需求增强，加之滩区土壤肥沃，交通及灌溉引水便利，有利于耕种，使得滩区人口不断增加。滩区经济是典型的农业经济，受法律法规约束，滩区不允许发展工业，基础设施建设和产业发展落后。受漫滩洪水影响和生产环境及生产条件制约，滩区经济发展能力低下。据统计，滩区农民人均收入水平仅相当于所在省农民人均收入的 56.5%～71.6%，逐渐形成沿黄贫困带。滩区群众对沿河滩地的依赖性也更强，农业收入成为滩区群众收入的主要来源。

3. 黄河下游滩区土地功能定位

黄河下游滩区土地兼具防洪保安全和保障群众安居乐业的双重功能。滩区承担行洪、滞洪、沉沙功能，是黄河防洪减淤体系的重要组成部分。黄河下游河道呈现“上宽下窄”的特点，陶城铺以上为宽河段，约占下游滩区面积的 80%；陶城铺以下为窄河段。黄河下游发生大洪水时，宽河段滩区具有重要的滞洪削峰功能，对缓解下游窄河段防洪压力起着十分重要的作用。落淤沉沙是黄河滩区特有的功能，当洪水漫滩时，泥沙在滩区沉淀，清水退入河槽，使滩槽水沙交换，减少窄河段主河槽淤积。近 50 年来，黄河下游河道累积淤积泥沙 93 亿 t，其中约 70%在滩区沉积，滩区对减少下游窄河段主河槽淤积、提高防洪能力发挥了重要作用。

滩区是 190 万群众赖以生存的家园。滩区地势平坦，土壤较为肥沃，水资源丰富，自古以来就是居民赖以生存的场所。受水患灾害、水利设施不配套、政策受限等因素的影响，区内基本上没有工业，以小麦、玉米等种植业和养殖业为主，汛期洪水漫滩使秋季作物不保收，群众主要依靠夏粮和外出打工维持生活。滩区内不允许建设永久性重大基础设施和布局重要产业，使得滩区长期处于农业不稳、工业极少、商业不兴、公共服务能力不足、群众生活水平低的困境，与滩外周边区域的发展差距呈不断扩大之势。

6.3.2　滩区经济发展现有矛盾及其产生原因

1. 滩区土地开发与防洪之间的矛盾

1）从治河的角度出发，需要漫滩洪水“淤滩刷槽”

泥沙问题是治黄的根本问题，减少河槽淤积，维持河道排洪能力则是治河的关键。洪水期间，挟沙水流经过滩槽交换，滩地发生淤积，河槽少淤或冲刷，有利于维持河道的排洪能力，即黄河行洪过程中存在“淤滩刷槽”的规律。20 世纪 50 年代，黄河下游平均年淤积 3.6 亿 t 泥沙，其中滩地淤积量约占 3/4。在大洪水期间作用更为明显，如 1933 年洪水期间进入下游的泥沙超过 25 亿 t，高村以上滩区就淤积了 22 亿 t，河槽不仅没有淤积，反而冲刷了 4 亿 t。1958 年大洪水时，经河道滞蓄孙口洪峰削减至 15900m^3/s，又经东平湖自然分滞洪水，到艾山站洪峰仅为 12600m^3/s。在当年 7 月 13～23 日洪水期间，洪水漫滩，滩地淤积达 10.2 亿 t，同时河槽冲刷了 8.65 亿 t。因此，从治河的角度出发，为了维持河道的排洪能力，需要利用漫滩洪水进行“淤滩刷槽”。

2）从滩区群众生存发展来看，要求滩区不能再漫滩

要彻底解决滩区群众的防洪安全问题，将滩区 189 万群众全部外迁至大堤背河侧是最根本的措施。近年来国家实施了滩区扶贫搬迁政策，取得了一定的成效，但是滩区扶贫迁建需要一个长期的过程，人滩共存的局面还将长期存在。

自国发〔1974〕27 号文《关于废除黄河下游滩区生产堤实施的初步意见》对滩区实行“一水一麦，一季留足全年口粮”以来，这一政策在全国大多数地区尚未基本解决温饱问题的计划经济时期，对于解决滩区群众的基本生活问题，发挥了积极的作用。后来，随着滩区水利建设有了长足的发展，滩区农业生产条件也得到很大改善。但是滩区属于高风险区域，其水利、交通、能源、教育、卫生等基础设施严重滞后，使滩区经济一直处在较低的水平，与周边地区的差距越来越大。滩区群众为了消除洪水漫滩的威胁，维持生存、发展的需要，修建了大量的生产堤，与水争地，影响了防洪安全。

2. 矛盾起因和发展过程

滩区土地开发利用和防洪之间矛盾的形成，是一个逐步发展的过程。在自然因素和历史原因的影响下，群众在滩区居住既是现实存在的，又是合法的。滩区群众世世代代在洪水高风险中求生存谋发展，形成了与洪水共存的生产生活方式。先前，滩区人口并不多，社会的生产能力也不高，“一水一麦”的生产方式既发挥了滩区土地的生产效益，又保留了行洪通道，人水相安，各取其利。但是，随着滩区人口的自然增长、经济社会的发展以及物质水平的提高，滩区群众对土地的渴求越来越大，过去人与洪水基本不发生矛盾的“一水一麦”生产模式早已不能满足维持群众温饱的需求，致使河边地、嫩滩

等都被垦种成固定耕地，修筑生产堤、力保秋粮的收获，成为滩区群众迫不得已的选择。

尽管对滩区修建生产堤的严重性人们早有认识，20 世纪 70 年代中期政府就提出了“从全局和长远考虑，黄河下游滩区应该迅速废除生产堤，修筑避水台”的政策。但是，滩区安全建设与减灾政策落实不到位，自 1974 年国家要求破除生产堤以来，滩区群众生活生产无保障，生产堤总是破而复修，不少河段甚至修到了主槽边。据统计，截至 2004 年汛后，黄河下游两岸生产堤已达 882.57km。这样盲目修建生产堤，严重侵占河道排洪断面，壅高洪水位，影响了河道排洪安全，同时阻止洪水上滩，减少滩地淤积，河道平滩流量降低，使得小水大灾情况突出，人水争地现象严重，对黄河治理及防洪带来负面影响。

可见，滩区土地的侵占是一个蚕食和逐步巩固的过程，与河争地的现象日趋严重，减小了河道的行洪区，行洪区减少又使得滩地越来越容易被淹，从而形成了恶性循环。黄河滩区是典型的农业经济，滩区人口基本为农业人口，农民的生存与发展仍然要依赖滩区的土地，而洪水对滩地的威胁是长期存在的，滩区与洪水共存的状况不可改变。这样局部利益与整体利益或公共利益发生冲突时，没有合理的补偿作为保障，本应是人与自然的矛盾就转化成滩区经济发展与黄河安全的矛盾，且这种矛盾是不可逆转的，如不及时遏止，后果严重。

3. 矛盾导致的后果及表现形式

滩区土地开发与防洪之间的矛盾导致了严重的后果，主要表现在以下几个方面。

1）生产堤问题

生产堤是滩区居民为保护生产、生活而在距滩唇一定距离沿主槽走向修筑的圩堤，是黄河下游滩区土地开发与防洪矛盾最重要的体现。

由于修建生产堤提高了黄河洪水对黄河大堤及两岸群众安全的威胁，因此，从黄河的安全考虑，生产堤应该废除。

2）防洪调度问题

由于 20 世纪 90 年代黄河来水偏枯，高含沙洪水频现，下游河道淤积严重，漫滩流量从 20 世纪 60 年代的 6000 m^3/s 减少到黄河调水调沙前最小平滩流量 1800 m^3/s。为了减轻“二级悬河”的威胁，增大黄河下游主槽的过流能力，2002 年开始实施调水调沙，取得了比较好的实际效果。但考虑下游漫滩的问题，调水调沙的流量只能控制在 4000 m^3/s 以下，调度的空间非常有限，不能充分发挥调水调沙增大过流能力的效果。

即使在黄河下游正常的防洪调度中，如果遇到 4000～8000 m^3/s 的洪水，也会因漫滩问题使按照小浪底水库设计的调度原则的实施遇到很大阻力，沿黄各级政府和群众从当地利益出发会提出减小小浪底水库泄流量的要求，这样会增大小浪底水库的淤积损失，使小浪底水库的寿命缩短。

由于小浪底水库的调控作用，黄河下游常年不来大水，导致河槽进一步萎缩，过洪能力降低，滩区受灾概率增加。而且小浪底水库修建后，黄河下游的来水形式已由之前以天然来水为主的条件转变为可在很大程度上受小浪底水库控制为主的来水条件，使河南、山东两省群众甚至部分干部认为，凡是漫滩都是水利部黄河水利委员会人为造成的，使沿黄干部群众和治黄业务部门矛盾加大，为治黄工作的正常实施带来巨大的压力。

3）侵占公共用地

公共用地被不断侵占的根本原因之一在于土地产权不明确。在土地初始产权界定明确和法制健全的情况下，私人土地和公共土地的产权都将受到法律的严格保护，基本不会出现非自愿或违法侵占土地的情况，只有国家出于社会全局利益考虑，在制定大多数人同意针对某一块土地补偿办法的前提下，动用国家权力强制搬迁个别拒不迁出者，如日本对渡良濑等蓄滞洪区土地的征购。

在我国实行了社会主义改造（20 世纪 50 年代）之后，名义上所有国土归全民和劳动群众集体所有，政府行使土地的管理职能。当时未划归集体所有的所有河滩地、洼淀湿地和湖泊水面归全民所有，但由于《中华人民共和国土地管理法》1986 年才颁发，管理者和所有者的分离以及“全民所有”定义的模糊并无相应的法律保障，使得一些人认为这些土地是“无主”地，或认为既是“全民所有”，他也有份，对其侵占就变成了理所当然。

正是这种体制原因，造成黄河滩区，特别是几乎年年漫滩的低滩区土地侵占十分严重。据 20 世纪 90 年代初统计，东明南滩的耕地面积为 12.2 万亩，到 2003 年地方上报的南滩淹没耕地面积就达 19.2 万亩。即使一些滩区实施“一水一麦”的耕作方式，仍有相当部分属于“全民所有”，随着时间的推移，所有权和使用权逐步易手，发展到今天，几乎所有滩地的使用权都归到承包农户手中，而原为洼淀湿地和湖泊的蓄滞洪区这种情况表现得更加明显。

4. 原因分析

同一块土地兼具两种不同性质利益相互冲突的用途，是滩区土地开发与防洪之间产生矛盾的根本原因，也是滩区治理陷入目前困境的根本原因。而造成“一块土地、两种用途”的主要原因有两个方面：一方面是自然条件。土地作为人类生存与发展必需的有限资源，在我国这样一个人多地少、人口压力巨大的国家，其稀缺性表现得尤为突出。受环境容量、政府财力等因素制约，目前将滩区 100 多万居民整体外迁难以实现，即使是将距离较近的村庄外迁和在距离较远的村庄修筑村台就地避洪，滩区居民仍离不开赖以生存的滩区耕地，在今后很长一段时期，人水共处的局面仍将继续。另一方面是政策原因：①由于对黄河泥沙淤积问题认识不足，片面地认为三门峡水库建成后，黄河的防洪问题便能得到根本解决。为让滩区群众安居乐业，1958 年提倡滩区在“防小水、不防大水”的原则下修生产堤，造成政策失误。②没有明确的公共用地管理法规，无法阻止、清除或管理群众自发地对滩区土地的侵占。③缺乏滩区治理的相关政策，如滩区补偿政策，限制滩区土地用途，如调整农业生产结构、禁止近堤取土、有计划地破除生产堤、禁止在行洪区种植高秆作物和树木等，这一政策应与国家补偿机制结合，违反的不予补偿；人口政策，鼓励外迁、限制人口迁入；滩区开发利用的指导性意见等。④滩区安全建设不到位，滩区安全设施少、标准低、质量差，还不能满足滩区群众避洪迁安的要求。

由于黄河水少沙多、水沙关系不协调的基本特点长期难以改变，为保障黄河防洪安全，在“稳定主槽，调水调沙，宽河固堤，政策补偿”治河方略的指导下，滩区仍需发挥行洪滞洪沉沙的功能。经过调水调沙运用后，下游漫滩流量由不足 2000m^3/s 恢复到 4000～5000m^3/s，黄河下游仍然会不可避免地出现漫滩，造成漫滩损失，对滩区的开发利用带来影响，并在一定程度上制约滩区的开发利用。反之，若对滩区开发利用不加以正确的引导和规范，盲目无序的开发也必将使河道行洪情况变得复杂化，影响滩槽水沙交换，加剧主河槽淤积，对下游防洪产生很大的影响。这也就决定了黄河下游滩区土地开发与防洪之间必然产生矛盾，只有正确处理好滩区开发利用与防洪之间的关系，才能实现黄河下游滩区开发与防洪安全的和谐发展。

6.3.3　黄河下游滩区土地利用面临的问题和形势

1. 面临的主要问题

1）“二级悬河”对滩区土地利用的威胁依然严重

黄河下游河道不仅是“地上悬河”，还是槽高、滩低、堤根洼的“二级悬河”。目前，黄河下游“二级悬河”严重的东坝头至陶城铺河段，滩唇高出大堤临河地面约 3m，最大达 5m，滩面横比降约为河道纵比降的 10 倍。一旦发生洪水，将增大主流顶冲堤防产生顺堤行洪甚至发生“滚河”的可能性。同时，黄河下游 166km 游荡型河道的河势尚未得到有效控制，“横河”“斜河”发生概率较大，堤防冲决和溃决的危险增大。小浪底水库运行后，进入黄河下游的稀遇洪水得到有效控制，同时水库拦沙和调水调沙遏制了河道淤积，河道最小平滩流量恢复到 4200m^3/s。但是小浪底水库拦沙库容淤满后，若无后续控制性骨干工程，那么已形成的中水河槽行洪输沙能力将难以维持，下游河道复将出现严重淤积抬高，对滩区土地利用的威胁依然严重。

2）防洪与生态经济建设之间的矛盾突出

长期以来，受国家经济实力和治黄科技水平的限制，滩区经济发展和生态建设的投入相对不足。按照国家批复的滩区居民搬迁规划，2020 年后滩区居住群众仍高达 140 万人，特别是河南滩区仍有近 90 万人面临洪水威胁。洪水灾害频繁，安全设施严重不足，基础设施薄弱，加之许多惠农政策和项目不适用于滩区，导致滩区经济发展落后。以河南省台前县为例，2015 年该县滩区农民人均纯收入为 4705 元，约为同期该县农民人均纯收入（7434 元）的 63%，不及本省农民人均纯收入（10853 元）的一半。同时地方政府引进的一些建设项目，如产业集聚区、光伏电站等影响了黄河防洪安全。黄河下游日益突出的人水矛盾已成为黄河下游治理的瓶颈。

3）相关现行政策制约黄河下游滩区的经济社会发展

一直以来，作为黄河的行洪河道，黄河下游滩区因特殊地理位置、行洪功能、生态环境和法律法规等多种因素制约，不能进行大规模的工业生产。国家涉农发展项目尤其是基础设施项目一般不考虑滩区，一些有意向安排在滩区的开发项目由于当地配套资金难以落实、相关政策制约等最终流失。虽然滩区有淹没补偿政策，但补偿原则仅限于受灾后，虽可解决群众燃眉之急，但不能从根本上解决滩区发展问题。

4）下游滩区生态功能下降，生态服务能力不足

黄河下游两岸分布有郑州、开封、济南等 30 余座大中城市，涉及人口 5000 多万，

是河南、山东两省经济发展的中心地带。随着城市规模扩张，生产、生活空间不断扩大，城市发展面临水土资源和生态空间的制约。黄河下游滩区土地资源和生态空间资源十分宝贵，而目前滩区土地仍然是一家一户耕作，劳动效率低下，化肥、农药不当施用产生的污染加剧，耕作粗放导致水土流失，土壤沙化、盐碱化现象严重。同时，“二级悬河”得不到有效治理，滩面雨水冲沟近170条、总长840多千米，堤根汛期积水受淹，植被破坏严重。黄河下游河道生态功能下降，为沿黄城市提供生态服务的能力严重不足。

2. 面临的新形势

1）黄河水沙发生了显著变化

近年来，黄河径流量与输沙量显著减少。1987～2015年潼关水文站实测年均径流量、输沙量、含沙量分别与1919～1959年相比减少43.2%、68.7%、45.0%。其中，2000～2015年黄河潼关的年均径流量、输沙量、含沙量分别为227.3亿m^3、2.46亿t、10.8kg/m^3。黄河水沙减少是否属趋势性减少，还没有公认的定论，仍在攻关研究。

水沙年内分配及水沙过程也发生了很大变化。汛期平枯水流量历时增加，有利于输沙的大流量历时和相应水量明显减少；黄河水沙的搭配关系仍然呈现出显著的不协调性。

2）脱贫攻坚与乡村振兴

脱贫攻坚与乡村振兴是我党为实现党的两个百年战略目标制定的重要战略。党的十八大以来，以习近平同志为核心的党中央把脱贫攻坚作为关乎党和国家政治方向、根本制度和发展道路的大事，纳入“五位一体”总体布局和“四个全面”战略布局，摆到治国理政的重要位置，以前所未有的力度推进。

党的十九大报告指出，“深入开展脱贫攻坚，保证全体人民在共建共享发展中有更多获得感，不断促进人的全面发展、全体人民共同富裕。”“让贫困人口和贫困地区同全国一道进入全面小康社会是我们党的庄严承诺。”精准扶贫的目的就是为了人民，增进人民福祉，彻底改善民生，缩小贫富差距和城乡差距，使之同步全面建成小康社会。

精准扶贫和乡村振兴的目的就是为了人民，增进人民福祉，彻底改善民生，缩小贫富差距和城乡差距，使之同步全面建成小康社会。目前河南、山东两省已开展大规模的扶贫搬迁，搬迁后滩区土地合理利用，对于两省实施精准扶贫、精准脱贫具有重要意义。两省的搬迁方案都提出实施滩区扶贫搬迁，利用滩区土地开展堤河及低洼地治理，调整生产结构，发展特色产业和高效农业，从根本上解决滩区群众脱贫致富问题，实现乡村振兴。这是统筹沿黄两岸城乡区域发展、保障和改善滩区民生、缩小滩区与周边发展差距、促进滩区全体人民共享改革发展成果的重大举措，也是推进滩区扶贫开发与区域发展密切结合，促进区域工业化、城镇化水平不断提高的根本途径。

3）绿色发展促进人与自然和谐共生

十八大尤其是“十三五”以来，我国进入全面建成小康社会的新时期，经济发展进入新常态，发展方式加快转变，中央审时度势，适时提出创新、协调、绿色、开放、共享五大发展理念作为新时期各项工作的总统领。党的十八届五中全会关于绿色发展的一系列阐述，不但明确提出了绿色发展理念的新内涵，而且明确了绿色发展的实现路径，对新时期生态文明建设起到了统一思想、明确目标、引领行动的作用。

党的十九大提出，建设生态文明是中华民族永续发展的千年大计。人们必须树立和践行绿水青山就是金山银山的理念，坚持节约资源和保护环境的基本国策，像对待生命一样对待生态环境，统筹山水林田湖草沙系统治理，实行最严格的生态环境保护制度，形成绿色发展方式和生活方式，坚定走生产发展、生活富裕、生态良好的文明发展道路，建设美丽中国，为人民创造良好的生产生活环境，为全球生态安全作出贡献。

黄河滩区有丰富的湿地生态资源，是黄河中下游重要的生态安全屏障，对保障国家生态安全具有独特的作用。实施居民迁建后，迫切需要建设横跨东西的沿黄生态涵养带，以促进滩区生态环境保护和湿地恢复，为维护区域生态稳定和平衡、增强可持续发展能力提供基础保障。

4）维护黄河健康，促进流域人水和谐

黄河治理与国家的政治、社会、经济、技术背景等密切相关。20 世纪 90 年代中期，国家提出了实施可持续发展战略，水利部黄河水利委员会针对黄河出现的防洪、断流、水污染等问题，提出了“维持黄河健康生命”的治河理念，在这一理念的指引下，开展了“三条黄河”建设，并进行了黄河调水调沙探索与实践。2012 年，党的十八大从新的历史起点出发，做出“大力推进生态文明建设”的战略决策。2015 年，中共中央、国务院颁布了《关于加快推进生态文明建设的意见》。2017 年，党的十九大报告提出了一系列推进生态文明建设的指导性意见，如加快建立绿色生产和消费的法律制度和政策导向，建立健全绿色低碳循环发展的经济体系；构建政府为主导、企业为主体、社会组织和公众共同参与的环境治理体系；严格保护耕地，扩大轮作休耕试点，健全耕地、草原、森林、河流、湖泊休养生息制度，建立市场化、多元化生态补偿机制等。

遵照党中央国务院指示，顺应经济社会发展的需求，水利部黄河水利委员会党组提出了“维护黄河健康生命，促进流域人水和谐”的治黄思路。把黄河下游滩区土地利用规划放到区域经济社会发展全局和生态文明建设大局中，让滩区更好地服务区域经济社会和生态发展需求，打造绿水青滩，改善区域生态环境，更好地造福滩区和沿黄广大人民群众，最终实现滩区人水和谐共生。

5）提升防洪能力为滩区发展提供有力保障

随着各类水利水保措施建设和用水量增加，自 20 世纪 80 年代中期以来，黄河径流量、输沙量呈下降趋势。在一定程度上降低了滩区受洪水威胁的风险，但水沙不平衡的基本特点尚未改变。黄河初步形成了中游干支流水库，下游堤防、河道整治工程、两岸分滞洪工程相结合的“上拦下排，两岸分滞”的防洪工程体系，“十三五”期间完成黄河下游堤防加固，险工、防护坝和控导等河道整治工程不断完善，下游河势得到基本控制或初步控制，下游河道河槽的行洪输沙能力增强，整体抗洪能力大大提高，减轻了滩区受淹风险。滩区耕地资源的数量、质量趋于稳定，为滩区经济发展和改善人民生活创造了有利条件。

2012 年，国务院批准了黄河下游滩区运用补偿政策，按照财政部、国家发展和改革委员会、水利部联合制定的《黄河下游滩区运用财政补偿资金管理办法》，豫鲁两省分别印发了黄河下游滩区运用财政补偿资金管理办法实施细则。滩区运用补偿政策的实施对提高防洪调度的灵活性和有效性具有重要意义。

6.3.4　政策和规划影响分析

1. 河道管理相关法律法规

国家、部门和地方发布的涉水法律、法规、办法是建设项目管理审批的重要依据。长期以来，黄河水利委员会按照《中华人民共和国水法》《中华人民共和国防洪法》《中华人民共和国河道管理条例》等有关规定，认真履行了黄河河道管理职责，保障了黄河防洪安全和沿黄地区的经济社会发展。

1）河道管理的有关法律、法规、办法等

（1）《中华人民共和国水法》（2016 年 7 月 2 日第十二届全国人民代表大会常务委员会第二十一次会议修正）；

（2）《中华人民共和国防洪法》（2009 年 8 月 27 日第十一届全国人民代表大会常务委员会第十次会议修正）；

（3）《中华人民共和国防汛条例》（2005 年 7 月 15 日中华人民共和国国务院令第 441 号，2005 年 7 月 15 日实施）；

（4）《中华人民共和国河道管理条例》（2018 年 3 月 19 日第四次修订）；

（5）《河道管理范围内建设项目管理的有关规定》（1992 年 4 月 3 日水利部、国家计划委员会水政〔1992〕7 号文颁布）；

（6）《关于黄河水利委员会审查河道管理范围内建设项目权限的通知》（1993 年 5 月 27 日水利部水政〔1993〕263 号发布）；

（7）《水文监测环境和设施保护办法》（2010 年 12 月 22 日环境保护部令第 16 号修改）；

（8）《黄河河口管理办法》（水利部第 21 号令颁布，2005 年 1 月 1 日实施）；

（9）《河南省黄河防汛条例》（河南省人民代表大会常务委员会公告第六十八号，2017 年 3 月 1 日起实施）；

（10）《河南省黄河河道管理办法》（2018 年 1 月 25 日河南省人民政府令第 182 号公布，自 2018 年 3 月 9 日起施行）；

（11）《河南省黄河工程管理条例》（2020 年 6 月 3 日河南省第十三届人民代表大会常务委员会第十八次会议通过修改）；

（12）《山东省黄河河道管理条例》（2018 年 1 月 23 日山东省第十二届人民代表大会常务委员会第三十五次会议修正）；

（13）《山东省黄河工程管理办法（2005）》（2005 年 3 月 25 日山东省人民政府令第 179 号）；

（14）《山东省黄河防汛条例》（2003 年 7 月 25 日山东省第十届人民代表大会常务委员会第三次会议通过）；

（15）《黄河流域河道管理范围内建设项目管理实施办法》（1993 年 11 月 29 日，黄水政〔1993〕35 号）；

（16）《<黄河流域河道管理范围内建设项目管理实施办法>补充规定（暂行）》（黄水

政〔2005〕1号）；

（17）《黄河水文管理办法（2009年修订）》（黄水政〔2009〕22号）；

（18）河南省人民政府办公厅《关于进一步加强黄河河道内开发建设管理工作的通知》（豫政办明电〔2012〕54号）；

（19）《黄河防汛抗旱总指挥部办公室关于禁止在黄河滩区建设光伏发电项目的通知》（黄防总办〔2015〕5号）；

（20）《水利部关于加强洪水影响评价管理工作的通知》（水汛〔2013〕404号）；

（21）《水利部关于印发<水利部简化整合投资项目涉水行政审批实施办法（试行）>的通知》（水规计〔2016〕22号）；

（22）《黄委关于印发<简化整合投资项目涉水行政审批实施细则（试行）>的通知》（黄规计〔2016〕297号）。

2）部分法律、法规、办法等常用条文

（1）《中华人民共和国防洪法》第二十二条（节选）：河道、湖泊管理范围内的土地和岸线的利用，应当符合行洪、输水的要求。禁止在河道、湖泊管理范围内建设妨碍行洪的建筑物、构筑物。

（2）《中华人民共和国河道管理条例》第二十五条：在河道管理范围内进行下列活动，必须报经河道主管机关批准；涉及其他部门的，由河道主管机关会同有关部门批准：（一）采砂、取土、淘金、弃置砂石或者淤泥；（二）爆破、钻探、挖筑鱼塘；（三）在河道滩地存放物料、修建厂房或者其他建筑设施；（四）在河道滩地开采地下资源及进行考古发掘。

（3）《河南省黄河河道管理办法》第十四条：黄河河道岸线的利用和建设应当服从河道整治规划。在审批利用河道岸线的建设项目时，发展改革部门应当事先征求黄河河道主管机关的意见。黄河滩区不得设立新的村镇和厂矿，已从滩区迁移到大堤背河一侧的村镇和厂矿不得迁回滩区。

（4）《河南省黄河防汛条例》第十五条：禁止向黄河滩区迁增常住人口，禁止将黄河滩区规划为城市建设用地、商业房地产开发用地和工厂、企业成片开发区。

（5）《山东省黄河河道管理条例》（山东省人民代表大会常务委员会公告第233号，2018年）第十五条：黄河滩区不得建设新的村镇和厂矿；因特殊情况必须建设的，须经省黄河河道主管机关同意。已从滩区迁出的村镇和厂矿不得返迁。但因农业生产需要搭建临时性用房的除外。

（6）《黄河河口管理办法》第二十一条：黄河河口综合治理规划或者黄河入海流路规划确定的其他以备复用的黄河故道应当保持原状，不得擅自开发利用。确需开发利用的，应当报经黄河水利委员会所属的黄河河口管理机构批准。开发利用活动造成黄河故道损坏或淤积的，由责任者负责修复、清淤，并承担费用。

（7）其他法令。2012年4月，河南省人民政府办公厅《关于进一步加强黄河河道内开发建设管理工作的通知》要求，沿黄各级政府、各有关部门应对黄河河道内的建设项目加强审批，不得将黄河河段内的滩地作为工厂、企业成片开发区和城市规划建设用地；在黄河滩区规划建设新农村，要优化建筑结构以利行洪避洪；禁止向黄河滩区迁增常住人口，不能以任何形式进行商业房地产开发项目建设；禁止在黄河主槽内、控导（护滩）工程护坝地内、堤防工程安全保护区内建设开发项目；禁止在黄河滩区建设污染工矿企业。

2015年5月，《黄河防汛抗旱总指挥部办公室关于禁止在黄河滩区建设光伏发电项目的通知》提出禁止在黄河滩区建设光伏发电项目。

2. 补偿政策

2012年，财政部、国家发展和改革委员会和水利部联合印发了《黄河下游滩区运用财政补偿资金管理办法》（节选部分内容）。

第二条　黄河下游滩区（以下简称滩区）是指自河南省西霞院水库坝下至山东省垦利县[①]入海口的黄河下游滩区，涉及河南省、山东省15个市43个县（区）。滩区运用是指洪水经水利工程调控后仍超出下游河道主槽排洪能力，滩区自然行洪和滞蓄洪水导致滩区受淹的情况。

滩区运用补偿范围界线，由黄河水利委员会分别商两省省级财政、水利部门界定，并报财政部、水利部备案。

第五条　滩区运用后区内居民遭受洪水淹没所造成的农作物（不含影响防洪的水果林及其他林木）和房屋（不含搭建的附属建筑物）损失，在淹没范围内的给予一定补偿。

以下情况不补偿：一是非运用导致的损失；二是因河势发生游荡摆动造成滩地塌陷的损失；三是控导工程以内受淹的损失；四是区内各类行政事业单位、各类企业和公共设施的损失；五是其他不应补偿的损失。

3. 相关规划

党中央、国务院高度重视黄河滩区发展。国务院批复的《黄河流域综合规划（2012—2030年）》和《中原经济区规划（2012—2020年）》，将搞好黄河下游滩区安全建设作为重要内容。

国务院已于2013年3月正式批复了《黄河流域综合规划（2012—2030年）》，包括滩区群众外迁安置的滩区安全建设是其重要内容之一；国务院批复的《中原经济区规划（2012—2020年）》提出“扶持沿黄低洼易涝等特殊困难地区发展，推进整村扶贫开发，加大易地扶贫外迁力度”；中国人民政治协商会议全国委员会、中国科学院、中国民主同盟中央委员会、水利部科学技术委员会及其他有关领导和专家，就黄河下游滩区安全与发展问题开展了专题调研，提出了一系列政策性建议。

4. 湿地保护

黄河河道内约有80%的管理范围被划为湿地（自然保护区）和基本农田（耕地）。河南黄河两岸滩区有5个自然保护区，其中2个国家级自然保护区和3个省级自然保护区，分别为河南黄河湿地国家级自然保护区、豫北黄河故道鸟类湿地国家级自然保护区、郑州黄河湿地省级自然保护区、开封柳园口湿地省级自然保护区和濮阳县黄河湿地省级自然保护区。这些自然保护区的总占地面积为146802hm^2，占滩区总面积的54%。黄河

① 2016年7月，垦利撤县设区，改为东营市垦利区。

下游干流自然保护区统计详见表6.34。

表6.34 黄河下游干流自然保护区统计 （单位：hm^2）

行政区划	岸别	河段	自然保护区名称	面积
河南三门峡市灵宝市、陕州区、湖滨区	右岸		河南黄河湿地国家级自然保护区	28000
河南省洛阳市吉利区	左岸	吉利河段	河南黄河湿地国家级自然保护区	25000
河南省焦作市孟州市	左岸	孟州河段		
河南省郑州市巩义市、荥阳市、惠济区	右岸	郑州河段上段	河南郑州黄河湿地省级自然保护区	38007
郑州市区、中牟县	右岸	郑州河段下段	河南郑州黄河湿地省级自然保护区	
河南省开封市金明区①、祥符区和兰考县	右岸	开封河段	河南开封柳园口湿地省级自然保护区	16148
河南省新乡市封丘县	左岸	封丘河段	河南豫北黄河故道鸟类湿地国家级自然保护区	22780
山东省泰安市东平县、济南市平阴县	湖区	东平湖老湖区	山东东平湖湿地省级自然保护区	16000
山东省东营市河口区	左岸	河口河段	山东黄河三角洲国家级自然保护区	15300
山东省东营市垦利区	右岸	垦利河段		

注：①2014年撤销，设立龙亭区。

1）《中华人民共和国自然保护区条例》

第二十九条：在自然保护区的实验区内开展参观、旅游活动的，由自然保护区管理机构编制方案，方案应当符合自然保护区管理目标。在自然保护区组织参观、旅游活动的，应当严格按照前款规定的方案进行，并加强管理；进入自然保护区参观、旅游的单位和个人，应当服从自然保护区管理机构的管理。严禁开设与自然保护区保护方向不一致的参观、旅游项目。

第三十二条：在自然保护区的核心区和缓冲区内，不得建设任何生产设施。在自然保护区的实验区内，不得建设污染环境、破坏资源或者景观的生产设施；建设其他项目，其污染物排放不得超过国家和地方规定的污染物排放标准。在自然保护区的实验区内已经建成的设施，其污染物排放超过国家和地方规定的排放标准的，应当限期治理；造成损害的，必须采取补救措施。在自然保护区的外围保护地带建设的项目，不得损害自然保护区内的环境质量；已造成损害的，应当限期治理。

2）《河南省湿地保护条例》

第三十四条：沿黄河区域人民政府应当加强湿地保护，禁止下列行为：（一）将黄河湿地保护区域规划为城市建设用地、商业用地、基本农田；（二）在黄河湿地保护区域内建设居民点、厂房、仓库、餐饮娱乐等设施；（三）其他非防洪防汛和湿地保护的建设活动。

3）《关于进一步加强涉及自然保护区开发建设活动监督管理的通知》（环发〔2015〕57号）

自然保护区属于禁止开发区域，严禁在自然保护区内开展不符合功能定位的开发建设活动。地方各有关部门要严格执行《自然保护区条例》等相关法律法规，禁止在自然保护区核心区、缓冲区开展任何开发建设活动，建设任何生产经营设施；在实验区不得建设污染环境、破坏自然资源或自然景观的生产设施。

地方各有关部门要依据相关法规，对检查发现的违法开发建设活动进行专项整治。禁止在自然保护区内进行开矿、开垦、挖沙、采石等法律明令禁止的活动，对在核心区和缓冲区内违法开展的水（风）电开发、房地产、旅游开发等活动，要立即予以关停或关闭，限期拆除，并实施生态恢复。

5. 土地政策

《基本农田保护条例》第十五条规定：基本农田保护区经依法划定后，任何单位和个人不得改变或者占用。国家能源、交通、水利、军事设施等重点建设项目选址确实无法避开基本农田保护区，需要占用基本农田，涉及农用地转用或者征收土地的，必须经国务院批准。

第十七条：禁止任何单位和个人在基本农田保护区内建窑、建房、建坟、挖砂、采石、采矿、取土、堆放固体废弃物或者进行其他破坏基本农田的活动。禁止任何单位和个人占用基本农田发展林果业和挖塘养鱼。

综上所述，黄河下游滩区地理位置特殊，属于河道管理范围内，因此滩区土地开发利用，必须要考虑防洪安全、河道管理、行洪保障等要求，同时还要受到其他行业相关法律法规限制，如自然保护区部分区域限制开发、国家基本农田限制开发。同时由于乡村振兴、沿黄滩区政府和群众脱贫致富的强烈愿望以及黄河流域生态保护和高质量发展战略的推进，对滩区开发利用提出了新的需求。因此，在研究滩区流域与区域协同发展模式时需全面掌握涉及滩区的各类政策，从实际出发，统筹考虑，优化措施。

6.3.5　滩区土地利用各方需求分析

1. 社会经济发展需求

通过调研和资料收集，目前沿黄地方政府和群众对滩区土地开发的想法很多，提出了很多滩区利用的需求，各部门和行业之间对滩区如何开发也存在着不同的想法，除个别滩区外，大多没有滩区开发利用规划或方案，主要的需求包括现代高效农业、生态旅游、水产牧业养殖、风电项目、光伏项目等。

现代高效农业：包括设施农业、观光农业和特色农业等。目前黄河滩区绝大部分是传统农业种植，发展现代农业是滩区开发的基本需求。尤其是目前黄河下游滩区大规模扶贫搬迁后，地方对滩区发展现代高效农业的需求非常强烈，提出充分利用黄河滩区的资源优势和独特的区位优势，按照“滩内种草、滩外养牛、城郊加工、集群发展”的思路，大力发展高效农业。

生态旅游：生态旅游类建设项目主要指以种植、休闲娱乐为一体的园区及湿地景观等。大多紧邻城镇的滩区都提出要开发休闲观光农业生态园、湿地公园、旅游景区等。《河南省黄河滩区居民迁建规划》中提出，要结合黄河沿线生态、人文资源，联动沿线郑汴洛古都旅游资源，大力发展沿黄休闲农业和乡村旅游业，建设黄河生态文化旅游带。

水产牧业养殖：黄河下游滩区面积大，尤其是河南段滩区地势平坦、宽阔，地下水资源丰富，土壤肥沃，适于优质牧草栽培生长，有利于发展固定连片草场，环境污染较小，是发展绿色奶业生产的天然理想之地，河南滩区是国家规划的十大奶牛饲养带之一。

风电项目：黄河滩区地势平坦，交通较为便利，风能资源较为丰富。目前在滩区进行风电开发的需求强烈，不少项目开展了前期工程，完成了风电场测风和可行性研究报告编制工作。

光电项目：个别滩区提出光电开发项目需求，如原阳、兰考等。但该项目对河道行洪、防洪影响相对较大。

非常规项目：除上述项目外，黄河滩区还有一些非常规项目的开发需求，如孟州通用飞机场建设、调蓄水池建设、产业园区建设等。

2. 滩区综合治理需求

在进一步贯彻国家生态治理新理念的背景下，水环境治理、水生态良性维护对滩区土地资源的开发利用赋予了新内涵。尤其是黄河流域生态保护和高质量发展战略的推进，使得通过黄河下游滩区综合治理为滩区经济可持续发展提供前提条件成为必然。

而黄河下游滩区是高风险区域，“二级悬河”形势依然严峻，游荡性河道河势尚未得到有效控制，威胁滩区及堤防防洪安全。小浪底水库运行后，黄河下游河道平滩流量得到一定提高，但滩地横比降大的不利态势仍没得到有效解决，“二级悬河”形势依然严峻。高村以上 299km 游荡性河段还有 166km 河道河势变化仍然较大。加上持续中小水过程的作用，近些年黄河下游畸型河势多发，其在威胁控导工程自身安全的同时，也造成滩地快速坍塌后退，不仅严重危及滩区群众生产、生活安全，还对黄河大堤及防洪保护区的整体安全构成威胁。

要实现流域与区域的协同发展，就要充分研究滩区自然-经济-社会之间的因果、互馈关系，在保证防洪的前提下，协调土地优化利用与防洪安全和经济发展需求之间的关系，充分认识不同防洪情景下的土地开发利用方式最优解；充分考虑经济发展与土地开发利用之间互相促进与互相限制的作用，以黄河下游河道河流系统长远发展和总体最优为目标，探索最优的土地资源配置方案。

6.3.6 流域与区域协同发展的滩区管理政策

综上所述，黄河下游滩区作为流域和地方区域共同管理的特殊地带，其管理措施可从流域与区域协同管理的角度出发，完善管理政策建议。

1. 不同治理模式在经济社会发展中各有优势

黄河下游滩区是沉积泥沙、蓄滞洪水的重要区域，也是滩区群众赖以生存发展的家园。在“宽河固堤，稳定主槽，调水调沙，政策补偿”的治河方略下，黄河下游滩区治理模式的两种不同治理思路各具优势。考虑人口搬迁及政策实施的过程需要一定周期，中小洪水对农业生产仍然存在一定影响，可暂时保留滩区内原有生产堤以抵御 6000m^3/s 及以下的中小洪水，后续逐步破除生产堤。这样既能满足河道行洪输沙，又能稳定农业生产和人口迁移。未来在国力不断提升、黄河上游来水来沙条件不断变化的条件下，可以根据滩区经济社会发展现实，积极探索新型滩区治理方式，实现滩区治理、行洪输沙和滩区人民生产发展的共赢。

2. 综合利用工程和经济手段化解滩区矛盾

黄河下游滩区既是国家防洪大局中的重要一环，又是当地群众赖以生存的家园。滩区滞洪沉沙与人民群众生产生活之间的突出矛盾是由黄河特殊水文特征和下游河道地理特征等多重因素共同决定的，难以单纯依靠防护工程或群众生产补偿、生活救济等措施缓解或化解。因此，要在充分兼顾黄河下游滩区滞洪沉沙功能和当地群众生产生活需要的基础上，积极探索将治水治沙治滩和富民惠民安民有机结合的治理思路和途径，积极开发和运用工程设施建设、村庄外迁、临时撤离和就地避洪等多种安全方案，加快制定和切实落实中央以及地方政府对滩区民众的各项补偿政策和救济措施，在切实保证国家防洪安全的同时，多管齐下，有效确保滩区人民的生命财产安全以及当地经济社会发展需要。

3. 探索滩区分类分区管理和土地用途管制制度

1）滩区分类分区管理

黄河下游滩区规模类型多样，不宜采用一套统一的工程建设标准、防洪治理模式和土地开发利用模式。对规模较大且属于“高滩”或“二滩”的滩区，可以在保证防洪安全的前提下，允许适当发展生产，提高居民生活和宜居水平。前述研究结果表明，在目前以农业生产为主的发展方式下，滩区行洪输沙与农业生产生活用地之间存在突出矛盾。因此，应立足滩区各区域发展现状和功能定位，以滩区行洪输沙用地规模为约束条件，对适宜发展畜牧业、制造业和高新技术服务业的区域进行分类分区管理和适当的产业引导，确保在保留滩区水沙交换和行洪沉沙滞洪功能的同时，满足滩区人民群众安全和生产生活发展的需要。按照主体功能规划要求，将黄河下游行洪河道和滩区土地分为三类区域：①行洪保障区，包括主河槽及周边低滩区域，保障黄河下游河道安全行洪；区内居民外迁，清除影响行洪的障碍物，禁止任何影响行洪的开发活动，确保河道畅通，作为湿地加以保护。②蓄滞洪和农业发展区，即农业生产的主要场所，主体功能是提供农产品，兼具蓄滞洪功能；完善必要的排涝系统、生产性道路等基础设施，修建临时避水设施和撤退道路，优先外迁地势低洼、险情突出居民；在大洪水时承担削峰滞洪、淤滩沉沙功能，并享受黄河下游滩区运用补偿政策。③城镇发展区，即滩区群众集中居住和服务业发展区，以保障滩区群众的生命安全为主要目标。按照防御20～50年一遇洪水标准，结合新型城镇化建设，统一规划建设大村台，集中安置迁建居民，完善交通、电力、通信等基础设施和教育、医疗、养老、卫生等基本公共服务，使之成为居民安全稳定的居住场所，发展农产品加工、社会服务等产业。

2）土地用途管制制度

紧紧抓住土地高效利用“牛鼻子”，健全完善土地用途管制，通过提高单位土地面积的经济产值提高滩区居民生产生活水平，最大限度利用滩区土地利用效能，解决滩区行洪输沙与经济社会发展用地需求之间的突出矛盾，构建符合黄河下游滩区整体功能定位、满足滩区居民发展需求的良性发展治理路径。

探索实行产业负面清单管理机制。负面清单的限制类包括：限制发展设施农业、设施园艺、设施养殖等；限制高投入或高污染水产养殖；限制发展重资产旅游产业；风力发电、太阳能发电等可规避洪水风险产业，必须符合防洪要求，限制建设规模；采矿业不得建设阻水建筑，不得污染环境。禁止类包括：禁止建设开发区；禁止发展各类制造业；禁止发展火力发电、核力发电、生物能发电、自来水生产、污水处理等产业；禁止建设各类房地产项目；除防汛物资储备外，禁止兴建其他物流仓储类项目；禁止发展建设影响行蓄洪功能的设施，或禁止在新增区内居住，或禁示发展造成环境污染的其他各类产业。

4. 完善滩区经济社会发展统计监测和动态跟踪

黄河下游滩区居民生产生活情况基础数据体系的构建，是研究滩区经济社会发展现状、识别发展中的突出问题、与周边地区甚至全国平均水平进行横向比较的基础和依据。从现实来看，由于滩区数量多、规模大小不一、经济发展水平不一、行政建制复杂，对滩区土地资源环境变化和经济社会发展情况等都缺乏系统完整的数据，导致难以采取科学的管理和应对措施。因此，有必要采取常规统计监测与重点年份普查相结合的方式，建立系统完整的滩区经济社会发展统计监测系统，以便于相对准确和系统地把握不同滩区和滩区内不同区域土地资源变化、人口和经济社会发展现状及其动态变化，为因地制宜且科学地制定滩区发展规划提供数据基础和现实依据。

5. 划定滩区管理边界并明晰各方管理范围与职责

在前期研究成果的基础上合理划定主槽、滩地和保护区管理边界。遵循“尊重历史，承认现实，充分协商，因地制宜，合理解决”的原则，充分利用控导工程，划定滩区管理边界线。

将防护堤外 100m 处划定为滩区分区实物管理边界，防护堤外 100m 内的区域，流域机构根据《中华人民共和国防洪法》《中华人民共和国河道管理条例》进行直接管理；防护堤 100m 之外的区域，由地方政府承担管理主体责任，流域机构承担监管责任。

6. 建立健全合作协调机制和属地责任制

实现黄河下游滩区经济社会可持续发展需要处理好滩区行洪输沙滞洪功能、滩区土地利用和滩区生产生活发展等多方面的关系，需要国家防汛抗旱总指挥部、水利部、水利部黄河水利委员会及其下属相关单位，与滩区属地河南、山东等及其辖区的地方政府等相关部门密切合作。应围绕防洪安全需求和地方生产生活需求，建立包括水利部、水利部黄河水利委员会、黄河水利委员会地方管理局和滩区属地政府之间的合作平台和联系协调机制，共同解决滩区行洪输沙与滩区生产生活之间的矛盾和重大政策问题。黄河水利委员会及其地方管理局针对突出问题，与属地政府合作建立重点滩区防洪论证制度，共同规划防洪安全方案，共同监督安全工程设施建设，加大对地方用水工程设施和应急工程设施建设支持；共同制定规范生产堤布局和建设实施方案，加大协作力度有序稳妥推进生产堤破除工作。滩区属地政府创新河长制实施，将各类河堤建设维护纳入水资源岸线管理保护，规范生产堤建设和维护，严禁以各种名义侵占河道；将包括滩区在内的辖区蓄滞洪区建设和防洪安全管理纳入河长制实施主要任务。

7. 探索建立滩区土地利用保障机制

流域与区域的协同发展，就是把保障居民安全与防洪放在同等重要位置，将滩区的土地利用与黄河防汛安全、地方社会经济发展及环境保护利益结合起来；建立居民迁建和扶贫开发保障机制，完善中央和豫鲁两省分担安全建设成本机制，落实市、县地方主体责任，延续目前中央预算内投资和国家财政按照户均补助 7 万元的居民迁建政策，推动大规模迁建任务顺利完成；研究制定中央预算内投资支持滩区居民迁建的后续政策；建立生态补偿制度，将武陟、封丘、长垣、兰考、范县、台前、开封、东明、东平、平阴、槐荫等滩区面积大的县（区、市）纳入国家重点生态功能区财政转移支付县，适当提高黄河下游滩区运用财政补偿资金的补偿标准；对符合国家和省市产业政策，能发挥安置地劳动力和资源优势的企业，给予税收优惠政策；加大中央预算内投资对滩区配套基础设施的支持力度，破除制约发展瓶颈；多渠道筹集安全建设资金，创新投融资体制机制，城乡建设用地增减挂钩指标适当向滩区倾斜，支持占用耕地地区在支付补充耕地指标调剂费用的基础上，对口支持滩区产业发展、基础设施建设。

第三篇

游荡性河道河势稳定控制系统理论与技术

第 7 章 游荡性河道河势演变约束和调控因子与目标函数厘定

河势即河流的平面形态及发展趋势。河势的稳定控制是一个涵盖河流、社会经济和生态环境在内的复杂开放巨系统的协同管理和有序发展问题，河流系统可视为包括河流在内同时涉及社会经济发展和生态环境保护的复杂系统，系统的健康发展包括河流自身的健康发育、社会经济的可持续发展以及生态环境的有效保护。流域的某一区域或河段也可以看作一个组成元素众多的复杂巨系统，包括行洪输沙、社会经济、生态环境等三个子系统，每个子系统中均有大量直接或间接影响河势演变的因子。在此，将这一巨系统中，易于通过工程措施改变且能够直接影响河势演变的因子称为调控因子，对河势演变起到间接控制作用且不易通过工程措施调节的因子称为约束因子。显然，对于受人类活动影响较大的冲积河流下游，水库下泄的水沙过程和能够整治的河道边界条件属于河势演变的调控因子，而社会经济和生态子系统中的各种用水需求则应属于调控过程中需考虑的约束因子。本章将从系统观点甄别河势演变的调控因子与约束因子，通过各因子独立性与融合度的分析，厘定影响河势演变的关键调控因子，并由此构建河势演变与稳定控制的广义目标函数。

7.1 调控因子与约束因子甄别

7.1.1 调 控 因 子

与第 4 章类似，河势演变的调控因子同样包括径流、泥沙等水文指标以及河道边界条件指标。

1）径流泥沙指标

径流泥沙指标包括反映径流量特征、流量特征以及泥沙特征的指标，如下。

反映径流量特征的指标：年径流量和汛期径流量，分别反映了河道内某一断面一年内和汛期内通过的水量。

反映流量特征的指标：年均流量和汛期平均流量，分别反映了河道内某一断面一年内和汛期内通过流量的平均大小；年最大流量和年最小流量表示一年内通过某一断面的最大流量和最小流量；3 日最大平均流量和 7 日最大平均流量表示一年内持续大流量过程的累积影响。

反映泥沙特征的指标：年输沙量和汛期输沙量，分别反映了河道内某一断面一年内和汛期内通过的泥沙总量；年均含沙量和汛期平均含沙量，分别反映了河道内某一断面一年内和汛期内通过的泥沙总量和水量的比值。

2）河道边界条件指标

河道边界条件指标包括河道整治工程长度和平滩流量。河道整治工程长度指河段内各种河道整治工程的长度之和，反映了整治工程对河势的约束程度；平滩流量指水位与河漫滩相平时的流量，反映了河道断面的过流能力。

河流子系统中调控因子指标与意义见表 7.1。

表 7.1 调控因子指标与意义

指标类型	序号	指标名称	意义
径流量指标	1	年径流量	河道内某一断面一年内和汛期内通过的水量
	2	汛期径流量	
流量指标	3	年均流量	河道内某一断面一年内和汛期内通过流量的平均大小
	4	汛期平均流量	
	5	年最大流量	一年内某一日通过某一断面的最大流量和最小流量
	6	年最小流量	
	7	3 日最大平均流量	一年内连续 3 天通过某一断面流量的最大平均值
	8	7 日最大平均流量	一年内连续 7 天通过某一断面流量的最大平均值
泥沙指标	9	年输沙量	河道内某一断面一年内和汛期内通过的泥沙总量
	10	汛期输沙量	
	11	年均含沙量	河道内某一断面一年内和汛期内通过的泥沙总量和水量的比值
	12	汛期平均含沙量	
河道边界条件指标	13	河道整治工程长度	河段内各种河道整治工程的长度之和
	14	平滩流量	水位与河漫滩相平时的流量

7.1.2 约束因子

约束因子包括社会经济子系统和生态环境子系统中的各种因子。社会经济子系统中涉及的因素较多，从与河流水沙条件以及河势特征相关的层面来看，社会经济子系统的因子主要有地区生产总值（GDP）中的第一产业产值、种植面积、粮食产量、引水量等。生态环境子系统中的主要因子包括水质、水面面积、栖息地面积、生物多样性、生态基流、脉冲流量、植被覆盖度等。其中，有些数据获取难度较大，如对于生物多样性，黄河下游自 20 世纪 50 年代以来只有两次调查，无法与具有长序列数据的水文、社会经济等数据进行相关分析。因此，从资料和数据的连续性角度考虑，生态环境子系统中选取生态基流满足程度、脉冲流量次数和河段 NDVI 三个因子。

各约束因子指标与意义见表 7.2。

表 7.2 各约束因子指标与意义

类型	序号	约束因子	意义
社会经济子系统约束因子	1	第一产业产值	河流沿岸县（市、区）受河流水沙条件和河势演变影响较大的各种指标
	2	种植面积	

续表

类型	序号	约束因子	意义
社会经济子系统约束因子	3	粮食产量	
	4	引水量	影响沿岸县（市、区）滩区内外的农业灌溉
生态环境子系统约束因子	5	生态基流满足程度	满足河道内鱼类生存的最小流量，其满足程度直接关系到典型鱼类的生存
	6	脉冲流量次数	鱼类产卵期需要的具有一定量级的流量过程，对鱼类产卵至关重要
	7	河段 NDVI	受河流水文条件影响的长期表现形式

7.2　各因子独立性与融合度分析

收集黄河下游调控因子（含各断面）、约束因子（含各县市）等共 88 个因子在 1960～2010 年的年均数据，如表 7.3 所示。

表 7.3　各因子代表符号表

因子	符号	说明
年均流量	Q_i	i=1～4，分别代表小浪底、花园口、夹河滩、高村 4 个水文站断面
汛期平均流量	$Q_{\mathrm{sf}i}$	
年最大流量	$Q_{\max i}$	
年最小流量	$Q_{\min i}$	
年径流量	R_i	
汛期径流量	RF_i	
3 日最大平均流量	$Q_{3,i}$	
7 日最大平均流量	$Q_{7,i}$	
年均含沙量	S_i	
汛期平均含沙量	SF_i	
年输沙量	WS_i	
汛期输沙量	WSF_i	
河道整治工程密度	GM	
平滩流量	$Q_{\mathrm{bf}i}$	i=1～3，分别代表花园口、夹河滩、高村 3 个水文站断面
第一产业产值	YC_i	i=1～10，分别代表武陟、原阳等黄河下游沿岸县市
种植面积	ZZ_i	
粮食产量	LS_i	
引水量	YS	数据不连续
生态基流满足程度	ST_i	i=1～2，分别代表花园口、利津两个水文站断面
脉冲流量次数	MC_i	
下游河道 NDVI	NDVI	数据较短

利用 SPSS 25.0 对径流泥沙-生态环境-社会经济因子进行 Person 相关性分析。其中，花园口—高村植被 NDVI 由于仅有 2000 年以来的数据，未与其他因子一起进行相关分析；河道引水量由于数据不连续，也未进行相关性分析，以上两个因子将在下一步进行分析。

相关分析结果表明，径流量指标选取花园口断面的年均流量与7日最大平均流量，泥沙指标选取花园口断面的年输沙量，河道边界条件指标选取花园口断面的平滩流量和河道整治工程密度；社会经济指标选取滩区粮食产量；生态环境指标选取利津生态基流满足程度与利津脉冲流量次数。

通过以上相关性分析和初步比较，得到黄河下游基于河势演变的初筛调控因子和约束因子，见表7.4。

表7.4　初筛调控因子与约束因子

调控因子	约束因子	
河流子系统	社会经济子系统	生态环境子系统
花园口年均流量（Q_{hyk}）	河段内滩区粮食产量（LS）	利津生态基流满足程度（ST）
花园口7日最大平均流量（Q_7）	河段引水量（YS）	利津脉冲流量次数（MC）
花园口年输沙量（WS_{hyk}）	—	下游河道NDVI（NDVI）
花园口平滩流量（Q_{bf}）	—	—
河道整治工程密度（GM）	—	—

7.3　各因子内在关系网络结构与关键因子厘定

约束因子、调控因子和河势演变特征参数因子之间的内在关系，调控因子起着关键的纽带连接作用。本节首先分别对初筛调控因子和初筛约束因子、初筛调控因子与河势演变特征参数因子进行相关性检验，检验结果见表7.5和表7.6。其中，引水量数据和NDVI数据长度较短，因此只能单独分析1987年后的引水数据和2000年后的NDVI数据与对应的调控因子和河势演变特征参数因子的相关性，见表7.7。

表7.5　初筛调控因子与初筛约束因子相关矩阵

	Q	Q_7	WS	Q_{bf}	GM	LS	ST	MC
Q	1	0.78**	0.63**	0.62**	–0.60**	–0.61**	0.58**	0.40**
Q_7		1	0.61**	0.42**	–0.54**	–0.54**	0.36**	0.31*
WS			1	0.17	–0.70**	–0.67**	0.42**	0.41**
Q_{bf}				1	–0.31*	–0.38**	0.55**	0.33*
GM					1	0.98**	–0.45**	–0.47**
LS						1	–0.45**	–0.43**
ST							1	0.60**
MC								1

*表示在0.05水平（双侧）上显著相关；**表示在0.01水平（双侧）上显著相关，相关系数保留两位小数。

表7.6　初筛调控因子与河势演变特征参数因子相关矩阵

	Q	Q_7	WS	Q_{bf}	GM	弯曲系数	河湾个数	主流摆幅	宽深比
Q	1	0.78**	0.63**	0.62**	–0.60**	–0.58**	–0.59**	0.72**	0.35*
Q_7		1	0.61**	0.42**	–0.54**	–0.45**	–0.57**	0.74**	0.24
WS			1	0.17	–0.70**	–0.44**	–0.57**	0.71**	0.42**

续表

	Q	Q_7	WS	Q_{bf}	GM	弯曲系数	河湾个数	主流摆幅	宽深比
Q_{bf}				1	–0.31*	–0.60**	–0.46**	0.52**	0.41**
GM					1	0.70**	0.82**	–0.80**	–0.82**
弯曲系数						1	0.78**	–0.65**	–0.61**
河湾个数							1	–0.78**	–0.73**
主流摆幅								1	0.65**
宽深比									1

*表示在 0.05 水平（双侧）上显著相关；**表示在 0.01 水平（双侧）上显著相关，相关系数保留两位小数。

表 7.7　初筛调控因子、河势演变特征参数因子和引水量、NDVI 的相关性分析

	Q	Q_7	WS	Q_{bf}	GM	弯曲系数	河湾个数	主流摆幅	宽深比
YS	–0.25	–0.11	–0.13	–0.10	–0.12	–0.07	–0.24	–0.13	–0.06
NDVI	0.78**	0.58*	0.19	0.56	0.48	–0.38	0.42	–0.48	–0.79**

*表示在 0.05 水平（双侧）上显著相关；**表示在 0.01 水平（双侧）上显著相关，相关系数保留两位小数。

根据表 7.5 和表 7.6，即可构建约束因子、调控因子与河势演变特征参数因子的内在关系网络结构，如图 7.1 所示。

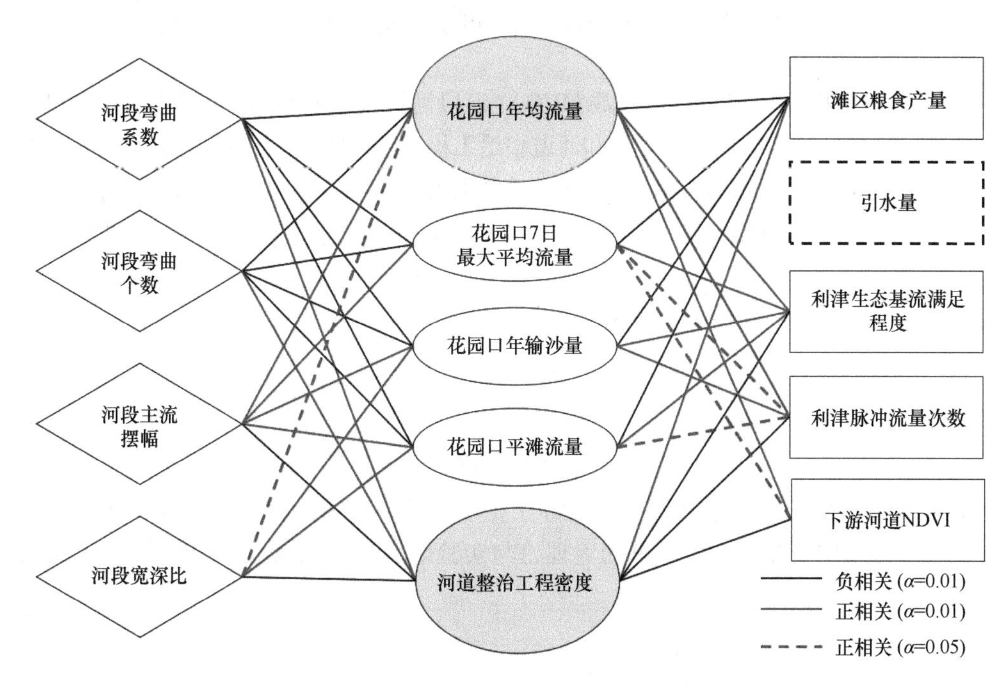

图 7.1　约束因子、调控因子与河势演变特征参数因子的内在关系网络结构

表 7.7 和图 7.1 给出的约束因子、调控因子和河势演变特征参数因子之间的直观关系表明，引水量与其他约束因子和调控因子的关系均较弱，这可能是由引水量本身相对于黄河下游径流量而言，占比为 5%～15%，对径流总量的影响有限，且相对稳定造成的。故本书中，不再考虑将引水量纳入约束因子。

此外，从图 7.1 的网络结构和表 7.5～表 7.7 给出的具体计算数值中可以直观看出，在所有的调控因子中，花园口年均流量和河道整治工程密度是两个最重要的调控因子，不但与所有的筛选约束因子和河势演变特征参数因子有连线，而且相关系数较大，物理意义合理，因此被选为关键调控因子。

泥沙因子和平滩流量因子没有入选关键调控因子，除了直观的相关关系较上述两类因子弱之外，更重要的是其影响河势演变、社会经济和生态约束条件的物理机制是复杂的，有相当一部分的相关性可能是由泥沙因子和平滩流量因子本身和流量是正相关而造成的，在无法有效剥离流量影响的条件下，单纯的相关分析本身可靠性并不高。

另外，需要注意的是，花园口年均流量作为流量因子的代表，其与年径流量、年最大流量、3 日最大平均流量、7 日最大平均流量等数据均具有很好的相关关系，因此在后面的研究中，也会根据需要灵活选取相应的流量指标值，建立河势演变特征参数因子、约束因子和调控因子之间的定量关系。

综上所述，最终选定花园口年均流量（Q）和河道整治工程密度（GM）作为关键调控因子，滩区粮食产量（LS）、利津生态基流满足程度（ST）、利津脉冲流量次数（MC）、下游河道 NDVI（NDVI）作为关键约束因子。

7.4 河势演变与稳定控制广义目标函数构建

在第 4 章中构建了河段弯曲系数（WQ）、河段河湾个数（HW）、河段主流摆幅（BF）、河段宽深比（KS）与年均流量（Q）和河道整治工程密度（GM）之间的定量响应关系式，模拟计算结果物理意义合理，精度可以接受。令矩阵$\boldsymbol{G}=\{\mathrm{WQ},\mathrm{HW},\mathrm{BF},\mathrm{KS}\}$，$\boldsymbol{X}=\{Q,\mathrm{GM}\}$，$\boldsymbol{C}=\{\mathrm{LS},\mathrm{ST},\mathrm{MC},\mathrm{NDVI}\}$，三者分别定义为河势演变特征参数因子矩阵、关键调控因子矩阵和关键约束因子矩阵。由此，可以正式构建完整形式的河势演变与稳定控制广义目标函数：

$$\boldsymbol{G}=F\left(\boldsymbol{X}\right)$$

$$\text{s.t.} \qquad C_{\min}\leqslant \boldsymbol{C}\leqslant C_{\max} \tag{7.1}$$

式中，F 为从关键调控因子到河势演变特征参数因子之间的映射规则。本节研究给出了基于该规则的初步统计成果，后续随着理论与实验研究的深入，这一成果还将不断丰富。

第8章　游荡性河道有限控制边界对河势演变的作用机理

20 世纪 80 年代开始，黄河下游游荡性河道采用微弯型整治方案有计划地逐步开展了主河槽的河道整治。随着河道整治工程对河道约束能力的增强，主流摆动范围明显缩小，河势趋于相对稳定，河槽宽深比减小，河道断面形态趋于窄深。河道整治工程在改善河势、塑造河床形态的同时，特别是河道整治工程比较完善、工程靠溜比较好的河段，河道横断面形态的调整，以及由此而引起的断面水沙分布状况等，与天然河道相比具有明显的不同。本章基于河流泥沙动力学基本原理，提出了河道横断面形态与水沙因子分布的非对称性和非均匀性指标及其定量表达式，对比分析了修建工程前后河道横断面形态与水沙因子分布的非对称性和非均匀性，揭示了有限控制边界作用下游荡性河道河势演变调整机理，提出了河势长期稳定控制的工程平面形态，建立了河势"上提下挫"与水沙动力变化的定量响应关系。

8.1　河道形态与水沙分布的非对称性和非均匀性

8.1.1　非对称性与非均匀性的整体特征

对于游荡性河道，断面形态和水沙各因子在断面上分布的非对称性和非均匀性是很明显的，两者有强烈的相互因果关系。黄河下游游荡性河段的河道整治工程正是针对水沙运动非对称的特点来布置的，有限的工程边界总是布置在河道的一侧，而对岸一侧大多不会再布置工程，这正是本书中称河道边界条件为有限控制边界条件的原因所在，故有限控制边界也都是不对称边界。黄河下游大量地修建河道整治工程后，河道水沙各因子在横断面上的分布受到了强烈干扰，势必较自然条件下发生较大变化，反过来又影响断面形态乃至河势的调整。所以，研究有限控制边界条件下河道横断面形态及水沙各因子沿横向分布的非对称性和非均匀性，对于认识非对称条件下的河势演变规律具有重要的意义。

河道形态及水沙分布的非对称性和非均匀性是指不同时期、不同河段的河势演变状况及性质存在的明显差异。对于同一时期，不同河段河势主流线摇摆不定，一些河段主流线以向左摆动为主，一些河段主流线则以向右摆动为主。对于不同时期、河道整治工程配套较好的河段，因受河道整治工程的约束、控制，其河势演变过程相对较为简单、河势摆幅较小。在同样的水沙条件下，河道整治工程不配套或配套不好的河段，河势变化的幅度就较大。河道整治工程修建后，改变了河床原有的横断面形态，从而引起河道横断面上水沙分布的改变，这种改变就是由河道横断面形态的非对称性变化而引起的河道横断面水沙分布的非对称性和非均匀性。

在此，对水沙因子沿横向分布的非对称性和非均匀性的一些重要特征进行探讨，重点对河道左右两侧的各水沙因子非对称性整体特征进行对比分析。以平滩流量下河道横断面中心线为轴分为左右两侧，取两侧各物理量面积之比的平方根来定量描述其非对称性。其中，面积之比的非对称性指标为广延量，而流速、含沙量、悬沙组成及挟沙能力的非对称性指标为强度量。广延量的改变影响强度量的改变，强度量的调整即断面输沙的非对称性导致了输沙不平衡，进而又重新限制横断面形态的调整两者相互作用以达到一种水流与流路的平衡状态。

在此，不分左右两侧，无论左岸河湾还是右岸河湾，计算时均以大的一侧指标作为分子，小的一侧作为分母，即非对称性指标 AS_i 表示为

$$\mathrm{AS}_i=\sqrt{i_{大}/i_{小}} \tag{8.1}$$

式中，i 为任意物理量，具体为河道横断面、断面流速、含沙量、悬沙组成及挟沙能力。$\mathrm{AS}_i>1$ 且越大，表示非对称性越强；$\mathrm{AS}_i=1$ 时，表明各物理量在河道断面两侧整体分布是对称的。

根据上述定义，分别给出河道横断面形态及水沙各因子在河道断面两侧整体分布的非对称性指标计算公式[式（8.2）～式（8.6）]，用下角标标记各要素的具体内容，依次可得出河道横断面形态的非对称性指标 AS_A，流速在河道横断面两侧整体分布的非对称性指标 AS_V，含沙量在河道横断面两侧整体分布的非对称性指标 AS_S，悬沙平均粒径在河道横断面两侧整体分布的非对称性指标 $\mathrm{AS}_{d_{\mathrm{cp}}}$，挟沙能力在河道横断面两侧整体分布的非对称性指标 AS_{S_*}，计算公式如下：

$$\mathrm{AS}_A=\sqrt{\frac{A_{大}}{A_{小}}} \tag{8.2}$$

$$\mathrm{AS}_V=\sqrt{\frac{V_{大}}{V_{小}}} \tag{8.3}$$

$$\mathrm{AS}_S=\sqrt{\frac{S_{大}}{S_{小}}} \tag{8.4}$$

$$\mathrm{AS}_{d_{\mathrm{cp}}}=\sqrt{\frac{d_{\mathrm{cp}大}}{d_{\mathrm{cp}小}}} \tag{8.5}$$

$$\mathrm{AS}_{S_*}=\sqrt{\frac{S_{*大}}{S_{*小}}} \tag{8.6}$$

一般地，常采用如下形式的非均匀系数 NU 来表示泥沙组成的均匀程度(式 8.7)，非均匀系数越大，表示泥沙组成越不均匀；越接近于 1，泥沙组成越均匀。非均匀系数 NU 计算公式如下：

$$\mathrm{NU}=\sqrt{\frac{d_{75}}{d_{25}}} \tag{8.7}$$

借用泥沙组成的非均匀系数来定量描述游荡性河道横向水沙因子分布的非均匀性。以流速非均匀性计算为例，将断面横向流速分布等分为 100 份，以 P_{Vi75} 表示横向分布累积为 75%时对应的流速，以 P_{Vi25} 表示横向分布累积为 25%时对应的流速。将河道断面水沙分布的非均匀性指标记为 NU，依次定义河道流速沿横向分布的非均匀性指标 NU_V，含沙量沿横向分布的非均匀性指标 NU_S，悬沙平均粒径沿横向分布的非均匀性指标 $\mathrm{NU}_{d_{\mathrm{cp}}}$，挟沙能力沿横向分布的非均匀性指标 NU_{S_*}。水沙因子分布的非均匀性指标 NU>1，且数据越大，说明该因子的横向分布越不均匀；当 NU=1 时，表明上述各水沙因子沿横向呈均匀分布。需要特别说明的是，这里的非均匀性不是传统上大家理解的河道水流沿程的非均匀性，而是由修建工程后河道横断面不对称调整引起的河道水沙因子沿横向分布的非均匀性。

河道流速、含沙量、悬沙平均粒径、挟沙能力沿横向的非均匀性指标计算公式分别表示为

$$\mathrm{NU}_V=\sqrt{\frac{P_{Vi75}}{P_{Vi25}}} \tag{8.8}$$

$$\mathrm{NU}_S=\sqrt{\frac{P_{Si75}}{P_{Si25}}} \tag{8.9}$$

$$\mathrm{NU}_{d_{\mathrm{cp}}}=\sqrt{\frac{P_{d_{\mathrm{cp}i}75}}{P_{d_{\mathrm{cp}i}25}}} \tag{8.10}$$

$$\mathrm{NU}_{S_*}=\sqrt{\frac{P_{S_*i75}}{P_{S_*i25}}} \tag{8.11}$$

通过上述公式的构建，分别计算河道横断面形态的非对称性，以及由河道横断面形态的非对称调整引起的水沙因子分布的非对称性和非均匀性。下面给出了河道水沙因子沿横向分布的计算方法，利用该方法可分别计算出水沙因子沿横向分布值，并代入式（8.3）～式（8.6）及式（8.8）～式（8.11），得到河道横断面及水沙因子非对称性和非均匀性的量化指标。

8.1.2　水沙因子横向分布计算方法

1）流速沿横向分布

通过大量实测资料分析发现，流速横向分布主要与水力因子大小有关。为此引入水力因子水深，建立了流速沿横向分布的公式，即

$$\frac{V_i}{V}=C_1\left(\frac{h_i}{h}\right)^{\frac{2}{3}} \tag{8.12}$$

式中，V、V_i分别为断面平均、任意点的流速；h、h_i分别为断面平均、任意点的水深；C_1为断面形态系数，由质量守恒可求得

$$C_1 = \frac{Q}{\int_a^b \frac{V}{h^{2/3}} h_i^{5/3} \mathrm{d}y} \tag{8.13}$$

式中，Q为断面平均流量；y为横向坐标；a、b为断面河宽两端点起点距（$b>a$）。

采用黄河下游河道上百组实测资料对式（8.12）进行验证，断面平均流速范围为0.10～3.56m/s。其中，资料范围涵盖汛前、汛期和汛后，结果如图8.1所示（江恩惠等，2008）。可见，式（8.12）能较准确计算出汛前、汛期、汛后流速沿横向分布规律。该计算公式考虑因素比较全面，应用方便。

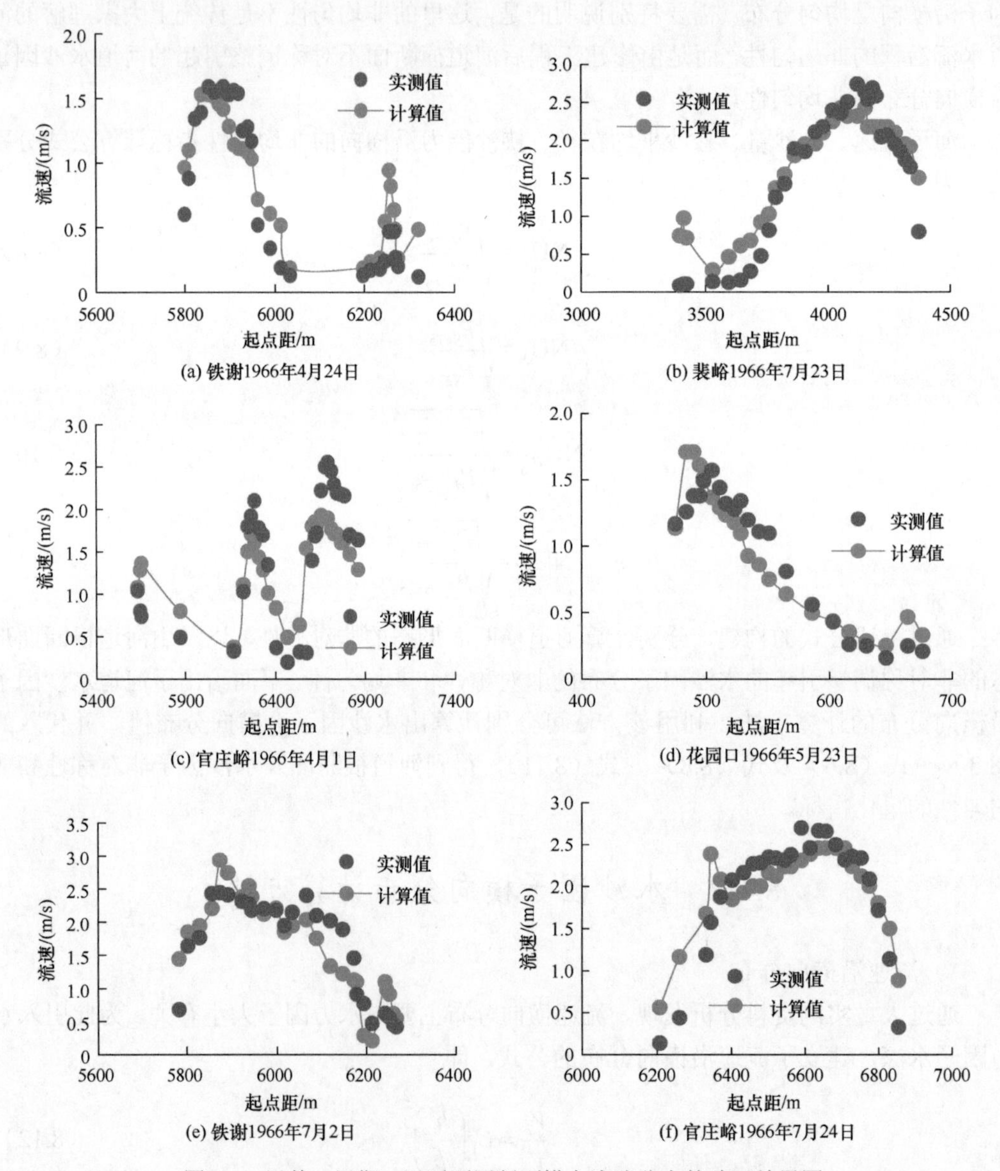

图 8.1 汛前、汛期、汛后不同断面横向流速分布的验证结果图

2）含沙量沿横向分布

由于游荡性河道水深及阻力沿河宽分布的非均匀性非常突出，导致输沙能力沿河宽分布的差异较大，从而引起泥沙输移过程中，含沙量沿河宽分布存在明显差别。江恩惠等（2008）、赵连军等（2005）通过对大量黄河实测资料进行分析发现，含沙量横向分布规律不仅与水力因子、含沙量大小有关，还与悬沙组成密切相关。悬沙组成越细，含沙量的横向分布越均匀。为此，除引入含沙量因子外，还引入悬浮指标 ω_s / ku_* 来反映悬沙组成的粗细，建立了含沙量横向分布公式，即

$$\frac{S_i}{S} = C_2 \left(\frac{h_i}{h}\right)^{\left(0.1-1.6\frac{\omega_s}{ku_*}+1.3S_V\right)} \left(\frac{V_i}{V}\right)^{\left(0.2+2.6\frac{\omega_s}{ku_*}+S_V\right)} \tag{8.14}$$

式中，S、S_i 分别为断面平均、任意点的含沙量；S_V 为体积含沙量，$S_V = S/2650$；h、h_i、V_i、V 与前面符号含义相同；C_2 为断面形态系数，由沙量守衡可求得

$$C_2 = \frac{Q}{\int_a^b q_i \left(\frac{h_i}{h}\right)^{\left(0.1-1.6\frac{\omega_s}{ku_*}+1.3S_V\right)} \left(\frac{V_i}{V}\right)^{\left(0.2+2.6\frac{\omega_s}{ku_*}+S_V\right)} \mathrm{d}y} \tag{8.15}$$

式中，q_i 为断面任一点单宽流量；ω_s 为颗粒的沉速，用式（8.16）～式（8.19）计算；k 为卡门常数，用式（8.20）计算；μ_* 为断面平均摩阻流速，$u_* = \sqrt{ghJ}$，J=2‱；γ_s 为泥沙容重；γ 为清水容重；Q 与前面符号含义相同。

$$\omega_s = \omega_0 \left(1 - \frac{S_V}{2.25\sqrt{d_{50}}}\right)^{3.5} \left(1 - 1.25S_V\right) \tag{8.16}$$

$$\omega_0 = 2.6\left(\frac{d_{\mathrm{cp}}}{d_{50}}\right)^{0.3} \omega_p \mathrm{e}^{-635d_{\mathrm{cp}}^{0.7}} \tag{8.17}$$

$$\omega_p = \frac{1}{18}\frac{\gamma_s - \gamma}{\gamma} g \frac{{d_{50}}^2}{\nu} \tag{8.18}$$

$$\frac{d_{50}}{d_{\mathrm{cp}}} = 0.75 \tag{8.19}$$

$$k = 0.4 - 1.68\sqrt{S_V}\left(0.365 - S_V\right) \tag{8.20}$$

采用黄河下游河道 150 多组实测资料对式（8.14）进行验证，断面平均水流含沙量范围为 3～480kg/m^3，其中既包括漫滩洪水资料，又包括非漫滩洪水资料。验证结果表明，式（8.14）不仅能较准确计算出非漫滩洪水含沙量沿横向分布规律，还能计算出漫滩洪水主槽、滩地及掺混区的含沙量沿横向的分布规律。该式既适用于一般挟沙水流，又适用于高含沙水流，且公式考虑因素比较全面，应用方便（江恩惠等，2008）。

3）悬沙组成沿横向分布

天然河流中流速与含沙量沿河宽分布存在非均匀性，也导致悬移质泥沙组成沿河宽的分布不均匀性，主流区的悬沙组成一般较粗。

通过对黄河下游实测资料进行分析，得出如下悬沙平均粒径沿河宽分布公式：

$$\frac{d_{\mathrm{cp}i}}{d_{\mathrm{cp}}}=C_3\left(\frac{S_i}{S}\right)^{0.6}\left(\frac{V_i}{V}\right)^{0.1} \tag{8.21}$$

式中，d_{cp}为断面悬沙平均粒径；$d_{\mathrm{cp}i}$为断面上任一点悬沙平均粒径；C_3为断面形态系数，由沙量守衡可求得

$$C_3=\frac{QS}{\int_a^b\left[q_iS_i\left(\frac{S_i}{S}\right)^{0.6}\left(\frac{V_i}{V}\right)^{0.1}\right]\mathrm{d}y} \tag{8.22}$$

采用黄河下游 1966 年铁谢—辛寨实测悬沙级配资料，并根据悬沙级配修正方法修正后，求出平均粒径，对式（8.21）进行验证，断面平均 d_{cp}范围为 0.01～0.06mm。结果表明，无论悬沙粒径粗细及含沙量高低，计算结果均令人满意（江恩惠等，2008）。

4）水流挟沙能力

水流含沙后其物理性质和紊动结构发生变化，从而影响到水流能量损失、流速和含沙量分布。因此，为得到既适用于一般水流，又适用于高含沙水流的挟沙能力公式，需要考虑泥沙对水流的影响。张红武等（1994）通过系列推导，最终得到一个包括全部悬沙的挟沙能力公式（对于冲积河流，取 $R\approx h$），有

$$S_*=2.5\left[\frac{(0.0022+S_V)V^3}{k\frac{\gamma_s-\gamma_m}{\gamma_m}gh\omega_s}\ln\left(\frac{h}{6d_{50}}\right)\right]^{0.62} \tag{8.23}$$

式中，变量以 kg、m、s 为单位制，γ_m为浑水容重；其余符号含义同前。

5）河床变形方程

河床变形主要与泥沙颗粒沉速、水流含沙量和挟沙能力等因素有关，可表示为

$$\frac{\partial z}{\partial t}=\alpha\omega(S-S_*) \tag{8.24}$$

式中，α为常数，其余符号含义同前。

8.2　无工程约束下游荡性河道横断面及水沙因子分布非对称性和非均匀性

8.2.1　自由发展河湾河道横断面及水沙因子分布的非对称性和非均匀性

黄河下游河道随来水来沙的变化不断调整，河床的调整主要反映在河道横断面形态的调整上。黄河下游河道断面为典型的复式断面，不同水沙条件决定了横断面的调整形式和变化幅度，同时造成黄河下游河道滩地、主槽横剖面的调整规律不尽相同。

本节主要针对平滩流量下主河槽的河床变形，其横断面的调整主要体现在主槽形态的调整上。

选取 1960 年为黄河下游河道河湾自由发展的代表年份，2019 年为有限控制边界约束较强的代表年份。根据前文提出的非对称性指标公式，计算黄河下游游荡性河段 1960 年天然情况下自由发展河湾（无工程约束）和 2019 年有限控制边界（修建工程后）约束下，河道横断面形态的非对称性（图 8.2）。1960 年黄河下游游荡性河段铁谢—高村间河道横断面形态非对称性指标大部分在 1.01～1.50，整个游荡性河段平均值为 1.19；修建工程后 2019 年该河段横断面形态非对称性指标大部分在 1.10～1.70，该时期整个游荡性河段平均值为 1.33。可以看出，修建工程前后河道横断面形态都存在一定的不对称性，而修建工程后河道横断面形态不对称性整体大于无工程约束的时候，说明修建工程后河道受到工程边界的约束，其横断面形态的非对称性更加突出。

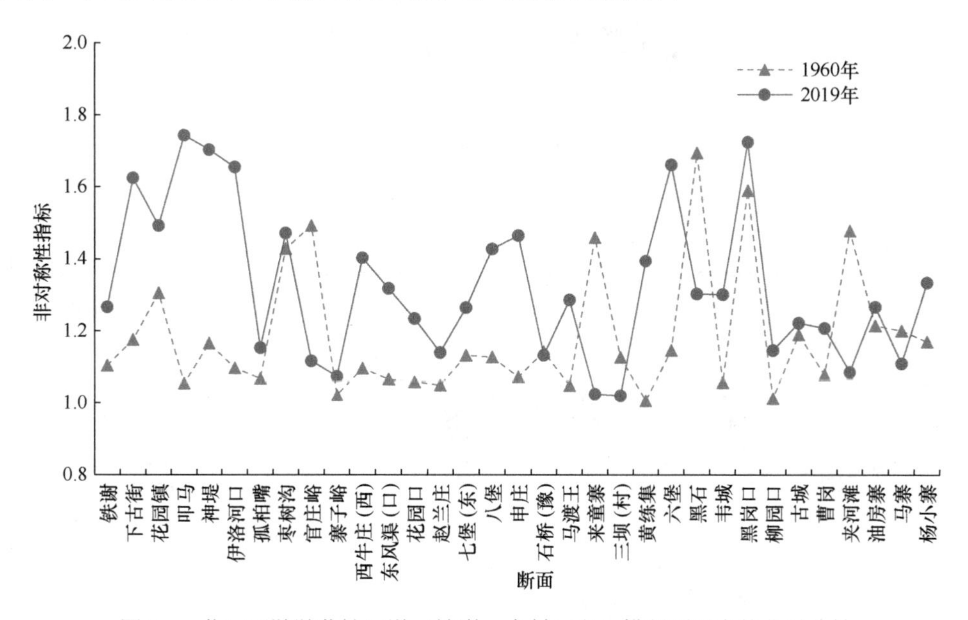

图 8.2　黄河下游游荡性河道（铁谢—高村河段）横断面形态的非对称性

20 世纪 60 年代，黄河下游游荡性河道的游荡程度强烈，河道宽浅散乱，沙洲密布，主流摆动不定，河势变化剧烈，很难找出比较明显和归顺的弯顶段和过渡段。黄河下游游荡性河段开始有计划地进行河道整治是在 20 世纪 80 年代，因此可将 1980 年之前的黄河下游看作无工程约束时期的准自由发展河湾，故选取 1979 年作为黄河下游游荡性河段修建工程前自由发展河湾的代表年份。

为了研究典型断面水沙分布的非对称性和非均匀性，依据两个原则来选取典型断面：①河势相对稳定；②在主流摆动明显的河段处找出具有相对明显的河湾作为弯顶段，相邻两弯顶间的过渡段主流相对较为稳定。根据这个原则，选取黄河下游游荡性河段黑石—河道河段间的断面作为代表性断面（图 8.3）。根据该河段 1979 年汛前河势图与实测大断面资料，选取柳园口、夹河滩、河道三个断面作为过渡段的代表断面，选取黑石、古城、马寨三个断面作为弯顶段的代表断面，河道比降取值 0.2‰，糙率分别取值 0.01、0.012、0.015。

根据曼宁公式，计算出流速并反推流量，得到当时的平滩流量为 5000m^3/s，再分别计算每个断面的平滩水位、平滩面积等特征参数，最后计算得到黑石—河道河段各断面冲淤平衡（S=23kg/m^3）、冲刷（S=5kg/m^3）和淤积（S=50kg/m^3）三种状态下横断面形态及水沙分布的非对称性指标，三种状态下非对称性指标计算结果差异不大（表 8.1）。

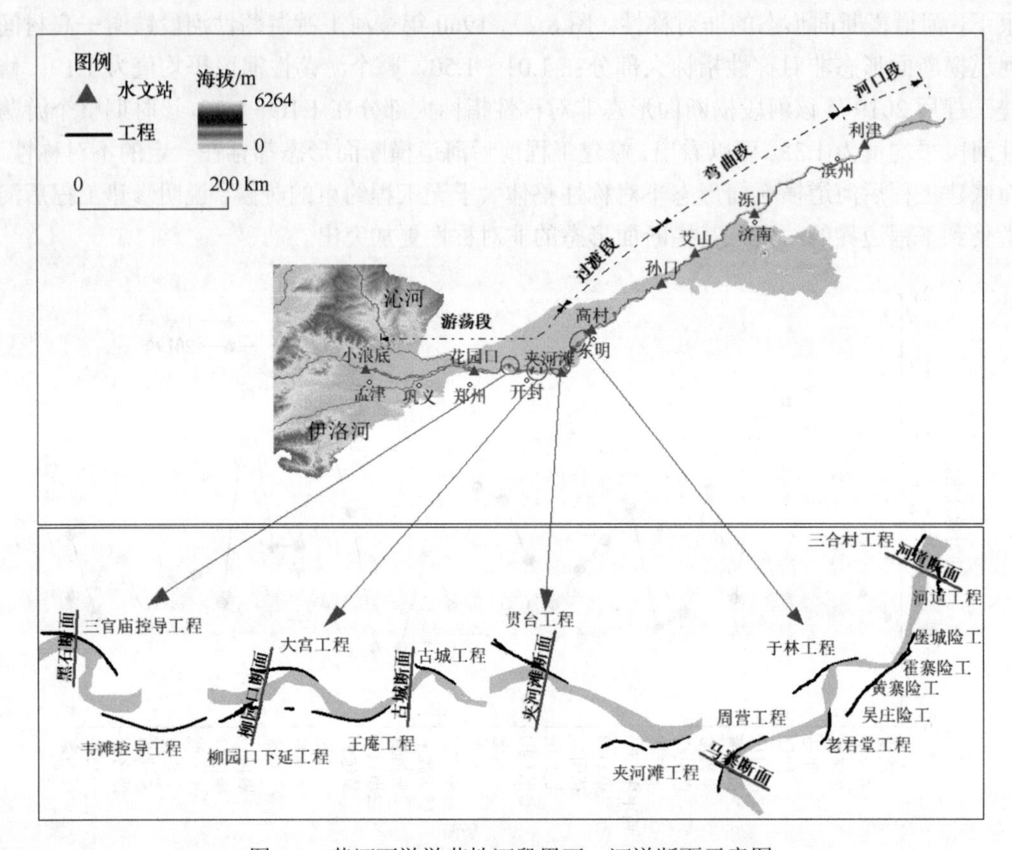

图 8.3　黄河下游游荡性河段黑石—河道断面示意图

表 8.1　黑石—河道河段河道横断面及水沙分布的非对称性计算

非对称性指标	黑石（弯顶）	柳园口（过渡）	古城（弯顶）	夹河滩（过渡）	马寨（弯顶）	河道（过渡）
AS_A	1.37	1.13	1.45	1.14	1.53	1.21
AS_V	1.22	1.08	1.29	1.10	1.43	1.14
AS_S	1.07	1.03	1.10	1.02	1.15	1.05
$AS_{d_{cp}}$	1.06	1.02	1.08	1.01	1.09	1.05
AS_{S*}	1.30	1.11	1.38	1.13	1.43	1.19

从表 8.1 可以看出，①三种冲淤状态下，各断面非对称性指标均大于 1，说明自由发展河湾时期的河道横断面及水沙因子分布具有一定的非对称性；②三种冲淤状态下，各断面非对称性指标计算结果差异不明显，说明自由发展河湾时期不同冲淤状态下，河道横断面形态及水沙分布的非对称性整体变化较小；③处于河道弯顶处断面的各个非对

称性指标明显大于过渡段的非对称性指标，说明在自由发展河湾时期，河道弯顶处断面的形态及水沙分布比过渡段更加不对称。

黑石—河道河段各断面冲淤平衡状态下河道水沙分布的非均匀性指标计算结果如表 8.2 所示。根据计算结果可知，黑石—河道河段各断面水沙分布指标的非均匀性呈现出与非对称性指标相似的结果。

表 8.2　黑石—河道河段各断面冲淤平衡状态下河道水沙分布的非均匀性指标计算结果

非均匀性指标	黑石（弯顶）	柳园口（过渡）	古城（弯顶）	夹河滩（过渡）	马寨（弯顶）	河道（过渡）
NU_V	1.42	1.15	1.44	1.10	1.46	1.31
NU_S	1.13	1.05	1.14	1.03	1.15	1.10
$NU_{d_{cp}}$	1.12	1.04	1.12	1.03	1.13	1.09
NU_{S*}	1.56	1.20	1.62	1.13	1.66	1.37

表 8.3 是黑石—河道河段各断面冲淤平衡、冲刷、淤积状态下的验证。结果表明，当流量为 $5000m^3/s$ 时，不同冲淤状态下各代表断面的泥沙输移具有以下规律：①当含沙量在 $23kg/m^3$ 左右时，整个河段含沙量分布相对比较均匀，河道基本处于冲淤平衡状态，具体表现为位于弯顶处的断面呈微冲状态，位于过渡段的断面呈微淤状态；②当含沙量在 $5kg/m^3$ 左右时，整个河段处于全断面冲刷状态；③当含沙量在 $50kg/m^3$ 时，整个河段处于全断面淤积状态。根据该验证结果可知，各种冲淤状态下河道水流挟沙能力计算结果基本反映了各个断面的水沙因子分布状态。

表 8.3　黑石—河道河段各断面冲淤平衡、冲刷、淤积状态下的验证（流量 $5000m^3/s$）

断面冲淤状态	含沙量①/(kg/m^3)	各断面计算挟沙能力/(kg/m^3)							
		黑石	柳园口	古城	夹河滩	马寨	河道	平均值②	冲淤差值①–②
冲淤平衡	23	25.84	22.47	25.63	21.95	22.80	19.04	22.96	0.04
冲刷	5	12.53	10.90	12.43	10.64	11.05	9.23	11.13	–6.13
淤积	50	45.07	39.19	44.69	38.28	39.75	33.19	40.03	9.97

8.2.2　水沙因子分布的非对称性和非均匀性对河势摆动与河湾蠕动的动力作用机制

众所周知，天然河流的河道是水流与河床相互作用的产物，水流作用于河床，使河床发生冲淤变化，变化后的河床反过来影响水流的结构，河床形态的调整就是通过泥沙运动来完成的。天然河流的泥沙一般为非均匀沙，泥沙组成直接影响河床调整的速度与演变规律。以上研究表明，自由发展时期的黄河下游游荡性河段河道横断面形态具有一定的非对称性，从而引起河道断面水沙分布的非对称性和非均匀性，而河道断面水沙分布的非对称性和非均匀性势必引起河道两侧冲淤的差异，最终引起河势摆动，在河道平面演变形态上表现为河湾蠕动。

河流是自我塑造的，其平衡的平面形态总是要调整到与水流的流型相协调，这一调整过程就是河湾蠕动过程。河湾的蠕动在横向和顺河谷方向均有可能发生，也可能发展或消失。张海燕（1990）的河湾流路方程[式（8.25）]反映了环流强度或水流曲率顺水流方向沿程变化。该式表明环流强度、横向流速或水流曲率的沿程变化受河道曲率引起的向心加速度、横向水面比降和内部紊动切力的影响。内切力是水流改变曲率时必须克服的阻力。由于这种阻力，河道曲率变化之后，水流曲率并不能立即调整与其相适应。Devriend 和 Struiksma（1983）将这一过程认为是水流曲率对河道曲率的滞后反应，并引起了如图 8.4（江恩惠等，2006）所示的相位滞后。根据张海燕河湾流路方程研究发现，出现规则性重复流路图形的相位滞后约为弯顶至下一个拐点之间距离的 1/5。

$$\frac{F_1}{r}=\frac{F_1}{r_0}-\left[\left(\frac{F_1}{r_0}-v_{\mathrm{c}}\right)-\int\left(\frac{F_3}{r_{\mathrm{c}0}}-\frac{F_3}{r_0}\right)\exp\left(F_2 s\right)\mathrm{d}s\right]\exp\left(-F_2 s\right) \tag{8.25}$$

这里，

$$F_1=\frac{H}{k}\left[\frac{10}{3}-\frac{1}{k}\frac{5}{9}\left(\frac{f}{2}\right)^{1/2}\right]U \tag{8.26}$$

$$F_2\left(f\right)=\frac{k}{H}\left(\frac{f}{2}\right)^{1/2}\frac{m}{m+1} \tag{8.27}$$

$$F_3=\left(\frac{1+m}{m}-\frac{m}{1+m}\right)U \tag{8.28}$$

$$m=k\left(\frac{8}{f}\right)^{\frac{1}{2}} \tag{8.29}$$

$$\theta=\omega\sin\left(\frac{2\pi s}{M}\right) \tag{8.30}$$

式中，r 为沿河湾流路的水流曲率；r_0 为河湾流路的最小曲率半径；U 为断面平均流速；k 为卡门常数；v_{c} 为初始横向表面流速；$r_{\mathrm{c}0}$ 为相应于最小河槽曲率（横向流速最大点的横向流速）；m 为河湾弧长；s 为沿河湾流路的曲线坐标，用式（8.30）计算；f 为摩阻系数；H 为水深。横向表面流速 v 用下式计算：

$$\frac{v}{U}=\frac{1}{k}\frac{H}{r_{\mathrm{c}}}\left[\frac{10}{3}-\frac{1}{k}\frac{5}{9}\left(\frac{f}{2}\right)^{1/2}\right] \tag{8.31}$$

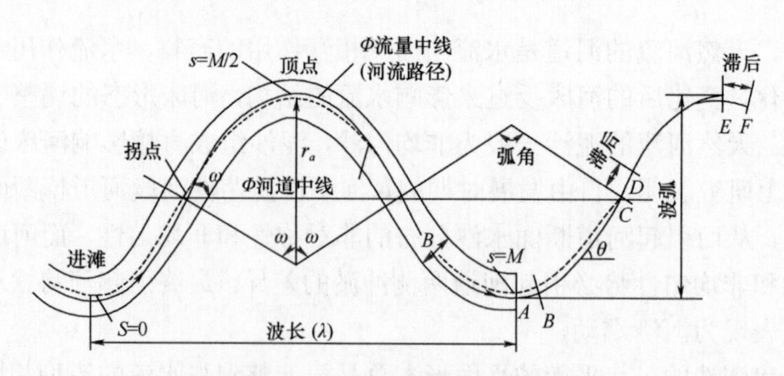

图 8.4　河湾相位滞后示意图

河湾的蠕动除受河岸物质构成和植被影响外，还与水流和泥沙输移过程有关。水流作用于河道边界的拖曳力或剪切力有纵向分量和横向分量。纵向剪力主要由主流引起，且在水流流路紧靠河岸处产生河岸冲刷，如图 8.5（江恩惠等，2006）中河岸的阴影区域所示。而在水流流路离开河岸的地方，可能产生淤积。

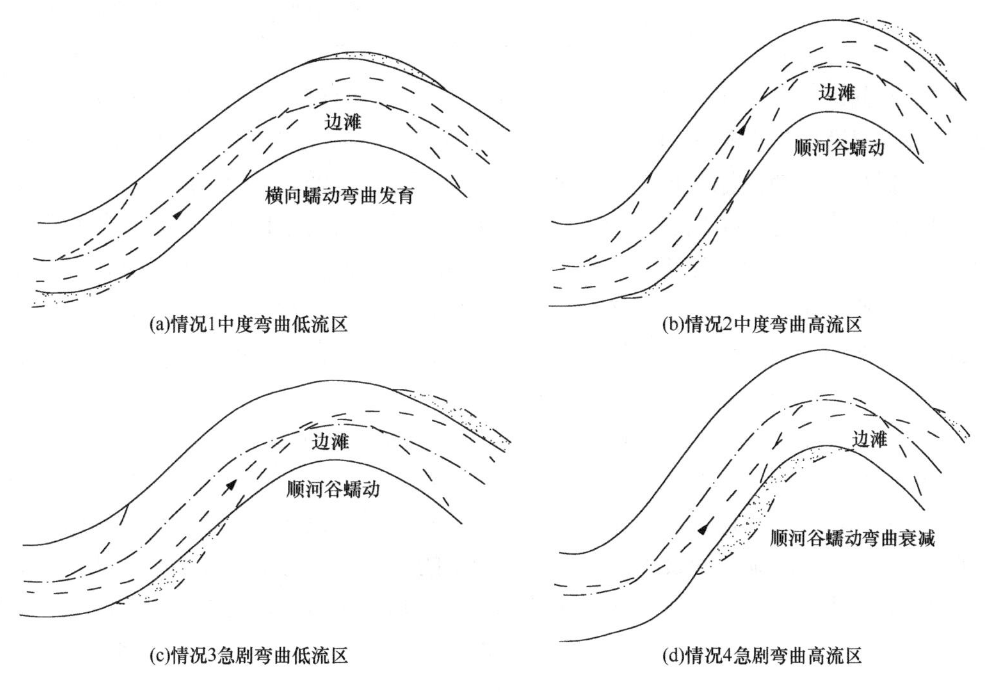

图 8.5　与流型有关的河湾变形的一般模式

水流流路与河道路径的角度差还会在河道中心线处产生一个横向净流量，称为横贯流量。环流对凹岸施加向下作用，并将泥沙从凹岸移向凸岸。按照主流的横贯分量和环流引起的相对输沙率，泥沙可能离开或移向某一岸。此外，河湾蠕动也受到波浪作用和塌岸模式的影响。

环流强度或水流曲率的变化是水流条件的函数，与此同时，水流流路与河道路径之间的相位差也随之改变。根据横向表面流速式（8.31）可知，在浅水中或低水时水流流路能更快地调整到河道曲率，而在高水时则调整较慢。由于水深很大的地方水流流路的转折受到阻碍，因此它们的曲率差别和相位差均较大。根据与河道路径有关的水流流路类型，河湾演变经常以横向蠕动或顺河谷方向的蠕动（或两者兼而有之）表现出来。河湾增长或衰减的可能性，对于不同的河道曲率和水流条件的组合有四种情况，示于图 8.5 中。第一种情况（较缓曲率和低速水流），环流运动发展迅速，因而水流路线同河道轮廓线更趋于一致。由于最大水流曲率靠近弯顶，表明横向蠕动和弯曲发育的趋势。第二种情况（较缓的曲率和高速水），水流曲率变化缓慢，最大水流曲率因而从弯顶移向下游更远处，表现为顺河谷方向的蠕动。第三种情况和第四种情况（急剧弯曲的河道），河道曲率和水流曲率之间存在着更大的差别。第三种情况的流型为顺河谷方向蠕动，第四种情况，河道曲率和水流曲率有巨大差别，并伴随着巨大的相位差，且高流区靠近凸岸。流动模式与河型之间的这一关系表明了顺河谷方向的蠕动同弯道曲率减少一起出现的趋势（江恩惠等，2006）。

综上分析，影响河湾蠕动的因素主要有两个：一是水流对河湾蠕动的影响；二是水流流路与河道路径之间的相位差对河湾蠕动的影响。

（1）水流对河湾蠕动的影响。在天然河流中，影响河床形式又被河床形式所影响的水流结构往往十分复杂，除了纵向水流外，还有弯道环流。弯道环流与河床的横向演变及横向输沙问题十分紧密。研究表明，河道整治工程修建后，在弯道环流的作用下，相比过渡段，弯道处的横断面形态及水沙因子分布的非对称性和非均匀性更加突出，在一定程度上提高了河道的输沙能力。这是因为，在弯道断面处，环流是助长凹岸泥沙搬运的重要因素，环流对凹岸施加一向下的作用力，将泥沙从凹岸移向凸岸。在具有水平轴的弯道环流影响下，含沙较少的表层水流插入凹岸河床底部，造成凹岸河床发生冲刷；含沙较多的底层水流上升到凸岸表层，造成凸岸河床发生淤积。久而久之，在弯道环流的影响下，凹岸逐渐后退、凸岸逐年向前延伸淤积，整个弯道表现出整体缓慢向下游移动的趋势，在平面形式上就表现为河湾在徐徐蠕动。

（2）水流流路与河道路径之间的相位差对河湾蠕动的影响。在弯曲河流中，流路（亦称流量中心线）与河道中心线一般并不重合，两者存在一定的相位差，这是水流运动时存在惯性的缘故。当河道改变形态时，水流不能马上跟着改变，需要经过一段距离才能随其改变，由此造成流路的最大曲率和最小曲率的位置与河道中心线的最大曲率和最小曲率的位置不重合，从而产生河道对水流的相位滞后。实质上，相位滞后归因于河道对水流反应的滞后，即河道的形成滞后于河流的流型，换句话说，也就是反馈机制总是要落后于初始扰动。

弯曲河流的这种流路与河道中心线不重合性，导致了河湾纵向（沿河道流路方向）和横向（正交于河道流路方向）的蠕动。一般来说，这种差别越大，水流对边壁作用越强烈，蠕动的程度越大，反之亦然。河湾蠕动的过程也就是河道中心线向流路调整的过程，随着这种调整的接近，水流流路会根据来流情况而再次发生变化，河道也会再次进行调整，如此往复，使得河湾蠕动周而复始，永无停止。

8.3 有限控制边界作用下游荡性河段河势演变调整机理

8.3.1 有限控制边界作用下河道形态调整

采用河流的弯曲系数来表示河道的平面形态。河流的弯曲系数表示河流的弯曲程度，其变化反映河流断面间主流长度的变化。图 8.6 给出了游荡性河段 1950～2014 年主流线弯曲系数变化过程及对应的不同时期河道整治工程密度变化情况。

以上结果表明，有限控制边界（河道整治工程）对河道弯曲系数存在明显的影响。随着工程密度的增加，游荡性河段弯曲系数整体呈上升趋势（在来水较丰的 1981～1985 年和小浪底水库拦沙运用的 2000～2010 年略有下降）。1950～1960 年游荡性河段的弯曲系数仅为 1.13，到 2011～2014 年上升到 1.32，表明随着河道整治工程的实施，主流逐步得到控制，河势突变和总体顺直的特性有所改变，在河型上具有了弯曲型河道的特性。

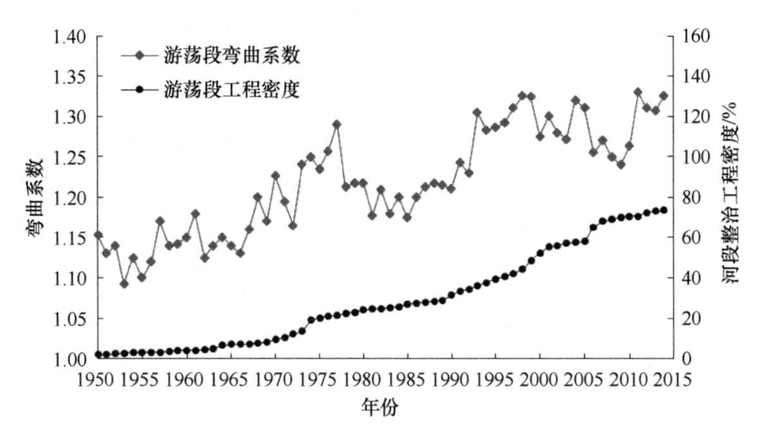

图 8.6　黄河下游游荡性河段及过渡性河段不同时期弯曲系数变化

采用河相系数来表示河道断面形态的变化。表 8.4 分别给出了无工程约束（1960 年）下和有工程约束（1999 年、2016 年）下典型断面主槽河相系数变化情况。可以看出，①相对于无工程约束条件，有工程约束的河道横断面明显变窄；②不管是有工程约束，还是无工程约束，河段弯顶处断面相对于两河湾之间的过渡段要窄深很多，河相系数 $\sqrt{B}/H$ 前者仅为后者的 50%左右（2016 年与 1960 年相比）；③相比 1960 年和 1999 年，2016 年河道断面继续缩窄，这除了与工程密度增加有关外，还与小浪底水库修建后黄河下游河道发生自然冲刷有关。

表 8.4　不同时期断面主槽河相系数统计

时期		河段										
1960 年	弯顶断面	铁谢	裴峪	黑石	古城	夹河滩	马寨	高村				平均
		36.8	62.9	33.3	56.1	27.0	25.2	14.4				36.53
	过渡断面	下古街	花园镇	孤柏嘴	秦厂	八堡	来童寨	韦城	黑岗口	柳园口	杨小寨	平均
		50.1	87.1	84.5	56.8	51.8	56.1	61.1	45.8	46.4	57.4	59.71
1999 年	弯顶断面	铁谢	花园镇	马峪沟	裴峪	八堡	来童寨	黑岗口	东坝头	禅房	马寨	平均
		6.32	8.59	14.78	20.3	22.56	13.07	7.84	8.45	13.87	8.59	12.44
	过渡断面	下古街	伊洛河口	孤柏嘴	罗村坡	秦厂	花园口	辛寨	韦城	柳园口	河道	平均
		21.23	19.55	20.4	18.09	25.95	23.95	25.83	29.72	21.62	17.38	22.37
2016 年	弯顶断面	冶戌镇	铁谢 1	两沟	苏庄	来童寨	陈桥	小河头				平均
		4.16	4.62	7.15	5.01	3.62	6.60	5.96				5.30
	过渡断面	西庄	张庄	裴峪 1	赵马庄	关白庄	老田庵	郭庄	樊庄			平均
		6.34	8.43	10.21	7.11	8.49	12.00	12.47	14.71			9.97

前面已经分析了河湾自由发展时期，即无工程约束时期黄河下游河道典型横断面的非对称性和非均匀性，而随着黄河下游有限控制边界对河道的约束，河道横断面形态会发生更加明显的调整。针对这个问题，对黄河下游游荡性河段进行了有限控制边

界约束条件下河道横断面形态的非对称性研究，选取断面原则为，①河段河势相对稳定；②弯顶段工程与水流紧密结合，工程靠溜情况较好，两工程之间（即两河湾之间）的过渡段河势较为稳定。根据这两个原则，选取黄河下游游荡性河段樊庄—袁坊河段的断面为代表性断面（图 8.7）。从河势图可以看出，司庄、陈桥这两个断面位于弯顶处，且工程靠溜较好；樊庄、古城和袁坊这三个断面位于弯顶间的过渡段。根据该河段 2018 年汛前河势图与实测大断面资料，统计了该河段内工程靠溜较好的弯顶段与过渡段断面非对称性指标（表 8.5）。可以看出，位于弯顶处和过渡处的河道横断面形态均具有一定的非对称性；相比过渡段，位于弯顶处的断面，其河道横断面形态的非对称性更强。这说明在有限控制边界作用下，河道横断面形态表现得更加不对称。

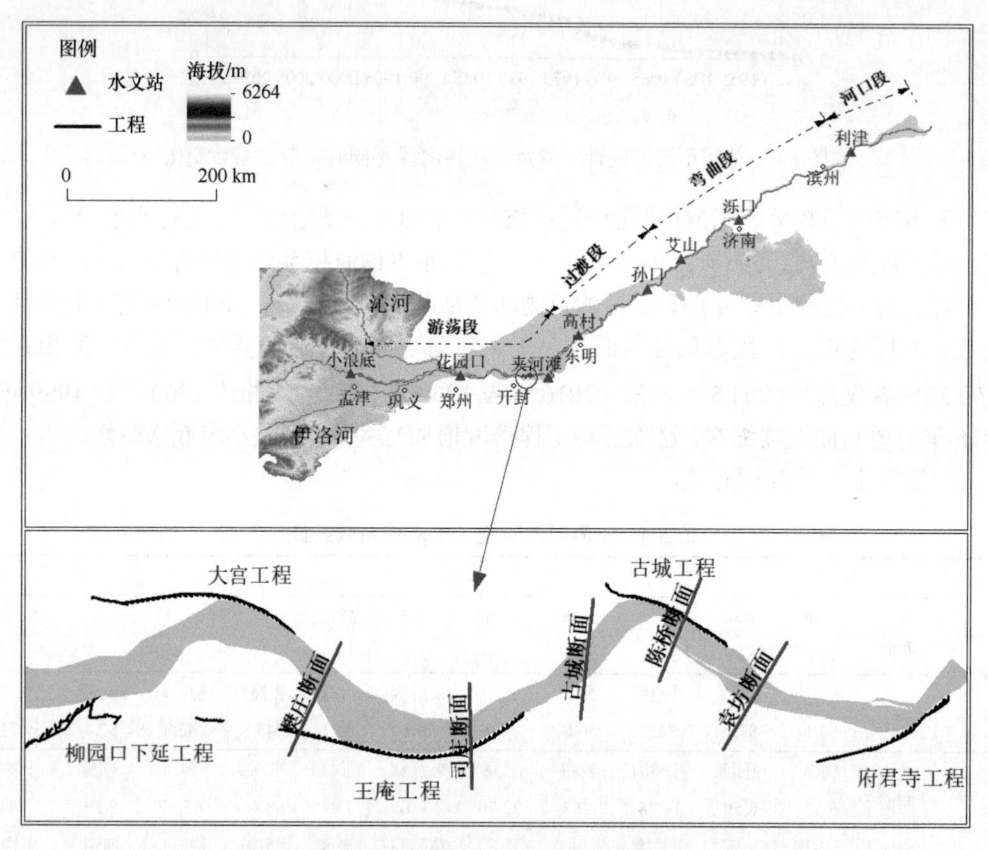

图 8.7　黄河下游游荡性河段樊庄—袁坊断面示意图

表 8.5　樊庄—袁坊河段河道横断面及水沙因子分布的非对称性计算（冲淤平衡，S=32kg/m^3）

非对称性指标	樊庄（过渡）	司庄（弯顶）	古城（过渡）	陈桥（弯顶）	袁坊（过渡）
AS_A	1.57	1.66	1.27	1.64	1.37
AS_V	1.37	1.45	1.18	1.66	1.24
AS_S	1.14	1.19	1.07	1.65	1.10
$AS_{d_{cp}}$	1.12	1.17	1.06	1.65	1.08
AS_{S*}	1.49	1.58	1.23	1.66	1.32

8.3.2　有限控制边界作用下水沙因子分布的非对称性和非均匀性

在有限控制工程约束作用下，河道横断面形态的非对称性在一定程度上引起断面水沙分布在横向上表现出特有的非对称性和非均匀性。

为进一步分析河道横断面形态非对称性变化对河道水沙因子分布非对称性和非均匀性的影响，仍然选择黄河下游樊庄—袁坊河段为代表性断面，比降取均值 0.2‰，代表性流量选取 5000m^3/s，分别计算各代表断面各种冲淤状态下水沙因子分布的非对称性指标，如表 8.6 和表 8.7 所示。根据计算结果可知，①樊庄—袁坊河段水沙因子非对称性指标均大于 1，说明修建工程之后，河段横断面及水沙因子分布均具有一定的非对称性。②断面冲淤平衡和冲刷状态下计算结果基本相同，说明在这两种冲淤状态下，河道各因子非对称性分布整体变化不大；相比这两种状态，在断面淤积状态下，过渡段处的断面非对称性指标增大，弯顶段处的断面非对称性指标减小，说明在断面淤积状态下，弯顶段处的断面河床变形较小，过渡段处的断面河床变形较大。③河段弯顶段处的断面的各个非对称性指标均比过渡段处的断面的非对称性指标大，说明修建工程之后，相比过渡段，河道弯顶段处的断面水沙因子分布更加不对称。

表 8.6　樊庄—袁坊河段河道横断面及水沙因子分布的非对称性计算（断面冲刷，S=5kg/m^3）

非对称性指标	樊庄（过渡）	司庄（弯顶）	古城（过渡）	陈桥（弯顶）	袁坊（过渡）
AS_A	1.57	1.66	1.27	1.64	1.37
AS_V	1.37	1.45	1.18	1.66	1.24
AS_S	1.13	1.18	1.06	1.65	1.09
$AS_{d_{cp}}$	1.12	1.16	1.05	1.65	1.08
AS_{S_*}	1.49	1.58	1.23	1.66	1.32

表 8.7　樊庄—袁坊河段河道横断面及水沙因子分布的非对称性计算（断面淤积，S=90kg/m^3）

非对称性指标	樊庄（过渡）	司庄（弯顶）	古城（过渡）	陈桥（弯顶）	袁坊（过渡）
AS_A	1.57	1.66	1.27	1.64	1.37
AS_V	1.48	1.28	1.39	1.21	1.53
AS_S	1.30	1.18	1.25	1.14	1.33
$AS_{d_{cp}}$	1.13	1.07	1.10	1.06	1.14
AS_{S_*}	1.10	1.06	1.09	1.05	1.11

以上结果与修建工程之前类似，不同之处是修建工程后，相比断面冲淤平衡和冲刷状态，在断面淤积状态下弯顶段处的断面河床变形较小，过渡段处的断面河床变形较大。

樊庄—袁坊河段河道横断面水沙因子分布的非均匀性计算如表 8.8～表 8.10 所示。根据计算结果可知，樊庄—袁坊断面水沙因子分布指标的非均匀性指标整体上呈现出与非对称性指标相似的结果。不同之处在于，不管是断面冲刷、断面淤积，还是冲淤平衡，这三种状态下计算结果差异不大，说明在这三种冲淤状态下河道各因子非均匀性分布整体变化不大。

表 8.8　樊庄—袁坊河段河道横断面水沙因子分布的非均匀性计算（冲淤平衡，S =32kg/m^3）

非均匀性指标	樊庄（过渡）	司庄（弯顶）	古城（过渡）	陈桥（弯顶）	袁坊（过渡）
NU_V	1.30	1.18	1.25	1.14	1.33
NU_S	1.11	1.06	1.09	1.05	1.12
$NU_{d_{cp}}$	1.09	1.06	1.08	1.04	1.10
NU_{S*}	1.39	1.23	1.31	1.15	1.44

表 8.9　樊庄—袁坊河段河道横断面水沙因子分布的非均匀性计算（断面冲刷，S =5kg/m^3）

非均匀性指标	樊庄（过渡）	司庄（弯顶）	古城（过渡）	陈桥（弯顶）	袁坊（过渡）
NU_V	1.30	1.18	1.25	1.14	1.33
NU_S	1.10	1.06	1.08	1.05	1.11
$NU_{d_{cp}}$	1.09	1.05	1.07	1.04	1.10
NU_{S*}	1.39	1.23	1.31	1.15	1.44

表 8.10　樊庄—袁坊河段河道横断面水沙因子分布的非均匀性计算（断面淤积，S =90kg/m^3）

非均匀性指标	樊庄（过渡）	司庄（弯顶）	古城（过渡）	陈桥（弯顶）	袁坊（过渡）
NU_V	1.30	1.18	1.25	1.14	1.33
NU_S	1.13	1.07	1.10	1.06	1.14
$NU_{d_{cp}}$	1.10	1.06	1.09	1.05	1.11
NU_{S*}	1.39	1.23	1.31	1.15	1.44

表 8.11 是樊庄—袁坊河段各断面冲淤平衡、冲刷、淤积状态下的验证。可以看出，各种状态下断面设定的含沙量与其计算的挟沙能力差值较小，说明以上计算反映了各个断面的水沙因子分布状态。

表 8.11　樊庄—袁坊河段各断面冲淤平衡、冲刷、淤积状态下的验证（流量 5000m^3/s）

断面冲淤状态	含沙量①/(kg/m^3)	各断面计算挟沙能力/（kg/m^3）						
		樊庄（过渡）	司庄（弯顶）	古城（过渡）	陈桥（弯顶）	袁坊（过渡）	平均值②	冲淤差值①–②
冲淤平衡	32	31.61	33.19	26.92	33.74	31.31	31.35	0.65
冲刷	5	12.31	12.93	10.49	13.14	12.19	12.21	−7.21
淤积	90	75.62	79.38	64.40	80.72	74.88	75.00	15

根据上述计算结果，当流量为 5000m^3/s 时，不同含沙量条件下各个断面的泥沙输移具有以下规律：①当含沙量在 32kg/m^3 左右时，整个河段含沙量分布比较均匀，河道基本处于冲淤平衡状态，具体表现为位于弯顶处的断面呈微冲状态，位于过渡段的断面呈微淤状态；②当含沙量在 5kg/m^3 左右时，整个河段处于全断面冲刷状态；③当含沙量在 90kg/m^3 时，整个河段处于全断面淤积状态。对比分析修建工程前后在流量 5000m^3/s 时，各种冲淤状态下含沙量和挟沙能力计算结果，发现修建工程后各种冲淤状态下的含沙量和挟沙能力均有所提高，说明修建河道整治工程对河势稳定控制作用增强以后，能够提高河道的输沙能力。

以上是针对代表性流量（5000m^3/s）条件下，河道整治工程对河道挟沙能力影响开展的研究，表 8.12 给出了修建工程前后 800m^3/s 小流量下各断面含沙量及挟沙能力的对比计算。结果表明，在小流量时，河道整治工程对于河道输沙能力的提高不明显。

表 8.12　修建工程前后各断面含沙量及挟沙能力的对比计算（流量 800m³/s）

断面冲淤状态	年份	含沙量①/（kg/m³）	各断面计算挟沙能力/（kg/m³）							
			黑石（弯顶）	柳园口（过渡）	古城（弯顶）	夹河滩（过渡）	马寨（弯顶）	河道（过渡）	平均值②	冲淤差值①–②
冲淤平衡	1979	7	9.06	8.77	6.06	5.59	7.86	4.84	7.03	–0.03
断面冲淤状态	年份	含沙量③/（kg/m³）	各断面计算挟沙能力/（kg/m³）							
			樊庄（弯顶）	司庄（弯顶）	古城（过渡）	陈桥（弯顶）	袁坊（过渡）		平均值④	冲淤差值③–④
冲淤平衡	2018	7	8.21	7.33	5.47	7.04	6.12		6.83	0.17

8.3.3　有限控制边界对弯道水流结构与河势演变的抑制效应与作用机理

1）有限控制边界对河道横断面及水沙因子分布调整

表 8.13 和表 8.14 是修建工程前后河道横断面形态、流速、含沙量、悬沙组成及

表 8.13　修建工程前后河道横断面形态及水沙分布非对称性对比

断面	非对称性指标	1979 年（修建工程前）		2018 年（修建工程后）		非对称性指标变幅/%
		范围	平均值①	范围	平均值②	（②–①）/①
弯顶断面	AS_A	1.37～1.53	1.45	1.64～1.66	1.65	13.79
	AS_V	1.22～1.43	1.31	1.45～1.65	1.56	19.08
	AS_S	1.07～1.15	1.11	1.19～1.65	1.42	27.93
	$AS_{d_{cp}}$	1.06～1.09	1.08	1.17～1.65	1.41	30.56
	AS_{S*}	1.30～1.43	1.37	1.58～1.66	1.62	18.25
过渡断面	AS_A	1.13～1.21	1.16	1.27～1.57	1.40	20.69
	AS_V	1.08～1.14	1.11	1.18～1.37	1.26	13.51
	AS_S	1.02～1.05	1.03	1.07～1.14	1.10	6.80
	$AS_{d_{cp}}$	1.01～1.05	1.03	1.06～1.12	1.09	5.83
	AS_{S*}	1.11～1.19	1.14	1.23～1.49	1.35	18.42

表 8.14　修建工程前后河道横断面水沙因子非均匀性对比

断面	非均匀性指标	1979 年（修建工程前）		2018 年（修建工程后）		非均匀性指标变幅/%
		范围	平均值①	范围	平均值②	（②–①）/①
弯顶断面	NU_V	1.42～1.46	1.44	1.14～1.18	1.16	–19.44
	NU_S	1.13～1.15	1.14	1.05～1.06	1.06	–7.02
	$NU_{d_{cp}}$	1.12～1.13	1.12	1.04～1.06	1.05	–6.25
	NU_{S*}	1.56～1.66	1.61	1.15～1.23	1.19	–26.09
过渡断面	NU_V	1.10～1.31	1.19	1.25～1.33	1.29	8.40
	NU_S	1.03～1.10	1.06	1.09～1.12	1.11	4.72
	$NU_{d_{cp}}$	1.03～1.09	1.05	1.08～1.10	1.09	3.81
	NU_{S*}	1.13～1.37	1.23	1.31～1.44	1.38	12.20

挟沙能力沿横向分布的非对称性和非均匀性指标对比结果。从表 8.13 可以看出，①修建工程前后，河道弯顶处断面各因子的非对称性明显大于过渡段；②相比修建工程前，修建工程后河道横断面形态及水沙因子非对称性明显增大，使河道断面水流更加集中，河势相对更加稳定；③相比修建工程前，修建工程后弯顶段河道横断面形态及非对称性指标整体增幅为 13%～31%，过渡段河道横断面形态及非对称性指标整体增幅为 5%～21%。

从表 8.14 可以看出，①修建工程前河道弯顶处河道横断面形态及水沙分布的非均匀性指标明显大于过渡段，说明相比过渡段，弯顶处横断面形态及水沙分布相对更加不均匀，造成该时期河湾不稳定，河势散乱；②修建工程后弯顶处河道横断面形态及水沙因子的非均匀性指标明显减小，说明修建工程后，河道弯顶处断面水流相对均匀，水沙因子横向分布相对更加均匀，河湾稳定，进而河势发展相对稳定；③相比修建工程前，修建工程后弯顶段河道横断面形态及非均匀性指标整体减幅为 6%～27%，过渡段河道横断面形态及非均匀性指标整体变化不大，说明河道整治工程的修建对于河湾的稳定发展以及河势的稳定具有很大的作用。

通过对有限控制边界作用下河道横断面形态及水沙分布的非对称性和非均匀性调整规律进行研究发现，与无工程约束条件相比，修建河道整治工程后，在大洪水下河道横断面形态、流速、含沙量及挟沙能力沿横向分布的非对称性和非均匀性更强，河道水流更加集中，流速、含沙量、挟沙能力沿横向分布增大，河道输沙能力有一定的提高。同时，相比无工程约束条件下，修建河道整治工程后，河道横断面形态的不对称性更强，阻断了工程一侧的泥沙补给，在天然河道边界与河道整治工程硬边界衔接处引起泥沙沿程梯度突变（大幅度增加），从而引起河势下败。

2）有限控制边界游荡性河道河势演变控制概化模型试验

江恩惠等（2006）采用粉煤灰、塑料沙、煤屑、天然沙等材料，人工塑造过大量自然模型小河。通过分析发现，不同河型都是水流与河床泥沙相互作用的结果。任何可动河床周界条件下都可能形成游荡型河流、分汊型河流及弯曲型河流，只要水流保持相应的强度。如果水流强度一定，河型则取决于河床相应的稳定程度。

为探讨有限控制边界对游荡性河道河势演变的控制机理，本次试验模型沙选用容重很小、活动性极强的塑料沙，中值粒径 D_{50}=0.22mm，容重 γ_s=l0.29kN/m^3。试验在长 15m、宽 1.4m、深 0.5m 的水槽中进行，分别针对天然河道和设置工程后河道河势演变这两种情况开展试验（江恩惠等，2006）。

本试验首先开展的是无工程条件下河道形态塑造，因河床的活动性极强，放水后时间不长，河床平面形态已面目全非，不久即形成一条典型的游荡性小河（图 8.8）。

在游荡性模型小河上设置控导工程，观察河势变化情况。整治工程的平面形式采用凹入型。工程位置线采用连续弯曲型，分迎流段、导流段、送流段三段。迎流段采用直线型，以适应上游流路变化，参照黄河下游工程布局现状，估算迎流段弯曲半径约为 0.9m；导流段是控导主流、挑流出湾的主要部位，采用较小的弯曲半径，取弯曲半径为 0.5m；工程上的下挑丁坝长 1.7cm，丁坝间距为 1.7cm。形成了“以坝护弯，以弯导流”的工程布局。

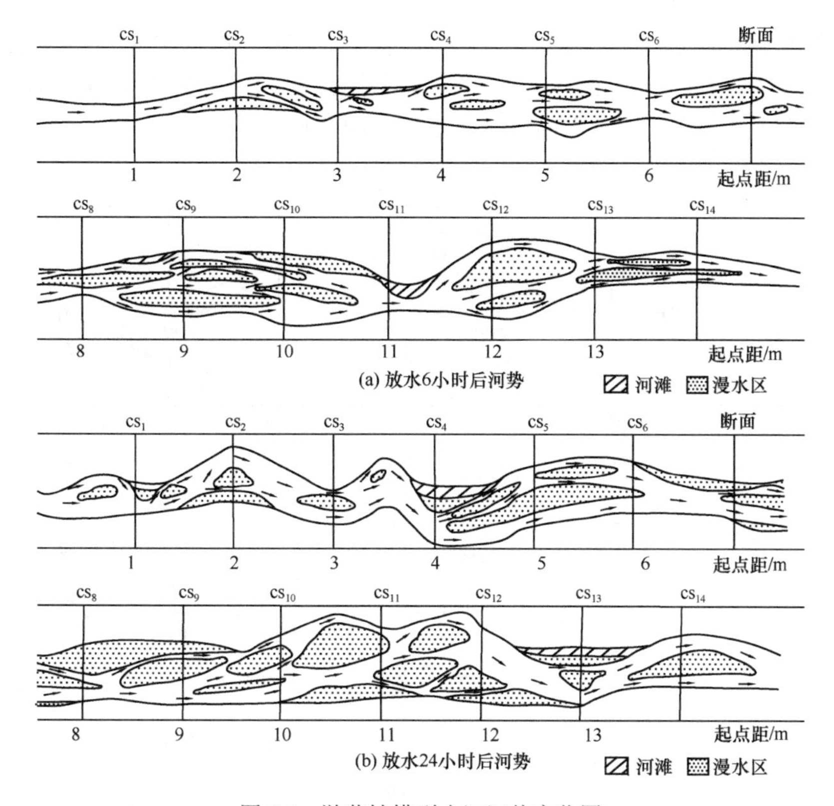

图 8.8　游荡性模型小河河势变化图

针对清水冲刷、中水中沙等几种情况研究游荡性河道整治控导工程对河型转化的影响，先后开展了 8 个组次的模型试验，各试验组次情况见表 8.15。

表 8.15　控导工程促使河型转化的试验组次表

工况	组次编号	模型流量/（mL/s）	进口含沙量/（kg/m^3）	试验历时/h	工程长度/m	备注
工程密度小	N-1	130	0	9	3.1	模拟工程密度较小时的情况
工程密度大	N-2	90	0	46	12.0	重铺地形，模拟工程密度较大时的情况
增加流量或者调整工程长度	N-3	90	0	88	13.4	在 N-2 组次地形上，对部分工程调整或加长
	N-4	130	0	27	13.4	在 N-3 组次地形上，增大放水流量
	N-5	130	0	166	14.0	在 N-4 组次地形上，对部分工程调整或加长
	N-6	170	0	407	15.0	在 N-5 组次地形上，对部分工程调整或加长，并增大放水流量
	N-7	230	0	265	15.0	在 N-6 组次地形上，增大放水流量
中水中沙	N-8	230	4.4	16	15.0	在 N-7 组次基础上，进口加沙，模拟中水中沙情况

设置控导工程后，模型试验具体结果如下（江恩惠等，2006）：

（1）工程密度较小情况（N-1 组次试验结果）。在上述游荡性小河的河道弯顶处布置整治工程，每道工程长度为 0.2～0.5m，两岸工程总长度为 3.1m，研究工程布设密度较小时对河型转化的影响。放水历时 2h 时，各工程靠溜较好（图 8.9），但随着时间加长，大量工程的着溜点开始下挫，河势下败，甚至工程失控，模型小河河道曲折系数为 1.05，又变成“宽、浅、散乱”的游荡性小河（图 8.10）。

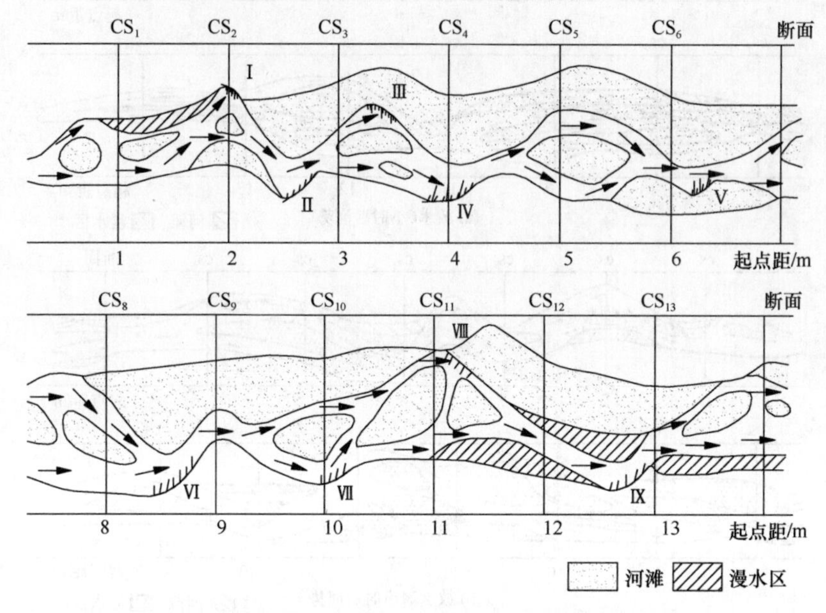

图 8.9　N-1 组次试验放水 2h 后河势图

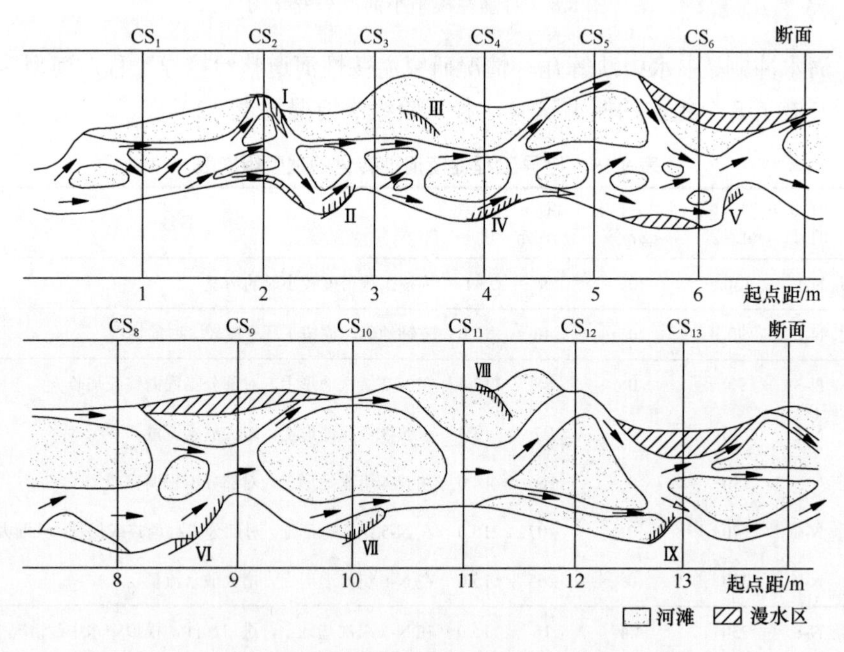

图 8.10　N-1 组次试验放水 7h 后河势图

（2）工程加密并调整工程长度试验（N-2～N-7 组次试验结果）。在上述水流条件下，重新铺作初始地形，初始河槽尺寸与上述试验相同，研究控导工程促使河型转化的布局方案。参照黄河下游河道整治经验，每道工程长度为 0.5～0.7m，部分工程在放水过程中根据河势变化略有调整或加长，最后总工程长度由最初的 12m 增加到 13.5m。

a. 模拟中小洪水冲刷情况（N-2～N-5 组次试验）。模型放水流量 90～130mL/s，图 8.11～图 8.14 分别为试验组次 N-2～N-5 的河势图。可见，随着工程长度的加长，密度的增加，上下工程配套较好，使水流变得集中，主河槽不断刷深，比降减小，滩槽高差增大；河道曲折系数逐渐增加到 1.2 左右，河势游荡摆动得到了很好控制。

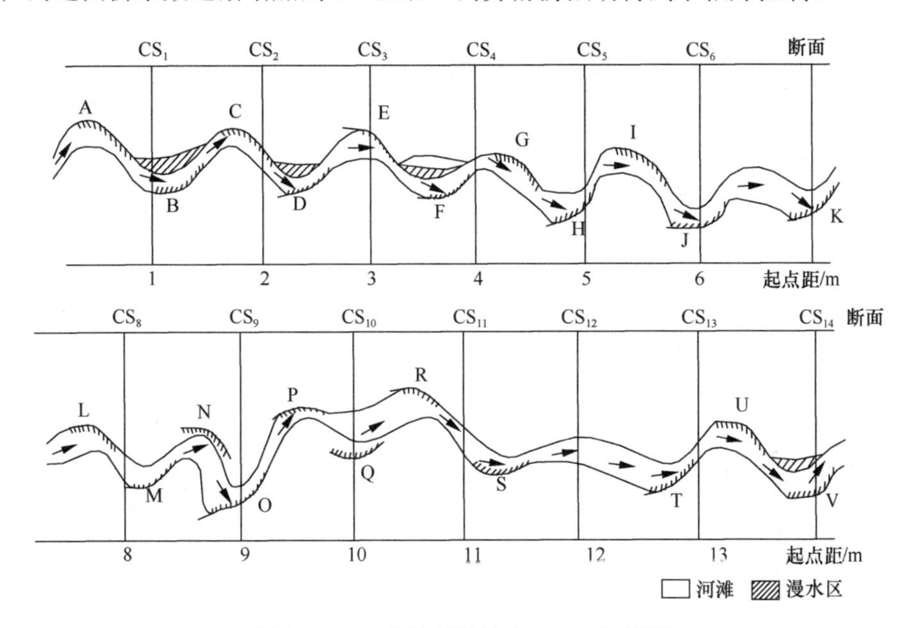

图 8.11　N-2 组次试验放水 24h 后河势图

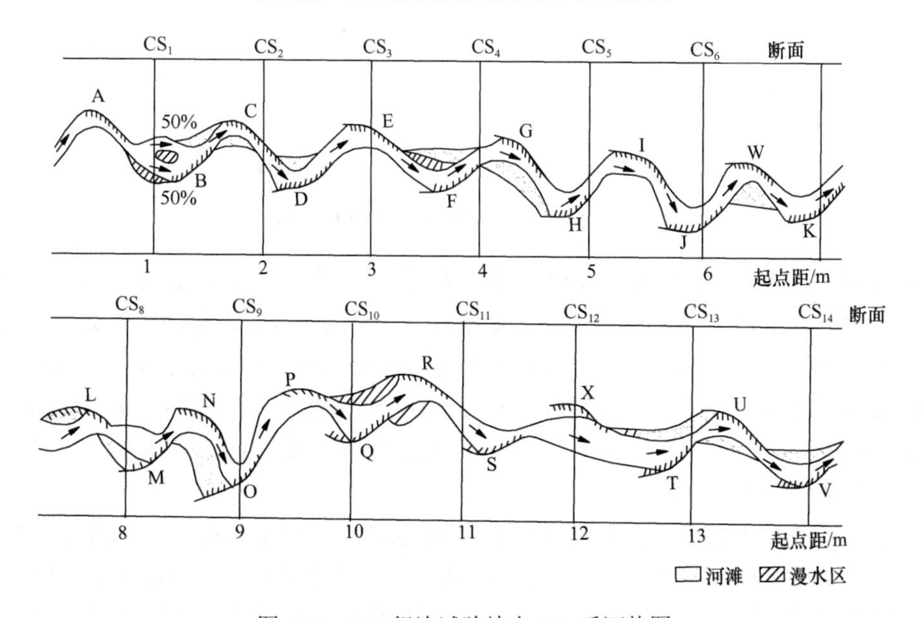

图 8.12　N-3 组次试验放水 64h 后河势图

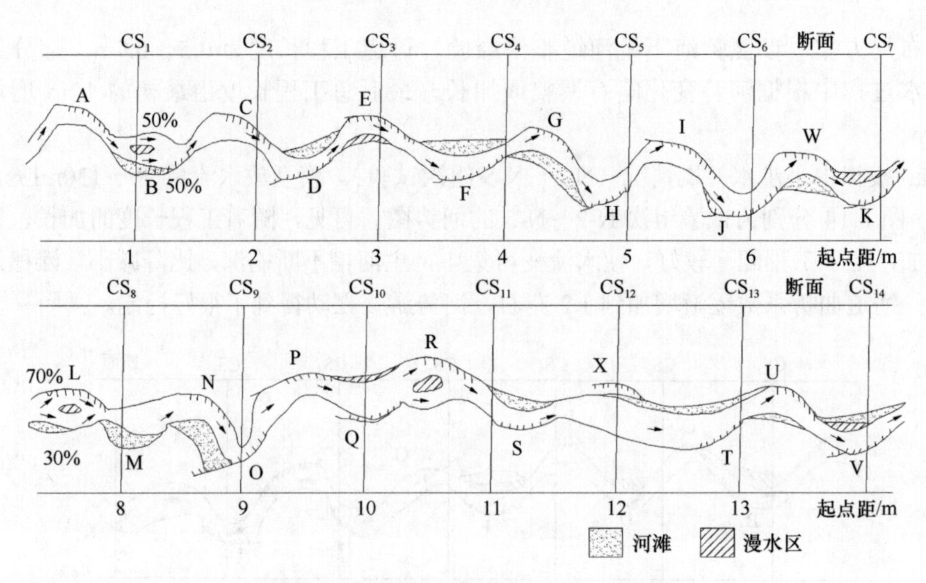

图 8.13 N-4 组次试验放水 26h 后河势图

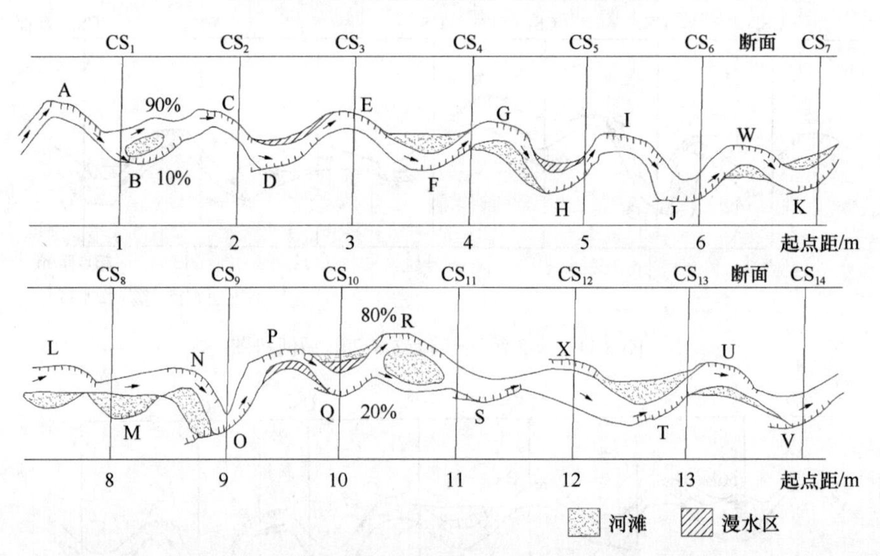

图 8.14 N-5 组次试验放水 151h 后河势图

b. 模拟中常洪水冲刷情况（N-6 组次和 N-7 组次试验）。在 N-5 组次基础上，把流量增加到 170～230mL/s，模拟中常洪水冲刷情况。试验初期水面较宽，部分嫩漫上水，局部主流下挫较多，相应对工程进行略微调整、加长，使工程总长度为 15m，约占河道长度的 88%。试验看出，随着河槽的冲深，水流又变得更为集中，滩槽高差进一步加大。由 N-6 组次和 N-7 组次试验放水 384h 和 264h 后的河势图（图 8.15 和图 8.16）不难看出，河势仍能得到很好的控制。

c. 模拟中水中沙情况（N-8 组次试验）。在 N-7 组次试验基础上，不改变流量及工程布置条件，通过进口加沙使河槽处于微冲微淤，平均含沙量约为 $4.4kg/m^3$，以模拟中水中沙时的演变状况。在模型小河下段，因河道相对较宽，比降较缓，水流流速较慢，挟沙能力小，淤积较多，部分洪水上滩。除此以外，其他河段河势变化不大（图 8.17）。

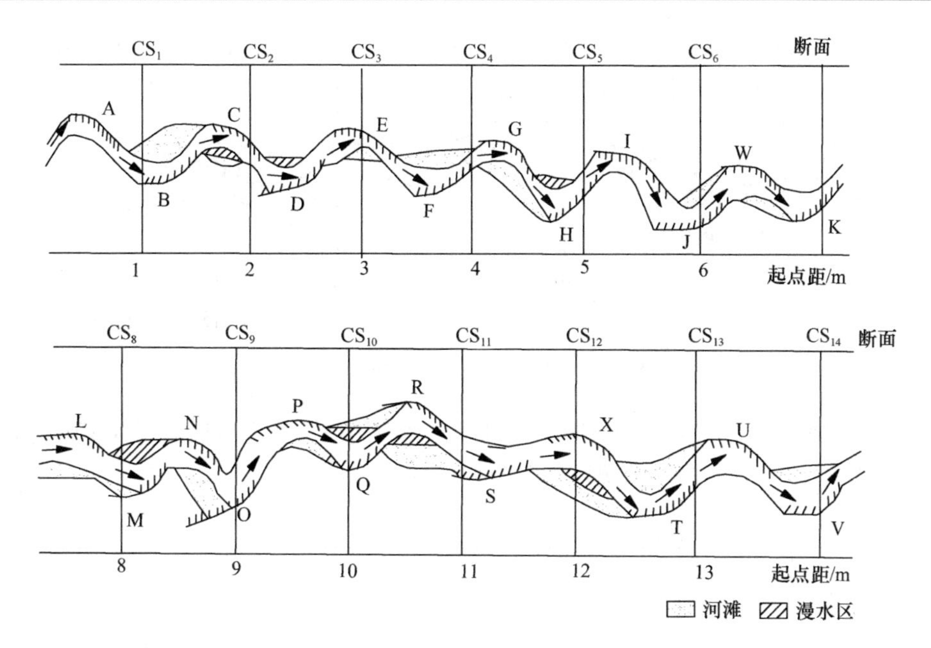

图 8.15　N-6 组次试验放水 384h 后河势图

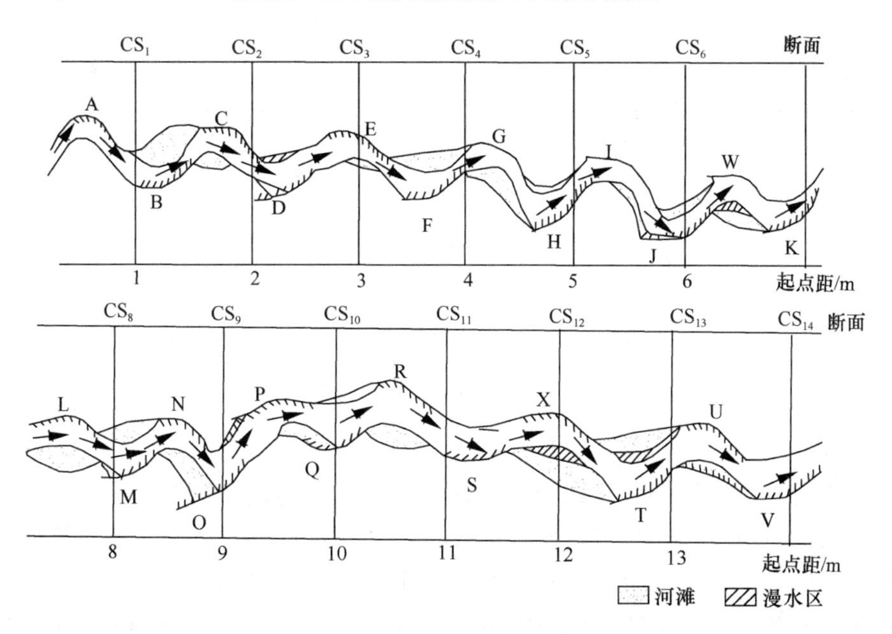

图 8.16　N-7 组次试验放水 264h 后河势图

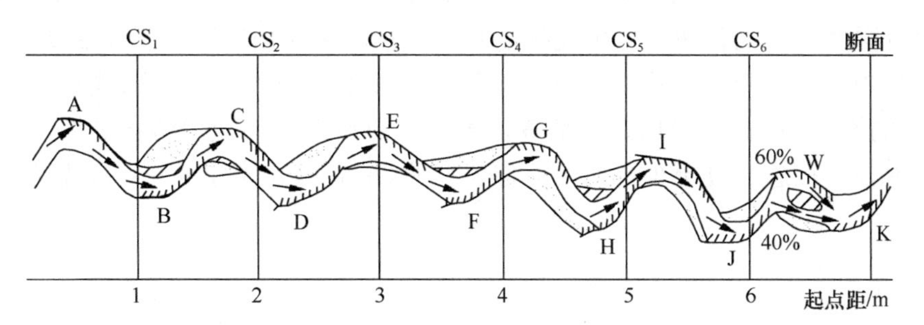

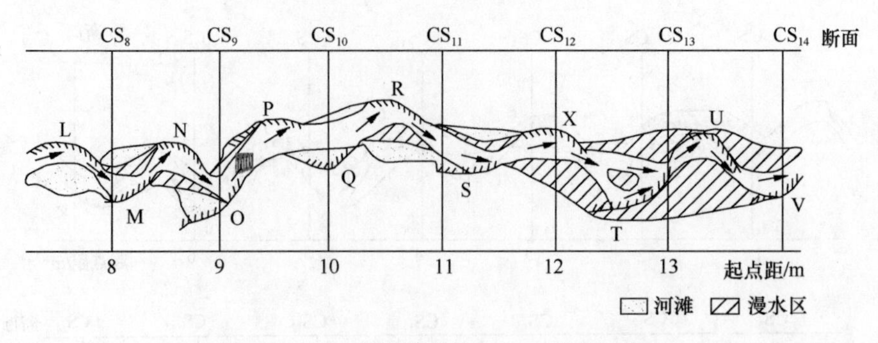

图 8.17 N-8 组次试验放水 16h 后河势图

上述模型试验结果表明，通过对工程进行合理布局后，虽主流仍随流量变化发生上提下挫（图 8.18），但河型摆动情况可得到有效控制。

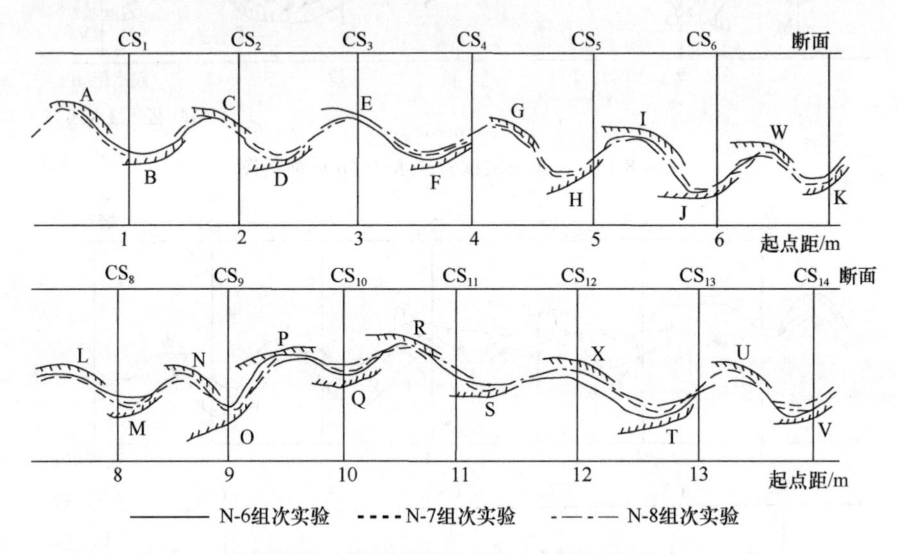

图 8.18 限制弯曲型小河主流线套绘图

以上研究表明，河道整治工程的修建，尤其是河道整治工程密度的增加，对水流和河势的约束作用增强。对比分析修建工程前后河道横断面及水沙因子分布的调整情况，发现河道整治工程的修建使河道横断面及水沙因子分布的非对称性增强，河道水流更加集中，河势更加稳定。相比自由发展河湾时期，修建工程后河道横断面及水沙因子分布的非对称性整体增加 5%～31%，同流量（5000m^3/s）下河道冲淤平衡时水流挟沙能力增加 36.5%，河道输沙能力明显提高。通过不同模型试验发现，在一定水流强度下，工程边界对主流摆动有一定的约束作用，随着工程密度的增加，水流变得集中，主河槽得到有效刷深，河湾曲折系数逐渐增加，游荡摆动的河势得到了很好的控制。由试验可以逐步估算，黄河下游游荡性河道河势稳定控制，所需两岸有效治导工程总长度至少占河段河道长度的 85%，每处控导工程长度需达到 4km 左右。

8.4　河势长期稳定控制的河湾流路形态

8.4.1　微弯型河湾流路形态

河流形态与水动力结构息息相关，形态约束动力结构，水动力结构则通过泥沙运动进一步塑造形态，在自然界河流中形成一对辩证互馈关系。天然河流形态形式多样，其中以微弯型流路形态或多个连续弯道构成的流路形态是河流动力演化过程中最重要的一个部分。由于自然界的多样性、河道形态与水沙分布的非对称性和非均匀性，每一条河流的河湾形态和尺寸沿程发生调整，因此河流弯曲的平面形态常采用随机的方法进行研究。然而，大小和自然地理位置不同的河流具有明显的平面几何形态，弯曲河流所共有的几何形态特征却是由专门的理论或动力学的原理所决定的。大量研究发现，由微弯和多个弯曲构成的河型可用正弦派生曲线来描述，它也是天然河流主槽与水动力复杂结构相互作用的结果。

规则河湾流路的早期形态往往呈现正弦波、螺旋线和正弦派生曲线三种形式，且基本相似。张海燕（1990）把河湾流路同螺旋运动或环流的沿程变化相结合开展了相关研究，取得了一定进展。在沿着河谷的任何两点之间，水流可以通过各种不同的流路，水流前进一段距离与原方向偏离一个角度，出现概率最大偏离角的流路即水流最可能出现的流路，也就是偏离角方差最小的流路。Langbein 和 Leopold 得到了满足条件的河道方向角应是沿流路方向、类似正弦函数的曲线，即为正弦派生曲线（图 8.19），其表达式为

$$\varPhi = \varOmega \sin\frac{x}{l}2\pi \tag{8.32}$$

式中，$\varPhi$ 为主流线距离 x 处的方向角；l 为河湾长度；$\varOmega$ 为流路与平均河谷方向所成的最大夹角，所有的角度均以弧度计。

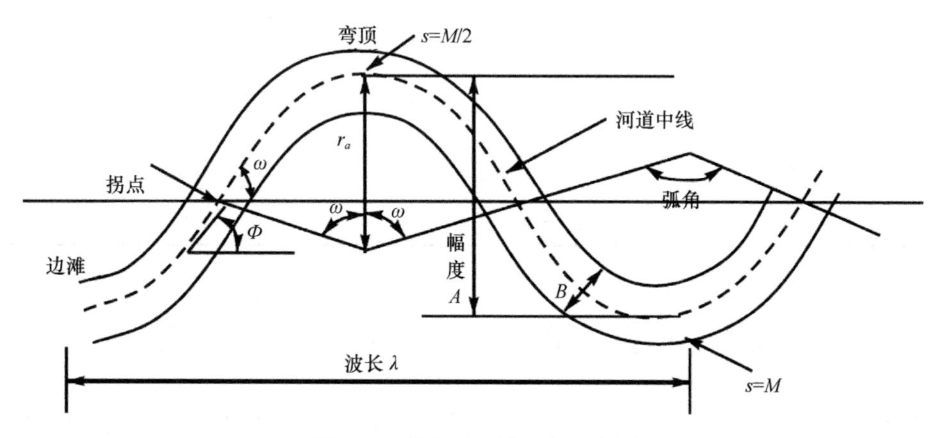

图 8.19　微弯型河道几何示意图

基于 140 组长序列年的黄河下游游荡性河势演变资料发现，工程要充分发挥控导溜势的作用，就必须有较长的工程长度，同时工程外形与正弦派生曲线的形态吻合，只有这样才能保证有足够长的导溜段和送溜段，在此将这些河势控制较好的河段称为模范河

段。根据 86 组原型观测、54 组模型试验河势中靠河长度的统计分析，在整治工程比较完善的河段，稳定靠河比例为工程长度的 50%以上时，即河流弯道的弧长一半以上被工程约束时（表 8.16），基本能控制主流的摆动。在上述统计分析的基础上，结合黄河下游河道多年河道整治工程建设经验分析认为，要想稳定河势，每处工程稳定靠溜长度应不小于 2300m 左右，工程长度在 4500m 左右（江恩惠等，2006）。

表 8.16 游荡性河段工程靠河情况统计

河段	原型观测（86 组）			模型试验（54 组）		
	平均工程长度 l_1/m	平均靠河长度 l_2/m	稳定靠河比例 l_2/l_1/%	平均工程长度 l_1/m	平均靠河长度 l_2/m	稳定靠河比例 l_2/l_1/%
铁谢—神堤	5054	2632	52	5676	4106	72
马庄—武庄	4288	2479	58	5888	3225	55
禅房—高村	4190	1838	44	5063	2959	58
神堤—保和寨	2897	1336	46	5375	3710	69
九堡—黑岗口	2854	384	13	4434	2008	45
黑岗口—贯台	3431	453	13	4753	2355	50

通过对 140 组河势资料进行对比发现，河势控制较强与较弱的河段相比，河势相对稳定河段的有效靠溜长度（指设计着溜点以下工程长度）较长，一般为 2125～2666m（表 8.17），而河势非稳定河段有效靠溜长度小于 2000m（江恩惠等，2006）。

表 8.17 现状工程情况下各河段有效靠溜长度统计

河段		有效靠溜长度/m
河势相对稳定河段	铁谢—神堤	2666
	马庄—武庄	2125
	禅房—高村	2290
河势非稳定河段	神堤—保合寨	1492
	九堡—黑岗口	1905
	黑岗口—贯台	1322

8.4.2 模范河段流路形态的数学表达式

结合马庄—武庄河段主流线变化，检验该稳定河段与正弦派生曲线的相关情况。图 8.20 中的实线为黄河下游马庄—武庄河段 1952～1954 年汛后主流线变化情况。1953 年来水来沙偏枯，花园口水文站年来水量为 456 亿 m^3，来沙量为 14.89 亿 t。其中，汛期来水量为 272.1 亿 m^3，来沙量达 12.62 亿 t。图 8.21 为马庄—武庄河段 1953 年汛后河势方向角统计值与正弦派生曲线的对比，可以看出二者符合度较好（江恩惠等，2006）。

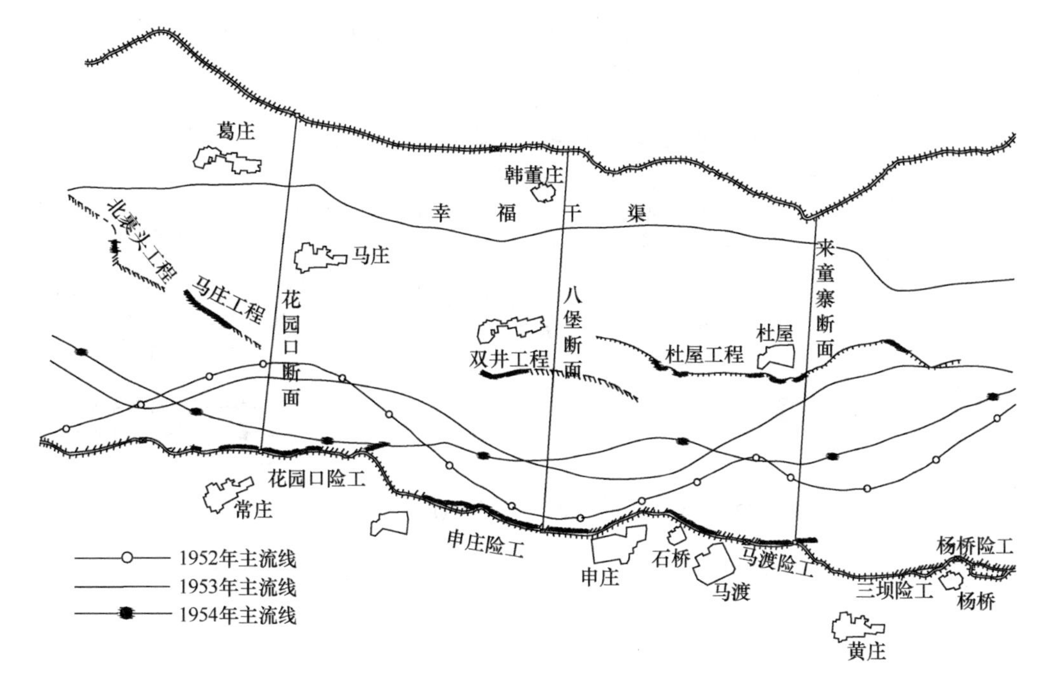

图 8.20　马庄—武庄河段 1952～1954 年汛后主流线变化情况

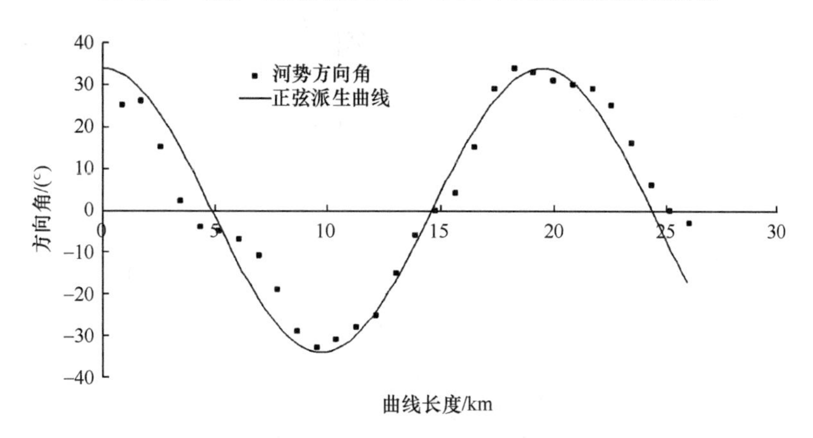

图 8.21　马庄—武庄河段 1953 年汛后河势方向角统计值与正弦派生曲线的对比

结合铁谢—神堤河段的赵沟—神堤河段主流线变化，检验该稳定河段与正弦派生曲线的相关情况。三门峡水库蓄水拦沙运用期，黄河下游河道普遍冲刷。1964 年水量相对丰沛，年来水量达到了 806 亿 m^3，来沙量为 16.91 亿 t，汛期的来水量为 517 亿 m^3，来沙量为 11.89 亿 t。三门峡水库的滞洪削峰作用使得洪水持续时间拉长，赵沟—神堤河段的河湾发展较为充分，主流线呈明显的微弯型（图 8.22）。图 8.23 为赵沟—神堤河段 1964 年汛后河势方向角统计值与正弦派生曲线的对比情况，可以看出两者基本符合(江恩惠等，2006)。

由此可见，黄河下游游荡性河道整治的“模范河段”河湾布局与正弦派生曲线符合良好。通过进一步综合分析，认为最小方差理论较好地反映了河势流路演变的相关性，以及河床演变过程中水流动力条件的影响。因此，把最小方差理论及正弦派生曲线引入

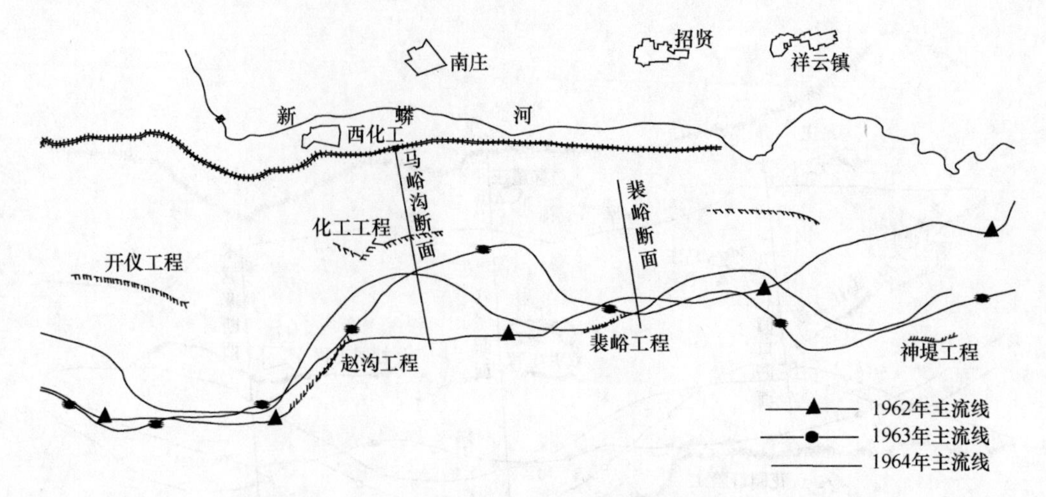

图 8.22 赵沟－神堤河段 1964 年汛后主流线变化情况

黄河下游游荡性河道河湾流路方程中，建立适用于黄河下游游荡性河道流路变化的河湾流路方程（江恩惠等，2006）：

$$\Phi = 0.06\left(\frac{D_{50}^{\frac{1}{3}}}{J}\right)^{1.25} \sin 2\pi \frac{x}{865\left(\frac{D_{50}^{\frac{1}{3}}}{J}\right)^{0.49}} \tag{8.33}$$

式中，Φ 为距离 x 处的方向角，以弧度计；J 为河道纵比降，以万分率计；D_{50} 为床沙中数粒径，以米计。

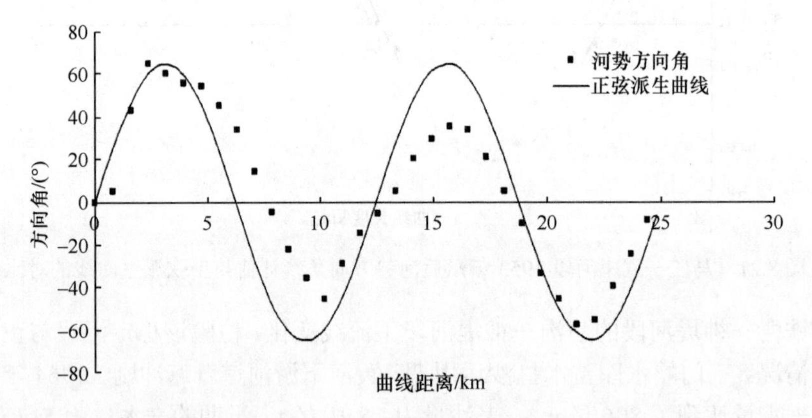

图 8.23 赵沟－神堤河段 1964 年汛后河势方向角统计值与正弦派生曲线的对比

黄河下游游荡性河段河湾流路方向角统计数据与正弦派生曲线的对比分析表明，铁谢—神堤、马庄—武庄（图 8.24）等河段的实际流路与正弦派生理论曲线基本符合，说明正弦派生曲线对于黄河下游整治工程比较完善的河段也是适用的。同时，验证结果也说明，以往的河道整治工作，自觉或不自觉地遵循了自然发展规律，进一步说明了目前黄河下游采取的微弯型整治方案总体上是可行的。

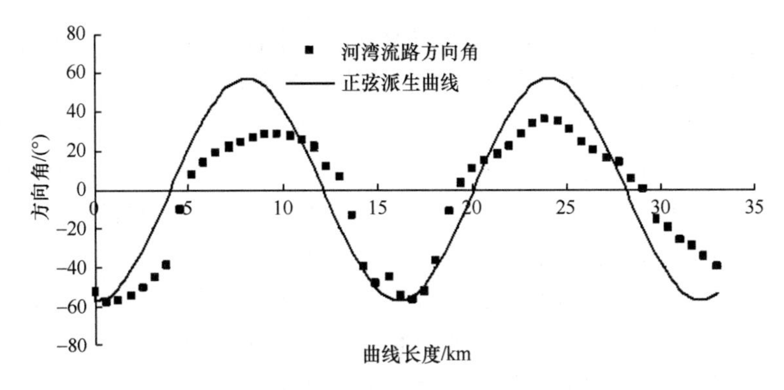

图 8.24 马庄—武庄河段河湾流路方向角统计值与正弦派生曲线对比

8.5 河势“上提下挫”与水沙动力变化的响应关系

8.5.1 着溜点对水沙动力变化的响应规律

1）不同水沙条件作用下游荡性河道河势演变特性

工程边界不发生显著变化的情况下，进入黄河下游的水沙动力过程不同，年内年际分布不同，游荡性河段河势演变表现特征也差异较大，可以划分为以下 4 种情况（江恩惠等，2006）。

（1）丰水少沙系列河势变化特征。1961 年是三门峡水库下泄清水的第一年，来水来沙条件发生剧烈变化，黄河下游河势变化较大。1962 年和 1963 年，花园口站最大洪峰流量为 5500～6000m^3/s，与 1961 年洪水基本一样，黄河下游河道相对较为稳定。据统计，1960～1964 年主流的摆动幅度与来水相近的 1952～1957 年相比，赵口以上除京广铁路桥至花园口河段外，主流的摆动幅度均较小，一般减少 500～800m；赵口至高村河段，除府君寺至东坝头河段河势变化不大外，其余河段主流摆动基本以增大为主，增大幅度在 400～700m。1981～1985 年为天然有利的丰水少沙系列，该时段游荡性河段河势的变化规律与三门峡水库清水下泄相类似。三门峡水库清水下泄初期，铁谢至赵口河段河势散乱，心滩多，汊河多；经清水冲刷后，汊河及心滩明显减少，河势规顺。1981～1985 年，其间经河道整治后，汊河得到明显改善，但主河槽冲刷前后，主流线长度及河段的弯曲率减小幅度不明显。

（2）枯水少沙系列河势变化特征。1986 年以来，受黄河流域气候条件变化以及流域社会经济发展造成人类活动干预作用增强等因素的影响，黄河下游水沙进入了一个长期枯水系列，高含沙小洪水机遇增多；洪峰流量小，小水持续时间长。由于连续多年枯水少沙系列，加之几次中小流量高含沙洪水的强烈塑槽作用，河槽严重淤积，河势变化出现了许多新情况。归纳起来有以下几点：①河段内心滩减少，主流摆动强度减弱，但工程控制差的河段主流摆幅仍然很大。②畸型河湾增加，工程脱河和半脱河现象增加。畸型河湾易发生突变，导致“横河”“斜河”发生，并对其下河势产生较大影响，使工程脱河现象增多。③工程靠溜部位上提现象增多，工程上首塌滩严重。1986

年以来，黄河下游一些河道整治工程靠溜部位不断上提，有的已超出工程控制范围，对工程构成“抄后路”的威胁。④小水期出现较大险情。在长期持续小流量下，受“横河”“斜河”的顶冲，河道整治工程易出现较大险情，并威胁堤防安全。⑤小浪底水库运行以来游荡性河道河势变化特点。自小浪底水库1999年10月下闸蓄水以来，黄河下游河势仍遵循原有河势变化特点，总体没有发生大的变化，尤其是在工程配套完善的河段，工程基本能够适应新的水流条件，河势变化很小；在工程不配套不完善的河段，长期小水形成的不利河势并没有被显著改善，一些工程仍旧不靠河，主槽有所展宽，工程靠溜长度加长，局部河段河势向有利方向发展，一些畸型河湾有所调整，也有个别河段的河势在原来河势变化的基础上继续朝不利方向发展。

（3）高含沙洪水期河势演变特征。高含沙洪水往往水位表现高，在河势宽、浅、散、乱的河段，断面平均流速减小，水流挟沙能力降低，泥沙大量落淤，河床自动调整迅速，增加了出现“横河”“斜河”的机会。在溜势较为集中、断面相对窄深的河段，高含沙洪水近壁流区受河岸边壁区阻力影响较大，边流区大量泥沙不断沉积，水面宽度逐渐减小，边坡变陡，河槽进一步向窄深方向发展，河宽急剧减少，在弯道处易形成“河脖”，河道过洪能力逐渐降低。当主槽不能排泄洪水时，水流漫滩，会发生切割阻水滩嘴，导致河势发生突变。

（4）大洪水期河势演变特征。1982年洪水主要来自三门峡以下，花园口站洪峰流量为15300m^3/s，7日洪量为50亿m^3，洪峰期平均含沙量为32.5kg/m^3，属于峰高量大而含沙量偏低的洪水。洪水期伊洛河以上河势无显著变化。花园口至东坝头河段河势变化较大。花园口以上主流继续北靠，申庄险工下端重新靠河，马渡险工、来童寨大坝全部脱河，万滩险工前河势继续北移，险工脱流，河势下挫到赵口险工以下，黑岗口险工受“横河”顶冲，出现险情；柳园口及曹岗险工基本脱溜，曹岗以下常堤工程重新靠溜，至东坝头控导，主流基本顺直。东坝头以下河势，除马厂、王高寨先后脱流外，其余河段均变化不大。1982年河势与1977年高含沙洪水河势相比，由于含沙量小且游荡性河道中部分河湾已得到初步控制，洪水期虽然工程脱河现象依然存在，但河湾个数明显减少，河势明显趋于规顺。

综上所述，游荡性河道河势演变与河道整治工程配套状况的关系最为密切，对于整治工程建设比较完善的河段，河势摆动变化幅度均较小，而工程上下游不配套的河段在任何水沙条件下均易出现不利河势；大洪水造床作用强，易塑造出较为归顺河势，但会引起工程靠溜部位的下挫，长期的小水过程会导致畸型河湾等不利河势发生的概率增加，工程靠溜部位上提现象极易发生。高含沙洪水对河势稳定性的破坏较大，特别是持续的小流量高含沙洪水过程，使河槽严重淤积萎缩，增加了发生“横河”“斜河”“滚河”的风险。如果随后发生大洪水，有可能出现串沟或支汊夺河，河势极易发生大幅度调整，而使修建工程失去对河势的控制作用。

2）水沙动力条件变化对河势稳定性影响概化模型试验及结果

在有限控制条件和模型小河试验（N-8组次）的基础上，研究了中水丰沙（N-9组次试验）和大洪水漫滩（N-10组次试验）两种情况下水沙条件变化对河势稳定性的影响，先后开展了两个组次的模型试验，各试验组次情况见表8.18。

表 8.18　控导工程促使河型转化的试验组次表

工况	实验组次	流量/（mL/s）	进口含沙量/（kg/m³）	试验历时/h	工程长度/m	备注
中水丰沙	N-9	230	13.2	8	15	在 N-8 组次基础上，进口加沙量增大，模拟中水丰沙情况
大洪水漫滩	N-10	290	3.0	7	15	在 N-9 组次基础上，进口加沙量减小，增大放水流量，模拟河槽严重淤积萎缩后发生大洪水漫滩情况

中水丰沙情况模拟。流量及工程等条件保持不变，只是将进口含沙量增加到 13.2kg/m³，模拟黄河下游河道中水丰沙条件下的河势变化。此时进口含沙量已明显超过模型的水流挟沙能力，即模型水流处于超饱和状态，因此大量泥沙在主槽内淤积，河床抬高，使滩槽高差显著减小，河道萎缩，过流能力大大降低，漫滩水量逐渐增多。特别是在河槽进一步淤高后，工程送流不力，滩地漫溢水量剧增，大量工程被漫滩水包围，在 G 工程下首形成串沟，过流量占总流量的 15%，而且大有夺溜之势。只是因工程密度较大，主流仍被工程控制在主槽内。河道曲折系数减小至 1.1 左右，河槽宽度增加，河内已有沙滩出露，河道的稳定性明显下降（图 8.25）。

大水小沙情况模拟。在上述游荡性河道整治工程布局试验（N-9 组次）塑造的河道形态基础上，增大放水流量，开展了 N-10 组次试验，模拟河槽严重淤积萎缩后发生大水小沙型洪水漫滩时的河势演变情况。

因河槽行洪能力较低，虽洪水含沙量较小，但较深河槽也不能很快塑造形成，大量洪水漫滩。随放水历时的延长，在进口 C 工程以下也形成一串沟，分流比约为 20%，流至下游与 G 工程下首的老串沟汇合形成新支河，且以前汇入主河槽的流路逐渐被淤积堵塞，新生河槽不断发展壮大，分流比竟达到 40%，新槽中有心滩出露，沙滩密布。右岸河滩也有串沟形成。原河槽流量不足总流量的一半，且其内多处有沙洲出露。该试验放水历时 6h 后，有限工程已失去对河势的有效控制，模型小河在短时间内很难恢复稳定（图 8.26）。

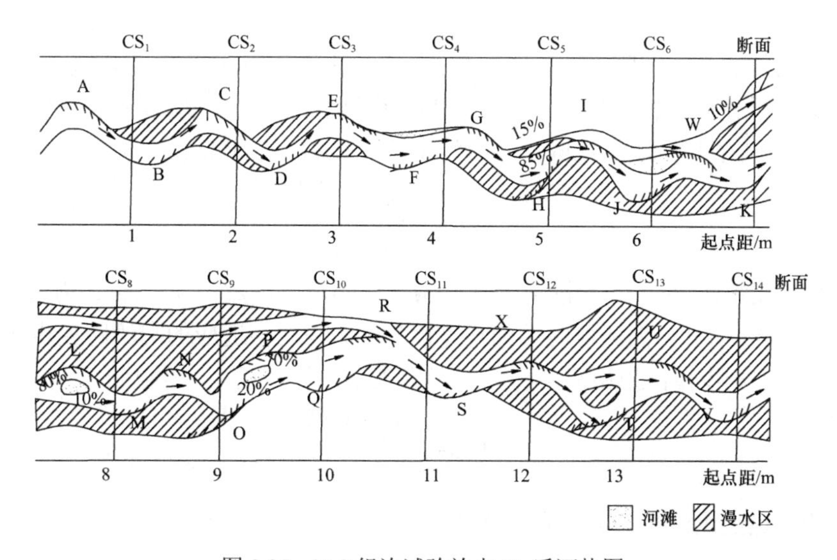

图 8.25　N-9 组次试验放水 7h 后河势图

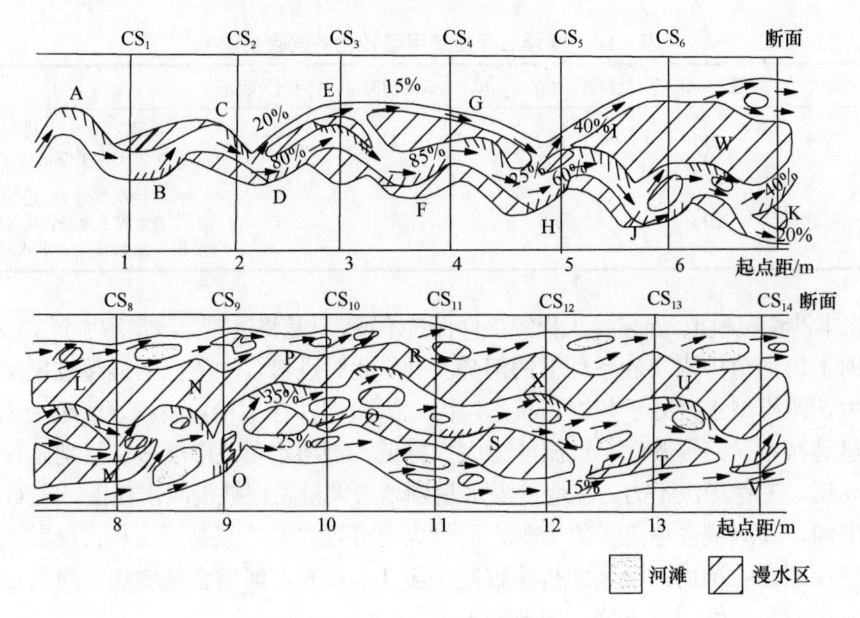

图 8.26　N-10 组次试验放水 6h 后河势图

因此，有限边界控制下河势相对稳定的游荡性河道，当黄河上游来水来沙条件发生变化时，其稳定特性仍会发生变化。如果遭遇丰沙型洪水，特别是在小水带大沙的情况下，因主河槽被淤积萎缩，减弱了工程对河势的控制作用；如遭遇大洪水漫滩，漫滩水冲刷可能形成新河。

8.5.2　河势“上提下挫”距离与水沙动力变幅的定量关系

1）与水流动力条件变幅的定量关系

水沙动力条件变化后，工程靠溜部位的“上提下挫”主要是由不同流量适应的河湾跨度不同引起的。为寻求河势相对稳定河段的河湾跨度与有关河流水力及土质特性本身内在因素之间的联系，借鉴张红武等（1994）河流稳定性指标的构建模式，对开仪至神堤及辛店集至于林河势相对稳定河段有关参数进行统计回归分析，得到了河湾跨度 T 与排洪宽度 B_F 的比值与河道纵比降 J 和床沙中数粒径 D_{50} 之间的经验关系式：

$$T = 138B_F\left(\frac{D_{50}{}^{1/3}}{J}\right)^{-0.64} \tag{8.34}$$

式中，T 为河湾跨度，m；B_F 为排洪宽度，m；D_{50} 为河床中数粒径，m；J 为河道纵比降。

由式（8.34）可知，大流量时因河槽宽度增加，与之相适应的河湾跨度也明显增加。式（8.34）可进一步转化为由流量作为显函数表示的计算式：

$$T = 138\frac{Q}{q}\left(\frac{D_{50}^{1/3}}{J}\right)^{-0.64} \tag{8.35}$$

式中，Q 为河道过洪流量；q 为单宽流量。

采用黄河下游花园口站和夹河滩站实测资料点绘了单宽流量 q 与流量 Q 之间的关系，如图 8.27 所示，取其均线作为不同流量下单宽流量的平均情况，并确定 q 与 Q 数学关系表达式如下：

$$q = 0.022Q^{0.61} \tag{8.36}$$

将式（8.36）代入式（8.35）得

$$T = 6273Q^{0.39}\left(\frac{D_{50}{}^{1/3}}{J}\right)^{-0.64} \tag{8.37}$$

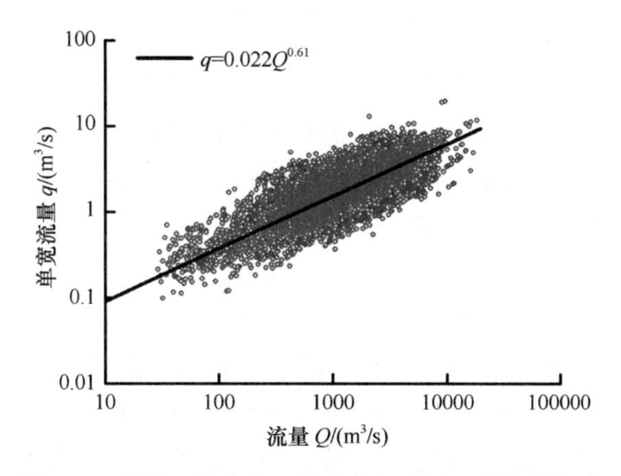

图 8.27　花园口站和夹河滩站单宽流量和流量的关系

对于 Q_i、Q_j 两个不同流量级，水流动力由 Q_i 变化至 Q_j 时，其河湾跨度必将做出相应的调整，从而引起工程靠溜部位的“上提下挫”。假如黄河上游出流方向不变，流量变化引起的最大“上提下挫”距离 L 为两者河湾跨度差的一半，即

$$L = \frac{T_i - T_j}{2} \tag{8.38}$$

目前黄河下游河道整治工程布局按 4000m³/s 的规划兴建，依据式（8.38）和式（8.37）可计算出流量变化条件下黄河下游工程靠溜部位“上提下挫”距离，具体见表 8.19 和图 8.28。

表 8.19　花园镇—杨小寨河段“上提下挫”距离计算结果

下游河段	比降/‰	中值粒径/mm	流量/（m³/s）	河湾跨度/m	“上提–下挫+”距离/m
花园镇—杨小寨	0.25	0.1	1000	3277	–1170
			2000	4294	–666
			3000	5029	–299
			4000	5626	0
			5000	6138	256
			6000	6590	482
			7000	6999	686
			8000	7373	870
			9000	7719	1046
			10000	8043	1208

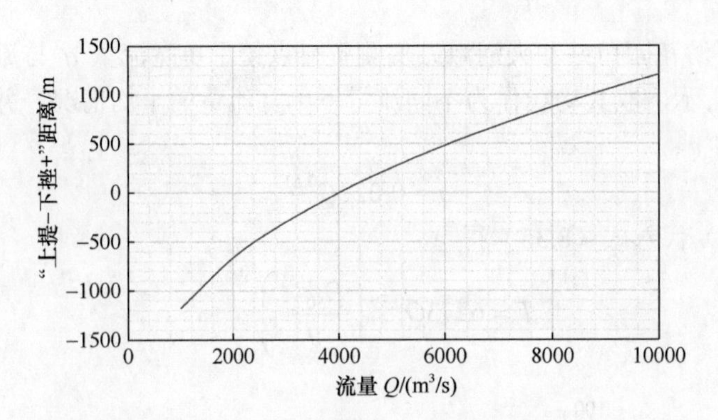

图 8.28　流量变化与工程靠溜部位"上提–下挫+"最大值关系

由此可见，当河道长期在 1000m³/s 流量小水作用下，最大可能工程靠溜部位上提 1170m 左右，遇大洪水如 8000m³/s 流量，可使工程靠溜部位下挫 870m。

2）与河道冲淤变幅的定量关系

（1）河势着溜点变化距离随时间变化。选取黄河下游游荡性河段中河势较为稳定的河段，选定一个出流相对稳定的工程，研究与之对应的下个工程主溜着溜点（着溜点变化距离）的变化情况。根据这个原则，分别选取赵沟—化工工程（对应花园镇—裴峪河段）、双井—马渡下延工程（对应花园口—来童寨河段）、辛店集—周营控导工程（对应油坊寨—杨小寨河段），统计不同时期各工程着溜点的距离变化情况。为了统一表示着溜点变化距离，用每年主流着溜点到某一固定位置（如工程起始坝）的距离来表示每年着溜点距离的变化情况，这里以赵沟—化工工程为例给出具体结果（图 8.29）。

通常来讲，前一工程河势的上提，可能引起下一工程河势的上提，也可能引起下一工程河势的下挫，其变化十分复杂。图 8.29 是 20 世纪 90 年代以来赵沟—化工工程河势"上提下挫"距离的整体变化情况，可以看出不同年份河势"上提下挫"的距离变化较大。但是，从图 8.29（a）可以看出，1999～2009 年，赵沟工程着溜距离一直保持相对稳定，即这段时间赵沟工程出流是相对稳定的；而该时期内，其下游的化工工程着溜距离整体上有逐年增大的趋势，也就是说，在赵沟工程出流保持稳定的情况下，距离其最近的下游化工工程河势一直下挫。图 8.29（b）反映出赵沟工程和化工工程河势在 1999～2009 年河势"上提下挫"的距离保持在 2km 范围内。在 1999 年之前，赵沟工程河势是上提的，也引起其下游化工工程河势的上提。

（2）河床冲淤幅度随时间变化。赵沟—化工工程位于花园镇—裴峪河段间，为了分析赵沟—化工工程河段间冲淤状态，利用花园镇—裴峪河段的大断面地形资料，采用断面法计算该河段 1990～2019 年逐年冲淤状态。图 8.30 给出了花园镇—裴峪河段逐年累积冲淤量（用冲淤厚度表示）。可以看出，在 2000 年之前，该河段处于淤积状态，2000 年之后，该河段河道开始逐渐下切，处于冲刷状态。

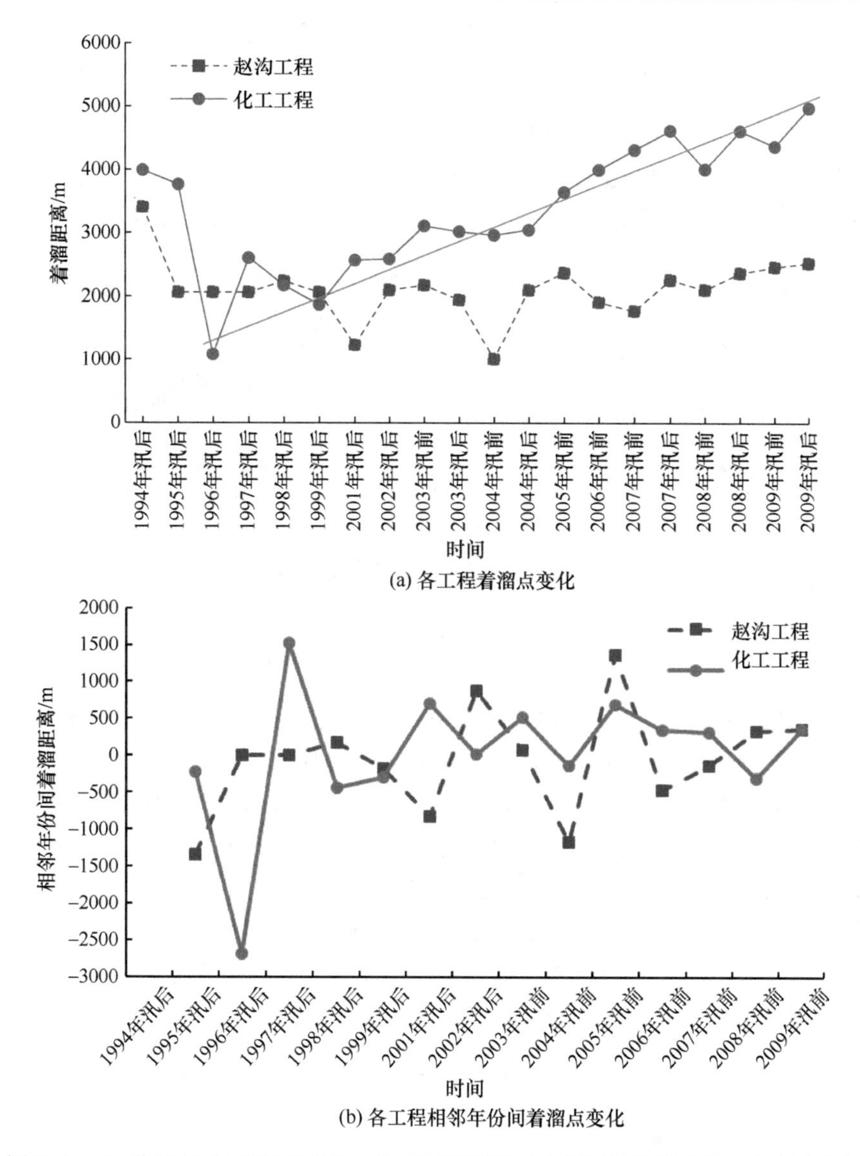

(a) 各工程着溜点变化

(b) 各工程相邻年份间着溜点变化

图 8.29　20 世纪 90 年代以来赵沟—化工工程河势“上提下挫”距离的整体变化情况

（3）河势着溜点距离与河床冲淤幅度关系。前面分析了着溜点距离以及冲淤幅度随时间的变化，据此建立了着溜点变化距离与冲淤幅度间的定量关系（图 8.31）。图 8.31 中着溜点变化距离上提为负，下挫为正。从图 8.31 可以看出，着溜点变化距离与冲淤幅度有着很好的线性关系，当河道发生淤积时，着溜点位置上移，造成河势上提；当河道发生冲刷时，着溜点位置下移，造成河势下挫。将多组数据结果进行回归分析，确定河势“上提下挫”的着溜点距离与冲淤量两者间的定量关系：

$$\Delta z = -4.5\times10^{-4}\Delta x \tag{8.39}$$

式中，Δx 为着溜点变化距离，m；Δz 为对应的河床冲淤幅度，m，当河床淤积时，该值为淤积厚度，表示为正值，当河床冲刷时，该值为冲刷深度，表示为负值。

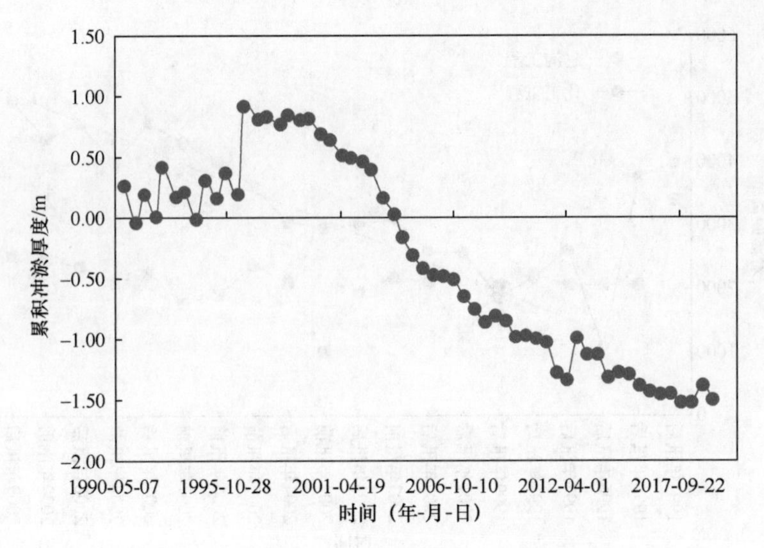

图 8.30　花园镇—裴峪河段逐年累积冲淤厚度

已知 $\Delta z=\frac{\partial z}{\partial t}$，代入河床变形方程，$\frac{\partial z}{\partial t}=\alpha\omega(S-S_*)$ [式（8.24）]，故有 $\Delta z=\frac{\partial z}{\partial t}=\alpha\omega(S-S_*)=-4.5\times10^{-4}\Delta x$，可见河床变形与河势“上提下挫”的距离直接相关。当河道冲淤平衡（冲淤厚度为 0）时，河势相对稳定，基本不会发生“上提下挫”；当河道淤积 0.9m 时，河势将会上提 2000m 左右；当河道冲刷 0.9m 时，河势将会下挫 2000m 左右。至此，建立了河势“上提下挫”距离与水沙动力变化的定量关系，即当河道冲刷厚度约为 0.39m 时，河势下挫约 870m，这与大洪水 8000m^3/s 流量的作用相当；当河道淤积厚度约为 0.53m 时，河势上提约 1170m，这与 1000m^3/s 流量长期小水作用相当。需要说明的是，这里给出的着溜点距离与河床冲淤幅度关系为一般关系，局部发生的畸型河湾等河势突变现象，主要受河床不均匀分布的胶泥层影响。

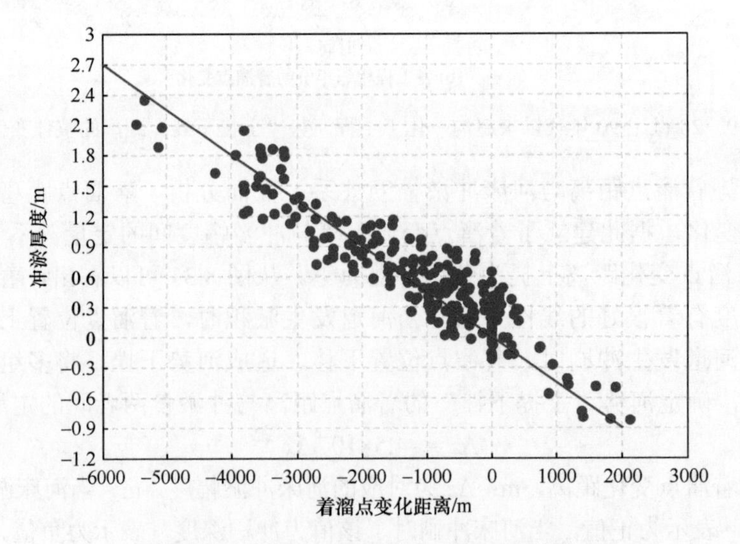

图 8.31　着溜点变化距离与冲淤幅度关系

综上，天然情况下的“小水坐弯，大水趋直”在河道整治工程处表现为“小水上提，大水下挫”。在自然状态下，小水时水流在滩地坐弯后改变流向，冲刷下游对岸滩地，随着上游滩地的不断淘刷坐弯，下游滩地也在发生坍塌后退，弯曲率增大，“小水坐弯”；弯道处修建整治工程后，水流在此形成了弯道环流，导致工程对岸滩地淤积，同时水流在受到建筑物阻拦后会向上游分离，冲刷靠溜段以上工程前抗冲能力弱的滩岸，造成“小水上提”。在自然状态下，大水时水流动量增大，“大水趋直”；修建工程后，工程附近形成大量紊动涡将水流从弯顶推出，逐步冲刷凸岸滩地，使工程靠溜部位下移，“大水下挫”。在河道淤积时河势上提，要做足够长的迎流段；冲刷时河势下挫，要做足够长的送流段，来保证河势的稳定。

根据上述研究也可分析河湾的蠕动现象。在中小水时期，由于凹岸着溜点位置上提，水流走弯，弯道上游部分的环流强度变大，此时凸岸的较大部分区域有淤积的机会；在洪水时期，由于凹岸着溜点位置下挫，水流趋直，弯道上游部分的环流强度较中、小水时期小，此时凸岸淤积部位也将向下游移动。对于整个河道来讲，凹岸下游冲刷的机会大，凸岸下游淤积的机会多。因此，在弯道段，会出现凹岸逐渐后退、凸岸逐年向前淤积延伸的现象，这往往造成了整个弯道缓慢地向下游移动的趋势，平面形态上就表现为河湾蠕动。

第9章 水沙动力与有限控制边界的和谐效应及工程布局模式

随着小浪底水库及黄河上中游一系列大型水库调控作用的发挥，进入黄河下游的水沙过程变得可控。目前进入黄河下游的水沙条件和下游河道边界条件均发生很大变化，调控下的水沙动力过程应与已建的、未来进一步完善的河道整治工程相和谐。为提高水沙动力过程与河道整治工程的适应性，需深入研究河道整治工程与非恒定水沙过程的响应关系，进而揭示水沙动力与有限控制边界的和谐效应，提出适宜的工程布局模式。

因此，本章提出了水沙动力与河道有限控制边界和谐的概念，建立了基于河势稳定控制的水沙动力与河道边界不和谐度的理论表达，分析了游荡性河道河势稳定控制的单个有限控制边界工程外形布置模式，构建了游荡性河道河势稳定控制的工程群组布局准则，研究了不平衡输沙作用下工程群组对河势的控制时效，最终阐明了水沙动力与有限控制边界的和谐效应及工程布局模式。

9.1 基于河势稳定控制的水沙动力与河道边界不和谐度理论表达

9.1.1 现有冲积性河流河道整治流量确定方法

在河道整治工程实践中，人们往往取某一流量作为河道整治流量，以该流量为前提划定河道整治治导线，开展整治工程布局设计。为尽量使所建的工程与天然水沙过程相适应，人们通过长期研究，提出了造床流量概念，并通常将造床流量确定为河道整治流量。造床流量是指其造床作用与多年流量过程的综合造床作用相当的某一个流量。但如何确定造床流量，相关理论还不够成熟，至今尚无一致的认识。常用的方法有平滩流量法、输沙率法、输沙量法、河床变形强度法、输沙能力法等。

1）平滩流量法

平滩流量法是指大河水位到河漫滩（或边滩的滩边）高度时相应的流量。从试验过程和资料分析均可看出，水位由枯水位上升至平滩水位的过程中，水流的造床作用不断增强。而当水位继续上涨，水流漫滩后，水流分散，造床作用反而有所降低。在实际工作中，由于滩地高程不易确切确定，因此一般都是选取一个较长的河段作为依据。在某一流量下，如果各断面的水位基本与该河段的河漫滩（或边滩的滩边）高程齐平，那么这个流量可作为造床流量。

黄河水利委员会黄河水利科学研究院曾认为平滩流量 Q_{p} 与多年汛期的平均流量 $\overline{Q}_{\mathrm{f}}$

有关，表达式为

$$Q_{\mathrm{p}} = 7.7\left(\overline{Q}_{\mathrm{f}}\right)^{0.85} + 90\left(\overline{Q}_{\mathrm{f}}\right)^{1/3} \tag{9.1}$$

钱意颖在研究水库调水调沙运用方式时，也提出了如式（9.2）形式的平滩流量计算公式：

$$Q_{\mathrm{p}} = 8.82 Q_{\mathrm{cm}}^{0.77} \tag{9.2}$$

式中，Q_{cm}为各级流量与输沙量关系曲线中峰值相应的流量。

Williams 提出平滩流量与过水断面面积 A 及比降 J 的关系，如下：

$$Q_{\mathrm{p}} = 4.0 A^{1.21} J^{0.28} \tag{9.3}$$

平滩流量法概念清楚，方法简易，但对于多沙河流，特别是黄河游荡性河段，河槽摆动频繁，滩地高程变化很大，各河段很难制定一个统一的区划尺度。为了客观地确定造床流量，不少学者建议采用输沙率法，以反映水流与河床的相互作用。

2）输沙率法

马卡维也夫（简称马氏）认为某一流量 Q 的造床作用取决于造床历时，同时与其输沙能力有关。他进一步以该流量出现的频率 P 表示造床历时，并以式（9.4）表示输沙能力：

$$G_{s_*} = K_1 Q^m J \tag{9.4}$$

式中，K_1为系数；m 为指数；J 为水面比降。认为当 $Q^m JP$ 最大时，所对应的流量即为造床流量。按照该法确定造床流量的步骤如下：①将河段某断面历年（或选典型年）所观测的流量分成若干流量级；②统计出各级流量出现的频率 P；③绘制该河段的流量 Q 与比降 J 的关系曲线，以确定各级流量相应的比降；④算出相应于每一级流量的乘积值 $Q^m JP$，其中，Q 为该级流量的平均值，指数 m 可由实测资料确定，马氏认为平原河流可取 m=2；⑤绘制 $Q^m JP$ 与 Q 的关系曲线，相应于 $Q^m JP$ 为最大时的流量即为造床流量。

马氏根据苏联平原河流资料分析结果，认为存在两个造床流量：第一造床流量的相应水位相当于平河漫滩水位；第二造床流量相应多年平均流量。

张红武按照马氏方法假定 m=2，并给 J 一经验值，对一些典型年汛期造床流量进行了粗略分析。结果表明，该方法在某种程度上夸大了大洪水的造床作用。作为对马氏方法的修正，1982 年张红武曾将 $Q^m JP$ 改为 QSP（实际上与 Wolman 和 Mller 的地貌功的概念类同，S 为含沙量），水文资料分析方便，但得到的造床流量小于平滩流量，似夸大了造床历时的作用。日本学者造村用输沙率加权平均的流量作为造床流量，即

$$Q_{\mathrm{z}} = \frac{\sum_{i=1}^{n} Q_{\mathrm{s}i} Q_i}{\sum_{i=1}^{n} Q_{\mathrm{s}i}} \tag{9.5}$$

式中，Q_{z}为造床流量；Q_i 为第 i 级流量；$Q_{\mathrm{s}i}$为相应于第 i 级流量的输沙量；n 为流量分级总数。张红武开展专项试验和原型资料分析后发现，式（9.5）主要取决于流量过程，对于

一般少沙河流是适用的，但对于多沙河流，该方法难以反映含沙量增减对造床流量的影响。

在用输沙率法计算造床流量时，王运辉通过黄河下游常用的输沙率经验公式修正了马氏计算方法，得到公式如下：

$$G_s = kQ^{\alpha} S_u^{\gamma} \tag{9.6}$$

式中，G_s为输沙率；Q为流量；S_u为上站含沙量；α、γ、k为系数。通过统计系列年内的各日流量，计算各流量级的出现频率P，再计算各级流量相应的输沙能力$PQ^{\alpha}S_u^{\gamma}$，从而得出与输沙能力峰值相应的造床流量。

3）输沙量法

20 世纪 60 年代中期，郭体英等曾对黄河下游的造床流量、平滩流量等进行过系统的分析和研究，认为可以采用沙量法和水量法确定造床流量，即分别计算各流量级下的总输沙量 W_s或总输水量，以输沙量或输水量最大时所对应的流量作为造床流量。分析表明，沙量法所得结果与实际接近，克服了马氏方法的一些缺陷，有较大的实用价值，而水量法求得的造床流量值似有些偏小。

4）河床变形强度法

勒亚尼兹（简称勒氏）认为，应采用相应于某时段的平均河床变形流量作为造床流量，他所建议的河床变形强度指标公式为

$$N = \frac{HJ}{D}\left(\frac{V_1^3}{V_2^3} - 1\right) \tag{9.7}$$

式中，H为河段平均水深；J为河段水面比降；D为河床质粒径；V_1为河段上游断面的平均流速；V_2为河段下游断面的平均流速。在确定某河段造床流量时，首先给出每一级流量相应的河床变形强度指标N随时间变化的过程线；其次从枯水期末开始，绘制河床变形强度指标的累积曲线，连接该曲线的起点和最大值点，此直线的坡度即为在此间的平均河床变形强度指标 N_{cp}；在流量过程线上，找出与平均河床变形强度指标对应的流量。通过此方法得到的流量可能有两个，取其平均值作为造床流量Q。

勒氏方法将造床流量与河床变形强度相联系，从概念上讲是比较合理的。然而实际河床变形的方向（N的正负号）及其强度大小，并不是完全由V_1和V_2之间的关系来决定的，尤其是洪水漫滩后的涨水、落水过程，河床的变形强度远不能为式（9.7）所描述，因此采用勒氏方法确定多沙河流的造床流量是困难的。

5）输沙能力法

张红武等在系统研究挟沙水流造床过程的基础上，发现含沙量及泥沙粗度、河床边界条件等因素，对造床过程及其河床形态都有显著的影响，因此认为在确定造床流量时，也应当反映这些因素的作用。通过对马氏方法进行改进，引入水流挟沙能力S_*，将式（9.4）确切地表示为

$$G_{S_*} = QS_* \tag{9.8}$$

从而视QS_*P^m最大时所对应的流量为造床流量（这一方法可称之为输沙能力法）。

综上所述，无论是平滩流量法还是输沙率法或输沙能力法，均是在寻找能够代表选

定的水沙系列综合造床效果的流量，以该流量作为工程布局设计的依据。而天然水沙过程为非恒定过程，从严格意义上讲，只有整治流量级的水沙动力与工程布局相适应，其他流量级均与工程布局不相适应，而相比于与工程布局相适应的流量对河道的造床强度及作用时间，与其不相适应的流量过程对河道造床强度大、作用时间长。因此，采用该方法布局的河道整治工程往往与天然非恒定水沙过程不相适应，减弱了工程对水流的控导作用，经常出现脱流或工程长期不靠河的现象。河道整治工程布局如何适应宽泛的流量区间，真正实现其对大洪水主流的控导和中小水河势的控制，是亟待解决的技术难题。

9.1.2 河道边界与水沙动力过程不和谐度概念与数学描述

1）河道边界与水沙动力过程不和谐度概念

河势演变是指河道水流平面形态的变化及其发展趋势，其变化随时随地、无时无刻进行。影响河势演变的主要因素是河道边界条件、水沙动力过程等，其中河道边界条件包括河宽、比降等因素，水沙动力过程包括流量、含沙量等因素。游荡性河道在无工程控制条件下，只要河流输沙造床，河势均不会长期稳定。当河道受到有限控制边界控制时，在水沙动力与边界共同作用下，河势按照规划设计的流路运行不再发生变化或变化幅度微弱，即定义此时的水沙动力与河道边界和谐。

游荡性河道整治实践表明，整治工程较长时河势调整的区域始终位于工程有效控导范围之内，这样就达到了预期整治目标。因此，河道边界与水沙动力过程和谐概念可进一步拓展为，较长时段水沙过程作用下的河势调整区域始终位于工程有效控导范围之内，即定义该水沙动力过程与工程边界相和谐。

2）河道边界与水沙动力过程不和谐度数学描述

将单日时间段的水沙动力对河道边界的塑造作用表示为Φ_i，与该河道边界和谐的水沙动力对其塑造作用表示为Φ_0，将Φ_i偏离Φ_0的相对程度定义为水沙动力与河道边界的不和谐度，记为ψ，其数学表达式为$\psi=\left|\Phi_i-\Phi_0\right|/\hat{\Phi}$，式中，$\hat{\Phi}$为一个水沙过程的特征造床作用；$\psi$的值域为［0，+∞］，$\psi$越大，两者越不和谐，反之，则两者越和谐；$\Phi_0$为饱和输沙特解条件下水沙动力的函数，可写为$\Phi_0=f(Q_0,S_{*0})$（$S_*$为水流挟沙能力）；$\Phi_i$不仅与流量、挟沙能力有关，还与河道的几何形态与输沙状态有关。采用因子QJ表示水沙动力过程及河床边界条件等因素的影响，采用水流挟沙能力S_*代表泥沙因素的作用，因此将水沙动力对河床塑造作用Φ表示为

$$\Phi=QS_*J \tag{9.9}$$

式中，J为比降；水流挟沙能力S_*可采用经验公式表示为：$S_*=C_1\dfrac{V^3}{gh}$，C_1为常数，g为重力加速度，h为断面平均水深。河段断面流速V为$V=\dfrac{Q}{A}$，式中，A为河段断面过水面积，可表示为$A=Bh$，B为水面宽度。

另外，根据谢才公式V可表示为

$$V = C_2\sqrt{RJ} \tag{9.10}$$

式中，$C_2 = \dfrac{1}{n}R^{1/6}$，$n$ 为糙率；R 为水力半径；对于黄河等宽浅河道，R 可取为平均水深 h。将上式代入式（9.9）可得

$$\varPhi = C_3\frac{Q^6}{B^5 h^{22/3}} \tag{9.11}$$

式中，C_3 为常数，$C_3 = \dfrac{C_1 n^2}{g}$。根据河道断面实测资料，发现 $B^5 h^{22/3}$ 与 Q 之间存在幂函数关系，即 $B^5 h^{22/3} = KQ^{\lambda}$。因此，可采用经验公式 $\varPhi = KQ^{\beta}$ 对式（9.11）进行描述。式中，K、β 由 $B^5 h^{22/3}$ 与 Q 之间的函数关系和常数 C_3 决定，$\beta = 6.0-\lambda$。对于一个水沙过程序列，水沙动力与河道边界的不和谐度 $\overline{\psi}$ 按等时间加权计算后求取平均值：

$$\overline{\psi} = \frac{1}{n}\sum_{i=1}^{n}\left|\varPhi_i - \varPhi_0\right|/\varPhi_0 = \frac{1}{n}\sum_{i=1}^{n}\left|Q_i^{\beta} - Q_0^{\beta}\right|/Q_0^{\beta} \tag{9.12}$$

当 $\overline{\psi}$ 达到最小值时，对应的流量即为此水沙过程序列的和谐流量。此外，$\varPhi_0$ 从广义上为区间概念，即 $\varPhi_0 = \left[\varPhi_{0\min}, \varPhi_{0\max}\right]$。当 $\varPhi_i$ 位于区间时，$\left|\varPhi_i - \varPhi_0\right|/\varPhi_0 = 0$；当 $\varPhi_i \leqslant \varPhi_{0\min}$ 时，$\varPhi_i = \varPhi_{0\min}$；当 $\varPhi_i \geqslant \varPhi_{0\max}$ 时，$\varPhi_i = \varPhi_{0\max}$。

如将整治流量作为唯一和谐流量，可绘出给定水沙系列整治流量与不和谐度的关系曲线（图 9.1），不和谐度最小值即为最佳整治流量 Q_z。为简单起见，假定采用 QS_* 表征水流对河槽的塑造作用。对系列日均 Q 过程，将 QS_* 由小到大排序，绘制如图 9.2 所示曲线。按原作者定义，韩其为的第一造床流量 Q_{B1} 即为所有 $\left(QS_*\right)_i$ 的平均值对应的流量 Q_{m}，即 $A_{\mathrm{oai}} = A_{\mathrm{afe}}$（$A$ 为面积，下标代表图形）；马氏方法的造床流量即为图形上凸和下凹两个拐点（b、d 两点）区间 $\left(QS_*\right)_i$ 的平均值对应的流量，该区间内 $\left(QS_*\right)_i$ 的涨幅较小；本项目提出的 Q_{Z} 为 T_{Z} 两侧面积相等时 $\left(QS_*\right)_i$ 对应的流量，即 $A_{\mathrm{och}} = A_{\mathrm{hceg}}$。

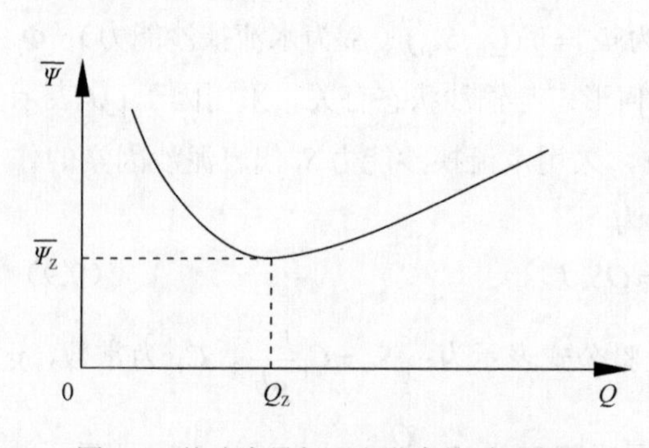

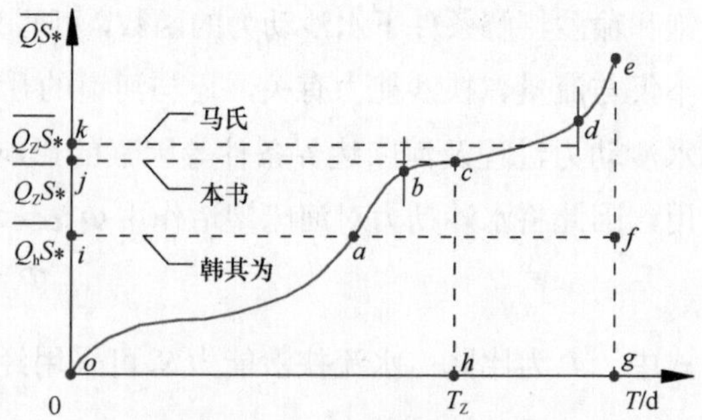

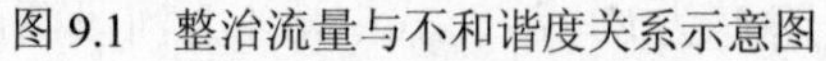
图 9.1　整治流量与不和谐度关系示意图　　　　图 9.2　各家造床流量物理含义示意图

将已知流量系列求解整治流量称为正问题，将已知整治流量求解满足一定约束条件下的最佳流量系列称为反问题。反问题比正问题难解得多，但更具有现实意义。传统方法求

解正问题方便，求解反问题难以实现。本项目提出的计算方法求解正反问题均较方便。基于不和谐度理论的和谐流量计算方法与马氏方法相比，避免了在流量频率分析时流量级划分带来的误差。在流量频率分析时，若级差取得较小，有时流量极值不明显，甚至某一小流量级因出现频率过高而掩盖了真实值（图 9.3），级差较大将会影响计算精度。

游荡性河道因其河势演变特性更适宜于采用和谐区间流量开展整治，可使水沙动力的不和谐度明显降低（图 9.4），因此对稳定河势的作用更强。基于不和谐度理论的和谐流量计算方法，只要给定和谐流量区间的范围，即可计算出最优阈值，还可进行不同阈值方案的比选。传统方法因在流量级划分时，上下两级出现的频率不能重叠。因此，传统方法是基于不和谐度理论的和谐流量计算方法的一个特例。

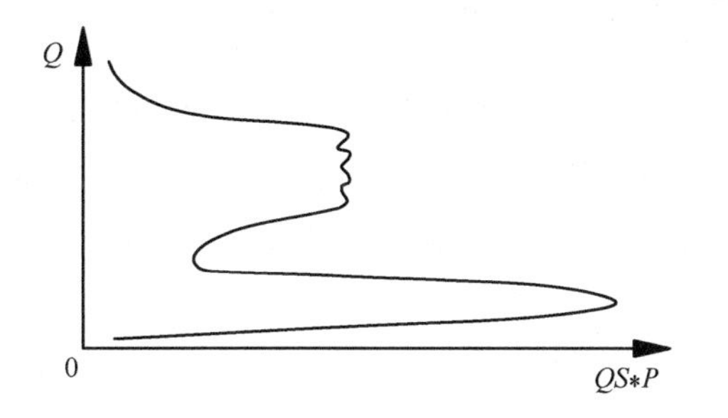

图 9.3　传统方法造床能力与流量关系示意图　　图 9.4　不和谐度与整治流量区间关系示意图

9.1.3　不同时段不同河段河道边界与水沙动力过程不和谐度计算

1）不同河段不和谐度计算参数率定

当河道的河宽、水深等河道边界因素发生变化时，式（9.12）中参数 β 也将改变。采用 1946～2018 年花园口、夹河滩和高村水文站实测洪水水文数据，分别确定不同河段 $B^5h^{22/3}$ 与 Q 之间的拟合函数关系，如图 9.5～图 9.7 所示。

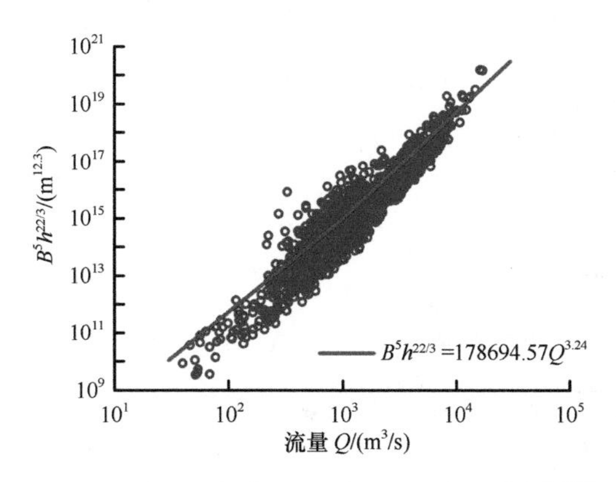

图 9.5　花园口不同年份河道几何形态参数 $B^5h^{22/3}$ 与流量 Q 的关系

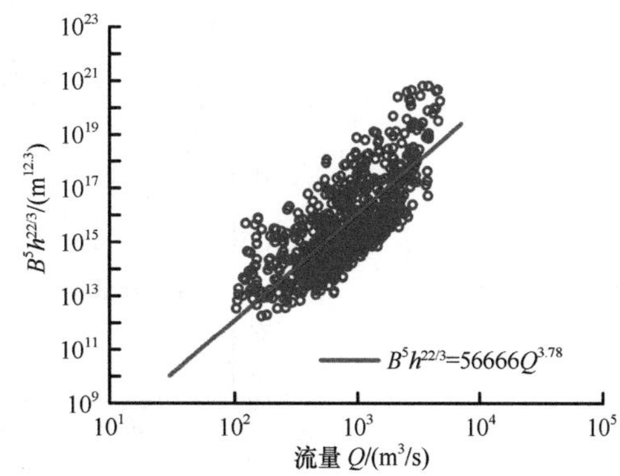

图 9.6　夹河滩不同年份河道几何形态参数 $B^5h^{22/3}$ 与流量 Q 的关系

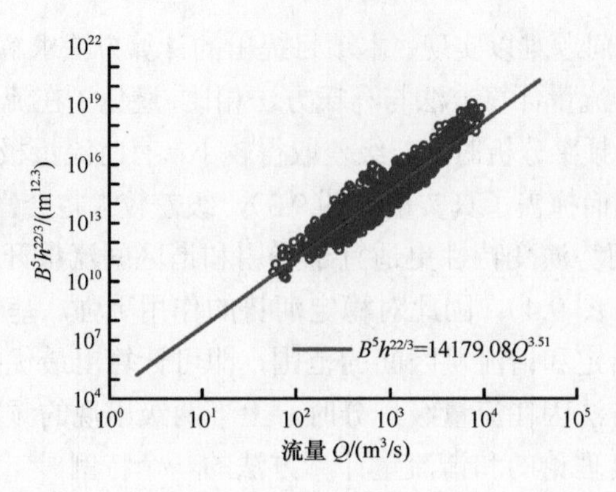

图 9.7　高村不同年份河道几何形态参数 $B^5h^{22/3}$ 与流量 Q 的关系

由图 9.5～图 9.7 可知，花园口、夹河滩和高村水文站 $B^5h^{22/3}$ 与 Q 之间的幂函数指数 λ 分别为 3.24、3.78 和 3.51。根据 $\beta = 6.0 - \lambda$ 可知，花园口、夹河滩和高村不和谐度计算参数 β 分别为 2.8、2.2 和 2.5，进而确定花园口、夹河滩和高村不和谐度表达式分别为

$$\overline{\psi} = \frac{1}{n}\sum_{i=1}^{n}\left|Q_i^{2.8} - Q_0^{2.8}\right| \Big/ Q_0^{2.8} \tag{9.13}$$

$$\overline{\psi} = \frac{1}{n}\sum_{i=1}^{n}\left|Q_i^{2.2} - Q_0^{2.2}\right| \Big/ Q_0^{2.2} \tag{9.14}$$

$$\overline{\psi} = \frac{1}{n}\sum_{i=1}^{n}\left|Q_i^{2.5} - Q_0^{2.5}\right| \Big/ Q_0^{2.5} \tag{9.15}$$

2）不同时段不同河段河道边界与水沙动力过程不和谐度计算

采用式（9.13）分别计算花园口站 1946～1985 年、1946～1999 年、1946～2018 年时间段内花园口站流量 Q 与不和谐度 $\overline{\psi}$ 之间的关系曲线，如图 9.8 所示，图中不同时段 $\overline{\psi}$ 最小值对应的流量即为和谐流量。由图 9.8 可知，花园口 1946～1985 年的和谐流量为 4830m^3/s，不和谐度为 0.936；1946～1999 年的和谐流量为 4760m^3/s，不和谐度为 0.947；1946～2018 年的和谐流量为 4510m^3/s，不和谐度为 0.954。

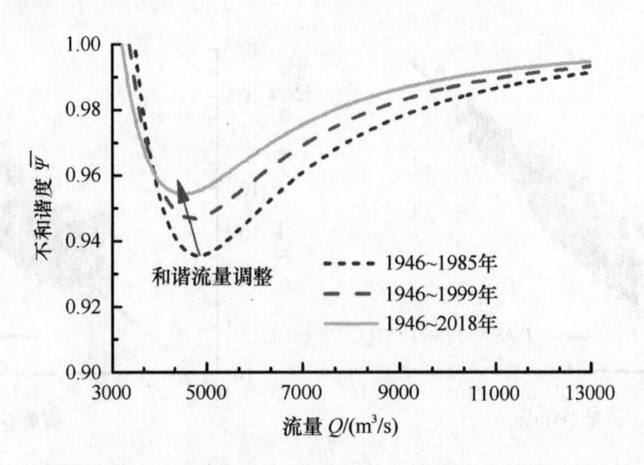

图 9.8　花园口站 1946～1985 年、1946～1999 年、1946～2018 年时段流量 Q 与不和谐度 $\overline{\psi}$ 之间的关系曲线

图 9.9 为基于式（9.14）计算得到的 1952～1985 年、1952～1999 年、1952～2018 年时间段内夹河滩站流量 Q 与不和谐度 $\overline{\psi}$ 之间的关系曲线。夹河滩 1952～1985 年的和谐流量为 4140m³/s，不和谐度为 0.889；1952～1999 年的和谐流量为 3960m³/s，不和谐度为 0.908；1952～2018 年的和谐流量为 3750m³/s，不和谐度为 0.920。

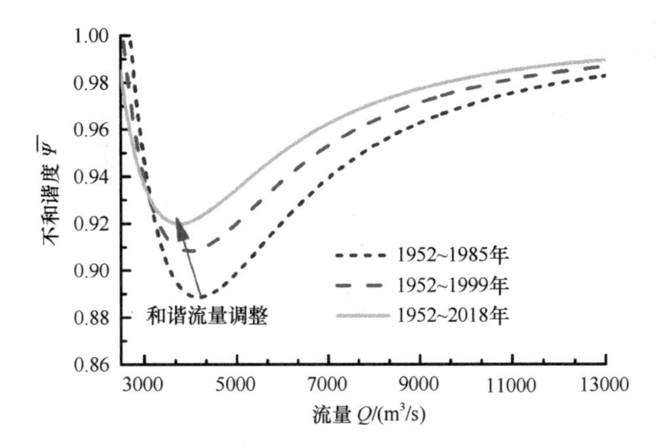

图 9.9　夹河滩站 1952～1985 年、1952～1999 年、1952～2018 年时段流量 Q 与不和谐度 $\overline{\psi}$ 之间的关系曲线

采用式（9.15）分别计算 1946～1985 年、1946～1999 年、1946～2018 年时间段内高村站流量 Q 与不和谐度 $\overline{\psi}$ 之间的关系曲线，如图 9.10 所示。高村 1946～1985 年的和谐流量为 4370m³/s，不和谐度为 0.913；1946～1999 年的和谐流量为 4260m³/s，不和谐度为 0.928；1946～2018 年的和谐流量为 4000m³/s，不和谐度为 0.938。

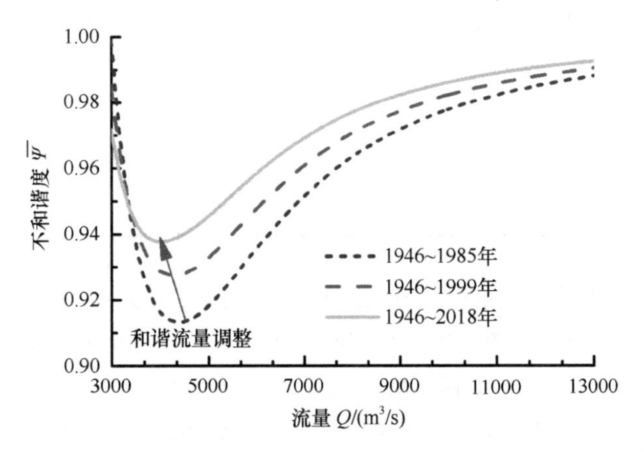

图 9.10　高村站 1946～1985 年、1946～1999 年、1946～2018 年时段流量 Q 与不和谐度 $\overline{\psi}$ 之间的关系曲线

从图 9.8～图 9.10 的三组曲线对比可以看出，随着选取计算时段逐渐向 2018 年推移，三站和谐流量的取值都在不断减小（三条曲线拐点对应的横坐标），而不和谐度的取值（三条曲线拐点对应的纵坐标）却在不断增加。这是因为，一方面，基于不和谐度理论确定的和谐流量，其本质是用一个与河道来水来沙所形成的造床能力相匹配的均一流量

来代替真实的来流过程。随着计算时段逐渐推进到20世纪90年代乃至2000年以后，包含了更多枯水过程的黄河下游河道平均造床能力是逐渐下降的，这就解释了横坐标对应的和谐流量逐渐降低，也要求河道整治工程应与现在调控下的枯水过程相适应。另一方面，上中游水库的修建导致年内径流过程向两极化发展，也使得不和谐度指标在总体上随着计算系列的延长而增大。

此外，由图9.8～图9.10还可以看出，流量小于和谐流量 Q_0 时的不和谐度曲线较流量大于 Q_0 时变化显著。将式（9.12）做进一步变形可得 $\overline{\psi}=\frac{1}{n}\sum_{i=1}^{n}\left|1-\left(Q_i/Q_0\right)^{\beta}\right|\ (\beta>1)$，假定一个水沙过程为恒定 Q_0 过程，则 $\overline{\psi}$ 值为0；但实际的水沙过程包含了洪、中、枯水沙过程，且枯水过程较多，即小于 Q_0 的水沙过程较多，因此枯水过程相比于洪水过程，对不和谐度变化影响较大；同时从实际来看，大洪水一般暴涨暴落，造成河势不和谐效应并不十分显著（串沟、夺河时除外）。当 Q_0 减小时，$\left(Q_i/Q_0\right)^{\beta}>1$ 的水沙过程增多，累加后的不和谐度变化显著增大；当 Q_0 增大时，$\left(Q_i/Q_0\right)^{\beta}<1$ 的水沙过程增多，累加后的和谐度变化并不十分显著。图9.8～9.10曲线变化规律也意味着应采用三级流路对洪、中、枯多变的河势进行有效控制。

表9.1汇总了基于不和谐度理论的黄河下游花园口、夹河滩和高村在不同年段的和谐流量，可以看出和谐流量与各站平滩流量相当，这证明了作者提出的不和谐度理论的概念与计算方法对于游荡性河道造床流量的确定是适宜的。

表9.1　基于不和谐度理论的黄河下游花园口、夹河滩和高村在不同年段的和谐流量

水文站	β	1985年以前和谐流量/（m^3/s）	1999年以前和谐流量/（m^3/s）	2018年以前和谐流量/（m^3/s）
花园口	2.8	4830	4760	4510
夹河滩	2.2	4140	3960	3750
高村	2.5	4370	4260	4000

将 Φ_0 拓展为区间概念，即 $\Phi_0=[\Phi_{0\min},\Phi_{0\max}]$，以计算分析不同整治区间流量条件下花园口河段、高村河段不和谐度的变化规律。表9.2和表9.3给出了不同时期基于不和谐度理论的花园口、高村不同整治流量条件下（单一整治流量 $5000m^3/s$、整治区间[4000，5000] m^3/s 和[3000，5000] m^3/s）的不和谐度，变化规律见图9.11和图9.12。由表9.2和表9.3可知，单一整治流量 $5000m^3/s$ 的不和谐度最大，整治区间[3000，5000] m^3/s 的不和谐度最小。因此，采用和谐区间流量作为整治流量开展整治工程设计，能够显著降低河道整治工程与水沙动力过程的不和谐度，对稳定游荡性河道河势的作用效果更强。

表 9.2　1985 年之前和 1985 年之后基于不和谐度理论的花园口、高村不同整治流量（区间）条件下的不和谐度

水文站	1985 年之前整治流量（区间）/（m³/s）			1985 年之后整治流量（区间）/（m³/s）		
	5000 不和谐度	[4000，5000] 不和谐度	[3000，5000] 不和谐度	5000 不和谐度	[4000，5000] 不和谐度	[3000，5000] 不和谐度
花园口	0.936	0.889	0.812	0.979	0.961	0.927
高村	0.918	0.868	0.789	0.977	0.961	0.928

表 9.3　1986～1999 年和 2000～2018 年基于不和谐度理论的花园口、高村不同整治流量（区间）条件下的不和谐度

水文站	1986～1999 年整治流量（区间）/（m³/s）			2000～2018 年整治流量（区间）/（m³/s）		
	5000 不和谐度	[4000，5000] 不和谐度	[3000，5000] 不和谐度	5000 不和谐度	[4000，5000] 不和谐度	[3000，5000] 不和谐度
花园口	0.978	0.961	0.924	0.979	0.961	0.929
高村	0.977	0.962	0.927	0.978	0.961	0.929

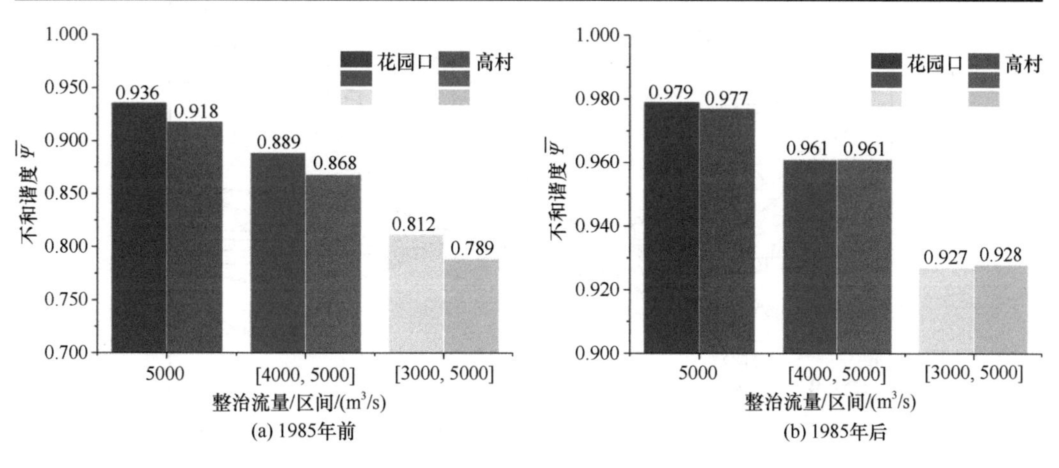

图 9.11　1985 年之前和 1985 年之后花园口、高村整治流量不和谐度

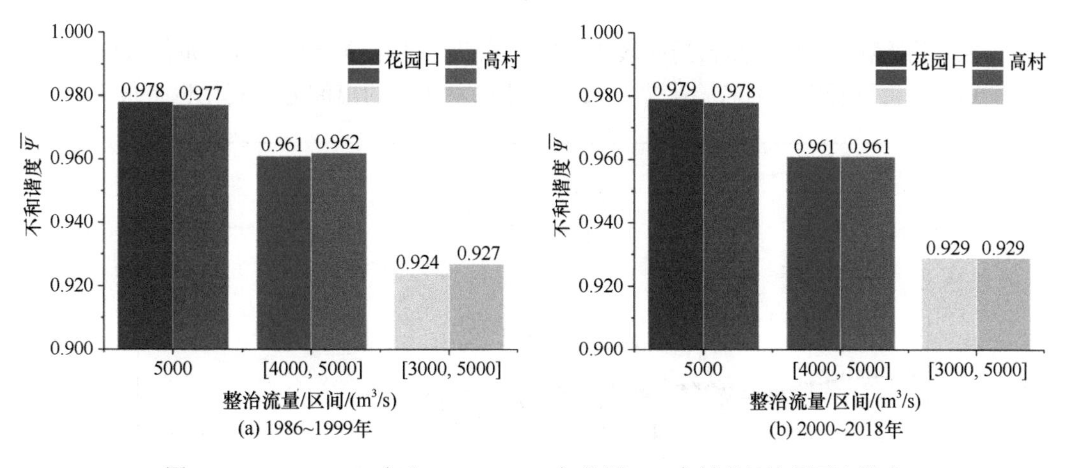

图 9.12　1986～1999 年和 2000～2018 年花园口、高村整治流量不和谐度

9.2　游荡性河道河势稳定控制的单个有限控制边界工程外形布置模式

9.2.1　单个有限控制边界工程的平面形态

黄河下游河道整治工程有的是近几年修建的相对平顺的工程，有的是多年依附堤防抢险或堵口形成的，平面形式多种多样，很不规则，大体上可分为三类。

（1）凸出型。从平面上看，工程突入河中，如黑岗口险工（图 9.13），从图中可以看出，当主流靠在险工上、中、下不同部位时，水流的出溜方向变化是比较大的，险工以下河道宽、浅、散、乱，工程起不到控制河势的作用，同时对下个弯道的整治工程定位造成困难。

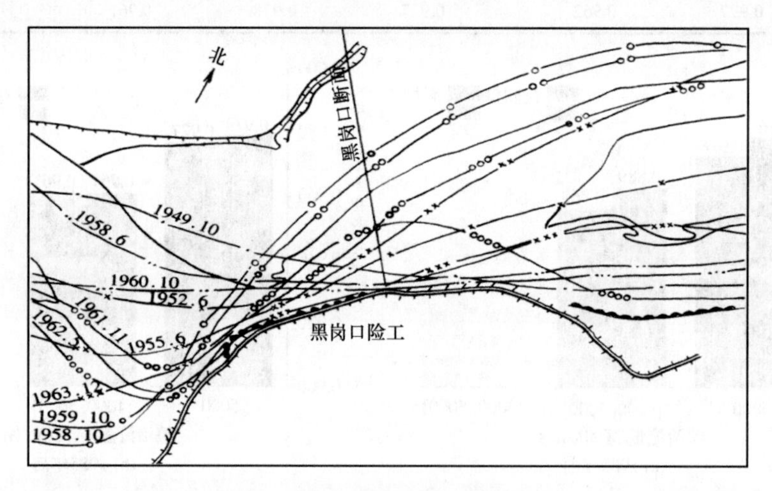

图 9.13　凸出型工程靠溜送溜情况

1949.10 表示 1949 年 10 月，余同

（2）平顺型。工程平面布局比较平顺或呈微凸微凹相结合的外形，如花园口险工，从图 9.14 也可以看出，随着险工靠溜部位的不同，水流的出溜方向变化也是很大的。

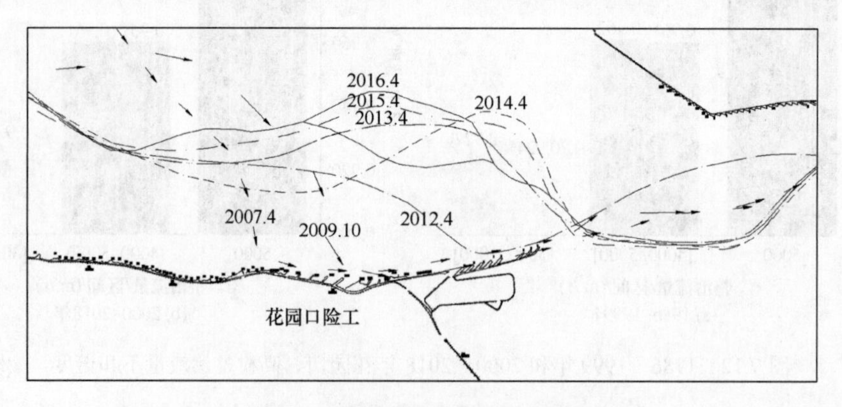

图 9.14　平顺型工程靠溜送溜情况

（3）凹入型。工程平面外形为凹入的弧线，如路那里险工。从图 9.15 可以看出，尽管来流方向和靠溜部位变化较大，但水流经过工程以后，出溜方向基本趋于一致，说明凹入型工程从控制河势角度来看是比较好的平面形式。从 20 世纪 70 年代有计划地开展河道整治以来，新修险工及控导工程均采用了凹入型的平面形式，并对一些平面形式不合理的工程进行了调整。图 9.16 是经调整后的黑岗口险工靠溜送溜情况。从图中可以看出，水流经过黑岗口工程后，出溜方向逐步趋于一致，对岸下弯出现了相对比较稳定的河湾，为整治工程布置创造了条件。

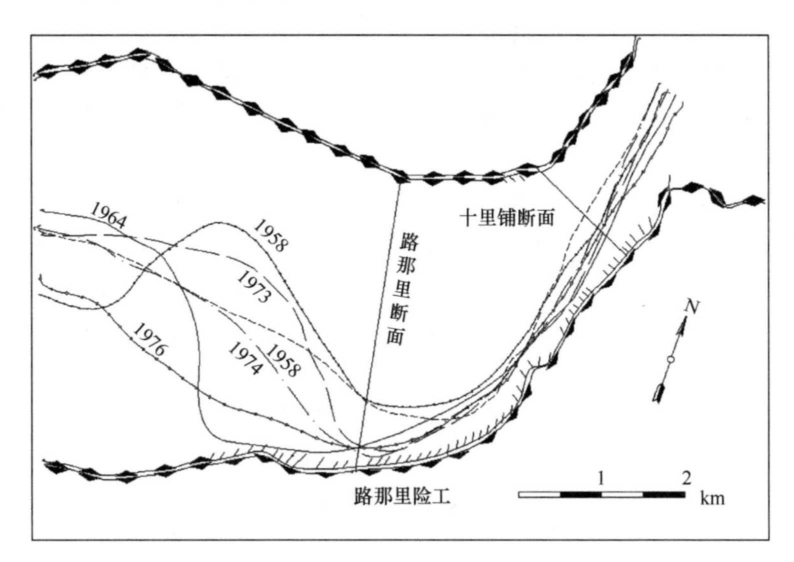

图 9.15　凹入型工程靠溜送溜情况

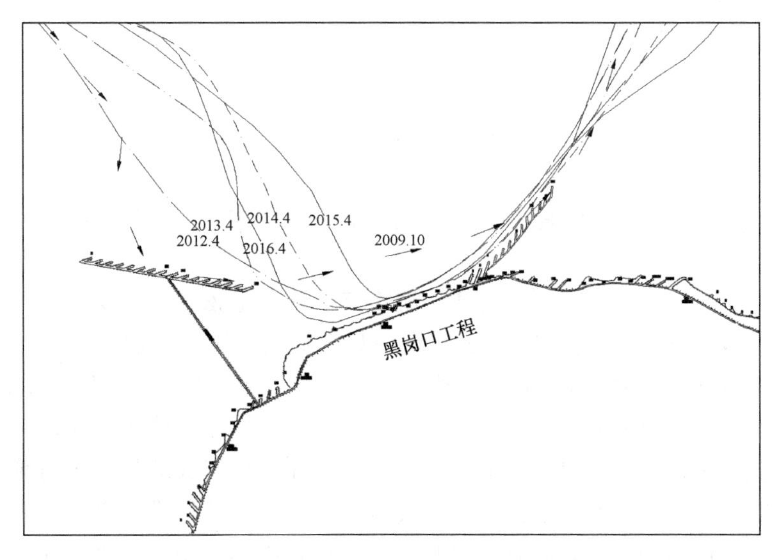

图 9.16　调整后的黑岗口险工靠溜送溜情况

因此，本书河道整治工程外形布置形式均为凹入型。整治工程主要由丁坝、垛、护岸等建筑物组成。黄河下游采取微弯型整治，每处整治工程坝、垛头或护岸前缘的连线称为整治工程位置线，简称工程位置线或工程线，其作用是确定河道整治工程的长度和具体位置。工程位置线的优劣对控制河势的作用很大。

确定一处河道整治工程的工程位置线，要根据该处工程的作用及其与上下河弯的关系，首先研究该河段的河势变化情况，确定可能的最上靠溜部位，工程的起点要布置在该部位以上，以防止修建工程后抄工程后路。工程的中下段要具有很好的导溜能力和送溜能力。

工程线按照与水流的关系自上而下可分为三段：上段为迎溜段，应采用较大的弯道半径或与治导线相切的直线，使工程线离开治导线一定距离，以适应来溜的变化，利于迎溜入弯，切忌布置成折线，以避免折点上下出溜方向的改变；中段为导流段，弯道半径明显小于迎溜段，用于调整和改变水流方向；下段为送溜段，弯道半径较中段稍大，以便削弱弯道环流，规顺流势、送溜出弯。这种工程线的布置形式习惯上称为“上平、下缓、中间陡”的形式。

在河道整治初期，缺乏工程布置经验，且物料紧张，已有的河道整治工程较少，当年修建工程往往仅考虑当时的河势，因此采用分组弯道式较多。20 世纪 70 年代以后，修建的河道整治工程均采用连续弯道式的整治工程位置线，而且对部分分组弯道式工程进行了改造。连续弯道式的工程位置线是一条光滑连续的复合圆弧线，呈以坝护弯、以弯导流的形式。工程线无折转点，水流入弯之后，诸坝受力较为均匀。其优点是水流入弯后较为平顺，导溜能力强，出溜方向稳，坝前淘刷较轻，较易防守，如图 9.17 所示。

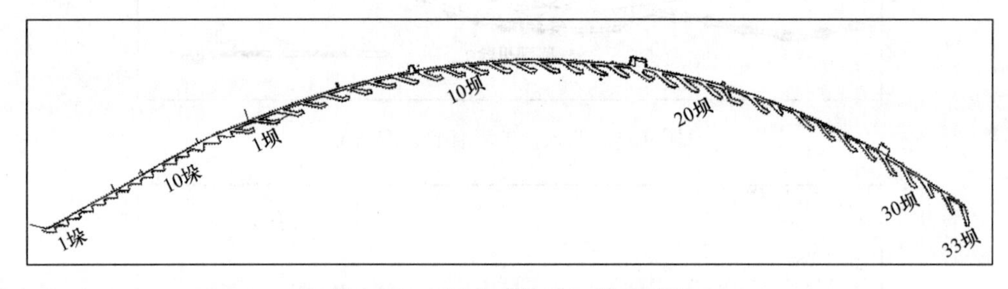

图 9.17　原阳双井控导工程平面图

9.2.2　单个有限控制边界工程平面形态数学表达

由 9.1 节内容可知，模范河段的河湾流路方程符合正弦派生曲线，同时在不同水流强度下，河势会发生“上提下挫”。要实现河势的稳定控制，工程外形布置就要在弯曲的部分符合正弦派生曲线，同时在迎溜段和送溜段采用直线型式，使水流出溜更加平顺。提升河道整治工程对枯水期河势的控制，同时兼顾控制中水和洪水流路，河道整治工程平面布置形式需要满足一些要求。河道整治工程平面布置形式应与稳定的河弯流路相一致。对于标准河道整治工程，迎流段的直线段主要作用是承接上游来水，适应枯水期河势下挫；中部弯道为导流段，起到护滩和导引水流转向的作用，在此采取正弦派生曲线的形式，与长期的稳定流路相一致；下游送流直线段，要适当考虑洪水期的河势下挫，保障将水流以足够的能量和较明确的方向送至下一个控导工程，同时尽量减少洪水期阻洪，可考虑潜坝形式。最后，为了兼顾河道整治工程大洪水期的河势控导作用，工程布局中还应充分考虑排洪河槽宽度，下一节内容将做专门分析。从平面形态上看，上工程直道段和工程弯道段上游的切线方向一致，工程弯道段符合下正弦派生曲线的分布规律，下工程直道段和工程弯道段下游的切线方向一致，如图 9.18 所示。

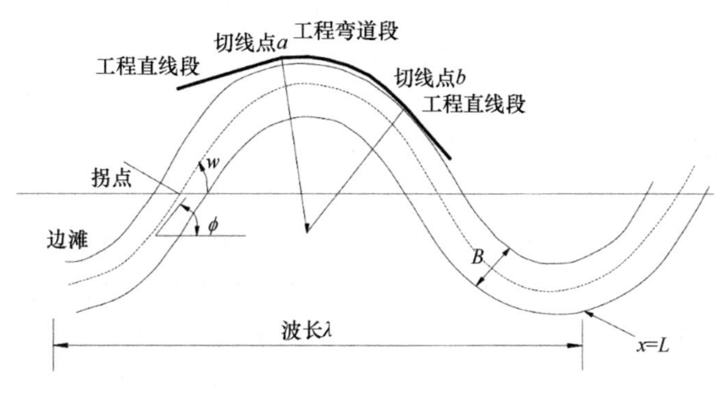

图 9.18　单个有限控制边界工程示意图

结合河弯流路方程，以黄河下游游荡性河道河弯流路方程表示典型河道控导工程的表达式，可以写成式（9.16）的分段函数形式：

$$\phi_1 = 0.06\left(\frac{D_{50}^{1/3}}{J}\right)^{1.25} \sin 2\pi \frac{a}{865\left(\frac{D_{50}^{1/3}}{J}\right)^{0.49}} \quad \text{（常数值，直线段}a < x_1\text{）}$$

$$\phi = 0.06\left(\frac{D_{50}^{1/3}}{J}\right)^{1.25} \sin 2\pi \frac{x}{865\left(\frac{D_{50}^{1/3}}{J}\right)^{0.49}} \quad \text{（变数值，弯道段}x_1 < x < x_2\text{）} \tag{9.16}$$

$$\phi_2 = 0.06\left(\frac{D_{50}^{1/3}}{J}\right)^{1.25} \sin 2\pi \frac{b}{865(\frac{D_{50}^{1/3}}{J})^{0.49}} \quad \text{（常数值，直线段}b < x\text{）}$$

根据前面研究的成果，河势“上提下挫”的距离值与水沙动力相关。在长期枯水期的情况下，以花园口附近工程为例，1000m^3/s 下水流的下挫距离最大约为 1170m，8000m^3/s 下的下挫距离约为 870m。适当考虑更小流量的情况，可以给出上延直线段距离的阈值为[0，1200m]，下延直线段距离的阈值为[0，1000 m]。分析模范河段的靠溜长度最小一般为 2125～2666m，在此可取最小值 2000m。由于靠河比例一般大于 50%，因此弯曲段弧线段长度的值一般大于 4000m，而工程整体长度还要受到排洪河槽宽度的影响，具体取值以及高程纵向分布在下面章节做进一步分析。

9.2.3　游荡性河道河势稳定控制的工程群组布局准则

1. 工程群组总体布局模式

黄河下游的河道整治方案是在河道整治的实践过程中逐渐形成的，目前采用的是微弯型整治方案。对于微弯型整治方案，多年来开展了大量的原型观测、资料分析与河工模型试验，研究基础较为扎实，理论相对成熟，整治经验较为丰富。在长期的研究过程中，逐步形成了“防洪为主，统筹兼顾，中水整治，洪枯兼顾，以坝护弯，以弯导流，主动布点，积极完善，柳石为主，开发新材”的整治原则与思路，并结合黄河下游游荡性河段的实际边界条件和水沙过程，提出了一套相对完善的整治参数确定方法。但是，微弯型河道整治方案也存在一定的不足，由于河道整治工程是按“中水整治”的思路设计的，整治流量2002年以前为5000m^3/s，2002年以后为4000m^3/s，工程布设对流量在整治流量附近的中水流路适应性较好，但对于流量较小的小水或大洪水，现有工程还存在一定的不适应性。特别是小浪底水库运行以后，黄河下游河道每年约有300天的流量都小于1000m^3/s，小水持续时间大大增加，工程对小水的不适应性表现得更加明显，突出表现在畸型河湾增加、工程靠溜部位变化较大或脱河失去对河势的控导作用，这些对工程安全和黄河下游整体防洪安全都构成危害。同时，黄河下游仍有发生一定量级大洪水的可能。因此，未来游荡性河道整治必须保证长期小水河势的稳定，又能兼顾大洪水的行洪输沙需求。

为此，提出了洪、中、枯兼容的“三级流路”河势稳定控制工程布局方案（图9.19）。思路是：①中水流路按照设计流路运行，稳定主槽，塑造高效排洪输沙通道；②枯水流路，通过下延潜坝解决排洪河宽限制问题，适当加大送流段弯曲率和工程长度，以加强对小水的导流、送流效果，保证河槽与下一河弯的河道整治工程靠溜部位稳定，有效避免塌滩坐弯、畸型河势的发生；③大水流路，洪水可漫过下延潜坝上滩行洪，不影响滩区滞洪沉沙及漫滩水流归槽等滩槽水沙交换，满足两岸控导工程间排洪河宽限制条件，同时下延工程又增强了主流在主河槽内的控导作用，有效阻止了大洪水期的主流下败，保证了洪水过后主流的快速上提，稳定了工程的靠溜部位。

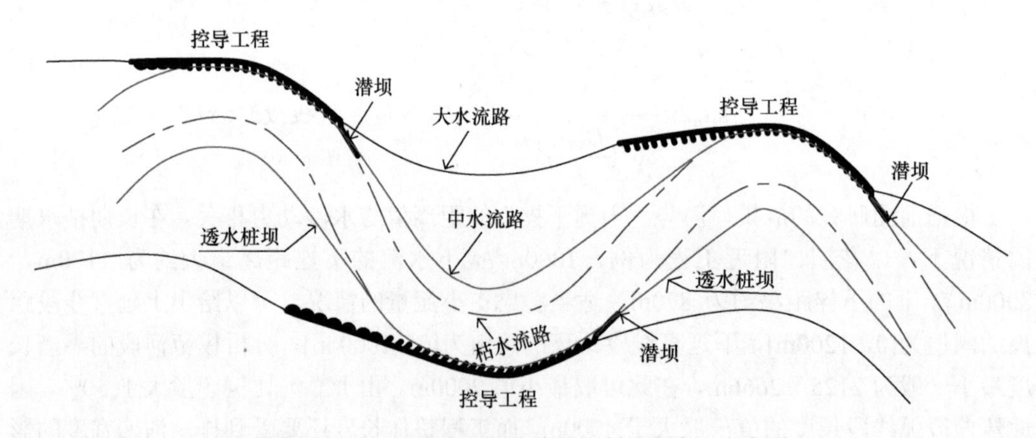

图9.19 “三级流路”河势稳定控制工程布局方案图

具体工程布局方案为：修建由不透水的土石坝按照一定的弯道半径组成丁坝群的河道整治工程，坝顶高程为设计整治流量水位加1m超高，即按现在规划治导线布设的河道整治来开展工程建设。在发生整治流量（4000m^3/s）附近的中常洪水时，由丁坝群形成的河道整治工程及其下首的潜坝发挥主要作用，河势主流被控制在中水流路的范围内，槽宽800～1000m，逐渐形成包括枯水河槽的中水河槽。在流量1000m^3/s

以下的小水时，将河道整治工程尾部的丁坝设计为可淹没的潜坝，坝顶高程采用设计整治流量水位，以增加河道迎送流长度，河势主流被约束控制在小水流路的范围内，槽宽 500m 左右，逐渐形成相对窄深的枯水河槽。同时，在发生大洪水时，由丁坝群形成的河道整治工程发挥控导作用，其下首的潜坝及透水丁坝都过流，大部分水流被约束在两岸控导工程间的河槽内（大水流路），槽宽 2000m 左右，逐渐形成稳定的洪水河槽。

因此，上直线段的高程按 5000m^3/s 水位控制，弯道段的工程高程按 4000m^3/s 水位控制，下延直线段的潜坝工程高程按 1000m^3/s 水位控制。

此外，基于室内试验和工程应用，四面体透水框架群作为一种新型护岸固堤技术，减速落淤作用十分明显。通过落淤造滩，达到护岸目的。与传统护岸固堤技术相比，四面体透水框架能有效地避免实体护岸工程基础容易被淘刷而影响自身稳定的缺陷，在畸型河势的应急抢险中可以推广应用。

2. 工程群组布局参数

多年来微弯型整治方案一直坚持的整治原则是，以中水整治为主，洪枯兼顾。河道整治设计主要是治导线的拟定，而治导线应与长期稳定的河弯流路形态相一致，如图 9.20 所示。制定河道整治工程的平面布局，一般需要明确的主要设计参数有：整治流量、整治河宽、排洪河宽及河湾要素等。河湾要素主要包括弯曲半径 R、中心角 φ、直河段长 l、河湾间距 L、弯曲幅度 P 及河湾跨度 T 等。

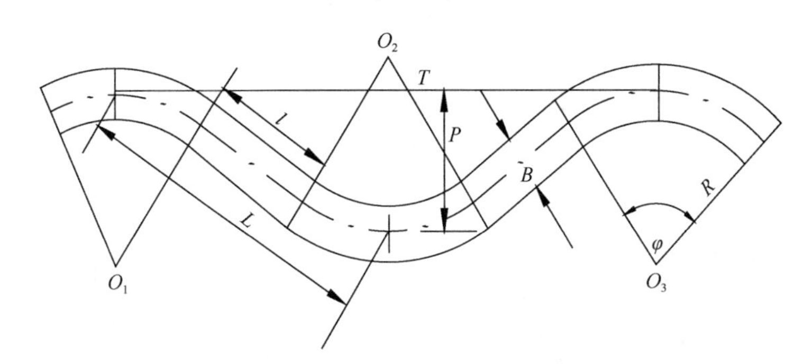

图 9.20　稳定河湾要素示意图

目前，游荡型河段河湾要素是根据过渡型、弯曲型河段和整治效果较好的游荡型河段的河湾要素确定的。其河湾要素之间一般遵循以下规律：

$$l=(1\sim3)\,B \tag{9.17}$$

$$L=(5\sim8)\,B \tag{9.18}$$

$$P=(2\sim4)\,B \tag{9.19}$$

$$T=(9\sim15)\,B \tag{9.20}$$

河湾弯曲半径是河湾要素中的一个重要参数，其值参照下式计算：

$$R=4500/\varphi^{1.85} \tag{9.21}$$

1）整治河宽

由上述可知，整治河宽 B 确定后，一般可以确定直河段长 l、河湾间距 L、弯曲幅

度 P 及河湾跨度 T 等，弯曲半径可由黄河下游游荡性河道流路变化的河弯流路方程 φ 值确定。整治河宽的确定方法有多种，本节将实测资料统计法、水力学计算法、稳定河槽宽度法等方法进行对比，给出确定依据。

（1）实测资料统计法。

整治河宽可参照本河段或相关河段的历年河道观测资料。黄河下游河道冲淤的基本特性是，大水淤积，淤滩刷槽；小水冲刷（或淤积），塌滩淤槽。在工程控制较弱的河段，一次较大的洪水过程往往造成主槽在横向上发生较大的摆动，因而主槽宽度的变化也会随上游来水来沙过程的不同而发生相应的变化。图 9.21 和图 9.22 反映了花园口、高村两个水文站在洪水过程中全断面过流量与主槽宽度的关系。

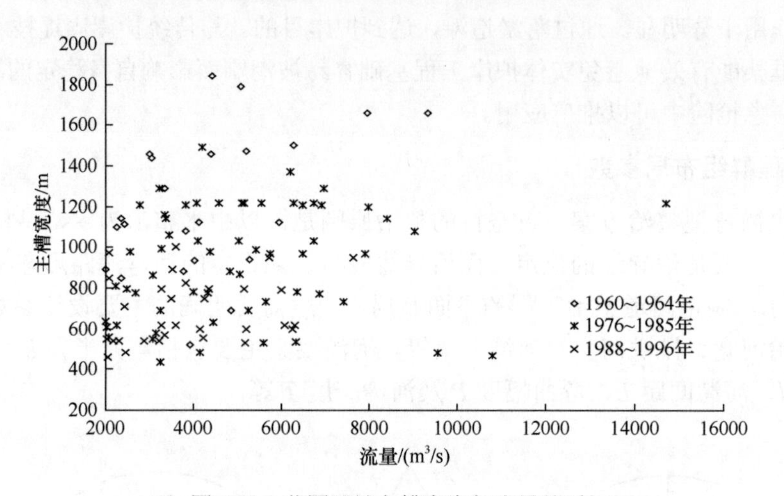

图 9.21 花园口站主槽宽度与流量关系

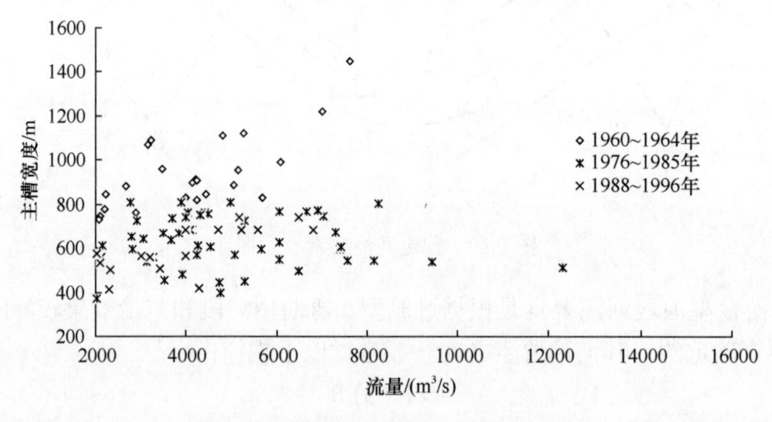

图 9.22 高村站主槽宽度与流量关系

从图 9.21 和图 9.22 可以看出，高村以上游荡型河段主槽宽度与流量的相关性较差，高村以下逐渐趋好，孙口以下窄河段主槽宽度随流量的增大略有增加，但增加幅度不明显，说明主槽宽度基本稳定。尽管高村以上游荡型河道主槽宽度与流量的相关性较差，但主槽宽度的变化范围是明显的，且不同时间不同主槽宽度的变化范围不同（表 9.4）。

表 9.4　主要测站主槽宽度的变化范围　（单位：m）

时段	花园口		夹河滩		高村		孙口	
	范围	平均	范围	平均	范围	平均	范围	平均
1960～1964 年	800～1800	1220	900～1300	1100	700～1200	940	—	—
1976～1986 年	400～1300	930	500～1400	990	400～800	640	450～800	620
1988～1996 年	400～1000	890	500～1200	760	400～700	600	450～700	590
平均	—	980	—	950	—	730	—	610

注：孙口站 1960～1963 年无实测资料。

从图 9.21 和图 9.22 以及表 9.4 可以看出，随着时间的推移，主槽宽度呈减小趋势，主要表现在：①1960～1964 年三门峡下泄清水，主槽展宽较大；②河道整治工程大量增加，对主流的控制能力增强，主槽横向摆动减少，主槽相对比较稳定。

（2）水力学计算法。

通过曼宁流速公式与水流连续方程联合求解，可得

$$B=\zeta^2\left(\frac{Qn}{\zeta^2 J^{1/2}}\right)^{6/11} \tag{9.22}$$

式中，B 为整治河宽；ζ 为河相系数，$\zeta=\sqrt{B}/h$，取多年平均值；Q 为设计流量，本次计算采用 4000m^3/s；n 为主槽糙率，介于 0.009～0.0115，取 0.01；J 为设计流量下水面比降。

按式（9.22）计算出花园口、夹河滩、高村断面的整治河宽，见表 9.5。

表 9.5　整治河宽计算表

断面名称	$\sqrt{B}/h$	J/‱	n	B
花园口	16.5	2.00	0.01	976
夹河滩	16.0	2.00	0.01	945
高村	11.5	1.40	0.01	775

（3）稳定河槽宽度法。

稳定河槽宽度即河道处于动力平衡条件下的河宽。从长时期来看，河流总是不断地向形成稳定河槽宽度的方向调整。张海燕认为冲积河道趋向于调整河道宽度、水深、比降，以满足 rQJ 最小。按照这一思路，本节采用张红武输沙能力公式、曼宁阻力公式等约束条件，对本河段的稳定宽度进行了分析、计算。在输沙平衡的条件下，含沙量在 30～120kg/m^3、比降在 0.19‱～0.20‱，游荡性河段相应于 4000m^3/s 流量的稳定河宽为 600m 左右，如图 9.23 所示。当然，大洪水期随着流量的增大，要求的河槽宽度随之增加。

综上，考虑小浪底水库运行期的清水下泄，主槽向两岸展宽，河段不同展宽程度也不同，神堤至高村河段河道整治工程控制较弱，主槽的展宽也较为严重。另外，水文断面附近一般工程控制较好，河势比较稳定，主槽宽度一般小于工程控制较弱的河段。整治河宽神堤以上河段取 800m，神堤至高村取 1000m。

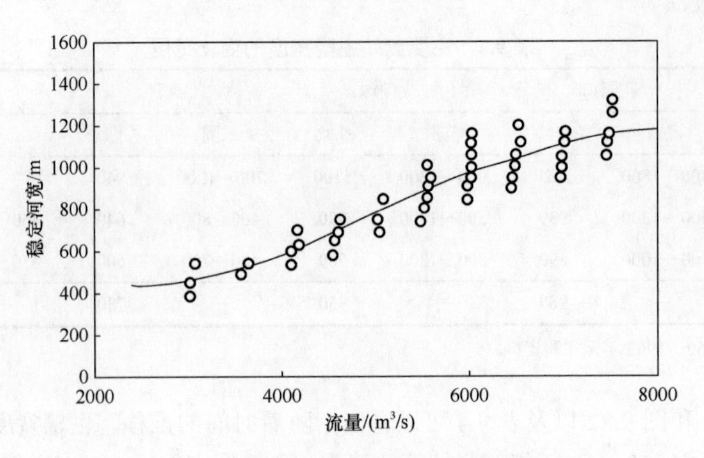

图 9.23　各流量与相应稳定河宽的关系

2）排洪河槽宽度

（1）已有研究成果总结。

以防洪为主要目的的河道整治，在确定新建工程位置时，左右岸工程之间的最小垂直距离必须满足排洪的要求，这个宽度称为排洪河槽宽度（图 9.24）。排洪河槽宽度应满足两个基本条件：一是大洪水时具有宣泄洪水的能力；二是洪水过后河势流路不发生大的变化。

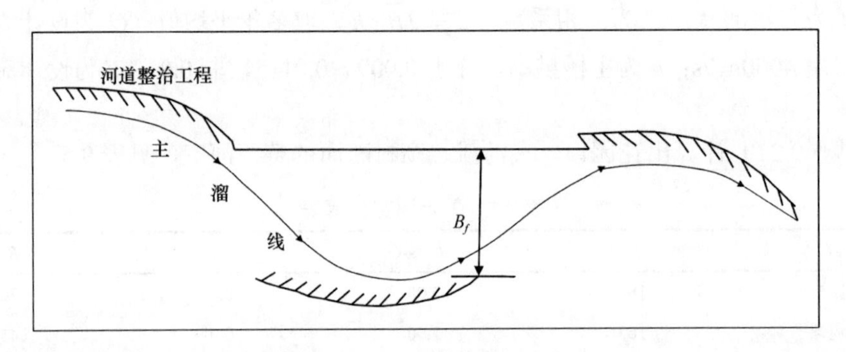

图 9.24　排洪河槽宽度示意图

通过对黄河下游花园口、夹河滩、高村三个水文站在 1957 年、1976 年、1982 年的大洪水实测资料进行分析，发现主槽过流量在 80%以上，主槽平均单宽过流量在 8～14m^2/s。依据现有防洪标准，花园口站为 22000m^3/s、夹河滩站为 21500m^3/s、高村站为 20000m^3/s，3 站的平均单宽流量分别是：花园口站 9.21m^2/s、夹河滩站 9.40m^2/s、高村站 11.57m^2/s（表 9.6）。由此计算 3 个水文站断面的最小排洪河宽是：花园口 2390m、夹

表 9.6　洪水期主槽平均单宽流量统计表

水文站	统计年份	全断面过流量 Q/（m^3/s）	主槽平均单宽流量 q/（m^2/s）	统计次数/次
花园口	1956 年、1957 年、1958 年、1982 年	4570～9350	5.25	28
	1949 年、1953 年、1958 年、1982 年	11301～17200	9.21	10
夹河滩	1956 年、1957 年、1958 年、1959 年、1982 年	6000～9850	6.10	30
	1954 年、1958 年、1982 年	10100～16500	9.40	9
高村	1956 年、1957 年、1958 年、1959 年、1982 年	6000～9420	6.80	26
	1954 年、1958 年、1982 年	10400～17400	11.57	7

河滩 2290m、高村 1730m。另外，考虑超标准洪水、河道游荡特性和水文断面的代表性差，计算的排洪河槽宽度可能偏小。

排洪河槽宽度计算：

$$B=K^2\left[\frac{Qn}{K^2J^{1/2}}\right]^{6/11} \tag{9.23}$$

式中，B 为排洪河槽宽度；K 为河相关系；J 为水面比降；n 为主槽糙率。

由此计算两个水文站断面的最小排洪河宽是：花园口 2810m、高村 1940m。

鉴于黄河下游游荡性河道河床演变特点和水沙的变化趋势，国务院 2008 年 7 月 21 日以国函〔2008〕63 号文发布实施的《国务院关于黄河流域防洪规划的批复》将整治流量由原来的 5000m³/s 调整为 4000m³/s，将排洪主流带宽度由原来的 2.5～3km 缩窄为 2～2.5km。

（2）洪水预演模型试验排洪河槽宽度分析。

黄河水利科学研究院分别于 2016 年和 2017 年汛前，在小浪底至陶城铺河道模型上开展了黄河下游洪水预演模型试验，设计洪水演进至花园口站的最大洪峰流量分别为 22600m³/s 和 15487m³/s。2016 年，洪水预演试验模型初始地形采用 2015 年汛后地形，同时根据最新的卫星地图模拟了河道整治工程、桥梁、生产堤、渠堤、村庄、村台、片林等。2017 年，洪水预演试验模型初始地形采用 2016 年汛后地形，同时模拟了大堤范围内的细部地形。

根据模型试验中花园口、夹河滩、高村和孙口四个水文站的过流情况，分析统计了河宽分别在 1000m、1300m、1600m 和 2000m 范围内的洪水过流百分比（表 9.7）。从表 9.7 可以看出，两次洪水预演模型试验中，同样宣泄设计流量的 80%以上洪水，花园口站河槽宽度需要 1600m 以上，夹河滩站河槽宽度需要 1300m 以上，高村站河槽宽度需要 1000m 以上，孙口站河槽宽度需要 2000m 以上。

表 9.7　洪水预演试验不同河宽四站过洪情况　　（单位：%）

水文站	花园口洪峰流量 22600m³/s 模型试验				花园口洪峰流量 15487m³/s 模型试验			
	1000m	1300m	1600m	2000m	1000m	1300m	1600m	2000m
花园口	65.7	75.3	81.9	87.0	59.1	70.7	83.4	87.8
夹河滩	73.8	82.8	85.7	88.0	84.3	89.1	90.9	95.5
高村	80.9	84.4	86.3	88.6	90.9	92.7	94.6	96.5
孙口	61.4	63.9	68.8	84.2	54.3	55.1	62.3	92.1
平均	70.5	76.6	80.7	87.0	72.2	76.9	82.8	93.0

由于高村站河道测流断面稳定窄深，同一河宽范围内洪水过流百分比明显偏大。孙口站测流断面位置在洪水期呈现两股河态势，清河滩区漫滩洪水从测流断面左岸拉沟成槽，下泄漫滩洪水，占有较大的洪水过流百分比，致使该站的洪水过流宽度较大，在一定河宽范围内的洪水过流百分比相对较小。

（3）主槽平均流速法计算的排洪河槽宽度。

用实测流量大于 10000m^3/s 情况下的主槽平均流速来确定排洪河槽宽度。水位采用 2018 年过洪能力分析确定的设防水位成果，地形采用 2017 年汛后地形。根据 2018 年过洪能力分析的成果，四个重要水文站的设防流量及相应水位见表 9.8。

表 9.8　黄河下游主要控制站 2018 年设防流量及相应水位

水文站	花园口	夹河滩	高村	孙口
设防流量/（m^3/s）	22000	21500	20000	17500
设防流量相应水位/m	95.17	79.00	65.15	51.93

根据黄河水利科学研究院“黄河下游近年河道冲淤变化及 1997 年排洪能力分析研究”，黄河下游各测站主槽平均流速与主槽流量的相关关系较好，如图 9.25～图 9.27 所示，可以得到设防流量下对应的四站测流断面主槽平均流速，见表 9.9。图 9.28 为葛庄断面冲刷示意图，反映河道断面近年来受小浪底水库清水冲刷情况，表明主槽河流能力已得到大幅度的提升。

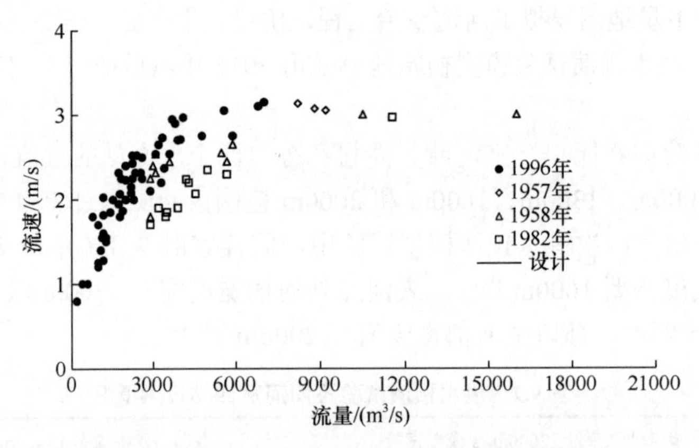

图 9.25　花园口站主槽平均流速与主槽流量关系

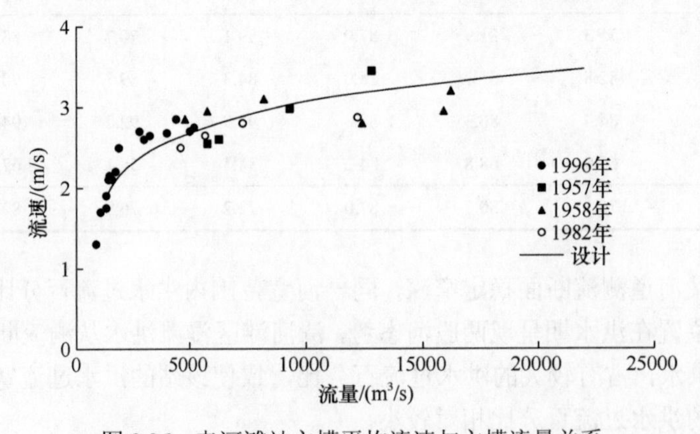

图 9.26　夹河滩站主槽平均流速与主槽流量关系

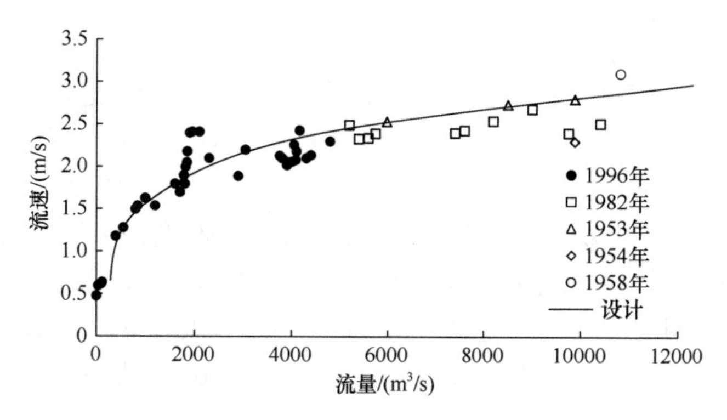

图 9.27　高村站主槽平均流速与主槽流量关系

表 9.9　黄河下游主要控制站 2018 年设防流量与主槽平均流速

水文站	花园口	夹河滩	高村
设防流量/（m^3/s）	22000	21500	20000
设防流量相应主槽平均流速/m	3.0	2.9	2.8

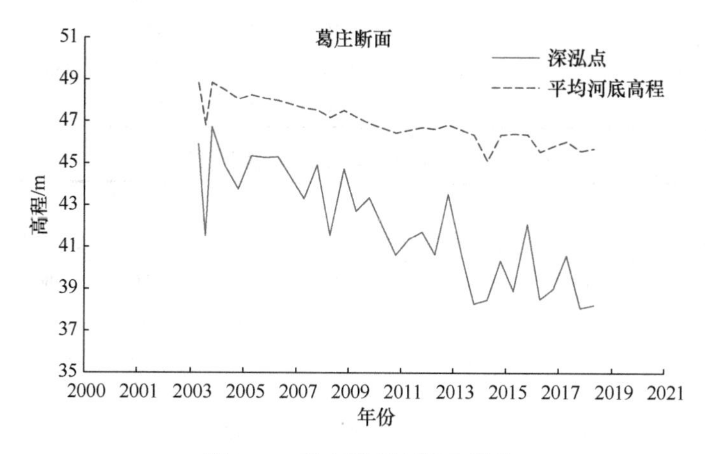

图 9.28　葛庄断面冲刷示意图

结合 2017 年汛后四站地形断面测验数据及 2018 年的设防流量水位预估情况，得到不同排洪河宽的过洪流量，以及该过洪流量占设防流量的百分比，见表 9.10。可以看出，同样宣泄设防流量的 80%以上洪水，花园口站、高村站河槽宽度需要 1600m 以上，夹河滩站、孙口站河槽宽度需要 1300m 以上。

表 9.10　黄河下游主要控制站不同河宽的过洪流量及其占设防流量的百分比

河宽/m	花园口		夹河滩		高村		孙口	
	过洪量/（m^3/s）	过洪百分比/%	过洪量/（m^3/s）	过洪百分比/%	过洪量/（m^3/s）	过洪百分比/%	过洪量/（m^3/s）	过洪百分比/%
1000	7704	35.0	13182	61.3	11090	55.5	12070	69.0
1300	12578	57.2	17175	79.9	14437	72.2	14636	83.6
1600	18371	83.5	19452	90.5	16216	81.1	15923	91.0
2000	21687	98.6	21252	98.8	18832	94.2	17144	98.0

（4）排洪河槽宽度综合分析。

黄河下游河道主槽是行洪输沙的主要通道，洪水期主槽的过流量一般可达全断面的 80%左右。计算排洪河槽宽度是按照大洪水能够在河道内安全通过，且主槽过流量以 80%考虑，则 3 个水文站断面的最小排洪河宽是：花园口 1912m、夹河滩 1832m、高村 1384m。表 9.11 和表 9.12 为实测花园口断面和高村断面漫滩洪水水力因子统计表，可以看出，花园口断面洪水期主槽宽度在 470～1470m，而主槽过流比大多在 80%以上，高村断面洪水期主槽过流比在 80%以上时，主槽宽度在 495～1166m。综合以上分析认为，花园口断面、夹河滩断面排洪河槽宽度需要 1600m 以上，高村站、孙口站排洪河槽宽度需要 1400m 以上。

表 9.11　花园口断面漫滩洪水水力因子统计表

时间（年-月-日）	全断面			主槽				
	流量/（m^3/s）	水面宽/m	平均流速/（m/s）	流量/（m^3/s）	过流比/%	宽度/m	过水面积/m^2	平均流速/（m/s）
1957-07-19	11200	5300	1.70	9260	82.7	1470	3010	3.07
1958-07-17	11500	5350	1.79	9890	86.0	1000	3210	3.08
1958-07-18	17200	3510	2.29	15800	92.0	1200	5280	3.00
1977-08-08	10800	2800	2.81	8850	81.9	470	2508	3.53
1982-08-02	14700	2830	2.58	11700	79.6	1370	4355	2.69
1996-08-05	7860	3300	1.79	6960	88.5	630	2120	3.28

表 9.12　高村断面漫滩洪水水力因子统计表

时间（年-月-日）	全断面			主槽				
	流量/（m^3/s）	水面宽/m	平均流速/（m/s）	流量/（m^3/s）	过流比/%	宽度/m	过水面积/m^2	平均流速/（m/s）
1957-07-20	11700	5240	1.00	8716	74.5	988	3586	2.43
1958-07-19	17400	5250	1.64	10794	62.0	1147	3647	2.95
1958-07-20	13000	4730	1.80	10853	83.5	1166	4198	2.59
1982-08-04	12300	4836	1.00	9710	78.9	511	3526	2.75
1982-08-04	11900	4860	0.95	9640	81.0	495	3416	2.81
1982-08-05	12700	4860	1.08	10300	81.1	621	3912	2.61
1996-08-10	6800	4880	0.70	4710	69.2	608	2061	2.29

3）河弯间距与河弯跨度

水流出弯道后，受惯性作用会沿弯道的切线方向行进一段距离，再进入下一个弯道，两个弯道之间的距离称为过渡段长度。行进距离的长短取决于流量的大小和河床边界条件。

河弯间距 L 是指主溜线两个相邻弯道弯顶之间的距离，即主溜线的方向由本岸变向对岸到再开始转向本岸所走过的直线距离。它综合反映弯道长度及过渡段长度。弯曲幅度 P 是指主溜线河弯弯顶到上弯、下弯弯顶连线的距离。它影响排洪河槽宽度以及所在河段的弯曲系数，比弯道半径与中心角能更好地反映河道的平面形态，且能反映主溜线的弯曲程度。河弯跨度 T 是指主溜线两个同向相邻弯道弯顶之间的距离。反映弯道的疏密程度。

统计资料表明，在一段较长的河段内，每一个弯道半径与中心角可能变化较大，但弯曲幅度与河弯跨度一般变化不大。

（1）钱宁等（1987）在点绘黄河、密西西比河等河流的河弯跨度 T 与平滩流量 Q_n 的关系后，得出

$$T = 50Q_n^{0.5} \tag{9.24}$$

（2）相对河弯跨度来说，弯曲幅度受河道边界的影响要大于受水流的影响，因此，有关弯曲幅度的研究相对较少，比较典型的是，C.V.Chitale 根据实测资料得出的经验公式为

$$P/B = 36.3(B/h)^{-0.471}(D/h)^{-0.050}J^{-0.453}-1 \tag{9.25}$$

式中，h 为平槽水深，m；D 为床沙平均粒径，m；其他同上。

（3）由实测资料分析可得河弯跨度的经验关系为

$$T = 721\left(\frac{D_{50}^{1/3}}{J}\right)^{0.49} \tag{9.26}$$

$$\frac{T}{B_{\mathrm{f}}} = 138\left(\frac{D_{50}^{1/3}}{J}\right)^{-0.64} \tag{9.27}$$

式中，T 为河湾跨度，m；J 为河道纵比降，1/10000；D_{50} 为床沙中值粒径，mm；B_{f} 为排洪河槽宽度。

表 9.13 为利用式（9.26）和式（9.27）计算出的黄河下游游荡型河道不同河段的河弯跨度和排洪河槽宽度。从中可以看出，黄河下游游荡性河道自上而下河弯跨度和排洪河槽宽度是逐渐增大的。说明随着河床比降的减小和河床粒径的细化，河床稳定性逐渐增大，弯道的送溜距离增加，河弯跨度随之增大，但同时排洪河槽宽度不能减小。

表 9.13　黄河下游游荡性河道不同河段的河弯跨度和排洪河槽宽度

黄河下游河段	平均比降 J/（1/10000）	床沙中值粒径 D_{50}/mm	河弯跨度 T/km	T/B_{f}	B_{f}/m
铁谢—花园口	2.5	0.175	10.22	4.33	2360
花园口—夹河滩	2.0	0.10	10.40	4.23	2459
夹河滩—高村	1.6	0.075	11.07	3.89	2846

（4）在三门峡水库建库前的天然情况下，研究人员曾对弯曲型河段及过渡型河段的典型河弯进行过观测，其河弯间距 L、弯曲幅度 P、河弯跨度 T 及直河段平槽河宽 B 的观测成果见表 9.14（胡一三等，2020）。

表 9.14　河弯形态关系

河段	河弯间距 L/m	弯曲幅度 P/m	河弯跨度 T/m	直河段平槽河宽 B/m	L/B	P/B	T/B
河道村—刘庄	5800	3570	8200	800	7.3	4.5	10.3
位山—泺口	3100	1340	4680	520	6.0	2.6	9.0
八李庄—邢家渡	2680	570	5070	600	4.5	1.0	8.5
兰家—打渔张	4700	1580	8600	580	8.1	2.7	14.8

3. 整治工程位置线

治导线是指设计流量下河流的平面轮廓线，整治工程位置线是一处河道整治工程所有坝垛头部所在位置的连线。后者是前者的局部和细化，前者强调的是水流的宏观走向，后者强调的是水流的局部变化和调整。因此，整治工程位置线依赖于治导线，但又有别于治导线。治导线的河弯一般为单一弯道，而工程位置线通常根据来溜条件、河势变化和导流要求采用复式弯道。一般情况下，工程位置线的上部采用放大弯道半径或切线退离治导线，工程中下部与治导线重合。整治工程位置线与治导线的关系如图 9.29 所示。

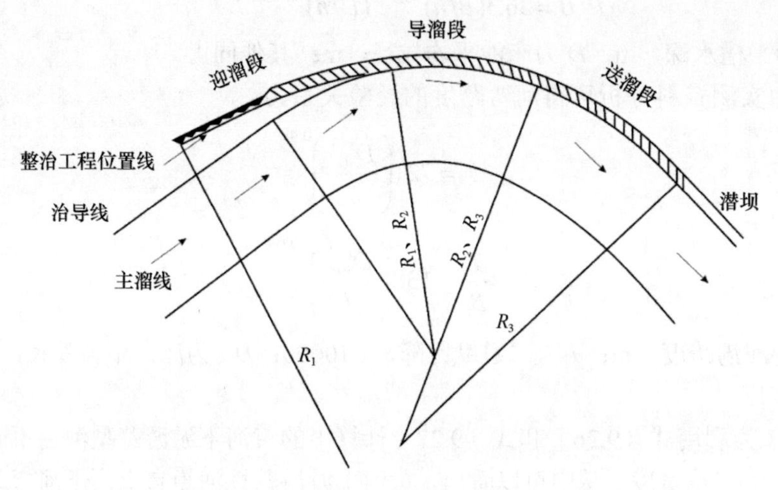

图 9.29　整治工程位置线与治导线的关系

9.2.4　不平衡输沙作用下工程群组对河势的控制时效

为研究工程群组对长河段河势稳定控制的作用机制，又专门开展了不同工程组合下河道河势演变规律试验。试验水槽长 40m，宽 3.5m；模型水平比尺为 1∶1500，垂直比尺为 1∶120；模型沙采用粉煤灰，河床比降为 0.2‰。

1. 试验边界条件与水沙过程

将不同时间节点的工程密度作为试验参数，设计多组整治工程约束下的模型试验，试验分为两个组次，分别为 4 组工程和 9 组工程，对应的工程密度分别为 41.2%和 92.7%。河道整治工程具体的布置形式如图 9.30 所示。

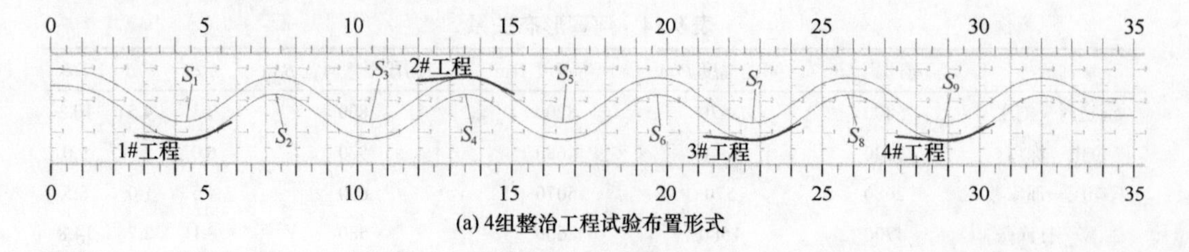

(a) 4组整治工程试验布置形式

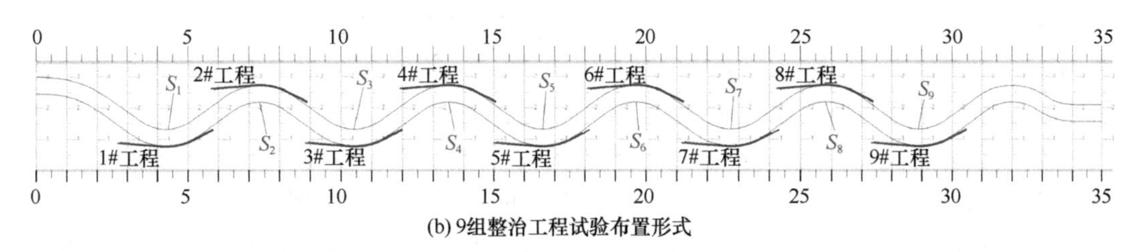

(b) 9组整治工程试验布置形式

图 9.30　模型试验方案布置图

小浪底水库运行后，黄河下游出现了持续的小流量过程，非汛期花园口水文站流量基本维持在 1000m^3/s 以下；调水调沙期间，会发生洪峰流量约为 4000～5000m^3/s 的洪水过程；调水调沙过后，除汛期可能会出现相应的洪峰过程外，一般情况下均为小流量过程。因此，本次模型试验依据花园口水文站近年来流量过程，以保持年来水量与花园口水文站近几年平均来水量基本相同为原则，确定试验的 3 组水沙序列，见表 9.15。

表 9.15　不同工程密度下模型试验水沙情况表

水沙序列 1			水沙序列 2			水沙序列 3		
时间/d	流量/（m^3/s）	含沙量/（kg/m^3）	时间/d	流量/（m^3/s）	含沙量/（kg/m^3）	时间/d	流量/（m^3/s）	含沙量/（kg/m^3）
154	800	0	116	800	0	116	800	0
23	4000	0	17	4000	10	17	4000	20
33	2600	0	25	2600	5	25	2600	10
153	800	0	116	800	0	116	800	0

2. 河势调整变化

1）4 组工程试验

试验第 1～3 年施放的水沙过程为序列 1，即清水序列。第 1 年汛后，与初始河势进行对比，变化明显，尤其在没有工程控制的河段，摆动幅度较大，如 CS_{27} 断面主流线摆动达 720m。而在有工程控制的河段，经过调整主流靠近工程，4 组工程均起到了控制河势的作用，S_3、S_5、S_8 弯道弯顶发生明显的后挫。而接下来两年的汛后河势总体变化不大。但 CS_{28} 断面处水流以 90°入流角度直接顶冲工程，出现畸型河势（图 9.31），并在工程入流处形成明显的冲刷坑（图 9.32），极大地增加了工程的出险概率。

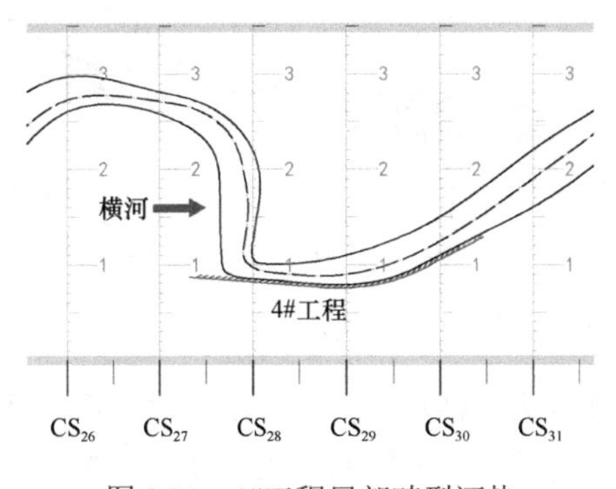

图 9.31　4#工程局部畸型河势

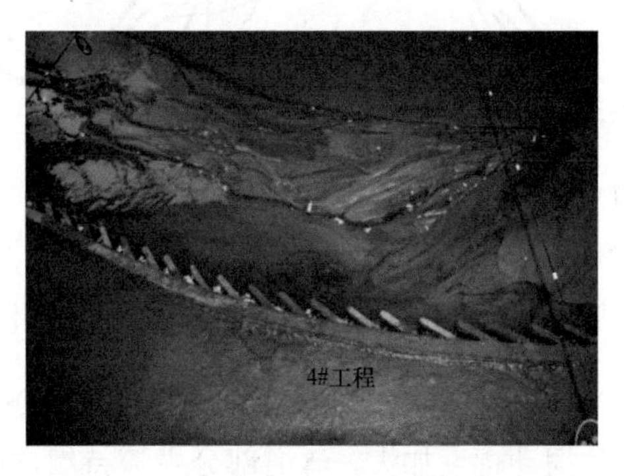

图 9.32　4#工程入流处形成的冲刷坑

从第 4 年开始至第 7 年，增大含沙量改变水沙条件为水沙序列 2。第 4 年汛后河势与前一年变化不大，仅个别断面有小幅度的摆动。第 5 年汛后，在没有河道整治工程控制的河段，弯道部分总体上有向凹岸摆动的趋势，其中 S_2、S_3、S_5、S_8 四个弯道主流左右摆动幅度约 150m。其中，S_6 弯道部分摆动幅度比较大，CS_{19} 断面主流摆动幅度达 1.05km，且在平面形态上由一个弯道演变成三个弯道，出现“Ω”形畸型河湾，使该处河势演变情况更为复杂。同时，CS_{28} 断面处畸型河势并没有改善，主流顶冲工程的现象仍然存在，见图 9.33。而在有工程控制的河段，河势的主要变化仍是工程靠溜点持续下挫。

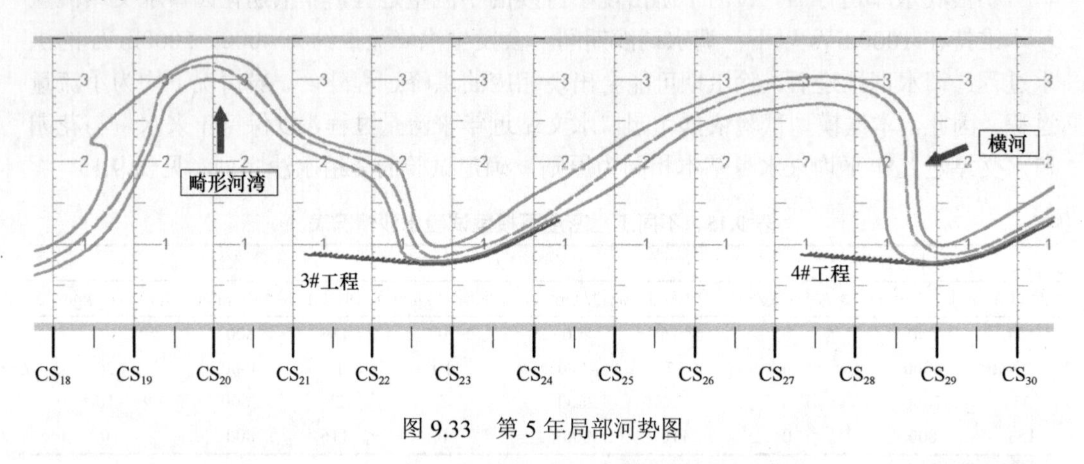

图 9.33 第 5 年局部河势图

如图 9.34 所示，从第 6 年开始，已经出现部分弯道演进至水槽边壁，河道的调整过程开始受水槽边壁影响；第 7 年汛后，断面 CS_{19}～CS_{23} 的河湾重新演变为一个，河势演变的复杂性在一定程度上有所减轻，但是该位置处畸型河湾仍然存在。此外，在 CS_{28}～CS_{30} 断面间形成“倒钩形”河湾，甚至出现水流向上游回流的现象，在工程靠溜处水流转向达 120°，在弯顶上部形成环流，对工程上首滩地造成严重冲刷，增大了工程出险概率。

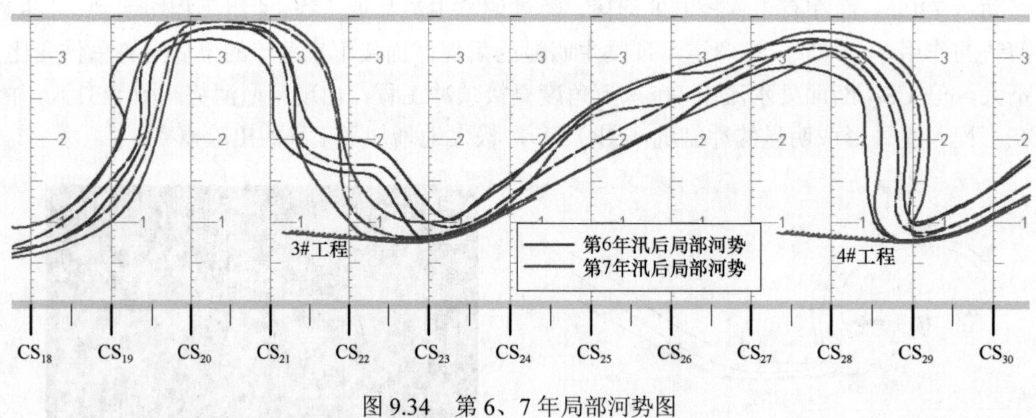

图 9.34 第 6、7 年局部河势图

第 8 年开始，继续增大含沙量，改变水沙条件为水沙序列 3。含沙量增大后，河势整体摆动幅度加大，弯道部分主流持续向凹岸方向摆动，多处河弯受边壁影响加重。直线段部分主要受前段弯道摆动方向的影响，未表现出明显的方向性。有河道整治工程控制的河段，河势基本稳定，但需要注意的是，最后一组工程，由于靠溜位置的持续后挫，已经处于半脱河状态，且畸型河湾仍然存在。第 9 年与第 10 年河势有明显的调整，第 10 年汛后，CS_{10}～CS_{13} 断面之间形成“Ω”形河弯（图 9.35），而最后一组工程仅有 20% 的长度靠河（图 9.36），若继续进行试验，则有很大概率完全脱河。图 9.37～图 9.42 为试验中不同年份河势套绘图。

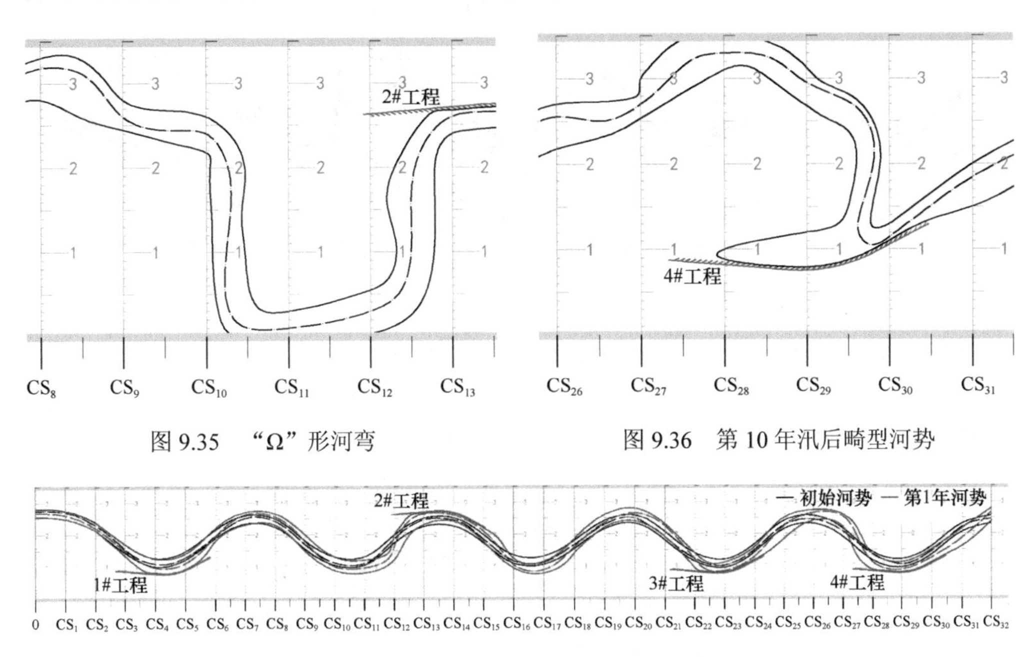

图 9.35　“Ω”形河弯

图 9.36　第 10 年汛后畸型河势

图 9.37　第 1 年与初始河势套绘图

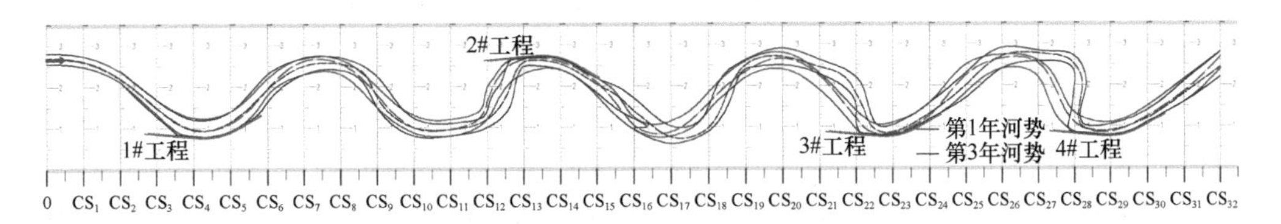

图 9.38　第 1、3 年河势套绘图

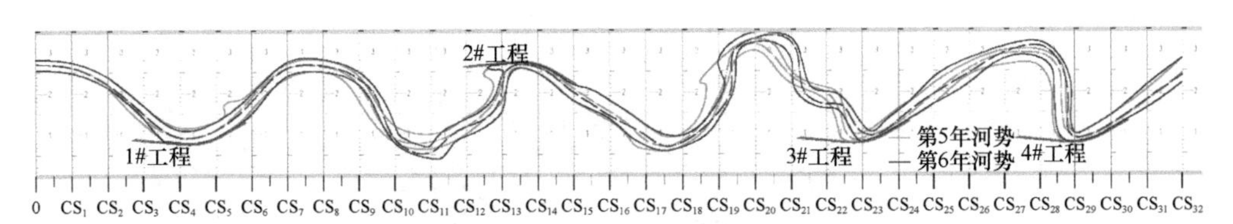

图 9.39　第 5、6 年汛后河势套绘图

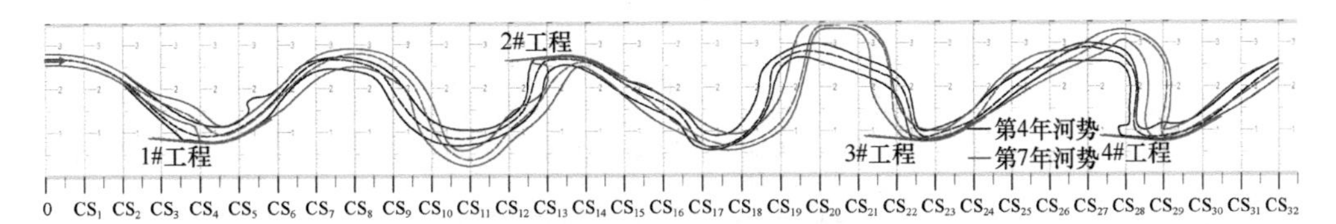

图 9.40　第 4、7 年河势套绘图

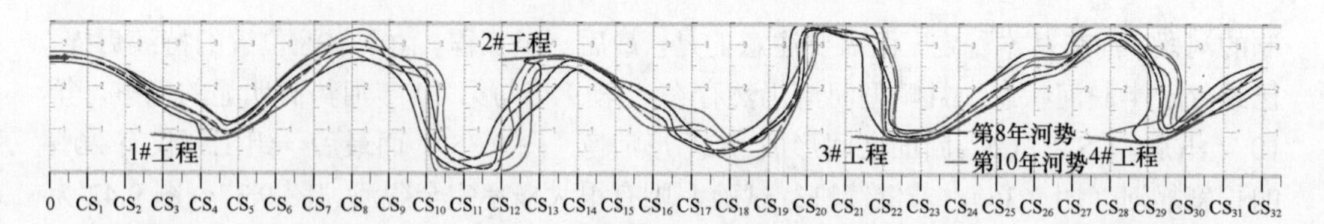

图 9.41　第 8、10 年河势套绘图

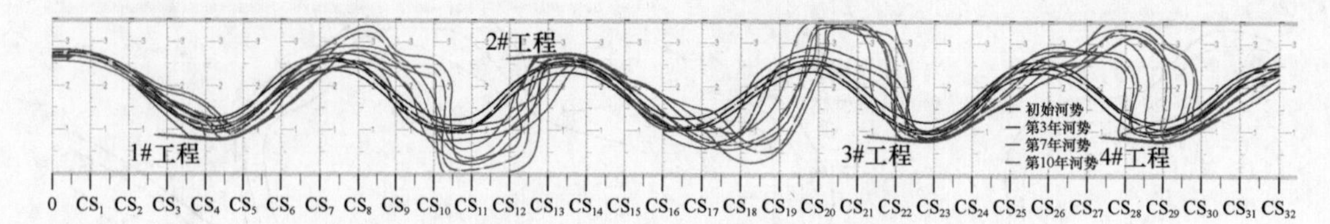

图 9.42　第 3、7、10 年与初始河势套绘图

2）9 组工程试验

试验前 3 年采用清水序列，即水沙序列 1。如图 9.43 所示，3 年间由于工程对河势的控制作用比较好，整体河势基本保持稳定，仅有个别断面发生轻微摆动。工程入流位置也基本保持稳定，未出现明显的上提、下挫现象。

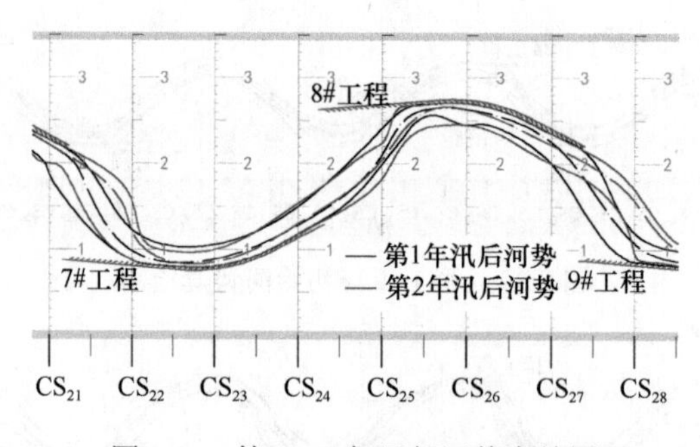

图 9.43　第 1、2 年局部河势套绘图

第 4 年开始直至第 7 年，改变水沙条件为水沙序列 2。这 4 年中，整治工程对河流的约束作用较强，河势基本保持稳定。仅有部分工程着溜位置发生一定程度的后挫（图 9.44）。

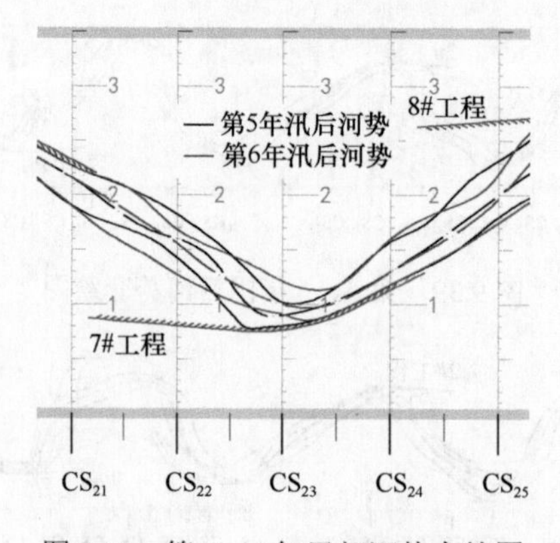

图 9.44　第 5、6 年局部河势套绘图

从第 8 年开始，继续增大含沙量，改变水沙条件为水沙序列 3。此阶段部分弯道发生了较为明显的调整，直至试验第 10 年，第 2 组工程已经基本处于脱河状态，主流线偏离工程较大距离，基本失去对河势的控制作用（图 9.45）。含沙量增大后局部河势调整见图 9.46。图 9.47～图 9.50 为试验中不同年份河势套绘图。

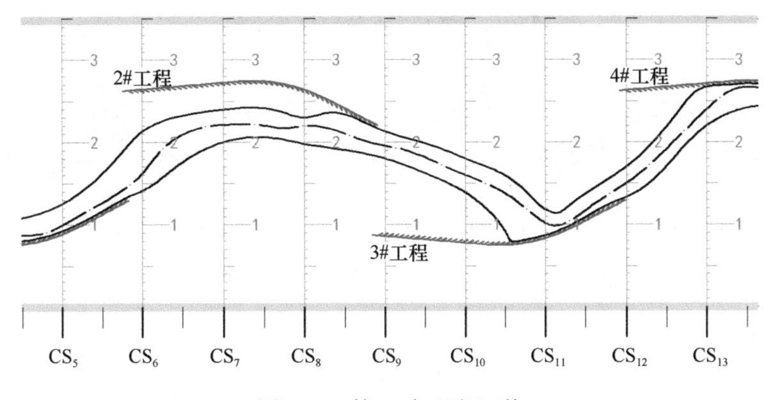

图 9.45　第 10 年局部河势

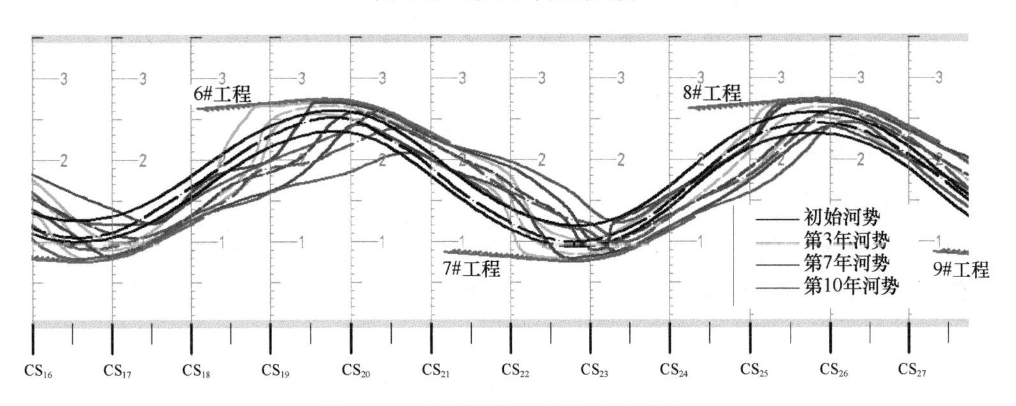

图 9.46　含沙量增大后局部河势调整

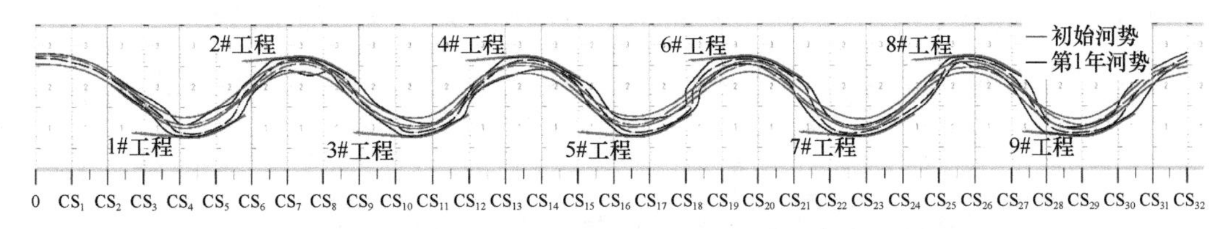

图 9.47　第 1 年与初始河势套绘图

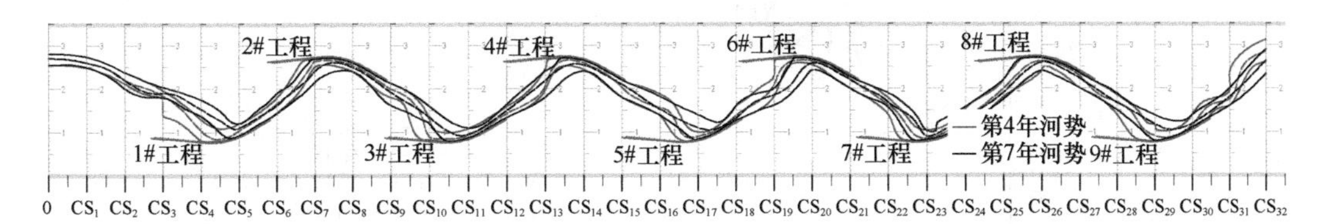

图 9.48　第 4、7 年河势套绘图

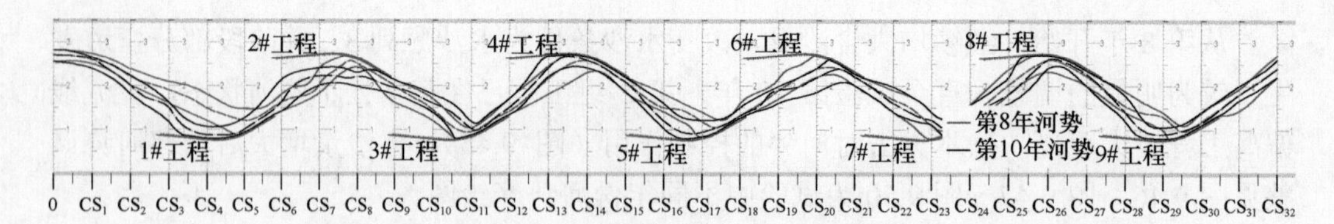

图 9.49　第 8、10 年河势套绘图

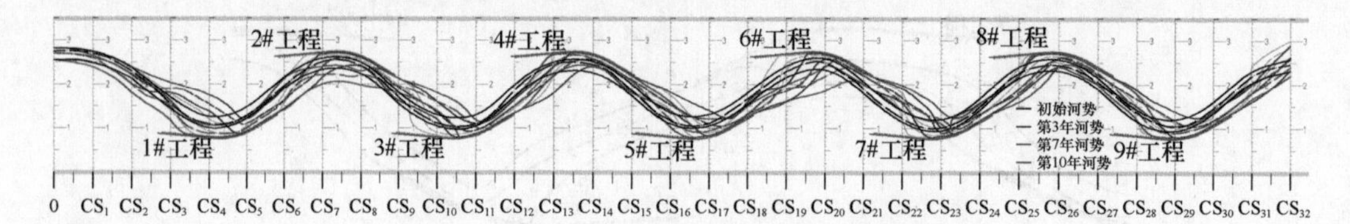

图 9.50　第 3、7、10 年与初始河势套绘图

4 组工程试验，其河势调整过程极为复杂，含沙量增大后，未受工程控制的河段主流线在短时间内发生巨大摆动，畸型河湾出现的概率较大，对防洪极为不利。而 9 组工程试验中，由于工程对河道约束性较好，改变水沙条件后，除部分弯道河势有小幅度调整外，整体河道河势较为稳定。因此，河道整治工程密度只有在达到一定的程度与河道水沙条件相匹配后，才能对河势起到较好的控制作用。

3. 河势控制时效

1）4 组工程试验

（1）断面形态变化。图 9.51～图 9.57 为典型断面在不同年份的断面形态套绘图。由于 4 组工程试验中，工程密度仅为 41.2%，两两工程之间距离较远，对河势的控制作用较差，河道形态发生较为频繁且剧烈的调整。

从图 9.51～图 9.57 可以看出，施放清水序列时，各断面主河槽形态均整体表现为下切，水深增大，断面形态向窄深方向发展。受工程约束的 CS_4 断面、CS_{14} 断面、CS_{29} 断面河槽下切较未受工程约束断面更加明显，在工程前部形成较大的冲刷坑。

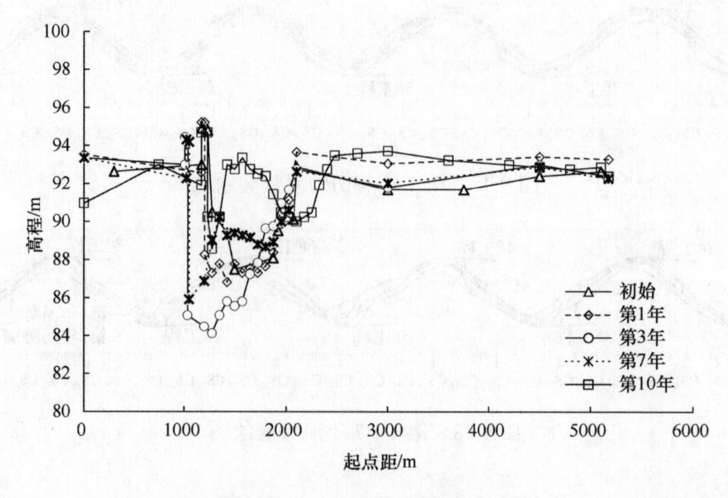

图 9.51　CS_4 断面形态套绘图

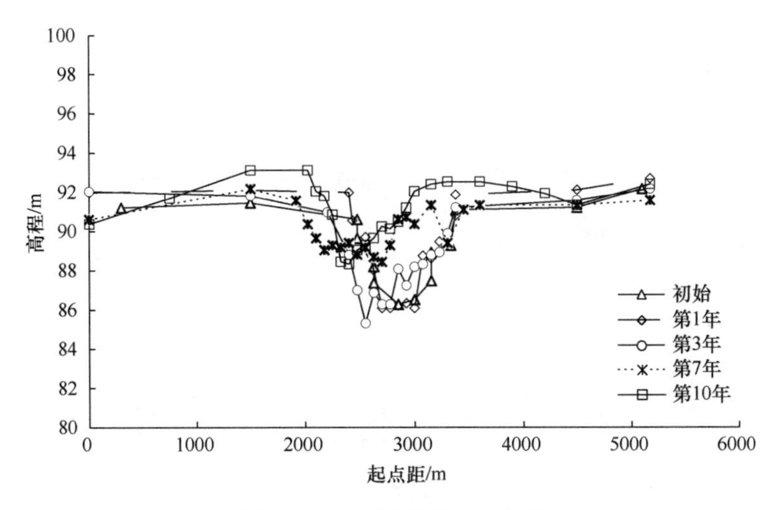

图 9.52　CS_6 断面形态套绘图

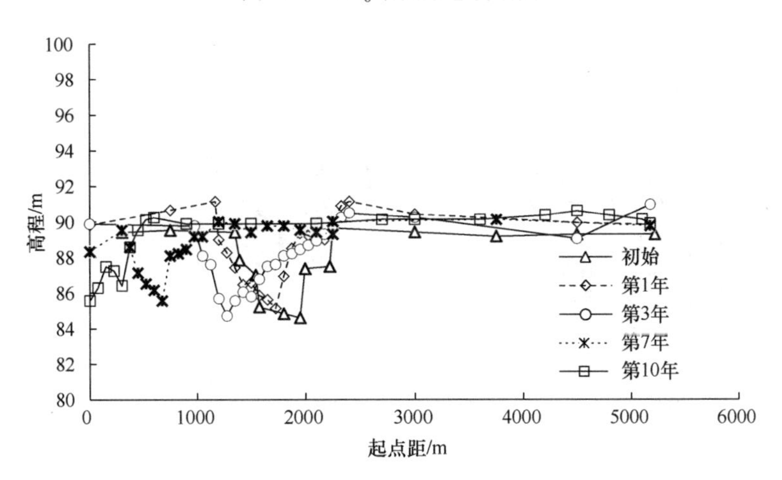

图 9.53　CS_{11} 断面形态套绘图

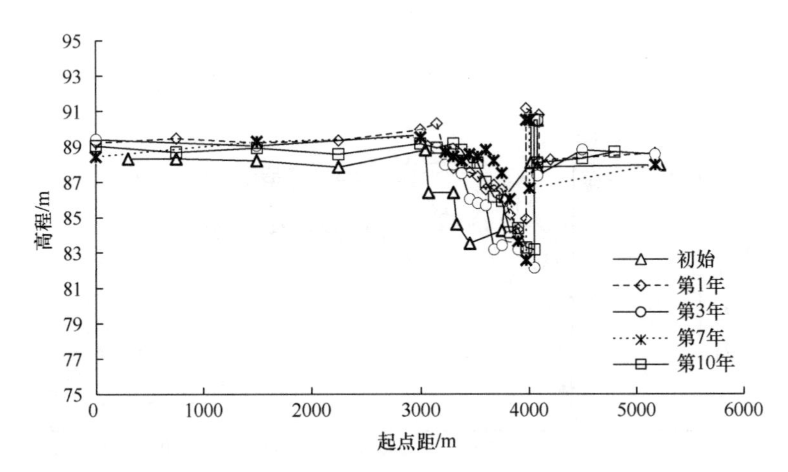

图 9.54　CS_{14} 断面形态套绘图

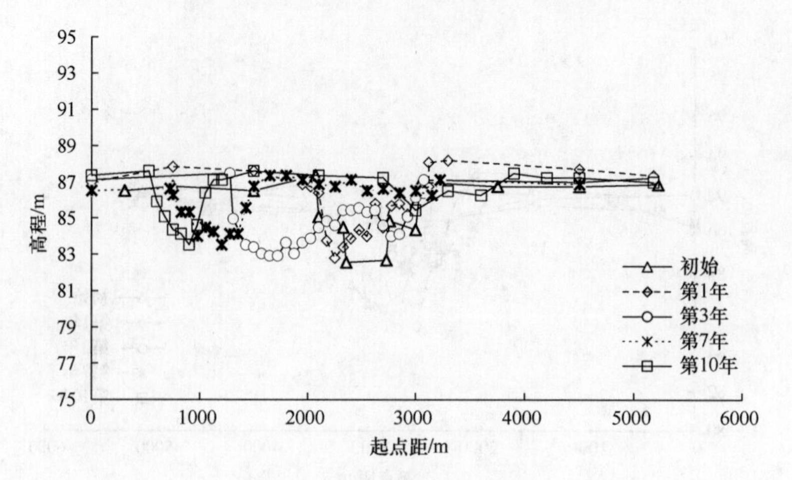

图 9.55　CS_{18} 断面形态套绘图

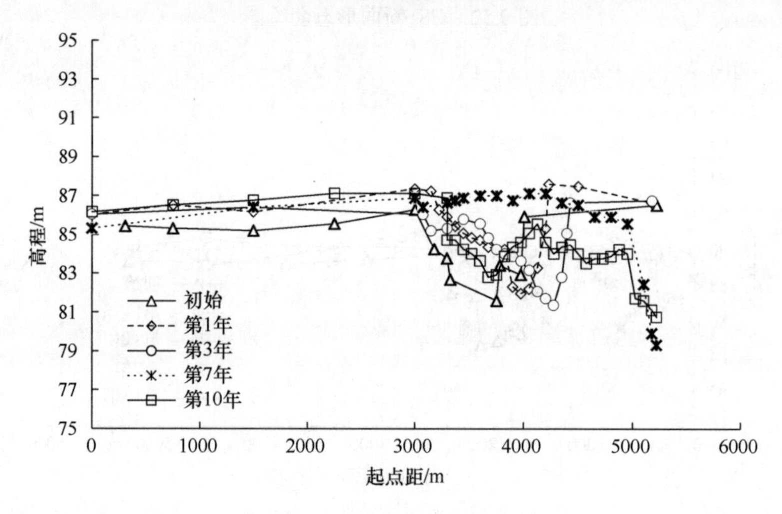

图 9.56　CS_{20} 断面形态套绘图

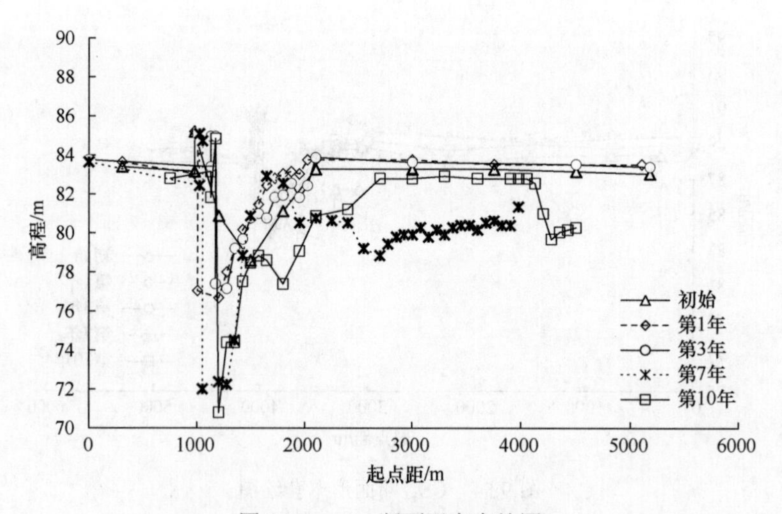

图 9.57　CS_{29} 断面形态套绘图

改变水沙条件增大含沙量以后，河床淤积抬高，河道逐步由窄深转向宽浅。处于弯顶位置的 CS_8 断面、CS_{11} 断面、CS_{18} 断面由于未受到工程约束，河道淤积更为严重，在小含沙量条件下已经开始横向摆动至水槽边壁附近，继续加大含沙量以后，持续在边壁附近向下淘刷，形成畸型河势。CS_4 断面、CS_{14} 断面由于受到工程的约束，未发生特别明显的形态改变，但是同样受工程约束的 CS_{29} 断面，由于河道严重淤积，着溜点明显下挫，工程前出现畸型河势，断面严重变形。

（2）宽深比变化。表 9.16～表 9.18 为试验河段 9 个典型断面形态参数变化统计表。可以看出，在受工程约束的 CS_4 断面、CS_{14} 断面及 CS_{29} 断面，宽深比 $\sqrt{B}/H$ 在清水冲刷时逐渐减小，持续增大含沙量后，由于河道逐渐淤积，$\sqrt{B}/H$ 再次变大。水流出工程进入过渡段也呈现这一规律。对于未受工程约束的弯道处断面，宽深比更大且调整迅速。

表 9.16　受工程约束断面形态参数变化统计表

年份	CS_4 断面			CS_{14} 断面			CS_{29} 断面		
	平滩河宽/m	平均水深/m	$\sqrt{B}/H$	平滩河宽/m	平均水深/m	$\sqrt{B}/H$	平滩河宽/m	平均水深/m	$\sqrt{B}/H$
初始	870	2.56	11.52	975	3.30	9.46	1050	3.98	8.13
第 1 年	900	5.03	5.96	825	3.42	8.40	1050	3.19	10.15
第 3 年	900	5.53	5.42	900	3.71	8.09	930	3.18	9.59
第 7 年	1050	3.65	8.88	975	1.78	17.58	600	2.45	10.01
第 10 年	900	1.92	15.63	750	1.91	14.35	—	—	—

表 9.17　直河段断面形态参数变化统计表

年份	CS_6 断面			CS_{17} 断面		
	平滩河宽/m	平均水深/m	$\sqrt{B}/H$	平滩河宽/m	平均水深/m	$\sqrt{B}/H$
初始	900	3.04	9.87	960	2.80	11.08
第 1 年	975	3.83	8.15	1275	2.59	13.78
第 3 年	975	3.71	8.42	825	2.65	10.83
第 7 年	900	1.70	17.65	1200	2.50	13.88
第 10 年	800	1.85	15.29	975	2.26	13.84

表 9.18　未受工程约束弯道断面形态参数变化统计表

年份	CS_8 断面			CS_{11} 断面			CS_{18} 断面			CS_{20} 断面		
	平滩河宽/m	平均水深/m	$\sqrt{B}/H$	平滩河宽/m	平均水深/m	$\sqrt{B}/H$	平滩河宽/m	平均水深/m	$\sqrt{B}/H$	平滩河宽/m	平均水深/m	$\sqrt{B}/H$
初始	975	3.10	10.09	900	3.80	7.89	975	2.80	11.17	1005	4.31	7.36
第 1 年	1125	2.05	16.35	1200	2.32	14.96	1170	2.59	13.20	1080	2.10	15.65
第 3 年	1125	2.84	11.79	1200	2.44	14.22	1050	2.95	10.98	1350	1.84	20.01
第 7 年	1050	1.91	16.98	900	1.98	15.15	780	2.50	11.19	—	—	—
第 10 年	900	1.90	15.82	—	—	—	675	2.26	11.52	—	—	—

（3）断面深泓点摆动。表 9.19 为 4 组河道整治工程试验中典型断面深泓点逐年摆动距离统计表。从表中可以看出，本组试验各断面深泓点摆动均比较频繁，且摆动距离均较单一工程试验断面明显增大。未受工程约束的断面如 CS_8 断面、CS_{11} 断面、CS_{18} 断面、CS_{20} 断面，单次最大摆幅都达到 400m 以上，并且在小含沙量的水沙条件下，断面已经摆动至水槽边壁附近。

表 9.19 4 组河道整治工程试验中典型断面深泓点逐年摆动距离统计表（单位：m）

断面	第 1 年	第 2 年	第 3 年	第 4 年	第 5 年	第 6 年	第 7 年	第 8 年	第 9 年	第 10 年
CS_4	–75	0	–75	–135	135	–0	–150	75	–45	0
CS_6	–75	–75	–150	75	50	–150	0	0	–225	0
CS_8	150	0	300	–300	0	225	0	300	75	225
CS_{11}	–225	–225	–150	300	–150	–300	–525	–600	0	0
CS_{14}	150	0	75	150	75	150	–150	105	75	0
CS_{18}	195	–400	–425	–225	–225	0	0	75	–300	–150
CS_{20}	150	225	0	225	450	150	150	–150	150	0
CS_{29}	–150	–150	75	–45	–75	–120	15	150	0	–30

2）9 组工程试验

（1）断面形态变化。图 9.58～图 9.61 为典型断面在不同年份的断面形态套绘图。可以看出，由于本组试验工程密度较大，对河道的控制作用较好，变换不同水沙条件时，河道断面形态未发生明显的改变，规律性较为一致。

施放清水序列时，各断面主河槽形态大体表现为明显下切，水深增大，断面形态向窄深方向发展。加大含沙量以后，主河槽有一定程度的淤积，平均河底高程抬高，整体断面形态改变并不明显，但仍有部分弯道即使受工程约束其断面形态伴随着含沙量的增加也有一定的调整。如 CS_{20} 断面，由于所处弯道 S_6 在小含沙量条件下就发生了后挫，河道逐步展宽，在第 10 年试验过后，断面形态由相对窄深调整为宽浅。

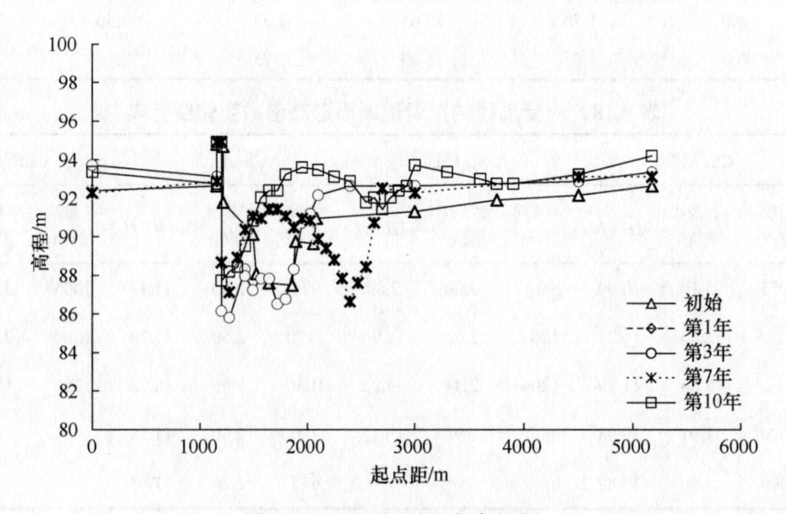

图 9.58 CS_4 断面形态套绘图

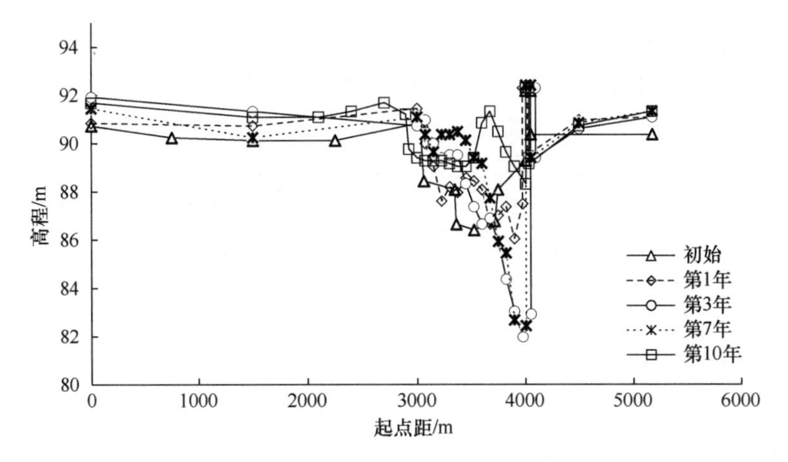

图 9.59　CS_8 断面形态套绘图

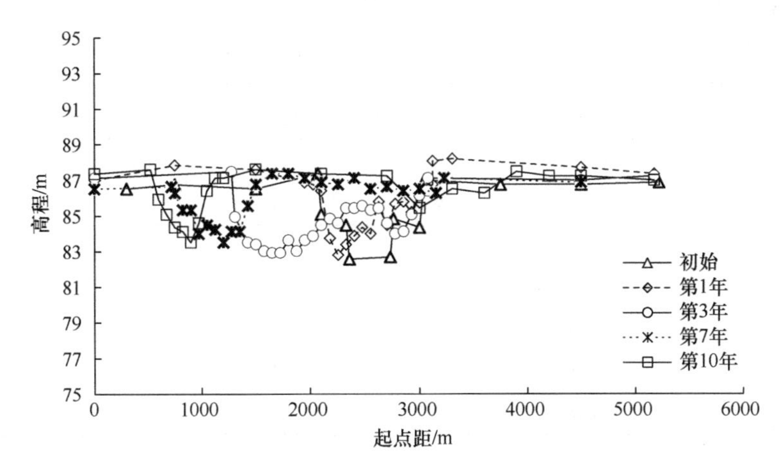

图 9.60　CS_{18} 断面形态套绘图

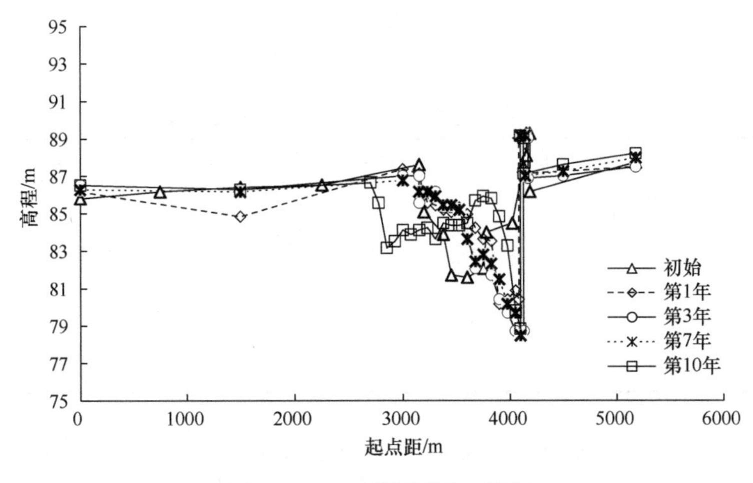

图 9.61　CS_{20} 断面形态套绘图

（2）宽深比变化。表 9.20 和表 9.21 为试验河段 6 个典型断面形态参数变化统计表。可以看出，由于河道的工程密度较大，所有断面受工程约束程度较好，其宽深比 $\sqrt{B}/H$

随含沙量的增大虽表现出先减小后增大的规律，但整体数值变化不大，规律性非常一致，说明此时河道的稳定性较好。含沙量增大后，CS_{20}断面由于出现较为明显的断面形态调整，主槽展宽，造成其宽深比的增大速率明显加快。

表 9.20　受工程约束断面形态参数变化统计表

年份	CS_4断面			CS_8断面			CS_{20}断面			CS_{29}断面		
	平滩河宽/m	平均水深/m	$\sqrt{B}/H$	平滩河宽/m	平均水深/m	$\sqrt{B}/H$	平滩河宽/m	平均水深/m	$\sqrt{B}/H$	平滩河宽/m	平均水深/m	$\sqrt{B}/H$
初始	870	2.508	11.76	975	3.096	10.09	1005	4.31	7.36	960	3.98	7.78
第 1 年	975	2.772	11.26	975	3.408	9.16	930	3.26	9.34	885	2.90	10.24
第 6 年	900	4.068	7.37	975	4.044	7.72	825	3.66	7.85	900	2.75	10.92
第 7 年	975	3.65	8.55	975	2.916	10.71	1095	2.90	11.39	930	4.48	6.81
第 11 年	750	2.484	11.03	975	1.74	17.95	1050	2.22	14.60	1230	2.65	13.22

表 9.21　直河段断面形态参数变化统计表

年份	CS_6断面			CS_{18}断面		
	平滩河宽/m	平均水深/m	$\sqrt{B}/H$	平滩河宽/m	平均水深/m	$\sqrt{B}/H$
初始	975	3.036	10.28	1200	2.71	12.77
第 1 年	975	2.928	10.66	1305	4.26	8.48
第 3 年	1275	3.288	10.86	930	2.53	12.04
第 7 年	975	2.268	13.77	900	2.95	10.16
第 10 年	1050	2.688	12.05	900	2.35	12.76

（3）深泓点摆动。表 9.22 为 9 组河道整治工程试验中典型断面逐年深泓点摆动距离统计表。可以看出，由于河道整治工程密度的加大，河道受到很强的人工约束，各断面逐年的摆动幅度较前两组试验都有所降低，河道整体较为稳定。

表 9.22　9 组河道整治工程试验中典型断面逐年深泓点摆动距离统计表　（单位：m）

断面	第 1 年	第 2 年	第 3 年	第 4 年	第 5 年	第 6 年	第 7 年	第 8 年	第 9 年	第 10 年
CS_4	0	–150	–75	0	–75	75	0	–75	150	0
CS_8	75	125	75	75	105	–105	105	0	–30	–75
CS_{18}	–75	–75	0	0	0	0	150	–150	75	–150
CS_{20}	75	0	0	0	0	–40	–50	–40	–75	–150
CS_{29}	60	75	–75	75	–60	30	0	30	–30	0

对比两组试验中河道形态调整过程，9 组工程试验由于河道受到较强的人工约束，改变水沙条件后，河道形态并未发生较大幅度的改变，仅有局部断面发生小范围的调整，稳定性较好。但是在 4 组工程试验中，由于工程密度较小，两两工程间距离较远，改变水沙条件后，河槽严重淤积，河道形态发生剧烈调整，尤其是未受工程控制的河段，增

大含沙量以后，断面发生横向摆动并严重变形。因此，在河道整治工程密度较小时，影响河道调整的主要因素为水沙条件，此时含沙量的增大极易引发断面的横向摆动，出现畸型河势。只有当河道整治工程密度达到一定程度时，河道对水沙条件具有较广的适应性后，才能使河道维持在较为稳定的形态。

第 10 章　多维约束下黄河下游游荡性河道河势稳定控制理论应用与检验

10.1　多维约束下的游荡性河道河势稳定控制系统模型及控制技术优化

河势稳定控制一方面受自然水沙条件和人类活动的共同影响，另一方面也深刻影响着整个游荡性河道河流系统的各个要素。本章首先基于系统论方法，构建了游荡性河道河势稳定控制效应评价模型，应用该模型评价了河势稳定控制对河流多维子系统的综合影响；在此基础上进一步确定了满足多维约束的河势相对稳定特征指标阈值，构建了游荡性河道河势稳定控制系统模型，在固定工程边界的条件下，应用启发式算法在小浪底水库下泄水沙过程的可行解空间确定了最优解。

10.1.1　游荡性河道河势稳定控制效应评价模型构建

与滩槽协同治理效应评价模型的构建思路类似，同样基于水沙统筹、空间统筹、时间统筹的原则，构建基于 Pareto 原理的三维结构河势稳定控制效应评价模型。该模型的不同之处在于，河势稳定控制效应的评价对象是主槽的稳定控制对河流系统的影响，因此在选取具体评价指标时与 4.3 节不同。

1. 底层评价指标选取

1）行洪输沙

在黄河下游游荡性河道河势稳定控制体系中，行洪输沙是河道最基础的功能，高效行洪输沙既有利于发挥排洪输沙能力，又有利于维持河势稳定，是评价河势稳定控制效应的重要功能指标。基于黄河下游河道行洪输沙功能调查，分别选取平滩流量、主流摆幅和宽深比三项评价指标。

针对黄河下游河道的行洪输沙功能，重点关注其对主槽的改造作用、河势稳定性及河道形态，有 3 个评价指标，如表 10.1 所示。

表 10.1　黄河下游河道行洪输沙功能评价指标体系表

总指标	指标意义	指标名称	计算方法
行洪输沙功能	对主槽的改造作用	平滩流量（Q_{bf}）	汛后主槽平滩流量
	河势稳定性	主流摆幅（BF）	河道深泓线摆动距离
	河道形态	宽深比（KS）	河道主槽宽度的开方/水深

其 3 个评价指标的具体解释如下。

平滩流量（Q_{bf}）：反映河道行洪能力。该物理量取值为对应河道的平滩流量，该值直观反映了河道整治和洪水对主槽过洪能力的改善效应。该值越大表示河道整治和洪水对主槽的改造越成功。

主流摆幅（BF）：反映河道的稳定性。该值直观反映了游荡性河道的主槽摆动幅度，通常与流量变化引起的流路变化或落水时河道的淤塞有关。该值越大表明河道摆动越大，越不稳定。

宽深比（KS）：反映河道的断面形态。该物理量取值为平滩水位下河宽的二分之一次方与平滩水位下平均水深的比值$\left(\frac{\sqrt{B}}{H}\right)$，反映了在一定的来水来沙条件下河床边界条件最适宜的河床形态。一般情况下，河道宽深比的平均值为 2.75，对于易冲刷的砂质河床，可达 5.5；对于较难冲刷的山区河流，仅为 1.4。该值直观反映了河道的易冲易淤程度，该值越小说明河道稳定性越高。

2）社会经济

在黄河下游游荡性河道河势稳定控制体系中，社会经济指标是反映河道演变对社会经济发展影响的重要指标。此次评价体系中，社会经济主要包括粮食产量及河段引水量，如表 10.2 所示。

表 10.2　黄河下游河道社会经济功能评价指标体系表

总指标	指标名称	指标意义
社会经济功能	粮食产量（F）	河流沿岸县市受河流水沙条件和河势演变影响较大的指标，反映乡镇、市县社会经济发展情况
	河段引水量（W_d）	影响沿岸县市滩区内外的农业灌溉

粮食产量（F）：反映社会经济发展状况。河流沿岸滩区乡镇及县市的社会经济发展受河势演变的影响较大，当河势稳定性较好时，有利于滩区的农业种植生产，对滩区的社会经济发展也更有利。

河段引水量（W_d）：反映用于工农业发展的引水量。在河势稳定性较好、河道行洪输沙能力较强、水量较大时，可提供更多的引水量用于滩区农业发展和两岸城市用水，进而促进滩区和相应受水区的社会经济发展。

3）生态环境

在黄河下游游荡性河道河势稳定控制体系中，生态指标是反映河道演变对河道及滩区鱼类生长生存影响情况的重要指标。此次评价体系中，生态环境主要包括适宜流量保证率及适宜流量脉冲次数，如表 10.3 所示。

表 10.3　黄河下游河道生态环境功能评价指标体系表

总指标	指标名称	指标意义
生态环境功能	适宜流量保证率（ST）	满足河道内鱼类生存的最小流量，其满足程度直接关系到典型鱼类的生存
	适宜流量脉冲次数（MC）	鱼类产卵期需要具有一定量级的流量过程，该流量过程的次数对鱼类产卵至关重要

适宜流量保证率（ST）：反映河道生态环境的稳定性。该值是对流域生态流量的满足程度的定量化指标。其计算是在满足最小生态流量的前提下，各河流检测站点的适宜流量的保证程度，从而反映在河势稳定控制系统中，河流生态环境的稳定性。

适宜流量脉冲次数（MC）：反映河道生态环境状况。通常河道鱼类产卵期需要一定量级的流量过程，保证流量脉冲次数，才能保证满足鱼类产卵过程的流量需求。一般要求脉冲次数大于 1 次。

2. 评价指标体系构建

根据上节构建的黄河下游河势稳定控制底层评价指标，构建了三维四层的河势稳定控制效应评价指标体系，其指标体系逻辑关系如图 10.1 所示。

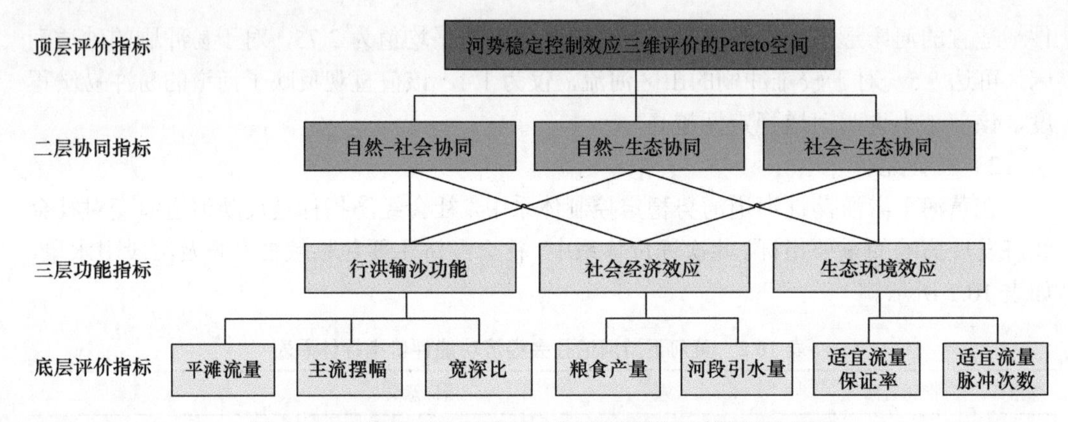

图 10.1　河势稳定控制效应三维评价指标体系逻辑关系图

同样与 4.3 节类似，游荡性河道河势稳定控制评价指标模型分为 4 层指标，底层评价指标采取无量纲化与归一化方法处理；三层功能指标按照乘法与加法相结合的方法计算，涉及的公式系数用层次分析法确定；二层协同指标定义为功能指标的内积除以指标向量的长度计算；上述三个协同指标共同将全部空间切成了 2^3 部分，在这个三维空间中，不同水沙条件与河床边界条件产生的河势稳定性控制效应将会落在不同的空间内，形成 Pareto 先锋面。通过大量的情景模拟，将得到一组 Pareto 最优解，为河势稳定性控制决策提供理论支撑。

（1）通过层次分析法，确定黄河下游河道行洪输沙子目标对总目标 A_1 的判断矩阵如表 10.4 所示。求出上述三阶正互反矩阵的最大特征值 λ_{max}=3，该矩阵为完全一致矩阵，CI=0，最大特征值对应的特征向量归一化后，即为要求的权重系数 $\boldsymbol{w}$=[0.6，0.2，0.2]。

表 10.4　黄河下游河道行洪输沙子目标对总目标 A_1 的判断矩阵

行洪输沙 A_1	平滩流量 B_1	主流摆幅 B_2	宽深比 B_3
平滩流量 B_1	1	3	3
主流摆幅 B_2	1/3	1	1
宽深比 B_3	1/3	1	1

权重系数特征向量 **w** 表明，平滩流量 B_1 指标对于总目标行洪输沙功能 A_1 的权重系数为 0.6，主流摆幅 B_2 指标对于总目标行洪输沙功能 A_1 的权重系数为 0.2，宽深比 B_3 指标对于总目标行洪输沙功能 A_1 的权重系数为 0.2。

（2）黄河下游河道社会经济子目标对总目标 A_2 的判断矩阵如表 10.5 所示。此二阶正互反矩阵为完全一致矩阵，最大特征值对应的归一化权重系数特征向量为 **w**=[0.5，0.5]。

表 10.5　黄河下游社会经济子目标对总目标 A_2 的判断矩阵

社会经济 A_2	粮食产量 B_4	河段引水量 B_5
粮食产量 B_4	1	1
河段引水量 B_5	1	1

权重系数特征向量 **w** 表明，粮食产量 B_4 对于总目标社会经济效应 A_2 的权重系数为 0.5，河段引水量 B_5 对于总目标社会经济效应 A_2 的权重系数为 0.5。

（3）黄河下游生态环境子目标对总目标 A_3 的判断矩阵，如表 10.6 所示。此二阶正互反矩阵为完全一致矩阵，最大特征值对应的归一化权重系数特征向量为 **w**= [0.5，0.5]。

表 10.6　黄河下游生态环境子目标对总目标 A_3 的判断矩阵

生态环境 A_3	适宜流量保证率 B_6	适宜流量脉冲次数 B_7
适宜流量保证率 B_6	1	1
适宜流量脉冲次数 B_7	1	1

权重系数特征向量 **w** 表明，适宜流量保证率 B_6 对于总目标生态环境效应 A_3 的权重系数为 0.5，适宜流量脉冲次数 B_7 对于总目标生态环境效应 A_3 的权重系数为 0.5。

由上述结果可得，对黄河下游河道河势稳定控制协同效应的三个功能指标进行计算，得到基层物理指标的权重，如表 10.7 所示。

表 10.7　黄河下游河道河势稳定控制功能评价权重表

功能指标	物理指标	权重系数
行洪输沙功能	平滩流量	0.6
	主流摆幅	0.2
	宽深比	0.2
社会经济效应	粮食产量	0.5
	河段引水量	0.5
生态环境效应	适宜流量保证率	0.5
	适宜流量脉冲次数	0.5

10.1.2　河势稳定控制对黄河下游河道河流多维子系统的综合影响评价

为了进一步验证模型的可靠性及适应性，在此系统搜集了黄河下游河段系列年（1980～2008 年）水沙过程、社会经济情况及适宜流量情况的资料，计算不同年份黄河下游河势稳定控制效应的评价指标。再采用评价模型，对系列年河势稳定控制效果做出相应的评价，通过与河势稳定性指标 Ω 的对比，给出各子目标协同条件下的河势稳定性指标阈值。

1. 系列年功能指标计算

基于 1980～2008 年洪水的水沙条件和当时河道的地形特点，利用评价模型对黄河下游河道的行洪输沙、社会经济效应和生态环境效应进行评价，逐年行洪输沙、社会经济和生态环境功能指标如表 10.8 所示。

表 10.8 黄河下游河道 1980～2008 年功能指标统计表

系列年	行洪输沙	社会经济	生态环境
1980	0.625	0.347	0.469
1981	0.544	0.564	0.229
1982	0.558	0.275	0.500
1983	0.668	0.351	1.000
1984	0.718	0.293	0.667
1985	0.677	0.202	0.500
1986	0.717	0.240	0.448
1987	0.615	0.316	0.500
1988	0.542	0.410	0.458
1989	0.544	0.385	0.490
1990	0.427	0.415	0.667
1991	0.251	0.402	0.656
1992	0.417	0.484	0.281
1993	0.228	0.442	0.396
1994	0.212	0.509	0.229
1995	0.271	0.444	0.000
1996	0.164	0.529	0.365
1997	0.249	0.616	0.146
1998	0.349	0.674	0.500
1999	0.354	0.632	0.385
2000	0.375	0.534	0.396
2001	0.439	0.735	0.500
2002	0.465	0.637	0.500
2003	0.523	0.587	0.385
2004	0.629	0.629	0.667
2005	0.743	0.499	0.667
2006	0.765	0.428	0.667
2007	0.818	0.579	0.667
2008	0.853	0.570	0.667

2. 协同指标

根据前文得到的黄河下游河道行洪输沙功能、社会经济效应及生态环境效应功能指标，进一步得到行洪输沙-社会经济、行洪输沙-生态环境、社会经济-生态环境功能协同指标的计算结果，如表 10.9 和图 10.2 所示。

表 10.9　1980～2008 年河势稳定性控制协同指标统计表

系列年	行洪输沙-社会经济	行洪输沙-生态环境	社会经济-生态环境
1980	0.217	0.293	0.163
1981	0.307	0.125	0.129
1982	0.153	0.279	0.137
1983	0.234	0.668	0.351
1984	0.211	0.479	0.196
1985	0.137	0.338	0.101
1986	0.172	0.321	0.107
1987	0.194	0.307	0.158
1988	0.222	0.249	0.188
1989	0.209	0.266	0.188
1990	0.177	0.285	0.276
1991	0.101	0.165	0.264
1992	0.202	0.117	0.136
1993	0.101	0.090	0.175
1994	0.108	0.049	0.117
1995	0.120	0.000	0.000
1996	0.087	0.060	0.193
1997	0.154	0.036	0.090
1998	0.235	0.175	0.337
1999	0.224	0.137	0.244
2000	0.200	0.148	0.211
2001	0.322	0.219	0.368
2002	0.296	0.232	0.319
2003	0.307	0.202	0.226
2004	0.396	0.420	0.419
2005	0.370	0.495	0.332
2006	0.328	0.510	0.286
2007	0.473	0.546	0.386
2008	0.486	0.568	0.380

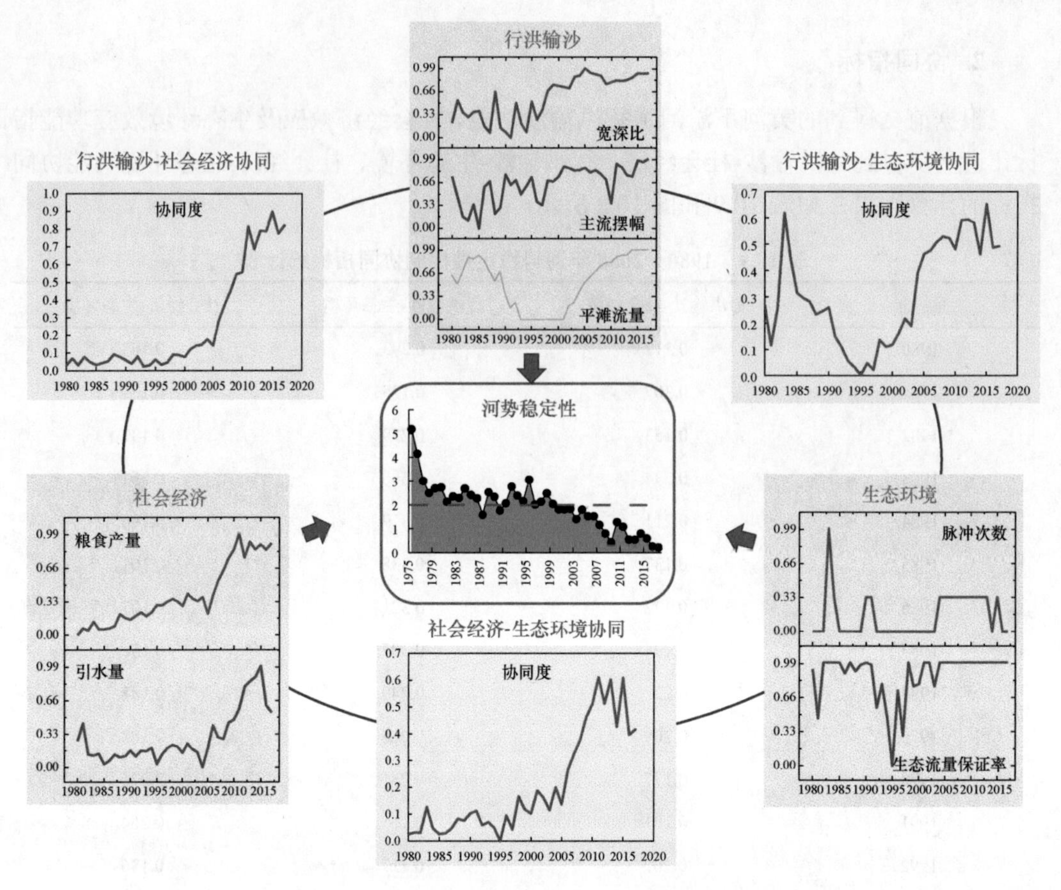

图 10.2 黄河下游河道河势稳定协同指标统计图

由此清晰直观地得到，断面稳定性指标的均值逐年减小，1985 年以前 Ω 一直在稳定河段的阈值之上；1986～2000 年，Ω 略有减小，但仍在稳定河段的阈值之间徘徊；直到 2000 年，Ω 开始稳定在临界点（Ω=2）之下。对于功能评价指标来说，随着河势稳定性的减小，行洪输沙、社会经济各评价指标整体呈现逐年向好的趋势，生态环境评价指标在 20 世纪 90 年代中期最差，之后开始逐年向好。

对于协同指标来说，三类协同指标都在 20 世纪 90 年代中期取得最小值，随后逐渐向好发展，在 2000 年前后协同指标均超过了物理意义上两系统协同的平均值（0.25）。从总体上看，行洪输沙、社会经济和生态环境三个子系统都在向好的方向发展，同时协同性也在提高；且自 2000 年之后，当 Ω 稳定在临界点（Ω=2）之下时，协同指标基本能达到较高水平，并呈现出协同性逐渐提高的趋势。

10.1.3 游荡性河道河势稳定控制系统模型构建

由 10.1.2 节可知，在河势相对稳定指标 Ω 控制在 2 以下的情况下，黄河下游游荡性河道河流系统的行洪输沙、社会经济、生态环境子系统的功能发挥良好，且相互协同性也能够达到较高水平。而河势相对稳定指标又是小浪底水库下泄水沙过程与工程边界的函数，本节即研究如何在考虑河势相对稳定目标的情况下，优化小浪底水库下泄水沙过程。

1. 目标函数

对小浪底水库而言，重点考虑其发电、防洪减淤和下游河道的河势稳定控制三个目标，分别选取发电量、水库减淤量（排沙量）以及水沙不和谐度作为目标函数考虑的主要指标。同时将水库水位设计要求、库容设计、供水保证率、生态流量、泄水建筑物蓄泄规则、调度原则等作为约束条件，采用粒子群算法这一启发式算法反求优化的水沙过程。其目标函数的表达形式为

$$\max F=\frac{1}{\overline{\psi}}(aE-b\Delta V)=\frac{1}{\overline{\psi}}\left[a\sum_{i=1}^{T}KQ_{\text{out}}^{i}\left(H_i-H_0\right)\Delta t-b\Delta V\right] \tag{10.1}$$

$$E=\sum_{i=1}^{T}KQ_{\text{out}}^{i}(H_i-H_0)\Delta t \tag{10.2}$$

$$\overline{\psi}=\frac{1}{n}\sum_{i=1}^{n}\left|Q_{i,\text{out}}^{2.8}-Q_0^{2.8}\right|\Big/Q_0^{2.8} \tag{10.3}$$

式中，F 为综合效益函数；$\overline{\psi}$ 为年度水沙过程的不和谐度（取值范围在 0～1）；E 为发电效益；a 为水库发电上网电价，元/（kW·h）；b 为水库建设费用总库容的比值；ΔV 为水库时段内的泥沙淤积量，m^3；K 为电站出力系数；Q_{out}^{i} 为水库日均过机流量，m^3/s；H_i 为一年中第 i 天的坝前平均水位，m；H_0 为发电洞高程，m；Δt 为计算时长；n 为一年总天数；Q_0 为花园口站的和谐流量。

其中，时段的转换通过水量平衡方程实现，将各个时段初和时段末的库容作为状态变量，时段内下泄流量为决策变量，通过水量平衡实现状态的转移：

$$V_t=V_{t-1}+(Q_{\text{in}}^{t}-Q_{\text{out}}^{t})\Delta t \tag{10.4}$$

式中，V_t 和 V_{t-1} 分别为该时段内时段末和时段初的库容，m^3；Q_{in}^{t} 为区间内的平均入库流量，m^3/s；Q_{out}^{t} 为该时间段的下泄流量，m^3/s；Δt 为 t 划分的时间段。

2. 决策变量的选取

在构建的小浪底水库水沙联合调度模型中，各个模块之间通过流量、含沙量、坝前水位等参数进行相互传递，达到对整个模型可行解的约束，实现各个模块的反馈和耦合。

3. 约束条件

（1）流量平衡约束计算公式为

$$Q_{\text{in}}^{t}=Q_{\text{out}}^{t}+q^{t} \tag{10.5}$$

式中，Q_{in}^{t}、Q_{out}^{t} 分别为第 t 个时段下水库的入库流量、出库流量；q^{t} 为第 t 个时段下区间入流。

（2）水位约束。水库在设计初都已经从大坝安全的角度出发设定了正常蓄水位、防洪高水位、汛限水位、死水位等，水库在不同的运行阶段对水位的要求也不同，同时同

一时段内从泄流安全的角度规定了水位的变幅，因此水位满足如下条件：

$$Z_{\min}^{t} \leqslant Z^{t} \leqslant Z_{\max}^{t} \tag{10.6}$$

式中，$Z_{\min}^{t}$为在t时段内水库可能的最低运行水位，m；$Z_{\max}^{t}$为t时段内水库达到的最高运行水位，m。

（3）下泄流量约束。下泄流量受泄洪排沙洞、发电洞等泄水建筑物的过流能力限制，在具体的不同时段，则是在其过流能力范围内，考虑防洪防凌、减淤、供水、发电及生态的需求进行下泄，不同时段其泄流满足时段内允许的泄流范围如下：

$$q_{\min}^{t} \leqslant q^{t} \leqslant q_{\max}^{t} \tag{10.7}$$

式中，$q_{\min}^{t}$为t时段水库允许下泄的最小流量，m³/s；$q_{\max}^{t}$为t时段水库允许下泄的最大流量，m³/s；q^{t}为t时段水库内任一时刻的下泄流量，m³/s。

（4）水库出力约束。水库出力约束应满足：

$$N_{\min}^{t} \leqslant N^{t} \leqslant N_{\max}^{t} \tag{10.8}$$

式中，$N_{\min}^{t}$为t时段水库发电机组限制最小出力，10^4 kW；$N_{\max}^{t}$为t时段水库发电机组限制最大出力，10^4 kW；N^{t}为t时段内任一时刻的出力，10^4 kW。

（5）非负约束，即所有变量均为非负。

4. 水库排沙的计算方法

小浪底水库在拦沙初期，库区内泥沙输移主要以壅水输沙、沿程冲刷及异重流排沙为主。进入拦沙后期后，泥沙输移在拦沙初期的基础上增加了溯源冲刷模式，即降低库水位至三角洲顶点附近，从而降低淤积三角洲侵蚀基准面，在淤积三角洲洲面形成溯源冲刷，增加异重流潜入点泥沙含量。其计算方法是利用入库流量过程和优化的坝前水位过程，根据以下经验公式计算出水库淤积量和出库水沙过程。

（1）水库泥沙冲淤模块。该模块主要利用质量守恒方程，通过输沙率法来计算水库冲淤量：

$$\Delta V = \sum_{i=1}^{T} \left(Q_{\text{in}}^{t} S_{\text{in}}^{i} - Q_{\text{out}}^{t} S_{\text{out}}^{i} \right) \Delta t / \rho \tag{10.9}$$

式中，Q_{in}^{t}为第t时段的平均入库流量，m³/s；Q_{out}^{t}为第t时段的平均出库流量，m³/s；Δt为t时段的计算时长；ρ为水库淤积泥沙的干容重，kg/m³。

（2）水库排沙模块。水库排沙从大类上可分为壅水排沙、降水溯源冲刷和敞泄排沙三类，在水库排沙运行不同时期，水库各种排沙方式会在不同的边界条件下实现。

在水库运行初期，由于水库库容较大，水位较高，拦沙库容较大，主要以壅水排沙为主；随着水库逐渐淤积，拦沙库容减小，在遇到丰水年高含沙洪水过程时，为了减少水库淤积，则采用降水溯源冲刷方式排沙；当水库拦沙库容淤满，进入冲淤平衡的时候，则水库为了维持库容，采取敞泄排沙方式，该表达式为

$$Q_{\text{in}}^{i} = Q_{\text{out}}^{i}, S_{\text{in}}^{i} = S_{\text{out}}^{i} \tag{10.10}$$

在水库正常运行期，当水库的水位较高，潜入点处水深满足异重流潜入水深时，泥沙输移表现为壅水异重流排沙，异重流潜入过程中能量损失，沿程泥沙淤积，因此排沙

比小于 1，出库沙量一般小于入库沙量；当汛期水位较低，库区水深达不到异重流潜入水深时，则排沙主要表现为沿程冲刷并结合产生异重流排沙，或者三种排沙方式在不同时段不同河段共同作用的形式。这里沿程冲刷计算公式为

$$G=\psi \frac{{Q_{\text{out}}^{i}}^{1.6} J^{1.2}}{B^{0.5}} \times 10^3 \tag{10.11}$$

式中，G 为沿程输沙率，t/s；J 为库区内水面比降；B 为库区内河道宽度，m；ψ 为表征库区河床抗冲性能的系数。根据经验总结，抗冲性能的系数取值范围在[180，650]，其中取值越大，抗冲性能越小，反之则越大。

异重流排沙计算公式为

$$S = S_0 \sum_{i=1}^{n} P_i \mathrm{e}^{-\frac{\alpha \omega_i L}{q}} \tag{10.12}$$

式中，S 为库区异重流输移到坝前下泄出库的含沙量，kg/m^3；S_0 为异重流形成时潜入点的含沙量，kg/m^3；P_i 为异重流潜入点河床泥沙级配；α 为泥沙饱和系数；ω_i 为第 i 组粒径沉速，m/s；L 为异重流输移的长度，m；q 为异重流演进时库区内的单宽流量，m^2/s。

10.1.4　基于河势稳定控制目标的水沙过程优化

以 2010～2017 年小浪底水库实际调度过程为比对方案，以综合效益最大为目标对小浪底水库调度进行优化，模型模拟计算小浪底水库的优化调度结果见图 10.3～图 10.18，计算得到的年度不和谐度指标计算结果如表 10.10 所示。

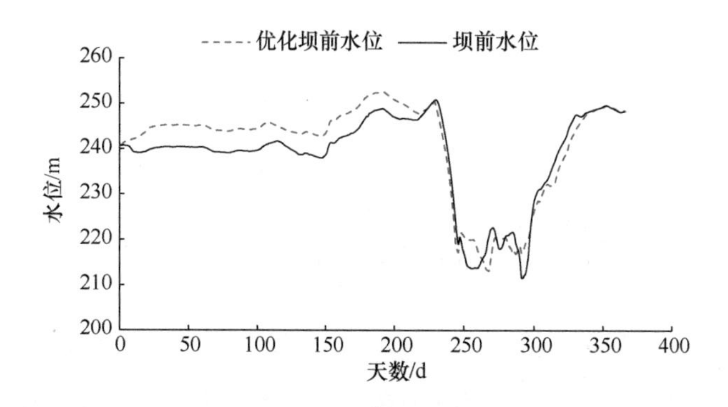

图 10.3　2010 年综合效益最优小浪底坝前水位过程图

由图 10.3～图 10.18 和表 10.10 可知，在丰水年份（2012 年、2013 年），年度水沙不和谐度较小，对于控制河势相对稳定指标 Ω<2 是有利的；但是遇到枯水年份（2015～2017 年），年度水沙不和谐度值较大，要想保证河势相对稳定指标 Ω<2，就要对工程密度和工程布局提出更高要求，按照第 9 章提出的河势相对稳定指标与水沙不和谐度及工程密度的定量关系反推，一旦连续发生极端枯水年份（如 2016 年），水沙不和谐度取 0.98，则工程密度应达到 0.79 以上。如何在不利水沙条件下进一步优化调整工程布局，将在下一节详述。

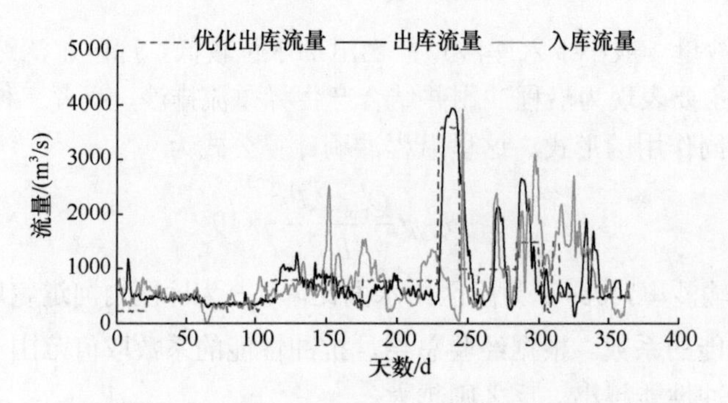

图 10.4 2010 年综合效益最大小浪底出库流量过程图

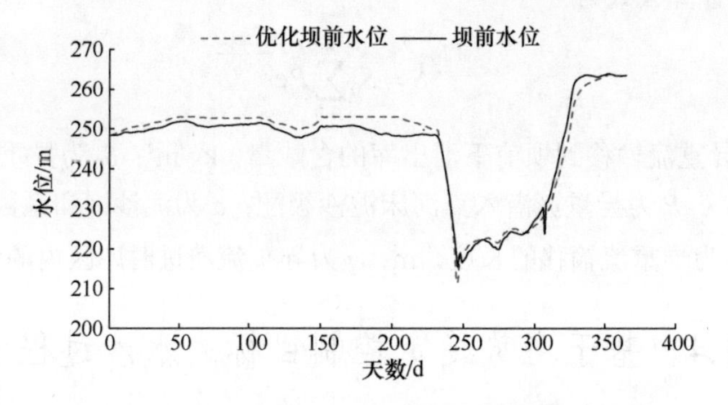

图 10.5 2011 年综合效益最优小浪底坝前水位过程图

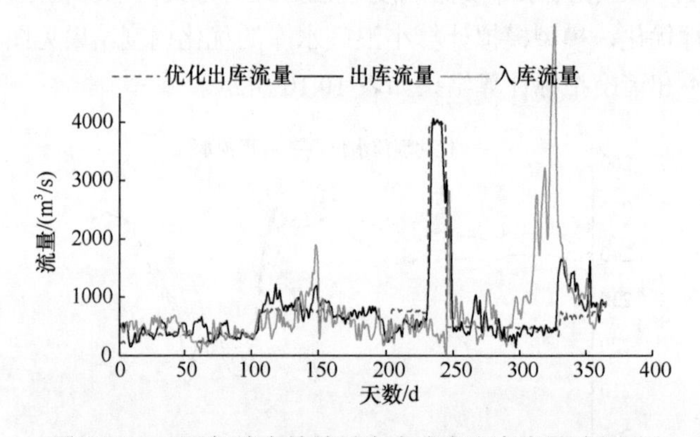

图 10.6 2011 年综合效益最大小浪底出库流量过程图

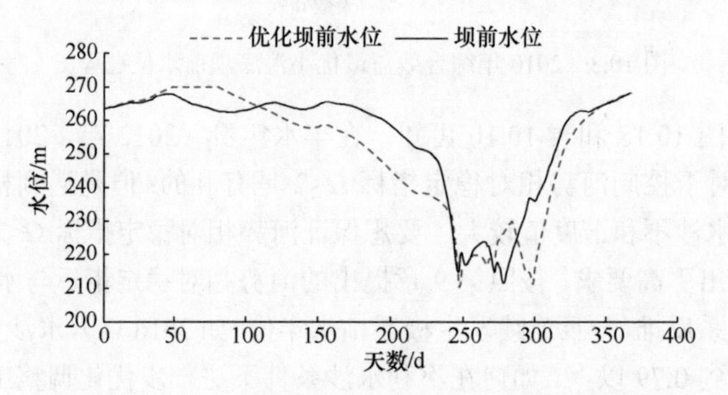

图 10.7 2012 年综合效益最优小浪底坝前水位过程图

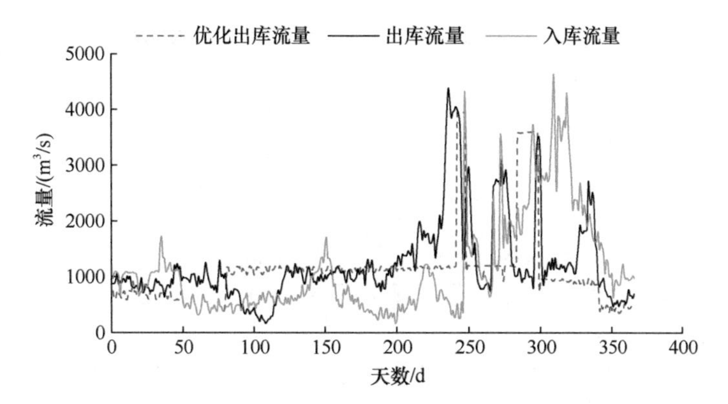

图 10.8　2012 年综合效益最大小浪底出库流量过程图

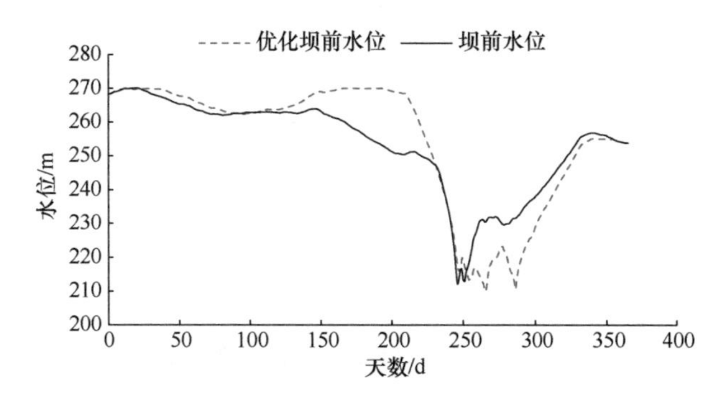

图 10.9　2013 年综合效益最优小浪底坝前水位过程图

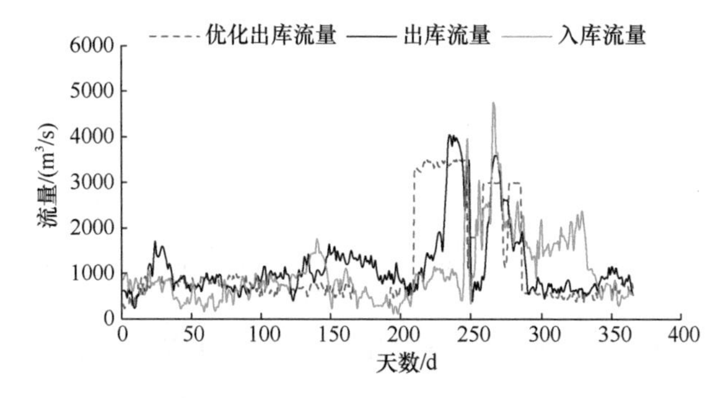

图 10.10　2013 年综合效益最大小浪底出库流量过程图

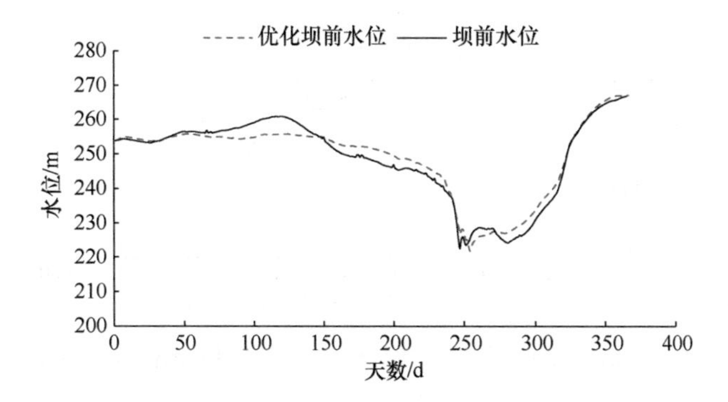

图 10.11　2014 年综合效益最优小浪底坝前水位过程图

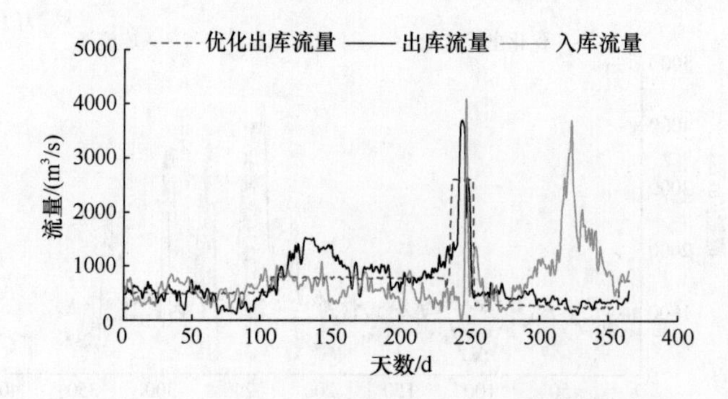

图 10.12　2014 年综合效益最大小浪底出库流量过程图

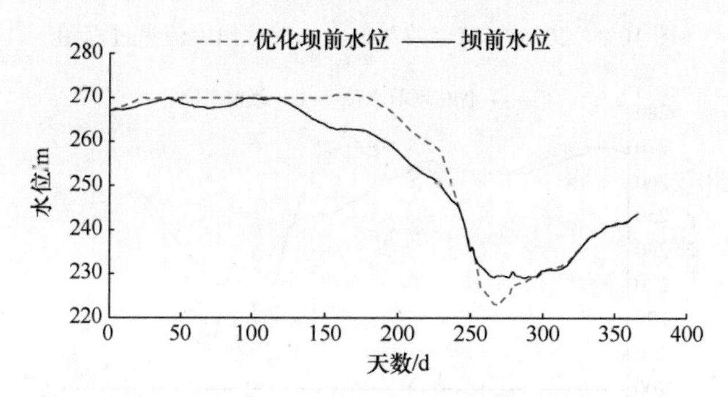

图 10.13　2015 年综合效益最优小浪底坝前水位过程图

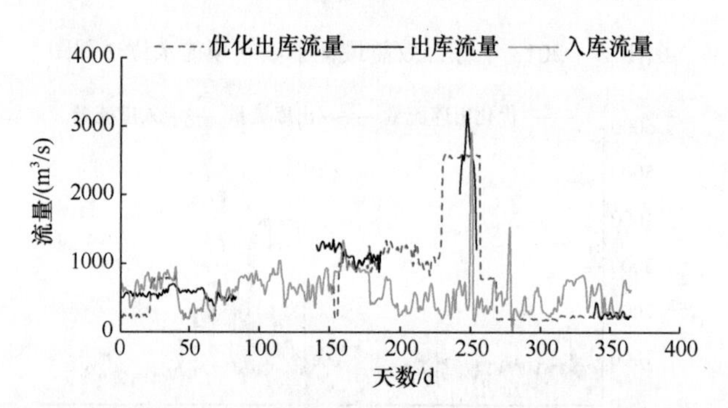

图 10.14　2015 年综合效益最大小浪底出库流量过程图

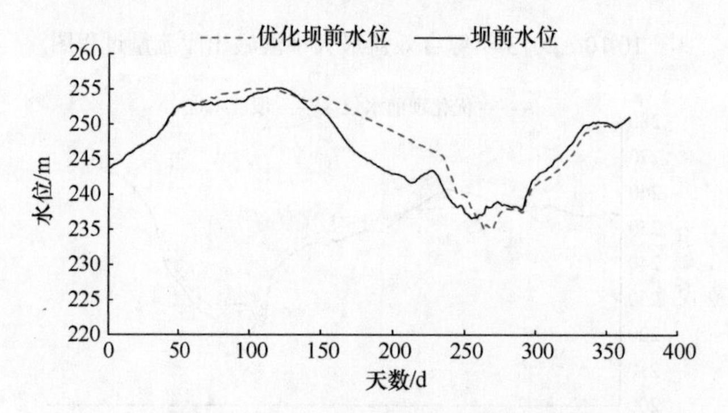

图 10.15　2016 年综合效益最优小浪底坝前水位过程图

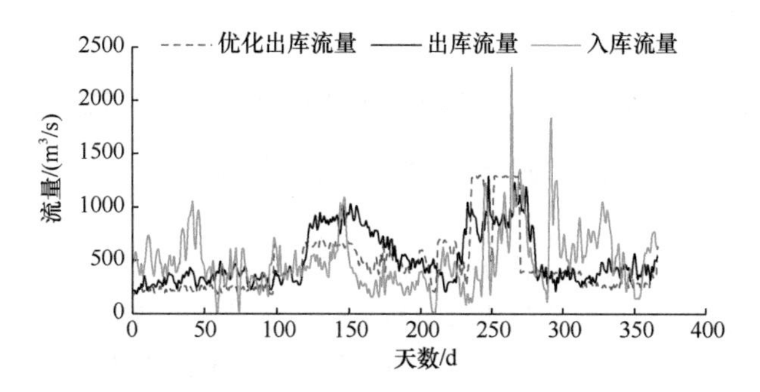

图 10.16　2016 年综合效益最大小浪底出库流量过程图

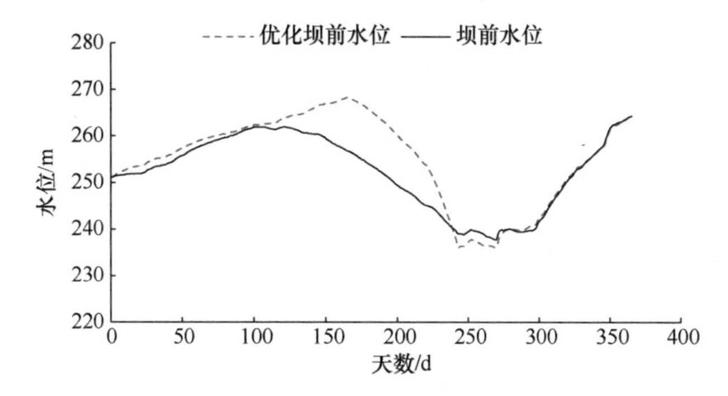

图 10.17　2017 年综合效益最优小浪底坝前水位过程图

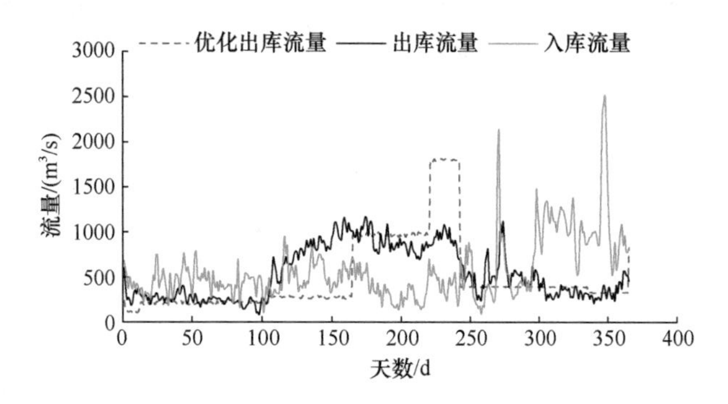

图 10.18　2017 年综合效益最大小浪底出库流量过程图

表 10.10　年度小浪底出库水沙不和谐度指标计算结果

年份	年度水沙不和谐度	小浪底年径流量/亿 m^3	排沙量/亿 t	排沙比
2010	0.90	253	1.23	0.35
2011	0.90	235	1.12	0.64
2012	0.85	358	1.31	0.39
2013	0.71	323	3.15	0.80
2014	0.96	230	0.31	0.22
2015	0.94	184	0.02	0.04
2016	0.98	158	0.45	0.41
2017	0.95	181	0.09	0.08

10.2 黄河下游游荡性河道河势稳定控制技术实体模型试验检验

本节基于黄河下游小浪底至陶城铺河道大型河工模型，采用来水来沙偏枯的 1990 水沙系列（1990～1999 年）前 7 年水沙过程，开展了黄河下游游荡性河道河势稳定控制技术实体模型检验试验。在此基础上，通过对比分析，综合评价了改造后的工程布局与水沙过程的和谐度和河势稳定程度。

10.2.1 实体模型基本情况

黄河小浪底至陶城铺河道模型，模拟了小浪底至陶城铺河段，河道总长 476km。模型水平比尺为 600，垂直比尺为 60。模型除包括黄河干流外，还模拟了伊洛河、沁河两条支流的入汇情况。该模型是依据黄河水利科学研究院多年动床模型试验经验和遵循黄河泥沙模型相似律设计的。选取郑州热电厂粉煤灰作为模型沙。利用该模型先后完成过小浪底水库运用方式研究、小浪底至苏泗庄河段模型试验研究、小浪底水库 2000 年运用方案研究、小浪底至苏泗庄河道模型 1999 年汛期洪水预报模型试验、黄河下游防洪规划治导线检验与修订、黄河下游游荡性河道河势演变规律及整治方案研究等多项治黄研究，是黄河下游治理最有效的手段之一。

1. 初始边界条件

试验初始河床边界条件采用 2019 年汛前地形。模型初始地形制作时，布置小浪底至陶城铺河段实测的 206 个大断面。滩地、村庄、植被状况按 1999 年航摄、2000 年调绘的 1∶10000 黄河下游河道地形图进行塑制，并结合现场查勘情况给予修正。初始河势也均参考 2019 年汛前河势。

2. 试验控制

1）进口控制

模型施放水沙过程中，进口清水流量利用电磁流量计控制，进口含沙量利用孔口箱进行控制，即事先在加沙池中准备含沙量为 500kg/m^3、级配符合要求的高含沙浑水，试验过程中根据每级流量所需的含沙量确定孔口箱浑水流量，由电磁流量计控制的清水流量根据浑水流量相应折减。

2）尾门控制

模型尾门控制系统位于陶城铺险工以下约 1km 处，控制水尺位于陶城铺险工 7 号坝坝头。对尾门水位的控制，试验中采取根据模型下段杨楼至丁庄护滩河段实测水面线，采用同比降外延的方法进行推算，一般以模型尾部段不出现明显壅水和降水为原则。推算出的陶城铺险工的水位，作为尾门水位的控制值，通过尾门水位控制系统自动控制。

3. 水沙条件

1）设计水沙过程

试验方案的水沙条件采用小浪底水库设计入库水沙系列经水库调节后的出库水沙（数学模型计算成果），伊洛河、沁河加水加沙采用相应的实测过程，引水引沙采用各河段的设计值。

试验水沙过程采用来水来沙偏枯的 1990 系列（1990～1999 年）前 7 年水沙过程。该系列进入下游水沙量统计见表 10.11，7 年进入下游年均水量为 246.8 亿 m^3，年均沙量为 3.21 亿 t，其中汛期年均水量为 94.2 亿 m^3，汛期年均沙量为 3.07 亿 t；小浪底进口 7 年总水量为 1576.9 亿 m^3，沙量为 21.98 亿 t，年均水量为 225.3 亿 m^3，年均沙量为 3.14 亿 t（小浪底水沙量统计具体见表 10.12）。

表 10.11　设计 1990 系列 7 年水沙量统计表

运用期		小浪底		黑石关		武陟		小浪底+黑石关+武陟	
		水量/亿 m^3	沙量/亿 t	水量/亿 m^3	沙量/亿 t	水量/亿 m^3	沙量/亿 t	水量/亿 m^3	沙量/亿 t
总量	汛期	565.9	20.97	61.2	0.25	33.1	0.21	660.2	21.43
	非汛期	1011.0	1.01	38.5	0.00	18.9	0.00	1068.4	1.01
	全年	1576.9	21.98	99.7	0.25	52.0	0.21	1728.6	22.44
年均	汛期	80.8	3.00	8.7	0.04	4.7	0.03	94.2	3.07
	非汛期	144.4	0.14	5.5	0.00	2.7	0.00	152.6	0.14
	全年	225.3	3.14	14.2	0.04	7.4	0.03	246.8	3.21

表 10.12　设计 1990 系列 7 年小浪底水沙量统计表

年	水量/亿 m^3			沙量/亿 t		
	汛期	非汛期	全年	汛期	非汛期	全年
1	87.62	194.51	282.13	1.77	0.41	2.18
2	43.28	108.86	152.14	0.38	0.36	0.74
3	84.87	181.16	266.03	5.99	0.06	6.05
4	102.55	132.98	235.53	1.19	0.05	1.24
5	83.88	124.26	208.14	3.30	0.04	3.34
6	73.84	140.92	214.76	1.97	0.05	2.02
7	89.81	128.33	218.14	6.37	0.04	6.41
合计	565.9	1011.0	1576.9	20.97	1.01	21.98
年均	80.8	144.4	225.3	3.00	0.14	3.14

2）设计水沙过程与原型水沙过程对比

该方案是当小浪底水库淤积量达到 42 亿 m^3 时，开始进行来大水伺机降水泄空冲刷；调控的上限流量为 3700 m^3/s，调控下限流量为 600m^3/s。图 10.19～图 10.25 点绘了 7 年调水调沙期及汛期设计水沙过程与原型水沙过程对比。可以看出，经小浪底水库调节后，试验设计流量过程呈现明显两极分化的特点，且大流量持续时间较长，沙峰与洪峰同步出现，小水带大沙概率比较小。

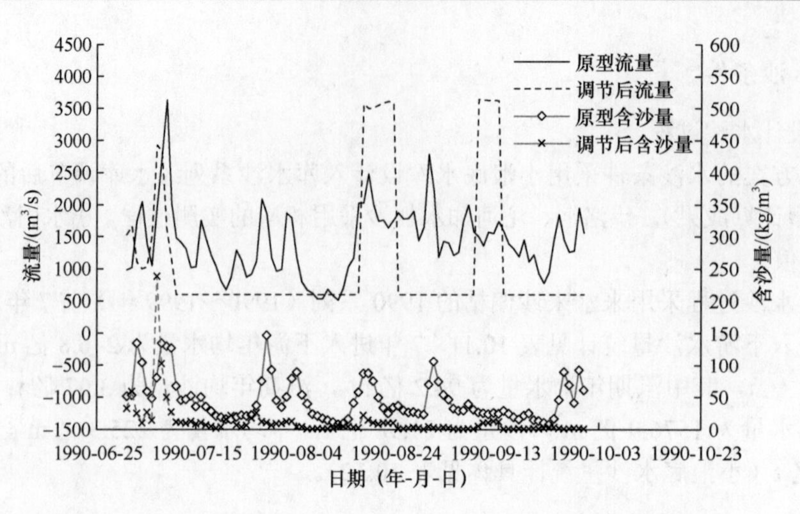

图 10.19　第 1 年调水调沙期及汛期设计水沙过程与原型水沙过程对比

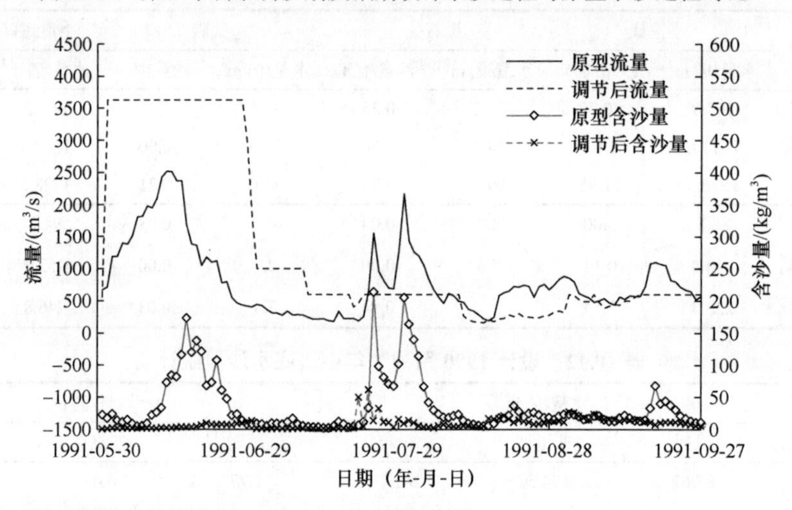

图 10.20　第 2 年调水调沙期及汛期设计水沙过程与原型水沙过程对比

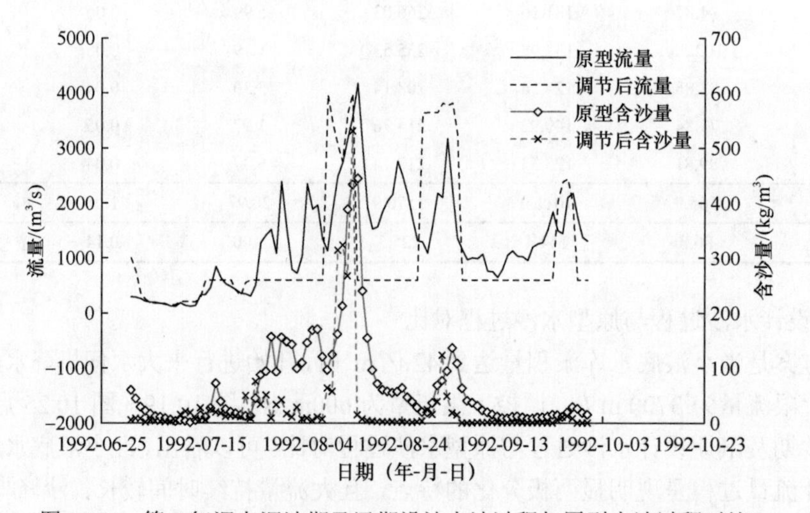

图 10.21　第 3 年调水调沙期及汛期设计水沙过程与原型水沙过程对比

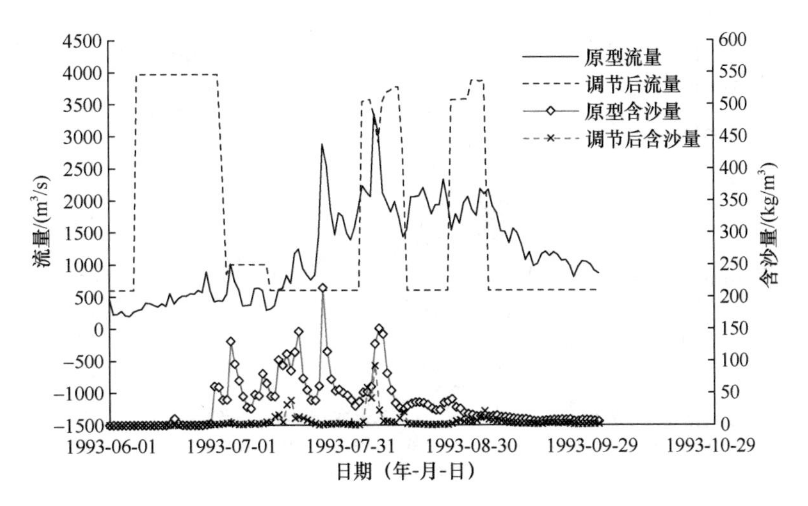

图 10.22　第 4 年调水调沙期及汛期设计水沙过程与原型水沙过程对比

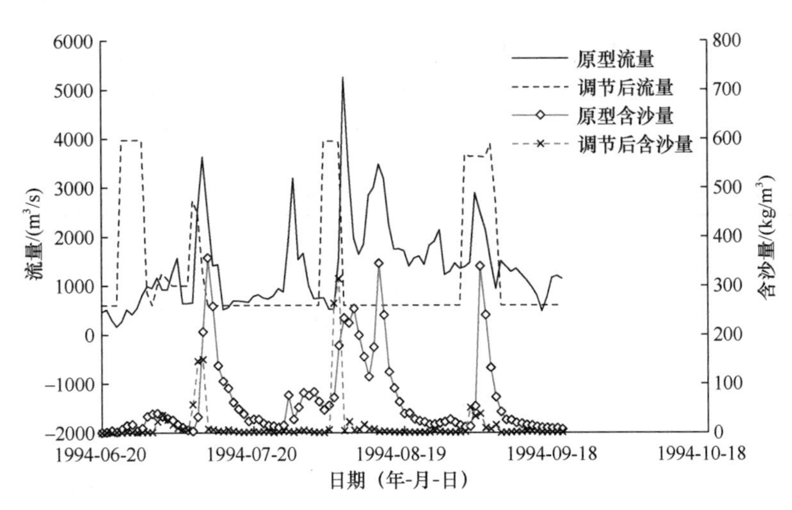

图 10.23　第 5 年调水调沙期及汛期设计水沙过程与原型水沙过程对比

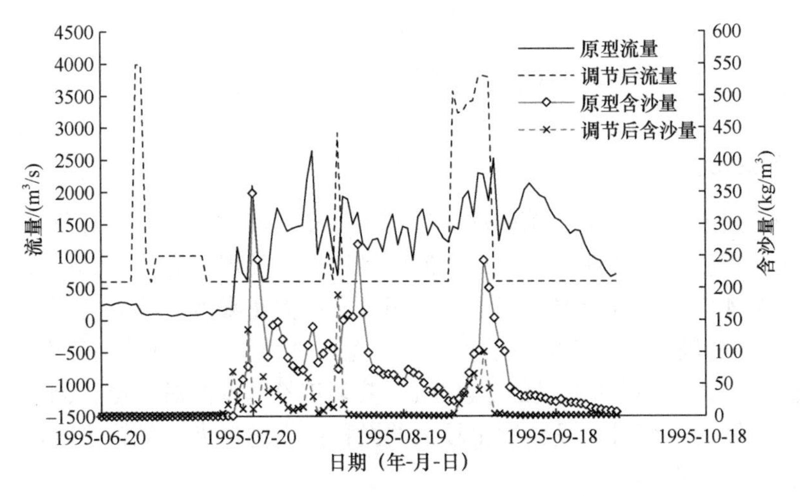

图 10.24　第 6 年调水调沙期及汛期设计水沙过程与原型水沙过程对比

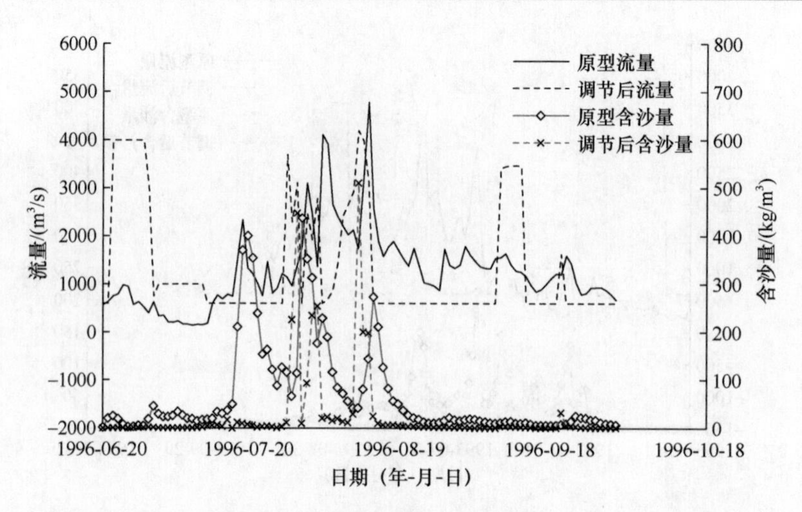

图 10.25　第 7 年调水调沙期及汛期设计水沙过程与原型水沙过程对比

表 10.13 为 7 年系列设计水沙过程小浪底站大于 3000m^3/s 流量级持续天数统计结果，可以看出，在 7 年系列流量大于 3000m^3/s 的总计 138 天，总水量为 443.4 亿 m^3，占小浪底汛期水量的 78.4%；其中持续 4 天以上的天数为 123 天，占 89.1%。

表 10.13　7 年系列设计水沙过程小浪底站大于 3000m^3/s 流量级持续天数统计表

持续情况	出现次数	持续总天数/d	持续情况	出现次数	持续总天数/d
持续 1 天	0	0	持续 7 天	1	7
持续 2 天	3	6	持续 8 天	3	24
持续 3 天	3	9	持续 9 天	2	18
持续 4 天	1	4	持续 21 天	1	21
持续 5 天	3	15	持续 28 天	1	28
持续 6 天	1	6	合计	19	138

10.2.2　模型试验结果

1. 冲淤变化

表 10.14 列出了 7 年水沙系列试验过程中每年断面法冲淤量的计算结果。可以看出，由于本次试验水沙条件有利，整个河段呈现冲淤互现的态势。其中，在水沙有利的第 2 年和第 4 年高村以上河段表现为冲刷状态；而在来沙量较大的第 3 年和第 7 年（图 10.26），高村以上河段表现为淤积状态，尤其是第 7 年，试验河段淤积量为 0.562 亿 t，占整个 7 年系列淤积总量的 244.3%；其余年份基本冲淤平衡。因此，当进口来沙量较大时，铁谢至高村河段会发生较大的淤积；当进口来沙量较小时，下游河道的淤积量也会相应减小。

表 10.14　小浪底水库运行方式二试验河段断面法逐年冲淤量统计表

年	白鹤至花园口	花园口至夹河滩	夹河滩至高村	高村以上
第 1 年	–0.116	0.077	0.073	0.034
第 2 年	–0.464	–0.116	–0.002	–0.582
第 3 年	0.03	0.105	0.081	0.216
第 4 年	–0.435	–0.311	0.396	–0.350
第 5 年	–0.219	0.261	0.106	0.148
第 6 年	0.158	0.067	–0.023	0.202
第 7 年	0.082	0.206	0.274	0.562
合计	–0.964	0.289	0.905	0.230

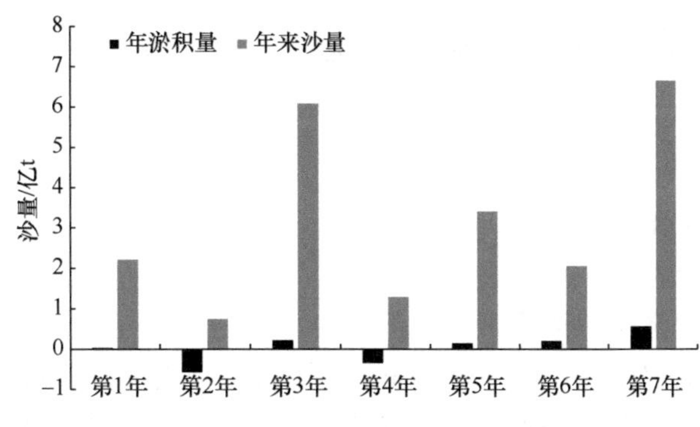

图 10.26　每年淤积量与来沙量对比

从表 10.14 还可以看出，本次 7 年水沙系列试验过程中，对高村以上河段淤积贡献最大的河段为夹河滩至高村河段。7 年试验前后该河段共淤积泥沙 0.905 亿 t，占全河段淤积总量的 393.5%。分析其原因，主要是小浪底水库调水调沙运用，在使黄河下游河槽的平滩流量增大的同时，也使各河段平滩流量的差值增大，夹河滩以上河段的平滩流量在 5000m^3/s 以上，而夹河滩以下平滩流量普遍小于 4000m^3/s。因此，面临进口施放的 4000m^3/s 左右的水沙过程，夹河滩以上水流基本不漫滩，水流集中在主河槽中，流速较大，因而淤积量较小；夹河滩以下水流开始漫滩，加之受上段河槽形态影响，进入夹河滩以下的沙量也较大，因而水流开始在夹河滩以下滩地大量落淤。

2. 断面形态调整

本次试验尽管部分河段河势摆动较大，河道的淤积量较大，但总体上来说，河槽断面形态变化不大。经统计，铁谢至花园口和夹河滩至高村河段河槽宽度为 1000m 左右；花园口至夹河滩河段主槽较宽，约 2000m。

断面形态系数是水沙条件与河床相互作用的结果，表 10.15 统计了黄河下游典型断面的断面形态系数（$\sqrt{B}/H$）。总体上来说，整个试验河段的断面形态系数变化不大。在来沙较大的年份（如第 3 年、第 7 年），夹河滩以上河段由于河势摆动、河槽淤积，形成了较为宽浅的河槽形态，断面形态系数有所增加；而夹河滩以下河段在来沙较大年份，由于河势稳定，河槽发生贴边淤积，逐渐变得窄深，断面形态系数反而有所减小。

表 10.15 黄河下游典型断面的断面形态系数（$\sqrt{B}/H$）

时间	裴峪断面	罗村坡断面	柳园口断面	东坝头断面	西堡城断面	高村断面
模型初始	7.02	9.00	11.23	9.11	9.70	8.89
一年后	5.89	8.28	8.29	8.12	8.78	8.55
两年后	5.72	8.22	11.61	5.28	10.14	8.66
三年后	5.35	10.81	10.80	4.85	7.34	8.24
四年后	5.22	9.30	13.52	3.26	5.13	8.77
五年后	5.62	11.17	10.20	3.27	5.30	7.84
六年后	5.59	7.98	12.26	3.78	5.42	8.66
七年后	6.17	8.97	11.91	4.36	5.21	7.92

10.2.3 试验河段的河势变化及河道整治工程约束性

1. 河势变化分析

1）小浪底至花园口河段

（1）小浪底至伊洛河口河段。

初始，白鹤至伊洛河口河段工程全部靠河，除赵沟工程、化工工程、大玉兰工程靠河着溜在工程中上部外，其他工程均在工程下首靠河着溜。试验前期（试验前 5 年，即 1990～1995 年，下同），该河段河势除化工工程、裴峪工程、大玉兰工程、神堤工程有明显上提外，其他河段河势变化不大。逯村工程、花园镇工程、开仪工程、赵沟工程等处，主流均表现为先上提，然后又下挫，总体上河势变化不大。化工工程、裴峪工程、大玉兰工程、神堤工程等处河势有明显上提。其中，化工工程主流顶冲点由初始时的 25 坝上提到 1995 年的 10 坝附近；裴峪工程主流呈逐年上提趋势，1993 年汛前，裴峪 11 坝以下靠河着流；神堤工程河势第 2 年即上提至 14 坝附近，第 3 年河势又下挫至 19 坝附近，以后变化不大。

试验后期（第 5 年至第 6 年，即 1995～1996 年，下同），该河段河势除大玉兰工程和神堤工程有明显上提外，其他河段河势变化均较小。具体来讲，逯村工程主流在 420m 的范围内南北往复摆动，主流仅在工程下首靠溜。花园镇工程、开仪工程、化工工程、裴峪工程主流均有上提下挫现象，但摆幅较小，最大摆动范围为 200～300m。相对而言，赵沟工程、大玉兰工程、神堤工程上提下挫幅度相对较大一些，赵沟工程第 6 年大幅上提至上延 6 坝以下靠溜，第 7 年又大幅下挫至 1 坝以下靠溜，之后河势又有所上提。神堤工程、大玉兰工程则总体呈上提趋势，至第 7 年，大玉兰工程 15 坝以下靠溜，神堤工程 11 坝以下靠溜。

整体来说，试验期间，该河段河势比较规顺，主流上提下挫均在工程控导范围之内。多数工程河势呈上提现象，工程靠河状况良好，靠溜长度基本达 1/2 以上。试验期间，该河段主流年最大摆幅达 360m，一般在 0～300m，主流年最大摆幅发生在裴峪断面附近（图 10.27）。

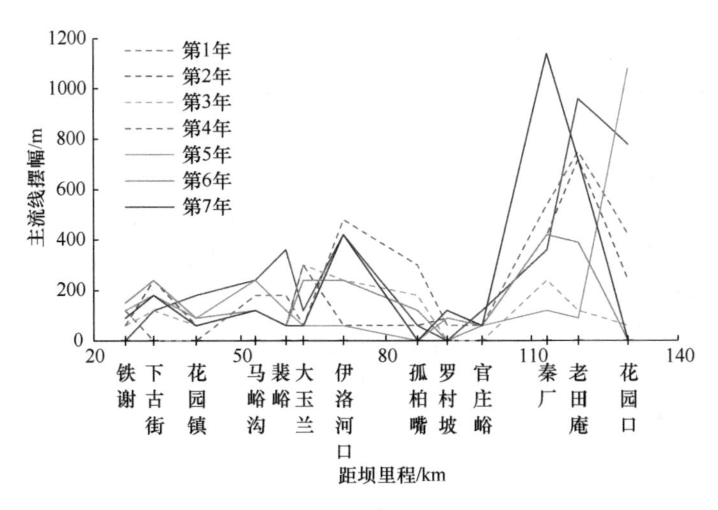

图 10.27　小浪底至花园口河段主流线摆幅

（2）伊洛河口至花园口河段。

伊洛河口至花园口河段由于现状控导工程不配套，因此初始流路与规划流路相比，差别较大。张王庄工程、保合寨工程不靠河，驾部工程、老田庵工程、马庄工程仅在工程下首靠河。

试验前期，该河段河势变化较大，由于初始时工程靠河状况较差，河势处于不断调整过程中，该河段主流摆动频繁，大部分工程主流呈下挫趋势。试验前期，随着神堤工程靠溜部位逐渐上提，导溜作用增强，受此影响，张王庄工程前主流逐年向北调整，试验进行到第 5 年，即 1995 年 6 月，张王庄工程下首约 1200m 靠溜。受上游河势摆动的影响，邙山山湾主流顶冲点总体上呈下挫趋势，初始时主流顶冲廖峪山湾，试验进行到第 5 年，即 1995 年 6 月，主流下挫至十里铺断面下游约 1000m 处入邙山山湾。以下大河沿邙山山湾和孤柏嘴工程下行。驾部工程第 1 年主流下挫，工程脱溜，第 2 年、第 3 年主流大幅上提，驾部工程 30 坝以下靠溜，第 4 年、第 5 年主流又发生下挫，第 5 年即 1995 年 6 月时，驾部工程仅在工程下首 3 道坝靠溜。受驾部工程河势下挫的影响，枣树沟工程河势总体上呈下挫趋势，试验进行到第 5 年，即 1995 年 6 月，枣树沟工程仅在下首 300m 护岸靠溜。初始时东安工程不靠溜，随着主流淘刷滩岸逐渐北摆，第 1 年东安工程中上部先靠溜，第 2 年由于河势摆动，东安工程下部靠溜，之后随着河势的进一步上提，东安工程中上部以下全部靠溜。桃花峪至马庄河段，试验前期主流总体上呈下挫趋势。试验进行到第 3 年，即 1993 年 6 月，桃花峪工程即开始脱溜，之后两年工程一直处于脱溜状况。老田庵工程主流先上提，之后又下挫，试验第 4 年、第 5 年工程脱溜。试验前期，保合寨工程、马庄工程均不靠溜，主流在两工程之间往复摆动。花园口险工试验前两年下挫，下挫最大时花园口险工脱溜，之后三年基本上呈上提趋势，试验进行到第 5 年，花园口险工 94 坝以下靠溜。

试验后期，伊洛河口至花园口河段，除东安工程和花园口险工河势下挫外，其他工程河势均呈上提趋势。张王庄工程、邙山山湾入流处、驾部工程主流呈逐年上提趋势。其中，试验进行到第 7 年，即 1997 年 6 月，上提幅度较大，张王庄工程上提达 1000m，邙山山湾入流处主流上提达 1200m，驾部工程主流上提达 1300m。枣树沟工程河势总体上呈上提趋势，但上提幅度不大，与第5年相比，试验后期，枣树沟工程主流上提达300m。东安工程主流呈逐年下挫态势，年均下挫达400m。老田庵工程河势呈逐年上提趋势，试验进行到第7年，老田庵工程28坝以下靠溜。保合寨工程前主流逐渐南摆，试验结束时，保合寨工程31坝以下靠河，其下首离主流仅有230m。马庄工程第5至第6年主流南摆。花园口险工第6至第7年主流基本上呈上提趋势，上提最大时花园口险工97坝以下靠溜。

从整个试验过程来看，伊洛河口至花园口河段河势变化相对较大，该河段内河势一直处于调整过程中。张王庄工程逐渐靠溜，且流路趋于规划流路，驾部至东安河段，试验前期河势变化不大。试验期间，该河段主流年最大摆幅达1140m，一般在0～800m，主流年最大摆幅发生在秦厂断面附近（图10.27）。

2）花园口至东坝头河段

（1）花园口至赵口河段。

初始时，花园口至赵口河段的多数工程靠溜均比较到位。试验初期，该河段河势总体上呈上提态势。

试验初期，受花园口险工河势上提的影响，双井工程前三年河势有所下挫，之后两年河势又大幅上提，至试验第5年，即1995年，双井工程仅在1坝以下靠溜。试验初期，马渡险工河势变化不大，主流前三年下挫，之后两年上提，年最大摆幅在300m左右。武庄工程主流总体呈上提趋势，试验第5年武庄工程16垛以下靠溜，较初始时主流上提2000m左右。

试验后期，受花园口险工靠溜不稳的影响，双井工程、马渡工程主流逐年下挫，试验第7年双井工程、马渡工程主流分别下挫至5坝、46坝以下靠溜。武庄工程河势总体呈下挫趋势，试验进行到第7年，武庄工程4坝以下靠溜。赵口工程试验第6年、第7年主流有所上提，河势总体变化不大。

总的来说，试验期间，花园口至赵口河段工程靠河状况较好，双井至赵口河段主流均在工程控导范围内，河势虽有上提下挫，但变幅都不是很大。试验期间，该河段主流年最大摆幅达1230m，一般在0～500m，主流年最大摆幅发生在八堡断面附近（图10.28）。

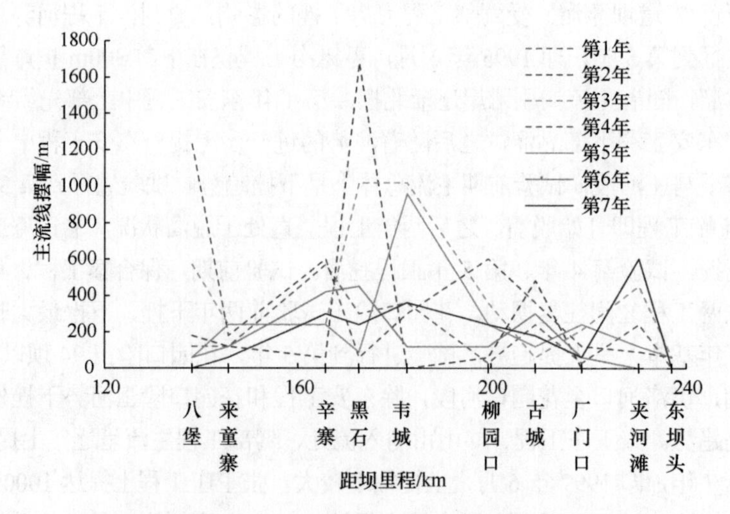

图10.28 花园口至东坝头河段主流线摆幅

（2）赵口至黑岗口河段。

试验前期，赵口至黑岗口河段河势演变剧烈，主流横向摆幅较大，但流路较初始时总体趋好。

由于该河段初始流路与规划流路相差较大，初始时毛庵工程、三官庙工程、韦滩工程均不靠河，九堡下延工程仅在工程下首靠河，只有黑岗口工程靠溜比较到位。试验前期，毛庵工程主流逐年北摆趋向规划流路，试验第2年毛庵工程下首即开始靠河，试验第5年毛庵工程11坝以下靠河着溜。受毛庵工程靠河导流作用的影响，试验前期，九堡下延工程河势总体趋向规划流路，试验第5年九堡下延工程139坝以下靠河着溜。九堡向下游的初始河床呈一畸型河湾，大河在九堡下游滩地坐弯后折转横向顶冲三官庙工程前滩地，之后从三官庙工程下首滑过。试验前期，三官庙工程前主流逐年北摆趋向三官庙工程，试验第3年三官庙工程23坝以下靠河着溜，第5年三官庙工程河势下挫至25坝以下靠溜。初始时，韦滩工程前主流靠北岸黑石工程，试验前期主流逐渐南摆，试验第4年（1994年）韦滩工程下首3200m靠溜，第5年（1995年）主流上提至工程下首2000m靠溜。受主流频繁摆动的影响，徐庄工程时靠时脱，大张庄工程靠溜也不稳，上提下挫交替进行，受此影响，河势一直很稳定的黑岗口工程在第3年、第4年河势发生大幅下挫，下挫最大时仅在下延工程下首3道坝靠溜，但之后第5年主流又大幅上提，试验前期黑岗口工程主流总体上呈下挫趋势。

试验后期，毛庵工程、九堡下延工程、韦滩工程、大张庄工程主流虽有上提下挫，但总体变幅均不大。三官庙工程第6至第7年主流上提幅度较大。黑岗口工程河势总体上呈先上提后下挫趋势，试验结束时，黑岗口工程全线靠溜。

综合7年河势变化情况看，赵口至黑岗口河段前5年河势变化较快，九堡下延工程、三官庙工程、韦滩工程河势逐年上提并在前5年内基本接近规划流路，试验中后期工程靠河状况较好，多数工程试验结束时靠溜在工程中上部。试验期间，该河段主流年最大摆幅达1680m，一般在0～600m，主流年最大摆幅发生在黑石断面附近（图10.28）。

（3）黑岗口至东坝头河段。

试验前期，黑岗口至东坝头河段河势总体呈下挫态势。初始时该河段贯台工程不靠河，柳园口险工在工程下首靠河，其他工程靠河着溜状况较好。试验前期，受黑岗口工程靠溜不稳的影响，顺河街工程河势基本呈逐年下挫的趋势，试验第3年（1993年）时，顺河街工程18坝以下靠溜，试验第5年时，主流下挫至工程下首的100m潜坝处靠溜。柳园口工程试验前期总体上呈下挫趋势，试验第3年河势大幅上提，柳园口险工39坝以下靠溜，之后河势发生逐年下挫，试验第5年柳园口险工脱溜。受柳园口浮桥路堤挑流的影响，试验前期大宫工程靠河着溜点下挫幅度较小，试验第5年大宫工程主流着溜点由14坝以下的王庵下4坝下挫至下17坝。试验前期王庵工程、古城工程、曹岗工程、欧坦工程主流均发生了大幅下挫，试验第5年，王庵工程主流着溜点由初始时的14坝下挫至18坝，古城工程主流着溜点由初始时的11坝下挫至22坝，曹岗工程主流着溜点由初始时的23坝下挫至下延7坝，欧坦工程主流着溜点由初始时的25坝下挫至32坝。试验前期，府君寺工程、东坝头工程主流也发生了一定幅度的下挫，下挫幅度在200～300m。

试验后期，黑岗口至东坝头河段主流总体上呈上提趋势。顺河街工程、柳园口工程主流上提幅度较大；大宫工程、王庵工程、古城工程、府君寺工程河势变化均不大；曹岗工程、欧坦工程、东坝头工程发生了一定幅度的下挫，下挫幅度在200～300m。

总的来说，七年试验期间，黑岗口至东坝头河段河势变化剧烈，主流上提下挫幅度较大，工程靠河状况在后期逐渐趋好。试验前期，黑岗口至东坝头河段主流总体发生一定幅度下挫，试验中后期大部分工程河势逐渐上提，工程靠河状况逐渐趋好。试验期间，该河段主流年最大摆幅达 600m，一般在 0～300m，主流年最大摆幅发生在夹河滩断面附近（图 10.28）。

3）东坝头至高村河段

总体上看，东坝头至高村河段河势的演变速度较慢，河势基本稳定，工程的控导作用较好。但局部河段也有河势调整相对大且速度快的现象，主流在工程处有明显的下挫现象。试验期间，该河段主流年最大摆幅达 660m，一般在 0～500m，主流年最大摆幅发生在禅房断面附近（图 10.29）。

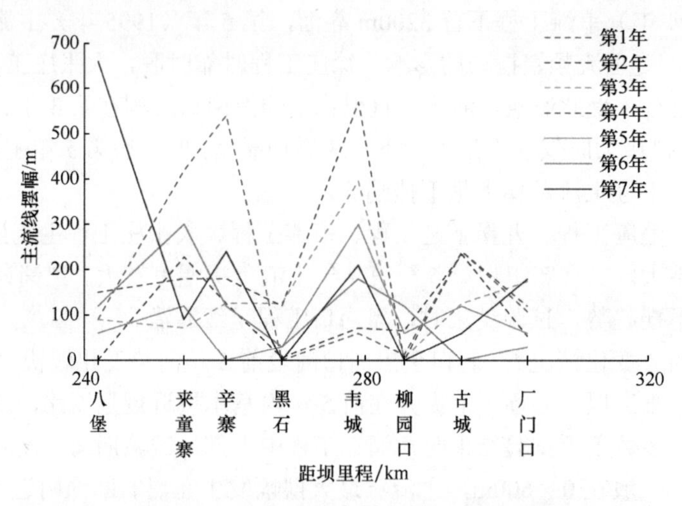

图 10.29 东坝头至高村河段主流线摆幅

试验前期，东坝头险工主流发生下挫，受主流顶冲，杨庄险工下游滩地逐渐坍塌后退，试验第 4 年（1994 年）洪峰期，大河流量为 $4000m^3/s$ 时，约有 15%水流在杨庄险工与蔡集工程之间冲破生产堤，拉沟成槽，分溜夺河，大有滚河之势，洪水直趋四明堂险工。漫滩水流在王夹堤工程背后的东明滩汇集后，沿滩地低洼地带行至老君堂工程上下时汇入大河。试验前期，禅房工程主流呈下挫趋势，且下挫幅度相对较大，最大下挫幅度达 400m，试验第 5 年禅房工程 20 坝以下靠溜。受此影响，蔡集工程河势也发生了下挫，但下挫幅度较小。大留寺工程、王高寨工程、周营工程、老君堂工程河势变化不大，主流均有所下挫。试验前期，于林至高村河段河势发生了一定幅度下挫。与初始时相比，于林工程试验第 5 年主流着溜点由初始时的 17 坝下挫至 19 坝着溜，霍寨险工主流着溜点由初始时的霍寨险工 15 坝下挫至堡城险工 1 坝，青庄险工由初始时的 3 坝着溜下挫至 7 坝着溜，高村险工则由初始时的 16 坝着溜下挫至 20 坝着溜。

试验后期，除禅房工程、蔡集工程、于林工程河势发生大幅下挫外，其他工程河势虽有上提下挫，但变幅均不大。试验第 6 年（1996 年）洪峰期，从杨庄险工下游漫向兰东滩的水流逐渐减小至 5%，之后在非汛期，通向兰东滩的串沟逐渐被淤塞，水流全部回归大河。试验中后期，禅房工程主流发生大幅下挫，试验第 7 年，禅房工程 34 坝以下靠溜。受此影响，蔡集工程主流由第 5 年时的上延 50 坝靠溜下挫至蔡集工程 27 坝以下靠溜。大留寺至老君堂河段，河势虽有下挫，但变幅均较小，大部分工程靠溜长度都在 2/3 以上。堡城至高村河段主流也发生了一定程度的下挫，但下挫幅度不大。

2. 工程靠溜情况

从试验洪峰期间工程靠溜情况看（表 10.16），试验水沙条件下，小浪底至陶城铺大部分河段河势比较稳定，工程靠溜情况较好，试验前不靠河的工程，经过调整逐渐靠溜并发挥控导作用。

表 10.16　试验不同时期工程靠溜情况统计表

序号	工程名称	1991-06-03	1993-06-10	1994-06-25	1995-06-27	1996-06-23	1997-06-26
		3700m³/s	4000m³/s	4000m³/s	4000m³/s	4000m³/s	4000m³/s
1	铁谢	16 垛～6 护	16 垛～6 护	16 垛～6 护	16 垛～6 护	16 垛～10 护	16 垛～10 护
2	逯村	36 坝以下	35 坝以下	29 坝以下	35 坝以下	28～36 坝	34～37 坝
3	花园镇	26 坝以下	23 坝以下	21 坝以下	24 坝以下	20 坝以下	18 坝以下
4	开仪	29 坝以下	33 坝以下	31 坝以下	31 坝以下	32 坝以下	31 坝以下
5	赵沟	上 4～10 坝	上 7～12 坝	上 1～10 坝	上 1～14 坝	上 7～14 坝	1～13 坝
6	化工	20 坝以下	25 坝以下	27～33 坝	9 坝以下	10 坝以下	6 坝以下
7	裴峪	25 坝以下	11 坝以下	14 坝以下	10 坝以下	10～25 坝	10 坝以下
8	大玉兰	30 坝以下	32 坝以下	24 坝以下	18 坝以下	16 坝以下	15 坝以下
9	神堤	14 坝以下	17 坝以下	15 坝以下	14 坝以下	19 坝以下	11～22 坝
10	张王庄	—	—	—	3500m 以下	3500m 以下	1300m 以下
11	孤柏嘴	1000m 以下	2600m 以下	1300m 以下	500m 以下	800m 以下	1400m 以下
12	驾部	～	28 坝以下	34 坝以下	37 坝以下	40 坝	20 坝以下
13	枣树沟	15～21 坝	36 坝以下	34 坝以下	34 坝以下	36 坝以下	31 坝以下
14	东安	700～2400m	2300m 以下	2200m 以下	2400m 以下	3000m 以下	3100m 以下
15	桃花峪	26～33 坝	—	—	—	—	25 坝以下
16	老田庵	16 坝以下	25 坝以下	—	—	—	28 坝以下
17	保合寨	—	—	—	—	—	—
18	马庄	—	—	—	8 坝以下	8 坝以下	—
19	花园口	东 7～东 8 坝	112～东 8 坝	97 坝以下	94～127 坝	116 坝以下	东 6 坝以下
20	双井	21 坝以下	26 坝以下	4 坝以下	1 坝以下	8 坝以下	5 坝以下
21	申庄	—	—	—	—	—	—
22	马渡	44 坝以下	86 坝以下	52 坝以下	22 坝以下	24 坝以下	46 坝以下
23	武庄	护岸中下部以下	7 坝以下	护岸上部以下	16 垛以下	护岸上部以下	4 坝以下
24	三坝	—	—	—	—	—	—
25	杨桥	—	—	—	—	—	—
26	万滩	—	—	—	—	—	—
27	赵口	18～37 坝，下延 11～12 坝	12 坝～下延 12 坝	18 坝～下延 12 坝	8 坝～下延 12 坝	10 坝～下延 12 坝	12～43 坝

续表

序号	工程名称	1991-06-03 3700m³/s	1993-06-10 4000m³/s	1994-06-25 4000m³/s	1995-06-27 4000m³/s	1996-06-23 4000m³/s	1997-06-26 4000m³/s
28	毛庵	—	14～19 坝	19 坝以下	11 坝以下	16 坝以下	12～22 坝
29	九堡	—	127 坝以下	148 坝	139 坝以下	121 坝以下	128 坝以下
30	三官庙	—	23 坝以下	24 坝以下	25 坝以下	16 坝以下	5 坝以下
31	黑石	24 坝以下	—	—	—	—	—
32	韦滩	—	—	3200m 以下	2000m 以下	2700m 以下	1500m 以下
33	徐庄	—	1～3 坝	—	—	—	—
34	大张庄	15 坝以下	—	1～14 坝	3 坝以下	8～15 坝	1～10 坝
35	三教堂	—	—	—	—	—	—
36	黑上延	15 坝以下	—	—	20 坝以下	17 坝以下	—
37	黑岗口	下延 1 坝以下	下延 7 坝以下	下延 10～13 坝	37 坝～ 下延 13 坝	29 坝～ 下延 13 坝	35 坝～ 下延 13 坝
38	顺河街	15～19 坝， 31～37 坝	18 坝以下	37 坝	35 坝以下	17 坝以下	29 坝以下
39	高朱庄	—	—	—	—	—	—
40	柳园口	4 支坝	1～4 支坝	3～4 支坝	—	4 支坝	35 坝～4 支坝
41	大宫	14 坝以下	15 坝以下	12 坝以下	13 坝以下	14 坝以下	12 坝以下
42	王庵	14～21 坝	27 坝以下	28 坝以下	16 坝以下	27 坝以下	25 坝以下
43	古城	下 4 坝以下	下延 20 坝以下	下延 26 坝	下 20 坝以下	下 17 坝以下	—
44	府君寺	15～22 垛	18 垛以下	21 垛以下	19 垛以下	22 垛以下	22 垛以下
45	曹岗	24～33 坝	30 坝～下 18 坝	下延 7～10 坝	下延 6 坝以下	下延 15 坝以下	下延 16 坝以下
46	欧坦	30 坝以下	—	—	31 坝以下	—	—
47	贯台	—	—	—	—	—	—
48	夹河滩	—	—	—	—	—	—
49	东控导	5 坝以下	3 坝以下	4 坝以下	3 坝以下	3 坝以下	4 坝以下
50	东坝头险工	18 垛以下	18 垛以下	25 垛以下	15 垛以下	18 垛以下	22 垛以下
51	杨庄	—	—	—	—	—	—
52	禅房	18 坝以下	25 坝以下	21 坝以下	20 坝以下	27 坝以下	34 坝以下
53	蔡集	55～49 坝， 22 坝以下	18 坝以下	26 坝以下	49～51 坝， 25 坝以下	26 坝以下	27 坝以下
54	王夹堤	1 坝以下	1 坝以下	1 坝以下	1 坝以下	1 坝以下	1 坝以下
55	四明堂	—	—	—	—	—	—
56	大留寺	31 坝以下	28 坝以下	33 坝以下	29 坝以下	32 坝以下	38 坝以下
57	单寨	—	—	—	—	—	—
58	马厂	—	—	—	—	—	—
59	大王寨	—	—	—	—	—	—
60	王高寨	17 坝以下	20 坝以下	15 坝以下	16 坝以下	17 坝以下	23 坝以下
61	辛店集	1 坝以下	1 坝以下	1 坝以下	1 坝以下	1 坝以下	1 坝以下
62	周营	上 12 坝以下	上 13 坝以下	上 10 坝以下	上 12 坝以下	上 12 坝以下	上 15 坝以下
63	老君堂	24 坝以下	20 坝以下	26 坝以下	22 坝以下	25 坝以下	24 坝以下
64	于林	17 坝以下	16 坝以下	16 坝以下	19 坝以下	14 坝以下	15 坝以下

续表

序号	工程名称	1991-06-03	1993-06-10	1994-06-25	1995-06-27	1996-06-23	1997-06-26
		3700m³/s	4000m³/s	4000m³/s	4000m³/s	4000m³/s	4000m³/s
65	黄寨	—	—	—	—	—	—
66	霍寨	15 坝以下	—	—	—	—	—
67	堡城	1～11 坝	3～11 坝	7～12 坝	3～13 坝	1～15 坝	1～18 坝
68	三合村	—	—	—	—	—	—
69	青庄	7～11 坝	9 坝以下	8～11 坝	7～11 坝	6～11 坝	4～13 坝
70	高村	16～27 坝	21～27 坝	18～27 坝	13～27 坝	18～27 垛	20～32 坝

10.2.4　水沙搭配合理性及河道输沙能力提升

1. 水沙搭配合理性分析

为了对比分析模型试验采用水沙过程水沙搭配的合理性，图 10.30 点绘了本次模型试验每年汛期进口来沙系数与试验河段冲淤量的关系，作为对比，图中同时点绘了原型 1952～1990 年历年河道淤积与汛期来水来沙的对应变化关系。

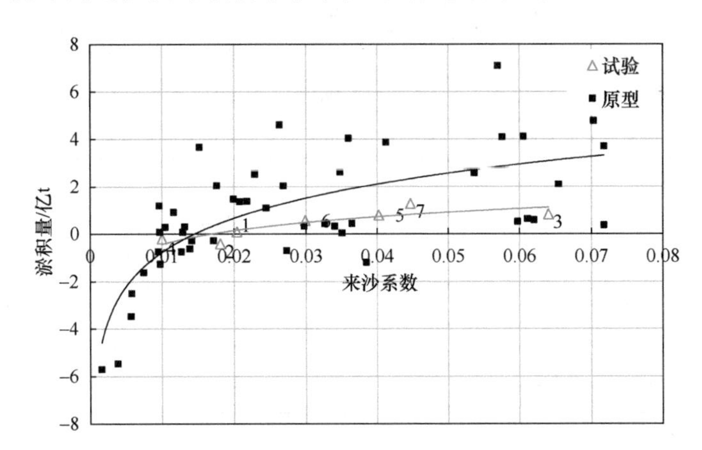

图 10.30　黄河下游小浪底至孙口历年河道淤积与汛期来水来沙的对应变化关系

从图 10.30 可以看出，与原型数据相类比，试验结果有以下特点：

（1）在进口来沙系数较小（小于 0.013 左右）时，试验数值略高于原型，说明在此情况下水库调节后的水沙过程对下游的冲刷小于原型。究其原因，主要是在相同的来沙系数下，原型每年来水量普遍大于模型，特别是原型进口来沙系数小于 0.006 时，冲刷较大的 4 个数据点是 1961～1964 年，正是三门峡水库运行后的拦沙期，其中 1964 年汛期的来水量高达 487.9 亿 m^3，最小来水量也在 225 亿 m^3 以上，而模型汛期来水量最大也仅 156.7 亿 m^3。

（2）在进口来沙系数大于 0.013 以后，试验数据点都低于原型平均趋势线，说明在此情况下水库调节后的水沙过程要优于当年原型实际，在试验河段造成的淤积量较小。

（3）实验数据冲淤平衡点较原型偏大，即冲淤平衡时，试验来沙系数较原型偏大，也就是说，水库调节后的水沙过程要优于当年原型实际，试验河段水库调节后的水流过程挟沙能力要优于当年原型实际。

2. 输沙能力变化

本次试验对含沙量、相应泥沙级配及沿程流速、水深等参数进行详细监测。表 10.17 对流量为 4000m^3/s 左右条件下花园口、夹河滩和高村 3 个断面的平均流速、平均水深、平均含沙量及相应泥沙级配等参数进行整理，并采用张红武公式计算了相应挟沙能力[参见式（8.23）]。

表 10.17　9 组模型试验实测河道挟沙能力变化情况

试验阶段	年	序号	站点	平均流速/(m/s)	平均水深/m	平均含沙量/(kg/m^3)	温度/℃	中值粒径 d_{50}/mm	平均粒径 d_{pj}/mm	挟沙能力 S_*/(kg/m^3)
试验初期	第 1 年	1	花园口	1.91	2.49	19.5	20.1	0.018	0.031	20.0
			夹河滩	1.87	4.34	21.6	20.5	0.022	0.041	10.9
			高村	1.70	3.13	17.8	20.5	0.015	0.027	15.3
	第 3 年	2	花园口	1.38	2.21	24.5	19.5	0.030	0.045	9.3
			夹河滩	2.10	4.03	23.9	19.6	0.023	0.038	16.8
			高村	1.67	3.07	22.0	20	0.019	0.032	14.3
		3	花园口	1.96	3.14	12.9	19.2	0.028	0.041	11.2
			夹河滩	2.20	3.50	19.1	19.2	0.026	0.041	16.1
			高村	2.06	3.68	10.8	20	0.015	0.029	13.8
	第 4 年	4	花园口	1.71	1.98	1.4	20.4	0.026	0.039	5.9
			夹河滩	1.96	3.02	20.9	20.8	0.026	0.042	14.2
			高村	1.92	3.16	7.4	21.2	0.018	0.029	11.8
试验后期	第 5 年	5	花园口	1.86	2.41	33.4	20.5	0.015	0.029	29.1
			夹河滩	1.78	2.86	31.4	20.5	0.012	0.020	35.7
			高村	1.78	3.14	19.2	21.2	0.012	0.025	18.0
	第 6 年	6	花园口	2.26	2.42	41.7	22.4	0.012	0.021	66.6
			夹河滩	1.96	2.55	41.4	23.7	0.012	0.018	59.5
			高村	1.83	2.78	32.2	24.2	0.012	0.023	31.2
		7	花园口	2.06	3.18	40.7	22.4	0.012	0.022	47.0
			夹河滩	1.88	3.22	28.9	23.7	0.010	0.017	40.8
			高村	1.86	3.21	43.9	24.3	0.011	0.023	36.7
		8	花园口	1.63	1.86	16.3	22.5	0.028	0.042	11.2
			夹河滩	1.95	3.24	19.1	23.1	0.021	0.031	17.0
			高村	1.87	2.82	22.8	24	0.019	0.031	19.0
	第 7 年	9	花园口	1.10	2.35	25.2	22	0.017	0.024	11.3
			夹河滩	1.80	3.16	27.9	22.3	0.017	0.029	20.1
			高村	1.66	3.10	33.8	23.5	0.015	0.027	20.9

将 9 组沿程挟沙能力点绘至图 10.31。可以看出，沿程花园口、夹河滩和高村断面的挟沙力第 1 至第 4 年点群基本处于第 5 至第 7 年点群下方。根据前面河势分析可知，试验初期河势调整较快，前 5 年内基本接近规划流路，工程靠溜良好。前 4 年处于河势调整过程中，水流流路还未调整至规划流路，其沿程挟沙能力较弱，即图 10.31 中第 1 至第 4 年点群靠下；而从第 5 年开始，水流基本接近规划流路，工程靠溜良好，工程对水流的约束力加强，河道的挟沙能力相对前 4 年也相应增强，因此第 5 至第 7 年沿程挟沙能力点群较第 1 至第 4 年点群偏上。

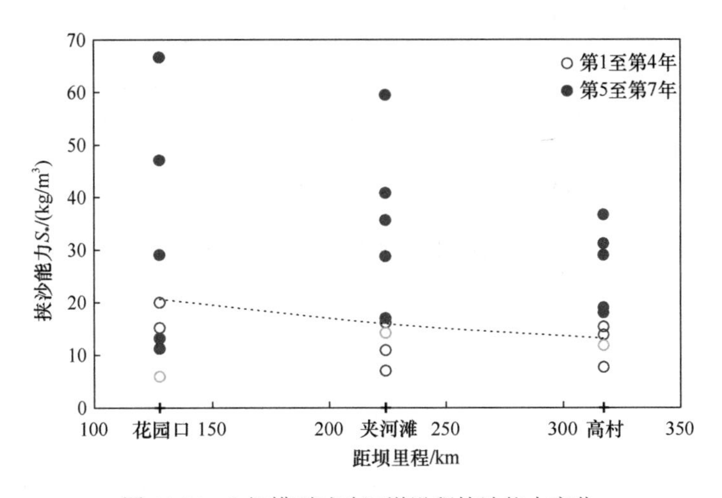

图 10.31　9 组模型试验河道沿程挟沙能力变化

由前述水沙条件可知，试验初期，第 3 年汛期水沙量分别为 84.87 亿 m^3 和 5.99 亿 t，最大流量为 3989m^3/s，最大含沙量为 531kg/m^3；河势归顺后，第 7 年汛期水沙量分别为 89.81 亿 m^3 和 6.37 亿 t，最大流量为 4191m^3/s，最大含沙量为 510kg/m^3，两个年份汛期水沙条件比较接近（表 10.18）。

表 10.18　小浪底第 3 年和第 7 年水沙量及特征值

年	水量/亿 m^3			最大流量 Q_{max}/（m^3/s）	沙量/亿 t			最大含沙量 S_{max}/（kg/m^3）
	汛期	非汛期	全年		汛期	非汛期	全年	
第 3 年	84.87	181.16	266.03	3989	5.99	0.06	6.05	531
第 7 年	89.81	128.33	218.14	4191	6.37	0.04	6.41	510

试验初期的第 3 年与河势归顺后的第 7 年沿程挟沙能力对比见图 10.32 和表 10.19。

从表 10.19 可以看出，试验初期，第 3 年模型实测 4000m^3/s 左右条件下有两组数据，第一组下沿程花园口、夹河滩和高村断面的挟沙能力分别为 9.3kg/m^3、16.8kg/m^3 和 14.3kg/m^3，第二组下沿程花园口、夹河滩和高村断面的挟沙能力分别为 11.2kg/m^3、16.1kg/m^3 和 13.8kg/m^3，下沿程花园口、夹河滩和高村断面的挟沙能力两次水流平均分别为 10.3kg/m^3、16.5kg/m^3 和 14.1kg/m^3；河势归顺后，第 7 年模型实测 4000m^3/s 左右条件下有一组数据，下沿程花园口、夹河滩和高村断面的挟沙能力分别为 11.3kg/m^3、20.1kg/m^3 和 20.9kg/m^3，对比两年沿程挟沙能力，花园口、夹河滩和高村断面的挟沙

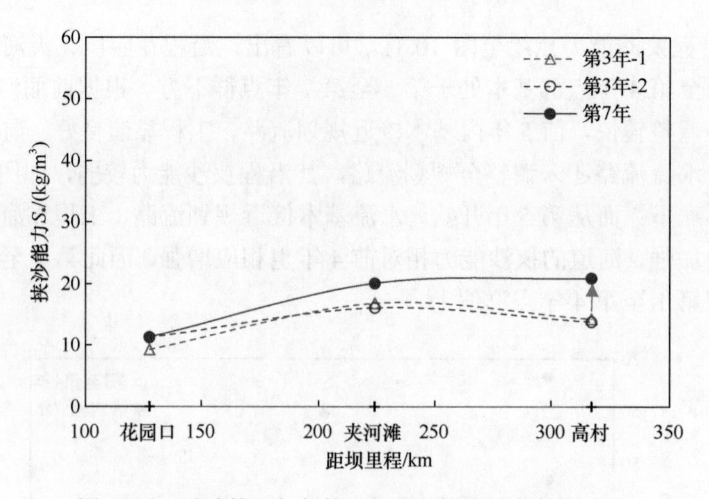

图 10.32 试验第 3 年与第 7 年沿程挟沙能力变化对比

表 10.19 试验初期的第 3 年与河势归顺后的第 7 年沿程挟沙能力对比

年	组次	挟沙能力 S_*/（kg/m^3）		
		花园口	夹河滩	高村
第 3 年	2	9.3	16.8	14.3
	3	11.2	16.1	13.8
	平均	10.3	16.5	14.1
第 7 年	9	11.3	20.1	20.9
挟沙能力提高倍数		0.10	0.22	0.48

能力分别提高了 0.10 倍、0.22 倍和 0.48 倍。分析其原因，由于试验初始整体河势散乱，第 3 年处于试验初期，河势处于快速调整状态，工程靠河情况不好，对水流约束力较差，水流挟沙能力较弱；第 7 年为试验后期，河势较为归顺，工程靠河情况较前期有所改善，对水流约束力较好，与第 3 年相比，相同水沙条件下，河道挟沙能力平均提高 0.27 倍。

10.2.5 游荡性河道河势稳定控制理论与技术体系原型检验

本节通过将自然模型试验、理论研究与计算方法探讨、资料分析、系统优化模型计算等手段有机结合，研究并建立了游荡性河道河势稳定控制理论与技术体系，为河流治理工程建设提供了科学依据与理论支撑。经过 2018～2020 年 3 年建设与运行的检验，河道过流能力提升，河势明显改善，滩区及河口生态环境持续向好，社会经济效益显著。

1. 2018～2020 年 3 年工程建设及运行情况

近些年黄河下游游荡性河段主要建设内容包括河道整治工程续建、改建，主要建设工程包括赵沟-17～-19 坝、裴峪-11～-12 坝、金沟 27～34 坝、东大坝下延 500m 潜坝、九堡下延 500m 潜坝、马渡下延 500m 潜坝等（图 10.33 和图 10.34）。

图 10.33　九堡下延潜坝河势

图 10.34　马渡下延潜坝河势

自 20 世纪 90 年代以来，黄河下游多年连续的枯水过程与现有河道整治工程布局不完全适应，对河势稳定控制带来了新的挑战。小浪底水库的修建为下游河势稳定控制提供了有力的调控工具，根据 2010～2017 年小浪底水库水沙优化计算结果可知，在来水条件允许的年份，汛期塑造不少于 2 天 4000m^3/s 左右的流量过程，有利于归顺河势，实现水沙过程与工程布局的和谐。

项目执行期 2018～2020 年，黄河下游汛期来水普遍偏丰，6～8 月小浪底水库入库径流量分别达到 135 亿 m^3、151 亿 m^3 和 185 亿 m^3。在有利的来水条件下，黄河水利委员会采纳项目组研究成果，塑造长历时大流量过程出库，具体调度历程如下。

2018 年汛期，小浪底水库下泄大流量于 7 月 4 日开始，视情况控制花园口水文站流量从 1400m^3/s 逐步加大至 4000m^3/s，洪峰流量为 4340m^3/s，大于 4000m^3/s 流量持续约 114h（图 10.35）。

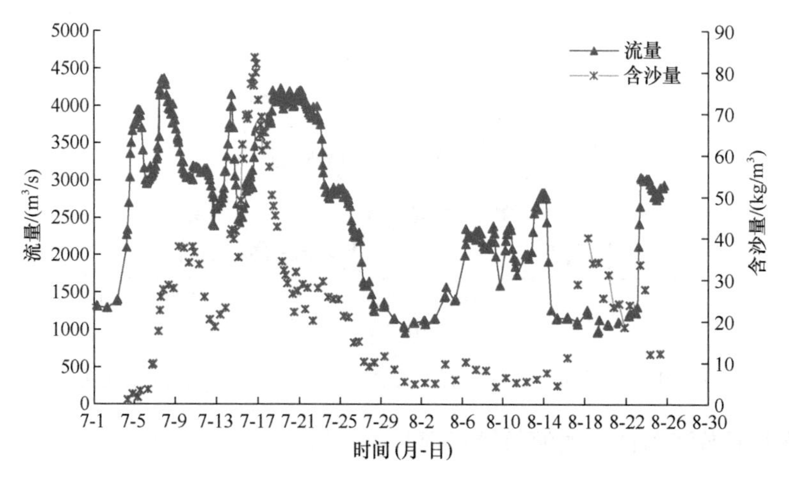

图 10.35　花园口 2018 年汛期水沙过程

2019 年汛期，小浪底水库下泄大流量于 6 月 21 日开始，视情况控制花园口水文站流量从 1630m^3/s 逐步加大至 4000m^3/s，洪峰流量为 4270m^3/s，4000m^3/s 流量持续约 192h（图 10.36）。

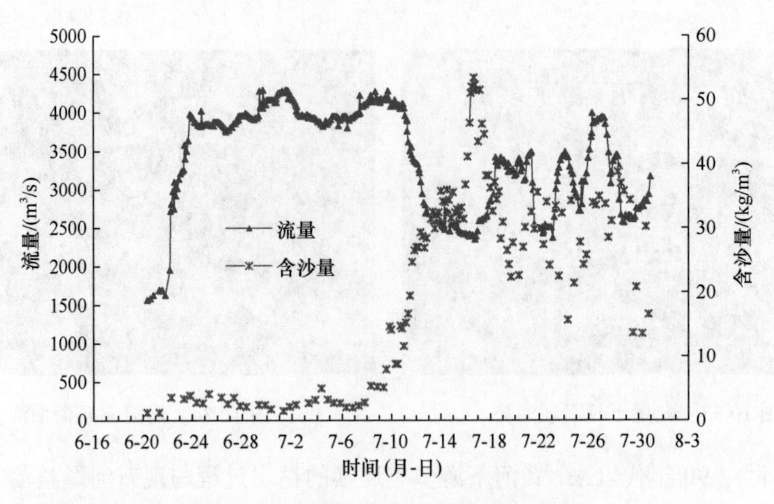

图 10.36　花园口 2019 年汛期水沙过程

2020 年，水利部黄河水利委员会防御大洪水实战演练根据流域汛情实际和河道边界条件，遵循“安全第一、统筹兼顾、科学调度、有效防控”的原则，调度三门峡、小浪底等水利枢纽出库流量。小浪底水库下泄大流量于 6 月 24 日开始，视情况控制花园口水文站流量从 3500m^3/s 逐步加大至 5000m^3/s；6 月 29 日 8 时，5520 m^3/s 流量洪水顺利通过郑州花园口水文站，该场洪水对河道整治工程进行了全方位的检验（图 10.37）。

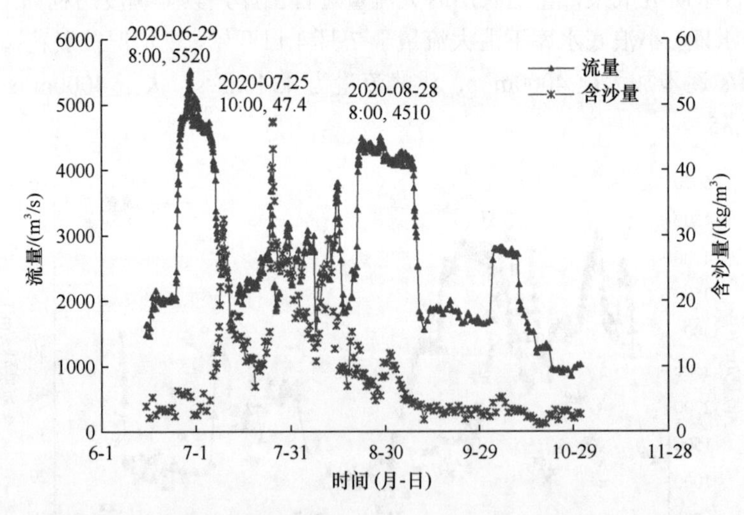

图 10.37　2020 年黄河水利委员会防御大洪水实战演练水沙过程

2. 黄河下游游荡性河道河势稳定控制的效果

1）主槽行洪输沙能力明显提升

小浪底水库运行 20 年来，通过调水调沙和综合治理，其主河槽的最小过流能力从小浪底水库运行初期的 1800 m^3/s，到 2010 年已逐步提升到 4000 m^3/s，但逐步粗化的泥沙在河床形成了一个粗化层。近年来，小浪底水库调度转为保滩运用，进入下游河道的流量过程基本都控制在 4000m^3/s 以下，河道的冲刷效率与小浪底运行初期相比大大减小。目前，下游河道过流能力的提升进入一个平台期，近 10 年只提升了 350 m^3/s。平滩流量较小的过流断面集中在孙口上下这一常说的“卡口”河段，如果没有一次大流量过程的塑造，这个“平台”就难以突破。

2018～2020 年，利用有利的来水时机，水利部黄河水利委员会连续三年塑造长历时大流量过程出库，在缓解水库淤积的同时，对下游卡口河段进行了大流量集中冲刷，打破了下游河床表面粗化层的制约，突破了下游河槽过流能力提升的平台期。到 2020 年汛期，黄河下游河道最小过流能力提升到 5000 m^3/s，为应对有可能发生的超标洪水提供更好的河道地理条件、保障滩区群众安全增加了保险系数。

2）河势向有利方向调整明显

通过连续 3 年汛期长历时大流量过程洪水作用，游荡性河段河道整治工程对水流的控制向着有利方向调整，整体上河段游荡特性已基本实现稳定主槽。特别是近年来的开仪—赵沟、裴峪—大玉兰、东安—桃花峪、九堡—黑岗口 4 处畸型河势，前 3 处畸型河势通过水沙调控已基本归顺，九堡—黑岗口处、韦滩工程处畸型河势的原来主流线最大摆幅由 2.5km 缩减至 0.4km，有明显改善，见图 10.38。据统计，河道整治的完善提高了汛期河道的输沙能力，河段平均输沙率提高了 30%左右，来水含沙量越高输沙率提高

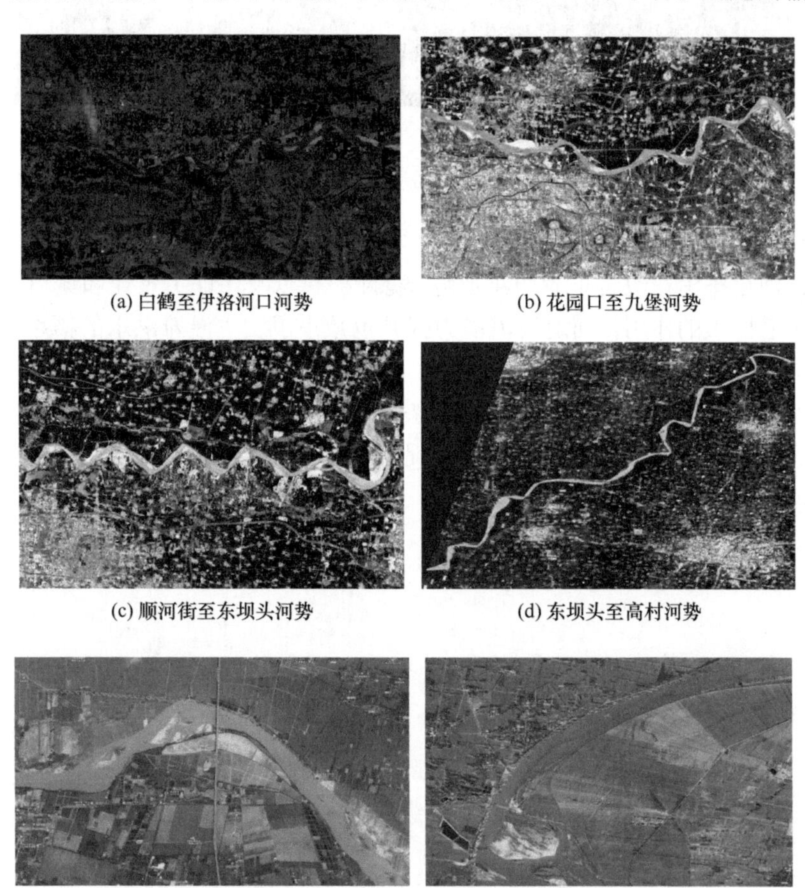

(a) 白鹤至伊洛河口河势　(b) 花园口至九堡河势

(c) 顺河街至东坝头河势　(d) 东坝头至高村河势

(e) 双井控导工程河势　(f) 周营控导工程河势

图 10.38　2020 年洪水下游河势控导效果

得越多，说明整治后的断面形态有利于高含沙水流的输送。并且在流域水沙锐减的背景下，近年来河口岸线正在逐渐蚀退，汛期泥沙输移，不仅可以减小河口岸线蚀退速率，还通过泥沙输移使一定量的营养物质被带入河口三角洲。

3）游荡性河段滩区和河口地区生态环境改善明显

黄河下游滩区是黄河生态系统的重要组成部分，对下游河道与滩区而言，大流量过程为河道鱼类等物种提供了广阔的栖息地和食物来源，改善人们生存生活环境；滩地水面面积的增加和肥沃泥沙的淤积，有利于河道内湿地植被生长发育。

对河口地区而言，高效的输水输沙过程显著改善了河口生态，提高了渔业物种数量和多样性。黄河入海水沙携带的丰富营养物质和三角洲独特的气候、地理条件，使入海口附近滩涂和海域成为重要水生生物繁殖和生长的场所。为近海输送的大量冲淡水能够显著提高并维持近海适宜低盐区产卵场面积，提高渔业物种数量和多样性（图 10.39）。

(a) 河口红毯迎宾

(b) 黄河故道天然柳林木栈道

图 10.39　对河口三角洲的改善

4）滩区及两岸引水保障等社会经济效益显著

游荡性河道整治在改善下游防洪形势、稳滩护村以及保证工农业和城市生活用水等方面都发挥着巨大的作用。河道过流能力提升也减小了发生漫滩洪水的概率，降低了对下游滩区群众生产生活的影响，塌滩、掉村现象明显减少，滩区群众的安全感显著增强；河道整治改善了下游河段引黄涵闸的引水条件，促进了沿黄工农业的发展；防洪形势的改善也极大地加快了滩区土地流转进程，促进了滩区社会经济发展。

第 11 章　主要认识与结论

黄河下游河道具有典型的“宽滩窄槽”复式断面，主槽强烈游荡伴随着滩槽关系的剧烈调整，使其成为世界最复杂难治的河流。黄河下游广大滩区不仅是行洪滞洪沉沙的主要通道，还是 189 万滩区居民安居乐业的家园，防洪安全与滩区发展的矛盾一直是治黄的瓶颈。随着全面建成小康社会、乡村振兴战略的实施，国家对黄河下游河道治理提出了“稳定主槽”“实现保障黄河安全与滩区发展的双赢”的更高要求。新水沙情势下，黄河下游河道整治工程布局与调控水沙过程的适应性如何提升，与区域社会经济稳定发展和生态环境良性维持的协同如何实现，滩区保障防洪安全和社会经济可持续发展的管控模式和机制如何建立，都是“黄河流域生态保护和高质量发展”重大国家战略实施的新挑战。因此，构建黄河下游河道滩槽协同治理系统理论与技术体系，实现行洪输沙-社会经济-生态环境多维功能的协同发挥，具有重大的战略意义和科学价值。

为此，在国家自然科学基金重点项目、面上项目、中央级公益性科研院所基本科研业务费专项等的资助下，黄河水利科学研究院、中国社会科学院数量经济与技术经济研究所、河南黄河河务局，历时 7 年，以黄河下游河道滩槽系统为研究对象，引入系统理论与方法，在滩槽协同治理系统理论、滩槽协同治理方法、滩槽协同治理管控机制、河势稳定控制理论与技术等方面协同攻关，取得了一些创新成果，主要如下。

（1）从河流系统整体性出发，构建了黄河下游河道滩槽协同治理系统理论。

将黄河下游河道系统分解为关系到河流基本功能的行洪输沙子系统、支撑经济社会可持续发展的社会经济子系统以及与生态功能发挥密切相关的生态环境子系统，厘定了黄河下游河道河流系统中行洪输沙子系统、社会经济子系统和生态环境子系统演变的主控因子，选取平滩流量、河相系数、横纵坡降比、受灾人数、受灾损失、漫滩面积及漫滩淹没时长作为河流系统演变影响的控制性指标，通过主控因子相关分析定量评价了各子系统间的动态协同与竞争关系，提出了包含河流行洪输沙功能、社会经济功能和生态环境功能的黄河下游河道滩槽协同治理目标函数；建立了各子系统主控因子与治理目标的驱动-响应关系，揭示了各子系统功能目标的历史演变过程与内在驱动机理。

应用协同学理论构建了黄河下游河道滩槽协同治理效应四层三维评价指标体系，提出了 7 项底层指标、3 项二层指标、3 项三层指标各自的物理意义与计算方法，在此基础上构建了滩槽协同治理效应三维评价模型，实现了对黄河下游河流健康总体治理目标长远效应的综合评价；采用 1958 年、1982 年、1992 年、1996 年四场洪水的实测资料对模型进行验证，评价结果表明：自然-生态协同效应与洪水量级相关性较高，对于长历时、大洪量的洪水过程，滩槽行洪输沙功能与生态环境功能之间有较好的一致性；自然-经济协同效应与经济-生态协同效应的响应规律则更为复杂，适宜的洪水量级与有效的减灾措施相配合更有利于实现社会经济与行洪输沙、生态环境协同效应之间的平衡。

（2）针对黄河下游河道千年治理方略之争，提出了黄河下游河道滩槽协同治理方法。

分别制定“宽河固堤”的现状方案、“宽河固堤”工程连线防护方案的不同间距（1.5km、2.5km、3.5km）和不同标准（6000m^3/s、8000m^3/s、10000m^3/s）组合方案、“窄河固堤”模式下工程连线不同间距（3.5km、5km）方案等框架方案。总体而言，工程连线间距越小，宽河段解放滩区面积越大。准二维数学模型计算表明，工程连线防护方案下，连线间距越小，滩地平均淤积厚度越大；间距相同时，防洪标准越高，滩地淤积厚度也越大，即滩地平均淤积厚度随着间距的缩窄而增大，相应“二级悬河”态势恶化加重。综合考虑，“3亿t”条件下“宽河固堤”工程连线防护方案，在为滩区提供必要防洪安全保障的前提下，可最大限度地解放滩区，有利于滩区社会经济的高质量发展；“6亿t”条件下“宽河固堤”现状方案，既能实现中小流量高效输沙，又能在大洪水时充分发挥滩区滞洪沉沙功能，对黄河下游洪、中、枯水沙过程均能适应。

根据滩槽的不同分区，充分考虑地方区域经济发展规划，对滩区进行功能区划：Ⅰ区为地形较高、洪水风险相对较小的“老滩”区，设置成适宜人居的老滩居民区；Ⅱ区为防护堤和老滩居民区之间适宜种植的二滩耕作区；Ⅲ区为洪水风险较高的临河嫩滩区，宜设置为嫩滩生态涵养区；Ⅳ区为宽度800～1000m的高效输沙主河槽，用于控制中水与小水期的河势稳定。

（3）采用自然科学-社会科学手段相融合，提出了黄河下游滩槽协同治理管控机制。

突出滩槽协同治理的社会属性，将社会经济子系统进一步细分为社会、经济两个子系统，将行洪输沙、生态环境子系统合成自然子系统，构成黄河下游滩区自然-经济-社会复合系统，揭示了滩区自然-经济-社会复合系统及其内部关系；提出了滩区自然-经济-社会协同发展的作用机理；明晰了滩区自然-经济-社会协同发展系统关联性，确定了不同滩区的土地利用变化与社会经济发展水平的协调发展程度。结果表明，第二、三产业的发展是推动滩区土地利用结构变动的主要因素，黄河下游土地利用水平与社会经济发展水平总体上处于发展不协调的状态，土地利用的开发程度远达不到经济发展的需求。

构建了滩区自然-经济-社会协同发展的系统动力学模型，开展了新形势下滩区自然-经济-社会可持续发展的优化模式仿真，预估了不同治理方案下黄河下游不同来水来沙前景对滩区人口、耕地播种面积、农业收入水平和单位面积农作物产量等社会经济要素产生的影响。结果表明，通过提升主槽过流能力等措施，降低土地利用风险，可大幅度提升滩区土地使用效益；同时防洪标准的提高将会导致人口加快增长，因此稳定滩区人口增速，是实现滩区自然-经济-社会协同发展的必要措施。进而，提出了新形势下黄河下游滩区湿地生态保护模式、分散农牧生产模式、乡村生态宜居模式、集约化农业发展模式等相结合的滩区自然-经济-社会协同的可持续发展优化模式，实现了治河和社会经济发展的双赢。

上述理论与技术的系统创新，表明不同治理模式在经济社会发展中各具优势，综合利用工程技术和经济手段才能有效化解滩区防洪与发展的矛盾。以此为基础剖析了滩区土地开发与防洪间的矛盾及其特征、产生过程和内在原因，提出了宽滩区分类分区管理和土地用途管制制度、划定滩区管理边界并明晰各方管理范围与职责、完善滩区经济社会发展统计监测和动态跟踪方法、建立健全的流域管理与地方发展的合作协调机制和属地责任制、滩区土地利用保障机制等体系化滩槽协同治理与区域协同发展的滩区管理对策。

（4）为实现黄河下游“稳定主槽”的治理目标，提出了游荡性河道河势稳定控制系统理论与技术。

厘定了黄河下游游荡性河道行洪输沙-社会经济-生态环境三大子系统内影响河势演变的多维调控因子与约束因子，分析了其各自变化特征与相互间的独立性与融合度，甄别了关键调控因子和约束因子；进而确立了关键约束因子与调控因子的定量关系，给出了关键调控因子的取值范围，建立了以关键调控因子为广义自变量的游荡性河道河势演变与稳定控制广义目标函数。

对比分析了黄河下游游荡段修建工程前后河道断面形态变化与水沙横向分布情况，表明河道断面流速沿横向分布及含沙量沿横向分布的非对称性和非均匀性增强，河道水流更加集中，河道输沙能力提高。同时，河道横断面形态的不对称性增强，阻断了工程一侧的泥沙补给，在软硬边界衔接处引起泥沙沿程梯度大幅度增加，从而引起河势下败，建立了河势“上提下挫”与水沙动力变化的定量响应关系，提出了表征河段长期平均输沙造床能力的“和谐流量”概念与计算方法，分析了黄河下游不同时期和谐流量与不和谐度演化过程；阐明了水沙动力与有限控制边界的和谐效应，表明河道整治工程布局不仅要控制设计整治流量的水流流路，还应与现行调控下的长期枯水过程相适应，同时兼顾大洪水漫滩行洪需求。

提出了黄河下游游荡性河道现状工程与和谐工程指标不匹配度的计算方法，结合现状工程对河势的控导效果，分别计算了单个工程及分河段工程群组的不匹配度；开展自然模型试验，建立了工程布置形式、工程群组布局的不匹配度与和谐水沙动力阈值的定量关系，计算了每个工程和不同河段的和谐水沙动力阈值；针对阈值范围较小的河段，提出了工程改造方案，检验了和谐流量范围的扩大效果；建立了不和谐度与河势相对稳定指标的定量关系，确定了实现黄河下游游荡性河道河势相对稳定控制的不和谐度阈值。

引入系统论方法构建了游荡性河道河势稳定控制系统优化模型。应用该模型，在满足多维约束条件下，以河势相对稳定为优化目标，固定工程边界，应用启发式优化算法在水沙的可行解空间寻求最优解；在满足寻优终止条件后固定优化水沙过程，对工程布局改造方案进行优化。基于黄河下游小浪底至陶城铺河道大型河工模型，采用来水来沙偏枯的 1990 系列（1990～1999 年）前 7 年水沙过程开展了黄河下游游荡性河道河势稳定控制技术试验检验，综合评价了改造后的工程布局与水沙过程的和谐度和河势稳定程度。结果表明，黄河下游主槽行洪输沙能力显著提升，河势向有利方向调整，滩区和河口地区生态环境明显改善，滩区及两岸引水保障等社会经济效益显著。

参 考 文 献

白玉川, 徐海珏, 许栋, 等. 2006. 推移质运动过程的非线性动力学特性. 中国科学(E 辑), 36(7): 751-772.

包为民, 王从良. 1995. 人类活动对流域水沙模型参数影响分析. 泥沙研究, (4): 72-76.

毕思文. 1997. 地球系统科学与可持续发展(Ⅰ)研究的意义、现状及其内涵. 系统工程理论与实践, (6): 105-111.

毕思文. 2003. 地球系统科学——21 世纪地球科学前沿与可持续发展战略科学基础. 地质通报, (8): 601-612.

蔡庆华, 吴刚, 刘建康. 1997. 流域生态学: 水生态系统多样性研究和保护的一个新途径. 科技导报, (5): 24-26.

陈国宝, 张慧玲, 耿继涛, 等. 2015. 黄河下游典型滩区滞洪沉沙模式设计与分析. 人民黄河, 37(12): 32-35.

陈建国, 周文浩, 陈强. 2012. 小浪底水库运用十年黄河下游河道的再造床. 水利学报, 43(2): 127-135.

陈立, 詹义正, 周宜林, 等. 1996. 漫滩高含沙水流滩槽水沙交换的形式与作用. 泥沙研究, (2): 45-49.

陈立, 张俊勇, 谢葆玲. 2003. 河流再造床过程中河型变化的实验研究. 水利学报, (7): 42-45, 51.

陈盼. 2013. 基于序参量的高耗能产业群循环经济协同发展评价研究. 昆明: 昆明理工大学.

陈求稳, 欧阳志云. 2005. 流域生态学及模型系统. 生态学报, (5): 1184-1190, 1239-1240.

陈珊珊, 臧淑英. 2017. 3S 在土地利用覆被变化中的应用——以黄冈市黄州区土地利用变化为例. 安徽农业科学, 45(10): 197-199.

陈述彭, 曾杉. 1996. 地球系统科学与地球信息科学. 地理研究, (2): 1-11.

陈先念, 杨军明. 2012. 基于 REST Web Service 的 Web GIS 洪灾信息查询系统设计与开发. 陕西水利, (6): 113-115.

陈新民, 夏佳, 罗国煜. 2000. 黄河下游悬河决口灾害的风险分析与评价. 水利学报, (10): 66-70.

陈兴茹. 2011. 国内外河流生态修复相关研究进展. 水生态学杂志, 32(5): 122-128.

承继成, 李琦. 1999. 国家信息化与数字地球. 中国测绘, (6): 13-14.

程国栋, 李新. 2015. 流域科学及其集成研究方法. 中国科学: 地球科学, 45(6): 811-819.

崔慧妮, 张莉, 郭建军, 等. 2018. 系统论在生物入侵治理中的应用. 现代农业科技, (10): 144-145.

崔萌, 刘生云, 张瑞海, 等. 2018. 黄河下游河道改造方案初步研究. 人民黄河, 40(1): 36-39.

崔鹏, 关君蔚. 1993. 泥石流起动的突变学特征. 自然灾害学报, (1): 53-61.

党顺行. 2003. 基于 Web GIS 的洪灾信息管理系统研究. 北京: 中国科学院研究生院.

邓楚雄, 王赛, 谢炳庚, 等. 2019. 基于三角模型的长沙市土地利用多功能性评价研究. 湖南师范大学自然科学学报, (3): 9.

邓红兵, 王庆礼, 蔡庆华. 1998. 流域生态学——新学科、新思想、新途径. 应用生态学报, (4): 3-5.

丁金梅, 文琦. 2010. 陕北农牧交错区生态环境与经济协调发展评价. 干旱区地理, (1): 8.

丁君松, 王树东. 1989. 漫滩水流的水流结构及其悬沙运动. 泥沙研究, (l): 82-87.

丁勇. 2008. 天然草地放牧生态系统可持续发展研究. 呼和浩特: 内蒙古大学.

丁勇, 牛建明, 杨持, 等. 2006. 北方草地退化沙化趋势、成因与可持续发展研究——以内蒙古多伦县为例.内蒙古大学学报, (5): 580-586.

董哲仁, 孙东亚, 王俊娜, 等. 2009. 河流生态学相关交叉学科进展. 水利水电技术, 40(8): 36-43.

都兴富. 1994. 突变理论在经济领域的应用下股票分析多准则决策. 成都: 电子科技大学出版社.

窦国仁. 1956. 可冲积河床稳定性的确定. 水利学报, 1(1): 17-32.
范斐, 孙才志, 王雪妮. 2013. 社会、经济与资源环境复合系统协同进化模型的构建及应用——以大连市为例. 系统工程理论与实践, 33(2): 413-419.
范子武, 姜树海. 2000. 蓄、滞洪区的洪水演进数值模拟与风险分析. 水利水运工程学报, (2): 1-6.
费喜敏, 农梅, 王成军, 等. 2018. 农民经济分化对耕地效率的影响——基于浙江省的实证. 江苏农业科学, 46(20): 7.
丰华丽, 夏军, 占车生. 2003. 生态环境需水研究现状和展望. 地理科学进展, 22(6): 591-598.
冯•贝塔朗菲. 1987. 一般系统论: 基础、发展和应用. 北京: 清华大学出版社.
冯筠, 黄新宇. 1999. 数字地球: 知识经济时代的地球信息化载体——背景、概念、支撑技术、应用述评. 遥感技术与应用, (3): 3-5.
冯民权, 范术芳, 郑邦民, 等. 2009. 导流板的布置方式及其导流效果. 武汉大学学报(工学版), 42(1): 87-91, 95.
盖志毅. 2005. 草原生态经济系统可持续发展研究. 北京: 北京林业大学.
盖志毅. 2006. 浅论草原生态环境、草原文化与经济发展的关系. 理论研究, (2): 14-16.
高吉喜, 等. 2015. 区域生态学. 北京: 科学出版社.
高甲荣. 1999. 近自然治理——以景观生态学为基础的荒溪治理工程. 北京林业大学学报, 21(1): 80-85.
高世中. 2005. 黄河下游滩区安全建设及相关政策研究. 北京: 中国农业大学.
耿润哲, 殷培红, 马茜. 2018. 以环境质量改善为目标的贵安新区生态安全格局构建虚拟. 中国环境科学, 38(5): 1990-2000.
顾冲时, 吴中如, 徐志英. 1998. 用突变理论分析大坝及岩基稳定性的探讨. 水利学报, (9): 49-52.
郭华东, 杨崇俊. 1999. 建设国家对地观测体系, 构筑“数字地球”. 遥感学报, (2): 3-5.
郭莉, 苏敬勤, 徐大伟. 2005. 基于哈肯模型的产业生态系统演化机制研究. 中国软科学, (11): 161-165.
郭绍礼, 齐文虎, 李立贤. 1982. 应用突变模型研究沙漠化过程的演变——以东北地区为例. 地理学报, (2): 183-193.
韩其为, 江恩惠, 陈绪坚. 2009. 黄河下游第二造床流量研究——“黄河下游调水调沙的根据、效益和巨大潜力”之四. 人民黄河, 31(2): 1-5.
郝伏勤, 高传德, 黄锦辉, 等. 2005. 黄河下游河道湿地浅析. 人民黄河, (4): 5-7, 63.
何金平, 李珍照. 1997. 基于突变理论的大坝安全动态模糊综合分析与评判. 系统工程, (5): 39-43.
何文社, 曹叔尤, 雷孝章, 等. 2004. 泥沙起动条件的非线性理论. 水利学报, (1): 28-32.
何予川, 崔萌, 刘生云, 等. 2013. 黄河下游河道治理战略研究. 人民黄河, 35(10): 51-53.
河南黄河河务局. 2004. 黄河下游滩区生产堤利弊分析研究. 郑州: 河南黄河河务局: 145-170.
侯志军, 李勇, 王卫红. 2010. 黄河漫滩洪水滩槽水沙交换模式研究. 人民黄河, (10): 63-64, 67.
侯志军, 王卫红, 张敏, 等. 2009. 黄河下游漫滩洪水淤滩刷槽试验研究. 人民黄河, (10): 81-83.
胡春宏. 2015. 黄河水沙变化与下游河道改造. 水利水电技术, 46(6): 10-15.
胡春宏, 张治昊. 2011. 黄河口尾闾河道横断面形态调整及其与水沙过程的响应关系. 应用基础与工程科学学报, 19(4): 543-553.
胡春宏, 王延贵, 郭庆斌, 等. 2005. 塔里木河干流河道演变与整治. 北京: 科学出版社.
胡四一, 施勇, 王银堂, 等. 2002. 长江中下游河湖洪水演进的数值模拟. 水科学进展, (3): 278-286.
胡一三. 2003. 黄河河势演变. 水利学报, 4(4): 46-57.
胡一三, 肖文昌. 1991. 黄河下游过渡性河段整治前的裁弯. 人民黄河, (5): 30-32.
胡一三, 江恩慧, 曹常胜, 等. 2020. 黄河河道整治.北京: 科学出版社.
黄秉维. 1996. 论地球系统科学与可持续发展战略科学基础(Ⅰ). 地理学报, (4): 350-354.
黄才安, 周济人, 赵晓冬. 2011. 基本河相关系指数的理论研究. 泥沙研究, (6): 55-58.
黄河勘测规划设计有限公司. 2007. 黄河下游滩区治理模式和安全建设研究.

黄河下游滩区洪水淹没补偿政策研究工作组. 2010. 黄河下游滩区洪水淹没补偿政策研究总报告. 郑州: 黄河水利委员会.
黄金池, 万兆惠. 1997. 多沙河流平面二维泥沙数学模型研究. 水科学进展, (8): 253-259.
黄莉. 2008. 监利河段水沙变化及其对该河段河床横断面形态影响机理研究. 武汉: 长江科学院.
黄强, 畅建霞. 2007. 水资源系统多维临界调控的理论与方法. 北京: 中国水利水电出版社.
霍风霖, 兰华林. 2009. 黄河下游滩区洪水风险分析及减灾措施研究. 水利科技与经济, (2): 135-137.
嵇晓燕, 宫正宇, 聂学军. 2015. 基于系统理论的复合河流系统健康概念探析. 人民黄河, 37(3): 65-71.
江恩慧. 2019. 黄河流域系统与黄河流域的系统治理. 人民黄河, 41(10): 159.
江恩惠. 2000. 黄河下游游荡性河道整治模型试验研究. 人民黄河, (9): 22-23.
江恩惠, 曹永涛, 张林忠, 等. 2006. 黄河下游游荡性河段河势演变规律及机理研究. 北京: 中国水利水电出版社.
江恩慧, 陈建国, 李军华, 等. 2016. 黄河下游宽滩区滞洪沉沙功能及滩区减灾技术研究. 北京: 中国水利水电出版社: 1-332.
江恩惠, 李军华, 曹永涛, 等. 2008. 长期中小流量下河道整治工程迎送流关系研究. 泥沙研究, (5): 38-42.
江恩惠, 李军华, 曹永涛. 2009. "河性行曲"力学机理之边壁泥沙的临界起动条件. 四川大学学报(工程科学版), 41(1): 26-29.
江恩慧, 李军华, 陈建国, 等. 2019a. 黄河下游宽滩区滞洪沉沙功能及滩区减灾技术研究. 北京: 中国水利水电出版社.
江恩慧, 宋万增, 曹永涛, 等. 2019b. 黄河泥沙资源利用关键技术与应用. 北京: 科学出版社.
江恩慧, 王远见, 李军华, 等. 2019c. 黄河水库群泥沙动态调控关键技术研究与展望. 人民黄河, 41(5): 28-33.
江恩慧, 王远见, 李军华, 等. 2020. 黄河下游滩槽协同治理架构及运行机制研究. 郑州: 黄河水利科学研究院.
江恩慧, 赵连军, 王远见, 等. 2019d. 基于系统论的黄河下游河道滩槽协同治理研究进展. 人民黄河, 41(10): 58-63.
蒋义, 詹冰. 2015. 浅析系统论在电力建设项目中的应用. 四川建筑, 35(6): 237-239.
金观涛, 华国凡. 1982. 质变方式新探讨. 中国社会科学, (1): 59-78.
金观涛, 刘青峰. 1984. 兴盛与危机论中国封建社会的超稳定结构. 长沙: 湖南人民出版社.
靳松涛, 陈素美. 2005. 谈黄河下游滩区可持续发展之路//中国水利学会 2005 学术年会论文集——水环境保护及生态修复的研究与实践.
兰仲雄, 马世骏. 1981. 改治结合根除蝗害的系统生态学基础. 生态学报, (1): 30-36.
李彩霞. 2020. 湟水流域人水系统的协同演化研究. 兰州: 西北师范大学.
李典谟, 陈玉平. 1982. 突变论在生态系统分析中的应用. 生态学杂志, (4): 35-38.
李国英. 2004. 维持黄河健康生命. 科学, 56(3): 33-35.
李洁, 夏军强, 邓珊珊, 等. 2017. 近 30 年黄河下游河道深泓线摆动特点. 水科学进展, 28(5): 652-661.
李良厚, 李吉跃. 2010. 土地利用结构优化的研究. International Conference on Education Technology & Training.
李琳, 刘莹. 2014. 中国区域经济协同发展的驱动因素——基于哈肯模型的分阶段实证研究. 地理研究, 33(9): 1603-1616.
李宁, 张建清, 王磊. 2017. 基于水足迹法的长江中游城市群水资源利用与经济协调发展脱钩分析. 中国人口·资源与环境, 27(11): 202-208.
李琼. 2012. 洪水灾害风险分析与评价方法的研究及改进. 武汉: 华中科技大学.
李少华, 董增川, 周毅. 2007. 复杂巨系统视角下的水资源安全及其研究方法. 水资源保护, (2): 1-3.
李绍飞, 冯平, 孙书洪. 2010. 突变理论在蓄滞洪区洪灾风险评价中的应用. 自然灾害学报, (3): 132-138.

李绍飞, 孙书洪, 王向余. 2007. 突变理论在海河流域地下水环境风险评价中的应用. 水利学报, (11): 1312-1317.
李绍飞, 余萍, 孙书洪. 2008. 基于神经网络的蓄滞洪区洪灾风险模糊综合评价. 中国农村水利水电, (6): 60-64.
李文学, 李勇. 2002. 论“宽河固堤”与“束水攻沙”治黄方略的有机统一. 水利学报, 33(10): 96-102.
李永强, 陈守伦, 刘筠. 2009. 提高黄河下游输沙能力的复式河道整治方案探讨. 水力发电学报, 28(2): 121-127.
李永强, 张波, 刘欣. 2014. 黄河下游河道整治工程布局直河段河长探讨. 人民黄河, 36(8): 28-30.
梁志勇, 尹学良. 1991. 冲积河流河床横向变形的初步数学模拟. 泥沙研究, (4): 76-81.
梁志勇, 杨丽丰, 冯普林. 2005. 黄河下游平滩河槽形态与水沙搭配之关系. 水力发电学报, (6): 68-71, 67.
梁志勇, 曾庆华, 周文浩. 1993. 漫滩洪水水沙输移的数学模型及其初步验证. 水动力学研究与进展, 8(2): 143-151.
林珍铭, 夏斌. 2013. 熵视角下的广州城市生态系统可持续发展能力分析. 地理学报, 68(1): 45-57.
凌复华. 1984. 突变理论-历史、现状和展望. 力学进展, 4: 389-404.
刘丙军, 陈晓宏, 雷洪成, 等. 2011. 流域水资源供需系统演化特征识别. 水科学进展, 22(3): 331-336.
刘臣辉, 申雨桐, 周明耀, 等. 2013. 水环境承载力约束下的城市经济规模量化研究. 自然资源学报, 28(11): 1903-1910.
刘红珍, 王海清, 张建, 等. 2008. 黄河下游滩区洪水风险分析. 人民黄河, (12): 21-22.
刘怀湘, 王兆印. 2009. 山区河流床面结构发育野外现场试验研究. 水利学报, 40(11): 1339-1344.
刘金华. 2013. 水资源与社会经济协调发展分析模型拓展及应用研究. 北京: 中国水利水电科学研究院.
刘娟. 2016. 系统论在工业设计领域的应用与研究. 艺术科技, 29(1): 290.
刘筠, 李永强. 2012. 黄河下游滩区安全建设和开发模式探讨. 中国水利, (6): 30-32.
刘明胜, 刘青山. 2017. 基于水足迹视角下的水资源利用与经济协调发展脱钩分析——以贵州省为例. 中国农村水利水电, (8): 86-91.
刘宁. 2005. 水基系统的概念内涵与演进研究. 水科学进展, (4): 475-481.
刘宁. 2016. 战略变革过程多序参量识别方法研究. 沈阳: 沈阳工业大学.
刘树坤, 李小佩, 李士功, 等. 1991. 小清河分洪区洪水演进的数值模拟. 水科学进展, 2(3): 188-193.
刘树坤, 宋玉山, 程晓陶, 等. 1999. 黄河滩区及分滞洪区风险分析和减灾对策. 郑州: 黄河水利出版社.
刘亚, 汪飞, 李义天. 2015. 长江中下游鹅头型汊道航道整治目标河型研究. 水利学报, 46(4): 443-451.
刘燕, 江恩惠, 曹永涛, 等. 2016. 黄河下游宽滩区不同运用模式滞洪沉沙效果试验. 水利水运工程学报, (1): 44-50.
刘燕, 江恩慧, 万强, 等. 2017. 大洪水条件下黄河下游河道冲淤及滩区安全. 泥沙研究, (1): 28-33.
刘源鑫, 赵文武. 2013. 未来地球——全球可持续性研究计划. 生态学报, 33(23): 7610-7613.
龙辉, 秦四清, 万志清. 2002. 降雨触发滑坡的尖点突变模型. 岩石力学与工程学报, (4): 502-508.
陆志翔, Yongping Wei, 冯起, 等. 2016. 社会水文学研究进展. 水科学进展, 27(5): 772-783.
罗跃初, 周忠轩, 孙轶, 等. 2003. 流域生态系统健康评价方法. 生态学报, (8): 1606-1614.
马巾英. 2015. 东江湖库区水环境承载力评价及协调发展研究. 经济地理, 35(11): 184-189.
马可维也夫. 1957. 造床流量. 泥沙研究, (2): 40-43.
马颖, 李琼芳, 王鸿杰, 等. 2008. 人类活动对长江干流水沙关系的影响的分析. 水文, (2): 38-42.
苗东升. 2010. 系统科学家钱学森. 辽东学院学报(社会科学版), 12(3): 7.
倪晋仁. 1989. 不同边界条件下河型成因的试验研究. 北京: 清华大学.
倪晋仁, 张仁. 1992. 河相关系研究的各种方法及其间关系. 地理学报, 47(4): 368-375.
倪晋仁, 崔树彬, 李天宏, 等. 2002a. 论河流生态环境需水. 水利学报, (9): 14-19.
倪晋仁, 金玲, 赵业安, 等. 2002b. 黄河下游河流最小生态环境需水量初步研究. 水利学报, (10): 1-7.
牛玉国, 端木礼明, 耿明全, 等. 2013. 黄河下游滩区分区治理模式探讨. 人民黄河, 35(1): 7-10.

潘军峰, 冯民权, 郑邦民, 等. 2005. 丁坝绕流及局部冲刷坑二维数值模拟. 四川大学学报(工程科学版), (1): 15-18.

潘岳, 王志强, 张勇. 2008. 突变理论在岩体系统动力失稳中的应用: 北京: 科学出版社.

裴自勇. 2014. 黄河下游滩区土地生态利用区划建设浅析. 中国(国际)水务高峰论坛——2014 河湖健康与生态文明建设大会论文集.

钱宁. 1958. 冲积河流稳定性指标的商榷. 地理学报, (2): 128-144.

钱宁, 周文浩. 1965. 黄河下游河床演变. 北京: 科学出版社.

钱宁, 张仁, 赵业安, 等. 1978. 从黄河下游的河床演变规律来看河道治理中的调水调沙问题. 地理学报, (1): 13-24.

钱宁, 张仁, 周志德. 1987. 河床演变学. 北京: 科学出版社.

钱学森. 2011. 一个科学新领域——开放的复杂巨系统及其方法论. 上海理工大学学报, 33(6): 526-532.

秦明周, 卢红岩, 杨中华, 等. 2009. 开封市黄河滩区土地资源安全利用研究. 中国地理学会百年庆典学术大会.

热烈兹拿柯夫. 1956. 河流水文测验方法在水力学基础上的论证. 北京: 水利出版社.

申浩, 荆一昕. 2012. 黄河开封段滩区土地利用类型调查与空间结构分析. 黄河水利职业技术学院学报, 24(3): 12-16.

申红彬, 张小峰, 严军, 等. 2009. 黄河下游河道断面宽深比对输沙能力的影响. 武汉大学学报(工学版), 42(3): 273-276, 312.

拾兵, 王燕, 杨立鹏, 等. 2010. 基于仙农熵理论的河相关系. 中国海洋大学学报, 40(1): 95-98.

水利部黄河水利委员会. 2013. 黄河流域综合规划(2012—2030 年). 郑州: 黄河水利出版社.

宋立松. 2004. 钱塘江河口稳定性的灰色突变分析. 泥沙研究, (6): 46-50.

孙玥, 程全国, 李晔, 等. 2014. 基于能值分析的辽宁省生态经济系统可持续发展评价. 应用生态学报, 25(1): 188-194.

谭强林, 胡任远, 周克艳, 等. 2011. 湖南经济社会发展与土地利用的关系. 湖南农业科学, (6): 166-170.

唐霞, 冯起. 2015.黑河流域历史时期土地利用变化及其驱动机制研究进展. 水土保持研究, 22(3): 6.

唐毅红, 冉云霞, 王建中. 2007. 黄河下游滩区符合的可持续发展探讨. 中国水利, (13): 57-58, 54.

田治宗, 岳瑜素, 张宝森, 等. 2008. 实施补偿政策 实现黄河下游滩区的多目标利用. 第十届中国科协年会黄河中下游水资源综合利用专题论坛文集.

汪自力, 余咸宁, 许雨新. 2004. 黄河下游滩区实行分类管理的设想. 人民黄河, (8): 1-2, 46.

王保民, 张萌. 2013. 黄河下游滩区不同分区治理模式辨析. 人民黄河, 35(9): 38-40.

王光谦, 胡春宏. 2006a. 泥沙研究进展. 北京: 中国水利水电出版社.

王光谦, 李铁健. 2009. 流域泥沙动力学模型. 北京: 中国水利水电出版社.

王光谦, 刘家宏. 2006b. 数字流域模型. 北京: 科学出版社.

王光谦, 李铁键, 薛海, 等. 2006. 流域泥沙过程机理分析. 应用基础与工程科学学报, (4): 455-462.

王光谦, 张红武, 夏军强. 2005. 游荡型河流演变及模拟. 北京: 科学出版社.

王浩. 2010. 湖泊流域水环境污染治理的创新思路与关键对策研究. 北京: 科学出版社.

王浩, 贾仰文. 2016. 变化中的流域 “自然-社会”二元水循环理论与研究方法. 水利学报, 47(10): 1219-1226.

王浩, 胡鹏. 2020. 水循环视角下的黄河流域生态保护关键问题. 水利学报, 51(9): 1009-1014.

王浩, 赵勇. 2019. 新时期治黄方略初探. 水利学报, 50(11): 1291-1298.

王浩, 王建华, 秦大庸, 等. 2006. 基于二元水循环模式的水资源评价理论方法. 水利学报, (12): 1496-1502.

王浩, 严登华, 贾仰文, 等. 2010. 现代水文水资源学科体系及研究前沿和热点问题. 水科学进展, 21(4): 479-489.

王宏伟, 张小雷, 魏山峰, 等. 2006. 乌鲁木齐市经济发展与生态环境交互耦合的规律性分析. 中国科学: 地球科学, 36(2): 140-147.
王化云. 1989. 我的治河实践.郑州: 河南科学技术出版社.
王俊, 宁静, 张兴源. 2009. 黄河下游滩区分类管理模式研究. 人民黄河, (7): 4-5, 8.
王万战, 张俊华. 2006. 黄河口河道演变规律探讨. 水利水电科技进展, (2): 5-9.
王薇. 2012. 黄河三角洲水土资源承载力综合评价研究. 泰安: 山东农业大学.
王维. 2019. 长江经济带“5E”系统协调发展的时空特征研究. 武汉: 华中师范大学.
王西琴. 2001. 河道最小环境需水量确定方法及其应用研究(Ⅰ)——理论. 环境科学学报, 21(5): 544-547.
王协康, 敖汝庄, 方铎. 1999. 泥沙起动条件及机理的非线性研究. 长江科学院院报. (4): 40-42, 46.
王雄. 2007. 赤峰市森林资源–环境–经济复合系统可持续发展动态评价及预警. 呼和浩特: 内蒙古农业大学.
王亚茹, 李峰生, 马赞. 2008. 土地利用与经济社会发展关系研究——以长沙市开福区为例. 内江师范学院学报, 23(10): 72-76.
王彦君, 吴保生, 钟德钰. 2020. 黄河下游主槽断面形态对水沙变化响应过程的模拟. 地理学报, 75(7): 1494-1511.
王奕佳, 刘焱序, 宋爽, 等. 2021. 水–粮食–能源–生态系统关联研究进展. 地球科学进展, 36(7): 684-693.
王英杰, 苏艳军. 2011. 黄河下游河道改道的地理变化特征(英文). Journal of Geographical Sciences, (6): 61-78.
王俣含. 2019. 新型城镇化背景下我国农产品物流系统演化研究——基于超序参量换元的视角. 北京: 北京交通大学.
王远见, 张向萍, 徐华远, 等. 2019. 多沙河流水库调度的生态效益评价方法研究. 郑州: 黄河水利科学研究院.
王兆印, 刘成, 余国安, 等. 2014. 河流水沙生态综合管理. 北京: 科学出版社.
王兆印, 吴永胜, 刘芳. 2002. 水流移床力及河道运动力学的初步探讨. 水利学报, (3): 6-11.
王争艳, 黄倩, 李天阁, 等. 2011. 河南省黄河滩区土地利用问题及对策研究. 河南地球科学通报 2011年卷.
韦直林. 2004. 关于黄河下游治理方略的一点浅见. 人民黄河, 26(6): 17-18.
韦直林, 谢鉴衡, 付国岩, 等. 1997. 黄河下游河床变形长期预测数学模型的研究. 武汉水利电力大学学报, 6: 1-5.
翁文斌, 蔡喜明, 史慧斌, 等. 1995a. 宏观经济水资源规划多目标决策分析方法研究. 水利规划, (1): 10-15.
翁文斌, 蔡喜明, 史慧斌, 等. 1995b. 宏观经济水资源规划多目标决策分析方法研究及应用. 水利学报, (2): 1-11.
吴保生, 游涛. 2008. 水库泥沙淤积滞后响应的理论模型. 水利学报, 39(5): 627-632.
吴保生, 马吉明, 张仁, 等. 2003. 水库及河道整治对黄河下游游荡性河道河势演变的影响. 水利学报, (12): 12-20.
吴保生, 夏军强, 张原锋. 2007. 黄河下游平滩流量对来水来沙变化的响应. 水利学报, 38(7): 886-892.
吴琳. 2005. 基于 GIS 和数据库技术的洪水灾害信息系统研究——以渭河洪水模拟系统为例. 西安: 西北大学.
吴彦霖, 左其亭. 2007. 珠江流域水质现状及以区域合作为特色的水污染控制措施. 气象与环境科学, (3): 20-23.
吴艳霞, 陈步宇, 张磊. 2021. 黄河流域社会经济与生态环境耦合协调态势及动力因素. 水土保持通报, 41(2): 240-249.
吴永红. 2009. 土地利用结构优化的模型与方法分析. 福建省土地学会 2009 年年会论文集.
武汉水利电力学院水文及防洪工程教研组. 1960. 河川水文学. 北京: 水利电力出版社.

夏军, 张永勇, 穆兴民, 等. 2020. 中国生态水文学发展趋势与重点方向. 地理学报, 75(3): 445-457.
夏军强, 王光谦, 吴保生. 2003a. 黄河下游河床纵向与横向变形的数学模拟-Ⅰ二维混合模型的建立. 水科学进展, 14(4): 389-395.
夏军强, 王光谦, 吴保生. 2003b. 黄河下游河床纵向与横向变形的数学模拟-Ⅱ二维混合模型的应用. 水科学进展, 14(4): 396-400.
夏军强, 王光谦, 吴保生. 2004. 平面二维河床纵向与横向变形数学模型. 中国科学(E), (34): 165-174.
夏军强, 王光谦, 吴保生. 2005. 游荡型河流演变及其数值模拟. 北京: 中国水利水电出版社.
肖毅, 邵学军, 周建银. 2012a. 基于尖点突变的河型稳定性判定方法. 水科学进展, 23(2): 179-185.
肖毅, 杨研, 邵学军. 2012b. 基于尖点突变模式的河型分类及转化判别. 清华大学学报: 自然科学版, 52(6): 753-758.
谢鉴衡. 1990. 河床演变及整治. 北京: 水利电力出版社.
辛翔飞, 秦富. 2005. 影响农户投资行为因素的实证分析. 农业经济问题, (10): 4.
徐国宾, 杨志达. 2012. 基于最小熵产生与耗散结构和混沌理论的河床演变分析. 水利学报, 43(8): 948-956.
许栋, 徐彬, 白玉川, 等. 2015. 基于二维浅水模拟的河道滩地洪水淹没研究. 水文, 35(6): 1-5.
许炯心. 2002. 砂质河床与砾石河床的河型判别研究. 水利学报, (10): 14-20.
许炯心, 陆中臣, 刘继祥. 2000. 黄河下游河床萎缩过程中畸型河湾的形成机理. 泥沙研究, (3): 36-41.
闫国杰. 2004. 对黄河河南段滩区防洪运用补偿政策的思考. 治黄科技信息, 26(10): 5-6.
闫军, 刘怀汉, 岳志远, 等. 2012. 心滩守护工程对航道冲淤特性影响的数值模拟. 水动力学研究与进展A辑, 27(5): 589-596.
闫小培, 毛蒋兴, 普军. 2006. 巨型城市区域土地利用变化的人文因素分析——以珠江三角洲地区为例. 地理学报, 61(6): 613-620.
阎水玉, 王祥荣. 2001. 流域生态学与太湖流域防洪、治污及可持续发展. 湖泊科学, (1): 1-8.
燕琳. 2020. 河流自然性评价指标体系与评价方法研究——以永定河北京段为例. 北京: 北京林业大学.
杨钢桥, 胡柳, 汪文雄. 2011. 农户耕地经营适度规模及其绩效研究——基于湖北6县市农户调查的实证分析. 资源科学, 33(3): 8.
杨具瑞, 方铎, 何文社, 等. 2003. 非均匀沙起动的非线性尖点突变模式. 水利学报, (1): 34-38.
杨丽萍, 周志华, 高阔永, 等. 2015. 黄庄洼蓄滞洪区洪灾风险区划研究. 海河水利, (2): 44-46.
杨梦飞. 2015. 赣江流域水环境与社会经济耦合关系研究. 南昌: 南昌大学.
杨萍. 2017. 系统论视角下的应用型本科院校创新创业课程体系建设. 产业与科技论坛, 16(6): 200-201.
杨树青, 白玉川. 2012. 边界条件对自然河流形成及演变影响机理的实验研究. 水资源与工程学报, 23(1): 1-5.
姚文艺, 常温花, 夏修杰. 2003. 黄河下游游荡性河段清水下泄期河道断面形态的调整过程.水利学报, (10): 75-80.
要威, 李义天, 许多, 等. 2009. 游荡型河段水沙数学模型研究. 人民长江, (5): 45-48.
叶晨, 徐健刚. 2008. 长汀城市建设区洪水淹没风险研究. 现代城市研究, (4): 86-87.
叶春波. 2011. 基于GIS的土地利用动态变化研究. 南京: 南京师范大学.
叶建春. 2010. 加强流域综合管理与治理, 为经济社会可持续发展提供水安全保障. 中国水利, (24): 54-55.
尹学良. 1993. 河型成因研究. 水利学报, (4): 1-11.
尹学良, 梁志勇, 陈金荣, 等. 1999. 河型成因研究及其应用. 泥沙研究, (2): 13-19.
于海影, 韦安胜, 陈竹君. 2014. 基于RS和GIS的杨凌区土地利用变化及驱动力分析. 水土保持研究, (5): 5.
余蕾, 王加虎, 邹志科, 等. 2016. 上荆江沙市河段河床横断面形态的调整规律. 河海大学学报(自然科学版), 44(6): 544-549.

余文畴, 卢金友. 2008. 长江河道崩岸与护岸. 北京: 中国水利水电出版社.
岳瑜素, 王宏伟, 江恩慧, 等. 2020. 滩区自然-经济-社会协同的可持续发展模式. 水利学报, 51(9): 1131-1137, 1148.
岳中明. 2015. 践行新时期水利工作方针, 为黄河流域提供水安全保障. 中国水利, (24): 37-38.
张海燕. 1990. 河床演变工程学. 方铎, 曹叔尤, 译. 北京: 科学出版社.
张红武, 江恩惠, 白咏梅, 等. 1994. 黄河高含沙洪水模型的相似率. 郑州: 河南科学技术出版社.
张红武, 江恩惠, 钟绍森, 等. 2013. 小浪底水库运用初期小浪底至苏泗庄河段模型试验研究. 人民黄河, 35(1): 22-24.
张红武, 刘海凌, 董年虎, 等. 2000. 黄河花园口至东坝头河段河道整治模型的设计与验证. 人民黄河, (8): 38-39.
张红武, 刘海凌, 江恩惠, 等. 1998. 小浪底水库拦沙期下游游荡性河段演变趋势研究. 人民黄河, 20(11): 5-7.
张红武, 张俊华, 钟德钰, 等. 2011. 黄河下游游荡型河段的治理方略. 水利学报, 42(1): 8-13.
张惠贞, 陈慧, 彭新立, 等. 2011. 河南省黄河滩区土地资源利用对策研究. 人民黄河, 33(3): 8-9.
张佳丽. 2007. 蓄滞洪区洪灾风险评估方法及其应用. 天津: 天津大学.
张俊勇, 陈立, 何娟, 等. 2009. 流量过程对河型影响的试验研究. 水电能源科学, (3): 61-64.
张敏. 2006. 黄河下游河道横断面形态演变特点及调整规律探讨. 太原: 太原理工大学.
张娜, 王剑楠, 孙凯. 2010. 关于黄河蓄滞洪滩区分区管理的研究. 黑龙江水利科技, (6): 116-117.
张欧阳, 马怀宝, 张红武, 等. 2005. 不同含沙量水流对河床形态调整影响的实验研究. 水科学进展, (1): 1-6.
张沛. 2019. 塔里木河流域社会-生态-水资源系统耦合研究. 北京: 中国水利水电科学研究院.
张鹏岩, 秦明周, 郭聪丛. 2008. 河南黄河滩区土地利用问题及对策研究. 安徽农业科学, 36(34): 15129-15131.
张仁. 2009. 评《流域泥沙动力学模型》. 科学通报, (5): 146.
张瑞瑾. 1989. 河流泥沙动力学. 北京: 中国水利水电出版社.
张世奇. 1994. 黄河下游游荡型河段的平面二维冲淤计算研究. 泥沙研究, (1): 53-63.
张新华, 隆文非, 谢和平, 等. 2006. 二维浅水波模型在洪水淹没过程中的模拟研究. 四川大学学报(工程科学版), 38(1): 20-25.
张旭东, 朱莉莉, 张治昊. 2017. 黄河生产堤分布特征及其对河道冲淤的影响. 黑龙江水利科技, 45(12): 1-3, 135.
张治昊. 2015. 黄河下游复式河道滩槽水沙运动与演变研究. 北京: 中国水利水电科学研究院.
张子龙, 薛冰, 陈兴鹏, 等. 2015. 基于哈肯模型的中国能源-经济-环境系统演化机制分析. 生态经济, 31(1): 14-17.
赵连军, 韦直林, 谈广鸣, 等. 2005. 黄河下游河床边界条件变化对河道冲淤影响计算研究. 泥沙研究, (3): 17-23.
赵明雨, 李大鸣. 2015. 永定河泛区洪水演进特性的数值模拟. 水电能源科学, 33(8): 46-49.
赵荣, 陈丙咸. 1994. GIS 支持下的曹娥江上游洪泛区洪水演进模型的建立. 南京大学学报, 30(1): 145-153.
赵文林, 焦恩泽, 王广任, 等. 1992. 三川河水沙变化及人类活动影响. 人民黄河, (11): 22-26.
赵志峰, 徐卫亚. 2007. 基于突变理论的边坡安全稳定性综合评价. 岩石力学与工程学报, (S1): 2707-2712.
钟德钰, 张红武, 张俊华, 等. 2009. 游荡型河流的平面二维水沙数学模型. 水利学报, 9(40): 1040-1047.
钟淋涓, 方国华, 国延恒. 2007. 水资源、社会经济与生态环境相互作用关系研究. 水利经济, 25(3): 4-7, 81.
周美蓉, 夏军强, 邓珊珊, 等. 2021. 考虑河道整治工程影响的一维水沙数学模型及其应用. 湖泊科学,

33(2): 571-580.

周孝德，陈惠君，沈晋. 1996. 滞洪区二维洪水演进及洪灾风险分析. 西安理工大学学报, (3): 244-250.

周宜林，唐洪武. 2005. 冲积河流河床稳定性综合指标. 长江科学院院报, 22(1): 16-20.

周忠学，任志远. 2009. 土地利用变化与经济发展关系的理论探讨——以陕北黄土高原为例[J]. 干旱区资源与环境, 23(4): 7.

朱太顺. 1998. 黄河下游河道整治工程布置问题研究. 武汉：武汉水利电力大学.

Albrecht T R, Crootof A, Scott C A. 2018. The water-energy-food nexus: A systematic review of methods for nexus assessment. Environmental Research Letters, 13(4): 043002.

Armbruster T J. 1976. An infiltration index useful in estimating low-flow characteristics of drainage basins. Journal of Research of the U.S. Geological Survey, 4(5): 533-538.

Armenakis F, Nirupama N. 2014. Flood risk mapping for the city of Toronto. Procedia Economics and Finance, 18: 320-326.

Asahi K, Shimizu Y, Nelson Y, et al. 2013. Numerical simulation of river meandering with self-evolving banks. Journal of Geophysical Research: Earth Surface, 118(4): 2208-2229.

Australian Water Resources Council. 1992. Floodplain Management in Australia (Vols 1 and 2). Canberra: Australian Government Publishing Service.

Berry M V. 2001. Cusped rainbows and incoherence effects in the rippling-mirror model for particles scattering from surfaces. Journal of Physics A General Physics, 8(4): 566-584.

Bousmar D, Zech Y. 1999. Momentum transfer for practical flow computation in compound channels. Journal of hydraulic engineering, 125(7): 696-706.

Bretherton F P. 1989. The earth system. Future Generation Computer Systems, (2-3): 259-264.

Callander R A. 1978. River meandering. Annual Review of Fluid Mechanics, 10: 129-158.

Carlston C W. 1965. The relation of free meander geometry to stream discharge and its geomorphic implications. American Journal of Science, 263: 864-885.

Chang H H. 1984. Analysis of river meanders. J Hydraulic. Engineering ASCE, 110(1): 37-50.

Chang T P, Toebes G H. 1970. A statistical comparison of meander plan forms in the wabash basin. Water Resources. Research, 6(2): 557-578.

Chitale S V. 1973. Theories and relationships of river channel patterns. Hydrol, 19: 285-308.

Crosato A. 2008. Analysis and Modelling of River Meandering. IOS Press. Amsterdam, the Netherlands.

Crutzen P J. 2002. Geology of mankind. Nature, (6867): 23.

Cunge J A. 1969. On the subject of a flood propagation computation method (Musklngum method). Journal of Hydraulic Research, 7(2): 205-230.

Daher B, Mohtar R. 2015. Water–energy–food (WEF) Nexus Tool 2.0: Guiding integrative resource planning and decision-making. Water International, 40(5-6): 748-771.

Das S, Lee R. 1988. A nontraditional methodology for flood stage - damage calculations1. Jawa Journal of the American Water Resources Association, 24(6): 1263-1272.

Derek T. Robinson, Di Vittorio Alan, Alexander Peter, Arneth Almut, Barton C. Michael, Daniel G. Brown, Kettner Albert, Lemmen Carsten, amp, apos. Modelling feedbacks between human and natural processes in the land system. Earth System Dynamics, 9(2): 895-914.

Devriend H J, Struiksma N. 1983. Flow and bed deformation in river bends. River Meandering, Proceedings of the Conference Rivers '83, New Orleans, Louisiana'.

Di B G, Kooy M, Kemerink J S, et al. 2013. Towards understanding the dynamic behaviour of floodplains as human-water systems. Hydrology and Earth System Sciences, 17(8): 3235-3244.

Dooge J C I, Kundzewicz Z W, Napiórkowski J J. 1983. On backwater effects in linear diffusion flood routing. Hydrological Sciences Journal, 28(3): 391-402.

Elkhrachy I. 2015. Flash flood hazard mapping using satellite images and GIS tools: A case study of Najran City, Kingdom of Saudi Arabia (KSA). The Egyptian Journal of Remote Sensing and Space Sciences, 18: 261-278.

Engelund F. 1970. Instability of erodible beds. Journal of Fluid Mech, 42(3): 225-244.

Ferguson R I. 1973. Regular meander path meander. Water Resour, 9(5): 1079-1086.

Ferguson R I. 1976. Disturbed periodic model for river meanders. Earth Surface Processes.

Friedkin J F. 1945. A Laboratory Study of Meandering of Alluvial Rivers. Revue de geographie alpine Mississippi . U.S. Waterway Experiment Station.

Giri S, Shimizu Y, Surajate B. 2004. Laboratory measurement and numerical simulation of flow and turbulence in a meandering-like flume with spurs. Flow Measurement & Instrumentation, 15(5-6): 301-309.

Graf W L. 1979. Catastrophe theory as a model for change in fluvial systems.

Graf W L. 1988. Applications of catastrophe theory in fluvial geomorphology//Anderson MG. Modeling Geomorphologic Systems. Wiley: Chichester.

He Y, Lin K, Zhang F, et al. 2018. Coordination degree of the exploitation of water resources and its spatial differences in China. Science of the Total Environment, 644: 1117-1127.

Holmes P J, Rand D A. 1976. The bifurcations of duffing's equation: An application of catastrophe theory. Journal of Sound & Vibration, 44(2): 237-253.

Hooper B P, Duggin J A. 1996. Ecological riverine floodplain zoning: Its application to rural floodplain management in the Murray-Darling Basin. Land Use Policy, 13(2): 87-99.

Huang H Q, Chang H H. 2006. Scale independent linear behavior of alluvial channel flow. Journal of Hydraulic Engineering, 132(7): 721-730.

Huang H Q, Chang H H, Nanson G C. 2004a. Minimum energy as a general form of critical flow and maximum flow efficiency and for explaining variations in river channel pattern. Water Resources Research, 40: 1-13.

Huang H Q, Nanson G C, Fagan S D. 2002. Hydraulic geometry of straight alluvial channels and the variational principle of least action, Journal of Hydraulic Research, 40(2): 153-160.

Huang H Q, Nanson G C, Fagan S D. 2004b. Hydraulic geometry of straight alluvial channels and the variational principle of least action-Reply. Journal of Hydraulic Research, 2(2): 19-222.

Islam M D, Sado K. 2000. Development of flood hazard maps of Bangladesh using NOAA-AVHRR images with GIS. Hydrological Sciences Journal Des Sciences Hydrologiques, 45(3): 337-355.

Javaheri A, Babbar-Sebens M. 2014. On comparison of peak flow reductions, flood inundation maps, and velocity maps in evaluating effects of restored wetlands on channel flooding. Ecological Engineering, 73: 132-145.

Jia B, Zhou J, Zhang Y, et al. 2020. System dynamics model for the coevolution of coupled water supply–power generation–environment systems: Upper Yangtze River Basin, China. Journal of Hydrology, 593(5210): 125892.

Kaveh M. 2009. Game theory and water resources. Journal of Hydrology, 381(3): 225-238.

Kitanidis P K. 1997. Introduction to Geostatistics: Applications in Hydrogeology. Cambridge: Cambridge University Press.

Knight D W, Brown F A. 2001. Resistance studies of overbank flow in rivers with sediment using the flood channel. Journal of Hydraulic Research, 39(3): 283-301.

Knight D W, Demetriou J D. 1983. Flood plain and main channel flow interaction. Journal of Hydraulic Engineering, 109(8): 1073-1092.

Knight D W, Shiono K. 1996. River channel and floodplain hydraulics. Floodplain Processes, 5: 139-181.

Lacey G. 1929. Stable channels in alluvium. Minutes of the Proceedings, (229): 259-384.

Langbein W B, Leopold L B. 1966. River meanders-theory of minimum variance. U.S. Geological Survey Professional Paper: 422-437.

Leopold L B, Wolman M G. 1960. Rivermeanders. Geol. Soc. Amer. Bull.

LiuY, Tian F, Hu H, et al. 2014. Socio-hydrologic perspectives of the co-evolution of humans and water in the Tarim River Basin, Western China: the Taiji-Tire Model. Hydrology and Earth System Sciences, 18: 1289-1303.

Lu Z, Wei Y, Feng Q, et al. 2018. Co-evolutionary dynamics of the human-environment system in the Heihe River basin in the past 2000years. Science of the Total Environment, 635: 412-422.

McMahon G M. 1991. Australian practice in the evaluation of floodplain management schemes. Proceedings, International Hydrology and Water Resources Symposium Perth, Institution of Engineers, Perth: 847-853.

Minor B, Rennie C D, Townsend R D. 2007. "Barbs" for river bend bank protection: Application of a three-dimensional numerical model. Canadian Journal of Civil Engineering, 34(9): 1087-1095.

Morales-Hernández M, Petaccia G, Brufau P, et al. 2016. Conservative 1D-2D coupled numerical strategies applied to river flooding: The Tiber (Rome). Applied Mathematical Modelling, 40: 2087-2105.

Murugesu S, Savenije H H G, Blöschl G. 2012. Socio-hydrology: A new science of people and water. Hydrological Processes, (8): 1270-1276.

Myers R C, Elsawy E M. 1975. Boundary shear in channel with flood plain. Journal of the Hydraulics Division, 100(7): 933-946.

Myers W R C. 1978. Momentum transfer in a compound channel. Journal of Hydraulic Research, 16(2): 139-150.

Nakagawa H, Zhang H, Baba Y, et al. 2013. Hydraulic characteristics of typical bank-protection works along the Brahmaputra/Jamuna River, Bangladesh. Journal of Flood Risk Management, 6(4): 345-359.

NSW. 1986. Department of Environment and Planning Floodplain Development Manual. Sydney: NSW Government Printer.

Osman A M, Thorne C R. 1988. Riverbank stability analysis. Journal of Hydraulic Engineering, 114(2): 134-150.

Parker G, Anderson A G. 1975. Modelingm of meandering and branding in rivers// Proc. 2nd annual symp. of waterways, harbours and coastal engng. Div. Asce on modeling techniques, Modeling'75: san franci, 1(3-5): 575-591.

Parker G, Diplas P, Akiyama J. 1983. Meander bends of high amplitude. Journal of Hydraulic Engineering, 109(10): 1323-1357.

Petts G E. 1996. Water allocation to protect river ecosystems. International Workshop on Remedial Strategies in Regulated Rivers, (12): 353-365.

Poston T, Stewart I. 1978. Catastrope Theory and its Application. London: Pitman.

Raskin P D, Hansen E, Margolis R M. 1996. Water and sustainability: global patterns and long-range problems. Natural Researchs Forum, 20(1): 1-15.

Richards K S. 1982. Rivers: Form and Process in Alluvial Channels. London: Methuen.

Robertson A I, Bacon P, Heagney G. 2001. The responses of floodplain primary production to flood frequency and timing. Journal of Applied Ecology, 38(1): 126-136.

Saksena S, Merwade V. 2015. Incorporating the effect of DEM resolution and accuracy for improved flood inundation mapping. Journal of Hydrology, 530: 180-194.

Schumm S A. 1977. The Fluvial System. New York: John Wiley and Sons.

Schumm S A, Khan H R. 1972. Experimental study of channel patterns. Geological Society of America, Bulletin, 83(6): 1755-1770.

Seif F J. 1979. Cusp Bifurcation in Pituitary Thyrotropin Secretion//Structural Stability in Physics. Berlin: Springer-Verlag.

Shahrood A J, Menberu M W, Darabi H, et al. 2020. RiMARS: An automated river morphodynamics analysis method based on remote sensing multispectral datasets. Science of the Total Environment, 719: 137336.

Simons D B, Richardson E V, Nordin C F. 1965. Bedload equation for ripples and dunes. U.S. Geological Survey Professional Paper: 462-465.

Singh V P, Woolhiser D A. 2002. Mathematical modeling of watershed hydrology. Journal of Hydrologic Engineering, (4): 270-292.

Slingerland R, Smith N D. 1998. Necessary conditions for a meandering-river avulsion. Geology, 26(5): 435-438.

Stephenson D, Kolovopoulos P. 1990. Effects of momentum transfer in compound channels. Journal of hydraulic engineering, 116(12): 1512-1522.

Tan F, Bi J. 2018. An inquiry into water transfer network of the Yangtze River Economic Belt in China.

Journal of Cleaner Production, 176: 288-297.

Thakur T P, Scheidegger A E. 1968. A test of the statistical theory of meander formation. Water Resources Research, 4(9): 317-329.

Thornes J. 1981. Structural Instability and Ephemeral Channel Behavior. London: London School of Economics and Political Science.

Tingsanchali T, Karim F. 2010. Flood-hazard assessment and risk-based zoning of a tropical flood plain: A case study of the Yom River, Thailand. Hydrological Sciences Journal-Journal des Sciences Hydrologiques, 55(2): 145-161.

Tockner K, Pennetzdorfer D, Reiner N, et al. 1999. Hydrological connectivity and the exchange of organic matter and nutrients in a dynamic river-floodplain system (Danube, Austria). Freshwater Biology, 41(3): 521-535.

Tockner K, Stanford J A. 2002. Riverine flood plains: Present state and future trends. Environmental Conservation, 29(3): 308-330.

van den Berg J H. 1995. Prediction of alluvial channel pattern of perennial rivers. Geomorphology, 12(4): 259-279.

von Schelling H. 1951. Most Frequent Particle Paths in a Plane. Transactions American Geophysical Union.

Wormleaton P R, Allen J, Hadjipanos P. 1982. Discharge assessment in compound channel flow. Journal of the Hydraulics Division, 108(9): 975-994.

Yang C T. 1971. On river meanders. Journal of Hydrology, 13(3): 231-253.

Yongyong Z, Xiaoyan Z, Quanxi S, et al. 2015. Assessing temporal and spatial alterations of flow regimes in the regulated Huai River Basin, China. Journal of Hydrology, 529: 384-397.

Zalasiewicz J, Williams M, Steffen W, et al. 2010. The new world of the Anthropocene. Environmental ence & Technology, 44(7): 2228-2231.

Zalewski M. 2000. Ecohydrology–The scientific background to use ecosystem properties as management tools toward sustainability of water resources. Ecological Engineering, 16(1): 1-8.

Zeeman E C. 1974. Americal Mathematical Society. Rhode Island.

Zeeman E C. 1976. A Catastrophe Model for the Stability of Ships, In Geometry and Topology. Berlin: Springer.

Zeeman E C. 1978. A dialogue between a mathematician and a biologist. Biosciences Communications, 4: 225-240.

Zhang D W, Jin Q, Zhang H B, et al. 2015. Flash flood hazard mapping: A pilot case study in Xiapu River Basin, China. Water Science and Engineering, 8(3): 195-204.

Zhang Y, Zhai X, Shao Q, et al. 2015. Assessing tem oral and spatial alterations of flow regimes in the regulated Huai River Basin, China. Journal of Hydrology, 529: 384-397.

Zhou X. 2019. Spatial explicit management for the water sustainability of coupled human and natural systems. Environmental Pollution, (251): 292-301.

Zuo Q, Li W, Zhao H, et al. 2020. A harmony-based approach for assessing and regulating human-water relationships: A case study of Henan province in China. Water, 13(1): 32.